DIANZI XINXILEI ZHUANYE SHIJIAN JIAOCHENG

电子信息类专业

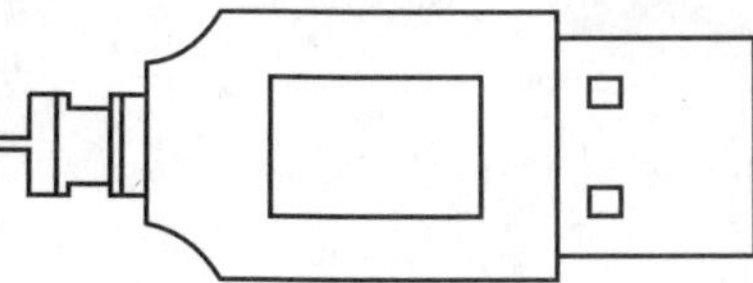

实践教程

肖明明 王员根 刘毅 刘云 倪宇 岳洪伟

编著

中山大学出版社

·广州·

图书在版编目（CIP）数据

电子信息类专业实践教程/肖明明，王员根，刘毅，刘云，倪宇，岳洪伟编著.
—广州：中山大学出版社，2010.12
ISBN 978-7-306-03795-4

Ⅰ.电… Ⅱ.①肖…②王…③刘…④刘…⑤倪…⑥岳… Ⅲ.①电子技术—高等学校—教材 ②信息技术—高等学校—教材 Ⅳ.①TN ②G202

中国版本图书馆 CIP 数据核字（2010）第 228849 号

出 版 人：祁 军
策划编辑：鲁佳慧
责任编辑：马霄行
封面设计：曾 斌
责任校对：曾育林
责任技编：黄少伟
出版发行：中山大学出版社
电 话：编辑部 020-84111996，84111997，84113349，84110779
发行部 020-84111998，84111981，84111160
地 址：广州市新港西路 135 号
邮 编：510275 传 真：020-84036565
网 址：http://www.zsup.com.cn E-mail：zdcbs@mail.sysu.edu.cn
印 刷 者：广州市怡升印刷有限公司
规 格：850mm×1168mm 1/16 39 印张 925 千字
版次印次：2010 年 12 月第 1 版 2010 年 12 月第 1 次印刷
印 数：1～3000 册 定 价：69.80 元

内 容 简 介

本书面向电子信息类专业即电子信息工程、通信工程、自动化专业的实践课程环节，提供面向工程应用的、渐进式综合化、集中实践环节的指导方案。本书按照“厚基础、强能力、宽口径、强适应”的电类大平台课程培养要求编写。全书分为基础技能实践、综合应用和科技创新三大部分，分别体现三个层次的实践指导方案，即基础技能实践层、综合提高层和研究创新层。各部分中每一章就是一个具体的实践指导方案。全书基本涵盖电子信息领域的各种主要技术分支和最新的工程应用领域。以分层次、分阶段、循序渐进的模式，体现由浅入深、由简单到综合、课内外结合、注重实践、培养研究创新型能力的特色和宗旨。

本书可作为电子信息类本科专业（电子信息工程、通信工程、自动化等）各阶段实践环节课程的指导教材，也可作为从事相关专业的工程技术人员开发设计的实用参考书。

内容简介

前　言

目前，绝大多数高校电子信息类专业所用的实验设备基本都是实验箱或实验台等成套设备，开设的实验大多为验证型实验。学生做实验时，往往只需要几根简单的连接线或机械地调节一些参数就可以进行验证性的实验，这样的实践模式很难锻炼和提高学生的实际动手能力。因此，该类专业的实验课的现状为验证型多、设计型少，单科型多、综合型少，采用传统方法多、应用最新技术少。实验仅仅作为理论教学的补充和验证，没有发挥实验提高学生实践能力的作用；实验多以验证性实验为主，缺乏综合型实验和设计型实验；各课程之间缺乏必要的逻辑联系，实验设置仅仅为本课程服务，不利于新形式下对应用创新型人才的综合性和集中性的培养。

21世纪高校本科层次的培养基本上是以培养应用型人才为目标的，因此，强化实验实践环节，加强培养学生的实际动手能力，成为各高校实践高等教育质量工程的重要举措。当今的学科既高度分化又高度综合，并以综合为主导趋势。本书就贯彻了这样一个非常重要的指导思想："设置并加强面向工程应用的渐进式综合化集中实践课程体系"。

本书以我们对电子信息类本科专业的实践课程的教学改革为基础，根据建立面向工程应用的渐进式综合化集中实践课程体系为目标，提供面向工程应用的渐进式综合化集中实践指导方案。本书将电子信息类实践环节的指导方案按三个层面进行展开：

第一层面，主要以"电子技能实训、基础技能实践"为教学内容。这一步骤主要是培养学生对电子系统的感知认识和提高学生亲自动手制作简单电子信息系统的兴趣，为以后更高层次的实践打下扎实的工程实践基础。

第二层面，以综合应用为培养目标。着力提高学生理论与实践相结合的能力，培养理解理想模型与实际系统差异的能力，以及将所学的不同知识综合运用和解决复杂工程问题的能力。通过综合设计的实践，对学生进行更深入的培养和训练，帮助学生逐步掌握电子信息系统设计的基本知识和综合开发部分功能模块的能力。

第三层面，为科技创新层面。建立现代电子信息技术设计平台，着重培养学生的综合创新能力，要求学生能独立完成从设计到制作的全过程，在虚拟和现实的实践中得到锻炼，促进理论知识的掌握和综合技能的训练，提高学生的动手能力、设计能力、创新能力，系统掌握电子信息学科所需要的知识。

本书与其他国内外电子信息类专业实践教材相比较，具有以下特色：根据课程内容和知识结构的调整、优化以及个性化人才培养的需要，本书对实践教学指导体系进行了调整和优化。在确保验证性实践质量的同时，增加提高型实践（综合性、设计性、应用性方案等）和研究创新型实践的比例。采取分层次、分阶段、循序渐进的模式，由浅入深、由简单到综合、课内外结合，并通过开放式实践教学，鼓励学生自主立项，充分调动学生学习的积极性和主动性，使学生成为实践活动的主人，培养其科学的实验方法和严谨的工作态度。

目前，系统地、完整地把电子信息学科的实践课程的指导方案进行汇编的教材极为少见，少数教材也只是阐述某一课程的单方面的实践指导。本书的出版可为相关的教学工作提供较好的指导作用。本书是编者在多年来的电子信息类专业的实践教学中积累的指导方案的基础上，结合当今快速发展的电子信息前沿技术编著而成，同时也借鉴了相关教材的部分内容，如孙惠康编写的《电子工艺实训教程》中电子工艺的基础部分内容；另外，由于在教学中我们引进了清华大学电子实习基地的部分实践方案，因此我们把相关的实践指导内容也编入本书中，特在此注明并表示感谢。本书的编写工作由肖明明、王员根、刘毅、刘云、倪宇和岳洪伟共同完成，另外，蔡肯也参与了部分编写工作，在此一并表示感谢。

本书内容全面，通俗易懂，而不乏精练，基础性理论内容权威且覆盖了本领域的核心内容，前沿技术的报道新颖而贴近应用，从目前我们的本科教学情况来看，学生对我们设计的课题内容兴趣浓厚，并可以付诸应用。因此，本书具有极强的实践指导意义。

由于编者水平有限，本书中不妥之处，恳请教师和学生在使用过程中提出宝贵意见，以使本书更臻完善。

编著者

2010. 8. 15

目　　录

第1编　基础技能实践

第2编 综合应用

第3编 科技创新

第 1 编　基础技能实践

第1章 电子工艺实训指引

1.1 常用电子元器件

电阻器、电容器、电感器、变压器、晶体二极管、晶体三极管、集成电路等都是整机电路常见的元器件。学习和掌握常用元器件的性能、用途、质量判别方法，对提高电子设备的装配质量及可靠性有重要的作用。本节将学习这些元器件的用途、主要性能参数、规格型号以及检查这些元器件质量好坏的基本知识。

1.1.1 电阻器与电位器

1.1.1.1 电阻器与电位器的功能及分类

电阻器在电路中的主要作用是控制电压、电流的大小，还可以与其他元件配合，组成耦合、滤波、反馈、补偿等各种不同功能的电路。电位器即可调电阻器，在电路中常用来调节各种电压或信号的大小。电阻器的单位为：欧姆（Ω）、千欧（kΩ）、兆欧（MΩ）、吉欧（GΩ）。各种电阻器、电位器的图形和符号如图1－1所示。

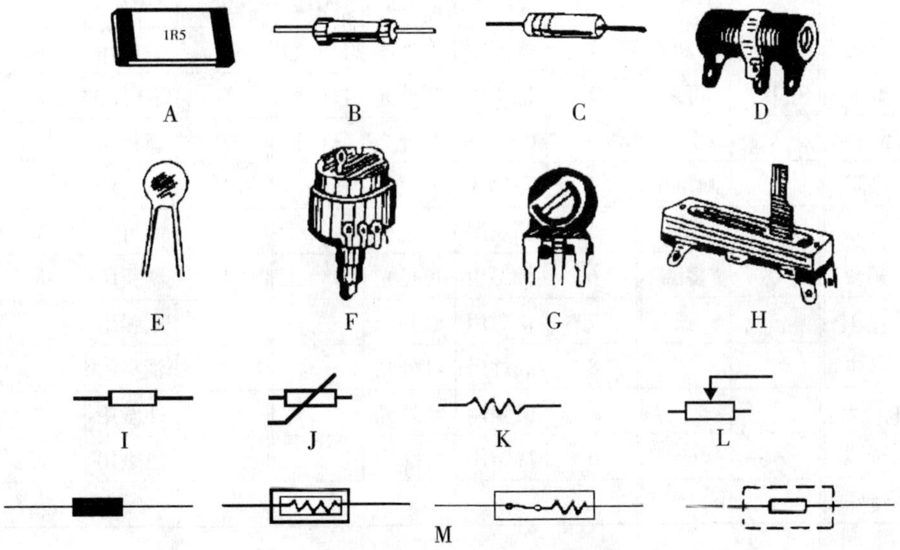

图1－1 各种电阻器、电位器的图形和符号

A. 片状电阻器；B. 金属膜电阻器；C. 碳膜电阻器；D. 线绕电阻器；E. 热敏电阻器；F. 带开关电位器；G. 微调电位器；H. 直滑式电位器；I. 固定电阻器；J. 热敏电阻器；K. 固定电阻器；L. 可变电阻器（电位器）；M. 常见熔断电阻器

1.1.1.2　固定电阻器、电位器、敏感电阻器的命名

固定电阻器、电位器、敏感电阻的命名主要由五个部分组成：第一部分用字母表示产品的主称，如 R——电阻器，W——电位器，M——敏感电阻器；第二部分用字母表示产品的材料或类别，如表 1－1 所示；第三部分用数字或字母表示固定电阻器、电位器、敏感电阻器的特性、用途和类别，如表 1－2 所示；第四部分用数字表示生产序号；第五部分用字母表示同一序号但性能又有一定差异的产品区别代号。

表 1－1　固定电阻器、电位器、敏感电阻器的材料和类别

固定电阻器、电位器				敏感电阻器			
字　母	材　料	字　母	材　料	字　母	材　料	字　母	材　料
T	碳膜	Y	氧化膜	Z	正温度系数热敏材料	S	湿敏材料
H	合成膜	C	沉积膜			Q	气敏材料
S	有机实芯	I	玻璃釉膜	F	负温度系数热敏材料	G	光敏材料
N	无机实芯	X	线绕			C	磁敏材料
J	金属膜			Y	压敏材料		

表 1－2　固定电阻器、电位器、敏感电阻器的特性、用途和类别

固定电阻器、电位器				敏感电阻器							
数　字	意　义	字　母	意　义	数　字	热敏电阻用途	光敏电阻用途	力敏电阻用途	字　母	压敏电阻用途	字　母	湿敏电阻用途
1	普通	G	高功率	1	普通用	紫外光	硅应变片	W	稳压用	C	测湿用
2	普通	T	可调	2	稳压用	紫外光	硅应变梁	G	高压保护	K	控温用
3	超高频	X	小型	3	微波测量	紫外光	硅柱	P	高频用	字母	气敏电阻用途
4	高阻	L	测量用	4	旁热式	可见光		N	高能用		
5	高温	W	微调	5	测量用	可见光		K	高可靠	Y	烟敏
7	精密	D	多圈	6	控温用	可见光		L	防雷用	K	可燃性
8	电阻：高压			7	消磁用	红外光		H	灭弧用	字母	磁敏电阻用途
				8	线性用	红外光		Z	消噪用		
	电位器：特殊			9	恒温用	红外光		B	补偿用	Z	电阻器
				0	特殊用	特殊用		C	消磁用	W	电位器
9	特殊										

例 1：RJ21——“R”表示主称为电阻器，“J”表示材料为金属膜，“2”表示分类为普通，“1”表示序号。

例 2：WSW1A——第一个“W”表示主称为电位器，“S”表示材料为有机实芯，第二个“W”表示分类为微调，“1”表示序号，“A”表示区别代号。

例 3：MF41——“M”表示主称为敏感电阻器，“F”表示材料为负温度系数敏感材料，“4”表示分类为旁热式，“1”表示序号。

1.1.1.3　电阻器参数

1. 标称值和允许偏差

一般电阻器标称值系列如表 1－3 所示，表中所有数值都可以乘以 10^n，单位为 Ω，n 为整数。该表也使用于电位器、电容器标称值系列，在表示电容容量标称值系列时的单位为 pF。

表 1－3　电阻器、电容器标称值系列

系　列	偏　差	标　准　值
E24	Ⅰ级（±5%）	1.0，1.1，1.2，1.3，1.5，1.6，1.8，2.0，2.2，2.4，2.7，3.0
		3.3，3.6，3.9，4.3，4.7，5.1，5.6，6.2，6.8，7.5，8.2，9.1
E12	Ⅱ级（±10%）	1.0，1.2，1.5，1.8，2.2，2.7，3.3，3.9，4.7，5.6，6.8，8.2
E6	Ⅲ级（±20%）	1.0，1.5，2.2，3.3，4.7，6.8

电阻器的标称值和偏差一般都以各种方法标记在电阻体上，其标记方法有以下四种：

（1）直标法。在电阻体表面用具体数字、单位符号和百分数直接标出电阻器的阻值和允许误差。其优点是直观。如图 1－2A 所示。一般用“Ⅰ”表示 ±5%，“Ⅱ”表示 ±10%，“Ⅲ”表示 ±20%。

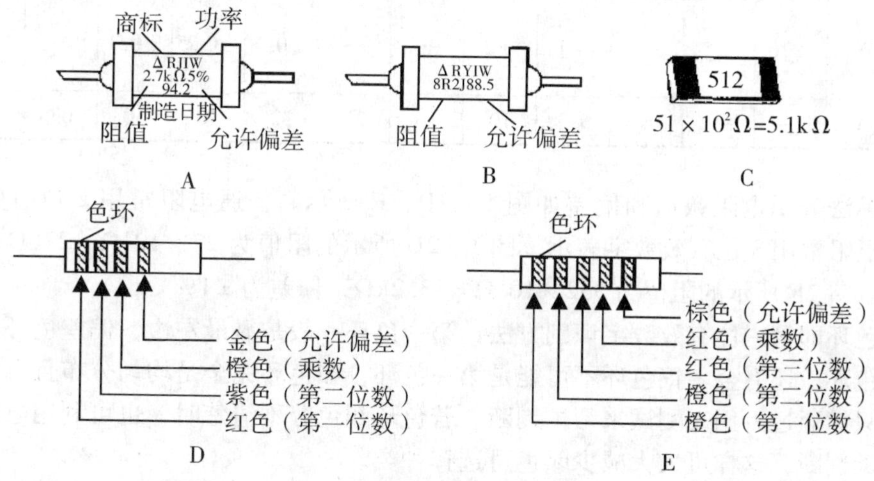

图 1－2　电阻器标称值表示方法

A. 直标法；B. 文字符号法；C. 数码表示法；D. 二位有效数字色标法；E. 三位有效数字色标法

（2）文字符号法。将标称值及允许偏差用文字和数字有规律的组合来表示，如图 1－2B 所示。例如，2R2K 表示（2.2 ± 0.22）Ω，R33J 表示（0.33 ±0.165）Ω，1K5M 表示（1.5 ±0.3）kΩ，末尾字母表示偏差。一般常用字母来表示偏差，允许偏差的文字符号表示如表 1－4 所示，不标记的表示偏差未定。

表 1－4 允许偏差的文字符号表示

符号	W	B	C	D	F	G	J	K	M	N	R	S	Z
偏差（%）	±0.05	±0.1	±0.2	±0.5	±1	±2	±5	±10	±20	±30	+100 －10	+50 －20	+80 －20

（3）数码表示法。如图 1－2C 所示。例如，103K 的“10”表示 2 位有效数字，“3”表示倍乘 10^3，“K”表示偏差 ±10%，即阻值为 $10\times10^3\Omega=10\text{k}\Omega$。又如 222J，表示阻值为 $22\times10^2\Omega=2.2\text{k}\Omega$，“J”表示偏差为 5%，偏差表示方法与文字符号相同。10Ω 以下的小数点也与文字符号法相同，用 R 表示，例如 2.2Ω，也用 2R2 表示。

（4）色标法。用不同颜色表示电阻数值和偏差或其他参数时的色标符号规定，如表1－5所示。该表也适合于用色标法表示电容、电感的数值和偏差，它们的单位分别是：用于电阻时为 Ω，用于电容时为 pF，用于电感时为 μH，表示额定电压时只限于电容。

表 1－5 色标符号规定

颜色	银	金	黑	棕	红	橙	黄	绿	蓝	紫	灰	白	无色
有效数字	—	—	0	1	2	3	4	5	6	7	8	9	—
乘数	10^{-2}	10^{-1}	10^0	10^1	10^2	10^3	10^4	10^5	10^6	10^7	10^8	10^9	—
偏差（%）	±10	±5	—	±1	±2	—	—	±0.5	±0.25	±0.1	—	+50 －20	±20
额定电压（V）	—	—	4	6.3	10	16	25	32	40	50	63	—	—

用色标法表示电阻数值和偏差如图 1－2D、E 所示。普通电阻常用 2 位有效数字表示，精密电阻常用 3 位有效数字表示。图 1－2D 所示的阻值为 $27\times10^3\Omega=27\text{k}\Omega$，偏差为 ±5%。图 1－2E 所示的阻值为 $332\times10^2\Omega=33.2\text{k}\Omega$，偏差为 ±1%。

第一色环即第一位有效数字识别方法：第一色环一般是靠最左边，偏差色环常稍远离前面几个色环。还有金、银色环不可能是第一色环，如色环完全是均匀分布且有没有金银色环时，只能通过万用表测试来帮忙判断。若色环颜色分不清楚时，也可利用电阻标称值系列来帮助判断，这样可大大减少颜色可选择种类。

2. 电阻器额定功率

电阻器额定功率是指正常条件下，电阻器长期连续工作并满足规定的性能要求时，所允许消耗的最大功率。电阻器额定功率系列如表 1－6 所示。

表 1－6 电阻器额定功率系列 （单位：W）

非线绕电阻	0.05，0.125，0.25，0.5，1，2，5，10，25，50，100
线绕电阻	0.125，0.25，0.5，1，2，4，8，10，16，25，40，50，75，100，150，250，500

额定功率2W以下的电阻一般不在电阻器上标出，额定功率2W以上的电阻才在电阻器用数字标出，而在线路图上的电阻器符号没有特别标记，则一般指额定功率为0.125W的电阻，电阻器额定功率符号如图1－3所示，大于额定功率1W的电阻都直接标出。

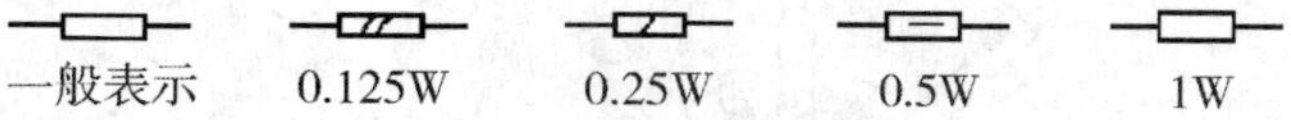

一般表示　0.125W　0.25W　0.5W　1W

图1－3　电阻器额定功率符号

3. 电阻器其他性能参数

如温度系数、噪声系数等，与其所用的材料有关，一般不在电阻器上标明。

1.1.1.4　常见电阻器

（1）碳膜电阻（型号RT）。阻值范围在1Ω～10MΩ，各项性能参数都一般，但其价格低廉，广泛用于各种电子产品中。

（2）金属膜电阻（型号RJ）。阻值范围在1Ω～10MΩ，温度系数小，稳定性能好，噪声低，同功率下与碳膜电阻相比，体积较小，但价格稍贵，常用于要求低噪、高稳定性的电路中。

（3）金属氧化膜电阻（型号RY）。有较好的脉冲高频过负荷性能，机械性能好，化学性能稳定，但其阻值范围窄，在1Ω～200kΩ，温度系数比金属膜电阻差，常用于一些在恶劣环境中工作的电路上。

（4）线绕电阻（型号RX）。阻值范围在0.01Ω～10MΩ，可以制成精密型和功率型电阻，所以常用于高精度或大功率电路，但不适用于高频电路。

（5）金属玻璃釉电阻（型号RI）。耐高温、功率大，阻值宽，5.1Ω～200MΩ，温度系数小，耐湿性好，常用于制成小型化贴片电阻。

（6）实芯电阻（型号RS）。过负荷能力强，不易损坏，可靠性高，价格低廉，但其他性能参数都较差，阻值范围在4.7Ω～22MΩ，常用于要求高可靠性的电路中（如航天工业）。

（7）合成碳膜电阻（型号RH）。阻值范围在10Ω～106MΩ，主要用于制造高压高阻电阻器。

（8）电阻排。又称集成电阻，可在一块基片上制成多个参数性能一致的电阻，常在计算机上使用。

（9）熔断电阻。又称水泥电阻，常用陶瓷或白水泥封装，内有热熔性电阻丝，当工作功率超过其额定功率时，会在规定时间内熔断，主要起保护其他电路的作用。在电视、录像机电路中常用作大功率限流电阻。

（10）敏感元器件（M）。主要是指用于检测温度、关照度、湿度、压力、磁通量、气体浓度等物理量的传感器，广泛用于各种自动化控制电路和保护电路上。

1.1.1.5　电位器

电位器一般有3个引脚，若带中心抽头则有4个引脚，若是多联电位器则其引脚数就较多，其中每一个单联电位器都只用1个滑动臂，其余为固定臂。图1－4所示的是碳膜电位器内部结构。

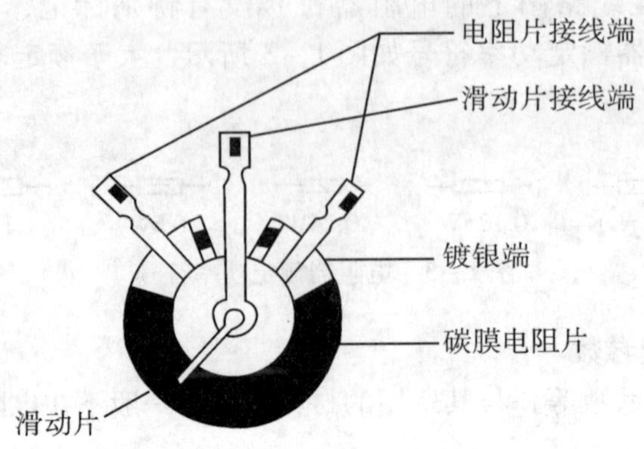

图1－4　碳膜电位器内部结构

1. 电位器参数

（1）标称阻值和允许偏差。标称阻值是指电位器两个固定端的阻值，其规定的标称值与电阻器规定中的标称值的E6、E12系列相同，具体标称值参见表1－3。允许偏差有±20%，±10%，±5%，±2%，±1%，±0.1%等。

（2）电位器额定功率。在相同体积情况下，线绕电位器功率比一般电位器的功率大。

（3）电位器其他参数：①滑动噪声；②电位器分辨力；③电阻膜耐模性；④双联电位器同步性；⑤电位器阻值变化规律（图1－5）；⑥电位器轴长与轴端结构（图1－6）。

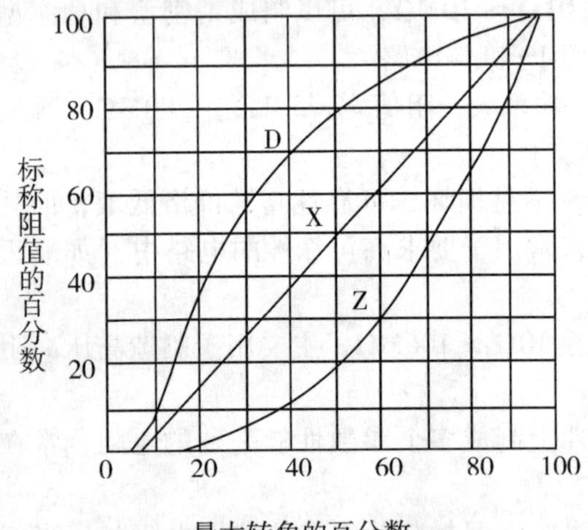

图1－5　电位器阻值的变化规律

X—直线式；D—对数式；Z—指数式

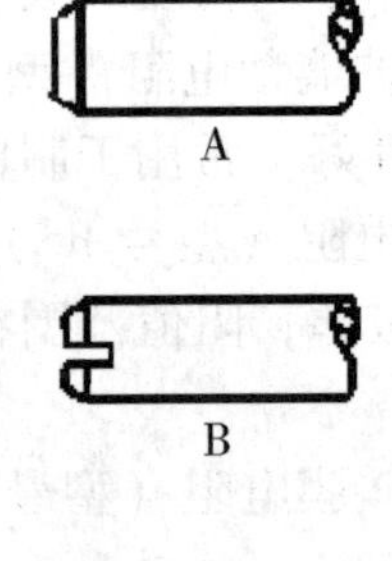

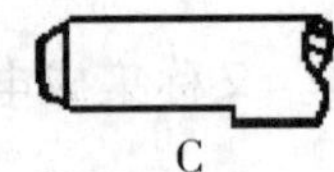

图1－6　电位器轴长、轴端结构

A. ZS－1光轴式；B. ZS－3带起子槽式；C. ZS－5铣平面式

2. 电位器的分类

电位器种类有很多，可按材料、调节方式、结构特点、阻值变化规律、用途分成多种电位器，如表1－7所示。

表1－7　电位器的种类

分类方式		种类
按材料	合金型电位器	线性电位器、块金属膜电位器
	合成型电位器	有机和无机实芯型、金属玻璃釉型、符合模型
	薄膜型电位器	金属薄膜、金属氧化膜型、碳膜型、复合膜型
按调节方式		直滑式、旋转式（有单圈和多圈两种）
按结构方式		带抽头型、带开关型（推拉式和旋转式）、单联、同步多联、异步多联
按阻值变化规律		线性型、对数型、指数型
按用途		普通型、微调型、精密型、功率型、专用型

1.1.2　电容器

电容器是组成电路的基本元件之一，它是由两个相互靠近的导体与中间所夹的一层绝缘介质组成。电容器是一种储能元件，常用于谐振、耦合、隔直、滤波、交流旁路等电路中。

1.1.2.1　常见电容器外形和电路符号以及单位

1. 电容器外形和电路符号（如图1－7所示）

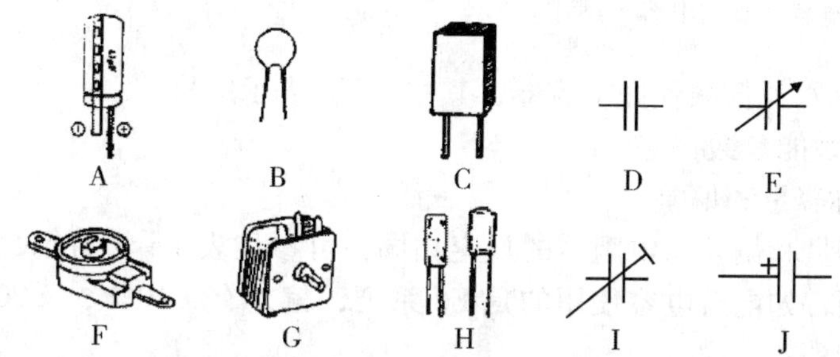

图1－7　电容器外形和电路符号

A. 电解电容器；B. 瓷介电容器；C. 玻璃釉电容器；D. 一般电容器符号；E. 可调电容器符号；F. 微调电容器；G. 双联可调电容器；H. 涤沧电容器；I. 半可调电容器符号；J. 电解电容器符号

2. 电容器单位

电容的单位是法拉，用F表示。1F（法拉）$=10^3$mF（毫法）$=10^6\mu$F（微法）$=10^9$nF（纳法）$=10^{12}$ pF（皮法）。最常用的两个单位是μF和pF，一般情况下，够10000pF就化成μF单位，如20000pF＝0.02μF。

3. 电容器命名

电容器的命名一般由以下四部分组成，第二、第三部分代号见表1－8、表1－9。

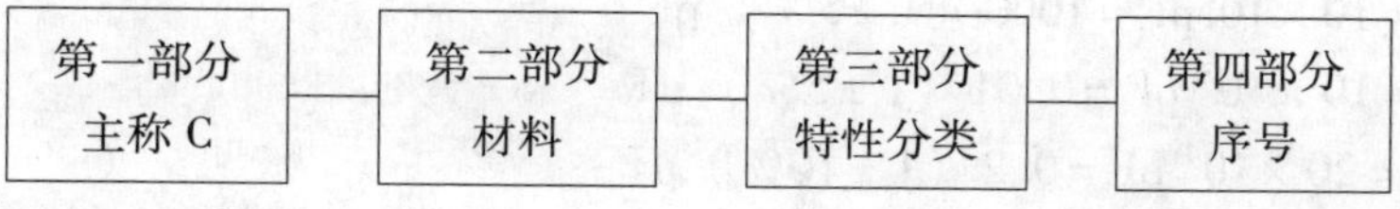

表 1-8 电容器材料代号及其含义

符 号	含 义	符 号	含 义	符 号	含 义	符 号	含 义
C	高频瓷介	B	聚苯乙烯	Q	漆膜	A	钽电解质
T	低频瓷介	BB	聚丙烯	Z	纸介	N	铌电解质
Y	云母	F	聚四氟乙烯	J	金属化纸介	C	合金电解质
I	玻璃釉	L	涤纶	H	复合介质		
O	玻璃膜	S	聚碳酸酯	D	铝电解质		

表 1-9 电容器特性分类中数字、字母的意义

数字	1	2	3	4	5	6	7	8	9
瓷介	圆片	管型	叠片	独石	穿心	支柱		高压	
云母	非密封		密封	密封				高压	
有机	非密封		密封	密封	穿心			高压	特殊
电解	筒式		烧结粉液体	烧结粉固体		无极性			特殊
字母	D	X	Y	M	W	J	C	S	T
意义	低压	小型	高压	密封	微调	金属化	穿心	独石	铁电

注：以上规定对可变电容和真空电容不适用。

例：CT12 表示圆片低频瓷介电容器，其中“2”表示序号。

1.1.2.2 电容器性能参数

1. 电容器标称容量和偏差

电容器标称容量和偏差与电阻器的规定相同，可参见表 1-3 所示，但不同种类的电容会使用不同系列，如电解电容使用的是 E6 系列，偏差有 ±10%，±20% 等几种，它的标记方法有以下四种：

（1）直标法：把电容器容量、偏差、额定电压等参数直接标记在电容器体上，如图 1-8A所示。有时因面积小而省略单位，但存在这样的规律，即小数点前为 0 时，则单位为 μF；小数点前不为 0 时，则单位为 pF。如图 1-8D 所示，偏差也有用Ⅰ、Ⅱ、Ⅲ三级来表示的。

（2）文字符号法：如图 1-8B 所示，与电阻文字符号法相似，只是单位不同。

例：P82 = 0.82pF　6n8 = 6800pF　22 = 2.2μF

（3）数码表示法：与电阻数码表示法基本相同，如图 1-8C 所示，只有个别的不同。如第三位数“9”表示 10^{-1}，后面字母表示偏差，可参见表 1-4。

例：339K = 33×10^{-1} pF = 3.3（1 ±10%）pF

102J = 10×10^{2} pF = 1000（1 ±5%）pF

103J = 10×10^{3} pF = 0.01（1 ±5%）μF

204K = 20×10^{4} pF = 0.2（1 ±10%）μF

（4）色标法：电容器色标法与电阻器色标法规定相同，可参见表1-5。基本单位为pF，有时还会在最后增加一色环表示电容额定电压，如图1-8E、F所示。

电容器容量表示方法还有色点表示法，该方法与色标法相似，不再详述。新型贴片除了使用数码法、文字符号法表示外，还使用1种颜色+1个字母+1个数字来表示其容量。

例：黑色+A——表示10pF，A0=1pF。

2. 电容器额定电流工作电压

电容器额定电流工作电压是指电容器在指定的温度范围内长期可靠地工作所能承受的最大电流电压，它的大小与介质厚度、种类有关。该参数一般都直接标记在电容器上，以便选用。但要注意，当电容器工作在交流电路时，交流电压峰值不得超过额定电流工作电压。电容器常用的额定直流工作电压有：6.3V、10V、16V、25V、63V、100V、160V、250V、400V、630V、1000V、1600V、2500V等。

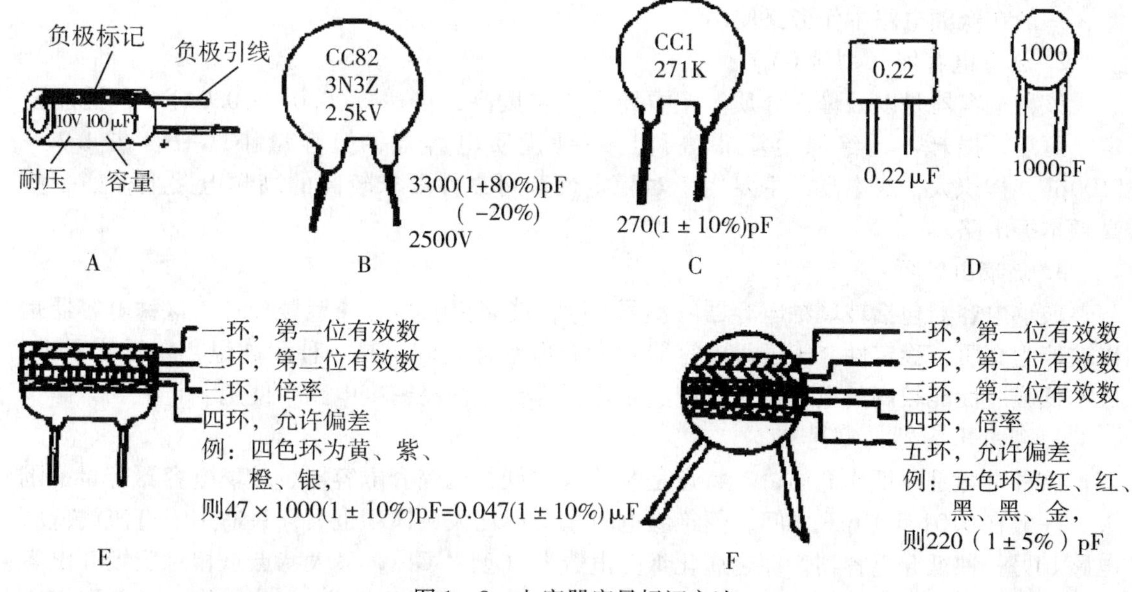

图1-8 电容器容量标记方法

A. 直标法；B. 文字符号法；C. 数码表示法；D. 简略标记方法；E. 四色环色标法；F. 无色环色标法

3. 工作温度范围

电容器必须在指定的工作温度范围内才能稳定工作。一般的电解电容器都直接标出它的上限工作温度，如85℃或105℃等。

4. 损耗角正切值tgδ

损耗角正切值tgδ是指当电流流过电容器时，电容器的损耗功率与存储功率的比值，该值的大小取决于电容器介质所用的材料、厚度及制造工艺，它真实地表征了电容器质量的优劣。数值越小，电容器质量越好。tgδ数值一般都在10^{-4}～10^{-2}之间，但该值一般不标注在电容器体上，只能用专用仪器来测量，也可以以电容器所用的介质作参考。

5. 温度系数

温度系数是反映电容器稳定性的一个重要参数，该值有正有负，它的绝对值越小，表明电容器的温度稳定性越高。

1.1.2.3 常见的七种电容器的特点

1. 瓷介电容器

该种电容器是以陶瓷为介质的电容器，根据介质常数可分为高频瓷介电容器 CC 和低频瓷介电容器 CT。

（1）CC 瓷介电容器——介瓷常数大于1000。主要特点是体积小，性能稳定，耐热性好，绝缘电阻大，损耗小，成本低廉，但容量范围在 1pF～0.1μF，常用于要求低损耗、容量稳定的高频电路中。

（2）CT 瓷介电容器——介质常数小于1000。主要特点是体积相对比 CC 型瓷介电容器小，容量比 CC 型大，容量最大达 4.7μF，但其绝缘电阻低，损耗大，稳定性比 CC 型差，一般在低频电路中作旁路使用。

2. 云母电容器（型号 CY）

该种电容器是以云母作介质。主要特点是精度高，可达 ±(0.01～0.03)%，性能稳定，可靠，损耗小，绝缘电阻很高，是一种优质电容器，但容量小，一般在 4.7～5100pF，体积大，成本高，主要用于对稳定性和可靠性要求较高的高频电路上，如一些高频本振电路。

3. 玻璃电容器

玻璃电容器包括玻璃釉电容器（型号 CI）、玻璃膜电容器（型号 CQ），该种电容器是以玻璃为介质，稳定性介于云母电容器与瓷介电容器之间，是一种耐高温、相对体积小、成本低廉、性能较高的电容器，可制成贴片元件，常在高密度电路中使用。

4. 纸介电容器（型号 CZ）

该种电容是以纸作介质，其特点是制造成本低，比瓷介电容器、玻璃电容器容量范围大，一般在 0.01～10μF 之间，但绝缘电阻小，损耗大，体积也大，只适用于直流或低频电路。另一种纸介电容器，即金属化纸介电容器（型号 CJ），最大特点是相对于纸介电容器体积减小了 1/5～1/3，且高压击穿后能够自愈，而其他性能与纸介电容器没有多大差别。

5. 有机薄膜电容器

该类电容器以有机薄膜为介质。有机薄膜种类有很多，最常见的有涤纶薄膜、聚丙烯薄膜等。这类电容器总性能上都比低频瓷介电容器、纸介电容器好，电容量范围较大，但稳定性还不够高。其中，涤纶金属聚碳酸酯等电容器只适用于低频电路；聚苯乙烯、聚四氟乙烯电容器高频特性好，适用于高频电路；聚丙烯电容器能耐高压；聚四氟乙烯电容器还能耐高温。

6. 电解电容器

该类电容器以金属氧化膜为介质。金属为阳极，电解质为阴极，其最大特点是容量范围很大，达 0.47～200000μF。根据介质不同，电解电容器主要分为两种：

（1）铝电解电容器（型号 CD）。该种电容器以铝金属为阳极，常以圆桶状铝壳封装，最大特点是容量范围大，且价格低廉，但其绝缘性能差，损耗大，温度稳定性和频率特性差，电解液易干涸老化，不耐用，额定电流工作电压低，一般在 6.3 ～ 500V，适用于低频旁路、耦合、滤波等电路。

（2）钽电解电容器（型号 CA）。该类电容器分固体钽电解电容器和液体钽电解电容器两种。它与铝电解电容器相比，绝缘性好，相对体积和损耗都小，温度稳定性、频率特性好，耐用，不易老化，但相对额定电流工作电压较低，最高额定电流工作电压只有百余伏。

7. 可变电容器

可变电容器主要由动片和定片及之间的介质以平行板结构而成。动片和定片通常是半圆形或类似半圆形。转动动片，则改变了它们的平衡面积，从而改变其容量。可变电容介质常见有：空气、聚苯乙烯、陶瓷等。单个可调电容器称为单联可调电容器，两个称为双联、多个称为多联。AM 收音机使用的是双联可调电容器，而 AM/FM 收音机使用的则是四联可调电容器，且在顶部还有 4 个作为补偿使用的微调可调电容器。

1.1.2.4　电容器的合理选用

电容器的主要性能可用 tgδ 和绝缘电阻两个参数来反映，它们也是对电路性能影响最大的两个参数，直接关系到整机技术指标。选用电容器时不能片面地追求电容器的共性能，还要全面地考虑电容的其他参数，如额定直流工作电压、体积、稳定性、能否耐高温等。对于电容器额定直流工作电压，一般选用大于实际工作电压 1 ～ 2 倍即可。总的来说，在满足产品技术要求的情况下，应该多选用低价位电容器，如一般电路中广泛使用的瓷介电容器、涤纶电容器、铝电解电容器等。

1.1.2.5　电容器的质量判别

电容器常见故障有开路、短路、漏电或容量减少等，除了准确的容量要用专用仪表测量外，其他电容器的故障用万用表都能很容易地检测出来，下面介绍用万用表检测电容器的方法。

1. 5000pF 以上非电解电容器的检测

首先在测量电容器前必须对电容器短路放电，再用万用表最高挡 R×10kΩ 或 R×1kΩ 挡测量电容器两端，表头指针应先摆动一定角度后返回无穷大（由于万用表精度所限，该类电容指针最后都应指向无穷大），若指针没有任何变动，这说明电容器已被击穿。电容器容量越大，指针摆动幅度就越大。可以根据指针摆动最大幅度来判断电容器容量的大小，以确定电容器容量是否减少了。测量时必须记录好测量不同容量的电容器时万用表指针摆动的最大幅度，才能作出准确判断。如因为容量太小看不清指针的摆动，则可调转两极再测一次，这次指针摆动幅度会更大。

对于 5000pF 以下电容器用万用表 R×10kΩ 挡测量时，基本看不出指针摆动，所以若指针指向无穷大则只能说明电容器没有漏电，是否有容量减少只能靠专用仪器才能测量出来。

2. 检验带极性电解电容器

首先，要了解万用表电阻挡内部结构，如图 1-9 所示。从图中可知，黑表笔是高电位，应接电容器正极，红表笔是低电位，接电容器负极。测量时，指针同样摆动一定幅度后返回，但并不是所有的电容器万用表指针都返回至无穷大，有些会慢慢地稳定在某一位置上。读出该位置阻值，即为电容器漏电电阻，漏电电阻越大，其绝缘性越高。一般情况下，电解电容器的漏电电阻大于500kΩ时性能较好，在200～500kΩ时电容器性能一般，而小于200kΩ时漏电较为严重。

测量电解电容时要注意以下四点：

（1）每测量一次电容器前都必须先放电后测量（无极性电容器也一样）。

（2）测量电解电容器时一般选用R×1kΩ或R×10kΩ挡，但47μF以上的电容器一般不再用R×10kΩ挡。

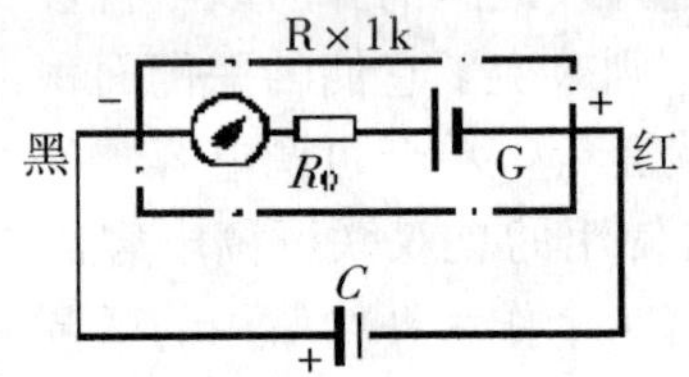

图1－9　万用表电阻挡内部结构图

（3）选用电阻挡时要注意万用表内电池（一般最高电阻挡使用6～22.5V的电池，其余的使用1.5V或3V电池）电压不应高于电容器额定电流工作电压，否则测量出来的结果是不准确的。

（4）当电容器容量大于470μF时，可先用R×1Ω挡测量，电容器充满电后（指针指向无穷大时）再调至R×1kΩ挡，待指针再次稳定后，就可以读出其漏电电阻值，这样可大大缩短电容器的充电时间。

3. 可变电容器检测

首先，观察可变电容器动片和定片有没有松动，然后再用万用表最高电阻挡测量动片和定片的引脚电阻，并且调整电容器的旋钮。若发现旋钮转到某些位置时指针发生偏转，甚至指向“0”时，说明电容器有漏电或碰片情况。电容器旋动不灵活或动片不能完全旋入和完全旋出，都必须修理或更换。对于四联可调电容器，必须对四组可调电容分别测量。

1.1.3　电感器和变压器

电感器又称电感线圈，是利用自感作用，在电路中起调谐、振荡、滤波、阻波、延迟、补偿等作用的元件。

变压器是利用多个电感线圈产生互感作用的元件。变压器实质上都是电感器，它在电路中起常起变压、耦合、匹配、选频等作用。

1.1.3.1　电感器

1. 电感器的主要参数

（1）标称电感量和偏差。电感器电感量标示方法有直标法、文字符号法、数码表示法、色标法等，与电阻器、电容器标称值标称方法一样，只是单位不同。电感量单位为H，1H（亨利）$=10^3$mH（毫亨）$=10^6$μH（微亨）。

（2）品质因数（即 Q 值）。品质因数是指线圈在某一频率下工作时，所表现的感抗与线圈的总损耗电阻的比值，其中损耗电阻包括直流电阻、高频电阻、介质损耗电阻。Q 值越高，回路损耗越小，所以一般情况下都采用提高 Q 值的方法来提高线圈的品质因数。例如，可以使用高频磁芯或介质损耗小的骨架绕制线圈；也可以改变电感器的绕制方法，以减少分布电容；还可以使用镀银线和多股导线绕制线圈以减小高频电阻损耗，有利于提高 Q 值。但并不是所有的电路的 Q 值越高越好，例如收音机的中频中周，为了加宽频带常外界一个阻尼电阻，以降低 Q 值。

（3）分布电容。线圈的匝与匝之间，线圈与铁芯之间都存在电容，这种电容均称为分布电容。频率越高，分布电容影响就越严重，Q 值会急剧下降。可以通过改变电感线圈绕制的方法来减少分布电容，如使用蜂房式绕制或间断绕制。

（4）额定电流。电感线圈中允许通过的最大电流。

（5）电感器直流电阻。所有电感器都有一定的直流电阻。阻值越小，回路损耗越小。该阻值是用万用表判断电感好坏的一个重要数据。

2. 电感器种类及电路符号

常见电感器及电路符号如图 1－10 所示。

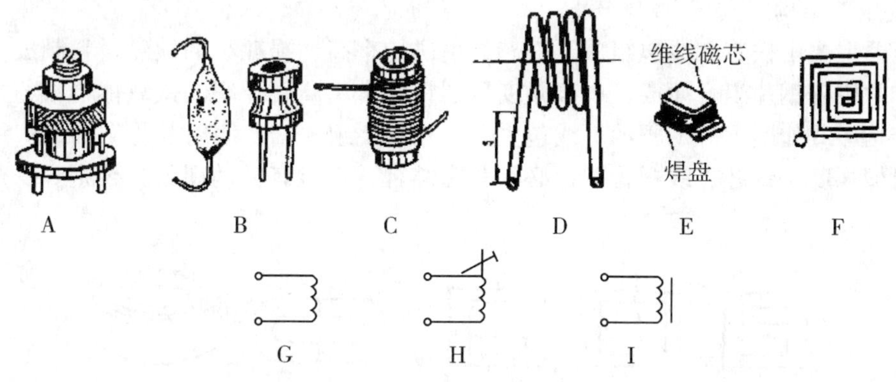

图 1－10　常见电感器及电路符号

A. 可调磁芯电感器；B. 固定电感器；C. 空心电感器；D. 高频线感电感器；E. 片式叠层电感器；F. 印制电感器；G. 线圈或阻流线圈；H. 微调线圈；I. 阻流线圈（带铁芯）

（1）固定电感器。固定电感器一般由铁氧体绕上线圈构成，其特点是体积小、电感量范围大、Q 值高，常用直标法或色环表示法把电感量标在电感器上，在滤波、陷波、扼流、延迟等电路中使用。

（2）片式叠层电感器。这种电感器是由组成磁芯的铁氧体浆料和作为平面螺旋形线圈的导电浆料相间叠加后，烧结而成的无引线的片式电感器，其特点是可靠性高、体积小，是理想的表面贴片元件。

（3）平面电感器。用真空蒸发、光刻、电镀的方法，在陶瓷基片上淀积一层金属导线，并作塑料封装而成，其特点是性能稳定可靠、精度高。这种电感器也可以在印制电路板上直接印制，电感量可以在 $2cm^2$ 的平面上制作 $2\mu H$ 的平面电感。这种电感器常用于高频电路上。

（4）高频空心小电感线圈。这种电感器是在不同直径的圆柱上单层密绕脱胎而成的，其结构简单易制，常用于收音机、电视机、高频放大器等高频谐振电路上，并可通过改变调节器匝间距离（即改变其电感量）实现电路各项频率指标的调整，例如FM收音机低端统调就是通过调节这类电感匝间距离实现的。

（5）各种专用电感器。根据各种电路特点要求，绕制出的各种专用的电感器种类很多。常见的如蜂房式绕制中波高频阻流线圈、型振荡线圈、行场偏转线圈、亮度延迟线圈及各种磁头等。

3. 电感器性能检测

在电感器常见故障中，如线圈和铁芯松脱或铁芯断裂，一般细心观察都能判断出来。若电感器开路，即两端电阻为无穷大，则用万用表就很容易测量出来，因为所有电感器都有一定阻值，常见的都在几百欧姆以下，特殊的也不超过10kΩ。若电感器出现匝间短路，则只能使用数字表准确测量其阻值，并与相同型号好的电感器进行比较，才能做出准确判断。若出现严重短路，阻值变化较大，凭经验也能判断其好坏。也可以用Q表测量其Q值，若有匝间短路时，Q值会变得很小。

1.1.3.2 变压器

1. 变压器结构

变压器主要由铁芯和线包组成，铁芯是由磁导率高、损耗小的软磁材料制成。低频变压器铁芯常用硅钢片组合而成，中高频变压器铁芯常用高磁导率的铁氧体构成，常见变压器铁芯结构形式如图1－11所示。线包主要由一次绕组、二次绕组及骨架构成。线包要有足够的机械强度，铁芯、线圈骨架都必须紧密结合，不能有松动现象，否则容易产生干扰信号。

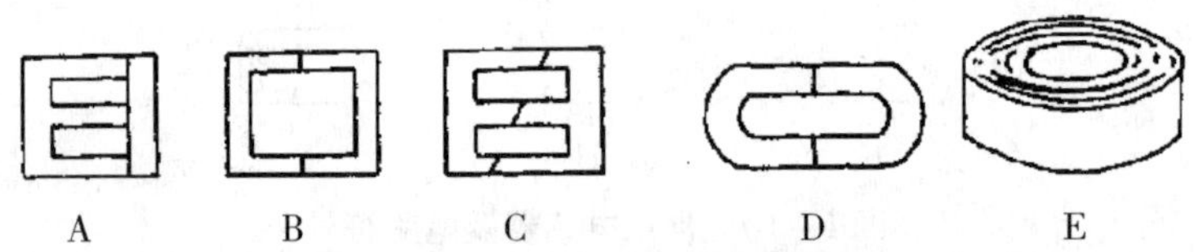

图1－11 变压器铁芯结构形式

A. “EI”形铁芯；B. “口”形铁芯；C. “F”形铁芯；D. “C”形铁芯；E. 环形铁芯

2. 常见变压器

常见变压器及电路符号如图1－12所示。

（1）低频变压器。主要分为音频变压器和电源变压器。音频变压器又分输入变压器和输出变压器两种，现在主要在电子管末级功放上作阻抗变换使用，收音机功放已很少使用这类变压器。选用音频变压器时，除了要了解其功率参数外还要知道其通频带特性，以及检查硅钢片、线包的紧密性，以免产生不必要的干扰。

电源变压器常见的都是交流220V降压变压器，用于各种电器低压供电。传统的电源变压器铁芯有“EI”形、“F”形、“CD”形等，该种变压器结构简单，易于绕制，价格低廉，所以被广泛使用。但作为音响和精密电子仪表的电源变压器时，由于具有较大漏磁，易产生低频干扰且较难消除，所以现在逐渐被新型的环形、“R”形变压器所取代。

1）环形变压器。环形变压器俗称“环牛”，结构如图 1－13 所示，其铁芯采用晶粒取向硅钢带卷绕而成，磁通密度高，漏磁小，截面积可大为减少。同时，采用环型绕方法绕制一、二次绕组，可以充分利用空间，使用线量大为减少，不仅节省导线，更重要的是减小变压器内阻，提高效率。环型变压器与同功率普通变压器相比，具有重量轻（可减少 25%～30%），效率高（可达 90% 以上，普通变压器仅在 80% 左右），升温低，对放大器无干扰等特点。

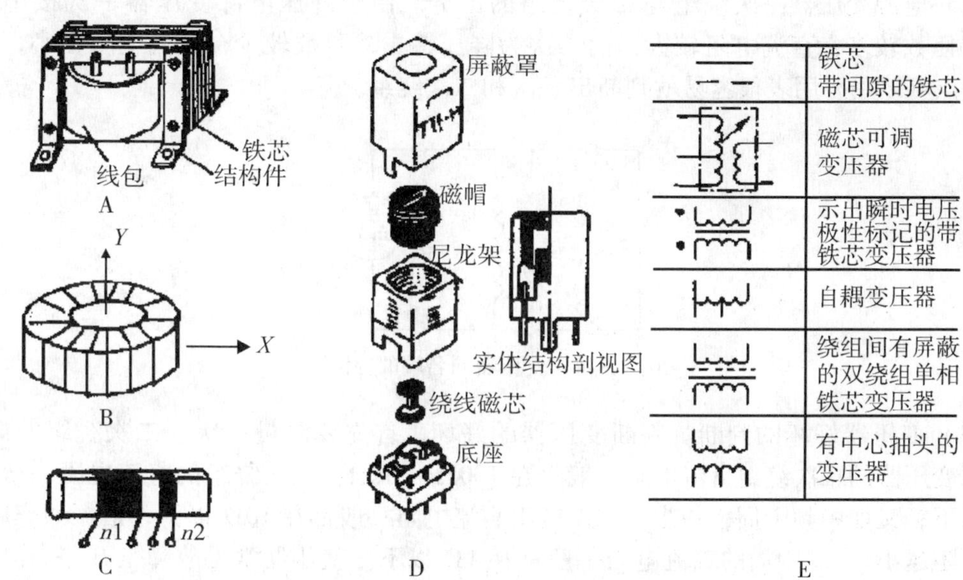

图 1－12　常见变压器及电路符号

A. 一般电源变压器；B. 环形电源变压器；C. 高频变压器（AM 天线）；D. 中频中周；E. 变压器通用形符号

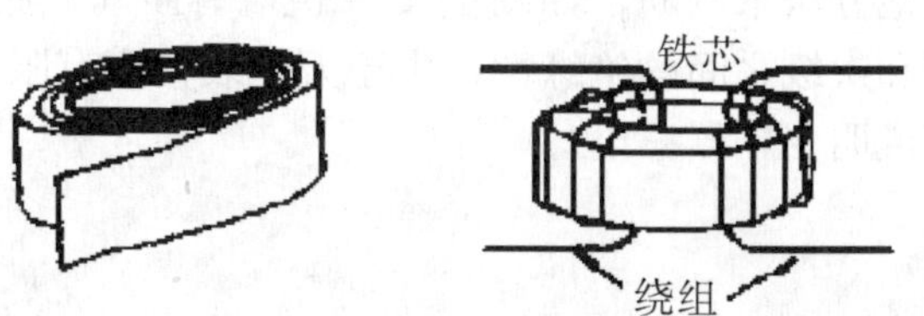

图 1－13　环形变压器结构示意图

2）“R”形变压器。“R”形变压器外形与“C”形变压器相似，但其铁芯的横截面却呈圆形，铁芯周围磁场分布均匀。由于分布在“R”形铁芯两侧的两个绕组采用逆相平衡绕制，因而能有效地抑制两只线圈中间区域的漏磁通。一般“R”形变压器的漏磁只有“EI”形变压器的 10%、“C”形变压器的 20%，又由于圆截面铁芯能使包紧附铁芯，因而大大降低了噪声。“R”形变压器具有铁耗低、升温低、体积小、重量轻等特点。

（2）中频变压器。又称中周，中频变压器适用频率范围从几千赫兹到几十兆赫兹。一般中周都有一谐振频率，且该频率可调整中周磁帽，做小量改变，如 FM 中频中周，其调谐频率为 10.7MHz ± 100kHz。中频中周常在超外差电路中作选频、耦合、阻抗变换等。

(3) 高频变压器。高频变压器又称耦合线圈和调谐线圈，常见的有调谐收音机用的接收天线线圈和振荡线圈。

3. 变压器性能检测

(1) 变压器同名端的检测。如图 1-14 所示，一般阻值较小的绕组可直接与电池相接。当开关闭合的一瞬间，万用表指针正偏，则说明 1，4 脚为同名端；若反偏，则说明 1，3 脚为同名端。

(2) 电源变压器一次绕组与二次绕组的区分。由于降压电源变压器一次接于交流 220V，匝数较多，直流电阻较大，而二次为降压输出，匝数较少，直流电阻也小，利用这一特点可以用万用表很容易就判断出一次和二次绕组。

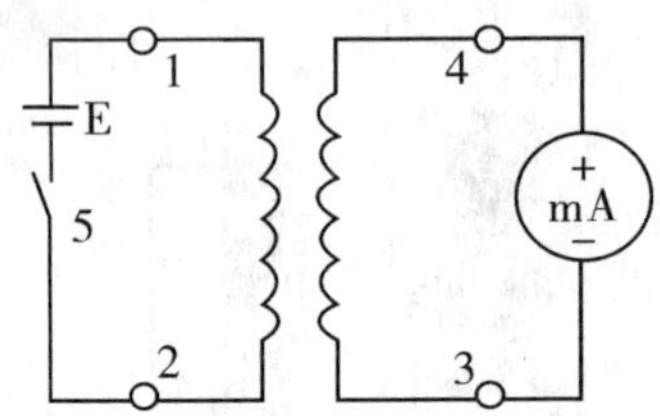

图 1-14 变压器同名端的检测

(3) 变压器好坏的判断。判断变压器的好坏，首先要测量一次、二次绕组的好坏。如电源变压器的一次绕组直流电阻一般只在 100Ω～5kΩ，二次绕组的直流电阻一般都在 50Ω 以下；又如中频中周，一次、二次绕组直流电阻一般都在 10Ω 以下，谐振频率越高、直流电阻越小。FM 中周的直流电阻一般都在 1Ω 以下。变压器常见故障是开路，测量结果与实际阻值相差甚远，所以很容易判断出来。若变压器匝间短路，要用数字表测量其直流电阻，并与好的同型号变压器进行比较才能作出准确判断。有些变压器用该方法也是很难判断其好坏的，如彩电的行输出变压器高压绕组匝间短路时，用万用表、数字表都很难测量其好坏，只能用其他方法来判断，如测量其 Q 值。有匝间短路时，Q 值会大大降低，其次要测量变压器初级和次级之间的绝缘性，由于万用表精度有限，测量结果一般都为无穷大，指针稍有摆动都说明变压器漏电。

1.1.4 半导体器件

本节主要介绍一些常见的半导体器件，如二极管、三极管、集成电路等。

1.1.4.1 半导体器件命名

国内半导体器件的命名方法：半导体器件的命名由五部分组成，第二、第三部分的意义如表 1-10 所示。

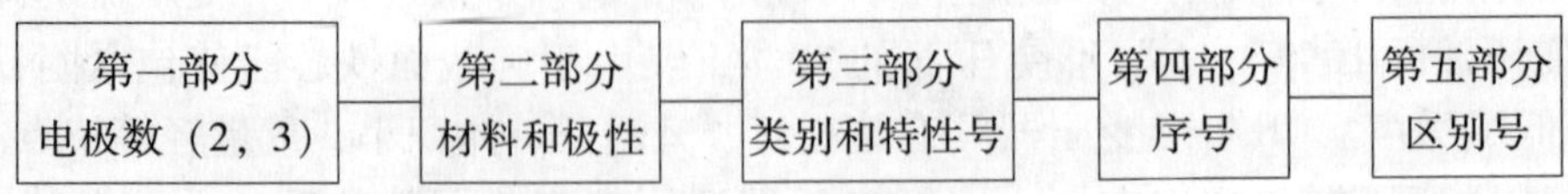

例：2AP9——“2”表示二极管，“A”表示 N 型锗材料，“P”表示普通管，“9”表示序号。

3DG6——“3”表示三极管，“D”表示 NPN 硅材料，“G”表示高频小功率管，“6”表示序号。

表 1－10　半导体器件命名方法第二、第三部分的意义

第二部分		第三部分					
字母	意义	字母	意义	字母	意义	字母	意义
A	N 型，锗材料	P	普通管	K	开关管	T	晶闸管
B	P 型，锗材料	V	微波管	Y	体效应器件	A	功率管
C	N 型，硅材料	W	稳压管	B	雪崩管		
D	P 型，硅材料	C	产量管	JG	阶跃恢复管	D	低频大功率管
A	PNP 型，锗材料	Z	整流管	CS	场效应管		
B	NPN 型，锗材料	L	整流对	BT	半导体特殊器件		
C	PNP 型，硅材料	S	隧道管	PIN	PIN 型管		
D	NPN 型，硅材料	N	阻尼管	FH	复合管		
E	化合物材料	U	光电器件	JC	激光管		

1.1.4.2 二极管

1. 常见二极管及其电路符号（如图 1－15 所示）

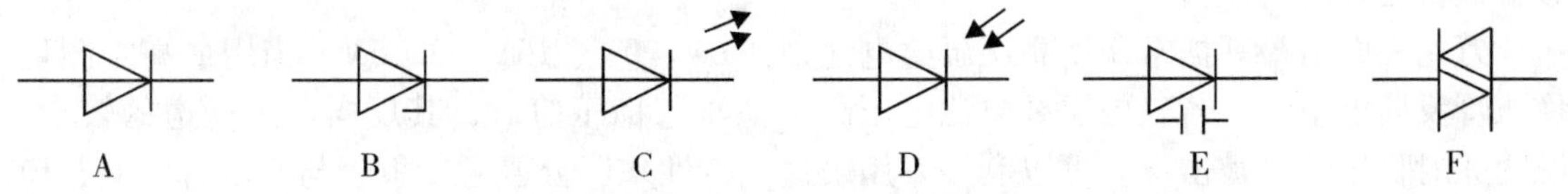

图 1－15　常见二极管及其电路符号

A. 普通二极管；B. 稳压二极管；C. 发光二极管；D. 光电二极管；E. 变容二极管；F. 双向触发二极管

2. 常见二极管检测与代换

（1）普通二极管极性判别及性能检测。二极管具有单向导电性，一般带有色环的一端表示负极。也可以用万用表来判断其极性，如图 1－16 所示，用万用表 R×100Ω 或R×1kΩ 挡测量二极管正反向电阻，阻值较小的一次，二极管导通，黑表笔接触的是二极管正极（可参见图 1－9，使用电阻挡时黑表笔是高电位）。

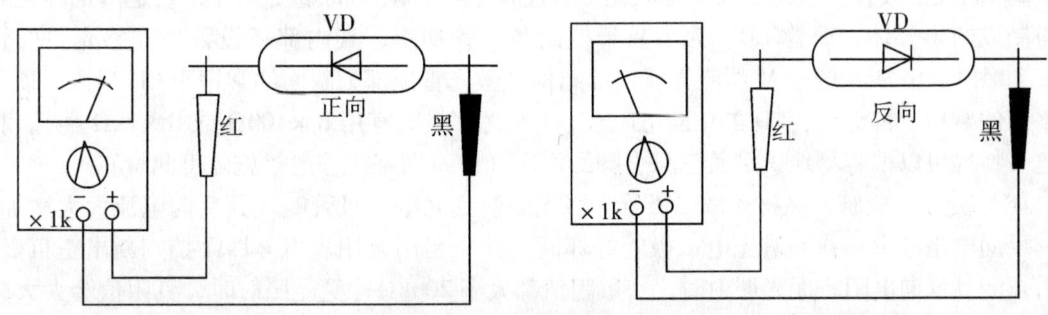

图 1－16　二极管极性判别

二极管是非线性元件，不同万用表，使用不同挡测量结果都不同，用 R×100Ω 挡测量时，通常小功率锗管两种二极管。锗管反向电阻大于 20kΩ 即可符合一般要求，而硅管反向电阻都要求在 500kΩ 以上，小于 500kΩ 都视为漏电较严重，正常硅管测其反向电阻时，万用表指针都指向无穷大。

总的来说，二极管正、反向电阻相差越大越好，阻值相同或相近都视为坏管。测量二极管正、反向电阻时宜用万用表 R×100Ω 或 R×1kΩ 挡，硅管也可以用 R×10kΩ 挡来测量。

代换二极管时，并不需要每个参数都与原来的完全相同或优胜，只要某些重要参数与原来的相同或优胜即可代换。如检波二极管代换时，重点注意它的截止频率和导通压降即可，而普通整流二极管则要重点注意它的最高反压及最大正向工作电流，开关管则要重点注意它的导通时间和压降，反向恢复时间。该方法也适用于其他元件的代换，如电阻、电容、三极管等。

（2）稳压管。稳压管是利用其反向击穿时两端电压基本不变的特性来工作，所以稳压管在电路中是反偏工作的，其极性和好坏的判断与普通二极管所使用的方法一样（注：不要使用 R×10kΩ 挡）。

稳压管稳压值可用如图 1－17 所示的方法来测量，可用直流调压器做电源，也可以使用万用表内高压电池做电源，如 22.5V 层叠电池，但测量最高稳压值应小于该电池电压，若要测量更高稳压值时，则需要再串联 1～2 个同样的电池，此时万用表电压挡显示的读数就是稳压管的稳压值。

万用表电阻最高挡常使用高压层叠电池，如 6V、9V、15V、22.5V。当用最高挡测量稳压管反向电阻时，若表内层叠电池电压高于稳压管稳压值时，其反向电阻这边的较小，说明此时稳压管已被击穿。可以利用万用表这一特性来区分普通二极管与稳压管，但若稳压值高于层叠电池电压，就不能用这种方法来判别，只能直接测量其稳压值，如无稳压值，则可能是一般二极管。

（3）发光二极管。包括普通发光二极管和激光二极管。

1）普通发光二极管。有些万用表用 R×1Ω 挡测量发光二极管正向电阻时，发光二极管会被点亮，利用这一特性可以判断发光二极管的好坏，也可以判断其极性。点亮时，黑表笔相连的引脚为发光二极管正极，如 R×1Ω 挡不能使发光二极管点亮，则只能使用 R×10kΩ 挡正、反向测其阻值，看其是否具有二极管特性，然后才能判断其好坏。

2）激光二极管。激光二极管是激光影音设备中不可缺少的重要元件，它是由铝砷化镓材料制成的半导体，简称 LD。为了易于控制激光管功率，其内部还设置一支感光二极管 PD，如图 1－18 所示的是 M 型激光管内部结构。激光管顶部为斜面的常用于 CD 唱机，顶部为平面的常用于视盘机，LD 的正向电阻较 PD 大（测量时宜用 R×100Ω 或 R×1kΩ 挡）。利用这一特性可以很容易地识别其三只引脚的作用（注意做好防静电措施才可测量）。

（4）光电二极管。又称光敏二极管，当光照射到光电二极管时，其反向电流大大增加，使其反向电阻减少。在测量光电二极管好坏时，首先要用万用表 R×1kΩ 挡判断出正负极，然后再测其反向电阻。无光照射时，一般阻值都大于 200kΩ；受光照射时，其阻值会大大减少，若变化不大，则说明被测管已损坏或不是光电二极管。该方法也可用于检测红外线接收管的好坏，照射光改用遥控器的红外线，当按下遥控键时，红外线接收管反向电阻变小且指针在振动，则说明该管是反接的，反过来也可以用于检测红外线遥控器的好坏。

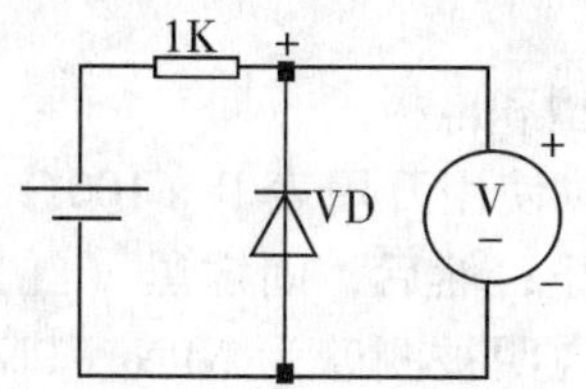

图1－17　测量稳压管稳压值

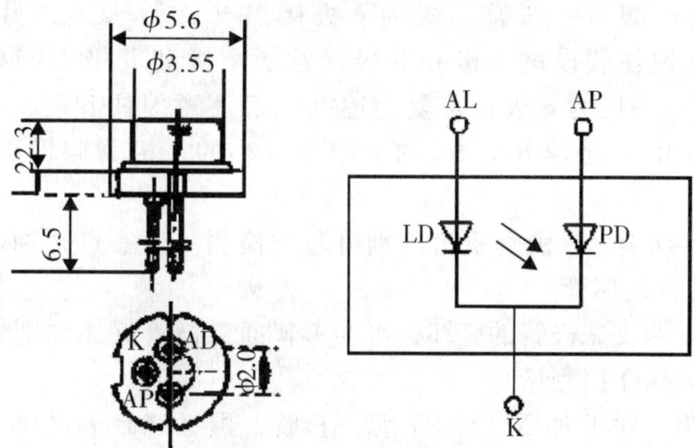

图1－18　M型激光管内部结构

1.1.4.3　三极管

1. 常见三极管及其电路符号、引脚排列（如图1－19所示）

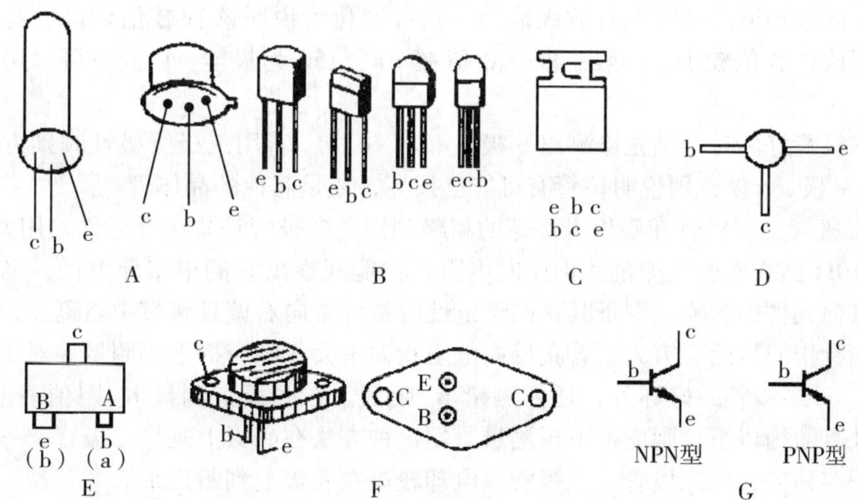

图1－19　常见三极管及其电路符号、引脚排列

A. 国产普通三极管；B. 塑封小功率三极管；C. 中功率三极管；D. 高频小功率三极管；E. 片状三极管；F. 低频大功率三极管；G. 三极管电路符号

2. 三极管的管型和电极判别

（1）三极管的引脚常规排列。如图 1－19 所示，并没有具体的规定，各生产厂家都有自己的引脚排列规则。

（2）用万用表判断三极管管型和电极。

1）首先，找出基极（b 极）：使用万用表 R×100Ω 或 R×1kΩ 电阻挡随意测量三极管的两极，直到指针摆动较大为止；然后，固定黑（红）表笔：把红（黑）表笔移至另一引脚上，若指针同样摆动，则说明被测管为 NPN（PNP）型，且黑（红）表笔所接触引脚为 b 极。

2）c 极和 e 极判别。根据上面的测量已确定了 b 极，且为 NPN（PNP）型，再使用万用表 R×1kΩ 挡进行测量。假设一极为 c 极接黑（红）表笔，另一极为 e 极接红（黑）表笔，用手指捏住假设的 c 极和 b 极（注意 c 极和 b 极不能相碰），读出其阻值 R_1，然后再假设另一极为 c 极，重复上述操作（注意捏住 b 极、e 极的力度两次都要相同），读出阻值 R_2。比较 R_1，R_2 的大小，以小的一极为假设正确，黑（红）表笔对 c 极。

（3）三极管质量判别。三极管质量判别可通过检测一下三点来判断，只要有一点不能达到要求，三极管就是坏管。

首先判断 be、bc 两支二极管的好坏，可参考普通二极管好坏判别方法（注意要用万用表 R×100Ω 或 R×1kΩ 挡测量）。

测量 ce 漏电电阻，对于 NPN（PNP）型三极管，黑（红）表笔接 c 极，红（黑）表笔接 e 极，b 极悬空，R_{ce} 阻值越大越好。一般对锗管的要求较低，在低压电路上大于 50kΩ 即可使用，但对于硅管来说要大于 500kΩ 才可使用，通常测量硅管 R_{ce} 阻值时，万用表指针都指向无穷大。

还要检测三极管有没有放大能力。判断 c 极时，观察万用表指针在捏住 c 极、b 极前后的变化，即可知道该管有没有放大能力。指针变化大说明该管 β 值较高，若指针变化不大则说明该管 β 值较小。一般三极管 β 值在 50～150 为最佳。β 值也可以用万用表来测量。

判断三极管好坏时必须先检测出 b 极、e 极、c 极，若用三极管极性判别方法都判别不出 b 极、e 极、c 极，则说明该管有可能已损坏，或是其他的晶体管。

（4）二极管、三极管在底板上好坏的粗略判别。二极管是非线性元件，用万用表R×1Ω 或 R×10Ω 挡在底板上测量其正反向电阻，仍能观察出它的单向导电性，也减少了与之并联的其他元件的影响。测量其正向导电性时指针常向右偏且超过中点刻度，测量其反向电阻时指针指向接近无穷大。若正反向电阻相差不大，则应拆下再测量。对于三极管除了测量 be，bc 二极管的好坏外，还要测量 R_{ce} 阻值。在底板上测量 R_{ce} 阻值一般都较大，如发现在几百欧姆以下，则应拆下再测量。用这种方法在底板上测量二极管、三极管是否被击穿是很容易的，但二极管、三极管漏电却较难在底板上判断出来。

1.1.4.4　场效应管

1. 场效应管种类与符号（如图 1－20 所示）

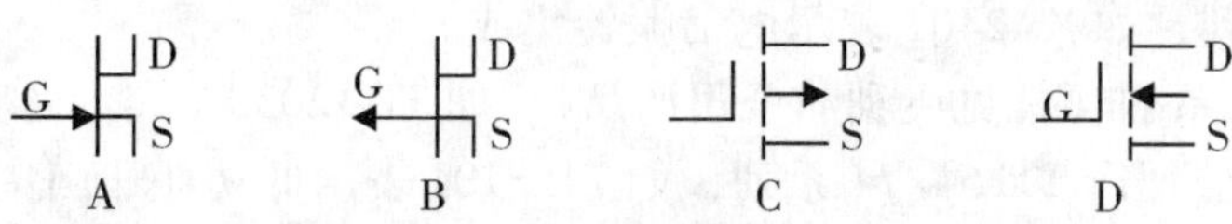

图 1－20　场效应管种类与电路符号

A. N 沟道结形场效应管；B. P 沟道结形场效应管；C. NMOS 管；D. PCOM 管

2. 结型场效应管类型和电极好坏判别

用万用表测量其任意两极，当发现指针偏转较大时，把黑（红）表笔固定，红（黑）表笔接到另一引脚上，若指针同样偏转，则黑（红）表笔对 G 极且为 N（P）沟道结型场效应管，其余的 D 极、S 极可互换使用，不用判别。

判别结型场效应管的好坏时，首先要判别 GS、GD 两支二极管的好坏，然后再测量 D 极、S 两极的电阻，阻值一般都在几千欧姆内，如发现阻值过大或过小（只有几百欧姆或以下）则都是坏管，必要时还要测量场效应管的跨导。对于绝缘栅型场效应管而言，因其易被感应电荷击穿，不便于测量。

1.1.4.5　集成电路

集成电路简称 IC，就是在一块极小硅单晶片上接入很多二极管、三极管以及电阻电容等，并能完成特定功能的电子器件。随着科技的发展，集成电路集成度越来越高，功能也越来越多，根据功能集成电路可分为两大类：模拟集成电路和数字集成电路。

1. 集成电路引脚顺序识别（如图 1－21 所示）

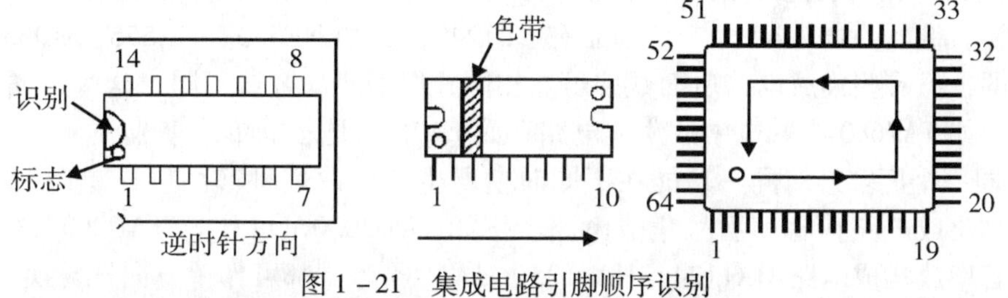

图 1－21　集成电路引脚顺序识别

2. 常见集成电路型号识别

（1）国内常见集成系列有 CT、CC、CF、CD、CW 等。如 CF741 表示通用型集成运放。

（2）国外常见集成系列有：

松下公司 AN 系列，如 AN5601 表示彩电色解集成。

东芝公司 TA、TC、TD、TM 等系列，如 TA7680 表示彩电中放。

日本电气公司有 μpA、μpB、μpC、μpD 等系列，如 μpC1213C 表示音频功放。

日立公司有 HA、HD、HM、HN 等系列，如 HA1397 表示音频功放。

三洋公司有 LA、LB、LC、STK 等系列，如 LA7680 表示彩电单片集成。

索尼公司有 CXA、CXD 等系列，如 CXA1191A 表示单片 AM/FM 集成。

夏普公司有 IX 系列，如 IX0109CE 表示彩电解码集成。

摩托罗拉公司有 MC、MCC、MFC 等系列，如 MC2902 表示四运放集成。

国家半导体公司（美国）有 LM、AH、AM、CD 等系列，如 LM324 表示四运放集成。

韩国产 KA 系列，如 KA2401 表示电话振铃集成。

欧联盟产 TDA 系列（常见飞利浦公司产品），如 TDA2030A 表示音频功放。

得克萨斯仪器公司产 TTL54/74 系列，如 74LS10J 表示低功耗非门集成。

3. 集成电路好坏判别方法

（1）电阻法。电阻法测量有两种。通过测量单块集成电路各引脚对地正反向电阻，与参考资料或一块好的集成电路进行比较，从而作出判断（注意：必须使用同一万用表和同一挡测量，结果才准确）。

在没有对比资料的情况下只能使用间接电阻法测量，即在印制电路板上通过测量集成电路引脚外围元件好坏（电阻、电容、晶体管，在印制电路板上测量的方法上面已有讲述）来判断，若电路异常而外围元件没有损坏，则集成电路有可能已损坏。

（2）电压法。测量集成电路引脚对地的动态、静态电压，与线路图或其他资料所提供的参考电压进行比较，若发现某些引脚电压有较大差别，而外围元件有没有损坏，则集成电路有可能已损坏。

（3）波形法。测量集成电路各引脚波形看是否与原设计相符，如发现有较大区别，其外围元件又没有损坏，则集成电路有可能已损坏。

（4）替换法。用相同型号集成电路替换试验，若电路恢复正常，则集成电路已损坏。

4. 集成电路替换方法

（1）用型号完全相同的集成电路进行替换。

（2）用具有相同功能的集成电路代用。具有相同功能且后面数字又相同的集成电路一般可互换。例如，TA7240 国产仿制品有 CD7240，又如 NE555、HA555、LM555 等都是可以互换的，但有些集成电路后面数字虽然相同，但功能却截然不同，这些集成电路是不可互换的，如 TA7680 为彩电中放集成电路，而 LA7680 是彩电单片集成。

（3）同一个厂家针对同一功能在不同时期所生产的改进型产品可作单向性替换，即可用改进型集成电路代替旧型号集成电路。例如，TD2030A 可代替 TAD2030；又如，日立公司伴音中放集成电路 HA1124、HA1125、HA1184 等，都可作单方向性替换。

1.2 印制电路板

印制电路板又称印制线路板或印刷线路板。它是只在绝缘基板上，有选择地加工和制造出导电图形的组装板。印制电路板材料选用的是覆铜板（又称基材），即在绝缘基板上辅以金属铜箔。

1.2.1 印制电路板的特点

印制电路板的主要特点是：设计上可以标准化，利于互换；布线密度高、体积小、重量轻，利于电子设备的小型化；图形具有重复性和一致性，减少了布线和装配的差错，利于机械化和自动化生产，降低了成本。由于印制电路板具有上述优点，所以在无线电技术中得到了广泛的应用。

1.2.2　印制电路板的分类

印制电路板的种类很多，按其结构不同可分为单面印制板、双面印制板、多层印制板和软印制板。按绝缘材料不同可分为纸基板、玻璃布基板和合成纤维板。按黏结剂树脂不同又分为酚醛板、环氧板、聚酯板和聚四氟乙烯板等。按用途分，有通用型板和特殊型板。

纸基板价格低廉，但性能较差，可用于低频和要求不高的场合。玻璃布基板和合成纤维板价格较高，但性能较好，常用于高频和高档电子产品。当频率高达数百兆赫兹时，则必须用聚四氟乙烯等介电常数和介电损耗更小的材料做基板。

（1）聚苯乙烯覆铜板。是用黏结剂将聚苯乙烯和铜箔黏结而成的覆铜板，主要用作高频印制线路板和印制元件，如微波电路中的定向耦合器等。

（2）聚四氟乙烯覆铜板。是以聚四氟乙烯板为基板，敷以铜箔经热压而成的一种覆铜板，主要在高频和超高频线路中作印制板用。

（3）软性聚酯敷铜薄膜。它是用聚酯薄膜与铜热压而成的带状材料，主要用作柔性印制电路和印制电缆，可作为接插件的过渡线。为了充分利用空间，在应用中将它卷曲成螺旋形放在设备内部。为了加固或防潮，常以环氧树脂将它灌注成一个整体。

（4）多层印制电路板。多层印制电路板是指在单块印制电路板厚度差不多的板上，叠合三层以上的印制线路系统。它由较薄的几块单面印制电路板叠合而成，只是在制造工艺上与单块印制电路板有所不同而已。

这几种覆铜板所用铜箔厚度为 0.05mm、0.005mm，层压板（基板）厚度有 1.0mm、1.5mm、2.3mm 三种。

1.2.3　对印制导线的要求

一般情况下，印制导线的宽度为 1 ～ 2mm，某些流经大电流的部位，线宽可适度增加。印制导线之间的距离一般不小于 1mm，某些线间电压较高的部位，间距可适当加宽。由于线路板的铜箔粘贴强度有限，浸焊受热时间过长，铜箔会翘起和剥落，因此对印制导线的形状和印制接点的形状有一定的要求。所有印制导线的边缘应光滑，不应有直角弯曲或尖角，如图 1 – 22A 所示。尽量不要采用导线的直接分支，若实在需要导线分支时，分支处应圆滑，如图 1 – 22B 所示，以免导线本身与粘贴层产生附加应力，而容易使铜箔翘起或破裂。印制接点即焊盘一般趋圆环形，圆环的外径应略大于与其相交的印制导线的宽度，通常取 2 ～ 3mm。为了增加接点的牢固性，可在单个接点或连接较短的两个接点上加一条辅助加固线。如图 1 – 22C 所示。

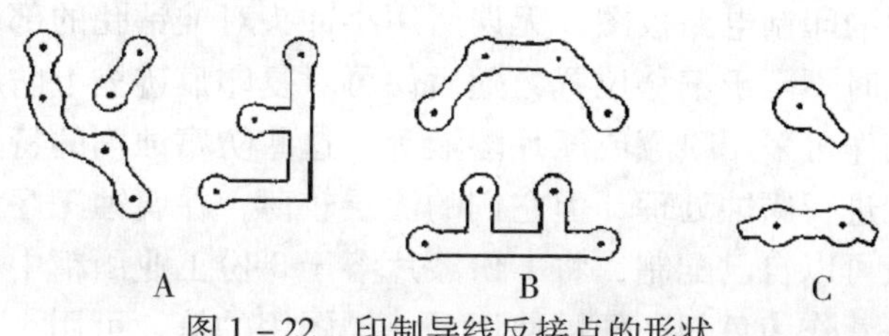

图 1 – 22　印制导线反接点的形状

1.2.4 电路中各种元器件的安排

设计印制电路板不是简单地将元器件用印制导线连接，而是要考虑电路的特点和要求。如高频电路对低频电路的影响，各元器件之间是否产生有害的干扰，以及热传导方面的影响。由于布线不正确带来的分布参数影响也不可忽略，为此在设计印制电路板时要充分考虑下面八个方面：

（1）收音机总的输入、输出变压器要垂直放置，磁性天线要远离扬声器，即容易引起相互干扰的元器件要尽量远离。

（2）高频部分的布线应尽可能的短而直，以防自激。

（3）要考虑发热器件的散热，以及热量对周围元器件的影响。对于大功率管要考虑预留散热板的安装位置。

（4）对于热敏元器件要尽可能地远离发热源。

（5）对于比较重的元器件，如电源变压器，应尽可能地靠近印制电路板固定端的边缘位置，以防止印制板的变形。

（6）应搞清楚所用元器件的外形尺寸和引线方式，并确定元器件在印制电路板上的装配方式（立式、卧式、混合式）。

（7）各元器件之间的印制导线不能交叉。如果无法避免，可采用在印制电路板另一面跨接引线的方法。

（8）印制电路板上元器件布置要均匀，密度要一致，并要做到横平竖直，不允许将元器件歪斜或交叉重叠排列。

1.2.5 印制电路板的简易制作

1. 覆铜板的表面处理

由于加工、存储等原因，在覆铜板的表面会形成一层氧化层，氧化层将影响底图的复印，为此在复印底图前应将覆铜板清洗干净。具体方法是：用水砂纸蘸水打磨，用去污粉刷洗，直至将板面刷亮为止，然后用水冲洗，用布抹净后即可使用。这时切忌用粗砂纸打磨，否则会使铜箔变薄，且表面不光滑，影响描绘底图。

2. 复印电路图

把已经绘制完毕的印制电路板图，用复写纸复印在覆铜板的铜箔面上。复印时最好把复印纸、印制电路板图用胶布固定在覆铜板上。印制完毕后，要认真复查是否有错误和漏掉的线条，复查后再把印制电路板图复写纸取下。

3. 描图

仔细检查复印后的印制电路板图，无误后用小冲头对准钻孔的部位冲上一个一个的小凹痕，便于以后打孔时不至于偏移位置，随后便可对复印痕迹描上防腐蚀剂。防腐蚀剂种类很多，一般业余制作可采用喷漆或漆片溶液等。这些防腐蚀剂的特点是自然风干快，图扫完后稍等片刻就能进行腐蚀处理，但它们的漆层较薄，在腐蚀工序中，稍有疏忽就容易碰掉漆层。漆片溶液可以自己配制，将 1 份漆片溶于 3 份工业酒精中，完全溶解后再加入少量的甲基橙或甲基紫作为色剂，便可使用了。描图用的笔，可用小号毛笔，也可用鸭嘴笔，另外还可将描图液灌在废旧的注射器中进行描制，这种方法既灵活又方便，特别适宜描制较细的线条。实际使用时，注射器针尖的斜口部分要先用钢丝钳剪去，再用锉刀锉光滑即可。描完后的印制电路板应平放，让描图液自然干透，同时检查线条是否有麻点、缺口或断线，如果有，应及时填补、修复。再用快口尖刀将线条图形整理一下，使线条光滑，焊盘圆滑。

4. 去除废铜箔

铜箔上所需的线路已被防腐蚀剂涂上，剩下的铜箔必须去除。去除方法常用化学腐蚀法和刀刻法。

（1）化学腐蚀法：三氯化铁是腐蚀印制电路板最常用的化学药品，溶液浓度一般取35%左右，即用 1 份三氯化铁加 2 份水配制而成。配制时在溶液里先放三氯化铁后放水，并不断搅拌。盛放腐蚀液的容器须是塑料的或用搪瓷盘，不能使用铜、铁、铝等金属制品，因为三氯化铁会与这些金属发生化学反应。把要腐蚀的印制电路板浸没在溶液之中，溶液量以铜箔面正好完全被浸没为限，太少不能很好地腐蚀印制电路板，太多易造成浪费。为了加快腐蚀速度，在腐蚀过程中，要不断晃动容器，或用毛笔在印制电路板上来回地刷洗。如还嫌速度太慢，也可适当加大三氯化铁的浓度，或提高溶液的温度，但溶液浓度不宜超过 50%，温度不要超过 60℃，否则溶液太浓会使铜箔板上需要保存的铜箔从侧面被三氯化铁腐蚀，而温度太高会使漆层隆起脱落。

（2）刀刻法：利用锋利的小刀将铜箔板上不要的铜箔刻去，这样可以省去描漆、腐蚀、清洗等工序。但刻制电路时需要小心，否则容易损坏底层的绝缘板和需要保留的线路铜箔。这种方法一般只适用于制作线条及电路比较简单的印制电路板。

5. 清水冲洗

当废铜箔被腐蚀完后，应立刻将印制电路板取出，用清水冲洗干净残存的三氯化铁，否则残存的腐蚀液会使铜箔导线的边缘出现黄色的痕迹。

6. 擦去防腐蚀层

印制电路板制作时描在铜箔上的防腐蚀层，经过腐蚀工序后依然留在印制电路板上，所以应当刷掉。如果是喷漆，可用棉花蘸香蕉水或丙酮刷洗；如果是漆片溶液，可采用酒精刷洗；如果缺少这些溶液，也可用细砂纸（最好是水磨砂纸）轻轻磨去覆盖的漆层。

7. 钻孔

按描图前所冲的凹痕钻孔，孔径应根据引脚粗细而定。如普通电阻、电容、晶体管的安装孔一般取 1 ～ 1.3mm，固定螺钉孔径取 3mm 等。钻孔时，为了使钻出的孔眼光洁、无毛刺，除了要选用锋利的钻头以外，孔径 2mm 以下的，最好采用高速（4000 转/分钟以上）电钻来钻。如果转速过低，钻出来的孔眼就会有严重的毛刺。对于直径在 3mm 以上者，转速可略低一些。

8. 涂保护层

腐蚀后留下的印制导线的铜箔表面，还需涂上一层保护层。涂保护层的目的，一是防止导线铜箔日久受潮腐蚀；二是便于在铜箔上焊接，保证良好的导电性能。常用的保护层有松香涂层和镀银层。无论涂何种保护层，印制电路板上的铜箔都必须先做清洁处理，处理方法与前述第 1 步相同，清洁后晾干，即可涂上保护层。

（1）涂松香层：先配制松香酒精溶液，将2份松香研碎后放入一份纯酒精中（浓度在90%以上），盖紧盖子搁置一天，待松香溶解后方可使用。用毛刷或排笔蘸上溶液均匀涂刷在印制电路板上，待溶液总的酒精自然挥发后，印制电路板上就会留下一层黄色透明的松香保护层。

（2）涂镀银层：在盘中倒入硝酸银溶液，将印制电路板浸没在溶液中，10分钟后即可在导线箔表面均匀地留下银层。用清水冲洗晾干后就可以使用了。

1.3 焊接工艺

1.3.1 线路板焊接基本知识

1.3.1.1 焊接概述

电子产品的功能取决于电子元器件正确的相互连接，这些元器件的相互连接大都依赖于线路板焊接。线路板焊接在电子产品的装配中，一直起着重要的作用。即使当前有许多连接技术，但线路板焊接仍然保持着主导地位。

线路板焊接是电子技术的重要组成部分。进行正确的焊点设计和拥有良好的加工工艺（即线路板焊接工艺），是获得可靠焊接的关键因素。所谓“可靠”是指焊点不仅在产品刚生产出来时具有所要求的一切性质，而且在电子产品的整个使用寿命中，都可保证工作无误。

尽管所有焊接过程的物理-化学原理是相同的，但电子电路的焊接又具有它自身的特点，即高可靠与微型化，这是与电子产品的特点相一致的。线路板焊接质量的优劣是受多方面因素影响的。例如，基金属材料的种类及其表层、镀层的种类和厚度，加工工艺和方式，焊接前的表面状态，焊接成分，焊接方式，焊接温度和时间，被焊接基金属的间隙大小，助焊剂种类与性能，焊接工具，等等。不仅被焊元器件引线表面的氧化物及引线内部结构的金属间化合物状况是影响引线可焊性的重要因素，而且印制板表面的氧化物也是影响焊盘可焊性的主要因素。

随着电子元器件的封装更新换代加快，由原来的直插式改为了平贴式，连接排线也由FPC软板进行替代，元器件电阻电容已向0201平贴式发展，BGA封装后已使用了蓝牙技术，这无一例外地说明了电子发展已朝向小型化、微型化，手工焊接难度也随之增加，在焊接当中稍有不慎就会损伤元器件，或引起焊接不良，所以手工焊接人员必须对焊接原理、焊接过程、焊接方法、焊接质量的评定有一定的了解。

焊接通常分为熔焊、钎焊及接触焊接三大类，在电子装配中主要使用的是钎焊。钎焊就是已加热的工件金属之间，溶入熔点低于工件金属的焊料，借助焊剂的作用，依靠毛细现象，使焊料浸润工件金属表面，并发生化学变化，生成合金层，从而使工件金属与焊料结合为一体。钎焊按照使用焊料熔点的不同分为硬焊（焊料熔点高于450℃）和软焊（焊料熔点低于450℃）。

采用锡铅焊料进行焊接称为锡铅焊，简称锡焊，它是软焊的一种。除了含有大量铬和铝等合金的金属不易焊接外，其他金属一般都可以采用锡焊焊接。锡焊方法简单，整修焊点、拆换元器件、重新焊接都比较容易，所用工具简单（电烙铁）。此外，还具有成本低、易实现自动化等优点。在电子装配中，它是使用最早、适用范围最广和当前仍占较大比重的一种焊接方法。

随着电子工业的快速发展，焊接工艺有了新的发展。在锡焊方面大中型电子企业已普遍使用应用机械设备的浸焊和实现自动化焊接的波峰焊，这不仅降低了工人的劳动强度，也提高了生产效率，保证了产品的质量。同时，无锡焊接在电子工业中也得到了较多的应用，如熔焊、绕接焊、压接焊。

1.3.1.2　焊接原理

锡焊是一门科学，它的原理是通过加热的烙铁将固态焊锡丝加热熔化，再借助于助焊剂的作用，使其流入被焊金属之间，待冷却后形成牢固可靠的焊接点。

采用锡铅焊料进行焊接称为锡铅焊，简称锡焊，其机理是：在锡焊的过程中将焊料、焊件与铜箔在焊接热的作用下，焊件与铜箔不熔化，焊料熔化并浸润焊接面，依靠焊件、铜箔两者间原子分子的移动，从而引起金属之间的扩散形成在铜箔与焊件之间的金属合金层，并使铜箔与焊件连接在一起，就得到牢固可靠的焊接点，以上过程为相互间的物理－化学作用过程。

（1）润湿：润湿过程是指已经熔化了的焊料借助毛细管力沿着母材金属表面细微的凹凸和结晶的间隙向四周漫流，从而在被焊母材表面形成附着层，使焊料与母材金属的原子相互接近，达到原子引力起作用的距离。

引起润湿的环境条件：被焊母材的表面必须是清洁的，不能有氧化物或污染物。

形象比喻：把水滴到荷叶上形成水珠，就是水不能润湿荷叶。把水滴到棉花上，水就渗透到棉花里面去了，就是水能润湿棉花。

（2）扩散：伴随着润湿的进行，焊料与母材金属原子间的相互扩散现象开始发生。通常原子在晶格点阵中处于热振动状态，一旦温度升高。原子活动加剧，使熔化的焊料与母材中的原子相互越过接触面进入对方的晶格点阵，原子的移动速度与数量决定于加热的温度与时间。

（3）冶金结合：由于焊料与母材原子相互扩散，在 2 种金属之间形成了一个中间层——金属化合物，要获得良好的焊点，被焊母材与焊料之间必须形成金属化合物，从而使母材达到牢固的冶金结合状态。

1.3.1.3　线路板焊接特点

（1）焊料熔点低于焊件。焊接时将焊料与焊件共同加热到焊接温度，焊料熔化而焊件不熔化。

（2）焊接的形成依靠熔化状态的焊料浸润焊接面，从而产生冶金、化学反应形成结合层，实现焊件的结合。

（3）铅锡焊料熔点低于 200℃，适合半导体等电子材料的连接。

（4）只需简单的加热工具和材料即可加工，投资少。焊点有足够强度和电气性能。锡焊过程可逆，易于拆焊。

1.3.1.4　线路板锡接条件

1. 焊件具有可焊性

锡焊的质量主要取决于焊料润湿焊件表面的能力，即两种金属材料的可润性或可焊性。如果焊件的可焊性差，就不可能焊出合格的焊点。可焊性是指焊件与焊锡在适当的温度和焊剂的作用下，形成良好结合的性能。不是所有的材料都可以用锡焊实现连接的，只有部分金属有较好可焊性，一般铜及其合金、金、银、锌、镍等具有较好可焊性，而铝、不锈钢、铸铁等可焊性很差，一般需要特殊焊剂及方法才能锡焊。

2. 焊件表面应清洁

为了使焊锡和焊件达到良好的结合，焊件表面一定要保持清洁。即使是可焊性良好的焊件，如果焊件表面存在氧化层、灰尘和油污，在焊接前也务必清除干净，否则影响焊件周围合金层的形成，从而无法保证焊接质量。

3. 合适的助焊剂

助焊剂的种类很多，其效果也不一样，使用时应根据不同的焊接工艺、焊件的材料来选择不同的助焊剂。助焊剂用量过多，助焊剂残余的副作用也会随之增加。助焊剂用量太少，助焊作用则较差。焊接电子产品使用的助焊剂通常是松香助焊剂。松香助焊剂无腐蚀，能除去氧化、增强焊锡的流动性，有助于湿润焊面，使焊点光亮美观。

4. 合适的焊接温度

热能是进行焊接不可缺少的条件。在锡焊时，热能的作用是使焊锡向元件扩散并使焊件温度上升到合适的焊接温度，以便与焊锡生成金属合金。

5. 合适的焊接时间

焊接时间，是指在焊接过程中，进行物理和化学变化所需要的时间。它包括焊件达到焊接温度的时间，焊锡的熔化时间，焊剂发挥作用及形成金属合金的时间几个部分。线路板焊接时间要适当，过长易损坏焊接部位及器件，过短则达不到要求。

1.3.1.5　助焊剂要求

助焊剂（FLUX）来自拉丁文“流动”（flow in soldering）。助焊剂是进行锡铅焊时必需的辅助材料，是焊接时添加在焊点上的化学物，参与焊接的整个过程。助焊剂主要要求为：

1. 化学活性

要达到一个好的焊点，被焊物必须要有一个完全无氧化层的表面，但金属一旦暴露于空气中会生成氧化层，这种氧化层无法用传统溶剂清洗，此时必须依赖助焊剂与氧化层起化学作用，当助焊剂清除氧化层之后，干净的被焊物表面才可与焊锡结合。助焊剂与氧化物的化学反应有以下三种：

（1）相互化学作用形成第三种物质；

（2）氧化物直接被助焊剂剥离；

（3）上述两种反应并存。

松香助焊剂去除氧化层，即是第一种反应，松香主要成分为松香酸（abietic acid）和异构双萜酸（isomeric diterpene acids），当助焊剂加热后与氧化铜反应，形成铜松香（copper abiet），呈绿色透明状，易溶入未反应的松香内与松香一起被清除，即使有残留，也不会腐蚀金属表面。

氧化物暴露在氢气中的反应，即是典型的第二种反应，在高温下氢与氧发生反应成水，减少氧化物，这种方式常用在半导体零件的焊接上。

几乎所有的有机酸或无机酸都有能力去除氧化物，但大部分都不能用来焊锡，助焊剂被使用除了去除氧化物的功能外，还有其他功能，这些功能是焊锡作业时必须要考虑的。

2. 热稳定性

当助焊剂在去除氧化物的同时，必须还要形成一个保护膜，防止被焊物表面再度氧化，直到接触焊锡为止。所以，助焊剂必须能耐受高温，在焊锡作业的温度下不会分解或蒸发，如果分解则会形成溶剂不溶物，难以用溶剂清洗，W/W 级的纯松香在 280℃左右会分解，应特别注意。

3. 助焊剂在不同温度下的活性

好的助焊剂不只是要求热稳定性，在不同温度下的活性亦应考虑。助焊剂的功能即是去除氧化物，通常在某一温度下效果较佳，例如 RA 的助焊剂，除非温度达到某一程度，否则氯离子不会解析出来清理氧化物，当然此温度必须在焊锡作业的温度范围内。

当温度过高时，亦可能降低其活性，如松香在超过 600℉（315℃）时，几乎无任何反应，也可以利用此特性，将助焊剂活性钝化以防止腐蚀现象，但在应用上要特别注意受热时间与温度，以确保活性钝化。

1.3.1.6　助焊剂的作用

（1）除去氧化物：为了使焊料与工件表面的原子能充分接近，必须将妨碍两金属原子接近的氧化物和污染物去除，助焊剂具有溶解这些氧化物、氢氧化物或使其剥离的功能。

（2）防止工件和焊料加热时被氧化：焊接时，助焊剂先于焊料之前熔化，在焊料和工件的表面形成一层薄膜，使之与外界空气隔绝，起到在加热过程中防止工件氧化的作用。

（3）降低焊料表面的张力：使用助焊剂可以减小熔化后焊料的表面张力，增加其流动性，有利于浸润。

1.3.1.7　常用助焊剂介绍

助焊剂一般分为有机、无机和树脂三大类。电子装配中常用的是树脂类助焊剂，其中又以松香类助焊剂多见，如松香酒精助焊剂。在常温下，松香是固态物质，可直接在焊接中使用，起助焊作用。但烙铁头吸附固体松香时，容易挥发，粘到焊点上的数量较少，不能充分发挥作用。平时使用时，常将松香溶于酒精中，比例为 3∶1，并添加适量活性剂，制成松香酒精助焊剂。

松香类助焊剂的用法有预涂覆和后涂覆两种。预涂覆多用于印制电路板焊接，既可防止印制电路板表面氧化，又利于印制电路板的保存。后涂敷指在焊接过程中添加助焊剂，与焊料同时使用，也可制成管状焊锡丝。

1.3.1.8　阻焊剂

阻焊剂是一种耐高温的涂料，可将不需要焊接的部分保护起来，使焊接只在需要的部位进行，以防止焊接过程中的桥接、短路等现象发生，对高密度印制电路板尤为重要。可降低返修率，节约焊料，使焊接时印制电路板受到的热冲击小，板面不易起泡和分层。我们常用的印制电路板上的绿色涂层即为阻焊剂。

阻焊剂的种类有热固化型阻焊剂、紫外线光固化型阻焊剂（又称光敏阻焊剂）和电子辐射固化型阻焊剂等几种，目前常用的是紫外线光固化型阻焊剂。

1.3.1.9 焊锡丝的组成与结构

常用的锡铅焊料为管状焊锡丝。在手工焊接时，常将焊锡制成管状，中空部分注入有等级松香和少量活化剂组成的助焊剂，这种焊锡称为焊锡丝。常用的包括有铅 SnPb（63% Sn，37% Pb）的焊锡丝和无铅 SAC（96.5% Sn，3.0% Ag，0.5% Cu）的焊锡丝。有时在焊锡丝中还添加 1%～2% 的锑，可适当增加焊料的机械强度。

焊锡丝的直径有 0.5mm、0.8mm、0.9mm、1.0mm、1.2mm、1.5mm、2.0mm、2.5mm、3.0mm、4.0mm、5.0mm 等多种规格。当然就有铅锡丝来说，根据 SnPb 的成分比例不同有更多种分类，其主要用途也不同，如表 1－11 所示。

表 1－11 常见焊锡的特性及用途

<table>
<tr><th rowspan="2">名 称</th><th rowspan="2">牌 号</th><th colspan="3">主要成分/%</th><th rowspan="2">熔点/℃</th><th rowspan="2">杂质</th><th rowspan="2">电阻率/Ω·m</th><th rowspan="2">抗拉强度</th><th rowspan="2">主 要 用 途</th></tr>
<tr><th>锡</th><th>锑</th><th>铅</th></tr>
<tr><td>10 锡铅焊料</td><td>HISnPb10</td><td>89～91</td><td><0.15</td><td rowspan="5">余量</td><td>220</td><td>铜、铋、砷</td><td></td><td>4.3</td><td>用于钎焊食品器皿及医药卫生物品</td></tr>
<tr><td>39 锡铅焊料</td><td>HISnPb39</td><td>59～61</td><td><0.8</td><td>183</td><td>铁、硫、锌、铝</td><td>0.145</td><td>4.7</td><td>用于钎焊无线电元器件等</td></tr>
<tr><td>58－2 锡铅焊料</td><td>HISnPb58－2</td><td>39～41</td><td>1.5～2</td><td>235</td><td></td><td>0.170</td><td>3.8</td><td>用于钎焊无线电元器件、导线、钢皮镀锌件等</td></tr>
<tr><td>68－2 锡铅焊料</td><td>HISnPb68－2</td><td>29～31</td><td>1.5～2</td><td>256</td><td></td><td>0.182</td><td>3.3</td><td>用于钎焊电缆金属护套、铅管等</td></tr>
<tr><td>90－6 锡铅焊料</td><td>HISnPb90－6</td><td>3～4</td><td>5～6</td><td>256</td><td></td><td></td><td>5.9</td><td>用于钎焊黄铜和铜</td></tr>
</table>

同样，单从 SC 和 SAC 成分来看目前主流的无铅锡丝种类也有多种。

1.3.2 电烙铁

电烙铁的组成：手柄、发热丝、烙铁头、电源线、恒温控制器、烙铁头清洗架。

电烙铁的作用：用来焊接电子元件、五金线材及其他一些金属物体的工具。

电烙铁是手工焊接的基本工具，是根据电流通过发热元件产生热量的原理而制成的。

常用的电烙铁有外热式、内热式、恒温式、吸锡式等几种。另外，还有半自动送料电烙铁、超声波烙铁、充电烙铁等。下面介绍四种常用的电烙铁的构造及特点。

1. 外热式电烙铁

外热式电烙铁外形如图 1－23 所示，由烙铁头、烙铁芯、外壳、电源线和插头等部分组成。电阻丝绕在薄云母片绝缘的圆筒上，组成烙铁芯。烙铁头装在烙铁芯里面，电阻丝通电后产生的热量传送到烙铁头上，使烙铁头温度升高，故称为外热式电烙铁。外热式电烙铁结构简单，价格较低，使用寿命长，但其体积较大，升温较慢，热效率低。

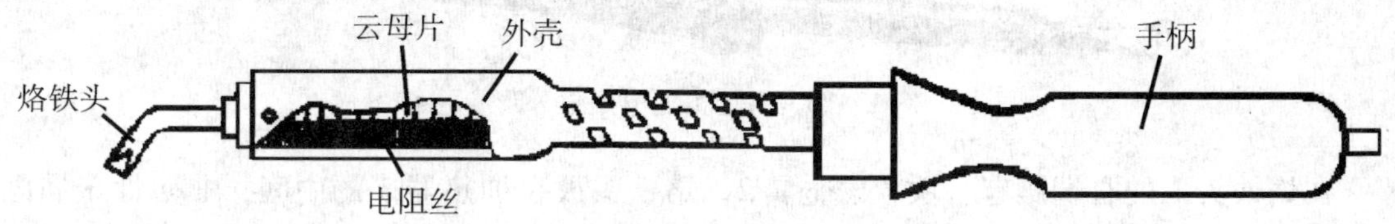

图 1－23　外热式电烙铁

2. 内热式电烙铁

内热式电烙铁的外形如图 1－24 所示。由于烙铁芯装在烙铁头里面，故称为内热式电烙铁。内热式电烙铁的烙铁芯是采用极细的镍铬电阻丝绕在瓷管上制成的，外面再套上耐热绝缘瓷管。烙铁头的一端是空心的，它套在芯子外面，用弹簧夹紧固。由于烙铁芯装在烙铁头内部，热量完全传到烙铁头上，升温快，热效率高达 83%～90%，烙铁头部温度可达 350℃左右。20W 内热式电烙铁的使用功率相当于 25～40W 的外热式电烙铁。内热式电烙铁具有体积小、重量轻、升温快和热效率高等优点，因而在电子装配工艺上得到了广泛的应用。

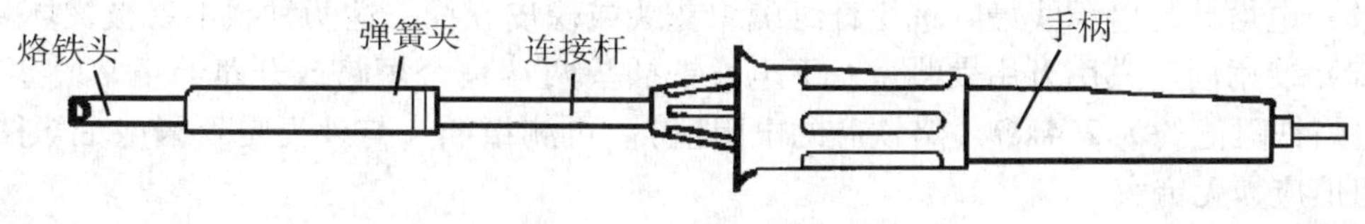

图 1－24　内热式电烙铁

3. 恒温式电烙铁

目前使用的外热式和内热式电烙铁的温度一般都超过 300℃，这对焊接晶体管、集成电路等是不利的。在质量要求较高的场合，通常需要恒温电烙铁。

恒温电烙铁有电控和磁控两种。电控是用热电偶作为传感元件来检测和控制烙铁头的温度。当烙铁头温度低于规定值时，温控装置内的电子电路控制半导体开关元件或继电器接通电源，给电烙铁供电，使电烙铁温度上升。温度一旦达到预定值，温控装置自动切断电源。如此反复动作，使烙铁头基本保持恒温。由于电控恒温电烙铁的价格较贵，因此目前较普遍使用的是磁控恒温电烙铁。

磁控恒温电烙铁是借助于软磁金属材料在达到某一温度（居里点）时会失去磁性这一特点，制成磁性开关来达到控温的目的，其结构如图 1－25 所示，其外形如图 1－26 所示。

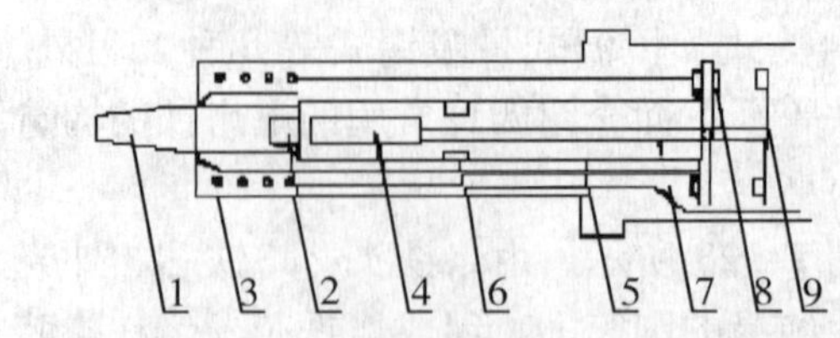

图 1-25 磁控恒温电烙铁结构示意

图 1-26 磁控恒温电烙铁外形

在烙铁头 1 的右端镶有一块软磁金属 2，烙铁头放在加热器 3 的中间，非磁性金属圆管 5 底部装有一块永久磁铁 4，再用小轴 7 与接触簧片 9 连起来而构成磁性开关，电源未接通时，永久磁铁 4 被软磁金属吸引，小轴 7 带动接触簧片 9 与接点 8 闭合。

当烙铁接通电源后，加热器使烙铁头升温，在达到预定温度时（达到软磁金属的居里点），软磁金属失去磁性，永久磁铁 4 在支架 6 的吸引下离开软磁金属，通过小轴 7 使接点 8 与接触簧片 9 分开，加热器断开，于是烙铁头温度下降，当降到低于居里点时，软磁金属又恢复磁性，永久磁铁又被吸引回来，加热器又恢复加热，如此反复动作，使烙铁头的温度保持在一定范围内。

如果需要不同的温度，可调换装有不同居里点的软磁金属的烙铁头，其居里点不同，失磁的温度也不同。烙铁头的工作温度也可在 260～450℃范围内任意选取。

4. 电烙铁的使用与保养

（1）电烙铁的电源线最好选用纤维编织花线或橡皮软线，这两种线不易被烫坏。

（2）使用前，先用万用表测量一下电烙铁插头两端是否短路或开路，正常时 20W 内热式电烙铁阻值约为 2.4kΩ（烙铁芯的电阻值）。再测量插头与外壳是否漏电或短路，正常时阻值应为无穷大。

（3）新烙铁刃口表面镀有一层铬，不易沾锡。使用前用锉刀或砂纸将镀铬层去掉，通电加热后涂上少许焊剂，待烙铁头上的焊剂冒烟时，即上焊锡，使烙铁头的刃口镀上一层锡，这时电烙铁就可以使用了。

（4）在使用间隙，电烙铁应搁在金属的烙铁架上，这样既可保证安全，又可适当散热，避免烙铁头“烧死”。对已“烧死”的烙铁头，应按新烙铁的要求重新上锡。

（5）烙铁头使用较长时间后会出现凹槽或豁口，应及时用锉刀修整，否则会影响焊点质量，对经多次修整已较短的烙铁头，应及时调换，否则会使烙铁头温度过高。

（6）在使用过程中，电烙铁应避免敲打碰跌，因为高温时的震动，最易使烙铁芯损坏。

1.3.3 手工焊接过程

1.3.3.1 操作前检查

（1）每天上班前 3～5 分钟把电烙铁插头插入规定的插座上，检查烙铁是否发热，如发觉不热，先检查插座是否插好，如插好还不发热，应立即向管理员汇报，不能自己随意拆开烙铁，更不能用手直接接触烙铁头。

（2）已经被氧化凹凸不平的或带钩的烙铁头应更换新的：①可以保证良好的热传导效果；②保证被焊接物的品质。如果换上新的烙铁头，受热后应将保养漆擦掉，立即加上锡保养。烙铁的清洗要在焊锡作业前实施，如果5分钟以上不使用烙铁，需关闭电源。

（3）清洁并检查吸锡海绵是否有水，若没水，请加入适量的水（适量是指把海绵按到常态的一半厚时有水渗出，具体操作为：海绵全部湿润后，握在手掌心，五指自然合拢即可），海绵要清洗干净，不干净的海绵中含有金属颗粒，和含硫的海绵一样都会损坏烙铁头。

（4）人体与烙铁是否可靠接地，人体是否佩带静电环。

1.3.3.2 焊接步骤

烙铁焊接的具体操作步骤可分为八步，称为八个步工程法，要获得良好的焊接质量必须严格地按下面八个步骤操作。高质量的焊接需要高水平的焊接技术，并在焊接时对工件仔细观察，观察焊锡的熔化速度并且辨别工件加热时的颜色和亮度变化。

（1）将烙铁靠近工件。将干净的铜头置于被焊金属之间。被焊金属的热度必须达到足够熔化焊锡的温度，焊锡必须是被工件熔化而非烙铁。

（2）形成热桥。将少量焊锡置于铜头与工件接触处（但不要将焊锡放在铜头尖上）。这少量焊锡形成的液态池被称为热桥，热桥为热量有效传导到工件提供了路径。（见图1－27）

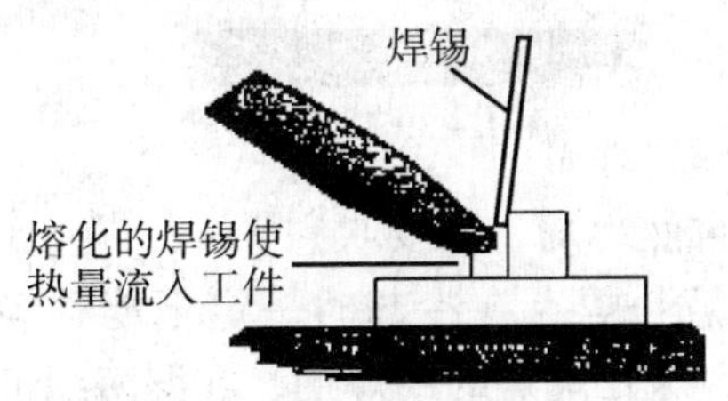

图1－27 形成热桥

（3）加焊锡。用烙铁尽快将工件加热到焊接温度，然后往焊点（非铜头上）上加锡，即在元件脚末端实际需要焊接处擦拭焊锡。当工件达到焊接温度时，焊锡自行熔化。不要移动烙铁，仅仅是将焊锡丝沿焊点绕行。（见图1－28）

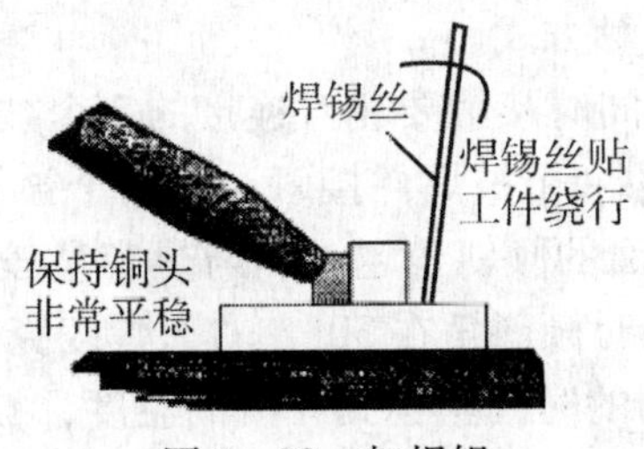

图1－28 加焊锡

（4）停止加锡。在移动烙铁前先移开焊锡丝。先移开焊锡丝，则停留工件上的烙铁可保证助焊剂失去活性。（见图1－29）

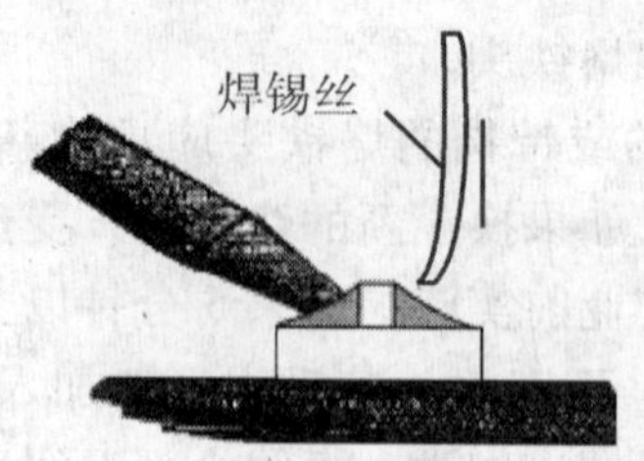

图 1－29 停止加锡并先移开焊锡丝

（5）保存热量。移开焊锡丝后，烙铁再在工件上停留约半分钟，这样可保证所有的焊锡达到焊接温度，同时也可保证用此热量使助焊剂失去活性。但烙铁停留时间不能太长，否则，可能损坏元件或电路板，同时还可能导致助焊剂残渣烧毁或烧焦。烧过的助焊剂必须清除。

（6）移开烙铁。沿被焊导线方向移开烙铁，可减少形成焊锡穗（或“冰柱”）的可能性。（见图 1－30）

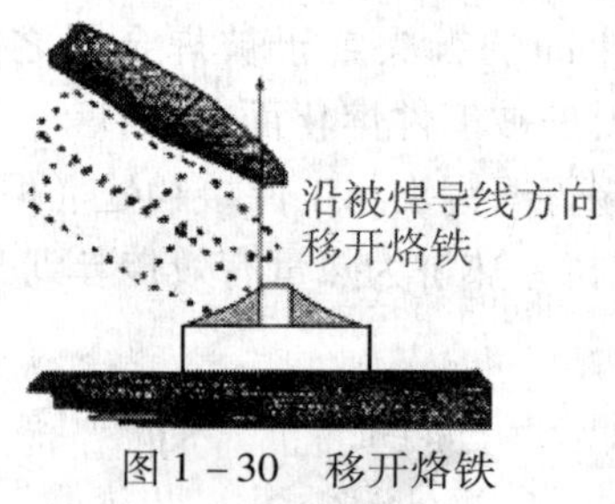

图 1－30 移开烙铁

（7）冷却焊点。让焊点自然冷却，不要吹它。

（8）保持焊点平稳。注意：焊点在冷却时一定不能移动。当完成数个点的焊接后，烙铁铜头上会形成一圈黑环，这是烧焦的助焊剂，在湿海绵上均匀擦拭即可将其清除。

按上述步骤进行焊接是获得良好焊点的关键之一。在实际生产中，最容易出现的一种违反操作步骤的做法就是烙铁头不是先与被焊件接触，而是先与焊锡丝接触，熔化的焊锡滴落在尚未预热的被焊部位，很容易产生焊点虚焊，所以烙铁头必须先与被焊件接触，对被焊件进行预热是防止产生虚焊的重要手段。

1.3.3.3 焊接要领

1. 烙铁头与两被焊件的接触方式

（1）接触位置：烙铁头应同时接触要相互连接的 2 个被焊件（如焊脚与焊盘），烙铁一般倾斜 45°，应避免只与其中一个被焊件接触。当两个被焊件热容量悬殊时，应适当调整烙铁倾斜角度，烙铁与焊接面的倾斜角越小，与热容量较大的被焊件的接触面积越大，热传导能力越强。如 LCD 拉焊时倾斜角在 30°左右，焊麦克风、马达、喇叭等倾斜角可在 40°左右。两个被焊件能在相同的时间里达到相同的温度，被视为加热理想状态。

（2）接触压力：烙铁头与被焊件接触时应略施压力，热传导强弱与施加压力大小成正比，但以对被焊件表面不造成损伤为原则。

2. 焊丝的供给方法

焊丝的供给应掌握 3 个要领，即供给时间、供给位置和供给数量。

供给时间：原则上是被焊件升温达到焊料的熔化温度时立即送上焊锡丝。

供给位置：应是在烙铁与被焊件之间并尽量靠近焊盘。

供给数量：应看被焊件与焊盘的大小，焊锡盖住焊盘后焊锡高于焊盘直径的1/3即可。

3. 焊接时间及温度设置

（1）时间以焊接一个锡点4秒最为合适，最多不超过8秒。温度由实际使用决定，平时观察烙铁头，如其发紫，说明温度设置过高。

（2）一般直插电子料，将烙铁头的实际温度设置为350～370℃；表面贴装物料（SMC），将烙铁头的实际温度设置为330～350℃。

（3）特殊物料，需要特别设置烙铁温度。FPC，LCD连接器等要用含银锡线，温度一般在290～310℃。

（3）焊接大的元件脚，温度不要超过380℃，但可以增大烙铁功率。

4. 焊接注意事项

（1）焊接前应观察各个焊点（铜皮）是否光洁、有无氧化等。

（2）在焊接物品时，要看准焊接点，以免线路焊接不良引起短路。

5. 操作后检查

（1）用完烙铁后应将烙铁头的余锡在海绵上擦净。

（2）每天下班后必须将烙铁座上的锡珠、锡渣、灰尘等物清除干净，然后把烙铁放在烙铁架上。

（3）将清理好的电烙铁放在工作台右上角。

1.3.3.4　锡点质量的评定

1. 标准的锡点

（1）锡点呈内弧形。

（2）锡点要圆满、光滑、无针孔、无松香渍。

（3）要有线脚，而且线脚的长度要在1～1.2mm。

（4）零件脚外形可见锡的流散性好。

（5）锡将整个上锡位及零件脚包围。

2. 不标准锡点的判定

（1）虚焊：看似焊住其实没有焊住，主要有焊盘和引脚脏污或助焊剂加热时间不够。

（2）短路：有脚零件在脚与脚之间被多余的焊锡所连接短路，另一种情况则因检验人员使用镊子、竹签等操作不当而导致脚与脚碰触短路，亦包括残余锡渣使脚与脚短路。

（3）偏位：由于器件在焊前定位不准，或在焊接时造成失误导致引脚不在规定的焊盘区域内。

（4）少锡：少锡是指锡点太薄，不能将零件铜皮充分覆盖，影响连接固定作用。

（5）多锡：零件脚完全被锡覆盖，及形成外弧形，使零件外形及焊盘位不能见到，不能确定零件及焊盘是否上锡良好。

（6）错件：零件放置的规格或种类与作业规定或BOM、ECN不符者，即为错件。

（7）缺件：应放置零件的位置，因不正常的原因而产生空缺。

（8）锡球、锡渣：PCB板表面附着多余的焊锡球、锡渣，会导致细小管脚短路。

(9) 极性反向：极性方位正确性与加工要求不一致，即为极性错误。

3. 不良焊点可能产生的原因

(1) 形成锡球，锡不能散布到整个焊盘：烙铁温度过低，或烙铁头太小；焊盘氧化。

(2) 拿开烙铁时形成锡尖：烙铁不够温度，助焊剂没熔化不起作用；烙铁头温度过高，助焊剂挥发掉，焊接时间太长。

(3) 锡表面不光滑，起皱：烙铁温度过高，焊接时间过长。

(4) 松香散布面积大：烙铁头拿得太平。

(5) 锡珠：锡线直接从烙铁头上加入、加锡过多、烙铁头氧化、敲打烙铁。

(6) PCB 离层：烙铁温度过高，烙铁头碰在板上。

(7) 黑色松香：温度过高。

1.3.3.5 拆焊技术

调试和维修中常需更换一些元器件，如果方法不得当，就会破坏印制电路板，也会使换下而并没失效的元器件无法重新使用。

一般电阻、电容、晶体管等管脚不多，且每个引线能相对活动的元器件可用烙铁直接拆焊。将印制板竖起来夹住，一边用电烙铁加热待拆元件的焊点，一边用镊子或尖嘴钳夹住元器件引线轻轻拉出。

重新焊接时，需先用锥子将焊孔在加热熔化焊锡的情况下扎通，需要指出的是，这种方法不宜在一个焊点上多次使用，因为印制导线和焊盘经反复加热后很容易脱落，造成印制板损坏。

当需要拆下有多个焊点且引线较硬的元器件时，以上方法就不行了，例如要拆下多线插座。一般有以下四种方法：

(1) 选用合适的医用空心针拆焊。将医用针头用钢锉锉平，作为拆焊的工具，具体的方法是：一边用烙铁熔化焊点，一边把针头套在被焊的元器件引线上，直至焊点熔化后，将针头迅速插入印制电路板的孔内，使元器件的引线脚与印制板的焊盘脱开。

(2) 用铜编制线进行拆焊。将铜编制线的部分吃上松香焊剂，然后放在将要拆焊的焊点上，再把电烙铁放在铜编制线上加热焊点，待焊点上的焊锡熔化后，就被铜编制线吸去，如焊点上的焊料一次没有被吸完，则可进行第二次，第三次，直至吸完。当编制线吸满焊料后，就不能再用，就需要把已吸满焊料的部分剪去。

(3) 用气囊吸锡器进行拆焊。将被拆的焊点加热，使焊料熔化，然后把吸锡器挤瘪，将吸嘴对准熔化的焊料，然后放松吸锡器，焊料就被吸进吸锡器内。

(4) 用吸锡电烙铁拆焊。吸锡电烙铁也是一种专用拆焊烙铁，它能在对焊点加热的同时，把锡吸入内腔，从而完成拆焊。

1.4 参考文献

[1] 孙惠康. 电子工艺实训教程. 北京：机械工业出版社，2001.

[2] 刘红，杨旭东. 电子工艺实习. 3 版. 北京：北京工业大学电工电子中心，2005-06.

第2章 FM（SMT）微型收音机制作

2.1 引言

电子系统的微型化和集成化是当代技术革命的重要标志，也是未来发展的重要方向。日新月异的各种高性能、高可靠、高集成、微型化、轻型化的电子产品，正在改变我们的世界，影响人类文明的进程。

安装技术是实现电子系统微型化和集成化的关键。20世纪70年代问世、80年代成熟的表面安装技术（surface mounting technology，简称SMT），从元器件到安装方式，从PCB设计到连接方法都以全新面貌出现，它使电子产品体积缩小，重量变轻，功能增强，可靠性提高，推动了信息产业的高速发展。SMT已经在很多领域取代了传统的通孔安装（through hole technology，简称THT），并且这种趋势还在发展，预计未来90%以上产品将采用SMT。

通过SMT实习，了解SMT的特点，熟悉它的基本工艺过程，掌握最起码的操作技艺是跨进电子科技大厦的第一步。

2.1.1 SMT简介

2.1.1.1 THT与SMT

图2-1是THT与SMT的安装尺寸比较，表2-1是THT与SMT的区别。

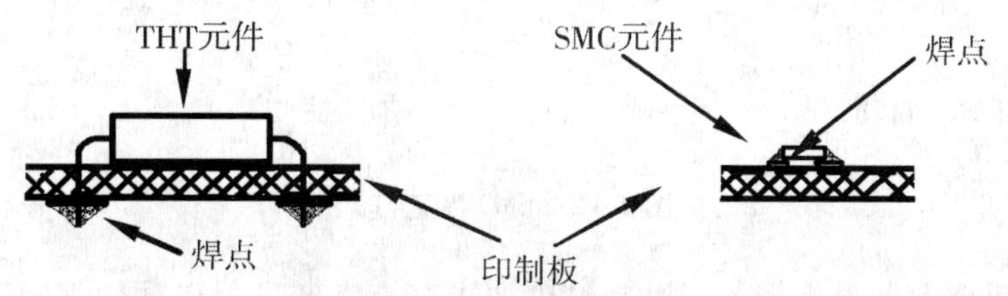

图2-1 THT与SMT的安装尺寸比较

表2-1 THT与SMT的区别

	年 代	技术缩写	代表元器件	安装基板	安装方法	焊接技术
通孔安装	20世纪60～70年代	THT	晶体管、轴向引线元件	单面、双面PCB	手工/半自动插装	手工焊，浸焊
	70～80年代		单、双列直插IC，轴向引线元器件编带	单面及多层PCB	自动插装	波峰焊，浸焊，手工焊
表面安装	20世纪80年代开始	SMT	SMC、SMD片式封装VSI、VLSI	高质量SMB	自动贴片机	波峰焊，再流焊

2.1.1.2 SMT 主要特点

SMT 的主要特点如下：

（1）高密集。SMC、SMD 的体积只有传统元器件的 1/10 ～ 1/3，可以装在 PCB 的两面，有效利用了印制板的面积，减轻了电路板的重量。一般采用了 SMT 后可使电子产品的体积缩小 40%～60%，重量减轻 60%～80%。

（2）高可靠。SMC 和 SMD 无引线或引线很短、重量轻，因而抗振能力强，焊点失效率可比 THT 至少降低一个数量级，大大提高了产品的可靠性。

（3）高性能。SMT 密集安装减小了电磁干扰和射频干扰，尤其在高频电路中减小了分布参数的影响，提高了信号传输速度，改善了高频特性，使整个产品性能提高。

（4）高效率。SMT 更适合自动化大规模生产。采用计算机集成制造系统（CIMS）可使整个生产过程高度自动化，将生产效率提高到新的水平。

（5）低成本。SMT 使 PCB 面积减小，成本降低；无引线和短引线使 SMD、SMC 成本降低，安装中省去引线成型、打弯，剪线的工序；频率特性提高，减少了调试费用；焊点可靠性提高，减少了调试和维修成本。一般情况下，采用 SMT 后可使产品总成本下降 30% 以上。

2.1.1.3 SMT 工艺及设备简介

SMT 有两种基本方式，主要取决于焊接方式。

1. 采用波峰焊（见图 2－2）

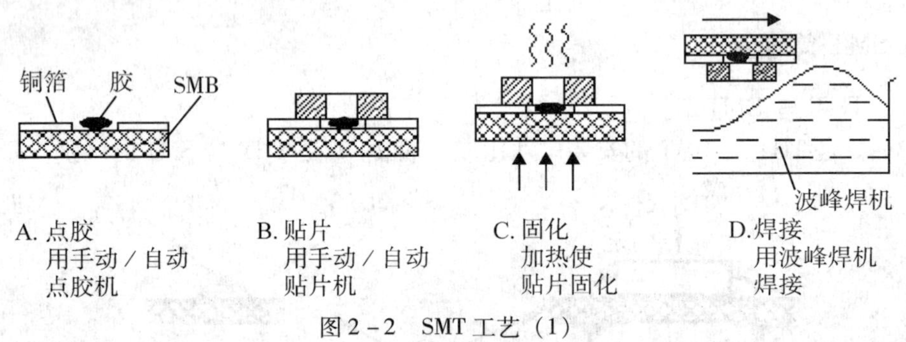

图 2－2 SMT 工艺（1）

此种方式适合大批量生产。对贴片精度要求高，生产过程自动化程度要求也很高。

2. 采用再流焊（见图 2－3）

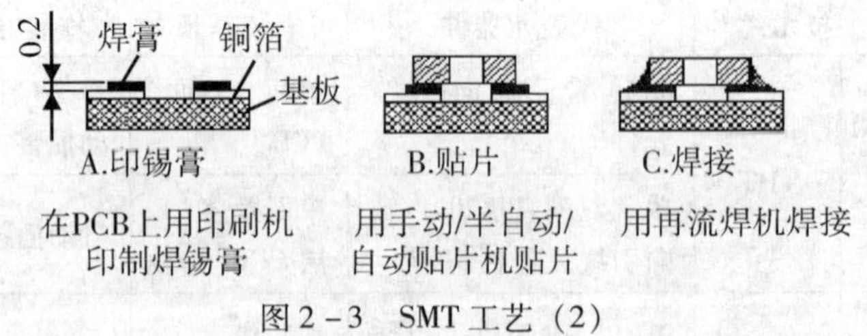

图 2－3 SMT 工艺（2）

这种方法较为灵活，视配置设备的自动化程度，既可用于中小批量生产，又可用于大批量生产。混合安装方法，则需根据产品实际将上述两种方法交替使用。

2.1.2 SMT元器件及设备

2.1.2.1 表面贴装元器件SMD（surface mounting devices）

SMT元器件由于安装方式的不同，与THT元器件主要区别在外形封装。同时，由于SMT重点在减小体积，故SMT元器件以小功率元器件为主。又因为大部分SMT元器件为片式，故通常又称片状元器件或表贴元器件，一般简称SMD。

1. 片状阻容元件

表贴元件包括表贴电阻、电位器、电容、电感、开关、连接器等。使用最广泛的是片状电阻和电容。

片状电阻电容的类型、尺寸、温度特性、电阻电容值、允差等，目前，还没有统一标准，各生产厂商表示的方法也不同。我国市场上片状电阻电容以公制代码表示外形尺寸。

（1）片状电阻。表2-2是常用片状电阻主要参数。

表2-2 常用片状电阻主要参数

参数 \ 代码	1608 *0603	2012 *0805	3216 *1206	3225 *1210	5025 *2010	6332 *2512
外形（长×宽，mm×mm）	1.6×0.8	2.0×1.25	3.2×1.6	3.2×2.5	5.0×2.5	6.3×3.2
功率（W）	1/16	1/10	1/8	1/4	1/2	1
电压（V）		100	200	200	200	200

注：1. *英制代号。

2. 片状电阻厚度为0.4～0.6mm。

3. 最新片状元件为1005（0402），0603（0201），目前应用较少。

4. 电阻值采用数码法直接标在元件上，阻值小于10Ω用R代替小数点，例如8R2表示8.2Ω；0R为跨接片，电流容量不超过2A。

（2）片状电容。

1）片状电容主要是陶瓷叠片独石结构，其代码与片状电阻含义相同，主要有：1005/*0402，1608/*0603，2012/*0805，3216/*1206，3225/*1210，4532/*1812，5664/*2225等。

2）片状电容元件厚度为0.9～4.0mm。

3）片状陶瓷电容依所用陶瓷不同分为三种，其代号及特性分别为：

NPO：Ⅰ类陶瓷，性能稳定，损耗小，用于高频高稳定场合。

X7R：Ⅱ类陶瓷，性能较稳定，用于要求较高的中低频的场合。

Y5V：Ⅲ类低频陶瓷，比容大，稳定性差，用于容量、损耗要求不高的场合。

表 2-3 常用表面贴分立器件封装

封装	SOT-23	SOT-89	TO-252
外形	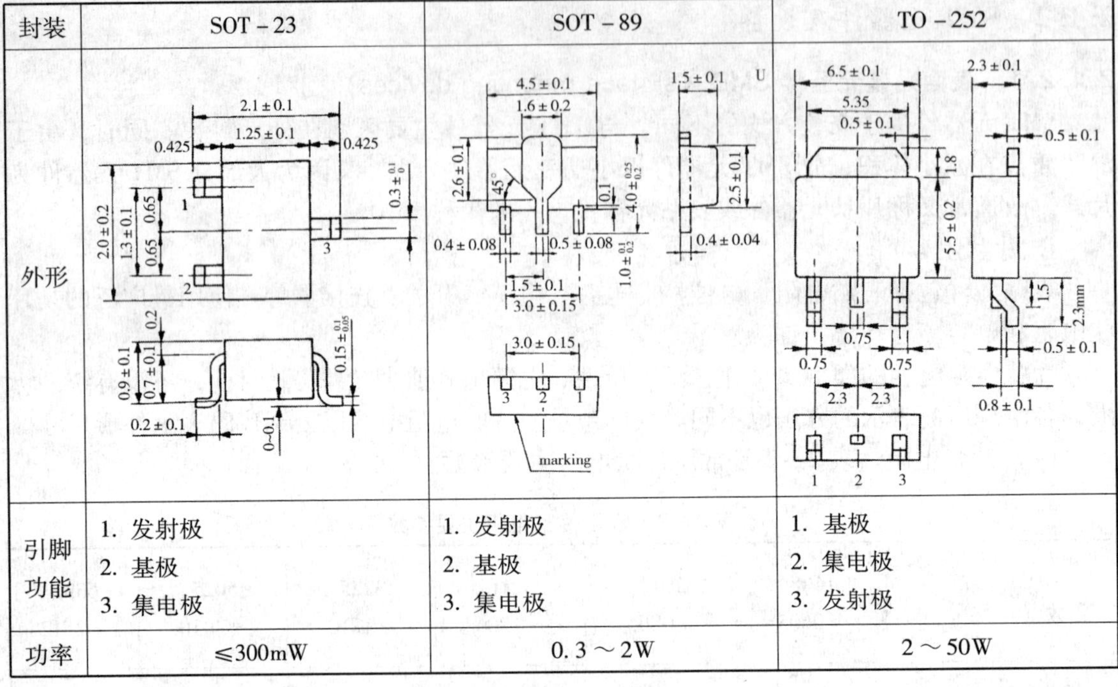		
引脚功能	1. 发射极 2. 基极 3. 集电极	1. 发射极 2. 基极 3. 集电极	1. 基极 2. 集电极 3. 发射极
功率	≤300mW	0.3～2W	2～50W

4）片状陶瓷电容的电容值也采用数码法表示，但不印在元件上。其他参数如偏差、耐压值等表示方法与普通电容相同。

2. 表贴器件

表面贴装器件包括表面贴装分立器件（二极管、三极管、FET/晶闸管等）和集成电路两大类。

（1）表面贴装分立器件。除部分二极管采用无引线圆柱外形，其他主要外形封装为小外形封装 SOP（small outline package）型和 TO 型。表 2-3 是常用表面贴分立器件封装。此外，还有 SC-70（2.0×1.25）、SO-8（5.0×4.4）等封装。

（2）表面贴装集成电路。常用 SOP 和四列扁平封装 QFP（quad flat package）。见图 2-4和图 2-5，这两种封装属于有引线封装。

SMD 集成电路是一种称为 BGA 的封装，应用日益广泛，主要用于引线多、要求微型化的电路，图 2-6 是一个 BGA 的电路示例。

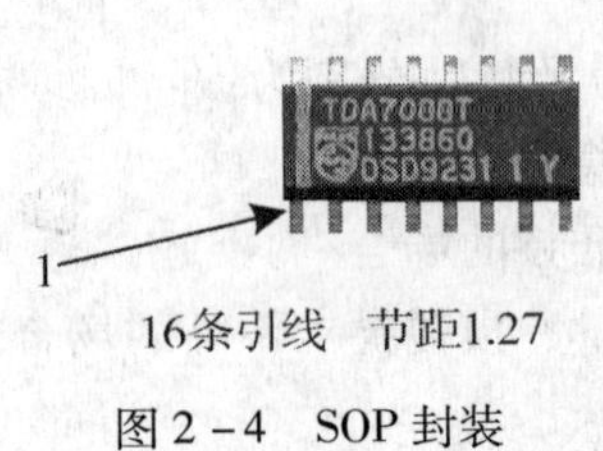

16条引线 节距1.27

图 2-4 SOP 封装

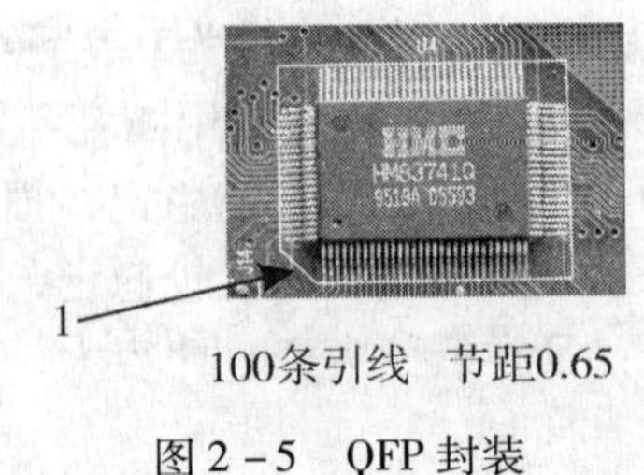

100条引线 节距0.65

图 2-5 QFP 封装

图 2 - 6 BGA 封装

2.1.2.2 印制板 SMB（surface mounting board）

1. SMB 的特殊要求

（1）外观要求光滑平整，不能有翘曲或高低不平。

（2）热胀系数小，导热系数高，耐热性好。

（3）铜箔黏合牢固，抗弯强度大。

（4）基板介电常数小，绝缘电阻高。

2. 焊盘设计

片状元器件焊盘形状对焊点强度和可靠性关系重大，以片状阻容元件为例，如图 2 - 7 所示。

$A = b$ 或 $b - 0.3$

$B = h + T + 0.3$（电阻）

$B = h + T - 0.3$（电容）

$G = L - 2T$

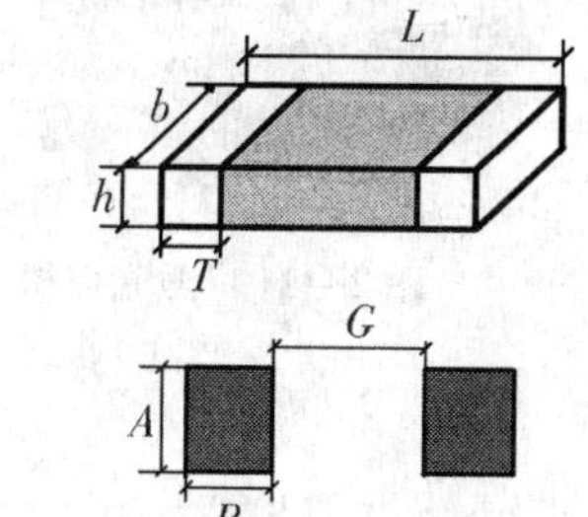

图 2 - 7 片状阻容元件形状

大部分 SMC 和 SMD 在 CAD 软件中都有对应焊盘图形，只要正确选择，可满足一般设计要求。

2.1.2.3 小型 SMT 设备

1. 焊膏印制

焊膏印刷机，见图 2 - 8。

图 2 - 8 焊膏印刷机

操作方式：手动

最大印制尺寸：320mm × 280mm

技术关键：①定位精度

②模板制造

2. 贴片

手工贴片包括两种方法：①镊子拾取安放；②用真空笔真空吸取。

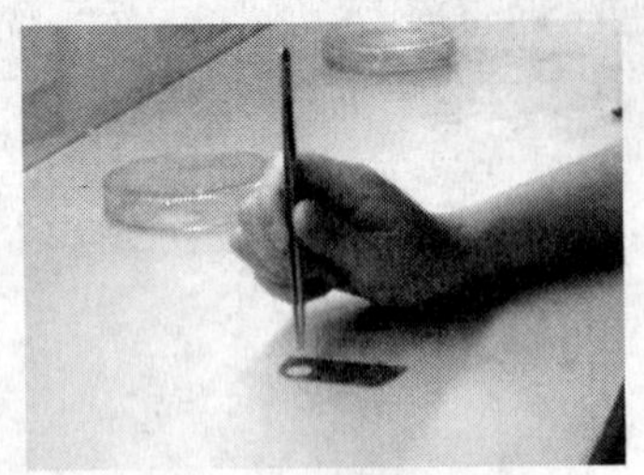

图 2－9 镊子拾取安放

图 2－10 真空笔

3. 再流焊设备

再流焊设备为台式自动再流焊机，见图 2－11。

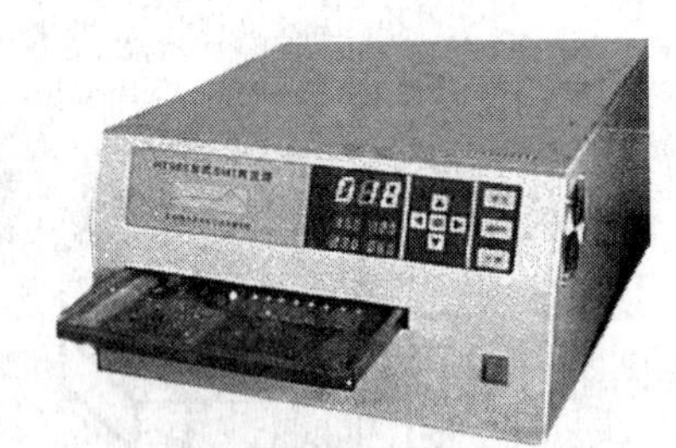

图 2－11 再流焊机

电源电压：220V 50Hz

额定功率：2.2kW

有效焊区尺寸：240mm×180mm

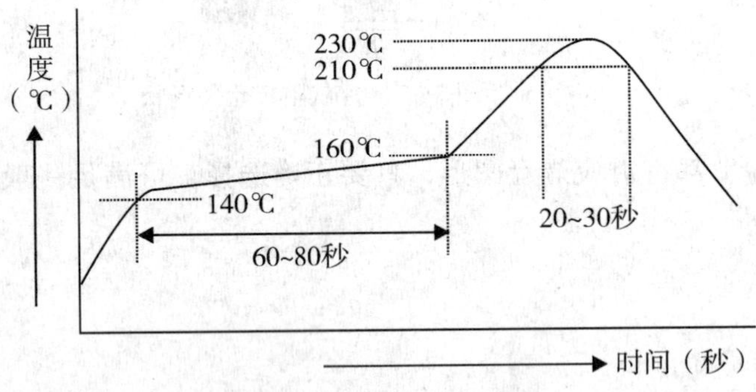

图 2－12 再流焊工艺曲线

加热方式：远红外＋强制热风

工作模式：工艺曲线灵活设置，工作过程自动

标准工艺周期：约 4 分钟

2.1.2.4 SMT 焊接质量

1. SMT 典型焊点

SMT 焊接质量要求同 THT 基本相同，要求焊点的焊料连接面呈半弓形凹面，焊料与焊件交界处平滑，接触角尽可能小，无裂纹、针孔、夹渣，表面有光泽且平滑。

由于 SMT 元器件尺寸小，安装精确度和密度高，焊接质量要求更高。另外，还有一些特有缺陷，如立片（又叫曼哈顿）。图 2－13 和图 2－14 是两种典型的焊点。

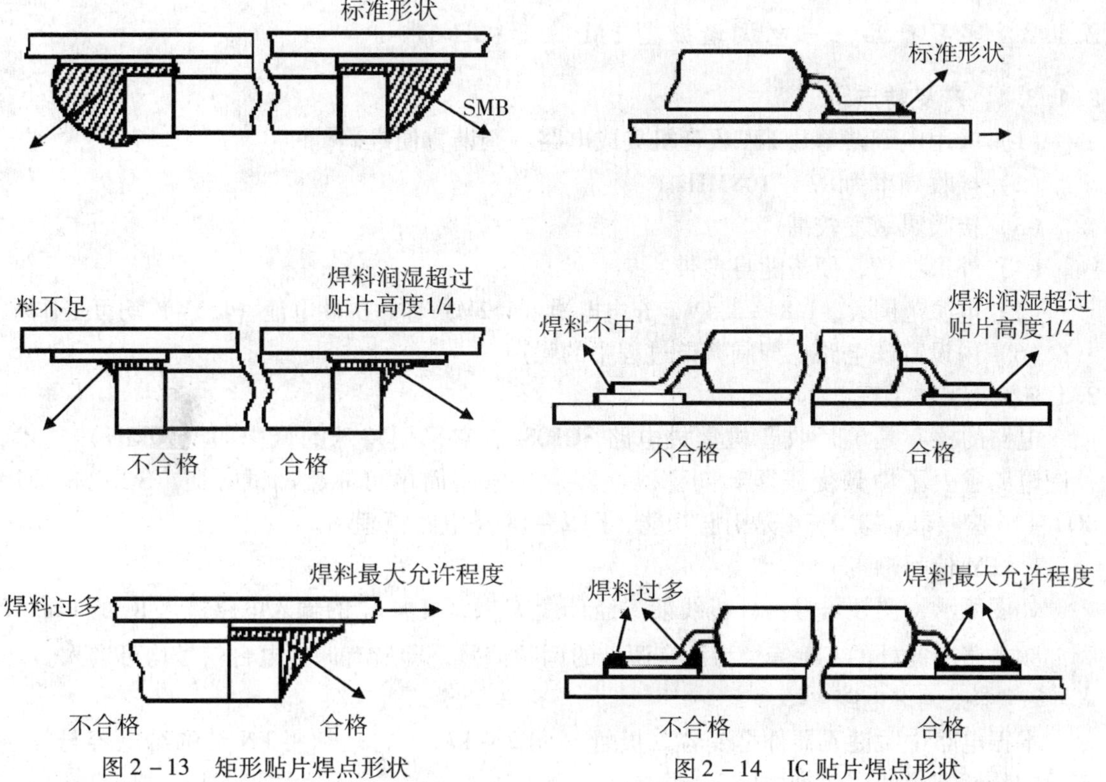

图 2－13　矩形贴片焊点形状　　图 2－14　IC 贴片焊点形状

2．常见 SMT 焊接缺陷

五种常见 SMT 焊接缺陷见图 2－15，采用再流焊工艺时，焊盘设计和焊膏印制对控制焊接质量起关键作用。例如，立片主要是两个焊盘上焊膏不均，一边焊膏太少甚至漏印而造成的。

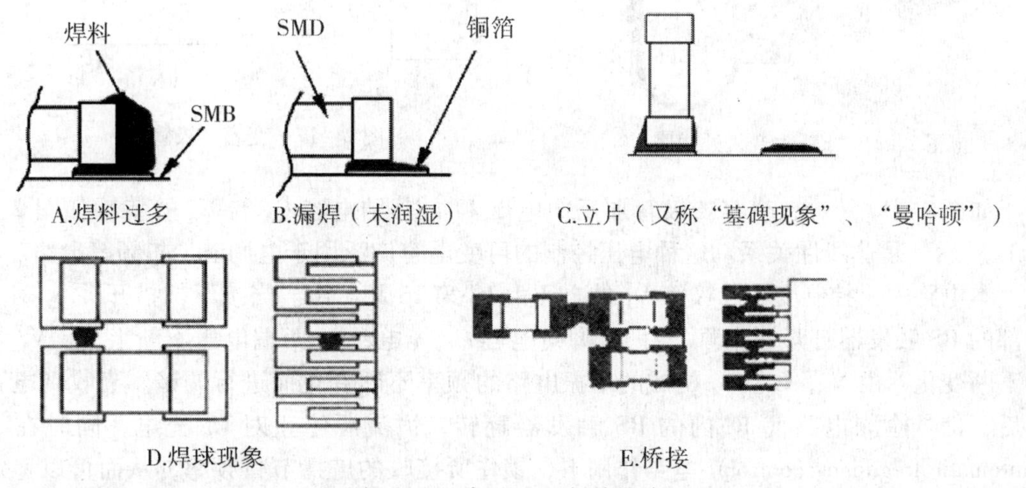

图 2－15　常见 SMT 焊接缺陷

2.1.3 实习产品——电调谐微型 FM 收音机

2.1.3.1 产品特点

(1) 采用电调谐单片 FM 收音机集成电路，调谐方便准确。

(2) 接收频率为 87～108MHz。

(3) 接收灵敏度较高。

(4) 外形小巧，便于随身携带。

(5) 电源范围大，1.8～3.5V，充电电池（1.2V）和一次性电池（1.5V）均可工作。

(6) 内设静噪电路，抑制调谐过程中的噪声。

2.1.3.2 工作原理

电路的核心是单片收音机集成电路 SC1088。它采用特殊的低中频（70kHz）技术，外围电路省去了中频变压器和陶瓷滤波器，使电路简单可靠，调试方便。SC1088 采用 SOT－16 脚封装，表 2－4 是引脚功能，图 2－18 是电路原理图。

1．FM 信号输入

如图所示，调频信号由耳机线馈入经 C_{14}，C_{13}，C_{15} 和 L_1 的输入电路进入 IC 的 11，12 脚混频电路。此处的 FM 信号为没有调谐的调频信号，即所有调频电台信号均可进入。

2．本振调谐电路

本振电路中关键元器件是变容二极管（图 2－17），它是利用 PN 结的结电容与偏压有关的特性制成的“可变电容”。

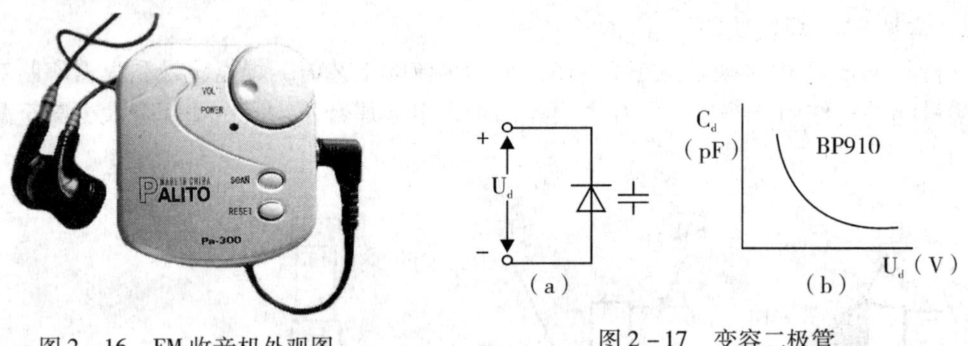

图 2－16 FM 收音机外观图

图 2－17 变容二极管

如图 2－17（a），变容二极管加反向电压 U_d，其结电容 C_d 与 U_d 的特性如图 2－17（b）所示，是非线性关系。这种电压控制的可变电容广泛用于电调谐、扫频等电路。

本电路中，控制变容二极管 V_1 的电压由 IC 第 16 脚给出。当按下扫描开关 S_1 时，IC 内部的 RS 触发器打开恒流源，由 16 脚向电容 C_9 充电，C_9 两端电压不断上升，V_1 电容量不断变化，由 V_1，C_8，L_4 构成的本振电路的频率不断变化而进行调谐。当收到电台信号后，信号检测电路使 IC 内的 RS 触发器翻转，恒流源停止对 C_9 充电，同时在 AFC（automatic freguency control）电路作用下，锁住所接收的广播节目频率，从而可以稳定接收电台广播，直到再次按下 S_1 开始新的搜索。当按下“Reset”开关 S_2 时，电容 C_9 放电，本振频率回到最低端。

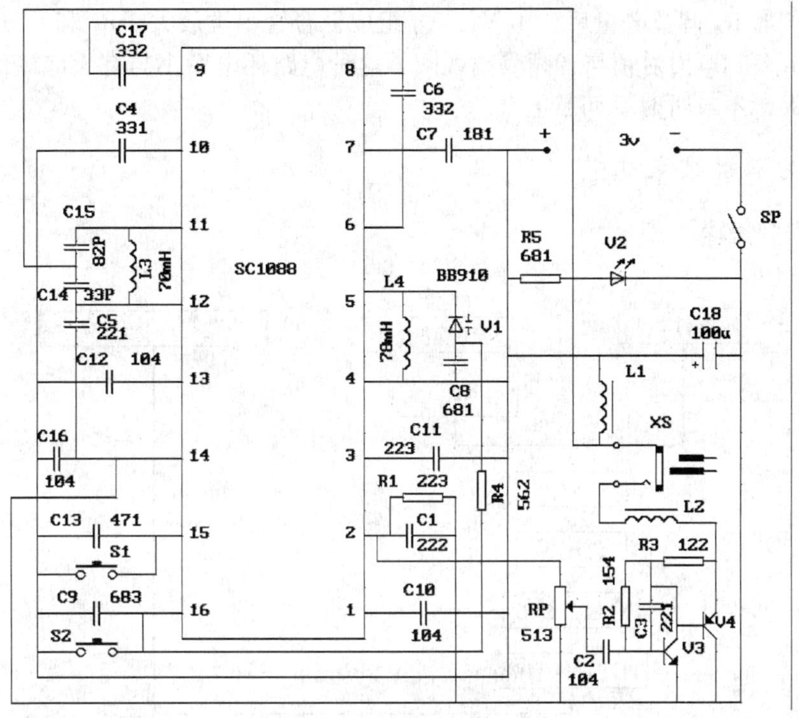

图 2－18　FM 收音机原理图

表 2－4　FM 收音机集成电路 SC1088 引脚功能

引　脚	功　能	引　脚	功　能	引　脚	功　能	引　脚	功　能
1	静噪输出	5	本振调谐回路	9	IF 输入	13	限幅器失调电压电容
2	音频输出	6	IF 反馈	10	IF 限幅放大器的低通电容器	14	接地
3	AF 环路滤波	7	1dB 放大器的低通电容器	11	射频信号输入	15	全通滤波电容搜索调谐输入
4	VCC	8	IF 输出	12	射频信号输入	16	电调谐 AFC 输出

3. 中频放大、限幅与鉴频

电路的中频放大、限幅及鉴频电路的有源器件及电阻均在 IC 内。FM 广播信号和本振电路信号在 IC 内混频器中混频产生 70kHz 的中频信号，经内部 1dB 放大器、中频限幅器，送到鉴频器检出音频信号，经内部环路滤波后由 2 脚输出音频信号。电路中 1 脚的 C_{10} 为静噪电容，3 脚的 C_{11} 为 AF（音频）环路滤波电容，6 脚的 C_6 为中频反馈电容，7 脚的 C_7 为低通电容，8 脚与 9 脚之间的电容 C_{17} 为中频耦合电容，10 脚的 C_4 为限幅器的低通电容，13 脚的 C_{12} 为中频限幅器失调电压电容，C_{13} 为滤波电容。

4. 耳机放大电路

由于用耳机收听，所需功率很小，本机采用了简单的晶体管放大电路，2 脚输出的音

频信号经电位器 R_p 调节电量后，由 V_3，V_4 组成复合管甲类放大。R_1 和 C_1 组成音频输出负载，线圈 L_1 和 L_2 为射频与音频隔离线圈。这种电路耗电大小与有无广播信号以及音量大小关系不大，不收听时要切断电源。

2.1.4 实习产品安装工艺

2.1.4.1 安装流程

见图 2－19。

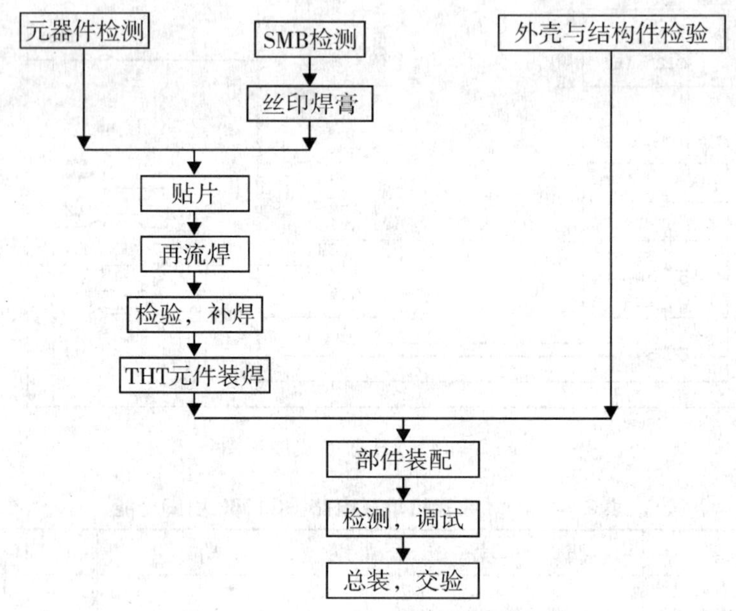

图 2－19 SMT 实习产品装配工艺流程

2.1.4.2 安装步骤及要求

1. 技术准备

(1) 了解 SMT 基本知识：①SMC 及 SMD 特点及安装要求；②SMB 设计及检验；③SMT工艺过程；④再流焊工艺及设备。

(2) 了解实习产品简单原理。

(3) 了解实习产品结构及安装要求。

其中，SMB 为表面安装印制板，THT 为通孔安装，SMC 为表面安装元件，SMD 为表面安装器件。

2. 安装前检查

(1) SMB 检查。对照图 2－20 检查：①图形完整性，有无短/断缺陷；②孔位及尺寸；③表面涂覆（阻焊层）。

(2) 外壳及结构件检查：①按材料表清查零件品种规格及数量（表贴元器件除外）；②检查外壳有无缺陷及外观损伤；③耳机。

(3) THT 元件检测：①电位器阻值调节特性；②LED、线圈、电解电容、插座、开关的好坏；③判断变容二极管的好坏及极性。

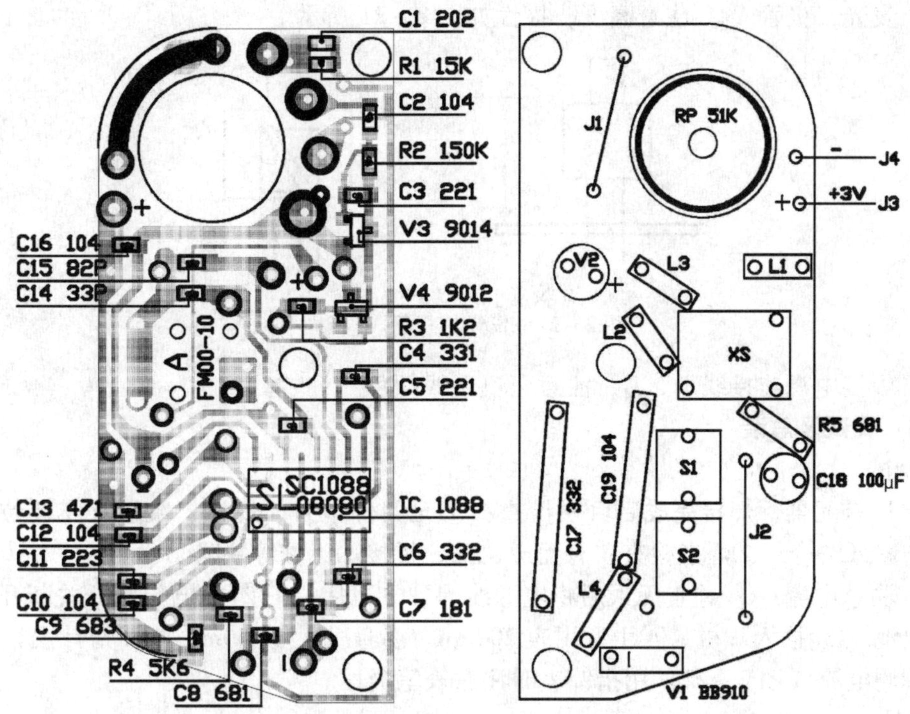

图 2－20　印制电路板安装

3. 贴片及焊接

参见图 2－20（a）。

（1）丝印焊膏，并检查印制情况。

（2）按工序流程贴片。

顺序：C_1/R_1，C_2/R_2，C_3/V_3，C_4/V_4，C_5/R_3，C_6/SC1088，C_7，C_8/R_4，C_9，C_{10}，C_{11}，C_{12}，C_{13}，C_{14}，C_{15}，C_{16}。

注意：① SMC 和 SMD 不得用手拿；② 用镊子夹持不可夹到引线上；③IC1088 标记方向；④贴片电容表面没有标志，一定要保证准确及时贴到指定位置。

（3）检查贴片数量及位置。

（4）再流焊机焊接。

（5）检查焊接质量及修补。

4. 安装 THT 元器件

参见图 2－20（b）。

（1）安装并焊接电位器 R_p，注意电位器与印制板平齐。

（2）耳机插座 XS。

（3）轻触开关 S_1，S_2 跨接线 J_1，J_2（可用剪下的元件引线）。

（4）变容二极管 V_1（注意，极性方向标记），R_5，C_{17}，C_{19}。

（5）电感线圈 L_1 ～ L_4（磁环 L_1，红色 L_2，8 匝线圈 L_3，5 匝线圈 L_4）。

（6）电解电容 C_{18}（100μF）贴板装。

（7）发光二极管 V_2，注意高度，极性如图 2－21 所示。

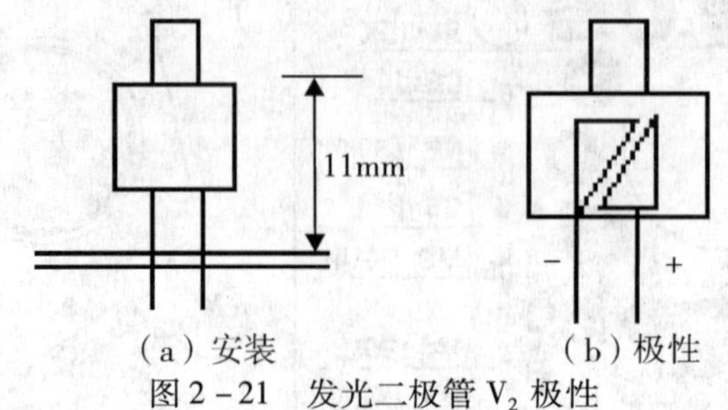

图 2－21　发光二极管 V_2 极性

（8）焊接电源连接线 J_3，J_4，注意正负连线颜色。

2.1.4.3　调试及总装

1. 调试

（1）所有元器件焊接完成后目视检查：①元器件型号、规格、数量及安装位置，方向是否与图纸符合。②焊点检查，有无虚、漏、桥接、飞溅等缺陷。

（2）测总电流：① 检查无误后将电源线焊到电池片上。② 在电位器开关断开的状态下装入电池。③ 插入耳机。④用万用表 200mA（数字表）或 50mA 挡（指针表）跨接在开关两端测电流（图 2－22）用指针表时注意表笔极性。

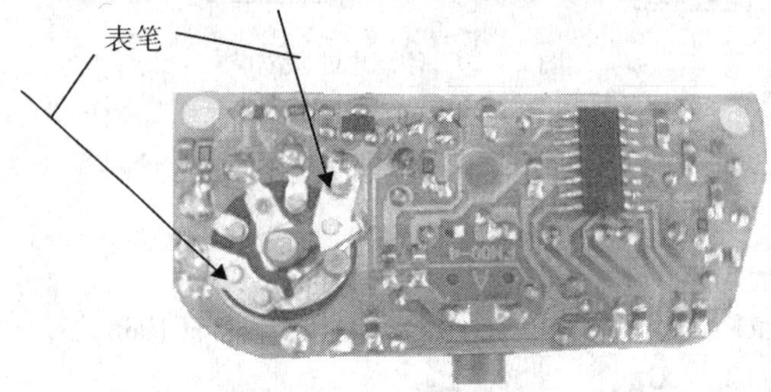

图 2－22　万用表测电流

正常电流应为 7～30mA（与电源电压有关）并且 LED 正常点亮。以下是样机测试结果，可供参考。

工作电压（V）	1.8	2	2.5	3	3.2
工作电流（mA）	8	11	17	24	28

注意：如果电流为零或超过 35mA 应检查电路。

（3）搜索电台广播。如果电流在正常范围，可按 S_1 搜索电台广播。只要元器件质量完好，安装正确，焊接可靠，不用调任何部分即可收到电台广播。如果收不到广播应仔细检查电路，特别要检查有无错装、虚焊、漏焊等缺陷。

（4）调接收频段（俗称调覆盖）。我国调频广播的频率范围为 87～108MHz，调试时可找一个当地频率最低的 FM 电台（例如在北京，北京文艺台为 87.6MHz）适当改变 L_4 的匝间距，使按过“Reset”键后第一次按“Scan”键可收到这个电台。由于 SC1088 集成度高，如果元器件一致性较好，一般收到低端电台后均可覆盖 FM 频段，故可不调高端而仅做检查（可用一个成品 FM 收音机对照检查）。

（5）调灵敏度。本机灵敏度由电路及元器件决定，一般不用调整，调好覆盖后即可正常收听。无线电爱好者可在收听频段中间电台（例为 97.4MHz 音乐台）时适当调整 L_4 匝距，使灵敏度最高（耳机监听音量最大）。不过实际效果不明显。

2. 总装

（1）蜡封线圈。调试完成后将适量泡沫塑料填入线圈 L_4（注意不要改变线圈形状及匝距），滴入适量蜡使线圈固定。

（2）固定 SMB/装外壳。

1）将外壳面板平放到桌面上（注意不要划伤面板）。

2）将 2 个按键帽放入孔内（图 2-23）。

注意："Scan" 键帽上有缺口，放键帽时要对准机壳上的凸起，"Reset" 键帽上无缺口。

3）将 SMB 对准位置放入壳内。

a. 注意对准 LED 位置，若有偏差可轻轻掰动，偏差过大必须重焊。

b. 注意 3 个孔与外壳螺柱的配合（图 2-24）。

c. 注意电源线不能妨碍机壳装配。

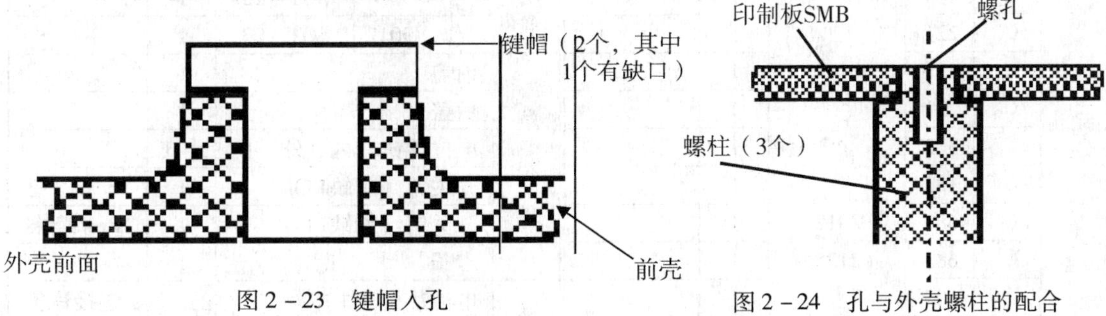

图 2-23 键帽入孔　　图 2-24 孔与外壳螺柱的配合

4）装上中间螺钉，注意螺钉旋入手法（图 2-25 和 图 2-26）。

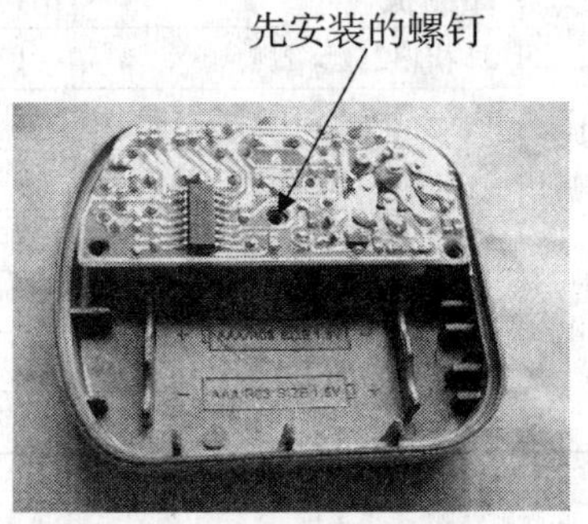

图 2-25 螺钉位置

图 2-26 紧固手法

5）装电位器旋钮，注意旋钮上凹点位置。

6）装后盖，上两边的两个螺钉。

7）装卡子。

3. 检查

总装完毕，装入电池，插入耳机，进行检查，要求：

（1）电源开关手感良好；

（2）音量正常可调；

（3）收听正常；

（4）表面无损伤。

2.1.4.4 材料清单

FM 收音机材料清单如表 2－5 所示。

表 2－5 FM 收音机材料清单

类别	代号	规格	型号/封装	数量	备注类	类别	代号	规格	型号/封装	数量	备注
电阻	R_1	222	2012 (2125) RJ⅛W	1		电感	L_1			1	磁环
	R_2	154		1			L_2			1	红色
	R_3	122		1			L_3	70nH		1	8 匝
	R_4	562		1			L_4	78nH		1	5 匝
	R_5	681		1		晶体管	V_1		BB910	1	
电容	C_1	222	2012 (2125)	1			V_2		LED	1	
	C_2	104		1			V_3	9014	SOT－23	1	
	C_3	221		1			V_4	9012	SOT－23	1	
	C_4	331		1		塑料件	前盖			1	
	C_5	221		1			后盖			1	
	C_6	332		1			电位器钮（内、外）			各 1	
	C_7	181		1			开关钮（有缺口）			1	“Scan”键
	C_8	681		1			开关钮（无缺口）			1	“Reset”键
	C_9	683		1			卡子			1	
	C_{10}	104		1		金属件	电池片（3 件）			正、负、连接片各 1	
	C_{11}	223		1			自攻螺钉			3	
	C_{12}	104		1			电位器螺钉			1	
	C_{13}	471		1		其他	印制板			1	
	C_{14}	330		1			耳机 32Ω×2			1	
	C_{15}	820		1			R_p（带开关电位器 51K）			1	
	C_{16}	104		1			S_1，S_2（轻触开关）			各 1	
	C_{17}	332	CC	1			XS（耳机插座）			1	
	C_{18}	100μ	CD	1							
	C_{19}	104	CT	1	223－104						
IC	A		SC1088	1							

2.2 电子元器件检测

正规的元器件检测需要多种通用或专门测试仪器，一般性的技术改造和电子制作，利用万用表等普通仪表对元器件检测，也可满足制作要求。万用表使用方法参见《万用表使用入门》及相应说明书。

2.2.1 电阻器检测

用数字表可以方便、准确地检测电阻。

（1）选择相应量程并注意不要两手同时接触表笔金属部分。

（2）测量小阻值电阻时注意减去表笔零位电阻（即在200Ω挡时表笔短接有零点几欧姆电阻，是允许误差）。

（3）电阻引线不清洁须进行处理后再测量。

2.2.2 电位器检测

固定端电阻（1，3端）测量与电阻器测量相同；活动端（1，2端）性能测量用指针表可方便观察，见图2－27及图2－28。

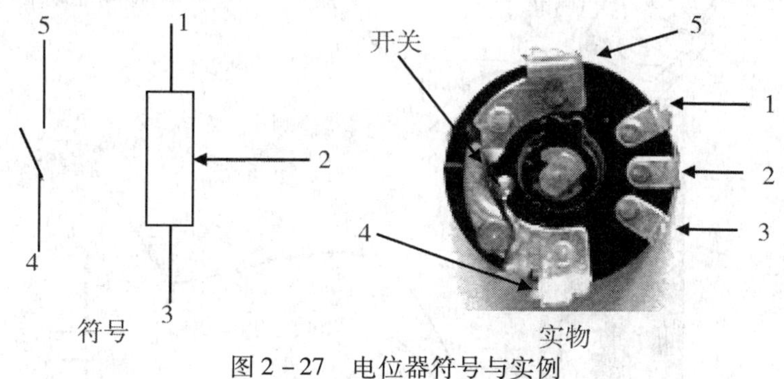

图2－27 电位器符号与实例

2.2.3 电容器检测

用指针表可方便观察。

（1）小电容（≤0.1μF）可测短路、断路、漏电故障。采用测电阻的方法：正常情况下电阻为无穷大，若电阻接近或等于零则电容短路，若为某一数值则电容漏电。

（2）大容量电容（≥0.1μF）除可测短路和漏电外，还可估测电容量，电解电容需注意极性。

方法：

a. 先将电容器两端短接放电。

b. 用表笔接触两端正常情况下表针将发生摆动，容量越大摆动角度越大，且回摆越接近出发点，电容器质量越好（漏电越小），见图2－29。

c. 利用已知容量电容对比可估测电容量。

2.2.4 电感器检测

用万用表可测量线圈短路和断路。方法是测线圈电阻及线圈间绝缘电阻。一般线圈电阻值较小，为几十欧姆到零点几欧姆，宜用数字确表（简称“数字表”）测。线圈之间绝

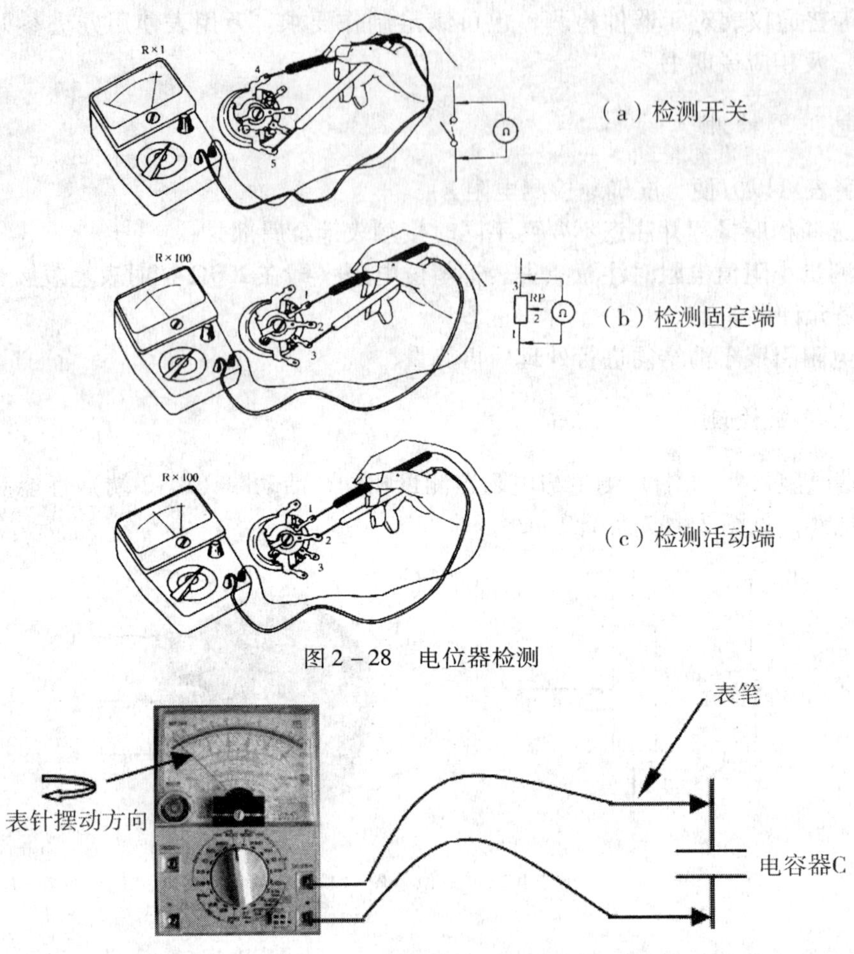

图 2－28 电位器检测

图 2－29 j 用指针表检测电容器

缘电阻应为无穷大。

2.2.5 二极管检测

用数字表和指针表均可检测。

1. 普通二极管

（1）用指针表：采用测量二极管正反向电阻法，正常二极管正向电阻几千欧姆以下，反向几百千欧姆以上。

特别提示：指针表中，黑表笔为内部电池正极，红表笔为内部电池负极。

（2）用数字表：用二极管挡，测量的是二极管的电压降，正常二极管正向压降为 0.1V（锗管）到 0.7V（硅管），反向显示“1 ———”。

2. 发光二极管 LED

（1）用指针表 MF368：Ω×1 挡，表笔红负黑正，LED 亮，从 LI 刻度读正向电流，LV 刻度读正向电压。

（2）用数字表 DT9236：HFE 挡，LED 正负极分别插入 NPN 的 C、E 孔（或 PNP 的 E、C），LED 发光（注意：由于电流较大，点亮时间不要太长）。

3. 变容二极管

采用测量普通二极管方法可测好坏。进一步测试需借助辅助电路。

2.2.6 开关及连接器检测

（1）用测量小电阻的方法可检测开关及连接器的好坏和性能，接触电阻越小越好（常用开关及连接器 $R_c < 1\Omega$），用数字表较方便。

（2）用高阻挡可检测开关及连接器的绝缘性能。

2.2.7 三极管的检测

1. 判定基极和管型（NPN 型或 PNP 型）

半导体三极管是具有两个 PN 结的半导体器件，如图 2－30（a）、（b）所示，其中（a）为 PNP 型三极管，（b）为 NPN 型三极管。

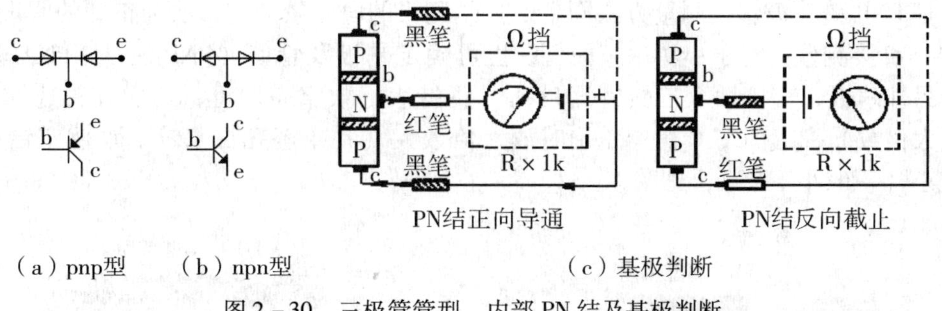

图 2－30 三极管管型、内部 PN 结及基极判断

（1）用指针表：用电阻挡的 Ω×100 或 Ω×1k 挡，以黑表笔（接表内电池正极）接三极管的某一个管脚，再用红表笔（接表内电池负极）分别去接另外两个管脚，直到出现测得的两个电阻值都很小（或者很大），那么黑表笔所接的那一管脚就应是基极。为了进一步确定基极，可再将红黑表笔对调，这时测得的两个电阻值应当与上面的情况刚好相反，即都是很大（或都是很小），这样三极管的基极就确认无误了。

当黑表笔接基极时，如果红表笔分别接其他两脚，所测得的电阻值都很小，说明这是 NPN 型三极管。如果电阻都很大，说明这是 PNP 型三极管。

（2）用数字表：要用二极管挡［用电阻挡时各管脚电阻均为无穷大（显示“1 ———”）］，方法同上，只是要注意数字表笔接表内电池极性与指针表相反，显示的是 PN 结的正反向压降。

2. 判定发射极和集电极及放大倍数

判定三极管的发射极 E 和集电极 C，通常用放大性能比较法。

（1）一般方法：用指针表找到基极 B 并确定为 NPN（或 PNP）型三极管后，在剩下的两个管脚中可以假定一个为集电极，另一个为发射极；观察放大性能，方法如图 2－31 所示：将黑表笔接假设的集电极，红表笔接假设的发射极，并在集电极与基极之间加一个 100kΩ 左右的电阻（通常测量时可用人体电阻代替，即用手指捏住两管脚，下同），观察测得的电阻值。

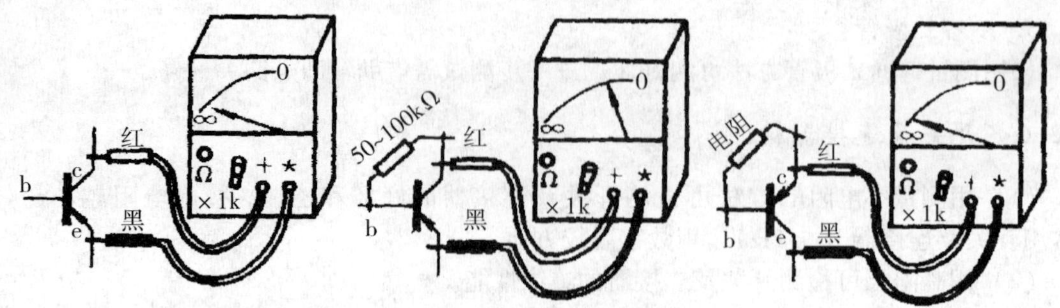

图 2-31　发射极和集电极及放大倍数检测（NPN 型三极管）

然后对调表笔，并在假设的发射极与基极之间加一个 100kΩ 的电阻，观察测得电阻值。将两次测得的电阻值作比较，电阻值较小的那一次测量，黑表笔所接的是 NPN 型三极管的集电极 C，红表笔所接的是三极管的发射极 E，假设正确。

若是 PNP 型三极管，测量方法同上，只是测得的电阻较大的一次为正确的假设。

（2）直接测量：对于小功率三极管，也可确定基极及管型（PNP 还是 NPN）后，分别假定另外两极，直接插入三极管测量孔（指针表、数字表均可，功能开关选 hfe 挡），读取放大倍数 hfe 值。E，C 假定正确时放大倍数大（几十至几百），E，C 假定错误时放大倍数小（一般小于 20），见图 2-32。

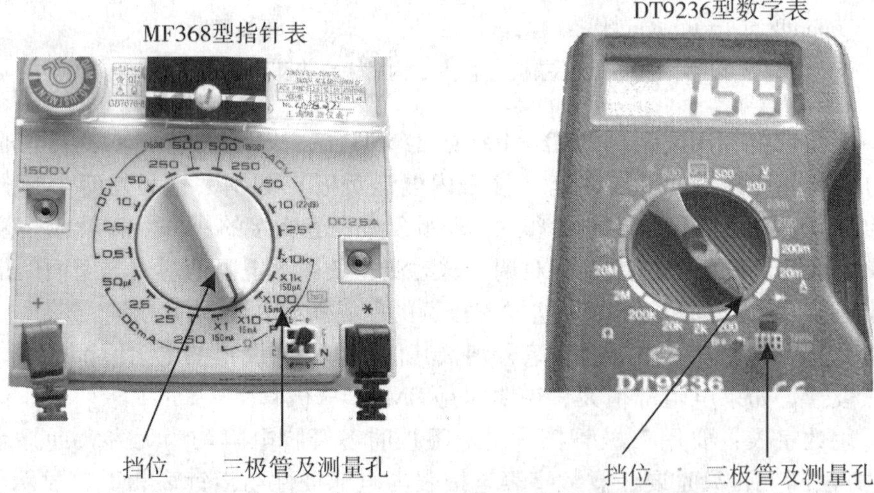

图 2-32　直接测量法（测量三极管放大倍数并判断管脚）

2.3　参考文献

FM 贴片收音机指导书．清华大学电子实习基地，2004.

第 3 章　直流稳压/充电电源制作

3.1　实践目标

通过制作，了解电子产品生产试制的全过程，训练动手能力，培养工程实践观念。

3.2　产品简介

本产品可将220V 市电电压转换成3～6V 直流稳压电源，可作为收音机等小型电器的外接电源，并可对1～5 节镍铬或镍氢电池进行恒流充电，性能优于市售一般直流电源及充电器，具有较高的性价比和可靠性，是一种用途广泛的实用电器。

3.2.1　主要性能指标

（1）输入电压（AC）：～220V。

（2）输出电压（直流稳压）：分三挡，即3V、4.5V、6V，各挡误差为±10%。

（3）输出电流（直流）：额定值150mA，最大300mA。

（4）过载、短路保护，故障消除后自动恢复。

（5）充电稳定电流：60mA（±10%）可对1～5 节5 号镍铬电池充电，充电时间10～12 小时。

3.2.2　工作原理

产品电路原理图（见图3－11）示，变压器T 及二极管 V_1～V_4，电容 C_1 构成典型全波整流电容滤波电路，后面电路若去掉 R_1 及 LED_1，则是典型的串联稳压电路（参见童诗白主编《模拟电子技术基础》，高等教育出版社 1988 年出版；王鸿明等编《电工技术与电子技术》，清华大学出版社 1990 年出版）。其中，LED_2 兼做电源指示及稳压管作用，当流经该发光二极管的电流变化不大时其正向压降较为稳定（约为1.9V，但也会因发光管规的不同而有所不同，对同一种 LED 则变化不大），因此可作为低电压稳压管来使用。R_2 及 LED_1 组成简单过载及短路保护电路，LED_1 兼做过载指示。输出过载（输出电流增大）时 R_2 上压降增大，当增大到一定数值后 LED_1 导通，使调整管 V_5，V_6 的基极电流不再增大，限制了输出电流的增加，起到限流保护作用。

K_1 为输出电压选择开关，K_2 为输出电压极性变换开关。V_8，V_9，V_{10}及其相应元器件组成三路完全相同的恒流源电路，以 V_8 单元为例，如前所述，LED_3 在该处兼做稳压及充电指示双重作用，V_{11}可防止电池极性接错。由图可知，通过电阻 R_8 的电流（即输出整流）可近似地表示为：

$$I_0 = \frac{U_Z - U_{be}}{R_8}$$

其中：I_0——输出电流；

U_{be}——T_4 的基极和发射极间的压降，一定条件下是常数（约 0.7V）；

U_Z——LED_3 上的正向压降，取 1.9V。

由公式可见实现恒流特性 I_0 主要取决于 U_Z 的稳定性，而与负载无关。

由上式可知，改变 R_8 即可调节输出电流，因此本产品也可改为大电流快速充电（但大电流充电影响电池寿命），或减小电流即可对 7 号电池充电。当增大输出电流时可在 V_8 的 C－E 极之间并接一电阻（电阻值约数十欧姆）以减小 V_8 的功耗。

产品制作流程见图 3－1。

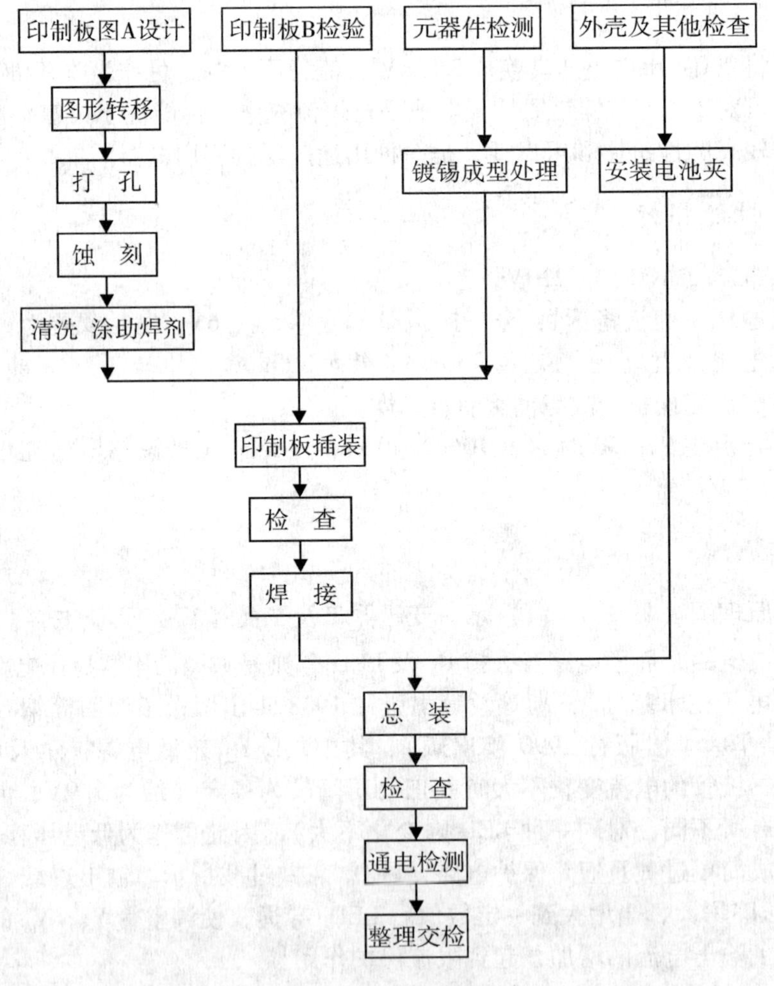

图 3－1 产品制作流程

3.2.3　软件仿真

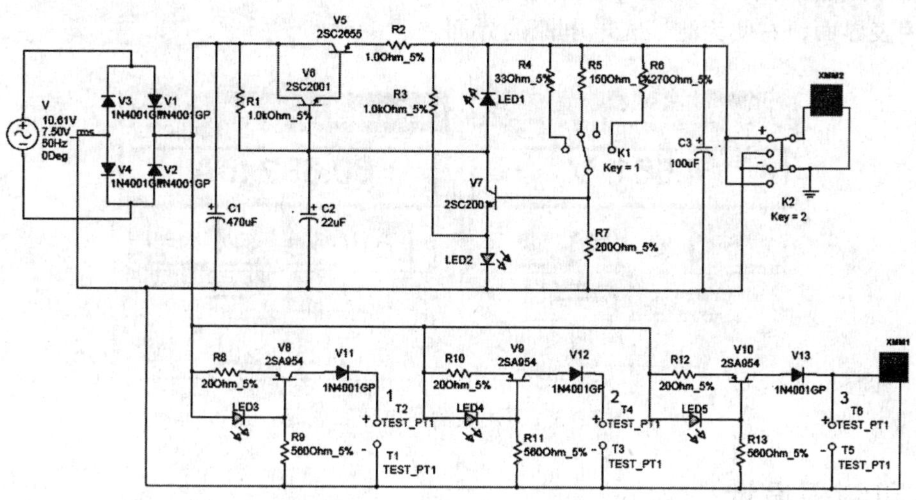

图 3－2　EDA 仿真电路图

本电路仿真所有元件参数如表 3－1 所列。

由于 Multisim 元件库里没有 9013、8050 及 8550 型号的三极管，故用性能参数相近的 2SC2001、2SC2655 和 2SA954 代替做仿真，注意 2SA954（8550）为 PNP 型。

表 3－1　电路仿真所采用元件参数列表

Quantity	Description	库	Reference_ ID	Package
1	AC Voltage		V	
2	CAP_Electrolit		C_1，C_3	ELKO10R5
1	CAP_Electrolit	同上	C_2	ELKO8R5
13	Resistor	同上	$R_1 \sim R_{13}$	RES0. 5
1	Connectors	同上	J_1	HDR1X4
1	Connectors	同上	J_2	HDR1X14
6	Connectors	同上	$T_1 \sim T_6$	TEST_PT1
7	Diode，1N4001		$V_1 \sim V_4$，$V_{11} \sim V_{13}$	需修改
5	LED	同上	$LED_1 \sim LED_5$	LED1
6	BJT_NPN		$V_5 \sim V_{10}$	TO92
2	Switches		K_1，K_2	

双击信号源，设置 Voltage RMS 为 7.5V（有效值），调换 K_1 连接电阻，用万用表观察输出电压（用电压挡）和充电时的充电电流（用电流挡），如图 3－3，左侧为输出 4.5V 时的万用表界面，右侧为测试充电电流的界面。

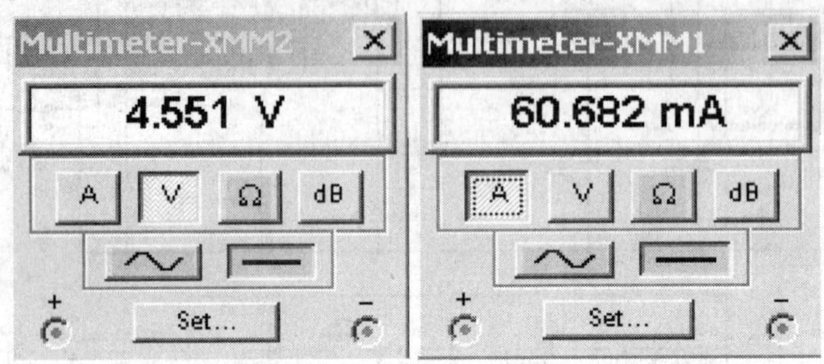

图 3－3　万用表测量电压、电流

3.3 印制板设计

在此只提供 Ultiboard 2001 软件的具体操作步骤，如果有兴趣也可尝试其他印制板设计软件，如 Protel、Orcad 等。

为了向 Ultiboard 2001 印制板设计软件传送数据，在绘制仿真原理图时应该注意：所有元件均应采用真实元件否则无法传送；电源/信号源类元件均为虚拟元件实际需外接，均应取用连接器作为印制板上的输入输出端子；Multisim 向 Ultiboard 传送后应注意检查是否缺少元件；Multisim 2001 的 msm 文件名请采用英文；由于充电器要分成 A，B 板两部分，所以设计印制板之前，电路图需作修改。

Multisim 电路图中有些真实元件的封装在 Ultiboard 中没有或者不正确，需要预先创建或在 Multisim 中改变元件的封装，如其中的 6 个三极管，在建立电路图前应先确定正确的封装。

Dialog

Package Type: TO92　Standard Footprint

Symbol to Footprint Pin Mapping Table:

Logical Pins	Footprint Pins
E	1
B	2
C	3

图 3－4　元件封装设置

具体操作步骤：双击三极管，点击 Edit Footprint （编辑元件封装）按钮，参照图 3－4在 Package Type 项中将封装类型改为 TO92，并将 E，B，C 的 Footprint Pins 改为 E→1，B→2，C→3 的引脚顺序，然后选择“OK”按钮即可。

注意传送目录应使用 Ultiboard 2001 的工作目录，一般为 UB2001。

请选择线宽 30mil，避让距离 10mil。利用 Place 菜单中的命令（如 Shape/Rectangle）在 Board Outline 层定义印制板的形状（封闭曲线），要求印制板尺寸为 86mm × 56mm。

根据需要设定设计规则，示例中主要考虑使用 Tools 菜单的 PCB Properties 选 Board Settings 页，

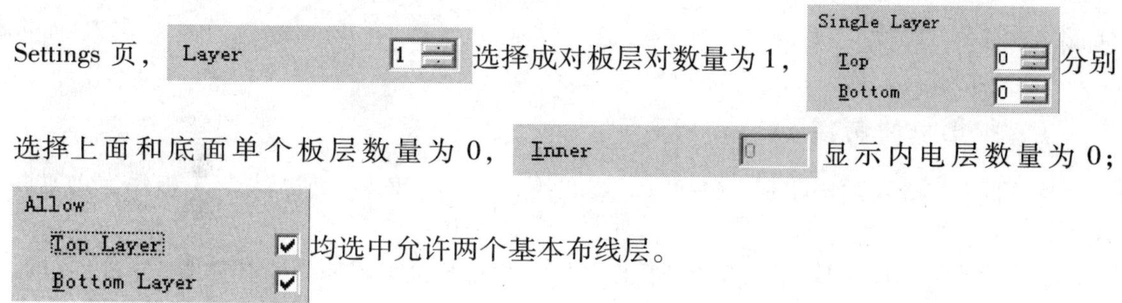

选择成对板层对数量为 1，分别选择上面和底面单个板层数量为 0，显示内电层数量为 0；均选中允许两个基本布线层。

设置单位制和格点，使用 Tools 菜单的 PCB Properties 选 Grid & units 页。在 Units 区域的 Design mil 设置图纸的单位为英制单位 mil。在 Grids 区域，Visible grid 25.00000 设置可视格点距离为 25mil；Component grid 50.00000 设置元件摆放格点距离为 50mil，Grid 25.00000 设置光标格点距离，即光标移动一步距离为 25mil。

二极管 V_1 ~ V_4，V_{11} ~ V_{13}的封装也需要改变，按照下面步骤进行修改：选中该元器件→Tools→Change Footprint→Library：Diodes→Available Parts：DIO8 × 3R10。

参照原理图移动元件形成布局图，使用 Autoroute/place 菜单的 Internal Rip-up and Retry 命令进入内置拆线 - 重试自动布线器窗口，直接选 Route! 命令开始布线，程序会自动打开布线策略选择窗口，按“OK”按钮开始自动布线，可以观察到双面自动布线效果。

关掉拆线 - 重试自动布线器并选“NO”按钮，不传输数据，再重新进入拆线 - 重试自动布线器窗口，使用 Parameters 菜单的 Costing Parameters 命令，选中代价参数设定窗口左上角的一个板层名 Top 再按右侧的“Edit layers”按钮，就会显示窗口，不选中“Routable”，禁止上面板层自动布线。选 Route! 命令开始布线，程序会自动打开布线策略选择窗口，按“OK”键开始自动布线，可以观察到单面自动布线效果。

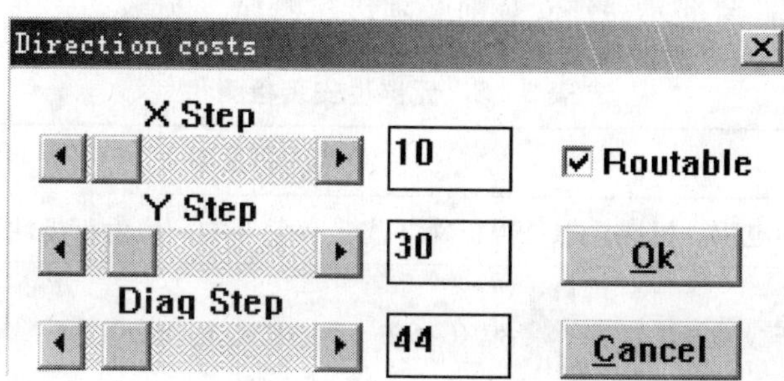

注意：使用 Tools/Copper Delete/All Copper 命令可以删除所有布线和导通孔，使用 File/IMPORT/Netlist 命令可以重新调入网络表进行 DRC 检查。

自动布线完成后可做手工调整：加大焊盘、标注正极（改变焊盘形状）、加粗线宽、改变引线走向等，使印制板具有工艺性。双击焊盘或连线即可进行修改。

3.4　制作工艺

3.4.1　印制板的制作

本产品有 A，B 两块印制电路板（请参见图3－12），B 板为成品板，A 板作为实习自制板。

（1）设计。图3－12 为参考印制板设计图，也可根据电路原理图（如图3－11）自行设计，设计原则及方法，如3.3 节所述。

（2）制作。按照印制板设计图，可根据电路原理图自行设计印制板。印制板要求自己制作。参照下面的热转印法制板工艺流程图（图3－5），完成印制板的设计与制作。

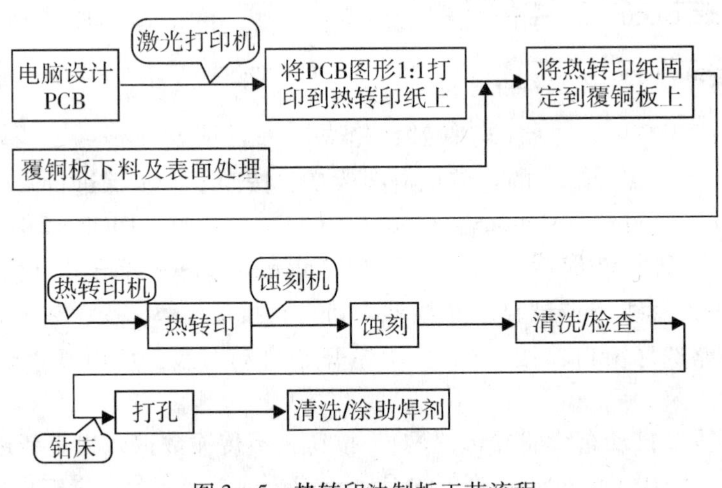

图3－5　热转印法制板工艺流程

3.4.2　印制板的安装

（1）元器件测试：全部元器件安装前必须进行测试（见表3－2）。

表3－2　元器件安装检测

元器件名称	测试内容及要求
二极管	正向电阻、极性标志是否正确（注：有色环的一边为负极性）
三极管	判断极性及类型： 8050、9013 为 NPN 型，8550 为 PNP 型 β 值大于 50

续表 3 - 2

元器件名称	测试内容及要求
电解电容	是否漏电　漏电流小 极性是否正确　极性正确
电阻	阻值是否合格
发光二极管	用万用表 h_{FE} 功能检测极性及好坏 负极　正极
开关	通断是否可靠
插头	接线是否可靠
变压器	绕组有无断、短路，电压是否正确

（2）印制电路板 A 的焊接：按图 3 - 12（a）所示位置，将元器件全部卧式焊接（参见图 3 - 6）。注意二极管、三极管及电解电容的极性。

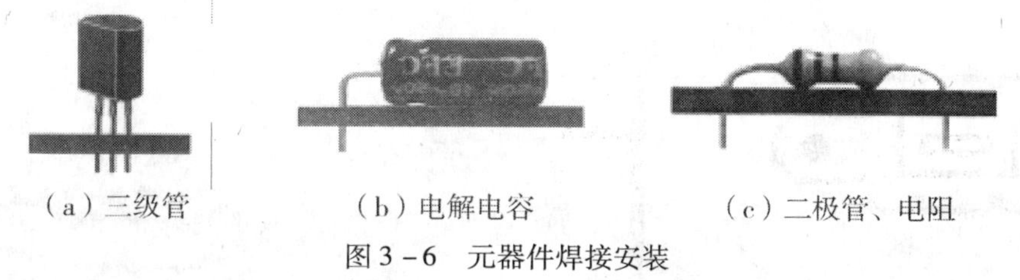

（a）三级管　（b）电解电容　（c）二极管、电阻

图 3 - 6　元器件焊接安装

（3）印制电路板 B 的焊接：

a. 按图 3 - 12（b）所示位置，将 K_1，K_2 从元件面插入，且必须装到底。

b. LED_1 ～ LED_5 的焊接高度如图 3 - 7（a）所示，要求发光管顶部距离印制板高度为 3.5 ～ 14mm。让 5 个发光管露出机壳 2mm 左右，且排列整齐。注意颜色和极性。也可先不焊 LED，待 LED 插入 B 板后装入机壳调好位置再焊接。

c. 将 15 线排线 B 端［见图 3 - 7（b）］与印制板 1 ～ 15 焊盘依次顺序焊接。排线两端必须镀锡处理后方可焊接，长度如图所示，A 端左右两边各 5 根线（即：1 ～ 5，11 ～ 15），分别依次剪成均匀递减（参照图中所标长度）的形状。再按图将排线中的所有线段分开至两条水平虚线处，并将 15 根线的两头剥去线皮 2 ～ 3mm，然后把每个线头的多股线芯绞合后镀锡（不能有毛刺）。

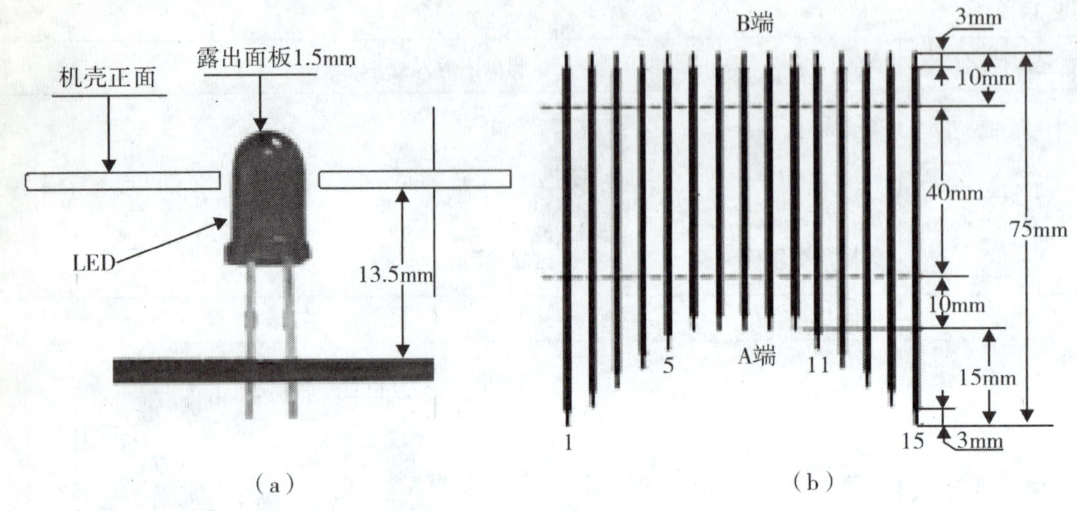

（a）　　　　　　（b）

图3－7　LED和排线装配

d. 焊接十字插头线 CT_2。注意：十字插头有白色标记的线焊在有“×”标记的焊盘上。

e. 焊接开关 K_2 旁边的短接线 J_9。

（4）以上全部焊接完成后，按图检查正确无误，待整机装接。

3.4.3　整机装配工艺

3.4.3.1　装接电池夹正极片和负极弹簧

（1）正极片凸面向下如图3－8（a）所示。将 J_1，J_2，J_3，J_4，J_5 5根导线分别焊在正极片凹面焊接点上（正极片焊点应先镀锡）。

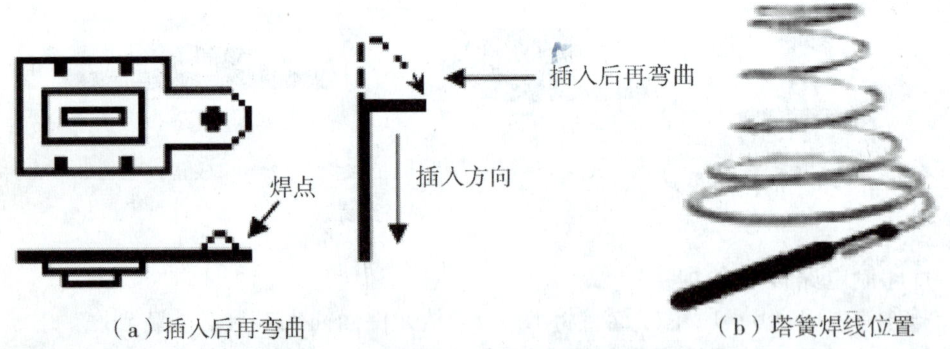

（a）插入后再弯曲　　　　（b）塔簧焊线位置

图3－8　电池夹正极片和负极弹簧的装配

（2）安装负极弹簧（即塔簧），在距塔簧第一圈起始点5mm处镀锡［见图3－8（b）］。分别将 J_6，J_7，J_8 3根导线与塔簧焊接。

3.4.3.2　电源线连接

把电源线 CT_1 焊接至变压器交流220V输入端（参见图3－9）。注意：两接点用热缩套管绝缘，热缩套管套上后须加热两端，使其收缩固定。

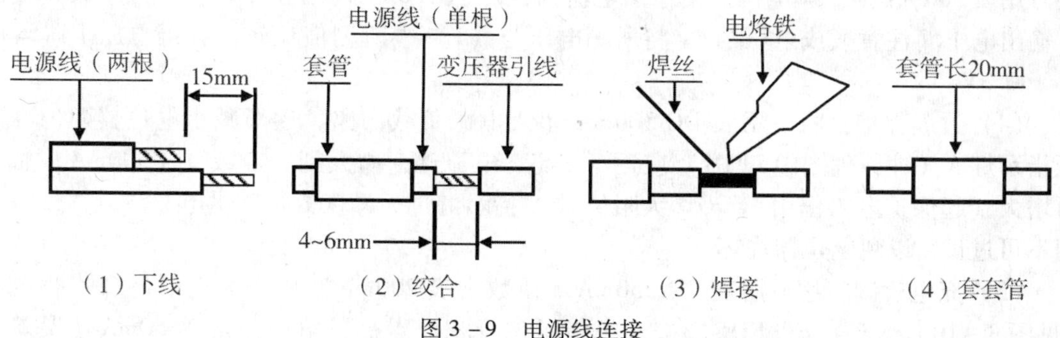

图 3－9　电源线连接

3.4.3.3　焊接 A 板与 B 板以及变压器的所有连线

（1）变压器副边引出线焊至 A 板 T－1、T－2。

（2）B 板与 A 板用 15 线排线对号按顺序焊接。

3.4.3.4　焊接印制板 B 与电池片间的连线

按图 3－13 将 J_1，J_2，J_3，J_6，J_7，J_8 分别焊接在 B 板的相应点上。

3.4.3.5　装入机壳

上述安装完成后，检查安装的正确性和可靠性，然后按下述步骤装入机壳。

（1）将焊好的正极片先插入机壳的正极片插槽内，然后将其弯曲 90°（见图 3－8）。注：为防止电池片在使用中掉出，应注意焊线牢固，最好一次性插入机壳。

（2）按装配图（见图 3－10）所示位置将塔簧插入槽内，焊点在上面。在插左右两个塔簧前应先将 J_4，J_5 两根线焊接在塔簧上后再插入相应的槽内。

（3）将变压器副边引出线朝上，放入机壳的固定槽内。

（4）用 M2.5 自攻钉固定（B）板两端。

3.5　检测调试

3.5.1　目视检验

总装完毕，按原理图及工艺要求检查整机安装情况，着重检查电源线，变压器连线，输出连线及 A 和 B 两块印制板的连线是否正确、可靠，连线与印制板相邻导线及焊点有无短路及其他缺陷。

3.5.2　通电检测

（1）电压可调：在十字头输出端测输出电压（注意电压表极性），所测电压值应与面板指示相对应。拨动开关 K_1，输出电压相应变化（与面板标称值误差在 ±10% 为正常）。纪录该值。

（2）极性转换：按面板所示开关 K_2 位置，检查电源输出电压极性能否转换，应与面板所示位置相吻合。

（3）负载能力：用一个 47Ω/2W 以上的电位器作为负载，接到直流电压输出端，串接万用表500mA挡。调电位器使输出电流为额定值150mA；用连接线替下万用表，测此时输出电压（注意换成电压挡）。将所测电压与（1）中所测值比较，各挡电压下降均应小于0.3V。

（4）过载保护：将万用表DC 500mA串入电源负载回路，逐渐减小电位器阻值，面板指示灯A（即原理图中LED1）应逐渐变亮，电流逐渐增大到一定数（<500mA）后不再增大（起保护电路作用）。当增大阻值后A指示灯熄灭，恢复正常供电。注意：过载时间不可过长，以免电位器烧坏。

（5）充电检测：用万用表DC 250mA（或数字表200mA）挡作为充电负载代替电池（见图3－10），LED_3～LED_5应按面板指示位置相应点亮，电流值应为60mA（误差为±10%），注意表笔不可接反，也不得接错位置，否则没有电流。

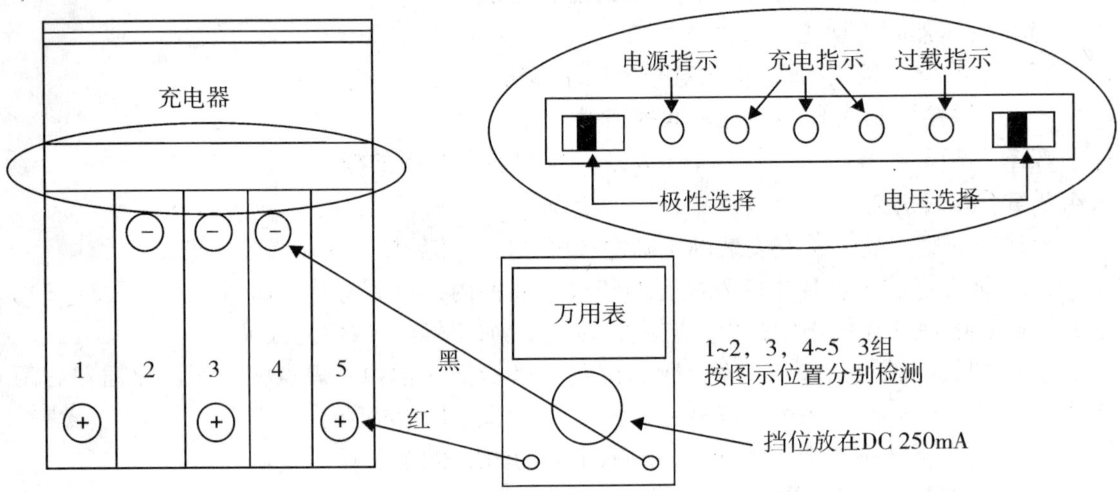

图3－10　面板功能及充电电源检测示意图

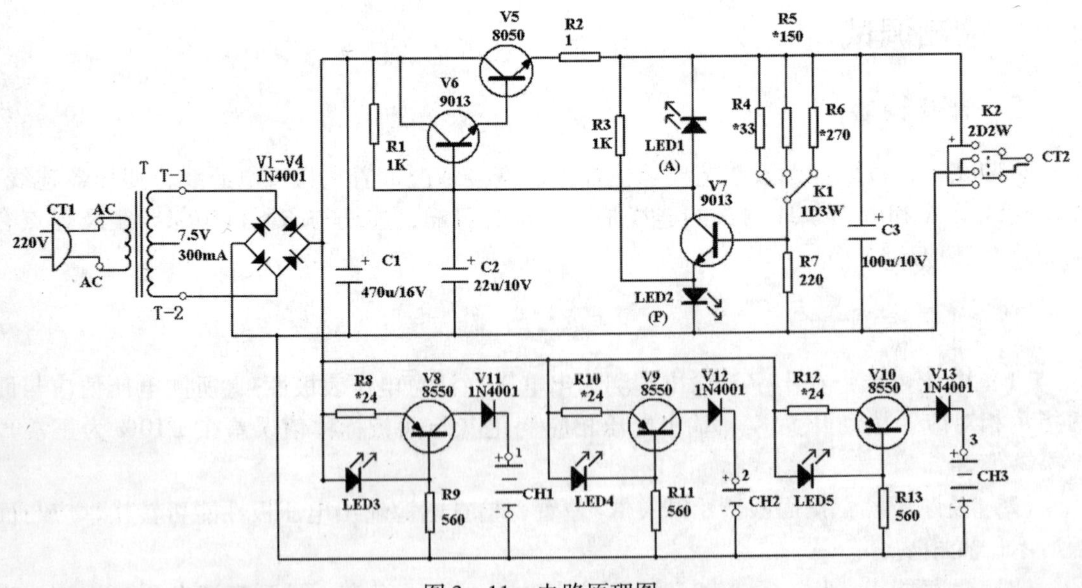

图3－11　电路原理图

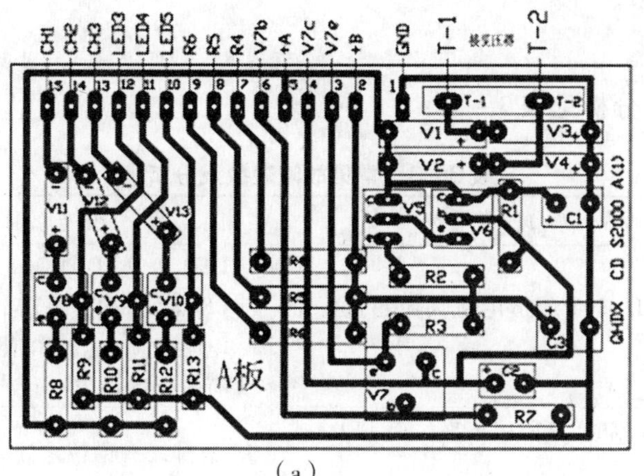

(a)

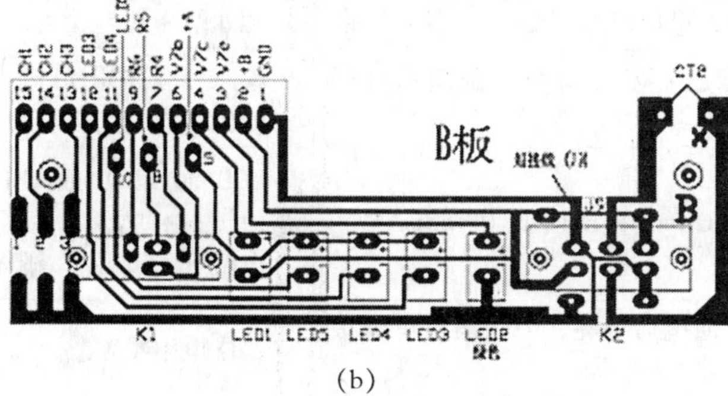

(b)

图 3－12　印制板装配焊接图

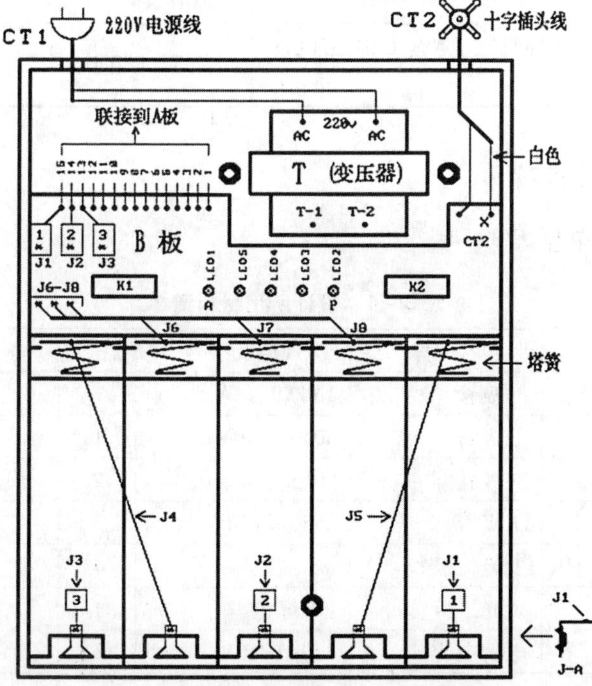

图 3－13　整机装配图（后视图）

3.5.3 故障检测

常见故障现象及分析见表3-3。

表3-3 常见故障现象及分析

序号	故障现象	可能原因/故障分析
1	CH_1，CH_2，CH_3 3个通道电流大大超过标准电流（60mA）	·LED_3～LED_5坏 ·LED_3～LED_5装错 ·电阻R_8，R_{10}，R_{12}阻值错（偏小） ·有短路的地方
2	检测CH_1的电流时，LED_3不亮，而LED_4或LED_5亮了	15根排线有错位之处
3	拨动极性开关，电压极性不变	J_9短接线未接
4	电源指示（绿色）发光管与过载指示灯同时亮	·R_2（1Ω）的阻值错 ·输出线或电路板短路
5	CH_1或CH_2或CH_3的电流偏小（$<45mA$）	·LED_3或LED_4或LED_5正向压降小（正常值应大于1.8V） ·电阻R_8，R_{10}，R_{12}阻值错
6	LED_3～LED_5通电后全亮，但三通道电流很小或无电流	·24Ω电阻错
7	3V、4.5V、6V电压均为9V以上	·T_1或T_2坏 ·LED_2坏
8	充电器使用一段时间后，突然LED_1，LED_2同时亮	可能T_1（8050）坏

3.5.4 设计所用材料清单

设计所用材料清单见表3-4。

表3-4 设计所用材料清单

序号	代号	名称	规格及型号	数量	备注
1	V_1～V_4，V_{11}～V_{13}	二极管	1N4001（1A/50V）	7	A
2	V_5	三极管	8050（NPN）	1	A
3	V_6，V_7	三极管	9013（NPN）	2	A
4	V_8，V_9，V_{10}	三极管	8550（PNP）	3	A
5	LED_1，LED_3～LED_5	发光二极管	ϕ3 红色	4	B
6	LED_2	发光二极管	ϕ3 绿色	1	B
7	C_1	电解电容	470μF/16V	1	A
8	C_2	电解电容	22μF/10V	1	A

续表 3－4

序　号	代　号	名　称	规格及型号	数　量	备　注
9	C_3	电解电容	100μF/10V	1	A
10	R_1，R_3	电阻	1K（1/8W）	2	A
11	R_2	电阻	1Ω（1/8W）	1	A
12	R_4	电阻	33Ω（1/8W）	1	A
13	R_5	电阻	150Ω（1/8W）	1	A
14	R_6	电阻	270Ω（1/8W）	1	A
15	R_7	电阻	220Ω（1/8W）	1	A
16	R_8，R_{10}，R_{12}	电阻	24Ω（1/8W）	3	A
17	R_9，R_{11}，R_{13}	电阻	560Ω（1/8W）	3	A
18	K_1	拨动开关	1D3W	1	B
19	K_2	拨动开关	2D2W	1	B
20	CT_2	十字插头线		1	B
21	CT_1	电源插头线	2A 220A	1	接变压器 AC－AC 端
22	T	电源变压器	3W 7.5V	1	JK
23	A	印制线路板（A）	大板	1	JK
24	B	印制线路板（B）	小板	1	JK
25	JK	机壳后盖上盖	套	1	
26	TH	弹簧（塔簧）		5	JK
27	ZJ	正极片		5	JK
28		自攻螺钉	M 2.5	2	固定印制线路板小板（B）
29		自攻螺钉	M 3	3	固定机壳后盖
30	PX	排线 15P	75mm	1	A 板与 B 板间的连接线
31	JX 接线	J_1 J_2 J_3，J_4，J_5 J_6 J_7 J_8 J_9	160mm 125mm 80mm 35mm 55mm 75mm 15mm	1 1 3 1 1 1 1	注：J_9（印制板 B 上面的开关 K_2 旁边的短接线）可采用硬裸线或元器件腿
32		热缩套管	30mm	2	用于电源线与变压器引出导线间接点处的绝缘

注：备注栏中的“A”表示该元件应安装在大板 A 上，“B”表示该元件应安装在小板 B 上，“JK”表示该零件应安装到机壳中。

3.6　参考文献

EDA 实践补充教材——多用充电器．清华大学电子实习基地，2004．

第4章 数字计算器的汇编语言实现

4.1 设计概述

本课程设计是一次程序设计方法及技能的基本训练，通过实际程序的开发及调试，巩固课堂上学到的关于程序设计的基本知识和基本方法，进一步熟悉汇编语言的结构特点和使用，达到能独立阅读、设计编写和调试具有一定规模的汇编程序的水平。

4.2 题目简介

用8086汇编语言编写一个能实现四则混合运算、带括号功能的整数计算器程序。程序能实现键盘十进制运算表达式的输入和显示［例如输入："1+2*(3-4)"］，按"="键后输出十进制表示的运算结果。

4.3 程序设计要求

（1）遵循模块化、结构化的编程思路。
（2）程序必须正确运行。
（3）程序简明易懂，多标明注释，具有良好的程序书写风格。
（4）适当优化程序，提高程序的运行效率。

4.4 工作条件

使用的设备及软件为8086兼容机及MASM汇编开发软件。

4.5 题目分析

根据题目要求，可以把程序的工作过程划分为运算表达式输入、计算、结果输出三部分。因此，在编写程序时可以按此把程序大致划分为三个模块。

4.5.1 运算表达式输入

用户通过键盘输入的运算表达式为一个ASCII码字符串，字符串的最后一个字符是"="。对于这个运算表达式，"+、-、*、/、(、)、0～9、="是合法的表达式内容，其他的字符则是无法进行运算的非法内容，因此需要首先进行表达式合法性检查。另外，由于计算机能进行计算的是 2 进制的补码，因此还需要把以 ASCII 码表示的数值转换为补码的形式并加以保存。当然，控制运算方式的符号也要进行保存。因此，“运算表达式输入”这个模块可以细化为表达式合法性检查、数值的 ASCII 码到补码转换及保存、符号的保存三个小部分，如图 4－1 所示。

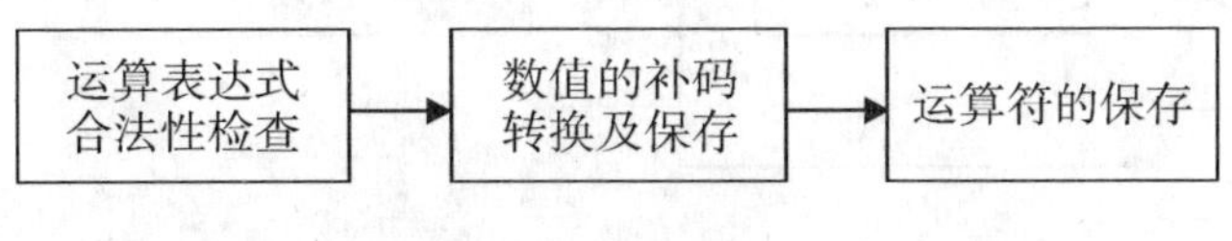

图 4－1　“运算表达式输入”的流程

4.5.1.1　运算表达式合法性的检查方法

观察“ASCII 字符编码表”，可以发现“＋、－、＊、／、(、)”的 ASCII 码由 28H 到 2FH，而“0 ～ 9”的 ASCII 码则由 30H 到 39H，因此只需对输入的字符一个一个地进行数值范围比较，看看是否处于 28 ～ 39H 这个范围里面，即可区分输入的表达式是否合法，流程如图 4－2 所示。此流程图是采用循环输入字符的方法，每输入一个字符即进行判断。读者也可以采用输入字符串的方法，把整个运算表达式接收完毕后再进行判断。

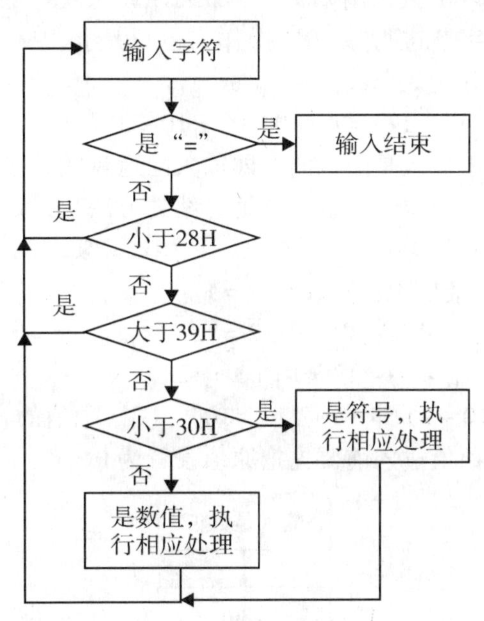

图 4－2　运算表达式合法性检查流程（1）

同时，对于含有括号的运算表达式，当左括号的数量与右括号数量不相等时，表达式也是非法的。因此，可以设置一个起始值为“0”的变量（下面称其为配对标志），当输入“(”时此变量加“1”，当输入“)”时减“1”，则当表达式输入结束时，只需判定此配对标志是否为 0，即可判定左右括号数量是否相等。

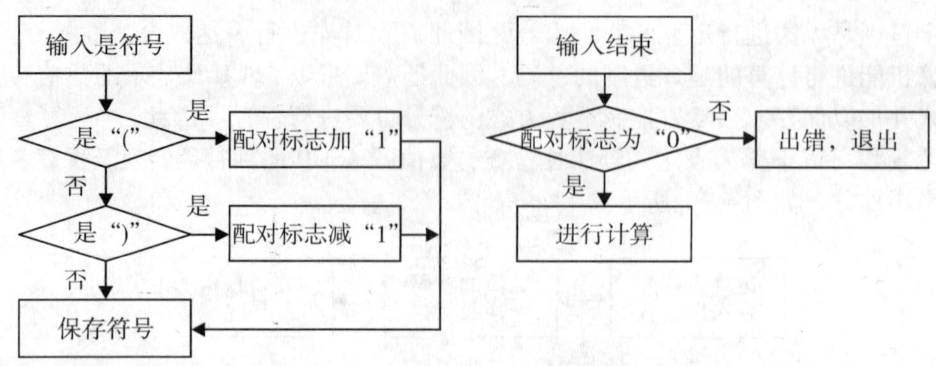

图 4－3　运算表达式合法性检查流程（2）

4.5.1.2　数值的补码转换方法

要进行数值的 ASCII 码到补码的转换，首先就得判断输入的字符是数值还是符号。根据上文所提，“＋、－、＊、／、（、）”的 ASCII 码由 28H 到 2FH，而“0～9”的 ASCII 码则由 30H 到 39H，只需比较字符是否小于等于 2FH（或小于 30H）即可判断其是否为符号，否则则是数值，如图 4－2 所示。

众所周知，要把一个 ASCII 码数值转换为二进制补码的形式，只需要对其减 30H 即可实现。但如果输入的是多位数，例如 123，那么计算机获得的是 31H、32H、33H 三个字节，即使分别对这三个字节进行减 30H 操作，也只是获得 1，2，3 三个数而已。实际上可以利用加权的方法合并这几个数：

$$123=1\times100+2\times10+3\times1$$

但另一个问题是，由于输入是随机的，即输入的运算数有多少位是未知的，因此无法使用上面的方面静态确定每一位的权重。这里介绍的方法是，每输入运算数的一位，则把前面的合并结果（称为原值）乘以 10 再与这一位相加，实现动态的加权合并。例如：

令原值为 0，输入 1，结果为：$0\times10+1=1$

输入 2，结果为：$1\times10+2=12$

输入 3，结果为：$12\times10+3=123$

即：$123=\{[(0\times10+1)\times10+2]\times10\}+3$。数值的补码转换流程如图 4－4 所示，当然，在获得第一个数值输入前要先把原值设置为 0。

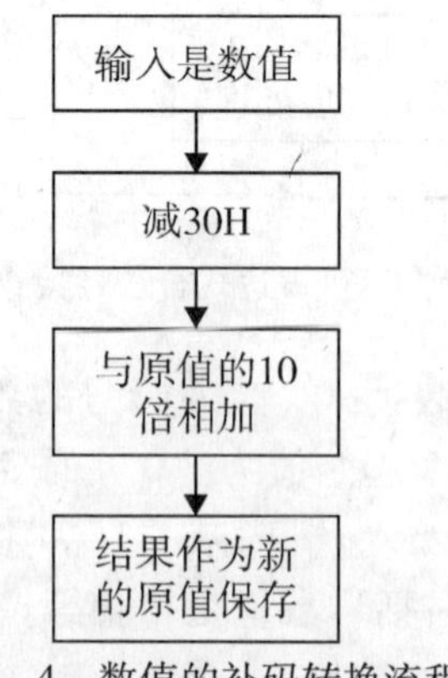

图 4－4　数值的补码转换流程

由于符号全部是一个字节，无需进行任何转换即可保存，处理简单，这里不作探讨。

4.5.2 计算

由于运算表达式有多个数值和符号，而符号有不同的优先级别，因此上文提到的数值保存和符号保存应该分开两个地方进行，这样有利于表达式的计算算法设计。下面把“+、-、*、/”称为运算符，把“(、)”称为优先符。

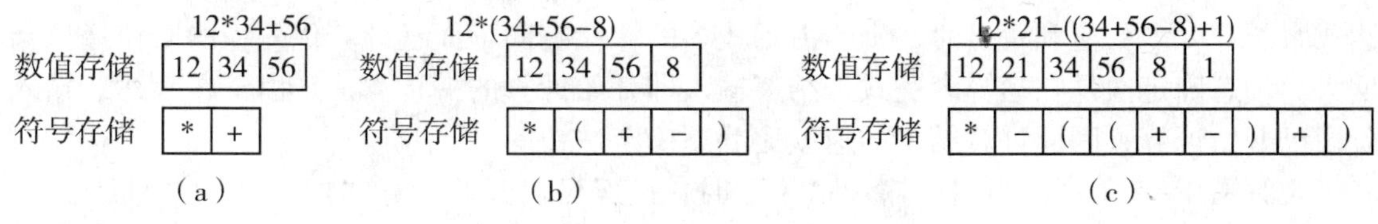

图 4-5　运算表达式的存储举例

观察图 4-5 的三条运算表达式，再联系四则混合运算的优先原则，可以归纳出三点：

（1）数值的数量是运算符的数量加 1（优先符不算），第 1 个运算符代表第 1，2 个数值的运算操作，第 N 个运算符代表第 N、$N+1$ 个数值的运算操作……

（2）每进行一次运算，相应的运算符即被消除，而参与运算的两个数值合并为一个数值，仍然满足（1）。例如图 4-5（a），当完成乘法运算后，数值存储区有 408，56 两个数，符号存储区有“+”一个运算符。

（3）括号（优先符）的作用是把括号内的运算符的优先级别提高到比外部高。

因此，要实现运算表达式的运算，最重要的就是确定所有运算符的优先级别。下面讨论运算符优先级别的编程设计方法。

4.5.2.1　运算优先级别的静态确定法

此方法是完成了把整条运算表达式全部存入数值存储区和符号存储区后才开始对运算符优先级进行判断的方法。

（1）设置“*、/”的优先级为 2、“+、-”的优先级为 1；

（2）括号内部的所有运算符的优先级全部加“2”。

运用优先级别静态确定法处理图 4-5 的三条表达式的运算符，结果如图 4-6 所示。其中图 4-6（c）的“34+56-8”由于被括号括起两次，因此其两个运算符“+、-”的优先级别均加了两次“2”。

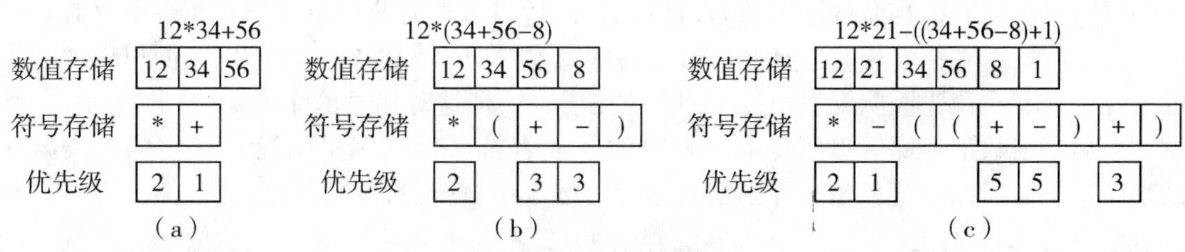

图 4-6　运算符的静态优先级别

最后，由于四则混合运算遵循从左往右计算的原则，即相同优先级别的运算符靠左的优先。因此，只需计算出符号存储区里面的所有运算符的优先级别，然后根据优先级的大小先后执行运算符对应的运算即可实现计算（当然每进行一次运算，相应的运算符即被消除，而参与运算的两个数值合并为一个数值）。当数值存储区里面剩下一个数值时，运算结束，这个最后的数值就是运算的最终结果。读者请自行设计此算法的流程图。

4.5.2.2　运算优先级别的动态确定法

运算优先级别静态确定法具有容易理解、实现简单的优点，而其缺点是：如果运算表达式太长、太多数值和符号时，则会占用较多的存储空间，而且计算优先级的工作量也会增大。动态确定法是在运算表达式未结束输入即开始计算的一种方法。由于在表达式输入阶段已开始计算，因此计算结果的速度比静态确定法快。

观察图 4－5（a），当用户输入“＋”时，已经可以开始计算“12＊34”；观察图 4－5（b）；当用户输入“－”时，已经可以开始计算“34＋56”。观察图 4－5（c），当用户输入第一个“－”时，已经可以开始计算“12＊21”。也就是说，当用户输入的运算符的优先级不大于前一个运算符时，即可开始前一个运算符的计算。

问题是，对于有括号的运算表达式，在用户没有完成运算表达式的全部输入前，很难提前确定括号内部运算符的优先级。为了解决这个问题，动态确定法把优先符（括号）也赋予了优先级：“（”，优先级为 5；“＊、/”，优先级为 4；“＋、－”，优先级为 3；“）”，优先级为 1。

计算图 4－5 三条运算表达式的所有符号的优先级别，结果如图 4－7 所示。

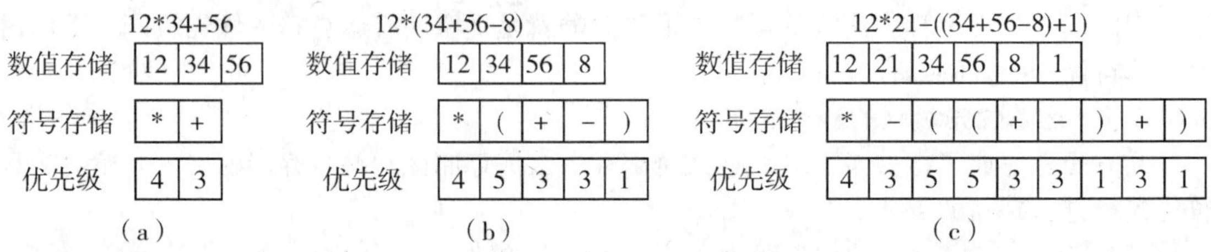

图 4－7　运算符的动态优先级别

设计计算的条件：

（1）只有优先级为 3，4 的符号（即＋、－、＊、/）可以进行计算；

（2）如果某符号的优先级大于等于下一个的优先级时，对此符号进行相应运算（当然每进行一次运算，相应的运算符即被消除，而参与运算的两个数值合并为一个数值）；

（3）如果左右括号相邻，且左括号在右括号左边时（即在符号存储区里面出现“()”的情况，或者在优先级队列里出现“51”的情况），把这对括号消除掉。

最后，当数值存储区里面剩下一个数值（或者符号存储区里面没有符号）时，运算结束，这个最后的数值就是运算的最终结果。读者请自行设计此算法的流程图。

4.5.3　结果输出

当数值存储区里面剩下一个数值（或者符号存储区里面没有符号）时，运算结束，需要把运算结果输出显示。

分析运算结果的特点：运算结果为一个 2 进制补码整数，如果数据长度为 16 位，则运算结果范围是：－32768～32767。运算结果的输出要解决的主要问题是：正负数区分、补码到 ASCII 码转换并输出显示。运算结果的输出流程如图 4－8 所示。

图 4－8　运算结果的输出流程

4.5.3.1　正负数区分

运算结果有三种情况：正整数、负整数、零。运算结果以补码形式对这三种情况进行统一的存储，但显示输出时则有所不同。负整数前面需要显示“－”号，因此需要对运算结果的符号进行判断。同时，正整数和零的补码与原码相同，而负整数的补码则不一样。把负整数进行取补码运算，把它转换为原码，可以实现运算结果统一的 ASCII 码转换输出方法，而不需要为正整数和零、负整数分别设计两个不同的 ASCII 码转换程序，如图 4－9 所示。

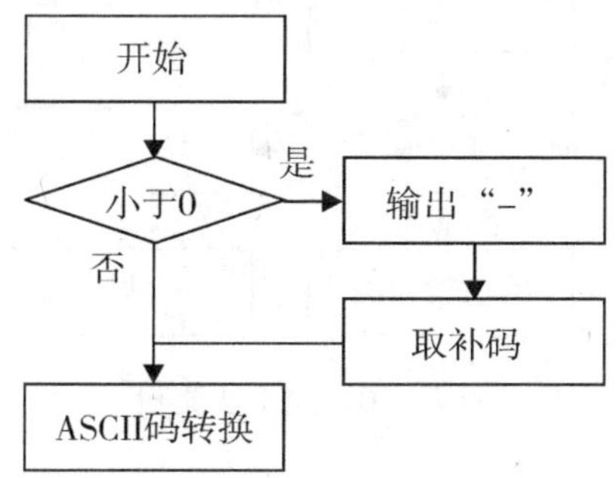

图 4－9　正负数区分流程

4.5.3.2　补码到 ASCII 码转换

计算结果在屏幕上的输出显示实际上是 ASCII 码的输出显示。假设程序采用的数据长度为 16 位，则运算结果范围是：－32768～32767，即屏幕最多得显示 5 位 ASCII 码。由于上文已经把结果统一为原码，下面介绍如何把原码转换为 ASCII 码。

这个转换过程实际上跟上文的“数值的补码转换方法”是相反操作。例如，要把 123 在屏幕上输出显示，即要把 123 的百位、十位、个位分离，得到 1，2，3，然后转换为 31H、32H、33H 三个 ASCII 码。众所周知，把一位数转换为 ASCII 码只需加 30H 即可，下面介绍把一个多位数的各位分离的方法。

1. 除十法

分离方法是：对一个多位数进行除十法处理，得到的余数即为个位数，而商则是删除个位后的多位数。对商反复进行除十法处理，直到商为 0 为止，即可把各位数分离。例如，对 123 进行除十法处理：

123/10，商是12，余数是3；

12/10，商是1，余数是2；

1/10，商是0，余数是1。

可见经过三次除十计算，得到的三个余数刚好就是对123的各位的分离结果。接着只需分别对这些余数加30H即可转换为ASCII码，实现输出转换。

除十法的优点是不需要理会要输出的数值有多少位，不断除以10直到商为0即可；缺点是得到的余数的顺序跟输出的方向相反，不方便输出。例如，上例得到的三个余数的顺序是3，2，1，加30H转换输出后屏幕显示为“321”，跟期望显示的顺序相反，要作进一步处理。处理方法是把余数放进堆栈里面，然后再出栈显示。由于堆栈是先进后出的，即可解决该输出的顺序问题。(见图4－10)

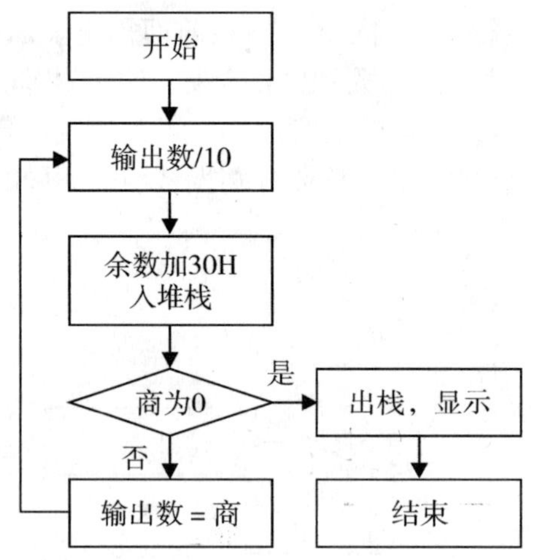

图4－10　除十法流程

2. 除最高位法

除最高位法流程见图4－11。分离方法是先除以$10^{位数-1}$，得到的商即为最高位，余数为删除最高位后的多位数。接着令余数除以$10^{位数-2}$，得到的商为次高位……例如123，其位数是3（个位、十位、百位)，则计算过程为：

$123/10^{3-1}$，商是1，余数是23；

$23/10^{3-2}$，商是2，余数是3；

$3/10^{3-3}$，商是3，余数是0。

可见经过三次计算，得到的三个商刚好是对123的各位的分离结果，而且顺序跟输出方向相同。可以直接加30H转换输出，屏幕显示为“123”。

该方法的缺点是：必须首先确定要输出的数值有多少位，编程者必须十分清楚需要输出的数值的大小范围。

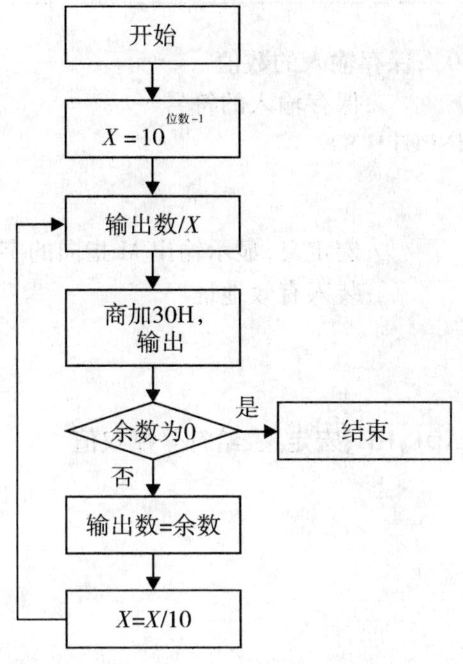

图 4－11　除最高位法流程

4.6　附录

参考代码如下所示。这段程序的运算优先级别判定采用动态确定法，而计算结果的 ASCII 码转换输出采用除最高位法。参考代码的存储区共用方式如图 4－12 所示。数值从左边开始存储，每个数值占两个字节；字符从右边开始存储，每个字符占一个字节。

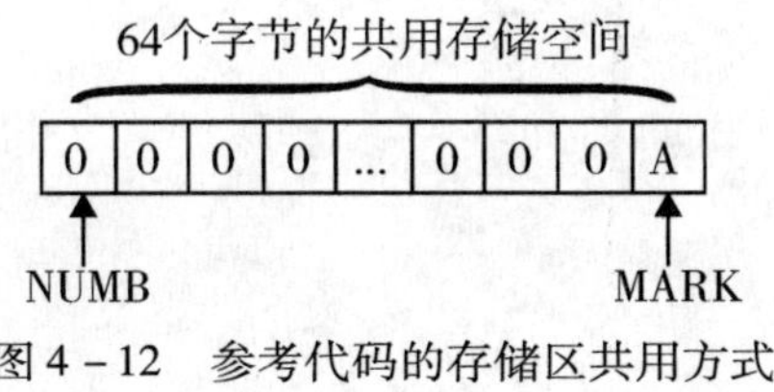

图 4－12　参考代码的存储区共用方式

```
DATAS SEGMENT
    STR1 DB 0AH, 0DH, '*********************************$'
    STR2 DB 0AH, 0DH, '      rang: -32768 ~ 32767               $'
    STR3 DB 0AH, 0DH, '      press "Q" to exit                  $'
    STR4 DB 0AH, 0DH, '      press " = " after press ENTER      $'
    STR5 DB 0AH, 0DH, '*********************************$'
    SIGN1 DW 0                  ;判断数字是否输入完毕
    SIGN2 DW 0                  ;判断括号是否配对
```

```
    SIGN3 DW 0
    NUMB DW 20H DUP(0);保存输入的数值
    MARK DB 'A'             ;保存输入的符号
    ERROR DB 'ERROR INPUT! $'
DATAS ENDS

SHOW MACRO M                ;宏定义,显示输出 M 指向的字符串
    LEA DX, M               ;装入有效地址
    MOV AH, 9
ENDM

CHOICE MACRO ASC1, HAO1,HH;宏定义,给符号赋权值
    CMP AL, ASC1
    JNE OTHER&HAO1
    MOV CH, HH
    JMP OTHER7
ENDM

CODES SEGMENT
ASSUME CS:CODES, DS:DATAS
START:
    MOV AX, DATAS
    MOV DS, AX
    MOV NUMB, 0
    LEA DI, NUMB
    LEA SI, MARK
    SHOW STR1
    SHOW STR2
    SHOW STR3
    SHOW STR4
    SHOW STR5
    CALL ENTER
    MOV AX, 0
    MOV DX, 0
    MOV BX, 0
    MOV CX, 0
STA1: CALL ENTER

INPUT:
    MOV AH, 1
```

```
    INT 21H                       ;输入字符
    CMP AL, 'Q'                   ;大写 Q
    JE J_SHU0
    CMP AL, 'q'                   ;小写 q
    JE J_SHU0
    CMP AL, '='
    JE PD;                        ;输入等号,进行括号配对检验
    CMP AL, 28H                   ;28H 是'('
    JB INPUT
    CMP AL, 39H                   ;39H 是'9'
    JA INPUT
    CMP AL, 2FH                   ;输入的是数字还是符号
    JBE JUD                       ;是符号转入相应操作
    INC WORD PTR SIGN1            ;数字标志位加"1"
    SUB AL, 30H                   ;ASCII 码转 16 进制
    MOV AH, 0
    XCHG AX, [DI]
    MOV BX, 10
    MUL BX
    XCHG AX, [DI]
    ADD [DI], AX
    JMP INPUT

PD: CMP WORD PTR SIGN2, 0             ;判断配对标志位
    JE JUD
    JMP BC

JUD: CMP WORD PTR SIGN1, 0            ;判断数值指针是否已经下移一位
    JE FUH1
    ADD DI, 2
    MOV WORD PTR SIGH1, 0

FUH1: CALL ADVANCE                ;判定符号优先级
    CMP CH, 5                     ;判断输入的是否是左括号
    JNE PY                        ;不是则判断输入的是否是右括号
    INC WORD PTR SIGN2            ;是左括号, 括号标志位加"1"
    MOV WORD PTR SIGN3, 1

PY: CMP CH, 1                     ;判断输入的是否为右括号
    JNE AGAIN
```

```
    DEC WORD PTR SIGN2          ;是右括号,括号标志位减“1”
AGAIN：CMP BYTE PTR[SI], 'A' ;判断符号存储区是否为空
    JE SAVE
    CMP CH, [SI]
    JA SAVE
    CMP BYTE PTR[SI], '('
    JNE YIDO
    DEC SI
    JMP INPUT
YIDO：DEC SI
    MOV CL, [SI]
    CALL MATCH                  ;判断符号并执行相应运算
    JMP AGAIN
    Z_Z：JMP INPUT
J_SHU0:JMP J_SHU
SAVE：CMP CH, 0
    JE OVER1
    CMP CH, 1
    JE Z_Z                      ;不保存，输入下一个数
    INC SI
    MOV [SI], AL
    INC SI
    CMP CH, 5
    JNE GO_ON
    MOV CH, 2;改变'('的权值

    GO_ON：MOV [SI], CH
    JMP INPUT

    BC：LEA DX, ERROR
    MOV AH, 9
    INT 21H
    JMP J_SHU
OVER1：JMP OVER
```

```
MATCH PROC                    ;执行数学运算的子程序
      PUSH AX
      XOR AX, AX
      XOR BX, BX
      CMP CL, 2AH             ;乘法运算
      JNE NEXT1
      SUB DI, 2
      XCHG BX, [DI]
      SUB DI, 2
      XCHG AX, [DI]
      IMUL BX
      MOV [DI], AX
      ADD DI, 2
      JMP FINISH
      NEXT1: CMP CL, 2FH      ;除法运算
      JNE NEXT2
      SUB DI, 2
      XCHG BX, [DI]
      SUB DI, 2
      XCHG AX, [DI]
      CWD
      IDIV BX
      MOV [DI], AX
      ADD DI, 2
      JMP FINISH
   NEXT2: CMP CL, 2BH         ;加法运算
      JNE NEXT3
      SUB DI, 2
      XCHG BX, [DI]
      SUB DI, 2
      ADD [DI], BX
      ADD DI, 2
      JMP FINISH
      NEXT3: CMP CL, 2DH      ;减法运算
      JNE FINISH
      SUB DI, 2
```

```
        XCHG BX, [DI]
        SUB DI, 2
        SUB [DI], BX
        ADD DI, 2

    FINISH: POP AX
        RET
    MATCH ENDP

ADVANCE PROC                ;优先级判断子程序，过程类似 C 语言的 SELECT-CASE 语句
            CHOICE 28H, 1, 5 ;(
    OTHER1: CHOICE 29H, 2, 1 ;)
    OTHER2: CHOICE 2AH, 3, 4 ; *
    OTHER3: CHOICE 2FH, 4, 4 ;/
    OTHER4: CHOICE 2BH, 5, 3 ; +
    OTHER5: CHOICE 2DH, 6, 3 ; -
    OTHER6: CHOICE 3DH, 7, 0 ; =
    OTHER7: RET
ADVANCE ENDP

CLEAR PROC                  ;清屏子程序
    PUSH AX
    PUSH BX
    PUSH CX
    PUSH DX
    MOV AH, 06H
    MOV AL, 00H
    MOV CH, 0
    MOV CL, 0
    MOV BH, 0FH
    MOV DH, 18H
    MOV DL, 4FH
    INT 10H
    MOV BH, 0
    MOV DX, 0
    MOV AH, 02H
    INT 10H
    POP DX
    POP CX
```

```
    POP BX
    POP AX
    PET
CLEAR ENDP

ENTER PROC                        ;输出回车换行子程序
    PUSH AX
    PUSH DX
    MOV AH, 2
    MOV DL, 13
    INT 21H
    MOV AH, 2
    MOV DL, 10
    INT 21H
    POP DX
    POP AX
    RET
ENTER ENDP

OVER: SUB DI, 2                   ;结果的正负数判断
    CMP WORD PTR[DI], 0
    JGE W1
    NEG WORD PTR[DI]
    MOV DL, '-'                   ;如果是负数则输出负号
    MOV AH, 2
    INT 21H

W1: MOV BX, 10000                 ;循环5 次，分别输出结果的万位、千位、百位、十位和个位
    MOV CX, 5
    MOV SI, 0

W2: MOV AX, [DI]
    MOV DX, 0
    DIV BX
    MOV [DI], DX
    CMP AL, 0
    JNE W3
    CMP SI, 0
    JNE W3
    CMP CX, 1
```

```
    JE W3
    JMP W4
W3: MOV DL, AL
    ADD DL, 30H
    MOV AH, 2
    INT 21H
    MOV SI, 1
W4: MOV AX, BX
    MOV DX, 0
    MOV BX, 10
    DIV BX
    MOV BX, AX
    LOOP W2
J_SHU1: MOV WORD PTR[DI+2], 0   ;输出结束，准备下一条算式的输入
    CALL ENTER
    LEA DI, NUMB
    LEA SI, MARK
    JMP STA1
J_SHU:MOV AH, 4CH               ;结束,退出程序返回操作系统
    INT 21H
CODES ENDS
END START
```

4.7 参考文献

[1] 龚尚福. 微机原理与接口技术 [M]. 2 版. 西安: 西安电子科技大学出版社, 2008.

[2] 楼顺天, 周佳社. 微机原理与接口技术 [M]. 北京: 科学出版社, 2006.

第 5 章　电子闹钟的设计

5.1　设计概述

本设计要求读者运用数字电子技术课程所学知识，利用 EWB（Electronics Workbench）电子电路仿真设计软件进行设计开发，运用各种数字电路设计一个具有日常生活普遍功能的电子闹钟电路并实现其仿真运行调试。通过本设计，能令读者根据设计目标功能进行综合分析，掌握功能简单的数字电子电路的设计及仿真调试方法。

5.2　产品简介

电子闹钟是人们日常生活必需的电子产品。本设计要求实现电子闹钟的基本功能包括：

（1）进行 24 小时制的时、分、秒计时；

（2）实现时间的 LED 数码管显示；

（3）具有手动输入的时间调整功能；

（4）具有闹钟设置功能，能发出相应的闹铃提示。

5.3　设计思路及总体设计

正确的设计思路是设计成功的首要条件。虽然每秒的状态均不一样，但 24 小时一共有 24×60×60 秒，如果按照每秒一种状态来设计电路是不现实的。设计要严格遵循结构化和模块化的思想，一个功能一个模块。因此，电子闹钟一个有四个模块：计时模块、显示模块、闹钟模块、调时模块，如图 5－1 所示。

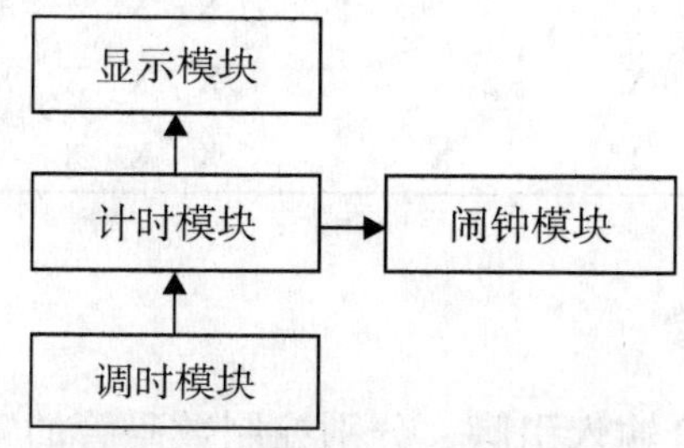

图 5－1　电子闹钟逻辑关系框图

可见，计时模块是整个电子闹钟系统的核心部分。根据日常生活的习惯和电子闹钟的功能，把计时模块分解为：计小时、计分钟、计秒钟三个子模块能提高设计的效率（因为计分钟和计秒钟均是数60，而计小时则是计24，电路功能相若）。

5.4 工作条件

正确挑选功能合适的芯片电路是本设计的关键。根据计数要求和显示要求，本设计可采用8421BCD码同步加法计数器74160作计数用途，解码型七段数码管作显示用途。

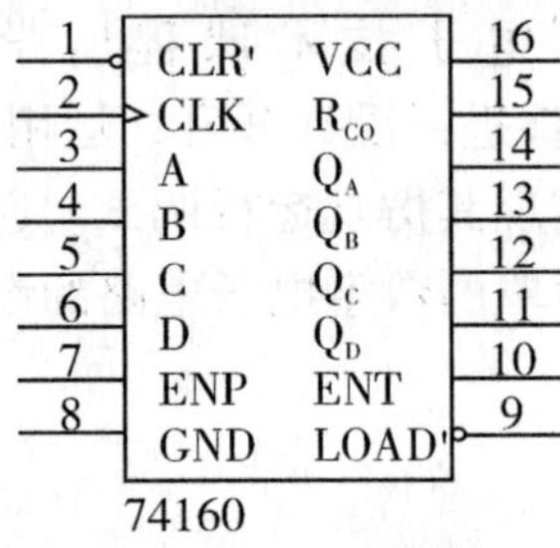

图5－2 74160引脚

5.4.1 74160引脚

74160引脚见图5－2，其功能见表5－1。

LOAD '为预置数控制端；R_{CO}为进位输出端：R_{CO} = ENT · Q_C · Q_A，CLR '为异步置零端；ENP和ENT为工作状态控制端；Q_D，Q_C，Q_B，Q_A 为输出端；D，C，B，A为预置数输入端。

表5－1 74160引脚功能

清零	预置	使能		时钟	预置数据输入				输出			
CLR '	LOAD '	ENP	ENT	CLK	D	C	B	A	Q_D	Q_C	Q_B	Q_A
0	X	X	X	X	X	X	X	X	0	0	0	0
1	0	0	0	↑	X	X	X	X	D	C	B	A
1	1	1	1	↑	X	X	X	X	计数			
1	1	1	X	X	X	X	X	X	保持			
1	1	X	1	X	X	X	X	X	保持			

5.4.2 解码型七段数码管

普通的七段数码管有7个输入引脚，分别控制数码管的7个LED，如图5－3所示。因此，需要输入相应的段码才能显示0～9。由于74160输出的是BCD码，需要把BCD码转换为段码才可显示。而解码型七段数码管则配有BCD码转换的功能，可直接输入4位

BCD 码进行显示，如图 5－4 所示。

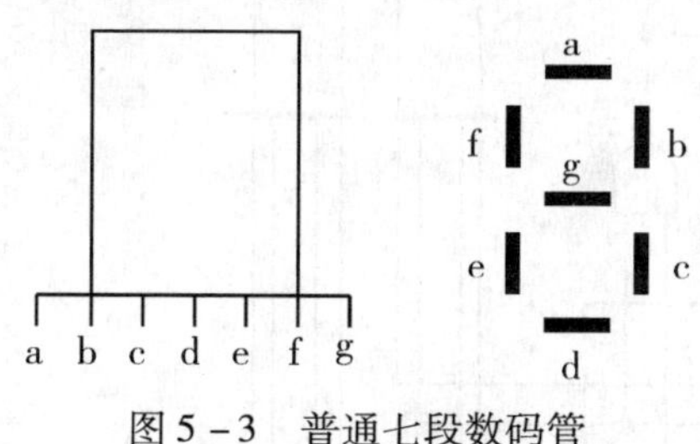

图 5－3　普通七段数码管

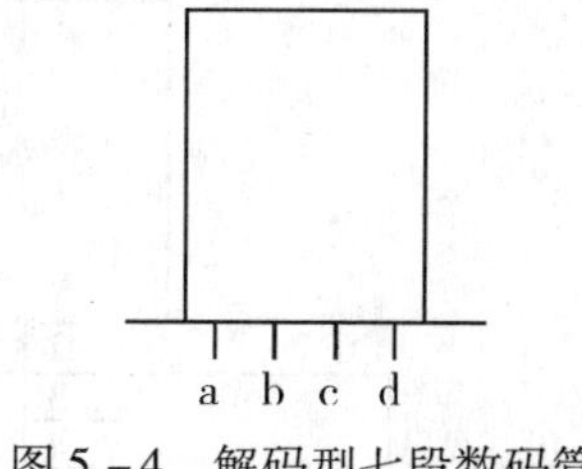

图 5－4　解码型七段数码管

5.5　项目的原理图与仿真

5.5.1　计时模块设计

计时模块可分为计小时、计分钟、计秒钟三个子模块，实现数 60 和数 24 两种计数功能。

5.5.1.1　计分钟、计秒钟子模块的设计

这两个子模块均是 60 进制的，因此它们的电路是完全一样的。这里采用两片 74160 实现十位的数 6 计数及个位的数 10 计数。采用 1Hz 的时钟脉冲信号给个位的 74160 的 CLK，则可实现个位的十进制计数，每秒数 1 次。

1. 个位到十位的进位问题

根据教科书的设计理念，本来把个位的 74160 的 RCO 连接给十位的 74160 的 CLK，即可实现个位到十位的进位。但是分析 74160 的进位特点（RCO = ENT · QC · QA），当其数到 9 的时候即会从 RCO 输出一个高电平，于是十位的 74160 获得进位信号而数 1，例如从 00 开始，当数到 09 时变为 19，这是不符合我们的设计预期的。因此，个位的 74160 的 RCO 进位不能送给十位 74160 的 CLK。解决方法是把十位 74160 的 CLK 与个位的 CLK 相连，把个位 74160 的 RCO 送给十位 74160 的使能端（ENP 或 ENT）。这样当个位 74160 数到 9 时，RCO 出现的进位信号令十位 74160 使能而工作，在下一个时钟脉冲到达时，个位和十位 74160 一起数 1，个位 RCO 重新变为无效，十位 74160 在数一次后也停止工作，解决了上述问题。

2. 十位的数 6 问题

由于 74160 是十进制的计数器，而本设计十位只需数 6，因此十位的 74160 当数到 6 时需要归零。因此，可把十位 74160 的输出连接到门电路，经过逻辑判断后对十位的 74160 的 CLR '发出低电平即可把十位的 74160 进行清零操作。另外，当十位清零时，也就代表着要进行进位操作（数满 60 秒向分钟进 1，数满 60 分向小时进 1），因此这个十位的清零信号也是进位信号，把它连接到前一个子模块的 CLK 即可实现计小时、计分钟、计秒钟三个子模块的连接。计分钟、计秒钟子模块电路设计如图 5－5 所示。

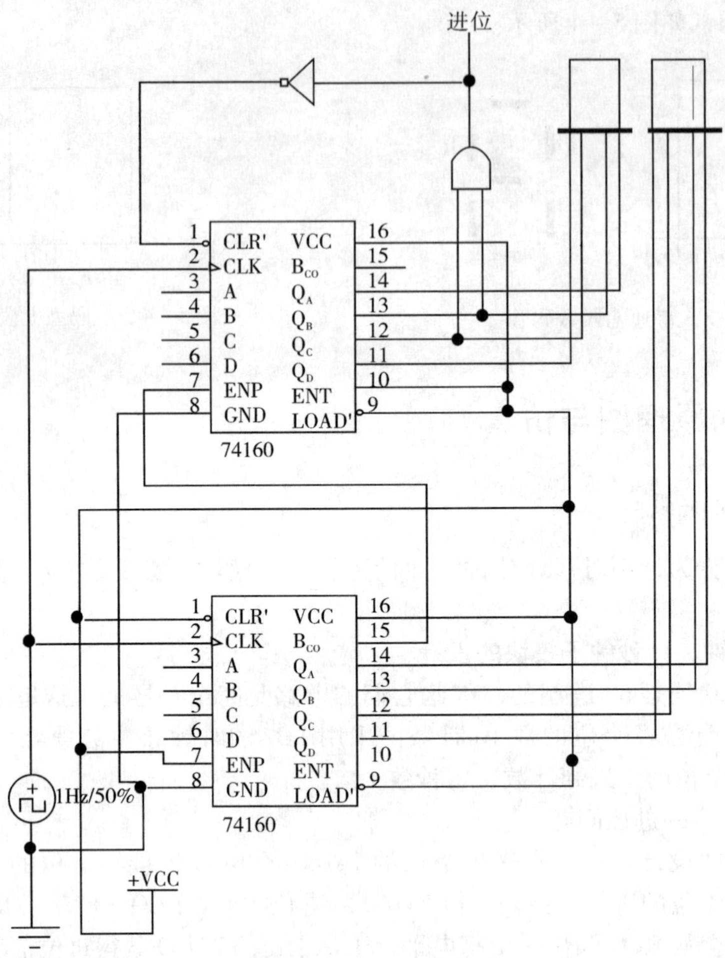

图 5－5 计分钟、计秒钟子模块电路设计

5.5.1.2 计小时子模块的设计

计小时子模块的电路设计跟计分钟、计秒钟子模块相若，也是由两片 74160 构造而成。但是计小时子模块是进行每 24 一次循环的计数方式，其清零方式与前面数 60 的子模块有所不同。

读者在进行计小时子模块的设计时可能会陷入一种困境：一是其十位的 74160 在数到 2 的时候并不是立刻清零的（计分钟、计秒钟子模块的十位在数到 6 时立刻清零），而是需要等到个位数到 4 才清零；二是个位的 74160 有两种清零情况，当十位是 0 或 1 时个位是十进制的，自动清零，而当十位是 2 时个位是 4 进制的，数到 4 清零。要实现这种复杂的关系就需要添加多个门电路。

之所以会产生这种困境是因为设计的时候没有遵循结构化的设计理念。思考图 5－5 的电路，如果没有加入门电路，则这个电路会数到 100 清零，而加入门电路后才实现数 60 清零。也就是说，如果读者把这两个连接在一起的 74160 看成是一块的（一个数 100 的模块），则前面的困境就会立刻解开，这时候数 60 清零跟数 24 清零在设计方法上是完全没有区别的，均是在原来的两个 74160 的基础上添加门电路而已，如图 5－6 所示。只是在清零的时候清零信号也要送给个位的74160（个位的74160这时数到4，不能自动清零）。

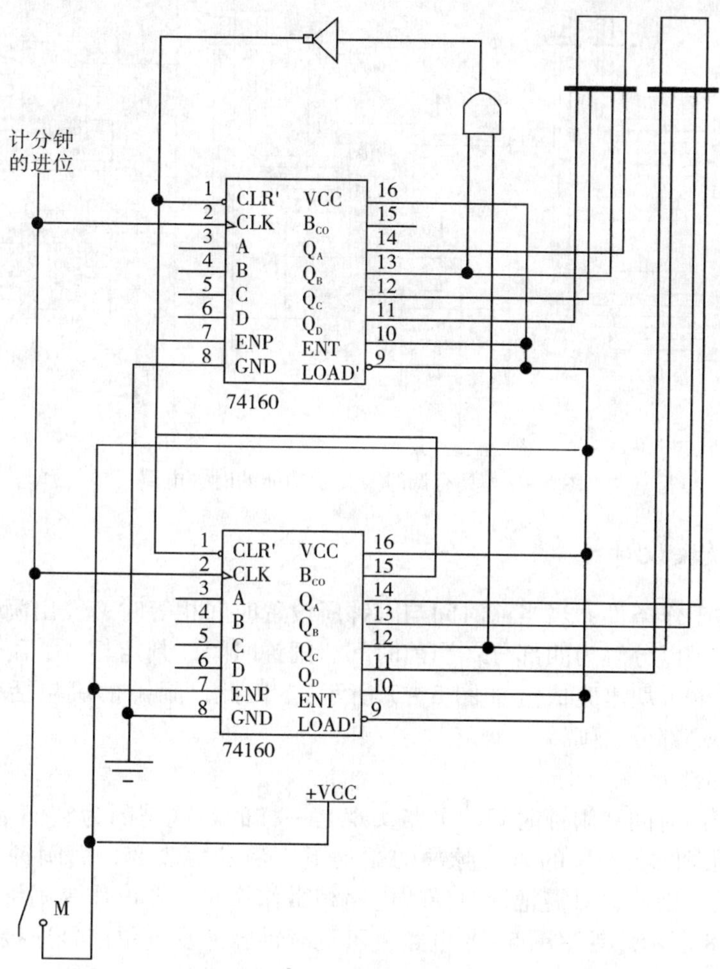

图5－6　计小时子模块电路图

5.5.2　显示模块及调时模块设计

如前所述，由于计时模块是整个电子闹钟系统的核心部分，计时模块分解为三个子模块，则显示模块及调时模块也相应分解为三个对应的子模块。如图5－5、图5－6所示，显示模块的设计非常简单，只需把74160的BCD码输出直接连接到解码型七段数码管上即可实现显示。

调时模块的功能是：通过手动方式对时间进行调整。时、分、秒由计时模块的三个子模块记录着，而这些记录着的数值的变化是通过74160的CLK来完成的。也就是说，如果能通过手动方式，每按一下按钮产生一个脉冲，并且把这个脉冲送给74160的CLK，即可实现手动的时间调节功能。如图5－5、图5－6，图中的开关即代表按钮，开关每开闭一次均产生一个脉冲，从而实现手动的调时功能。具有调时及显示功能的时钟电路如图5－7所示。

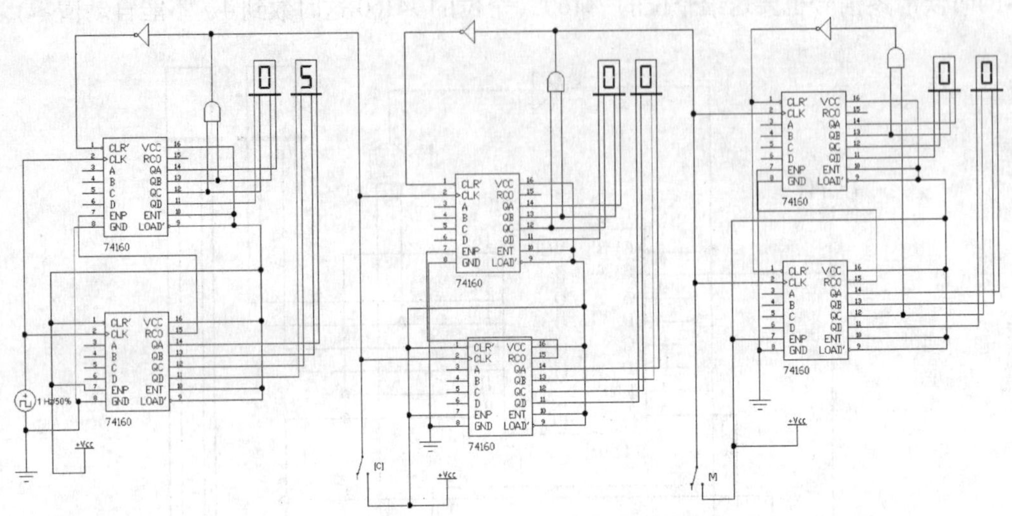

图5-7 具有调时及显示功能的时钟电路

5.5.3 闹钟模块设计

分析闹钟的工作条件：当当前时间与闹钟所设置时间相等时，发出闹铃信号。这句话告诉我们，闹钟可以分解为四部分：当前时间、闹钟时间、判定相等、闹铃。当前时间的记录在上述的计时模块里完成（如图5-7所示）。因此，闹钟模块包括三部分：闹钟时间部分、判定相等部分、闹铃。

1. 闹钟时间部分

实际上，当前时间和闹钟时间的电路实现是一样的。这是因为它们都是在记录时间，区别只在于当前时间在1Hz的时钟脉冲的驱动下不断发生改变，而闹钟时间在设置完毕后是不再改变的。因此，只需把计时模块电路稍微作修改，即可作为闹钟时间部分的电路实现，如图5-8所示。观察图5-8电路，可见时钟脉冲及进位信号连接均已取消；原来的时间设置按钮仍然保留，其用途变为闹钟时间设置；另外，考虑到闹钟时间不需要精确到秒钟，图5-8电路仅包括小时和分钟的闹钟时间。

2. 判定相等部分及闹铃部分

要判定当前时间与闹钟时间是否相等，只需把计时模块的输出和闹钟时间部分的输出一起作为输入，是否相等（逻辑1或0）作为输出，画出卡诺图，即可获得判定相等部分的逻辑表达式及其相应的电路图。由于输入较多，所画的卡诺图比较复杂，这里介绍一种比较简单的电路设计方法：由于判定的依据是两个时间相等，即两个时间电路的74160的所有输出均各自相等。因此，只需把两个时间电路的所有输出各自进行比较，然后相与，即可得到是否相等的逻辑输出。把这个逻辑输出连接到振铃上，即可实现闹铃功能（EWB软件没有振铃，可以采用逻辑灯代替），如图5-9所示。在图5-9的闹铃连接处添加一个开关，可实现闹钟的打开和关闭功能。

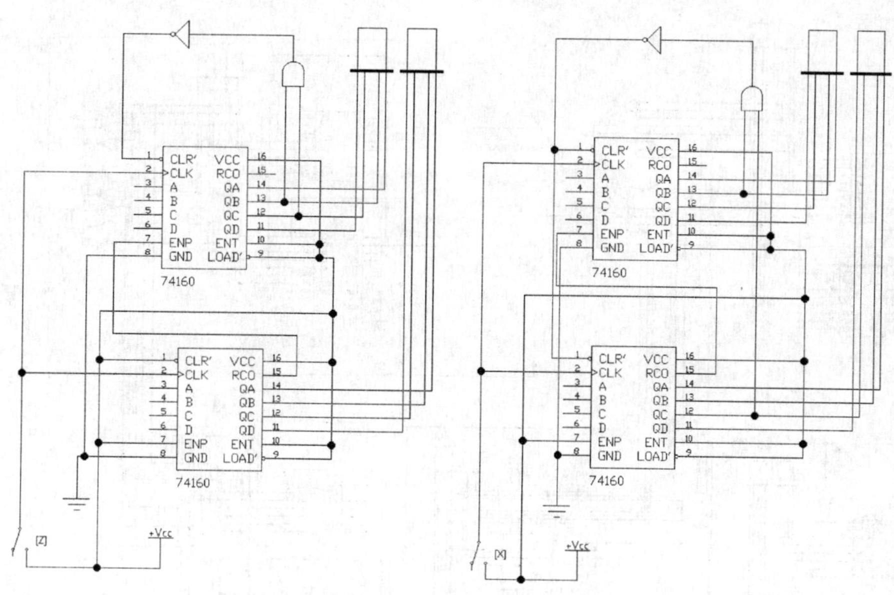

图 5－8　闹钟时间部分的电路实现

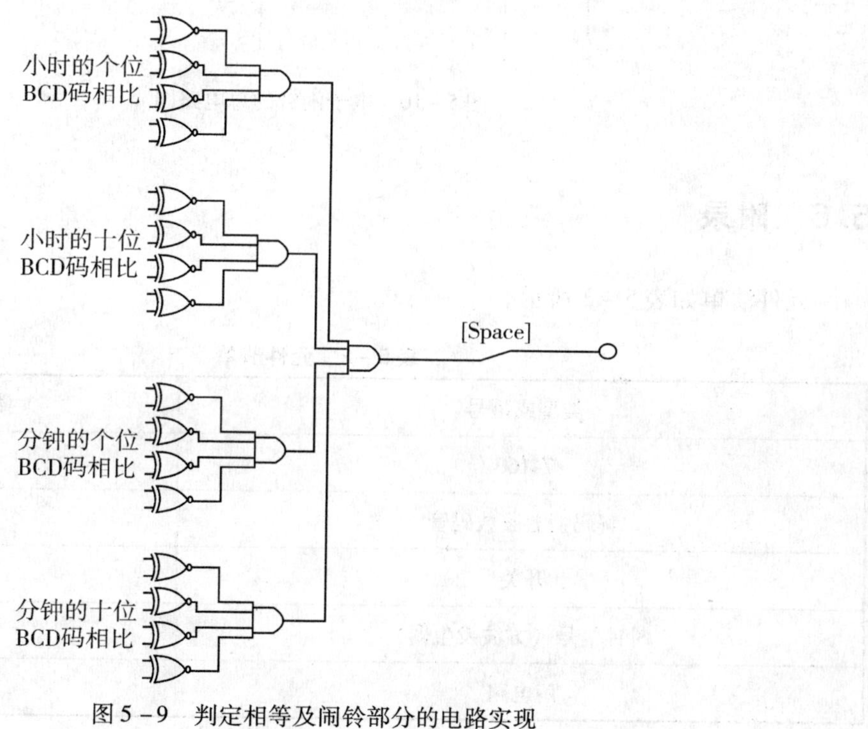

图 5－9　判定相等及闹铃部分的电路实现

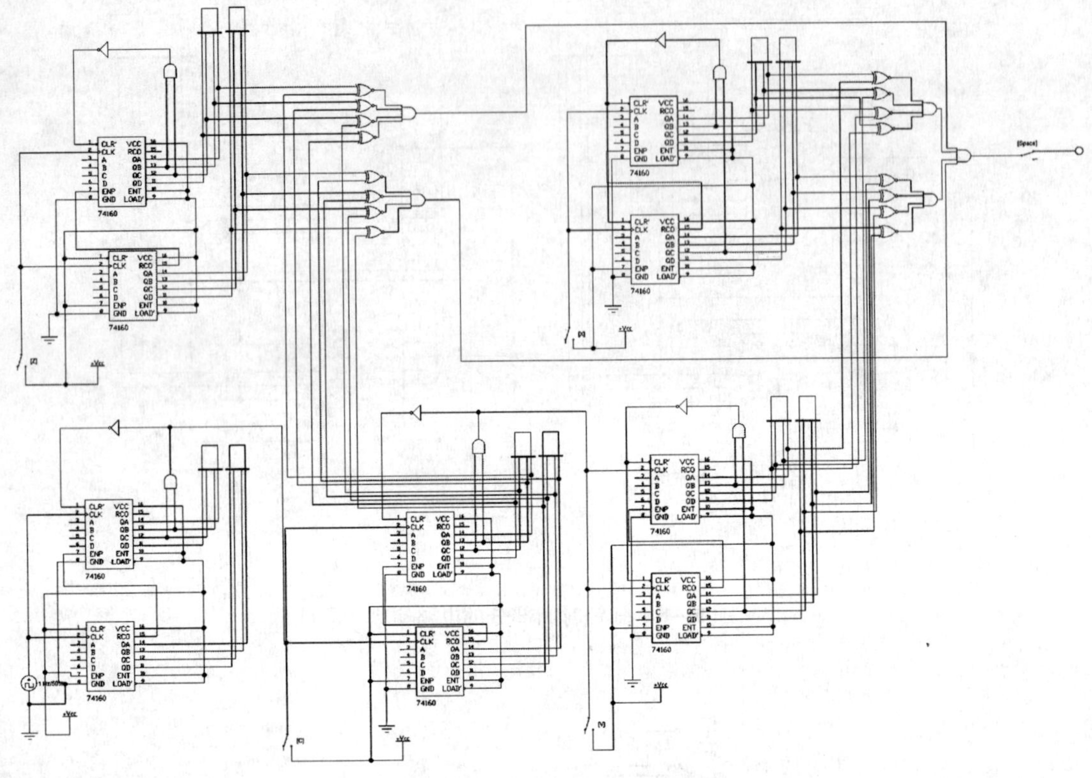

图 5－10　电子闹钟的总电路图

5.6　附录

元件清单如表 5－2 所示。

表 5－2　元件清单

类型或型号	数　量
74160	10
解码型七段数码管	10
开关	5
时钟信号（方波发生器）	1
门电路	若干

5.7　参考文献

[1] 马忠梅. 单片机的 C 语言应用程序设计 [M]. 北京: 北京航空航天大学出版社, 2003.
[2] 张毅刚. 新编 MCS51 单片机应用设计 [M]. 哈尔滨: 哈尔滨工业大学出版社, 2006.
[3] 谭浩强. C 程序设计 [M]. 北京: 清华大学出版社, 1999.
[4] 胡烨, 姚鹏翼, 江思敏. Protel 99 SE 电路设计与仿真教程 [M]. 北京: 机械工业出版社, 2005.
[5] 童诗白, 华成英. 模拟电子技术基础 [M]. 北京: 高等教育出版社, 2001.
[6] 龚沛曾, 陆慰民, 杨志强. Visual Basic 程序设计简明教程 [M]. 2 版. 北京: 高等教育出版社, 2003.

第6章 声控楼道延时照明开关的制作

6.1 设计概述

本制作旨在完成一个日常生活中常见的声控楼道延时照明开关。白天，自然光通过对电路中光敏电阻的作用使楼道开关处于断开状态；晚上，开关受声音触发而导通一段时间，使楼道灯亮一会儿后熄灭。通过完成本制作，使学生了解声控楼道灯的基本知识，了解常用的电子元件的参数和选型，熟悉弱电控制强电的一般方法，掌握电路元器件装配和对故障进行诊断排除的一般方法。

6.2 实验条件

(1) 基本工具：电烙铁、尖嘴钳、斜口钳、镊子、小刀等。

(2) 调试工具：万用表、示波器（可选）、信号发生器（可选）等。

6.3 电路原理

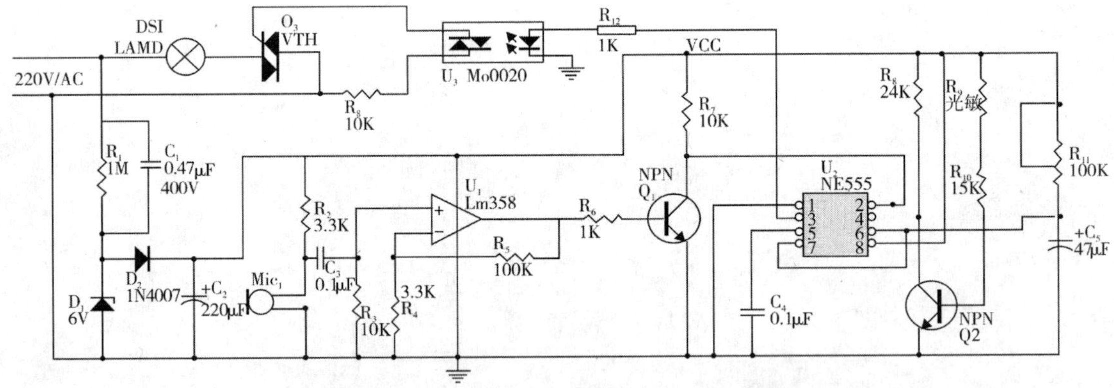

图6-1 声控楼道延时照明开关电路原理图

原理电路如图6-1所示，该开关电路由电源、声电转换、信号放大、单稳态触发及延时、光敏屏蔽、晶闸管开关等部分构成。

利用 C_1 在50Hz交流信号频率下产生的容抗来限制最大工作电流，1μF的电容工作频率为50Hz时容抗约为3180Ω。当220V的交流电压加在电容器的两端时，流过电容的最大电流约为70mA，虽然流过电容的电流有70mA，但在电容器上并不产生功耗，因为如果电容是一个理想电容，它所吸收的平均功率为0（只吸收无功功率）。因此，阻容降压实际上是利用容抗限流，而电容器实际上起到一个限制电流和动态分配电容器与负载两端电压的角色。电源被切断时，与电容并联的电阻 R_1 保证 C_1 的电荷在一定时间内被释放。在对 C_1 元件选型时，应采用无极性电容，绝对不能采用电解电容，而且电容的耐压须在 400V 以上，最理想的电容为铁壳油浸电容。D_1 是 6V 的稳压管，D_2 的作用是半波整流，C_2 对输出电压进行平滑滤波，在 C_2 的正极得到一个约 6V 的直流电压，该电压为本控制电路元件的工作电压 VCC。用示波器在 D_1 上端测得电压应近似为矩形波，交流输入正半周时该点电压约为 6V，交流输入为负半周时，该点电压为 0V。由此亦可看出，电容 C_1 实际上起到一个限制电流和动态分配其自身与稳压二极管 D_1 电压的作用。

声电转换部分采用驻极体话筒采集语音信号。驻极体话筒具有体积小、结构简单、电声性能好、价格低的特点，属于最常用的电容话筒。如图 6－2 所示，驻极体话筒由声电转换和阻抗变换两部分组成。其中声电转换部分是指驻极体振动膜。它是一片极薄的塑料膜片，在其中一面蒸发上一层纯金薄膜。然后再经过高压电场驻极后，两面分别驻有异性电荷。膜片的蒸金面向外，与金属外壳连接在一起。膜片的另一面与金属极板之间用薄的绝缘衬圈隔离开。这样，蒸金膜与金属极板之间就形成一个电容（图中的 G）。当驻极体膜片遇到声波振动时，引起电容两端的电场发生变化，从而产生了随声波变化而变化的交变电压。驻极体膜片与金属极板之间的电容量比较小，一般为几十皮法。因而它的输出阻抗值很高，几十兆欧姆以上。这样高的阻抗是不能直接与音频放大器相匹配的。所以，在话筒内接入一支结型场效应三极管来进行阻抗变换。场效应管的特点是输入阻抗极高、噪声系数低。两脚驻极体话筒采用漏极输出方式，输出有两根引出线，漏极 D 线和源极 S 线，其中源极 S 线直接与金属外壳接一起。因此，在使用驻极体话筒之前首先要对其进行极性的判别。由于内部有场效应管，在应用时我们需要将驻极体话筒的非外壳脚（即内部场效应管的 D 极）通过电阻接直流电源正极，与金属外壳相连的脚（即内部场效应管的 S 极）接电源地。当麦克风的薄膜收到声音信号而振动时，内部电容产生变化，导致电容两端电压变化（电容两面有异性电荷），该变化的电压控制 DS 的导通能力，使导通电流发生变化，变化的电流通过电阻 R 转变成输出电压的变化，即语音信号。在原理电路中语音信号通过 C_3 耦合到放大电路。

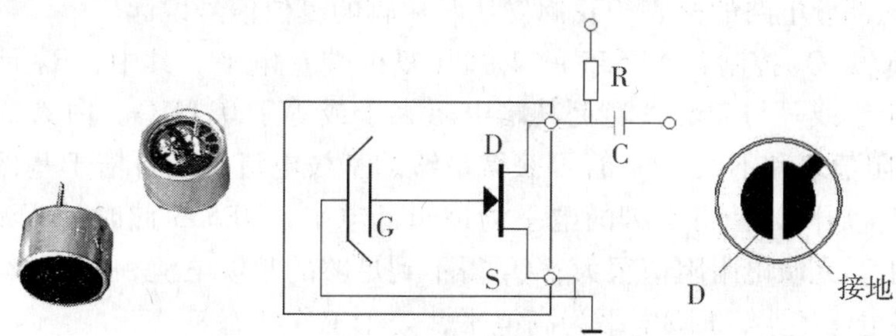

图 6－2　驻极体话筒及其内部结构

U_1，R_3，R_4，R_5 构成声音信号放大电路。U_1 是运算放大器，这里采用 LM358，其引脚如图 6－3 所示。LM358 内部包括有两个独立的、高增益、内部频率补偿的双运算放大器，适合于电源电压范围很宽的单电源使用，也适用于双电源工作模式。它的使用范围包括传感放大器、直流增益模块和其他所有可用单电源供电的使用运算放大器的场合。在图6-1中，LM358及其外围电路构成一个同相放大器，放大倍数 $A=1+R_3/R_4$，约合34倍。在静态时（无声音信号输入），电容电流为0，R_3 电流为0（理想运放输入电阻无穷大），则 R_3 的支路电压为0，LM358同相输入电压故也为0，所以LM358输出电压为0。当有声音信号输入时，声音信号经 C_3 耦合到LM358同相输入端，LM358对其放大34倍后通过 R_6 输出到 Q_1 的基极。

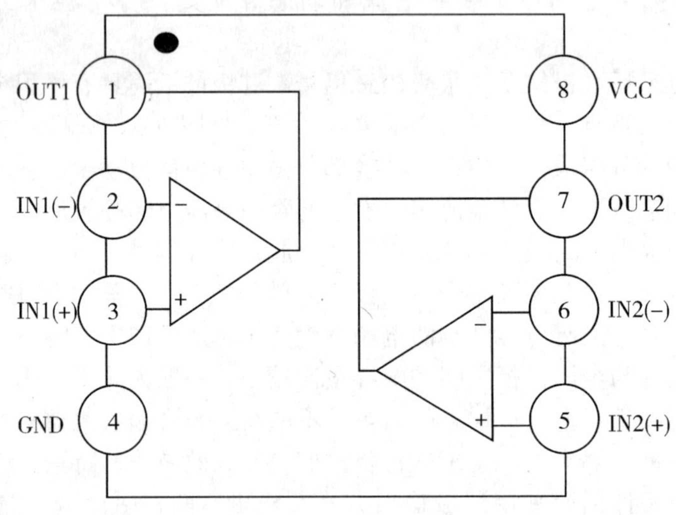

图6-3 LM358引脚

Q_1 和 R_7 构成一个反相器。无声音信号时，Q_1 基极输入电压为0，集电极及发射极间等效于断开，R_7 几乎无电流经过（NE555的2脚输入电阻很大，几乎不吸收电流），因此 Q_1 集电极电压为高电平。当声音信号到达时，三极管基极有高电平触发，使得 Q_1 饱和导通，集电极和发射极电压几乎相等，NE555的2脚获得低电平。

NE555，C_4，C_5，R_8，R_9，R_{10}，R_{11}，Q_2 构成单稳态触发电路及光敏屏蔽电路。其中，NE555是该部分电路的核心，我们先从其4脚的复位信号说起。

R_8，R_9，R_{10}，Q_2 控制着NE555的4脚（复位端）电平。其中，R_9 是光敏电阻，受光照下的阻值小于或等与2kΩ，晚上其暗电阻大于或等于0.1MΩ。白天，光敏电阻阻值很小，R_9，R_{10}阻值之和不大，Q_2 管可获得足够的基极电流，近百倍于基极电流的集电极电流在 R_8 上产生压降，使得4脚的电平为逻辑低电平，NE555此时处于复位状态，3脚输出为低。晚上，光敏电阻阻值很大，Q_2 得不到足够的基极电流，集电极电流非常微弱，电阻 R_8 的支路电压很小，4脚电平为高电平，处于工作状态。

NE555是一个八脚的定时器芯片，成本低，性能可靠，只需要外接几个电阻、电容就可以实现多谐振荡器、单稳态触发器及施密特触发器等脉冲产生与变换电路。555定时器的内部电路框图如图6-4所示。它内部包括两个电压比较器 C_1，C_2，三个等值串联电阻，一个RS触发器（由两个交叉相连的与非门构成），一个放电管T及功率输出级。555

定时器的功能主要由两个比较器决定。两个比较器的输出电压控制 RS 触发器和放电管的状态。在电源与地之间加上电压，当 5 脚悬空时，则电压比较器 C_1 的同相输入端的电压为 2VCC/3，C_2 的反相输入端的电压为 VCC/3。若触发输入端 TR 的电压小于 VCC/3，则比较器 C_2 的输出为 0，可使 RS 触发器置 1，使输出端 OUT = 1。如果阈值输入端 TH 的电压大于 2VCC/3，同时 TR 端的电压大于 VCC/3，则 C_1 的输出为 0，C_2 的输出为 1，可将 RS 触发器置 0，使输出为低电平。

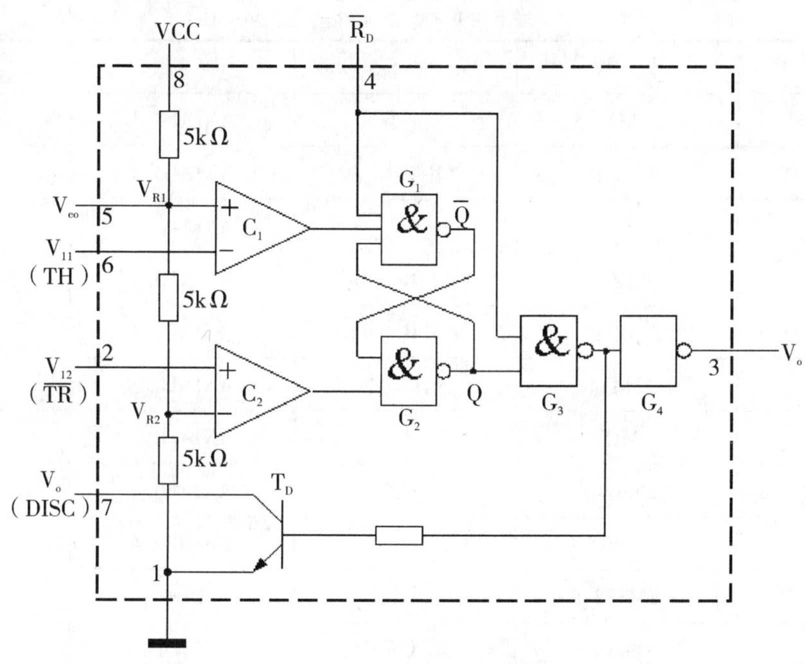

图 6-4　555 内部电路框图

在本电路中，555 及其外围电路构成一个单稳态触发器。如前所述，在晚上，光控电路置 4 脚电平为高。当声控信号到达时，NE555 的 2 脚获得低电平信号，使得 NE555 内部比较器 C_2 为输出低电平，G_2 从而输出高电平，G_3 输出低电平（关断内部 T_p），G_4 输出高电平驱动光电耦合器 MO0020。同时，由于触发信号使得 T_p 被关断，以及电容器 C_5 的接地通路（C_5 与 7 脚是相连的，G3 输出高时 7 脚相当于接地）被断开，电源通过 R_{11} 对 C_5 充电。充电速度受 R_{11} 阻值及 C_5 大小的而定，R_{11} 越大，充电电流越小，充电速度越慢；C_5 越大，电压上升越慢。当 C_5 电压达到 2VCC/3 时，NE555 的 6 脚得到大于2VCC/3 的电压，使得内部 C_1 输出低电平。该低电平使得 RS 触发器复位，$G_{3输}$出高电平，G_4 输出低电平，$G_{3输}$出的高电平会使得内部 T_p 导通，电容放电进入稳态。下一次 2 脚低电平到来时，重复此过程。简单地说，白天，NE555 的 3 脚输出电压总为 0；晚上，无声控信号时，输出电压也为 0，有声控信号到达时，输出一个持续一段时间的高电平后又回到低电平。该持续时间在数量级上是 RC 乘积的倍数。

U_3，R_8，R_{12} 和 Q_3 构成晶闸管开关电路，R_8，R_{12} 是限流电阻，U_3 是光电耦合器，当 NE555 输出高电平时，光耦受控端发光二极管发光，使被控制端导通，从而使得双向可控

硅 Q_3 导通灯泡点亮。当 NE555 输出低电平时，光耦被控制端相当于开路，可控硅不导通，灯泡熄灭。

6.4 元件清单

电路元件清单如表 6－1 所示。

表 6－1 电路元件清单

元 件	参 数	元 件 标 号	封 装	数 量
电阻	1kΩ	R_6，R_{12}	AXIAL0. 3	2
电阻	3. 3kΩ	R_2，R_4	AXIAL0. 3	2
电阻	100kΩ	R_5	AXIAL0. 3	1
电阻	10kΩ	R_3，R_7，R_8	AXIAL0. 3	3
电阻	2. 4kΩ	R_8	AXIAL0. 3	1
电阻	15kΩ	R_{10}	AXIAL0. 3	1
电阻	1MΩ	R_1	AXIAL0. 3	1
光敏电阻	20mW	R_9	AXIAL0. 3	1
二极管	1N4007	D_2	DIODE0. 4	1
运放	LM358	U_2	DIP8	1
光耦	100mA	U_3	DIP4	1
双向可控硅	1A	Q_3	TO－220	1
三极管	9013	2	T0－3	2
稳压二极管	6V	D_1		1
定时器	NE555	U_2	DIP 8	1
电容	0. 47μF，400V	C_1	RAD0. 1	1
电容	220μF	C_2	RAD0. 1	1
电容	0. 1μF	C_3，C_4		2
电容	47μF	C_5		1
麦克风	驻极式	Mic_1		1
可变电阻	100kΩ	R_{11}	T0－3	1

6.5 参考文献

[1] 赵健. 实用声光及无线电遥控电路300例 [M], 北京: 中国电力出版社, 2005.
[2] 匿名. 驻极体话筒 [EB/OL]. http: //baike. baidu. com/view/1325202. htm? fr = ala01, 2010 - 08 - 23.
[3] 王俊峰, 薛鸿德. 现代遥控技术及应用 [M]. 北京: 人民邮电出版社, 2005.

第7章 低成本的无线话筒设计

7.1 设计目的

按照本学科教学培养计划要求，在学完“通信电子线路”相关课程后，应安排本实践项目，其目的是使学生更好地巩固和加深对专业基础知识的理解，学会设计中、小型电子线路的方法，独立完成调试过程，增强学生理论联系实际的能力，提高学生电路分析和设计能力。通过实践教学引导学生在理论指导下有所创新，为专业课的学习和日后工程实践奠定基础。

7.2 设计任务与要求

产品可以进行无线发射，有一定的抗干扰能力，代替无线话筒使用，在50m范围内与便携式电子调谐收音机配合使用，语音清楚，还能够作为简易助听器、无线耳机等使用。

7.2.1 任务

（1）设计一款简易调频无线话筒。

（2）根据需要列出元件清单。

（3）使用万用板搭建并且独立焊接电路。

（4）调试电路使发射频率在88～108MHz。

7.2.2 要求

（1）电路焊接符合要求，避免虚焊和错焊。

（2）无线话筒抗干扰能力强，频率误差±0.5MHz。

（3）可以使用普通调频收音机接收清晰的音频信号，有效发射距离在30～50m。

7.3 设计原理与实现

调频无线话筒可以将声音或者歌声转换成88～108MHz的无线电波发射出去，距离可以达到30～50m，用普通调频收音机或者带收音机功能的手机就可以接收。将声音调制到高频载波上，可以用调幅的方法，也可以用调频的方法。与调幅相比，调频具有保真度好，抗干扰性强的优点，缺点是占用频带较宽。调频的方式一般用于超短波波段。

1. 调频无线话筒原理图

调频无线话筒原理如图 7－1、图 7－2 所示。

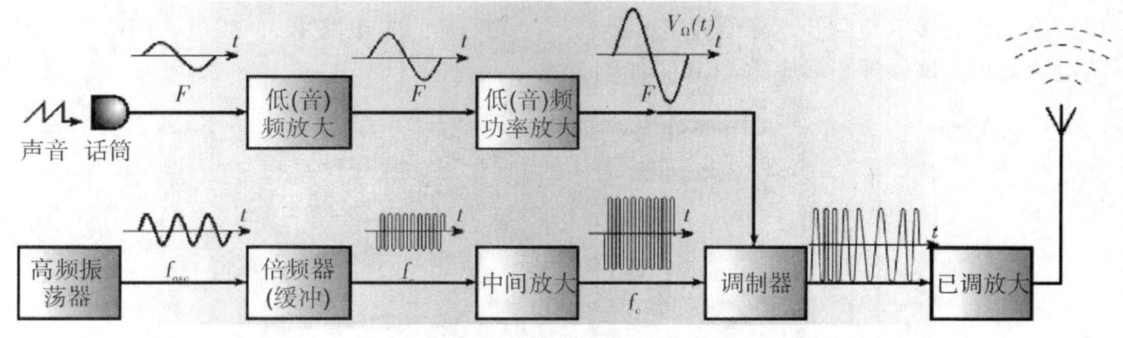

图 7－1　调频无线话筒原理

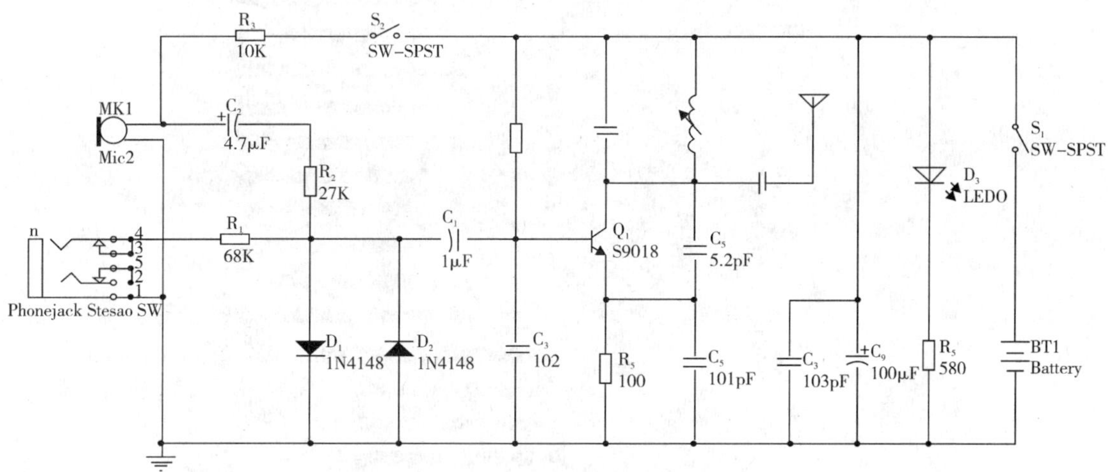

图 7－2　调频无线话筒电路

2. 调频无线话筒电路图

调频无线话筒电路如图 7－2 所示。其中高频三极管 9018 和电容 C_4，C_5，C_7 组成一个电容三点式的振荡器，三极管集电极的负载 C_4，L_1 组成一个谐振器，谐振频率就是调频话筒的发射频率，根据图中元件的参数发射频率可以在 88～108MHz，正好覆盖调频收音机的接收频率，通过调整 L 的数值（拉伸或者压缩线圈 L）可以方便地改变发射频率，避开调频电台 L_1 和 C_4 构成 LC 谐振回路。该回路具有选频作用，其频率由公式计算得出：$f=1/[2\pi*(LC)-1/2]$。发射信号通过 C_7 耦合到天线上再发射出去。R_4 是三极管的基极偏置电阻，给三极管提供一定的基极电流，使它工作在放大区。R_5 是直流反馈电阻，起到稳定三极管工作点的作用。这种调频话筒的调频原理是通过改变三极管的基极和发射极之间电容来实现调频的，当声音电压信号加到三极管的基极上时，三极管的基极和发射极之间电容会随着声音电压信号大小发生同步的变化，同时使三极管的发射频率发生变化，实现频率调制。驻极体话筒可以采集外界的声音信号，灵敏度非常高，可以采集微弱的声音，同时这种话筒工作时必须要有直流偏压才能工作，电阻 R_3 可以提供一定的直流偏压，R_4 的阻值越大，话筒采集声音的灵敏度越弱。电阻越小话筒的灵敏度越高，话筒采集到的交流声音信号通过 C_1 耦合后送到三极管的基极。电路中 K 是一个开关，开关可以控制电路的接入与断开，降低耗电、延长电池的寿命。本电路由 3V 供电，用两只 1.5V 的电池即可。该原理图对应的 PCB 图如图 7－3 所示。

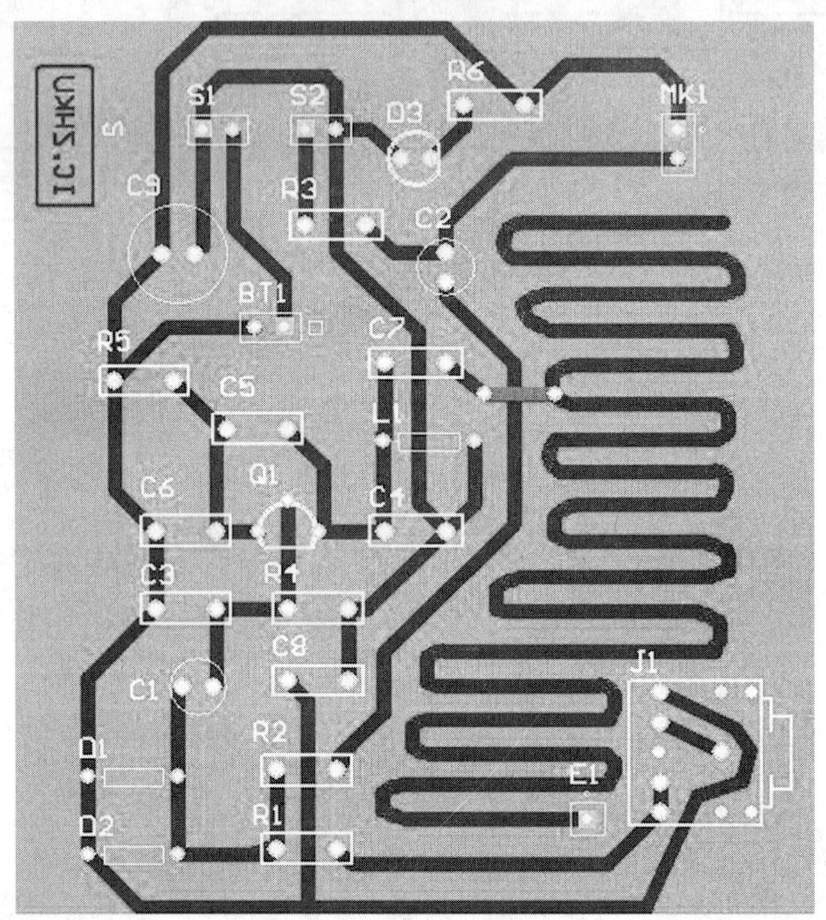

图 7－3　调频无线话筒电路 PCB 图

7.4　单元电路设计、参数计算、元器件选择

7.4.1　单元电路设计

1. 音频收集模块

对于一个无线话筒，音频信号的收集是必不可少的。本电路中考虑到需要做一个小巧的无线话筒，因而直接采用的是驻极体小话筒 MIC，它灵敏度极高。据介绍，甚至手表的嘀嗒的声音也可以被它收集到。话筒采集到的交流声音信号通过 C_2 耦合和 R_2 匹配后送到三极管的基极。另外，驻极体话筒内实际藏有一枚 FET，可视之为一级，FET 将话筒前振

膜之电容变化放大，这就是驻极体话筒很灵敏的原因。

2. 音频放大模块

这个模块是对所收集到的音频信号进行无失真地放大，为下面的调制做准备。因为在自然环境中，由于诸多因素，所收集到的声音（即音频信号）都经过了很多的干扰，因此其所携带的能量都是很微弱的，为了使其能够正常地进入调制模块来与本振进行调制，需要将其音频信号进行适当的放大来达到相关匹配。同时，这个无线话筒也是一个调频发射机，发出的信号又要经过大自然的无数干扰才会得到接收，若原始信号的能量就不够强烈，那么接收端的信号就无从谈起了。所以，只有对原始的音频信号进行充分放大，达到相应要求之后，再发射出去，接收端才能够正常进行解调恢复原始的音频信号。这里的音频放大模块采用的是基本的三极管甲类的放大。$R_4=27k\Omega$ 是三极管的基极偏置电阻，给三极管提供电流，使其三极管始终工作在甲类无失真的放大状态，达到最好的放大效果。$R_5=10O\Omega$ 是直流反馈电阻，用来稳定三极管的工作状态。

3. 载波振荡模块

对于一个调频信号发射机，载波振荡（即俗称本振）模块更是必不可少的。根据电磁场理论可以知道，通过天线发射的信号需要与天线匹配，即天线的长度要大于信号波长的1/4。而音频信号的频带是20Hz～20kHz，对应的波长范围是15～15000km。制造出巨大的天线是不合适的，所以我们需要一个高频载波来将我们的音频信息“装载”上去，再进行发送。基于这样的理论基础，设计的是高频三极管与 C_4，C_5，C_7 所构成的一个电容三点式振荡器。通过调整 L 的数值（拉伸或者压缩线圈L）可以方便地改变发射频率。

4. 电源及控制模块

电源选用两节干电池，为了在不使用的时候节省电能，使用了一个开关；为了在打开开关的时候让使用者知道电路已经接通，使用了红色LED指示灯指示。

7.4.2 元件参数的确定

7.4.2.1 元件选择与自制

1. 计算制作电感

元件参数的选择最主要是LC选频网络的选择。选择发射频率为100MHz，选择一个标称值18p的瓷片电容，由图7-4计算得出 L。

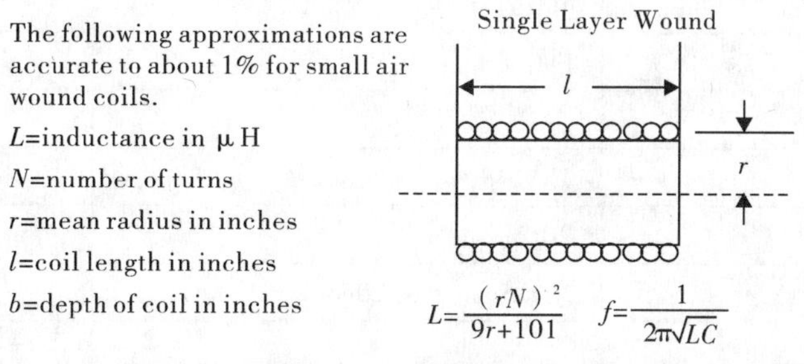

图7-4 L 计算公式

选频回路的电感L需要自制，用直径0.5mm的导线，在直径为5mm左右的骨架上绕制5圈，抽去骨架成为空心线圈，并适当拉长即可。

2. 制作电路板（单面板：36mm×80mm）

（1）元件安装：将驻极话筒用导线连接在电路板的相应位置，电阻采用卧式安装，元件安装高度不超过10mm。

（2）天线安装：采用25mm长软线。

7.4.2.2 元器件型号

元器件型号如表7-1所示。

表7-1 元器件型号

名 称	型号/规格	数量
话筒	普通驻极体话筒	1只
三脚拨动开关		2只
耳机插座	2.5	1只
电阻 R_1	68kΩ	1只
电阻 R_2	2.7kΩ	1只
电阻 R_3	10kΩ	1只
电阻 R_4	27kΩ	1只
电阻 R_5	100Ω	1只
电阻 R_6	580Ω	1只
电解电容 C_1	1μF	1只
电解电容 C_2	4.7μF	1只
瓷片电容 C_3	102pF	1只
瓷片电容 C_4	18pF	1只
瓷片电容 C_5	6.2pF	1只
瓷片电容 C_6	101pF	1只
瓷片电容 C_7	47pF	1只
瓷片电容 C_8	103pF	1只
电解电容 C_9	100μF	1只
三极管	S9018	1只
发光二极管	普通	1只
二极管	IN4148	2只
细直导线	20cm	若干条
漆包线	Ψ0.5mm 长20cm	1条
印制电路板		1块

7.5　安装与调试

7.5.1　安装

此次设计的实物用到的元件比较少，使用的是万用印刷电路板，焊接之前设计一套元件插接方案，焊接的时候按照图示搭接方案直接焊接可顺利完成。

7.5.2　调试

调试时，将万用表置直流 50mA 挡，测量整机电流。此时，短路 L_1，万用表指针应有明显摆动，说明电路已起振。如电路不起振，应检查电路板是否有虚焊、三极管的 β 值是否够大、电容是否完好，必要时适当调节 R_4，R_5 的值，使电路起振。把 FM 收音机的电源和音量打开，将频率调在 100MHz 左右无电台的地方。给无线话筒电路板通上电源，对准收音机，用无感螺丝刀调节振荡线圈 L_1 的稀疏（线圈匝间距离），直到收音机传出尖叫声。再慢慢移开话筒和收音机距离，同时适当调节收音机（或者话筒板）的音量、调谐旋钮，直到声音最清晰、距离又最远为止。用调频收音机接收无线话筒信号，通过调节振荡线圈 L_1 的匝距，使发射频率在 88 ～ 108MHz，如欲提高发射频率，应增大 L_1 的匝距，反之，减小 L_1 的匝距。

7.6　计算机模拟

（1）模拟输入声音信号，如图 7－5 所示。

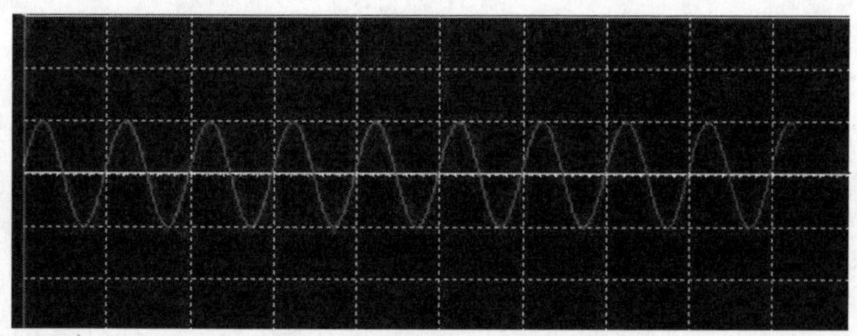

图 7－5　模拟输入声音信号

（2）滤波电容器 C_1 的输出信号。

如图 7－6 所示可以看出，滤波电容并没有改变波形。当对 C_1 电容器值进行改变时信号发生很大的变形，如图 7－7 所示。

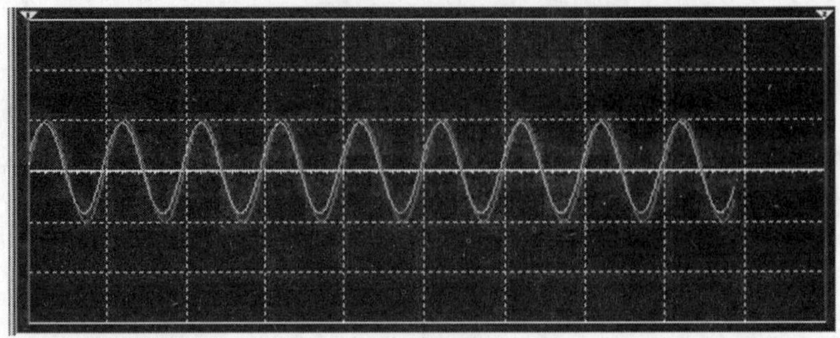

图 7-6　C_1 的输出信号

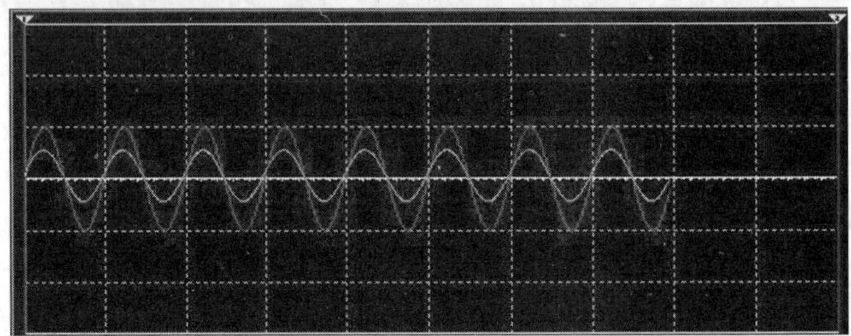

图 7-7　C_1 变形输出信号

(3) 已调制信号波形。

通过示波器可以看到模拟音频信号已经被调制，如图 7-8 所示。但是调频波形受到音频信号干扰发生变形。当改变反馈电容的值的时候可以发现调制信号发生改变，如图 7-9 所示。

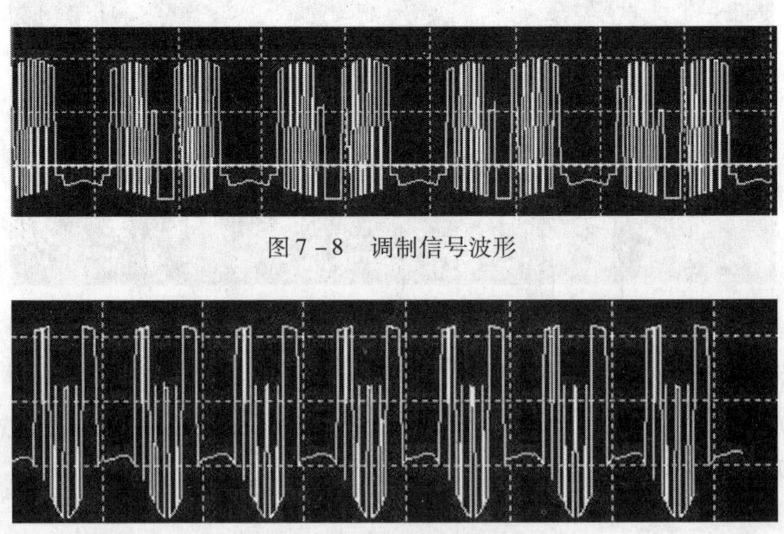

图 7-8　调制信号波形

图 7-9　调制信号变形波形

7.7　遇到的问题及其解决方法

7.7.1　遇到的问题

由于电路比较简单，电感线圈为手动绕制，抗干扰能力有限，在手碰触电路的时候跑频很严重，这主要是因为有导体接近线圈的时候线圈的感抗容易变化。电路的发射距离比较近。

7.7.2　解决的方法

对于电路容易受干扰的问题，用一个金属壳将电感线圈罩住，电路抗干扰的能力可明显增强。给电路选用一个塑料壳，可制成一个真正意义上的无线发射器，像对讲机一样拿着可以说话不再出现频率变动情况，问题得到解决。对于电路发射距离近的问题采用适当增加瓷片电容器 C_2 的阻值和适当选取电路中电阻阻值的方法可改善少许。

7.8　参考文献

[1]（日）藤井信生．电子实用手册．北京：科学技术出版社，2001.
[2] 李瀚荪．电路分析基础．3 版．北京：高等教育出版社，1992.
[3] 李银花．电子线路设计指导．北京：北京航空航天大学出版社，2005.
[4] 朱力恒．电子技术仿真实验教程．北京：电子工业出版社，2003.

第 2 编　综合应用

第 8 章　机器猫制作

8.1　实践目标

本产品具有机、电、声、光、磁结合的特点，通过制作本产品完成 EDA 实践的全程训练过程，由学生完成从电路原理仿真验证、印制电路板设计制造直到元器件检测、焊接、安装、调试的产品设计制造全过程，达到培养学生工程实践能力的目的。

8.2　实习产品简介

机器猫电路原理如图 8－1 所示。

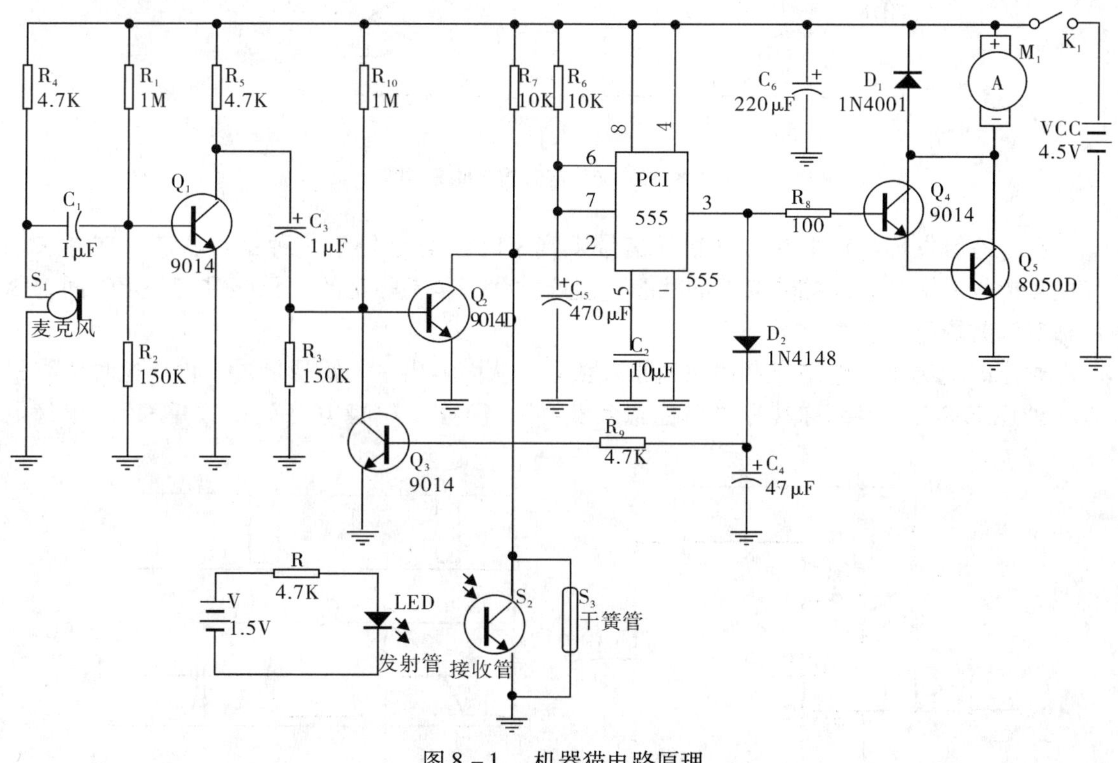

图 8－1　机器猫电路原理

8.2.1　工作条件

图 8－1 所示为机器猫的电路图，它是声控、光控、磁控机电一体化电动玩具。其主要工作原理是利用 555 构成的单稳态触发器，在三种不同的控制方法下，均给以低电平触

发，促使电机转动，从而达到了机器猫停走的目的。即拍手即走、光照即走、磁铁靠近即走，但都只是持续一段时间后就停会下，再满足其中一条件时将继续行走。

8.2.2 555 构成的单稳态触发电路的工作原理

555 定时器的功能主要由两个比较器 C_1 和 C_2 决定，比较器的参考电压由分压器提供，在电源和地之间加 VCC 电压，并让 VM 悬空时，上比较器 C_1 的参考电压为 2/3VCC，下比较器 C_2 为 1/3VCC。图 8－2 为 555 定时器结构框图。

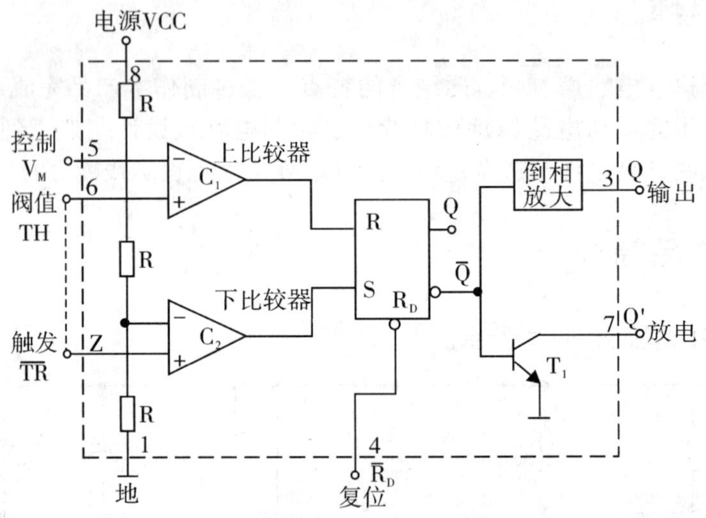

图 8－2 555 定时器结构框图

单稳态触发器电路平时（即触发信号未到来时）总是处于一种稳定状态。在外来触发信号的作用下，它能翻转成新的状态。但这种状态是不稳定的，只能维持一定时间，因而称其为暂稳态（简称“暂态”）。

暂态时间结束，电路能自动回到原来状态，从而输出一个矩形脉冲，由于这种电路只有一种稳定状态，因而称其为“单稳态触发器”，简称“单稳电路”或“单稳”。单稳电

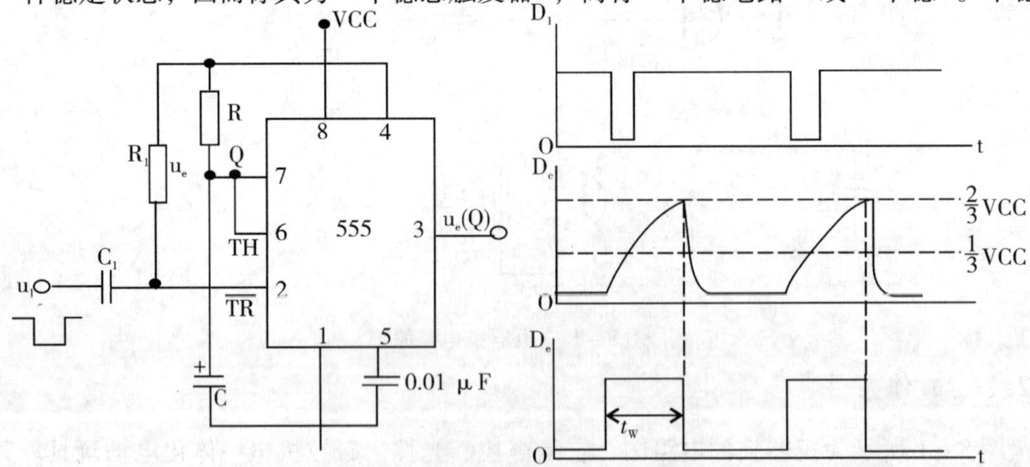

图 8－3 单稳态触发电路图及工作波形

路的暂态时间的长短 t_W，与外界触发脉冲无关，仅由电路本身的耦合元件 RC 决定，因此称 RC 为单稳电路的定时元件。$t_W = RC\ln 3 \approx 1.1RC$。图 8 - 3 为单稳态触发电路及其工作波形。本电路工作波形可在软件仿真时观察。

8.3 原理图设计与仿真

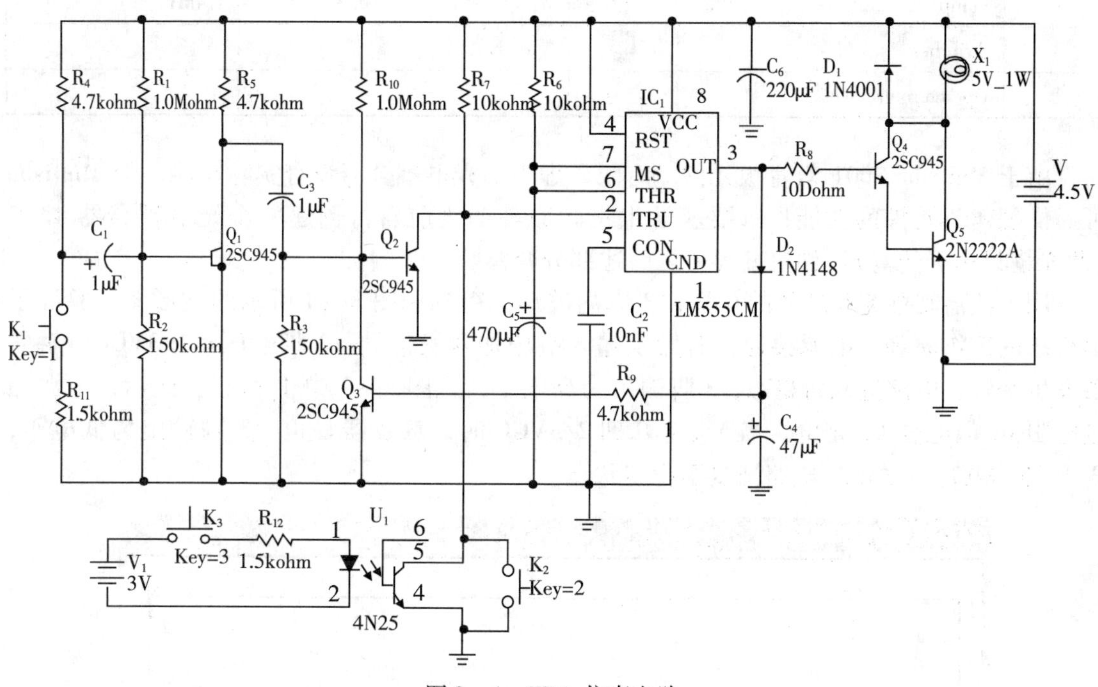

图 8 - 4　EDA 仿真电路

图 8 - 4 为机器猫的仿真电路图，仿真过程中分别用开关 K_1，K_2、光耦合器模拟仿真声控、磁控和光控；灯泡代替电动机。每当按下其中一个开关时，灯泡即发光，一段时间后自动熄灭，相当于机器猫的“走—停”过程。可通过调整 C_5，R_6 各自数值的大小改变电动机工作时间的长短。

由于 Multisim 元件库里没有 9014 及 8050 型号的三极管，故用性能参数相近的 2SC945 和 2N2222A 代替做仿真。

表 8 - 1　电路仿真元件列表

Quantity	Description	库	Reference_ID	Package
2	DC Current Source		V，V_1	
1	CAPacitor，10nF		C_2	cap3
5	CAP_Electrolit	同上	C_1，C_3，C_4，C_5，C_6	ELKO5R5
12	Resistor	同上	R_1 ～ R_{12}	RES0. 5
4	Connectors	同上	J，J_1，J_2，J_3，J_4	HDR1X2（X4）

续表 8-1

Quantity	Description	库	Reference_ID	Package
1	Diode，1N4001（4148）		D_1，D_2	DO-35
5	BJT_NPN		$Q_1 \sim Q_5$	TO92
1	Timer，555		IC_1	M08A
1	Lamp		X_1	LAMP
3	Switches		K_1，K_2，K_3	
1	Optocoupler，4N25	自建		

由于 Multisim 2001 教育版元件库有限，虚拟的光电耦合器没有实际功能，但 Multisim 可提供创建新元件的功能，故要求学生在画原理图之前自行创建一个光电耦合器 4N25（此光耦只用于仿真）。创建过程另见后述部分介绍。

用示波器观察 555 芯片的 6 脚和 3 脚的波形，得到如图 8-5 所示的波形图。验证了单稳态的工作原理：电源接通，若触发输入端施加触发信号，2 脚电压≤1/3VCC，触发器发生翻转，电路进入暂稳态，3 脚输出为高电平，且图 8-2 中 T_1 截止。此后，电源通过电阻 R_6 向电容 C_5 充电，当 V_{C5} 上升到 2/3VCC 时，触发器复位，3 脚输出为低电平，T_1 导通，电容 C 放电，电路恢复至稳定状态。

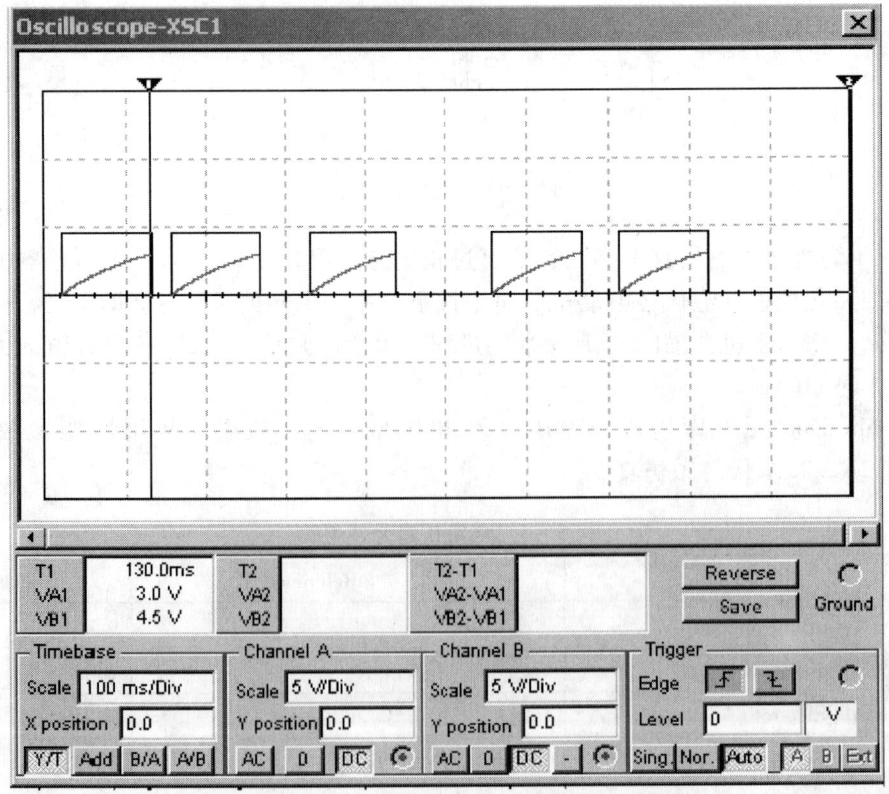

图 8-5 机器猫电路仿真波形

8.4 印制板设计

在此只提供 Ultiboard 2001 软件的具体操作步骤，也可尝试其他印制板设计软件，如：Protel、Orcad 等。

为了向 Ultiboard 2001 印制板设计软件传送数据，在绘制仿真原理图时应该注意：所有元件均应采用真实元件否则无法传送；电源/信号源类元件均为虚拟元件实际需外接，均应取用连接器作为印制板上的输入输出端子；Multisim 向 Ultiboard 传送后应注意检查是否缺少元件；Multisim 2001 的 msm 文件名请采用英文；设计印制板之前电路图需做些修改，将不在印制板上的元件删除，如图 8 - 6 所示。

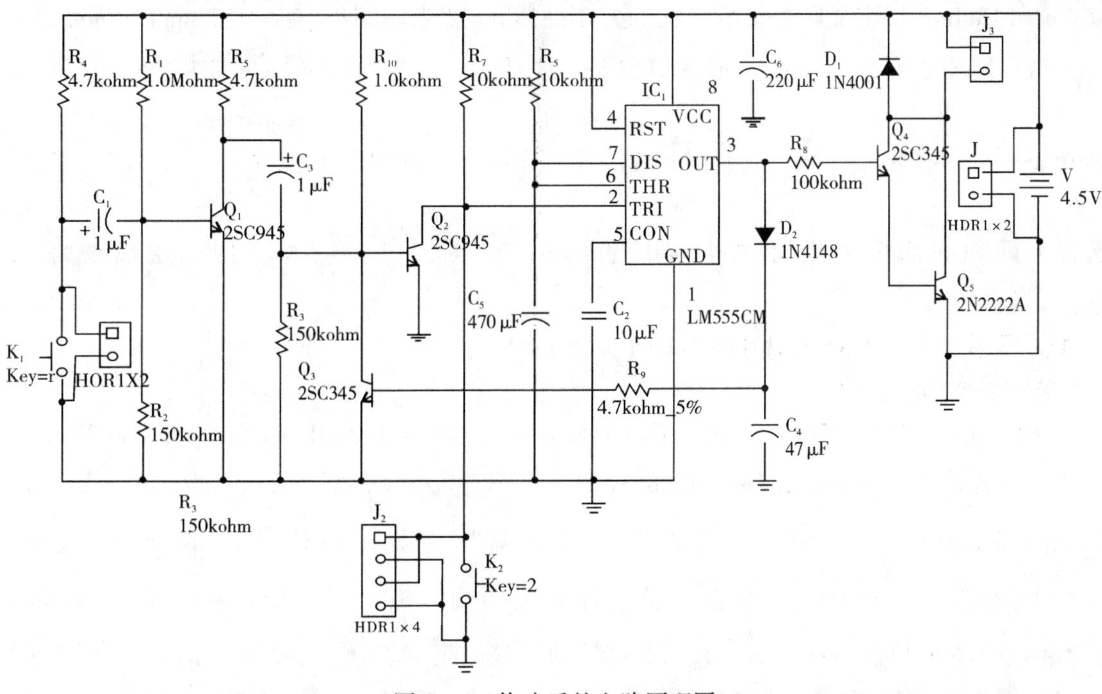

图 8 - 6 修改后的电路原理图

Multisim 电路图中有些真实元件的封装在 Ultiboard 中没有或者不正确，需要预先创建或在 Multisim 中改变元件的封装，如图 8 - 6 中的 5 个三极管，在建立电路图前应先确定正确的封装。

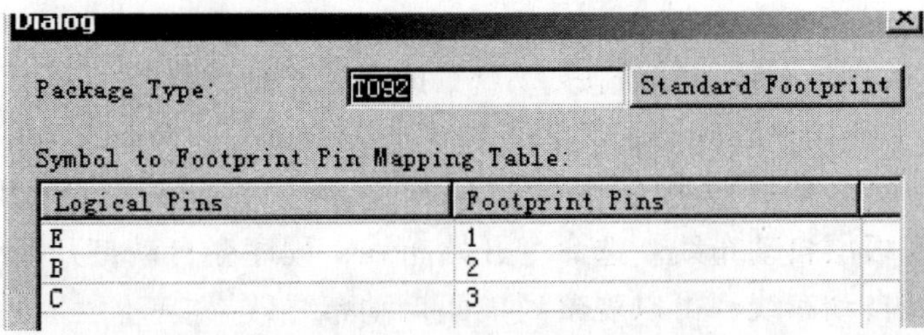

图 8 - 7 确定三极管的封装

具体操作步骤：双击三极管，点击 Edit Footprint （编辑元件封装）按钮，参照图 8－7在 Package Type 项中将封装类型改为 TO92，并将 E，B，C 的 Footprint Pins 改为 E→1，B→2，C→3 的引脚顺序，然后选择“OK”键即可。

个别电解电容也存在此问题，如 C_1，C_6需要更改一下 1，2 引脚的顺序，具体步骤同上。由于某些学生使用的软件还未更新，才会出现此问题，大部分还是正确的。555 芯片封装可在 Ultiboard 2001 中修改为 DIP8，也比较简便。具体步骤会在后面给出。

利用 Multisim 2001 完成电路原理图的设计、绘制和仿真后利用传输功能将数据传到 Ultiboard 2001 自动建立一个项目。

注意传送目录应使用 Ultiboard 2001 的工作目录，一般为 UB2001。

请选择线宽 30mil，避让距离 10mil。利用 Place 菜单中的命令（如 Shape/Rectangle）在 Board Outline 层定义印制板的形状（封闭曲线），要求印制板不大于 82mm×55mm。

根据需要设定设计规则，示例中主要考虑使用 Tools 菜单的 PCB Properties 选 Board

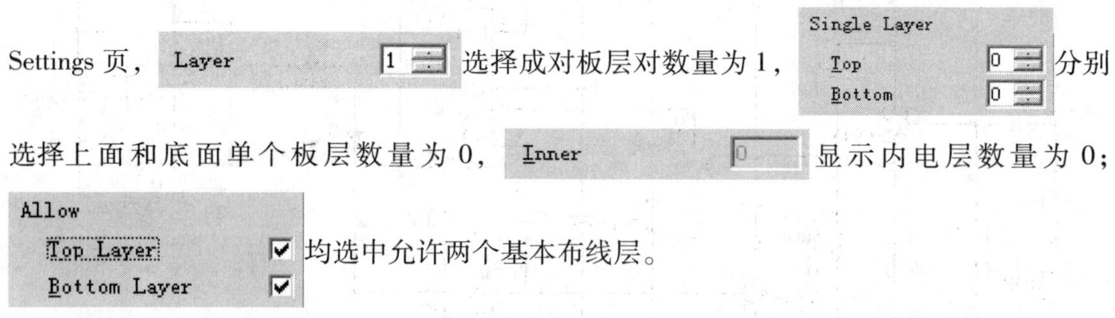

Settings 页，选择成对板层对数量为 1，分别选择上面和底面单个板层数量为 0，显示内电层数量为 0；均选中允许两个基本布线层。

选中 IC1 （555 芯片），执行 Tools/Change Footprint/IC/DIP 命令，将其封装改为 DIP8。设置单位制和格点，使用 Tools 菜单的 PCB Properties 选 Grid & units 页。在 Units 区域的 Design mil 设置图纸的单位为英制单位 mil。在 Grids 区域，Visible grid 25.00000 设置可视格点距离为 25mil；Component grid 50.00000 设置元件摆放格点距离为 50mil，Grid 25.00000 设置光标格点距离，即光标移动一步距离为 25mil。

参照原理图移动元件形成布局图，使用 Autoroute/place 菜单的 Internal Rip-up and Retry 命令进入内置拆线－重试自动布线器窗口，直接选 Route! 命令开始布线，程序会自动打开布线策略选择窗口，按“OK”按钮开始自动布线，可以观察到双面自动布线效果。

关掉拆线－重试自动布线器并选按“NO”按钮，不传输数据，再重新进入拆线－重试自动布线器窗口，使用 Parameters 菜单的 Costing Parameters 命令，选中代价参数设定窗口左上角的一个板层名 Top 再按右侧的“Edit layers”按钮，就会显示窗口，不选中 Routable，禁止上面板层自动布线。选命令开始布线，程序会自动打开布线策略选择窗口，按“OK”按钮开始自动布线，可以观察到单面自动布线效果。

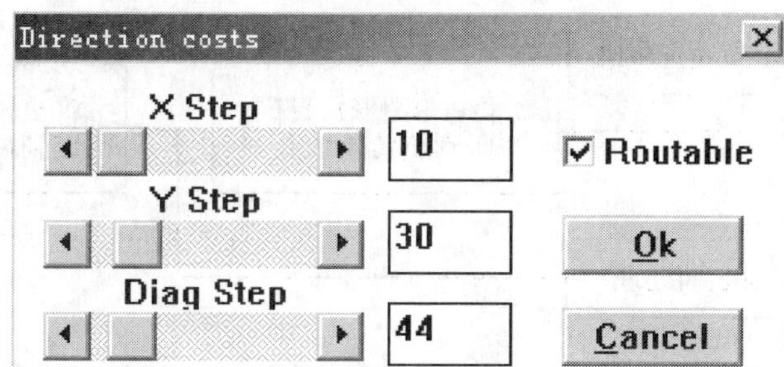

注意使用 Tools/Copper Delete/All Copper 命令可以删除所有布线和导通孔，使用 File/IMPORT/Netlist 命令可以重新调入网络表进行 DRC 检查。完成自动布线后可做手工调整，双击焊盘或连线即可修改：加粗线宽、加大焊盘、改变引线走向等，使印制板具有工艺性。

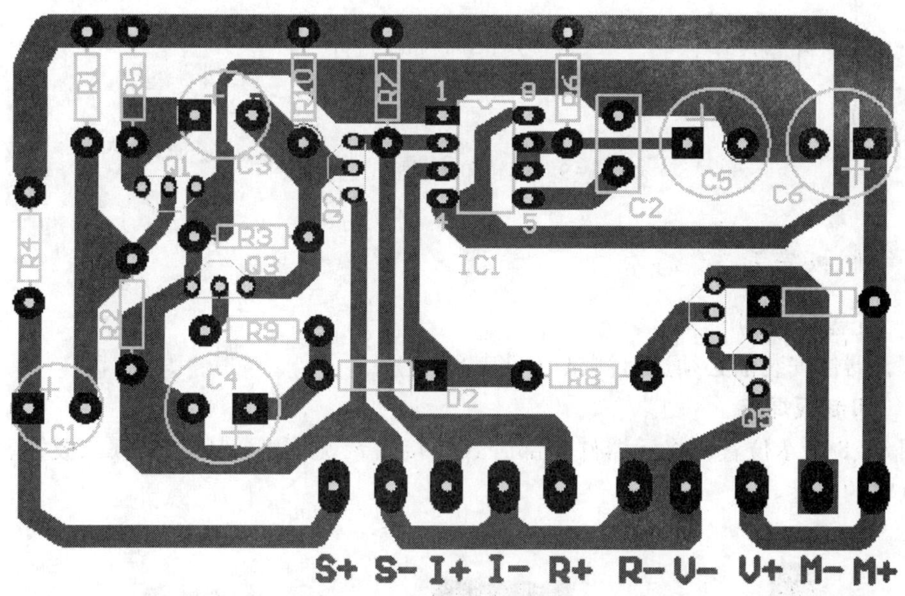

图 8－8　机器猫印制板参考图

8.5　制作工艺

8.5.1　印制板制作

图 8－8 为印制板参考图，可根据电路原理图自行设计印制板。印制板要求自己制作。参照图 8－9，完成印制板的设计与制作。

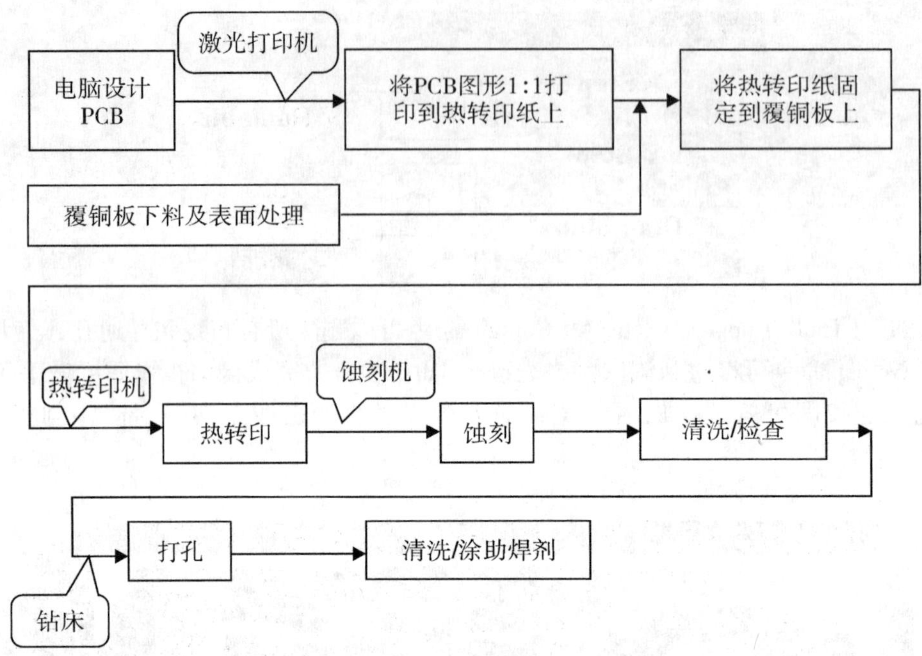

图8－9　热转印法制板工艺流程

8.5.2　印制板安装

8.5.2.1　元器件检测

全部元器件安装前必须进行测试（见表8－2）。

8.5.2.2　印制板焊接

按图8－8所示位置，将元器件全部卧式焊接（参见图8－10）注意二极管、三极管及电解电容的极性。

（a）三极管　（b）电解电容　（c）二极管、电阻

图8－10　元器件的卧式焊接

表8－2　元器件检测

元器件名称	测试内容及要求
电阻	阻值是否合格
二极管	正向导通，反向截止。极性标志是否正确（注：有色环的一边为负极性）

续表 8－2

元器件名称	测试内容及要求
三极管	判断极性及类型：8050、9014（D）为 NPN 型，β 值大于 200 
电解电容	是否漏电　漏电流小 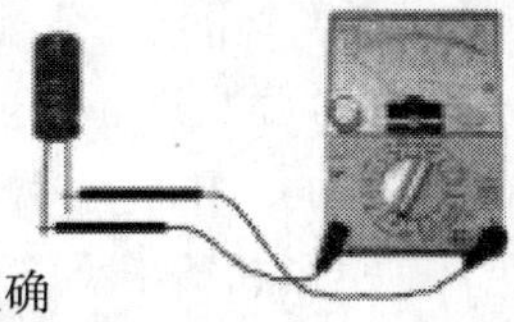 极性是否正确　极性正确
光敏三极管（红外接收管）	由两个 PN 结组成，它的发射极具有光敏特性。它的集电极则与普通晶体管一样，可以获得电流增益，但基极一般没有引线。光敏三极管有放大作用，如右图所示。当遇到光照时，C，E 两极导通。测量时红表笔接 C 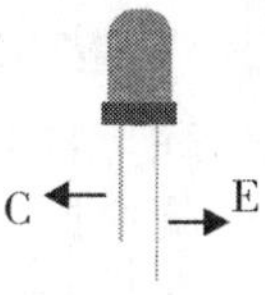 C　E 光敏二极管
干簧管（舌簧开关）	由一对磁性材料制造的弹性舌簧组成，密封于玻璃管中，舌簧端面互叠留有一条细间隙，触点镀有一层贵金属，使开关具有稳定的特性和延长使用寿命。当恒磁铁或线圈产生的磁场施加于开关上时，开关两个舌簧磁化，若生成的磁场吸引力克服了舌簧的弹性产生的阻力，舌簧被吸引力作用接触导通，即电路闭合。一旦磁场力消除，舌簧因弹力作用又重新分开，即电路断开。我们所用的干簧管属常开型 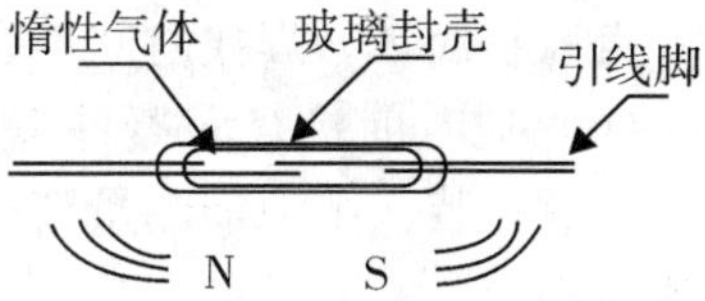 惰性气体　玻璃封壳　引线脚 N　S
麦克风（声敏传感器）	是将感应到的声音或振动转化为电信号，外围为负，用屏蔽线焊接 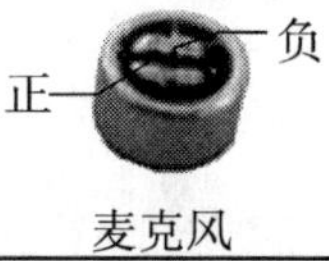 正　负 麦克风

8.6　整机装配与调试

在连线之前，应将机壳拆开，避免烫伤及其他损害，并保存好机壳和螺钉。（注意：电机不可拆!）

表 8－3　J_1 ～ J_6 的长度参考材料列表

名　称	代表字符	名 称	代表字符	名 称	代表字符
电动机	M	麦克风（声控）	S	红外接收（光控）	I
电 源	V	干簧管（磁控）	R		

参考下列步骤进行连线：

（1）电动机：打开机壳，电动机（黑色）已固定在机壳底部。电动机负极与电池负极有一根连线，改装电路，将连在电池负极的一端焊下来，改接至线路板的“电动机 -”（M -），由电动机正端引一根线 J_1 到印制板上的“电动机 +”（M +）。音乐芯片连接在电池负极的那一端改接至电动机的负极，使其在猫行走的时候才发出叫声。

（2）电源：由电池负极引一根线 J_2 到印制板上的“电源 -”（V -）。“电源 +”（V +）与“电机 +”（M +）相连，不用单独再接。

（3）磁控：由印制板上的“磁控 +、-”（R +、R -）引两根线 J_3，J_4，分别搭焊在干簧管（磁敏传感器）两腿，放在猫后部，应贴紧机壳，便于控制。干簧管没有极性。

（4）红外接收管（白色）：由印制板上的“光控 +、-”（I +、I -）引两根线 J_5，J_6 搭焊到红外接收管的两个管腿上，其中一条管腿套上热缩管，以免短路，导致打开开关后猫一直走个不停。红外接收管放在猫眼睛的一侧并固定住。应注意的是：红外接收管的长腿应接在“I -”上。

（5）声控部分：屏蔽线两头脱线，一端分正负（中间为正，外围为负）焊到印制板上的 S +、S -；另一端分别贴焊在麦克风（声敏传感器）的两个焊点上，但要注意极性，因麦克风易损坏，焊接时间不要过长。焊接完后麦克风安在猫前胸。

（6）通电前检查元器件焊接及连线是否有误，以免造成短路，烧毁电机发生危险。尤其注意在装入电池前测量“电源 -”（V -）、“电源 +”（V +）间是否短路，并注意电池极性。

（7）静态工作点参考值：如表 8 - 4 所示。

表 8 - 4　静态工作点参考值

代　号	型　号	静态参考电压		
		E	B	C
Q_1	9014	0V	0.5V	4V
Q_2	9014D	0V	0.6V	3.6V
Q_3	9014	0V	0.4V	0.5V
Q_4	9014	0V	0V	4.5V
Q_5	8050D	0V	0V	4.5V
IC_1	555	1:0V	2:3.8V	3:0V
		4:4.5V	5:3V	6:0V
		7:0V	8:4.5V	

（8）组装：简单测试完成后再组装机壳，注意螺钉不宜拧得过紧，以免塑料外壳损坏。装好后，分别进行声控、光控、磁控测试，均有“走一停”过程即算合格。

完成的机器猫重装效果如图 8 - 11 所示。

图8-11 机器猫完成图

8.7 机器猫制作材料清单

机器猫制作材料清单详见表8-5。

表8-5 机器猫制作材料清单

序 号	代 号	名 称	规格及型号	数 量
1	R_1，R_{10}	电阻	1MΩ	2
2	R_2，R_3	电阻	150kΩ	2
3	R_4，R_5，R_9	电阻	4.7kΩ	3
4	R_6，R_7	电阻	10kΩ	2
5	R_8	电阻	100Ω	1
6	C_1，C_3	电解电容	1μF/10V	2
7	C_2	瓷介电容	10nF	1
8	C_4	电解电容	47μF/10V	1
9	C_5	电解电容	470μF/10V	1
10	C_6	电解电容	220μF/10V	1
11	D_1	二极管	1N4001	1
12	D_2	稳压二极管	1N4148	1
13	Q_1，Q_3，Q_4	三极管	9014（NPN）	3
14	Q_2	三极管	9014D（NPN）	1
15	Q_5	三极管	8050D（NPN）	1
16	IC_1	集成电路	555	1
17	S_1	声敏传感器	Sound control	1
18	S_2	红外接收管	Infrared	1

续表 8-5

序 号	代 号	名 称	规格及型号	数 量
19	S_3	磁敏传感器	Reed switch	1
20	JX	连接线	φ0.12，70cm J_1 ～ J_4：10cm J_5，J_6：15cm	1
21		屏蔽线	15cm	1
22		热缩套管	3cm	1
23		外壳（含电动机）		1
24		线路板	82mm×55mm	1

8.8 创建光电耦合器 4N25

Multisim 2001 提供了多种编辑仿真元件的方法，点击设计工作栏上的按钮，出现如图 8-12 所示的菜单。

Create Component
Edit Component
Copy Component
Delete Component
Database Management

图 8-12 编辑仿真元件的方法

我们采用 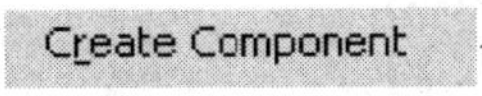 Create Component 命令，创建一个新元件。点击后出现图 8-13 所示对话框：

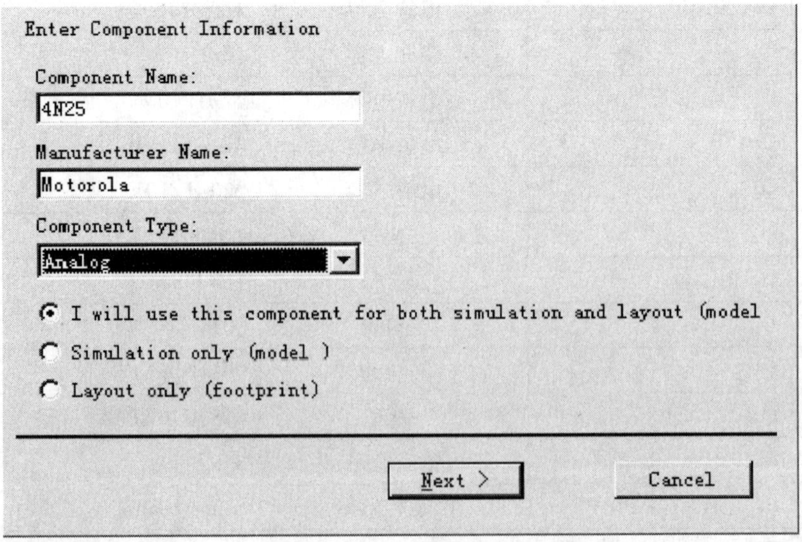

Enter Component Information

Component Name:
4N25

Manufacturer Name:
Motorola

Component Type:
Analog

I will use this component for both simulation and layout (model
Simulation only (model)
Layout only (footprint)

Next >　Cancel

图 8-13 创建新元件

填好元件名称、制造商，选择好模拟器件后按 Next > 键，进入图 8 – 14 对话框：

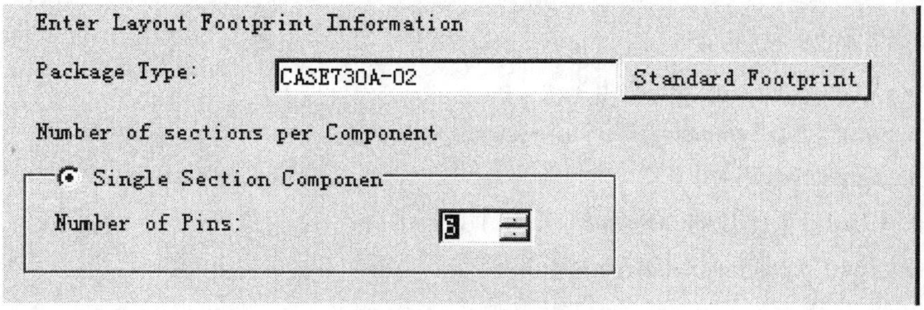

Enter Layout Footprint Information
Package Type: CASE730A-02 Standard Footprint
Number of sections per Component
Single Section Componen
Number of Pins: 6

图 8 – 14　选择元件封装

按钮选择元件封装类型，此元件为一单包装元件，指定元件引脚数。按 Next > 键进入下一对话框：

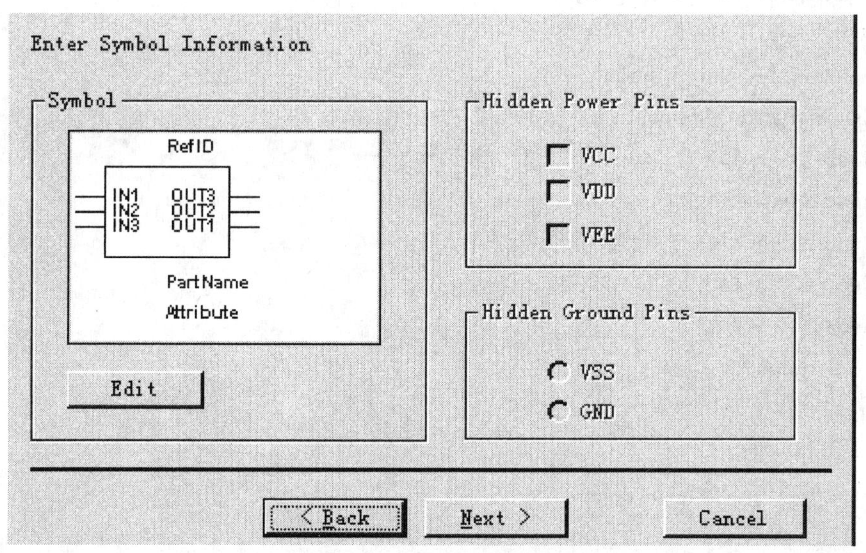

图 8 – 15　设置元件符号信息

该对话框用来设置元件符号信息，可稍候再改，直接进入下一界面，定义元件的引脚，如图 8 – 16 所示：

Symbol Pins	Footprint Pins
IN1	1
IN2	2
IN3	3
OUT1	4
OUT2	5
OUT3	6

图 8 – 16　元件的引脚

按 Next >键，进入元件模型信息对话框，在 Model Data 栏中直接定义，输入下列语句：

```
. SUBCKT 4n25 1 2 3 4 5
 *  Model Generated by MODPEX  *
 * Copyright (c) Symmetry Design Systems *
 *  All Rights Reserved  *
 *  UNPUBLISHED LICENSED SOFTWARE  *
 *  Contains Proprietary Information  *
 *  Which is the Property of  *
 *  SYMMETRY OR ITS LICENSORS  *
 * Commercial Use or Resale Restricted  *
 *  by Symmetry License Agreement  *
 *  Model generated on Sep 8, 97
 *  MODEL FORMAT: SPICE3
 *  Optocoupler macro model
 *  External node designations
 *  Node 1  -> DA
 *  Node 2  -> DK
 *  Node 3  -> QC
 *  Node 4  -> QB
 *  Node 5  -> QE
DIN 1 6 dmodel
VT 6 2 0
CIO 1 3 1e-12
QOUT 3 4 5 qmodel
RFX 5 4 1e9
BFX 5 4 I=0+0.00091067*I(VT)  +1.2307*I(VT)  *I(VT)
 *  Default values used in dmodel:
 *  TT=0 BV=infinite
. MODEL dmodel d
 +IS=1.4174e-12 RS=1.77049 N=1.96012 XTI=4
 +EG=1.50946 CJO=1e-11 VJ=0.75 M=0.5 FC=0.5
. MODEL qmodel npn
 +IS=2.04341e-10 BF=1000 NF=1.04784 VAF=74.9441
 +IKF=0.0207989 ISE=1e-08 NE=4 BR=0.1
 +NR=1.5 VAR=1.1341 IKR=0.207989 ISC=9.99193e-14
 +NC=2.00279 RB=10 IRB=0.2 RBM=10
 +RE=4.57626 RC=100 XTB=0.1 XTI=2.77723 EG=0.1
```

```
+ CJE = 9. 76772e - 12 VJE = 0. 4 MJE = 0. 180481 TF = 1. 00004e - 09
+ XTF = 1 VTF = 10 ITF = 0. 01 CJC = 1. 96829e - 11
+ VJC = 0. 59397 MJC = 0. 415235 XCJC = 0. 9 FC = 0. 5
+ TR = 1e - 07 PTF = 0 KF = 0 AF = 1
```

. ENDS 4n25

至此 4N25 模型已基本建成，点击“Finish”按钮显现出元件属性对话框如图 8 - 17 所示：

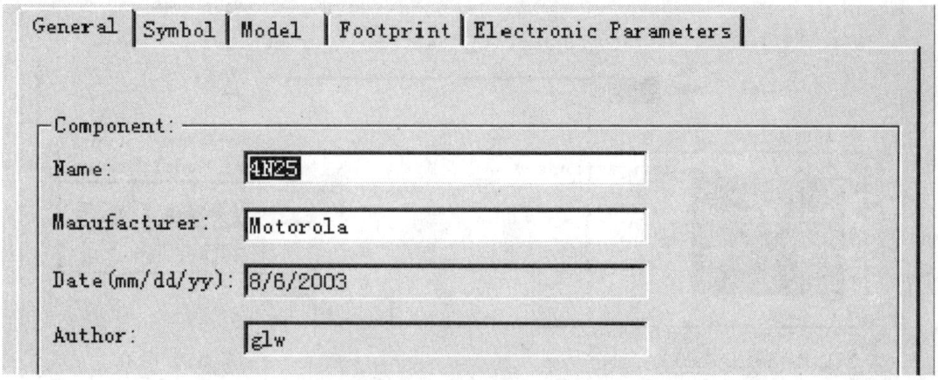

General
Symbol
Model
Footprint
Electronic Parameters
Component:
Name:
4N25
Manufacturer:
Motorola
Date(mm/dd/yy):
8/6/2003
Author:
glw

图 8 - 17　元件 Symbol 设置

选择元件符号页 Symbol，改变 4N25 的模型。按 **Select from DB** 按钮，出现图 8 - 18对话框，选择合适元件模型。此方法比自己画图快捷。

Database
Name:
Multisim Master
Family
Name:
OPTOCOUPLER_VIRTUAL
Component
Name:
OPTOCOUPLER_VIRTUAL
Select
Exit
Help

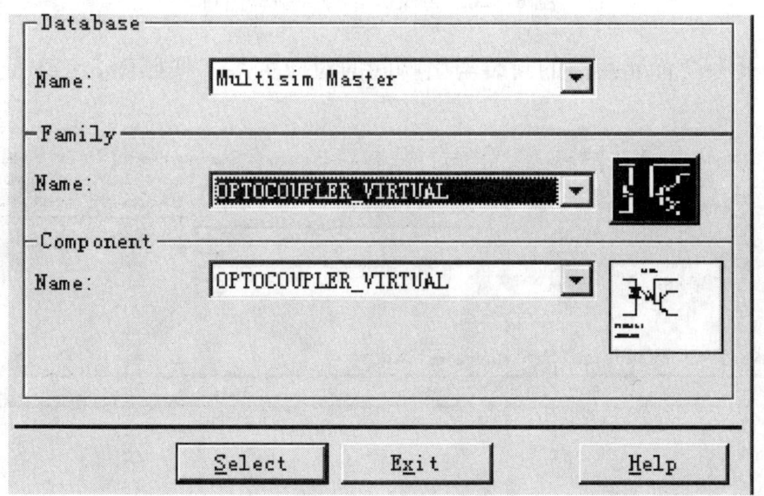

图 8 - 18　选择元件模型

选择确定后按 **Edit** 键进入符号编辑器添加引脚名后存盘退出，如图 8 - 19：

1
RefID
5
2
4

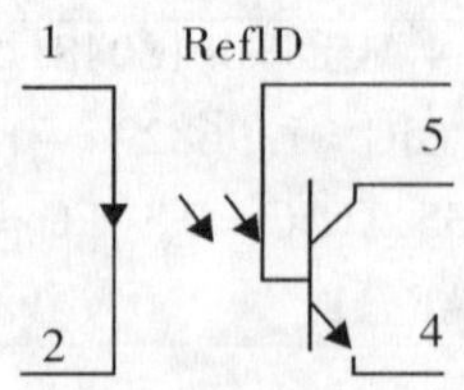

图 8－19 添加引脚名

在 Model 页按图 8－20 定义元件外部引脚名称。

General
Symbol
Model
Footprint
Electronic Parameters
Model Name:
4n25
Model Data:
* External node designations
* Node 1 -> DA
* Node 2 -> DK
* Node 3 -> QC
* Node 4 -> QB
* Node 5 -> QE
tart Model Maker..
oad Model from Fil
Select from DB
Pin Mapping Table:
Symbol Pins
Order of Pins in Model
K 2
A 1
E 5
C 3
B 4
Show Template

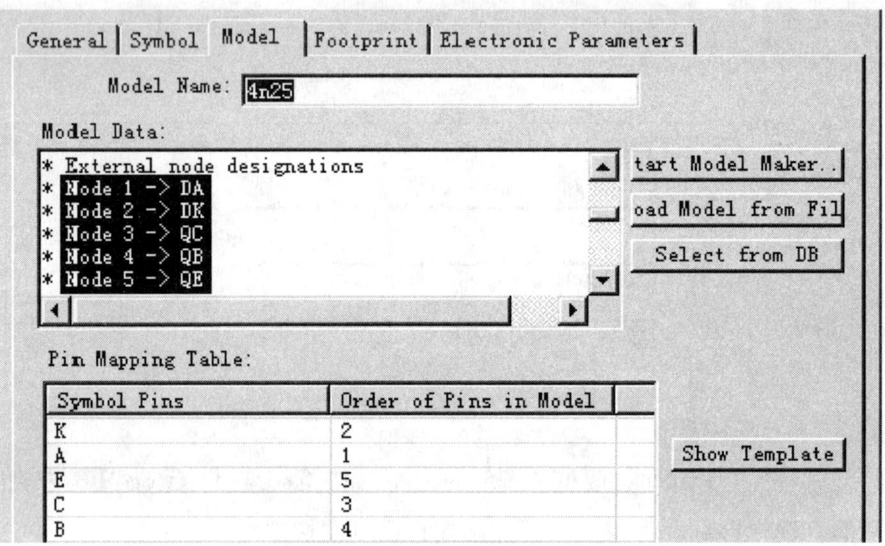

图 8－20 定义元件外部引脚名称

Footprint 页为设置元器件的封装与引脚间的对应关系，按照图 8－21 定义：

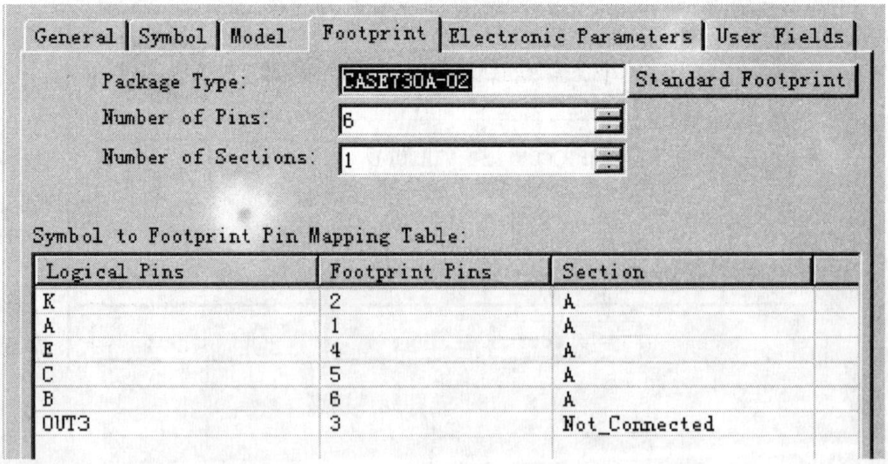

General
Symbol
Model
Footprint
Electronic Parameters
User Fields
Package Type:
CASE730A-02
Standard Footprint
Number of Pins:
6
Number of Sections:
1
Symbol to Footprint Pin Mapping Table:
Logical Pins
Footprint Pins
Section
K 2 A
A 1 A
E 4 A
C 5 A
B 6 A
OUT3 3 Not_Connected

图 8－21 元器件封装与引脚间的对应关系

最后一页 Electronic Parameters 为元件的电气参数，按图 8 - 22 填写。

Common Parameters:

Thermal Resistance	0.00
Thermal Resistance Case:	0.00
Power Dissipation:	0.25
Derating Knee Point:	25.00
Min. Operating	-55.00
Max. Operating	100.00
ESD Rating:	0.00

Device Specific Parameters:

Label	Value
Viso	7500
Vr	3
Vceo	30
Veco	7
Vcbo	70
Ic	0.15
Pd	0.25
Package	CASE730A-02
If	0.06

图 8 - 22　元件的电气参数设置

该元件的所有参数都已设定完毕，最后保存在 user 库中即可。图 8 - 23 即为所创建的光电耦合器 4N25。调用该元件时，用 Place/Place component 命令，由 user 库中调出。

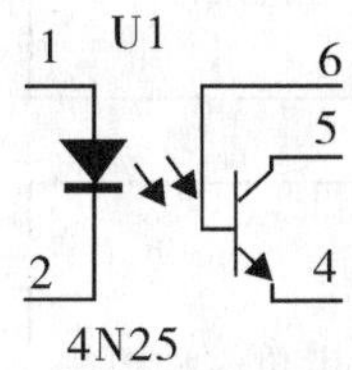

图 8 - 23　创建的光电耦合器 4N25

8.9　参考文献

EDA 实践补充教材——机器猫. 清华大学电子实习基地，2004.

第9章 自动寻迹防撞小车的设计实现

9.1 设计概述

自动寻迹智能小车是一种简单的视觉系统小车，在机器人的运动中起关键的作用。通过不断检测预设轨道，使机器人能进行精确的轨迹运动。

该小车基于利用LM324N和L928N两种芯片以及TCRT5000红外光电传感器的功能特性，以STC89C52单片机为核心控制单元的智能小车系统，以白底黑线的轨迹线作为引导，实现寻迹运动。

9.2 自动寻迹防撞小车的设计方案

9.2.1 智能小车总体功能方案

本设计的主要实现功能是按照预定所设置的白底黑线轨迹进行寻迹行走，在运行过程中遇到障碍物时停止运行并利用蜂鸣器及LED灯发出警报信号。利用TCRT5000红外光电传感器检测黑白线，当检测到的信号通过电压比较器运算后，输入STC89C52单片机进行处理，再由单片机输出信号到电机驱动模块控制直流电机L和直流电机R的运转。

该设计系统实现方案如图9-1所示：

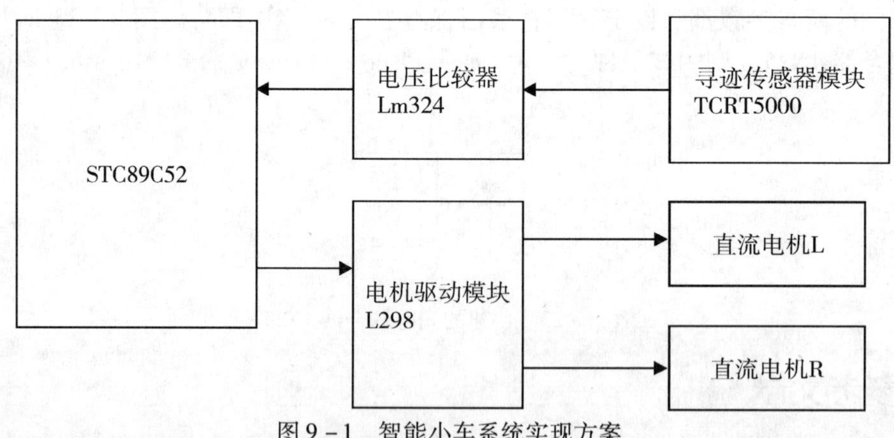

图9-1 智能小车系统实现方案

9.2.2 硬件方案

本设计的硬件设计分为三部分，分别是传感器模块、电机驱动模块和单片机系统。

9.2.2.1　传感器方案

本设计的传感器模块选用的是 TCRT5000 红外光电传感器。一共利用 5 个 TCRT5000 传感器，其中两个传感器作为探测黑白线轨迹的寻迹传感器，其余 3 个 TCRT5000 传感器用做探测前方是否存在障碍物，并与 LM324N 芯片相连，进行电压比较，输出量为开光量。

9.2.2.2　电机驱动模块

本设计的电机传感模块选用的是 L298 芯片。L298 通过与肖基特二极管的组合同两直流电机相连。L298 与单片机 IO 口连接，通过接收单片机输出的信号从而对电机工作进行控制。

9.2.2.3　单片机系统

本设计的单片机系统选用的是 STC89C52 的单片机系统，通过 STC89C52 与 12M 的 RC 电路以及复位电路的连接，构成单片机的最小系统，作为本设计的单片机核心控制单元。

9.2.3　软件方案

本设计的小车运动控制由 TCRT5000 传感器探测到的信号控制，以传感器所检测到的信号输入单片 I/O 口，再由 I/O 口输出相应信号控制单片机，本设计程序由 C 语言编写。具体流程如图 9－2。

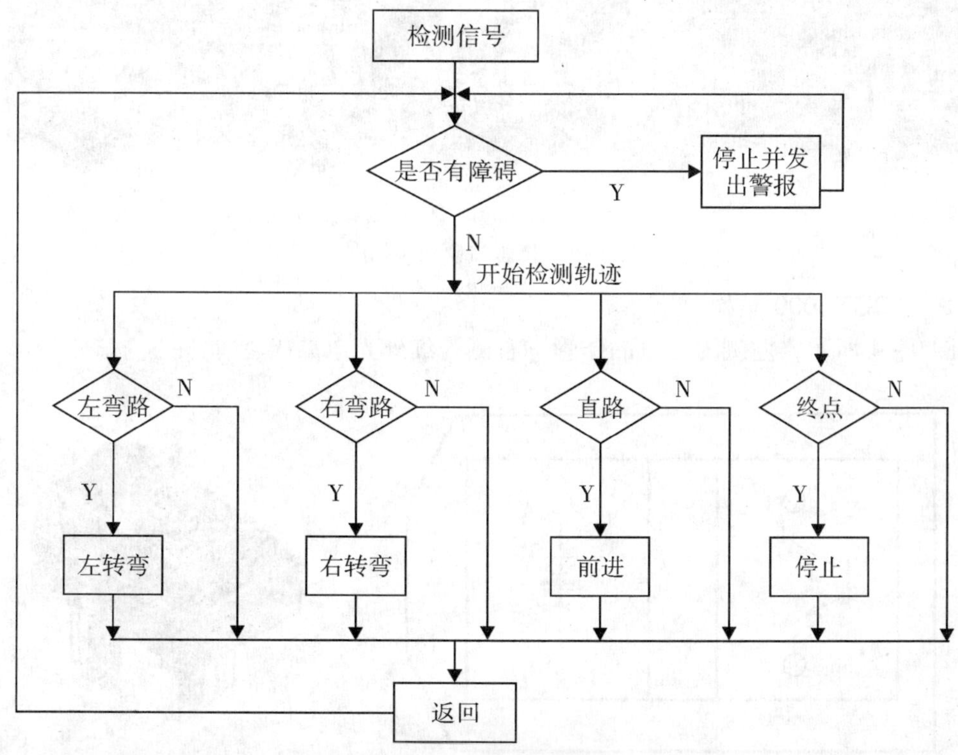

图 9－2　软件方案流程

9.3 硬件设计与描述

9.3.1 TCRT5000 传感模块介绍

9.3.1.1 TCRT5000 传感模块

TCRT5000 传感器模块是基于 TCRT5000 红外光电传感器设计的一款红外放射式光电开关，传感器采用高发射功率红外光电二极管和高灵敏光电晶体管组成，输出信号通过 LM324 处理后为 TTL 信号，可与单片机直接连接。b，d 端用于黑白线寻迹，a，c，e 端用于防撞检测，如图 9－3 所示。

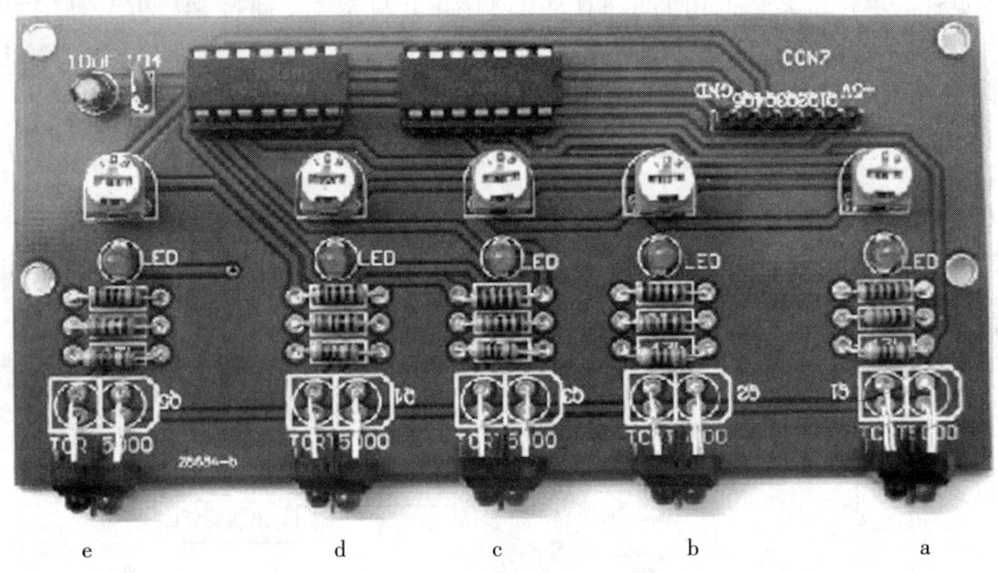

图 9－3 传感器模块实物图

9.3.1.2 TCRT5000 结构

如图 9－4 所示，左测为光电晶体管，右侧为红外光电二极管。

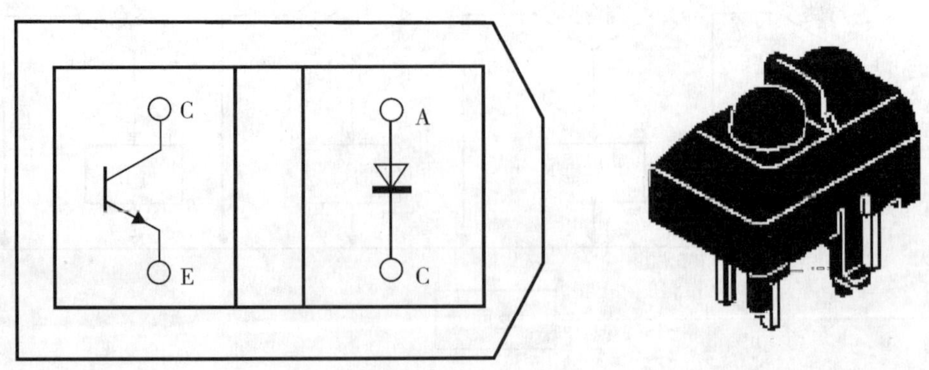

图 9－4 TCRT5000 内部结构及外观

9.3.1.3　IC_LM324 介绍

LM324 是四运放集成电路，内部包含 4 组形式完全相同的运算放大器，除电源共用外，4 组运放相互独立，LM324 内有 4 个运算放大器，并有相位补偿电路，其内部结构及引脚功能如图 9－5 所示，耗电低，可用正电源或正负双电源工作，电源电压范围宽，输入电压范围大。用途广泛，可代替许多不同厂家的同类型产品，本设计用作电压比较器。

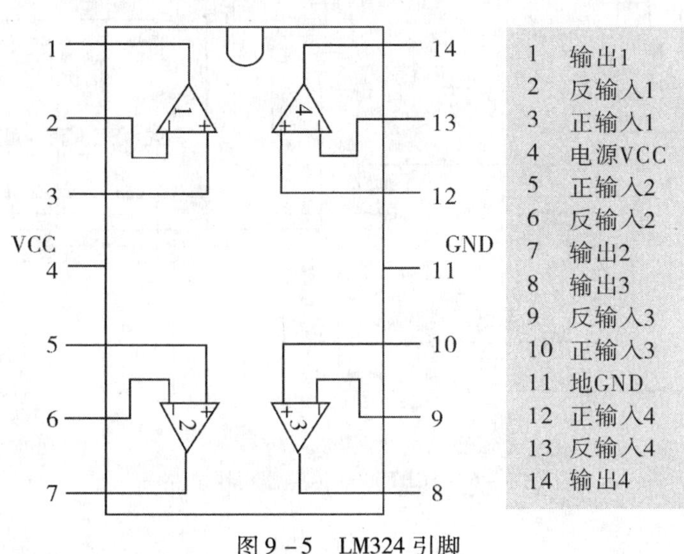

图 9－5　LM324 引脚

9.3.1.4　TCRT5000 传感器模块工作原理

TCRT5000 传感器的红外发射二极管不断发射红外线，反射回来接收到的信号会输入到 LM324 进行电压比较。当发射出去的红外线没有被反射回来或者被反射回来但强度不够大时，光敏晶体管一直处于关断状态，此时模块的输出端为低电平，指示灯二极管一直处于熄灭状态；当被检测物体出现在检测范围内时，红外线被反射回来而且强度足够大，光敏晶体管导通，此时模块的输出端为高电平，指示灯二极管被点亮。利用此特性，通过调节传感器的上拉电阻，达到黑白线寻迹和检测障碍的效果。

9.3.1.5　应用场合

（1）电度表脉冲数据采集。

（2）传真机碎纸机纸张检测。

（3）障碍检测。

（4）黑白线检测。

9.3.1.6　基本参数

（1）外形尺寸：长 32～37mm，宽 7.5mm，厚 5mm。

（2）工作电压：DC 3～5.5V，推荐工作电压为 5V。

（3）检测距离：1～8mm 使用，焦点距离为 2.5mm。

9.3.1.7　传感器模块电路图

TCRT5000 传感器模块电路如图 9－6 所示。

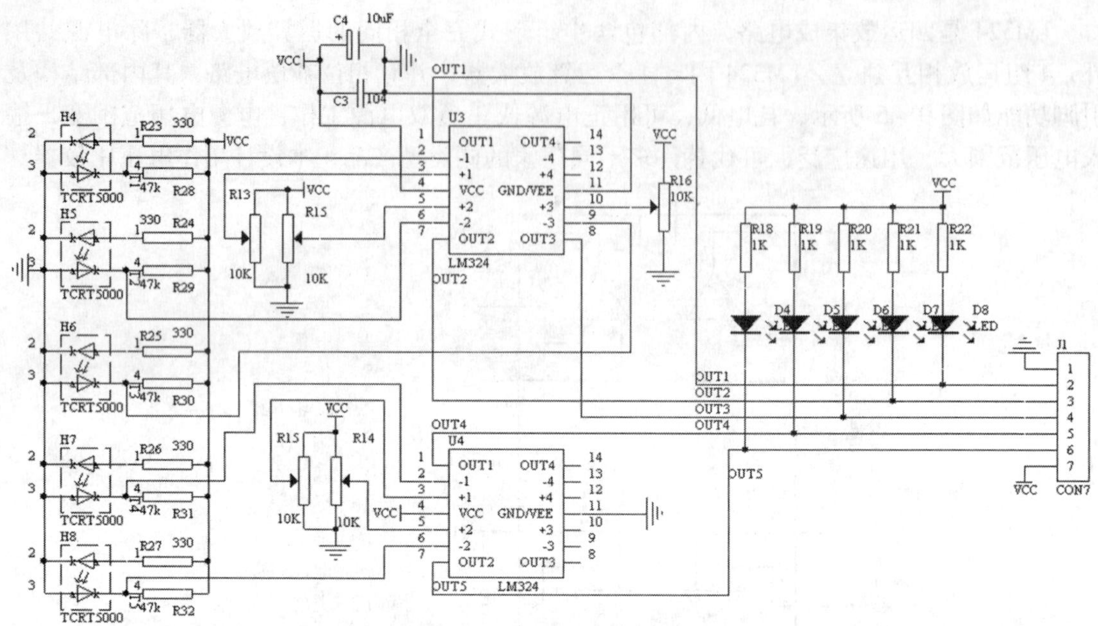

图 9－6　TCRT5000 传感器模块电路

9.3.2　直流电机驱动模块介绍

本设计的直流电机驱动模块由 IC_L298 和稳压电路组成，能实现小车的前进、停止、左转、右转以及后退功能。A_1，A_2 和 B_1，B_2 分别接左右两电机。

直流电机驱动模块如图 9－7 所示。

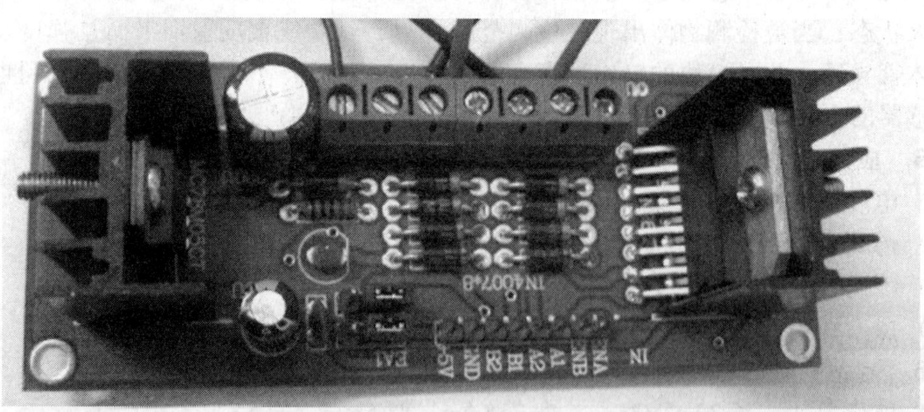

图 9－7　直流电机驱动模块实物图

9.3.2.1　IC_L298 介绍

L298 是双 H 桥高压大电流功率集成电路，直接采用 TTL 逻辑电平控制，可用来驱动继电器、线圈、直流电机、步进电机等电感性负载。每桥的三极管的发射极是连接在一起的，相应外接线端可用来连接外设传感电阻。

9.3.2.2　IC_L298 内部结构

L298 为双 H 桥高压大电流功率的集成电路，其内部结构如图 9－8 所示。

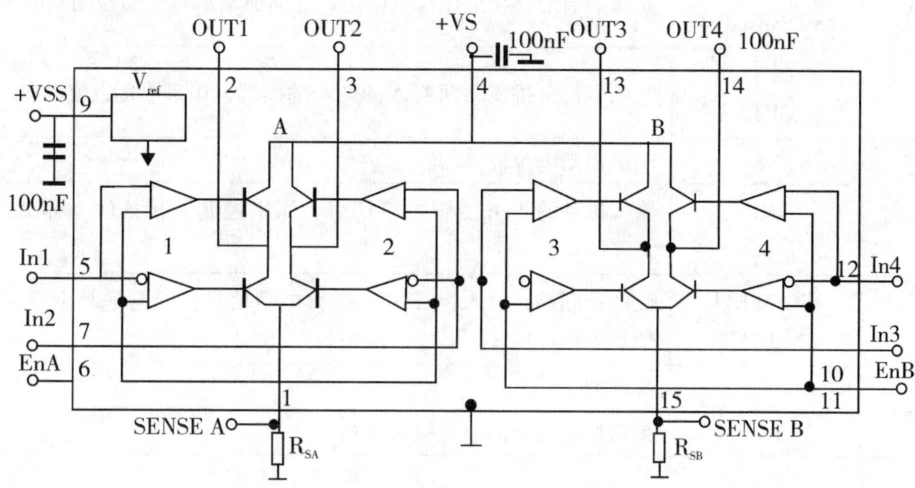

图 9－8　L298 内部结构

L298 引脚，如图 9－9 所示。

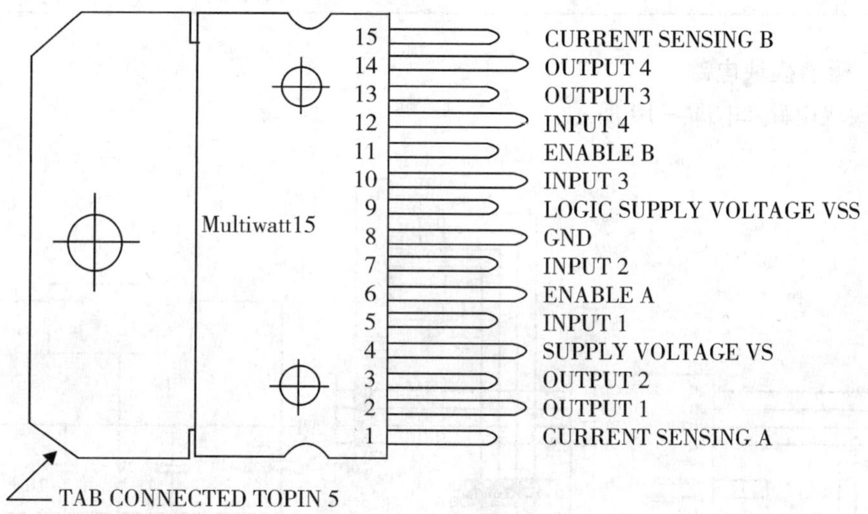

图 9－9　L298 引脚

L298 引脚功能，如表 9－1 所示。

表 9－1　L298 引脚功能

引　脚	符　号	功　　能
1 15	SENSING A SENSING B	此两端与地连接电流检测电阻，并向驱动芯片反馈检测到的信号
2 3	OUT1 OUT2	此两脚是全桥式驱动器 A 的两个输出端，用来连接直流电机
4	VS	电机驱动电源输入端
5 7	IN1 IN2	输入标准的 TTL 逻辑电平信号，用来控制全桥式驱动器 A，bbb 的开关
6 11	ENABLE A ENABLE B	使能控制端，输入标准 TTL 逻辑电平信号；低电平时全桥式驱动器禁止工作
8	GND	接地端
9	VSS	逻辑控制部分的电源输入端口
10 12	IN3 IN4	输入标准的 TTL 逻辑电平信号，用来控制全桥式驱动器 B 的开关
13 14	OUT3 OUT4	此两脚是全桥式驱动器 B 的两个输入端，用来连接直流电机

9.3.2.3　驱动模块电路

驱动模块电路如图 9－10 所示。

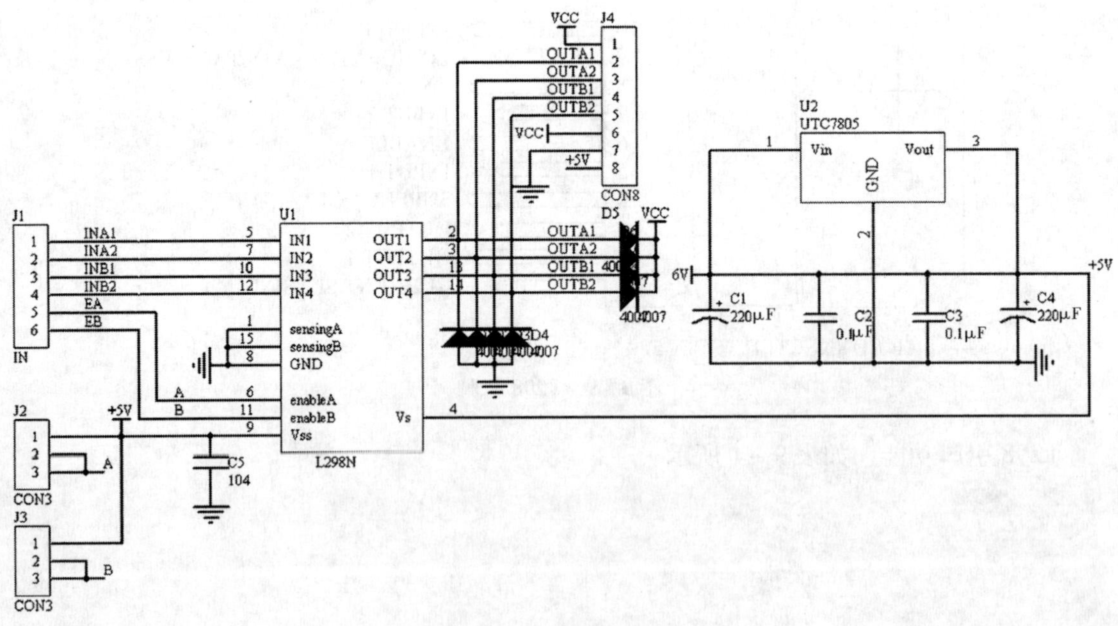

图 9－10　驱动模块电路

9.3.3　STC89C52 单片机系统

9.3.3.1　STC89C52 系统性能

STC89C52 系统性能如下：

（1）增强型6时钟/机器周期，12时钟/机器周期8051CPU。

（2）工作电压：5.5～3.4V（5V单片机）。

（3）工作频率范围：0～40MHz，相当于普通8051的0～80Hz。实际工作频率可达48MHz。

（4）用户应用程序空间4k、8k、13k、16k、20k、32k、64k字节。

（5）片上集成1280字节、512字节RAM。

（6）通用I/O口（32/36个），复位后 P_1，P_2，P_3，P_4 是准双向口、弱上拉。P0口是开输出，作为总线扩展时用，不用加上上拉电阻，作为I/O口用时需加上拉电阻。

（7）ISP（在系统可编程）/IAP（在应用可编程），无需专用编程器。

（8）EEPROM功能。

（9）“看门狗”。

（10）共3个16位定时器/计数器，其中定时器0还可以当成2个8位定时器使用。

（11）外部中断4路，下降沿中断或低电平触发中断，Power Down模式可由外部中断低电平触发中断方式唤醒。

（12）通用异步串行口（UART），还可用定时器软件实现多个UART。

（13）工作温度范围：0～75℃/－40～85℃。

（14）封装：LQFP-44，PDIP-40，PLCC-44，PQEP-44。

9.3.3.2　芯片引脚图排列和说明

STC89C52单片机有3种封装：LQFP-44，PLCC-44，PDIP-40。LQFP-44如图9－11所示。

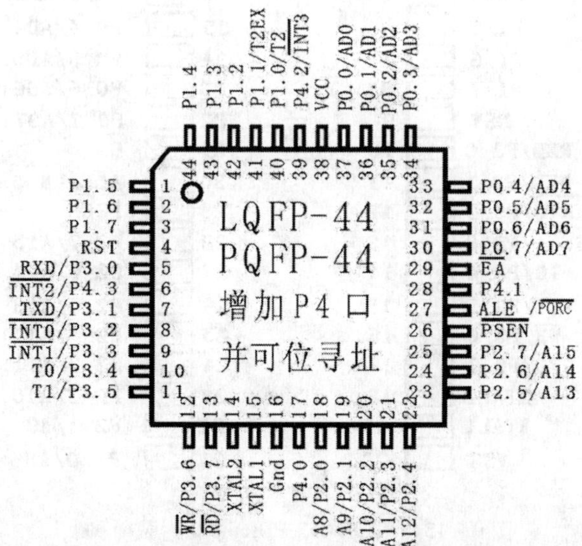

图9－11　STC89C52 LQFP－44封装引脚

PLCC-44 如图 9 – 12 所示。

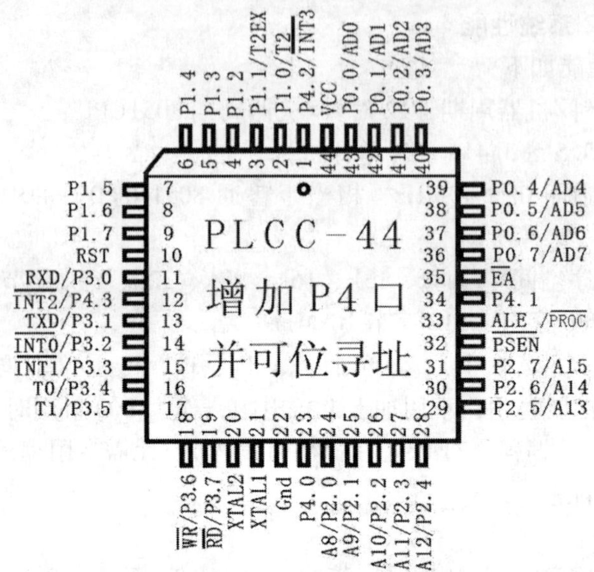

图 9 – 12　STC89C52 PLCC – 44 封装引脚

PDIP-40 如图 9 – 13 所示。

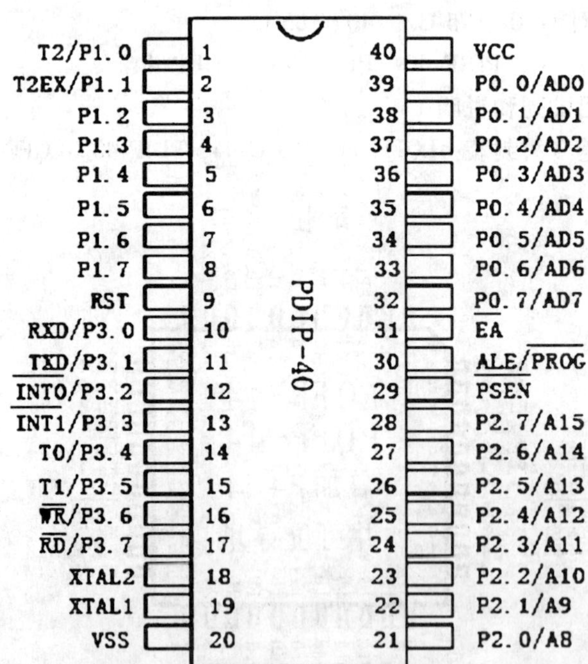

图 9 – 13　STC89C52 PDIP – 40 封装引脚

STC80C52 单片机引脚说明，如表 9 - 2 所示。

表 9 - 2　STC89C52 引脚说明

引脚名称	引脚编号	描　述
P1.0 ~ P1.7	1 ~ 8	准双向通用 I/O 口
RST	9	复位信号输入端
P3.0 ~ P3.7	10 ~ 17	多用途端口，既可作地址总线口输出地址高 8 位，也可按每位定义的第二功能操作
RXD	10	串口输入
TXD	11	串口输出
$\overline{\text{INT0}}$	12	中断 0
$\overline{\text{INT1}}$	13	中断 1
T0	14	计数脉冲 T0
T1	15	计数脉冲 T1
WR	16	写控制
TD	17	读控制
XTAL2 XTAL1	18 19	使用内部振荡电路时，用来接石英晶体和电容；使用外部时钟时，用来输入时钟脉冲
VSS	20	接地
P2.0 ~ P2.7	21 ~ 28	准双向口，既可作地址总线口输出地址高 8 位，也可作普通 I/O 口用
$\overline{\text{PSEN}}$	29	片外程序存储器选通信号，低电平有效
ALE/ $\overline{\text{PROG}}$	30	地址锁存信号输出端
$\overline{\text{EA}}$	31	内部和外部程序存储器选择线
P0.7 ~ P0.0	32 ~ 39	双向 I/O 口，既可作地址/数据总线口用，也可作普通 I/O 口用
VCC	40	电源 +5V

9.3.3.3　STC89C52 最小系统

单片机的最小系统是指最少的元件组成的单片机可以工作的系统，对于 STC89C52 单片机来说，最小系统包括：STC89C52 单片机、晶振电路、复位电路。STC89C52 最小系统如图 9 - 14 所示。

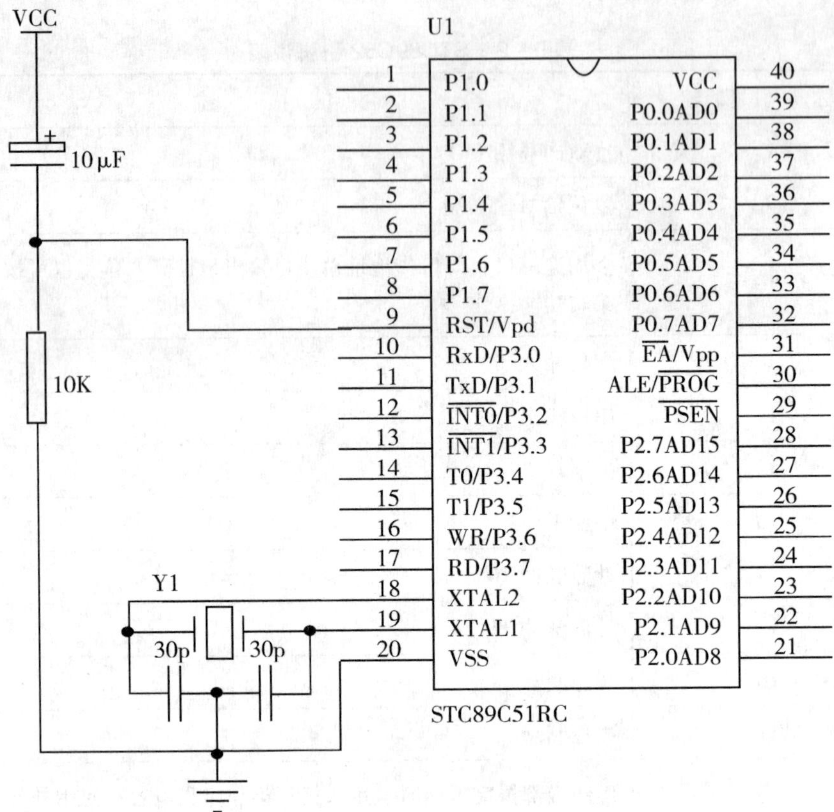

图 9－14　STC89C52 最小系统

9.4　自动寻迹防撞小车工作原理

9.4.1　小车运动原理

本设计共设置了 4 种运动模式，分别是前进、左转、右转、停止。输入状态及相对运动模式如表 9－3 所示。

表 9－3　小车输入状态及相对运动模式

ENA	ENB	左侧电机		右侧电机		运动模式
		A1	A2	B1	B2	
0	0	*	*	*	*	停止
1	1	1	0	1	0	前进
1	1	1	0	0	0	右转
1	1	0	0	1	0	左转

9.4.2 小车防撞原理

本设计所选用的防撞传感器为TCRT5000，如图9－3所示，a，c，e三路传感器不断发射红外信号，适当调节上拉电阻，当发射出的红外线没有被发射回来或反射回来但强度不大时，通过LM324电压比较输出低电平信号，判定为前方无障碍物；当发射出的红外线被反射回来且强度足够大时，通过LM324电压比较输出高电平，判定为前方有障碍物。小车外观模拟图如图9－15所示。

a，c，e传感器位于小车前方，具体如图9－15所示，小车将根据判定结果控制小车运动模式，防撞输出状态及相应的运动模式如表9－4所示。

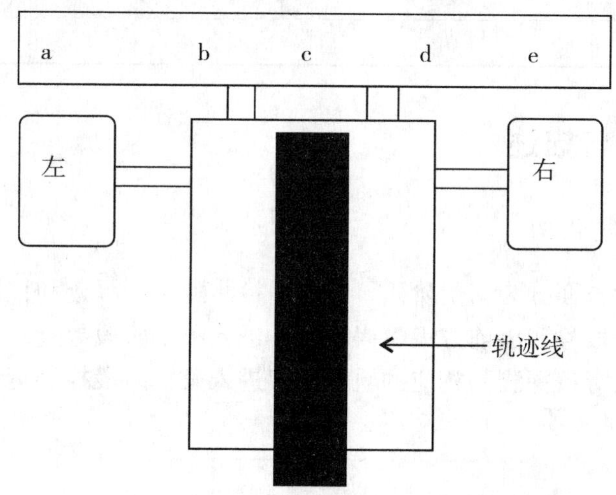

图9－15 小车外观模拟图

表9－4 防撞输出状态及相应的运动模式

传感器			判定结果	运动模式
a	c	e		
0	0	0	无障碍物	前进或转向
1	*	*	有障碍物	停止
*	1	*	有障碍物	停止
*	*	1	有障碍物	停止

9.4.3 自动寻迹原理

本设计所选用的寻迹传感器为TCRT5000，如图9－3所示，b，c二路传感器不断发射红外信号，适当调节上拉电阻，当发射的红外线信号被反射回来后将通过LM324电压比较进行计算，当检测到白色线的时候，反射的红外光强度较大，通过LM324计算后输出高电平；当检测到黑色线的时候，反射的红外光强度较小，通过LM324计算后输出低电平。

b传感器位于小车前方的左侧，d传感器位于小车前方的右侧，具体如图9-15所示。小车根据传感器判定结果控制小车的运动模式，传感器输出模式及小车运动模式如表9-5所示。

表9-5 寻迹输出模式及小车运动模式

传感器		判定结果	运动模式
b	d		
1	1	直线	前进
1	0	右弯线	右转
0	1	左弯线	左转
0	0	终点	停止

9.5 软件设计与描述

9.5.1 小车系统流程图

本设计软件设计方面分为三个阶段，分别是检测障碍、寻迹和控制运动。第一阶段为检测障碍，当第一阶段检测出前方无障碍物时，进入第二阶段寻迹，否则进入第三阶段控制运动；当第二阶段寻迹探测到相应的轨迹时，进入第三阶段控制运动。小车系统程序流程如图9-16所示。

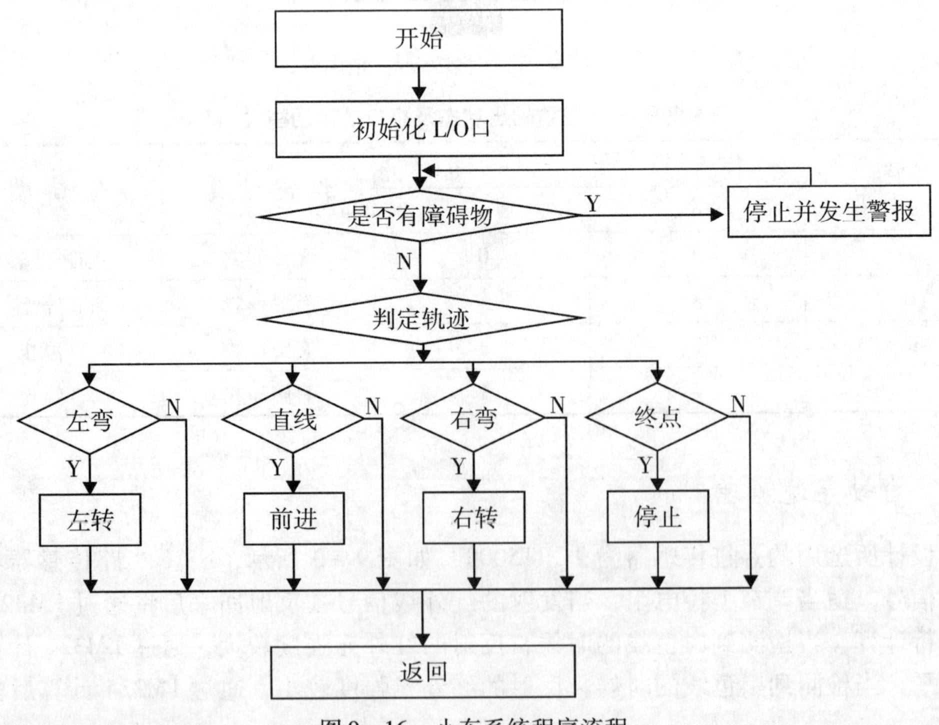

图9-16 小车系统程序流程

9.5.2　程序分析

本设计程序主要用 if 语句作为传感器判断，第一阶段检测障碍用 if 语句判断是否有障碍物，第二阶段寻迹嵌套到第一阶段的判断中，而第三阶段控制运动直接令 I/O 口置“1”或置“0”。

工程名：tracing car

组成文件：tracingcar. c；tracingcar. lnp；tracingcar. M51；tracingcar. Uv2；tracingcar. LST；tracingcar. OBJ；tracingcar. plg；tracingcar_Uv2. Bak；tracingcar. hex.

具体程序及注释如下：

```
#include "reg51. h"
sbit motol1 = P1^0;             //定义左侧电机
sbit motol2 = P1^1;
sbit motor1 = P1^2;             //定义右侧电机
sbit motor2 = P1^3;
sbit led = P3^6;                //定义警报系统
sbit a = P3^0;                  //定义传感器
sbit b = P3^1;
sbit c = P3^2;
sbit d = P3^3;
sbit e = P3^4;
void delay(unsigned int time);
                                //延时子函数，
                                //参数 d_time 控制延时的时间
                                //作用，灯亮和熄灭必须持续一定时间，人眼才能看到
void delay(unsigned int time)     //参数 time 大小
{                               //决定延时时间长短
    while(time--);
}
void main(void)
{
    while(1)
{
 if (a==1||c==1||e==1)    //若 a，b，c 任一传感器检测到障碍物
  {
    motol1 =0;                  //左侧电机停转
    motol2 =0;
    motor1 =0;                  //右侧电机停转
    motor2 =0;
```

```
    led = 0;                //发出警报

    delay(60000);           //延时，达到 LED 灯闪烁以及蜂鸣片断续警报
    led = 1;

    delay(60000);
  }
else                        //若 a，b，c 都检测不到障碍物
  {                         //嵌套 if 语句
  if(b == 1 && d == 1)      //若 b，d 都检测到白线信号，即判定该黑线为直线
    {
      motol1 = 1;           //左侧电机运转
    motol2 = 0;
    motor1 = 1;             //右侧电机运转
    motor2 = 0;
    led = 1;                //关闭警报
    }
  else if (b == 0 && d == 1)  //若 b 检测到黑线信号，d 检测到白线信号
    {                       //即判定为左转弯路线
    motol1 = 0;             //左侧电机停转
    motol2 = 0;
    motor1 = 1;             //右侧电机运转
    motor2 = 0;
      led = 1;              //关闭警报

    }
  else if (b == 1 && d == 0)  //若 b 检测到白线信号，d 检测到黑线信号
    {                       //即判定为右转弯路线
    motol1 = 1;             //左侧电机停转
    motol2 = 0;
    motor1 = 0;             //右侧电机运转
    motor2 = 0;
    led = 1;                //关闭警报
    }
  else if (b == 0 && d == 0)  //若 b，d 都检测到黑线信号，即判定终点
    {
    motol1 = 0;             //左侧电机停转
    motol2 = 0;
    motor1 = 0;             //右侧电机停转
```

```
        motor2 = 0;
        led = 1;
        }
      }
    }
}
```

9.5.3　小车调试方法

（1）单独检测电机是否能工作。

（2）单独检测传感器模块。

（3）检测零件是否符合电路图解法，各模块供电是否正常。

（4）遮挡 a，c，e 传感器，观察是否发出警报。

（5）分别用白纸遮挡 b，d 传感器，观察电机是否按程序运转，若出现异常，利用万用表测输入输出端的电压是否正常，对程序或电路进行相应调整。

（6）若以上测试正常，可放到设计好的地图上运行，若偏离轨道，可适当调试传感器高度或调节上拉电阻。

9.6　小车系统电路

小车系统电路如图 9－17 所示。

STC89C51RC
U1
L298N
U4
UTC7805
U5
LM324
U2
U3
MOTOR RIGHT
MOTOR LEFT
BUZZER
U6
Q1
PNP
TCRT5000
VCC
+5V
6V
OUTA1
OUTA2
OUTB1
OUTB2
OUT1
OUT2
OUT3
OUT4
OUT5
Y1
30p
10uf
10K
220uF
0.1uF
104
R11
R16
R13
R12
R14
R15
D9
LED

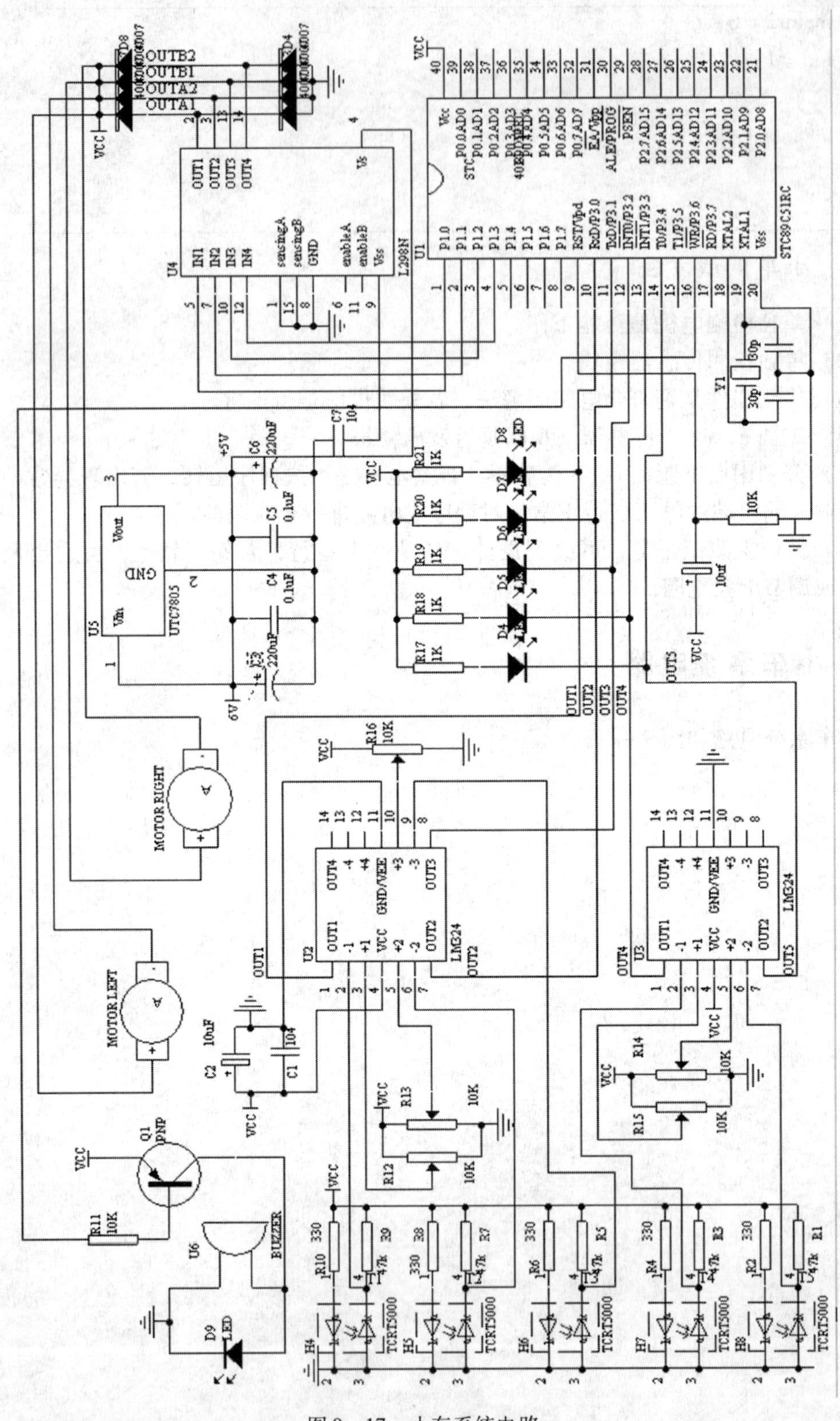

图 9-17　小车系统电路

第 10 章　钢管切割自动控制系统设计实现

10.1　设计概述

钢管产品的生产要通过多个工序完成，其中钢管的切割是其重要的过程之一。钢管切割由钢管切割机完成。切割机是一种对连续运动的钢材进行定尺切断的自动化设备，广泛地使用在高频直缝焊管或型钢的生产线上，可在焊管或型钢高速运动下实现自动跟踪锯切。本设计是通过红外传感器将实际的钢管长度转化后给单片机处理并通过用户的设定来完成自动控制切割，切割的时间控制完全由用户设置，本设计可以应用于不同直径的钢管切割生产中。本设计基于 MCS－51 单片机开发，通过单片机对红外信号的接收以及单片内部中断等功能，测出实际钢管长度，与预定长度比较后完成自动切割的目标。

10.2　钢管切割自动控制系统设计方案

10.2.1　方案可行性分析

切割系统的设计思路是：钢管在钢管切割机的带动轮的带动下前进，同时系统记录钢管长度，当达到足够的长度时，切刀就将其切断并开始跟踪记录下一根钢管，从而达到自动控制的目的。

切割系统的主要问题在于：①将实际的钢管通过的距离转换为单片机能够识别的数字信号；②误差分析。

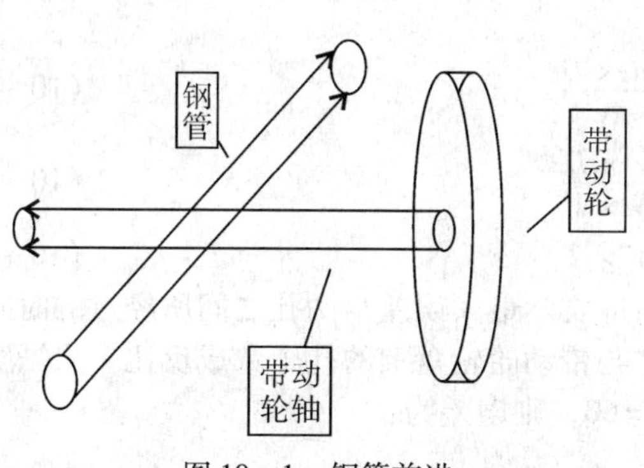

图 10－1　钢管前进

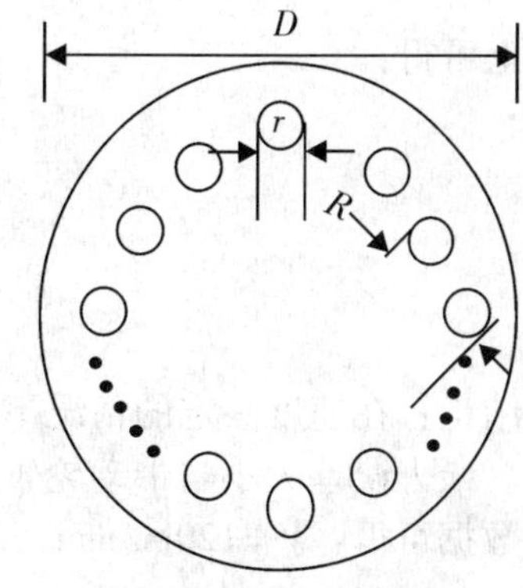

图 10－2　带动轮截面

（1）将实际的钢管通过的距离转换为单片机能够识别的数字信号。

图 10－1 是钢管在钢管切割机带动轮带动下的前进图，钢管前进多长则带动轮转过多

少的角度，由此只要记录带动轮转过的度数也就记录着钢管前进的长度。

图 10－2 是带动轮的截面，只要带动轮转动，带动轮上的孔就会移动，由此可以设想只要记录着移动孔的个数也就记录着带动轮的角度，也就意味着记录钢管实际前进的长度。

从以上的分析可知，要记录钢管长度可以通过记录移动孔的个数实现，而记录移动空个数可以通过红外传感器触发单片机的中断系统来实现记数，因此将实际的钢管通过的距离变为单片机能够识别的数字信号得以实现。

（2）误差分析。

误差产生的原因主要有两个：①带动轮盘上两孔之间所对应钢管实际长度误差；②带动轮盘上两孔之间所经过的时间。

第①种误差：钢管实际要切割的距离所对应的孔数不能被整除，即落在两孔之间的位置，而单片机只能在孔到来之时才能切割，因此就造成误差。

第②种误差：钢管切割机带动钢管的速度很快，两孔之间的时间很短，红外传感器与单片机的处理过程中会出现漏数现象，就造成误差。

如图 10－2 所示，设带动轮轴直径为 D，带动轮轮盘直径为 d，两孔之间的距离为 R，带动轮轮盘上的孔个数为 N，钢管前进距离为 S，带动轮轴转过一圈的长度为 F，转过的圈数为 n，两孔之间经过的时间为 T。

假设钢管前进的速度为 V，由于带动轮轴跟钢管紧贴着，所以钢管前进距离就等于带动轮轴转过的长度。

$$S = n \times F \tag{10-1}$$

$$F = \pi \times D \tag{10-2}$$

两孔之间对应钢管实际长度最大误差 Φ 为带动轮轴长度与孔个数的比值。

$$\Phi = \frac{\pi \times D}{N} \tag{10-3}$$

两孔之间经过的时间 T 为两孔距离与钢管前进速度的比值。

$$T = \frac{F}{N \times V} \tag{10-4}$$

由以上可得：

$$\Phi = \frac{\pi \times D}{N} \tag{10-5}$$

$$T = \frac{\pi \times D}{N \times V} \tag{10-6}$$

$$\Phi = V \times T \tag{10-7}$$

结论：在速度一定的情况下，两孔之间对应实际最大误差与两孔之间所经过的时间成正比。最大误差大小与带动轮轴直径成正比，与带动轮轮盘上的孔个数成反比。根据实际情况数据可得：$V=120\text{m/min}$，$D=0.2\text{m}$，$N=60$，则误差为：

$$\Phi = \frac{\pi \times D}{N} = 0.2 \times 3.14/60 = 0.0104(\text{m}) = 10.4(\text{mm})$$

时间 T 为：

$$T = \frac{\pi \times D}{N \times V} = 3.14 \times 0.2/(60 \times 2) = 5.2(\text{ms})$$

由以上的数据分析得：最大误差 10.4mm 完全可以接受（用户误差要求在 15mm 以内），时间 $T=5.2$ms 大于红外传感器反应时间（红外传感器反应时间为 100～500μs），各个重要的参数都符合要求，因此此方案可行。

10.2.2　硬件设计方案确定

对于系统硬件的设计需要经过实践才可以最终确定，前期的系统结构设计如图 10－3 所示。

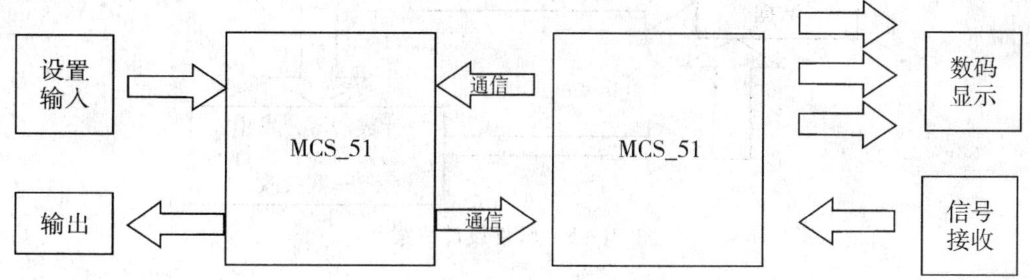

图 10－3　MCS-51 系列单片机实现钢管切割自动控制系统框图

系统控制主要包括以下五部分：设置的输入、数码管显示、信号接收、单片机处理器以及输出。

设置输入：用于接收用户输入的长度信息将其转换成数字信号给处理器处理。

数码显示：用于将接收到的红外信号以及用户的输入信号显示于数码管上。

信号接收：通过接收红外信号将实际钢管的长度信息输入给处理器处理。

单片机处理：将信号进行处理后控制输出并显示数据等，是本系统的重要组成部分。

输出：控制切刀设备进行切割。

控制系统必须接入到钢管切割机中才能起到控制作用，如图 10－4 所示。

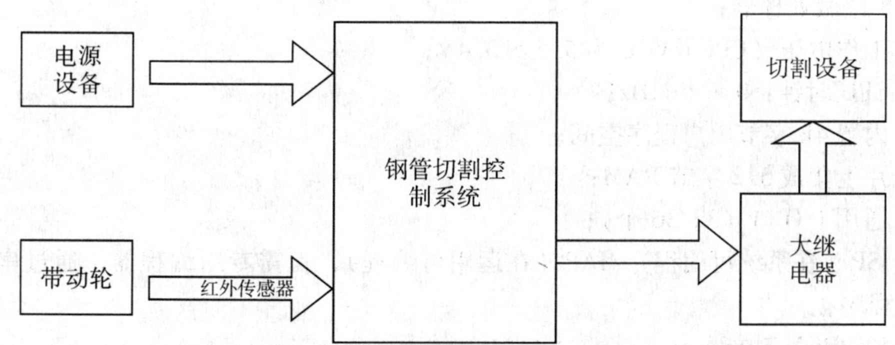

图 10－4　钢管切割控制系统与切割机连接框图

10.2.3　软件设计方案

钢管切刀控制系统通过红外信号来触发单片机的中断系统，同时接收用户进行设置长度信号，两者进行比较，结果通过数码管动态显示出来，当两者值相同时，即发出切刀命令同时计算清零并打开定时中断，通过与用户设置的时间信号比较，当达到时间值时发出断开切刀信号，再接收下一次的计数。如图 10－5 所示。

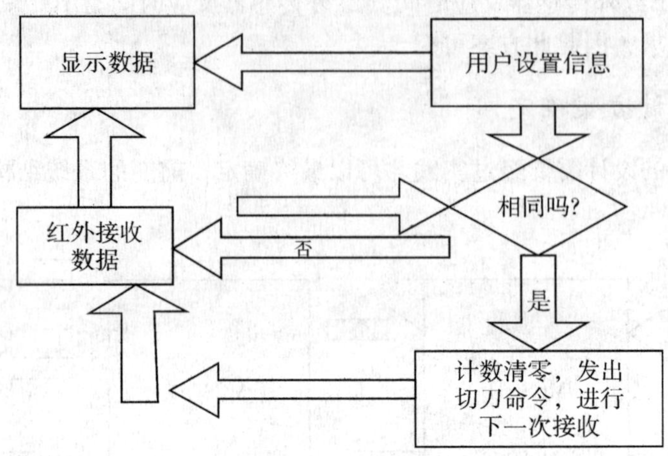

图 10－5 软件设计方案

10.3 硬件说明

10.3.1 STC89C51RC 单片机

10.3.1.1 STC89C51RC 系统综述

STC89C51RC 是宏晶科技推出的新一代超强抗干扰、高速、低功耗的单片机，指令代码完全兼容传统 8051 单片机，支持标准 C 语言，可以实现 C 语言与汇编语言的互相调用。这些都为软件开发提供了方便条件。

10.3.1.2 STC89C51RC 系统性能

STC89C51RC 系统性能参数如下所述：

（1）8 位微处理器；

（2）工作电压（CPU）VCC 为 5.5～3.4V；

（3）CPU 时钟：0～40MHz；

（4）内置 4k 字节用户程序空间；

（5）片上集成 512 字节 RAM；

（6）通用 I/O 口（32/36 个）；

（6）ISP（在系统可编程）/IAP（在运用可编程），无需专用编程器，通过串口直接下载用户程序；

（8）EEPROM 功能；

（9）3 个 16 位可编程定时器/计数器；

（10）“看门狗”；

（11）外部中断 2 个；

（12）通用异步串行口（UART）；

（13）具有保密能力。

10.3.1.3　芯片的引脚排列和说明

STC89C51RC 的引脚排列如图 10－6 所示。

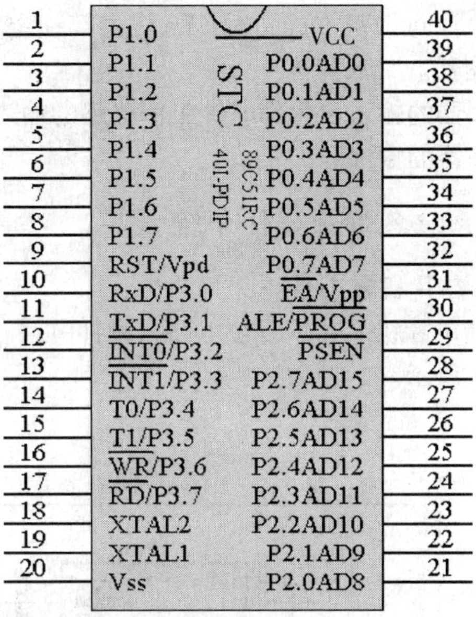

引脚	名称	名称	引脚
1	P1.0	VCC	40
2	P1.1	P0.0AD0	39
3	P1.2	P0.1AD1	38
4	P1.3	P0.2AD2	37
5	P1.4	P0.3AD3	36
6	P1.5	P0.4AD4	35
7	P1.6	P0.5AD5	34
8	P1.7	P0.6AD6	33
9	RST/Vpd	P0.7AD7	32
10	RxD/P3.0	EA/Vpp	31
11	TxD/P3.1	ALE/PROG	30
12	INT0/P3.2	PSEN	29
13	INT1/P3.3	P2.7AD15	28
14	T0/P3.4	P2.6AD14	27
15	T1/P3.5	P2.5AD13	26
16	WR/P3.6	P2.4AD12	25
17	RD/P3.7	P2.3AD11	24
18	XTAL2	P2.2AD10	23
19	XTAL1	P2.1AD9	22
20	Vss	P2.0AD8	21

STC 89C51RC 40I-PDIP

图 10－6　STC89C51RC 引脚排列

STC89C51RC 各管脚功能介绍如下。

VCC：供电电压。

GND：接地。

P0 口：P0 口为一个 8 位漏级开路双向 I/O 口。P0 能够用于外部程序数据存储器，它可以被定义为数据/地址的第八位。

P1 口：P1 口是一个内部提供上拉电阻的 8 位双向 I/O 口。

P2 口：P2 口为一个内部上拉电阻的 8 位双向 I/O 口。P2 口当用于外部程序存储器或 16 位地址外部数据存储器进行存取时，P2 口输出地址的高 8 位。

P3 口：P3 口管脚是 8 个带内部上拉电阻的双向 I/O 口。P3 口也可作为 STC89C51RC 的一些特殊功能口，如下所示：

P3.0 RXD（串行输入口）

P3.1 TXD（串行输出口）

P3.2 /INT0（外部中断 0）

P3.3 /INT1（外部中断 1）

P3.4 T0（计时器 0 外部输入）

P3.5 T1（计时器 1 外部输入）

P3.6 /WR（外部数据存储器写选通）

P3.7 /RD（外部数据存储器读选通）

RST：复位输入。

$\overline{\text{PSEN}}$：外部程序存储器的选通信号。在由外部程序存储器取指期间，每个机器周期两次/PSEN 有效。但在访问外部数据存储器时，这两次有效的$\overline{\text{PSEN}}$信号将不出现。

$\overline{\text{EA}}$/VPP：当 $\overline{\text{EA}}$保持低电平时，则在此期间外部程序存储器（0000H－FFFFH），不管是否有内部程序存储器，注意加密方式 1 时，$\overline{\text{EA}}$将内部锁定为 RESET；当$\overline{\text{EA}}$端保持高电平时，此间内部程序存储器。

XTAL1：反向振荡放大器的输入及内部时钟工作电路的输入。

XTAL2：来自反向振荡器的输出。

10.3.2 钢管切割控制系统各部分硬件介绍

10.3.2.1 STC89C51RC 单片机最小系统

单片机的最小系统包括单片机芯片、复位电路、时钟电路。只要有了以上几个部件单片机就能工作。如图 10－7 所示。

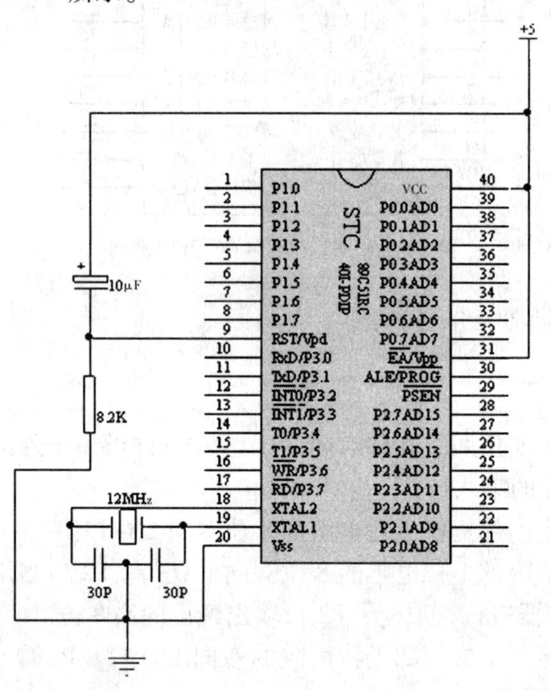

图 10－7 STC89C51RC 最小系统电路

10.3.2.2 STC89C51RC ISP（在系统可编程）

ISP（在系统可编程）指电路板上的空白器件可以编程写入最终用户代码，而不需要从电路板上取下器件，已经编程的器件也可以用 ISP 方式擦除或再编程。

单片机的 ISP 要求用户在 PC 机上将程序写入单片机中，也就意味着单片机必须与 PC 机通信，单片机是 TTL 电平，PC 机是 RS232C，所以就要进行电平的转换。MAX232 就有这样的功能。MAX232 实现电平转换电路如图 10－8 所示。

10.3.2.3 设置输入

设置输入：用于接收用户输入的长度信息将其转换成数字信号给处理器处理。设置输

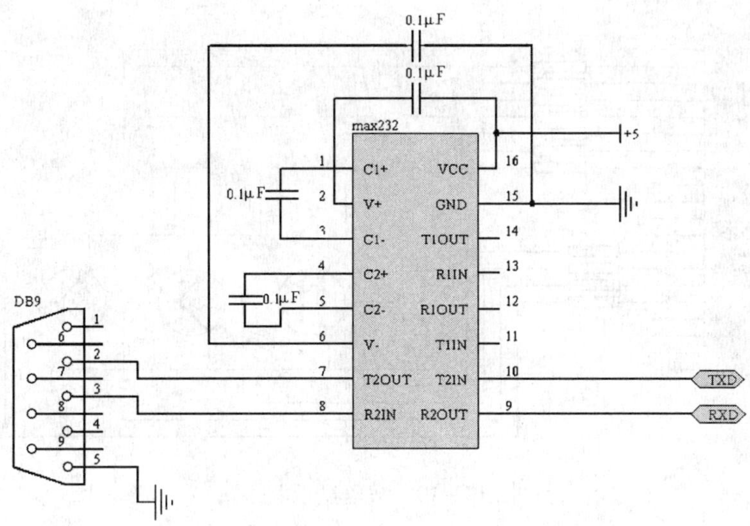

图 10－8　MAX232 实现电平转换电路

入电路如图 10－9 所示。

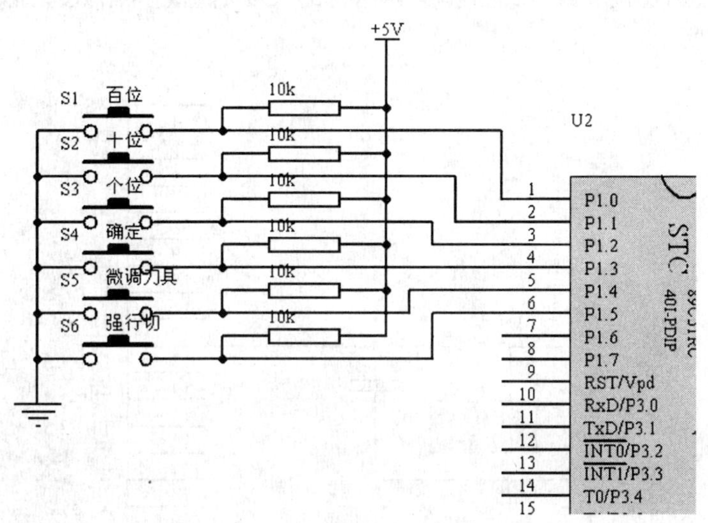

图 10－9　设置输入电路

用户通过不同按键按下时，就将对应的 I/O 口变为低电平，单片机通过判断按键的信息，就可将用户输入的信息存入单片机中。

10.3.2.4　数码显示

数码显示：用于将接收到的红外信号以及用户的输入信号显示于数码管上。如图 10－10 所示。

单片机采用动态扫描的方式将处理的数据用数码管显示出来，P0.0 ～ P0.7 为段选，P2.7 ～ P2.4 控制位选，当 P2.7 ～ P2.4 中的某一位为高电平时，三极管导通，数码管位

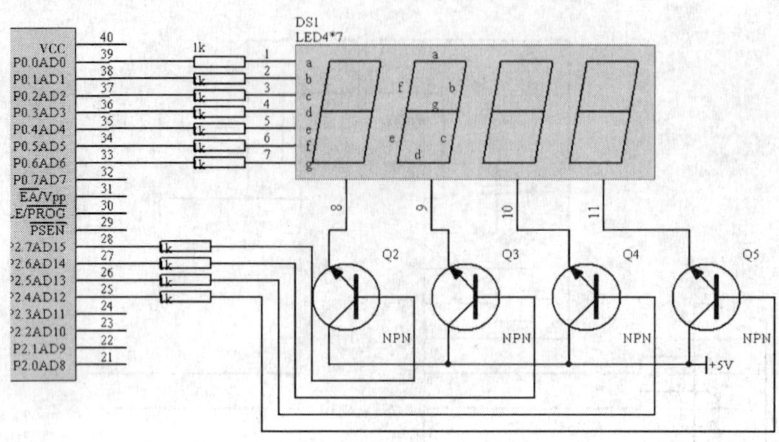

图 10－10 数码显示电路

选端为高，通过跟段选的低电平一起就使得数码管发亮，通过发亮不同的值就会将要显示的数据显示出来。

10. 3. 2. 5 信号接收

信号接收：通过接收红外信号将实际钢管的长度信息输入给处理器处理。信号接收电路如图 10－11 所示。

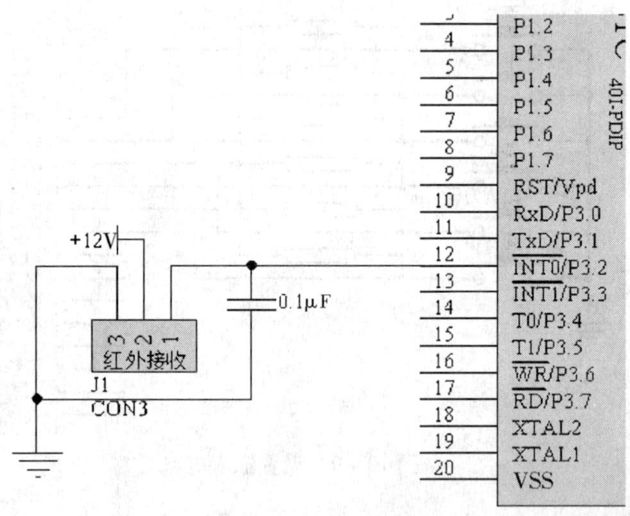

图 10－11 信号接收电路

当带动轮上每移动过一个孔时，红外传感器将接收到信号，就会将单片机外部中断口拉低触发中断，单片机响应中断时将信号存起来待处理。

10. 3. 2. 6 单片机处理

单片机处理：将信号进行处理后控制输出，并显示数据等，是本系统的重要组成部分。该部分电路如图 10－12 所示。

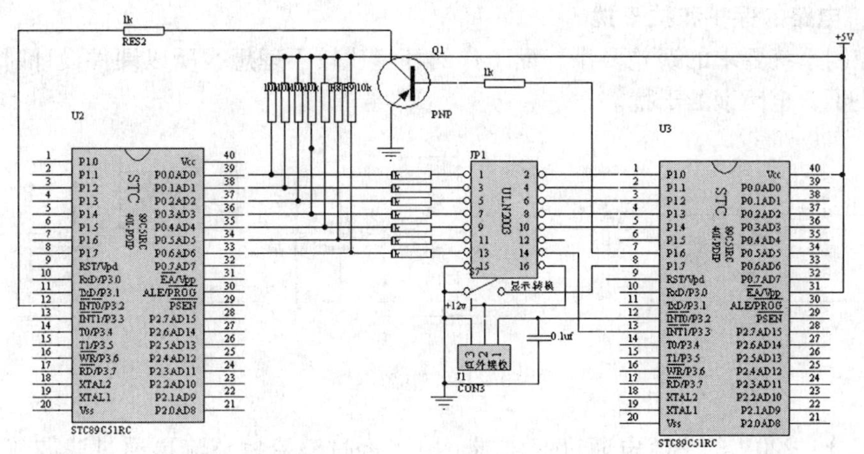

图 10－12　单片机处理电路

两个单片机间通过半双工方式进行通信，首先 IC_1（左边的单片机）对用户输入信息处理后将信息通过 ULN2003 传输给 IC_2（右边的单片机），当 IC_2 通过红外传感器接收到信号记数跟 IC_1 传输给 IC_2 一样时，IC_2 发出切刀信号给 IC_1 并记数清零，IC_1 接收到信号，实行切刀并开始计时，计时时间到断开切刀信号。

10.3.2.7　输出

输出：控制切刀设备进行切割。输出电路如图 10－13 所示。

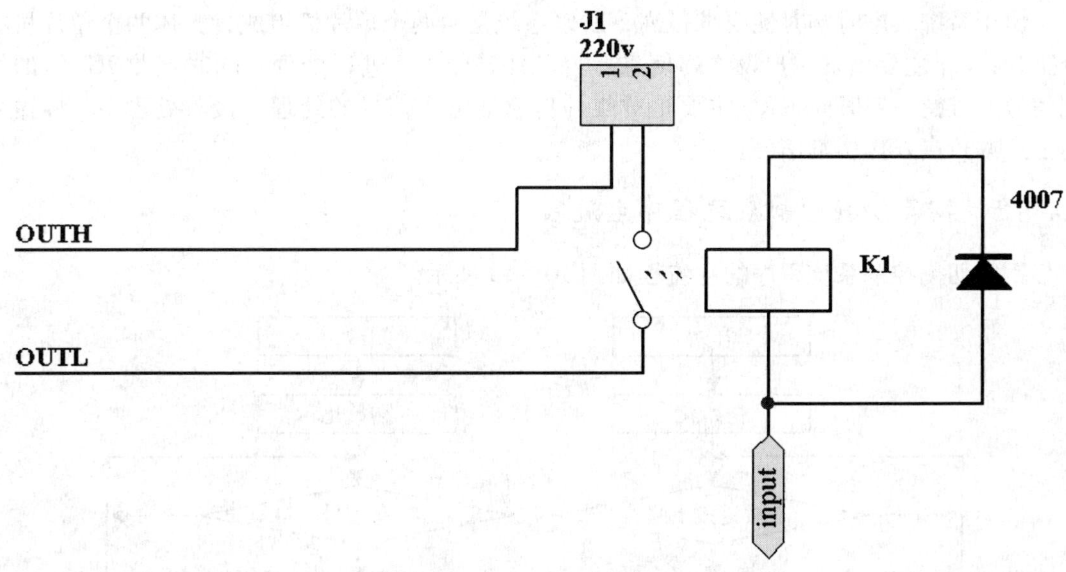

图 10－13　输出电路

单片机输出高电平时，由于继电器控制端的电压不够就断开；单片机输出低电平时，继电器控制端电压足够吸合，在 OUTN 与 OUTL 两端就存在 220V 电压控制切刀设备进行切割。

10.3.2.8 电路的保护和抗干扰

切割控制系统要求的误差要小，而工作的环境比较不理想，所以硬件设计时要有一些措施来防止不安全因素的干扰。

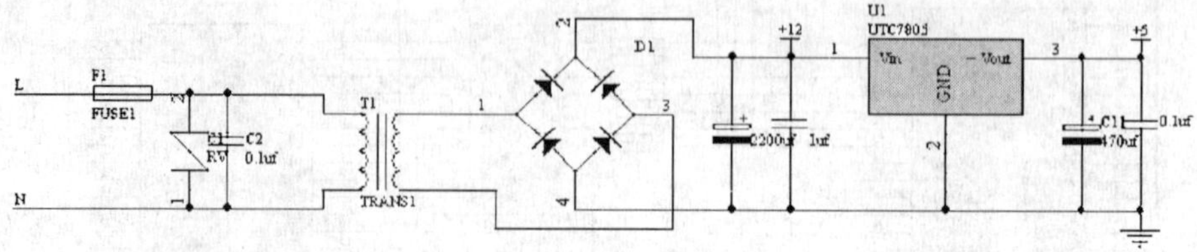

图10－14 电源电路

电源部分：220V 的交流电通过变压器，输出经过整流桥整流再通过滤波就变成直流电，经7805稳压输出5V电压，如图10－14所示。图中压敏电阻在电压突变时会短路，电路中的电流就会过大，保险丝就会烧坏，电路就断开从而起到保护其他器件的作用，安规电容是防高频干扰的。

在图10－11中红外传感器接的电容可防交流干扰，图10－13中的二极管可防止由于继电器吸合与断开产生的感应电流造成电压的不稳定。

10.4 钢管切割控制系统软件设计

由于系统实施时实时性要求很高，所以系统是由两个单片机组成，大体两个单片机的分工为：IC_1 主要负责用户设置的信息并将其传输给 IC_2 进行处理，同时接收 IC_2 给的切割信号并维持一定时间。IC_2 主要是对红外传感器输入信号的处理，接收处理 IC_1 传输来的信息并负责发送切割信号。

10.4.1 钢管切割控制系统程序主流程

钢管切割控制系统程序的主流程如图10－15所示。

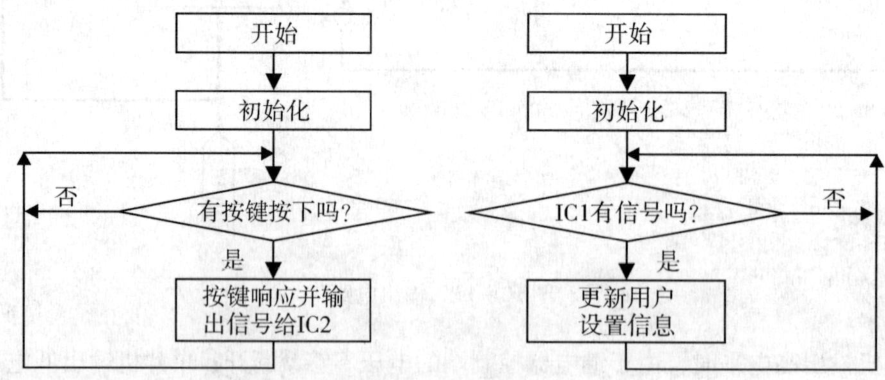

图10－15 钢管切割控制系统程序的主流程

系统在不发生中断的情况下，IC_1 一直在等待着用户按键信息，有按键按下就调用响应函数把信息传给 IC_2，而 IC_2 一直等待着 IC_1 的信号，一旦 IC_1 有信息过来 IC_2 就处理并更新用户信息，然后等待下一个信号到来。

10.4.2　钢管切割控制系统中断流程

钢管切割控制系统中断流程如图 10－16 至图 10－19 所示。

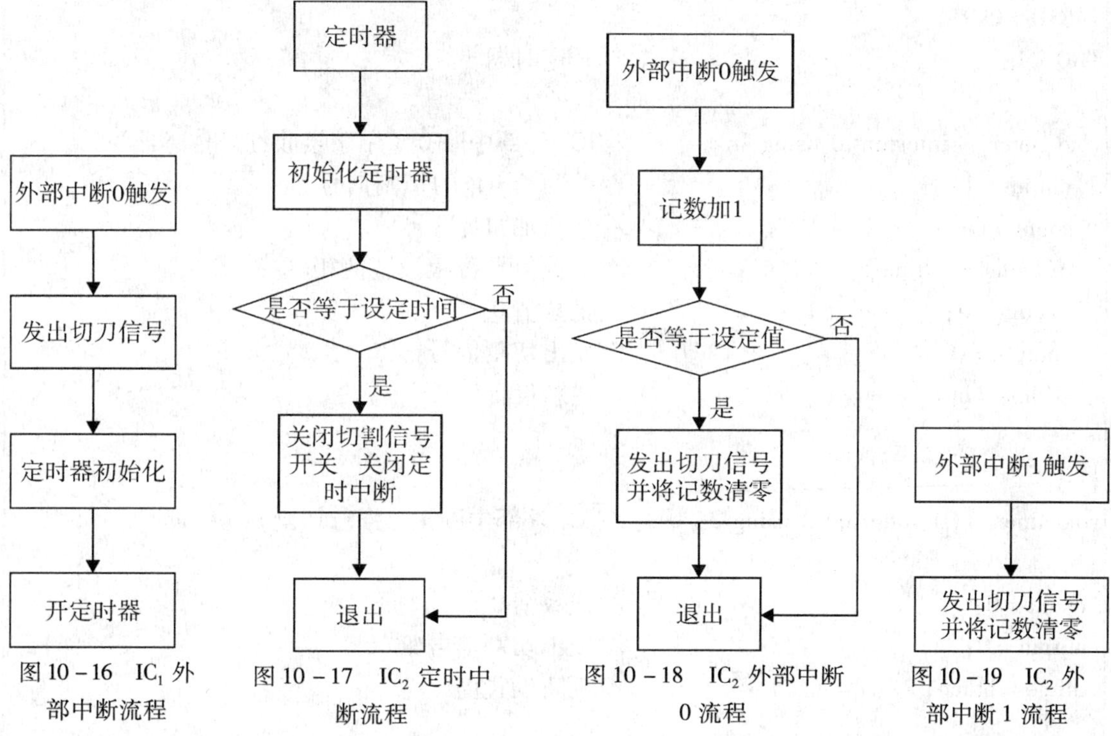

图 10－16　IC_1 外部中断流程

图 10－17　IC_2 定时中断流程

图 10－18　IC_2 外部中断 0 流程

图 10－19　IC_2 外部中断 1 流程

当 IC_2 接收到红外传感器触发的中断（外部中断 0）时自动记数，如果记数值跟原先设置的数值一样时，IC_2 发出信号触发 IC_1 中断（外部中断），IC_1 发出切割信号同时开定时中断定时，定时时间到撤销切割信号。当 IC_1 接收到用户的强行切割信号时，IC_1 触发 IC_2 的外部中断 1，IC_2 发出切割信号给 IC_1 执行切割并记数清 0。具体代码如下：

```
void timer_1() interrupt 1 using 2          //IC1 定时中断
{TH0 = -10000/256;                           //工作 12MHz 晶阵下定时 10ms
 TL0 = -10000%256;
 dtime ++;                                   //每次 10ms 时间到，记数加 1
 if(dtime == time * 10)                      //判断时间是否到
 {
 set_6 =0;                                   //时间到撤销切割信号
 dtime =0;                                   //记数清 0，等待下一次的定时
 TR0 =0; }                                   //关闭定时中断
}
```

```
void timer( ) interrupt 0 using 1           // IC1 外部中断
{
set_6 =1;                                   //发出切割信号
TH0 = -10000/256;                           //初始化定时器
TL0 = -10000%256;
TMOD =0x01;
TR0 =1;                                     //开定时器
}
void timer( ) interrupt 0 using 1           //IC2 外部中断 0 (用于接收红外传感器)
 {output =1;                                //关闭给 IC1 的切割信号
  count ++ ;                                //记数加"1"
  if( count == dtime)                       //记数值是否跟设置值相等
   {count =0;                               //记数清 0
    output =0;                              //发出切割信号给 IC1
    dtime = btime;                          //更新设置值
   }
}
void timer_1( ) interrupt 2 using 2         //IC2 外部中断 1 (强行切割)
{
 count =0;                                  //记数清 0
 output =0;                                 //发出切割信号给 IC1
 dtime = btime;                             //更新设置值
}
```

10.4.3 钢管切割控制系统各部分软件设计

10.4.3.1 输入设置

用户通过按键的方式将需要设置的数据传给单片机，单片机是通过高低电平的变化来感知的，具体如下：

```
    if( set_0 ==0)                          //判断是否有按键按下
    {
    delays(40);                             //去抖动延时
    if( set_0 ==0)                          //确实有按键按下
    {
    while(! set_0);                         //等待按键放开
    output_0 =1;                            //把信息给 IC2
    delays(5);                              //给时间让 IC2 接收完
    output_0 =0;                            //关闭信息
```

```
    }
    }
```

以上是 IC_1 将用户按下按键的信息进行处理传输给 IC_2，而 IC_2 怎么处理 IC_1 传输过来的信息进行保存？该过程由如下代码实现。

```
if(input_0 ==0)                         //IC1 有信息传过来
{
while(input_0 ==0)                      //等待 IC1 关闭信息（为了两个单片同步，这段时
{                                       // 间比较长所以就带显示功能）
 display(hun,1);
 display(ten,2);
 display(one,3);
 display(cut,4);
}
if(hun ==9)                             //如果加到 10 了就清 0
hun =0;
else hun ++;                            //否则就继续加"1"
}
```

通过半工的通信 IC_1 就将用户信息传给 IC_2。IC_2 再进行处理完成整个输入过程。

10.4.3.2 数码显示

数码显示是单片机将处理的结果显示给用户的，用户可通过显示的结果再进行调整，具体的处理过程由以下代码实现。

```
    code uchar dis_1[12] = {0x40,0xf9,0xa4,0xb0,0x99,0x92,0x82,0xf8,0x80,0x90,
0x88,0xff};//11 种显示
    code uchar dis_2[5] = {0x00,0x20,0x40,0x80,0x10};//4 种选通
    以上是 7 段数码显示的数据，将其保存与代码段中。
    void delays(uint x)                 //延时函数
    {
    while(--x);
    }
    void display(uchar x,uchar y)       //显示函数
    {
    data_2 = dis_2[0];                  //关闭显示
    delays(300);                        //延时
    data_1 = dis_1[x];                  //将要显示的段选写入 P0 口
    data_2 = dis_2[y];                  //将要显示的位选写入 P2 口
    }

   以上是实现 1 位数码管的亮，再通过动态扫描的方式显示 4 位数码管，代码如下。
```

```
void display_1()
{
display(hun,1);                //显示百位
display(ten,2);                //显示十位
display(one,3);                //显示个位
display(cut,4);                //显示切割时间
```

10.5 钢管切割控制系统功能说明

钢管切割控制系统的操作界面如图 10－20 所示。

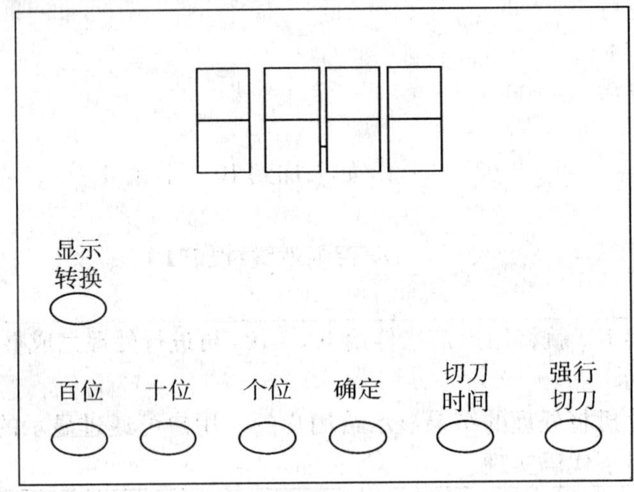

图 10－20 钢管切割控制系统的操作界面

功能说明：

（1）输入/输出电压：AC220/50Hz。

（2）系统上电复位后发出 0.3 秒的切刀信号进行切断。数码显示“0001”。

（3）系统等待用户输入信息，分别可按“百位”、“十位”、“个位”来进行设置数据，每按一下按键数码管都有相应的显示，按到“10”变为“0”。按“切刀时间”键可设置切刀信号维持时间，范围从“0.1～1 秒”显示为“1～A”。用户设置完数据后，按“确定”键出现 2 秒的“AAAA”，然后系统开始工作。如果用户设置的值是“000X”时系统将继续等待用户改变数据。

（4）按“显示转换”按键将切换显示“用户设置信息”和“当前记数值”。

（5）按“强行切刀”系统输出切刀信号并维持用户设置好的切刀时间，并将计数清零。

（6）当系统记数数据与用户数据一样时，系统将发出切刀信号并维持一段时间（用户设置的切刀时间），同时将记数清零。

（7）系统工作时，用户可以随时更改数据并按“确定”键，系统将在记数清零后开始改变用户设置值，如果用户更改后的值是“000X”系统将不响应并继续按上一次设置的数据进行操作。

（8）当系统没有记数值时，按“强行切刀”，系统将不做任何响应。

10.6　完整实现代码和系统控制电路全图

10.6.1　STC89C51RC（IC-1）单片机程序

IC-1 单片机程序由如下代码实现。

```
#include <reg51.h>
#define uchar unsigned char
#define uint unsigned int
sbit set_0 = P1^0;//百位设置
sbit set_1 = P1^1;//十位设置
sbit set_2 = P1^2;//个位设置
sbit set_3 = P1^3;//确定
sbit set_4 = P1^4;//调整刀具时间"+"
sbit set_5 = P1^5;//强制切刀
sbit set_6 = P0^6;//切刀信号

sbit output_0 = P0^0;
sbit output_1 = P0^1;
sbit output_2 = P0^2;
sbit output_3 = P0^3;
sbit output_4 = P0^4;
sbit output_5 = P0^5;

uchar time = 1;//切刀调整时间
//uint dtime;//切刀定时时间
uchar dtime = 0;

void delays(uint x)
{uchar i,j;
for(i = 0;i < x;i ++)
  {
   for(j = 0;j < 60;j ++);
  }
}
void timer() interrupt 0 using 1
{set_6 = 1;
TH0 = -10000/256;
TL0 = -10000%256;
TMOD = 0x01;
```

```
TR0 =1;
}
void timer_1( ) interrupt 1 using 2
{
 TH0 = -10000/256;
 TL0 = -10000%256;
 dtime ++ ;
 if( dtime == time * 10)
  {
 set_6 =0;
 dtime =0;
 TR0 =0;
  }
}

void main( )
{//EA =1;
//uint i;
//for( i =0;i <20000;i ++ ) ;
   P0 =0x00;
   EX0 =1;
   IT0 =1;
   ET0 =1;
   EA =1;

while(1)
 {

  if( set_0 ==0)//确定
 {
  delays(40) ;
  if( set_0 ==0)
    {
      while( ! set_0) ;
      output_0 =1;
      delays(5) ;
      output_0 =0;
    }
 }
```

```
if( set_1 ==0)//" + "
{
  delays(40);
  if( set_1 ==0)
  {
   while(! set_1);
   output_1 =1;
   delays(5);
   output_1 =0;
  }
}

if( set_2 ==0)//" - "
{
  delays(40);
  if( set_2 ==0)
  {
   while(! set_2);
   output_2 =1;
   delays(5);
   output_2 =0;
  }
}

if( set_3 ==0)//微调"+"
{
  delays(40);
  if( set_3 ==0)
  {
   while(! set_3);
   output_3 =1;
   delays(5);
   output_3 =0;
  }
}

if( set_4 ==0)//微调"-"
{
```

```
  delays(40);
  if(set_4 ==0)
  {
    time ++;
    if(time ==11)
    {
     time =1;
    }
    while(! set_4);
    output_4 =1;
    //set_5 =0;
    delays(5);
    output_4 =0;
    //delays(10);
    //set_5 =1;
  }
}

if(set_5 ==0)//切刀时间
{
 delays(40);
 if(set_5 ==0)
   {
   while(! set_5);
   output_5 =1;
   delays(5);
   output_5 =0;
   }
  }
}
}
```

10.6.2 STC89C51RC（IC-2）单片机程序

IC-2 单片机程序代码如下：

```
#include <reg51.h>
#define uchar unsigned char
#define uint unsigned int
#define data_1 P0//定义 P0 口
```

```
#define data_2 P2//定义 P2 口
code uchar dis_1[12] = {0x40,0xf9,0xa4,0xb0,0x99,0x92,0x82,0xf8,0x80,0x90,0x88,
0xff};//11 种显示
code uchar dis_2[5] = {0x00,0x20,0x40,0x80,0x10};//4 种选通

sbit input_0 = P1^0;//百位
sbit input_1 = P1^1;//十位
sbit input_2 = P1^2;//个位
sbit input_3 = P1^3;//确定
sbit input_4 = P1^4;//刀具时间
sbit input_5 = P1^5;//强制切刀信号
sbit output = P1^6;//切刀信号
sbit set = P1^7;

bit time = 1;
char hun = 0;
char ten = 0;
char one = 0;
uchar cut = 1;
uint btime;
uint dtime;
uint count = 0;
/* void delays(uint x)
{
while(--x);
} */
 void display(uchar x,uchar y)//显示函数
 {
 data_2 = dis_2[0];
 //delays(5);
 data_1 = dis_1[x];
 data_2 = dis_2[y];
 }

 void timer() interrupt 0 using 1
 {output = 1;
  count ++;
  if(count == dtime)
  {
```

```
   count = 0;
   output = 0;
   dtime = btime;
  }
 }

void timer_1( ) interrupt 2 using 2
{
 count = 0;
 output = 0;
 dtime = btime;
}
 void display_1( )
  {
     display(hun,1);
     display(ten,2);
     display(one,3);
     display(cut,4);
  }
 void display_2( )
  {
     display(count/100,1);
     display(count/10%10,2);
     display(count%10,3);
     display(count%10,3);
     display(cut,4);
  }
void main( )
{uint i;
//P1 = 0xff;
for(i = 0;i < 6000;i ++ )
{
        display(hun,1);
        display(ten,2);
        display(one,3);
        display(cut,4);
}
while(time == 1)
```

```
{
display_1();

if(input_0 ==0)
{
while(input_0 ==0)
{
 display(hun,1);
 display(ten,2);
 display(one,3);
 display(cut,4);//60US
}
if(hun ==9)
hun =0;
else hun ++;
}

if(input_1 ==0)
{
while(input_1 ==0)
{ display(hun,1);
  display(ten,2);
  display(one,3);
  display(cut,4);//60US
}
if(ten ==9)
ten =0;
else ten ++;
}
if(input_2 ==0)
{
while(input_2 ==0)
{
  display(hun,1);
  display(ten,2);
  display(one,3);
  display(cut,4);//60US
}
```

```
if( one ==9)
one =0;
else one ++ ;
}
if( input_3 ==0)
{
while( input_3 ==0)
{ display( hun,1) ;
  display( ten,2) ;
  display( one,3) ;
  display( cut,4) ;//60US
}
time = ! time;
}
if( input_4 ==0)
{
while( ! input_4)
{
 display( hun,1) ;
 display( ten,2) ;
 display( one,3) ;
 display( cut,4) ;
}
cut + + ;
if( cut ==11)
cut =1;
}
if( ( time ==0)&&( hun ==0)&&( ten ==0)&&( one ==0))
{
time =1;
}
}
time =1;
for( i =0;i <8000;i + + )
{
display( 10,1) ;
display( 10,2) ;
display( 10,3) ;
```

```
display(10,4);
}

if(set ==1)
display_2();
else
display_1();
btime = hun * 100 + ten * 10 + one;
dtime = btime;
EA =1;
IT0 =1;
EX0 =1;
IT1 =1;
EX1 =1;
while(1)
{
if(input_0 ==0)
{
while(input_0 ==0)
{
if(set ==1)
display_2();
else
display_1();
}
if(hun ==9)
hun =0;
else hun ++;
}
if(input_1 ==0)
{
while(input_1 ==0)
{ if(set ==1)
  display_2();
  else
  display_1();
  }
if(ten ==9)
```

```
ten =0;
else ten ++;
}
if(input_2 ==0)
{
while(input_2 ==0)
{ if(set ==1)
  display_2();
  else
  display_1();
}
if(one ==9)
one =0;
else one ++;
}
if(input_3 ==0)
{
while(input_3 ==0)
{ if(set ==1)
  display_2();
  else
  display_1();
  }
if((hun!=0)||(ten!=0)||(one!=0))
btime = hun * 100 + ten * 10 + one;
}
if(input_4 ==0)
{
while(!input_4)
{ if(set ==1)
 display_2();
 else
 display_1();
}
cut ++;
if(cut ==11)
cut =1;
}
```

```
if(set ==1)
display_2();
else
display_1();
}
}
```

10.6.3　系统控制电路全图

系统控制电路全图如图 10 - 21 所示。

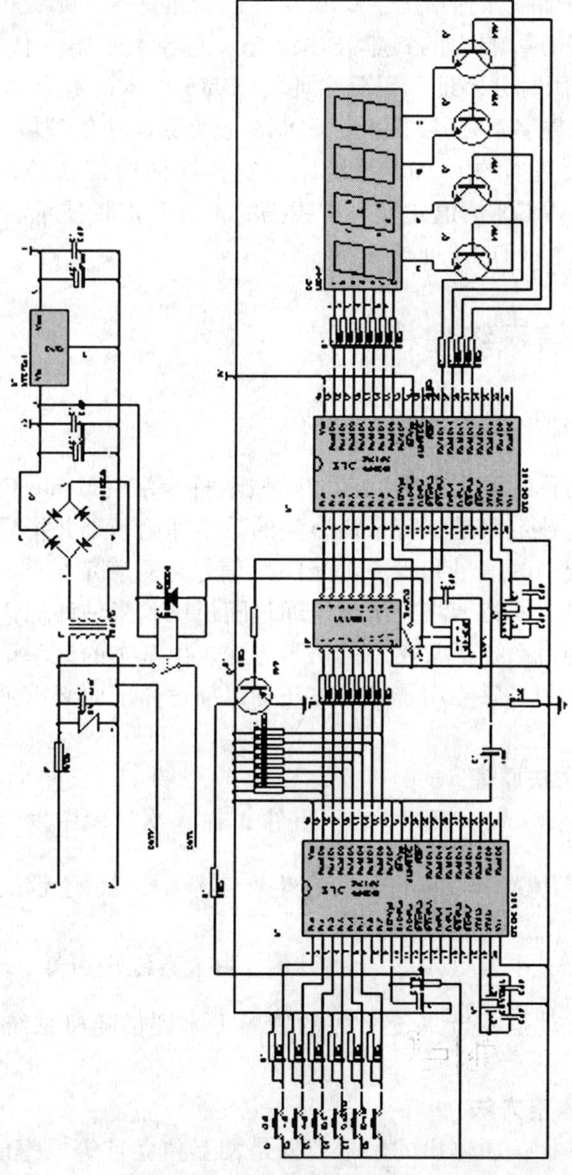

图 10 - 21　系统控制电路全图

第 11 章　CDMA 通信系统的建模与实现

11.1　项目概述

移动通信是当今通信领域内最为活跃和发展最为迅速的领域之一，也是 21 世纪对人们的生活和社会发展最有影响力的科学技术之一。它经历了第一代（采用频分多址的模拟系统）、第二代［采用时分多址和码分多址（CDMA 技术的数字系统）\］以及第三代（主流技术为 CDMA 的数字系统）。因此，CDMA 成为移动通信领域最为核心的技术。

本项目建模一个最基本的 CDMA 系统，它包括评估通信系统性能的蒙特卡罗方法、BPSK 调制解调技术、AWGN 信道建模、扩频码的生成和扩频技术。最后利用计算机仿真来模拟实现一个最基本的 CDMA 通信系统。

11.2　CDMA 通信系统建模

11.2.1　蒙特卡洛方法

蒙特卡洛方法的名称来源于世界闻名的赌城蒙特卡洛（Monte Carlo），它位于欧洲西南部的摩纳哥公国。大数定律是蒙特卡洛方法的数学理论基础并指导了蒙特卡洛仿真方法论的科学性。通信系统中的信号和噪声都是随机信号，对确定信号的通信没有任何意义，不能传播任何的信息量。蒙特卡洛方法就是通过随机试验来估计通信系统的参数值的一种方法，也是目前研究随机系统最常使用的仿真方法。由基本的概率论可知，随机信号的试验结果是无法准确预测的，只能用统计的方法加以描述，因此必需独立重复地进行大量的随机试验。

11.2.1.1　蒙特卡洛方法原理

设实际试验次数为 $N<\infty$，用 N_A 表示事件 A 在 N 次试验中发生的次数，因此事件 A 发现的概率的真实值是$P(A)=\lim\limits_{N\to\infty}\dfrac{N_A}{N}$，而在生产实践中，我们无法进行无穷次试验（即 $N\to\infty$），即用$\widehat{P}(A)=\dfrac{N_A}{N}$作为$P(A)$一个估计值。由大数定理可知，$\widehat{P}(A)$是一个无偏的一致估计。蒙特卡洛方法就是在当 N 充分大的情况下来评估随机系统的性能，因此具有科学的指导意义。

11.2.1.2　评估蒙特卡洛方法

假设在通信系统中，信源输出的信号数据是相互独立且等概率的，发射端采用 BPSK 调制后再经过一加性高斯白噪声信道（AWGN）。由数字通信原理基础知识可知，BPSK

系统在 AWGN 信道下误比特率（bit error rate，BER）的理论值为：$P_e = Q(\sqrt{2E_s/N_0})$，E_s 表示信号的能量，N_0 为白噪声的单边功率谱密度，$Q(x)$ 为高斯 Q 函数。白噪声的方差 σ_n^2 和它的功率谱密度的关系为 $\sigma_n^2 = N_0 f_s/2$，将信噪比 SNR 定义为 E_s/N_0，E_s 和采样频率 f_s 都归一化为 1，则有 $\sigma_n = \sqrt{\frac{1}{2}\frac{1}{SNR}}$，我们保持 E_s 恒定不变，让噪声功率 N_0 在感兴趣的范围内变化，来对比 BPSK 通信系统的理论值 P_e 与蒙特卡洛方法的估计值 $\widehat{P}_e$，从而验证蒙特卡洛方法的科学性。

11.2.1.3　参考代码

```
%%%%%%%% exploit monte carlo method to estimate BER
%N = input('Enter number of symblos >');% the nunber of random experience
N = 50;
snrdB_min = -3;
snrdB_max = 8;
snrdB = snrdB_min:1:snrdB_max;
snr = 10.^(snrdB/10);
len_snr = length(snrdB);
for j = 1:len_snr
    sigma = sqrt(1/(2 * snr(j)));
    Ne = 0;
        for k = 1:N
        d = round(rand(1));% 0 or 1 value
        x_d = 2 * d - 1;%  -1 or 1 value
        n_d = sigma * randn(1);% AGWN
        y_d = x_d + n_d;
        if y_d > 0
            d_est = 1;
        else
            d_est = 0;
        end
        if(d_est ~= d)
            Ne = Ne + 1;
        end
    end
    errors(j) = Ne;
    ber_sim(j) = errors(j)/N;
end
ber_theor = qfunc(sqrt(2 * snr));
semilogy(snrdB, ber_theor, snrdB, ber_sim, '*')
```

```
%plot(snrdB, ber_theor, snrdB, ber_sim, '*')
axis([snrdB_min snrdB_max 0.0001 1])
xlabel('SNR in dB')
ylabel('BER')
legend('Theoretical', 'Estimated')
```

11.2.1.4 代码分析与讨论

仿真结果如图 11-1 所示，请分析与讨论下列问题。

（1）程序中哪行代码执行了 BPSK 调制？测试函数 X = randn(N)，试用 plot(x)，hist(x) 函数去描绘高斯分布信号，并利用命令：help randn，help plot，help hist 来获取帮助信息以解决问题。

（2）程序中哪行代码表示信号经过了噪声信道？噪声强度由哪个参数来控制？

（3）改变参数 N，观察结果随 N 如何变化并分析原因。

（4）为什么曲线是单调降的？

（5）当 N 太少时，例如为 50，仿真结果的数据点数有什么变化？为什么？

（6）所有代码和参数都保持不变，运行多次，每次结果是否相同？为什么？

（7）若 $X \sim N(0, 1)$ 则 $Y = aX$ 服从什么分布？程序中哪几行代码体现了该思想？

（8）程序中哪个变量体现了蒙特卡洛思想？

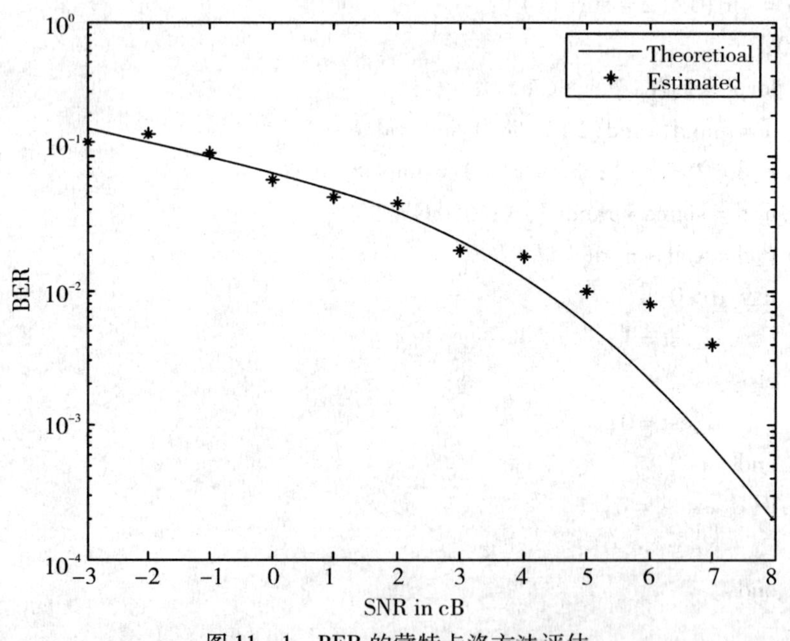

图 11-1 BER 的蒙特卡洛方法评估

11.2.2 CDMA 系统原理

11.2.2.1 香农信道容量定律

扩频通信的理论基础是香农（Shannon）信道容量定律：$C = B\log_2(1 + S/N)$，式中，C 为信道容量，单位是 bit/s，B 是信道带宽，即信号占用信道的频带宽度，单位是 Hz(1/

s)，S 和 N 分别是信号和噪声的平均功率，单位是 W。该定律的一个重要结论是：在相同白噪声功率 N 的信道中，为保证信道容量 C 不变，可以采用信道带宽 B 和信噪比 S/N 的不同组合来解决传输问题。若减少信号占用的信道带宽，则需要提高信号的发射功率；若只有较小的发射功率，则必须提高信道占用的带宽。即使在信号被噪声淹没的情况下（$S/N<1$），只要相应增加信号带宽，也能保证传输速率并进行可靠的通信。

11.2.2.2　扩频技术

扩展频谱通信技术（spread spectrum communication technology，SS）是采用远远大于信息带宽的频带进行信息的传输，频带的展宽是利用与被传信息无关的扩频码（扩频序列）对被传信息进行调制。一般认为扩展 1～2 倍为窄带通信，扩展 50 倍以上为宽带通信，扩展 100 倍以上为扩频通信。

扩频通信的优点在于：①抗干扰能力强，扩展的频谱越宽抗干扰能力越强。②保密性好，由于扩频码将信息扩展在很宽的频带上，单位频带内的信息功率很小，在信道噪声和热噪声的背景下，信息很容易淹没在噪声中，敌方很难发现信息的存在。③可实现码分多址，充分利用正交或准正交扩频码之间的自相关和互相关特性，可使用户彼此分开，互不干扰，用户可同时间同频率工作。④充分利用导频序列（扩频码）能精确地定时和测距。CDMA 系统中常用的扩频码主要有 M 序列、Gold 码、Walsh 码。

11.2.2.3　序列的相关性

相关是度量两个序列或函数相似程度的一种运算，相关值越大，表明这两个序列或函数越相似。如考察两个等长序列：$A=(a_1,\ a_2,\ \cdots,\ a_N)$，$a_i\in\{+1,\ -1\}$，$B=(b_1,\ b_2,\ \cdots,\ b_N)$，$b_i\in\{+1,\ -1\}$，则它们的相关运算为逐个分量乘积的累加，等效为两个向量的内积，即：$<A,\ B>=\sum_{i=1}^{N}a_ib_i$，如果两个序列的相关值为 0，则称这两个序列正交。实信号 $x(t)$ 的自相关函数定义为 $R_x(t)=\int_{-\infty}^{+\infty}x(\tau)x(\tau+t)\mathrm{d}\tau$，实信号 $x(t)$ 与 $y(t)$ 的互相关函数定义为 $R_{x,\,y}(t)=\int_{-\infty}^{+\infty}x(\tau)y(\tau+t)\mathrm{d}\tau$。而对序列 $x(n)$，$y(n)$ 而言，相关则定义为 $R_x(n)=\sum_{m=-\infty}^{+\infty}x(m)x(m+n)$，$R_{x,\,y}(n)=\sum_{m=-\infty}^{+\infty}x(m)y(m+n)$。

11.2.2.4　自相关函数的求解

矩形脉冲的自相关函数如图 11-2 所示。以下通过一个求解矩形脉冲序列的自相关函数的实例来理解自相关函数的特性。参考代码如下。

```
clear all
close all
clc
N=10;
x=[zeros(1,N), ones(1,N), zeros(1,N)];
for m=1:2*N+1
    Rx(m)=0;
    k=m-N-1;
```

```
    for n = N + 1:2 * N
        Rx(m) = Rx(m) + x(n) * x(n + k);
    end
end
x1 = [ - N:N];
x2 = [ - N:2 * N - 1];
figure, subplot(2,1,1);
stairs(x2,x);
title('rectangular pulse');
xlabel('time(s)');
axis([ -10  20  0  1.2]);
subplot(212);
plot(x1, Rx);
title('autorelation of rectangular pulse');
xlabel('offset of time(s)');
axis([ -10  20  0  12]);
```

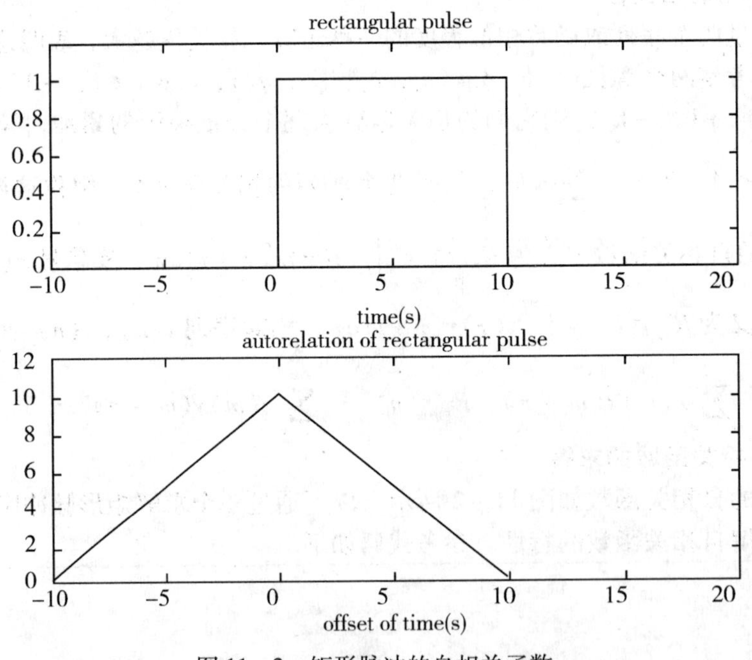

图 11－2　矩形脉冲的自相关函数

11.2.2.5　M 序列

CDMA 系统要求接收机可以再生扩频序列，而且必须和发送端同步，使用线性反馈移位寄存器（linear eeedback shift register，LFSR）可以产生这样的二进制序列，对一个 n 阶 LFSR 序列发生器，输出序列总是周期性的，因为无论在何种初始条件下，经过有限个时钟脉冲后，LFSR 最终会再一次出现初始条件。n 位二进制数最多有个 2^n 状态，因而序列的周期不可能超过 2^n，如果 LFSR 达到全零状态，那么这个序列发生器会一直停留在这个状态，所以 LFSR 的初始值不能为全零，且全零状态也就不会出现。因而所有可能状态的最大个数是 2^n-1，周期为 2^n-1 的 LFSR 输出的序列称为“最大长度序列”或简称“M 序列”，M 序列也是一种伪随机序列（pseudorandom number，PN）。如图 11－3 是一个 4 级 M 序列发生器。

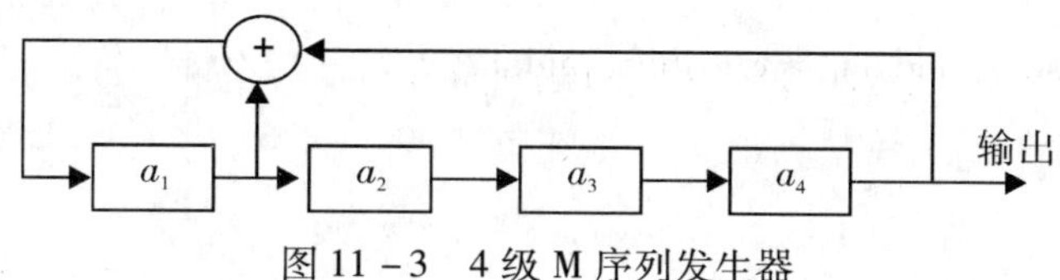

图 11－3　4 级 M 序列发生器

这个序列的长度为 2^4-1，因而是个 M 序列，M 序列有如下性质。

（1）平衡性：在 M 序列的一个完整周期中，0 和 1 的个数基本相等，即相差不超过 1；

（2）相关特性：将一个完整的 M 序列和这个序列的任何循环移位序列进行 BPSK 调制后再进行相关运算都接近 0，即表现出很好的正交性（也称为 M 序列的自相关函数的二值性），相关检测就是利用了这一特性，这一性质使得直接序列扩谱系统成为可能。

经证明，一个 LFSR 能产生 M 序列的充要条件是它的特征多项式为本原多项式。所谓本原多项式的充要条件是：①是既约的，不能再分解因子；②可整除（x^m+1），$m=2^n-1$；③除不尽（x^q+1），$q<m$。

11.2.2.6　M 序列的程序实现

以下程序是开发一个 $n=5$ 的 M 序列，其本原多项式为：x^5+x^2+1，结果如图 11－4 所示。

```
clear all
close all
clc
pntaps = [0 1 0 0 1]; % x5 + x2 + 1
N = length(pntaps);
pninitial = [0 0 0 0 1];
pndata = zeros(1, 2.^N - 1);
pnregister = pninitial;
n = 0;
j = 0
while j == 0
        n = n + 1;
        pndata(1,n) = pnregister(1,1);
        feedback = rem((pnregister * pntaps'),2);
        pnregister = [feedback, pnregister(1, 1:N - 1)];
```

```
        if pnregister == pninitial;
              j = 1;
        end
end
pndata = 2 * pndata - 1;
Rx(1) = sum(pndata. * pndata)/n;
for i = 1:n - 1
        Rx(i + 1) = sum(pndata. * circshift(pndata, [0,i]))/n;
end
subplot(211);
x = [0:n - 1];
stem(x, pndata);
title(' m sequence ');
axis([0 30  -1.5 1.5]);
subplot(212);
plot(x, Rx);
title(' autorelation of m sequence ');
axis([0 30  -0.5 1.5]);
```

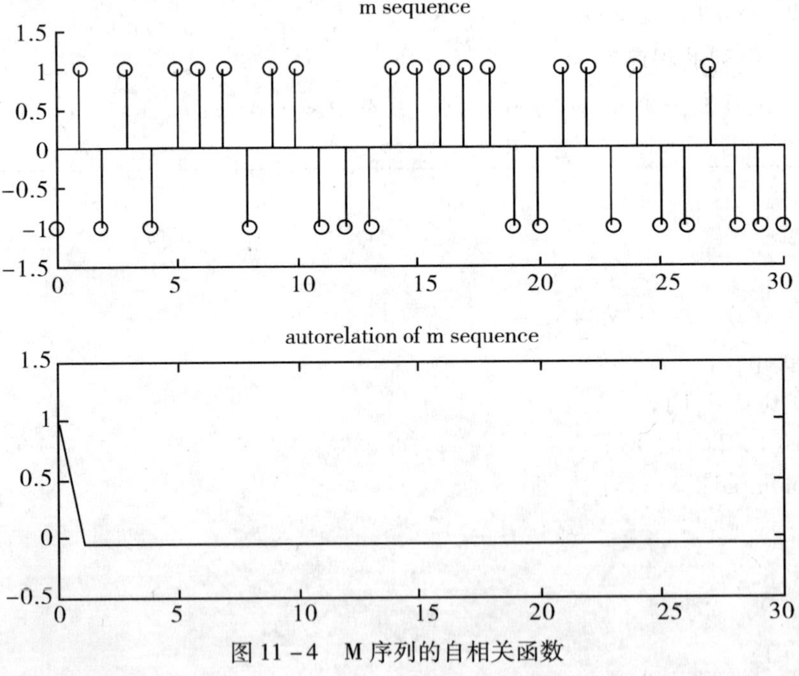

图 11-4　M 序列的自相关函数

11.2.2.7　码分多址技术

在多用户情况下，每个用户都必须分配一个唯一的地址码。为了区分用户，这些地址码必须是相互正交的。正是由于有用信号和其他用户信号所分配的码字存在正交性，经过相乘运算之后，可以将其他信号屏蔽为零，而只提取出有用信号的能量。用户工作在同一中心频率上，所有的用户信息被叠加在空中接口上进行发射并通过码字来区分，因此码字的选择非常重要，系统一般要求码字有尖锐的自相关性和正交性。尖锐的自相关性使得相关解调器可以很容易捕捉到码字的存在（精确定位），而不同码字间的正交性使得系统实现码分复用。实际的码不可能既有良好的正交性，又有尖锐的自相关性。实际的 CDMA 系统常采用有尖锐自相关特性的伪随机码（M 序列，Gold 码）来扩频，而采用正交性较好的正交码（Walsh 码）作为用户的地址来获得码分多址。

11.3　CDMA 系统设计

在 CDMA 系统中，前向链路（下行链路）是指由基站到移动台的传输线路，而反向链路（上行链路）是指由移动台发往基站的链路，本设计建模一前向链路，忽略射频调制解调的过程，在 AWGN 信道下，对 8 路信号码分复用成一路信号进行传输，并观察其抗干扰能力，收发双方利用 Walsh 码进行码分复用。

11.4　程序分析

11.4.1　参考代码

本项目利用 MATLAB 语言来实现一个最基本的 CDMA 收发系统，参考代码如下。拿出第五个用户的收发信号来分析系统的通信性能，结果如图 11 -5 所示。

```
    clear all;
    close all;
    clc;
    format compact;
    N_user = 8;
    SNR = 15;
    c = [1 1  1  1  1  1  1  1;
         1 1  1  1 -1 -1 -1 -1;
         1 1 -1 -1 -1 -1  1  1;
         1 1 -1 -1  1  1 -1 -1;
         1 -1 -1 1  1 -1 -1  1;
         1 -1 -1 1 -1  1  1 -1;
         1 -1 1 -1 -1  1 -1  1;
         1 -1 1 -1  1 -1  1 -1];
Len_PN = length(c);
Len_Data = 16;
```

```
Len_Chip = Len_PN * Len_Data;
Signal = randint(N_user,Len_Data);
for i = 1:N_user
    SigSp(i,:) = kron(Signal(i,:),c(i,:));
end
TranSig(1:Len_Chip) = 0;
for i = 1:N_user
    TranSig(1,:) = TranSig(1,:) + SigSp(i,:);
end
RecSig = awgn(TranSig,SNR,'measured');
for j = 1:N_user
    for i = 1:Len_Data
    De_Spr(j,Len_PN * (i-1) +1:Len_PN * i) = RecSig(Len_PN * (i-1) +1:Len_PN * i). * c(j,:);
    end
end
SigDeCorr(1:N_user,1:Len_Data) = 0;
for j = 1:N_user
      for i = 1:Len_Data
      SigDeCorr(j,i) = SigDeCorr(j,i) + sum(De_Spr(j,Len_PN * (i-1) +1:Len_PN * i))/Len
_PN;
      end
end
for j = 1:N_user
      for i = 1:Len_Data
           if (SigDeCorr(j,i) >0.5)
               Rec_Data(j,i) = 1;
           else
               Rec_Data(j,i) = 0;
           end
      end
end
figure(1);
subplot(4,1,1);
stem(Signal(2,:));
title('第二个用户原始信号');
subplot(4,1,2);
stairs(TranSig);
title('发射端 8 个用户叠加信号');
```

```
subplot(4,1,3);
stem(SigDeCorr(2,:));
title('第二个用户接收端解相关后信号');
subplot(4,1,4);
stem(Rec_Data(2,:));
title('第二个用户接收端判决后的信号');
figure(2);
subplot(4,1,1);
stem(Signal(5,:));
title('第五个用户原始信号');
subplot(4,1,2);
stairs(TranSig);
title('发射端 8 个用户叠加信号');
subplot(4,1,3);
stem(SigDeCorr(5,:));
title('第五个用户接收端解相关后信号');
subplot(4,1,4);
stem(Rec_Data(5,:));
title('第五个用户接收端判决后的信号');
```

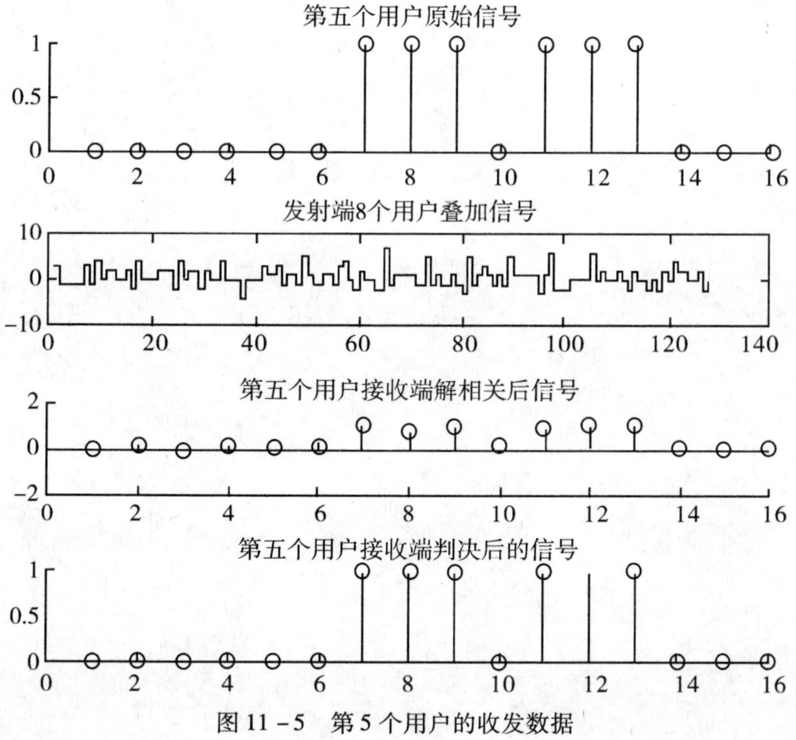

图 11－5　第 5 个用户的收发数据

11.4.2 实践问题

通过单步调试上述代码，分析以下问题。

（1）程序中哪行代码产生了 8 路待发送的原始信号？

（2）测试函数 kron，randint 的功能，掌握扩频通信思想与扩频调制方法。

（3）程序中哪行代码进行了多路信号的复用并得到了复合的发送信号？

（4）测试函数 randn，awgn 的用法，掌握对高斯白噪声信道进行建模的两种方法。

（5）程序中哪行代码执行了“相关”运算？

（6）扩频因子为扩频后的速率与扩频前的速率之比，本项目的扩频因子是多少？

（7）假如不进行扩频后码分复用，有其他的多路复用方法吗？它通过噪声信道后，误比特率是增大还是减小？

11.5 参考文献

[1] 韦岗，季飞，傅娟编著．通信系统建模与仿真．北京：电子工业出版社，2007.
[2] 樊昌信．通信原理教程 . 2 版．北京：电子工业出版社，2008.

第 12 章　数控数显充电器的设计实现

12.1　设计概述

本设计是利用单片机与数/模转换器及模/数转换器进行连接，实现单片机对直流电源、充电器的输出电压的数字调节及显示功能。数控数显充电器是一个模拟/数字混合电路，本设计可以使读者初步掌握模拟/数字混合电路的硬件设计方法及程序控制方法，令读者掌握利用模拟电子技术及数字电子技术综合开发的技能，熟悉开发设计具有模拟输入、数字处理、模拟输出的电子系统、信息系统、控制系统的基本过程，为进一步设计开发更为复杂的嵌入式模拟/数字混合系统打下一定的基础。

12.2　产品简介

在当今社会，人们的工作和生活里均会接触到大量的嵌入式电子产品（例如，手机、MP4、数码相机、数码摄像机、掌上游戏机等）。这些电子产品绝大多数都是采用直流电源，一般采用充电电池供电，采用直流稳压电源（即充电器）给电池充电。由于充电电压不统一，人们必须使用各种各样的直流稳压电源来给不同的电子产品充电，十分麻烦。

同时，传统的可调直流电源通常采用电位器和波段开关来实现电压的调节，并由电压表指示电压值的大小，因此电压的调整精度不高，读数欠直观；而且当长期使用时，由于电位器容易磨损，导致电压输出难以准确调节或因接触不良而使输出电压不稳定。

基于单片机的家用数控直流电源能很好地解决以上传统直流电源的不足，具有很强的通用性。由单片机控制直流电源的输出电压大小，实现 0 ～ 5V 的电压调节，基本包含了日常生活中绝大多数电子产品的充电电压范围，能有效避免日常生活中用多个直流电源的麻烦，一个直流电源即可解决多种不同的电子产品的充电问题。

12.3　工作条件

12.3.1　ADC0809

ADC0809 是带有 8 位 A/D 转换器、8 路多路开关以及微处理机兼容的控制逻辑的 CMOS 组件。它是逐次逼近式 A/D 转换器，可以和单片机直接接口。

1. ADC0809 的内部逻辑结构

由图 12 - 1 可知，ADC0809 由一个 8 路模拟开关、一个地址锁存与译码器、一个 A/D 转换器和一个三态输出锁存器组成。多路开关可选通 8 个模拟通道，允许 8 路模拟量分时输入，共用 A/D 转换器进行转换。三态输出锁器用于锁存 A/D 转换完毕的数字量，当 OE 端为高电平时，才可以从三态输出锁存器取走转换完的数据。

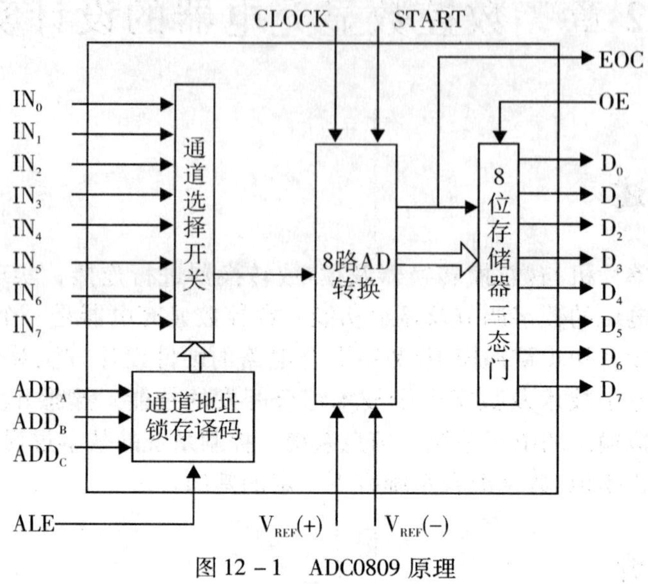

图 12－1　ADC0809 原理

2. ADC0809 引脚结构

ADC0809 引脚结构如表 12－1 及图 12－2 所示。

表 12－1　ADC0809 引脚说明

符　号	引 脚 说 明
$D_7 \sim D_0$	8 位数字量输出引脚
$IN_7 \sim IN_0$	8 位模拟量输入引脚
VCC	电源正端（＋）
GND	地
$V_{REF}(+)$	参考电压正端
$V_{REF}(-)$	参考电压负端
START	A/D 转换启动信号输入端
ALE	地址锁存允许信号输入端
EOC	转换结束信号输出引脚，开始转换时为低电平，当转换结束时为高电平
OE	输出允许控制端，用以打开三态数据输出锁存器
CLK	时钟信号输入端（10～1280kHz，典型值为 640kHz）
$ADD_A \sim ADD_C$	地址输入线

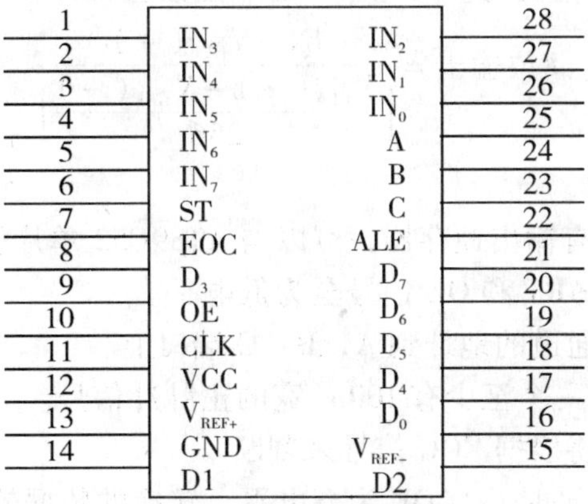

引脚	名称	名称	引脚
1	IN_3	IN_2	28
2	IN_4	IN_1	27
3	IN_5	IN_0	26
4	IN_6	A	25
5	IN_7	B	24
6	ST	C	23
7	EOC	ALE	22
8	D_3	D_7	21
9	OE	D_6	20
10	CLK	D_5	19
11	VCC	D_4	18
12	V_{REF+}	D_0	17
13	GND	V_{REF-}	16
14	D1	D2	15

图 12－2　ADC0809 引脚

ADC0809 对输入模拟量的要求：信号单极性，电压范围是 V_{REF}(－)～V_{REF}(＋)，若信号太小，必须进行放大；输入的模拟量在转换过程中应该保持不变，如若模拟量变化太快，则需在输入前增加采样保持电路。

ALE 为地址锁存允许输入线，高电平有效。当 ALE 线为高电平时，地址锁存与译码器将 ADD_A，ADD_B，ADD_C 3 条地址线的地址信号进行锁存，经译码后被选中的通道的模拟量进转换器进行转换，用于选通 IN_0～IN_7 上的一路模拟量输入。其输入通道选择如表 12－2 所示。

表 12－2　ADC0809 输入通道选择

ADD_C	ADD_B	ADD_A	选择的通道
0	0	0	IN_0
0	0	1	IN_1
0	1	0	IN_2
0	1	1	IN_3
1	0	0	IN_4
1	0	1	IN_5
1	1	0	IN_6
1	1	1	IN_7

3. 数字量输出及控制

SRART 为转换启动信号。当 SRART 上跳沿时，所有内部寄存器清零；下跳沿时，开始进行 A/D 转换；在转换期间，ST 应保持低电平。EOC 为转换结束信号。当 EOC 为高电平时，表明转换结束；否则，表明正在进行 A/D 转换。OE 为输出允许信号，用于控制 3 条输出锁存器向单片机输出转换得到的数据。OE＝1，输出转换得到的数据；OE＝0，输出数据线呈高阻状态。D_7～D_0 为数字量输出线。CLK 为时钟输入信号线。因 ADC0809 的内部没有时钟电路，所需时钟信号必须由外界提供，转换速度由 CLK 决定。

由于 ADC0809 是 8 位精度的，因此输出的 8 位数值为：

$$8位输出 = \frac{IN - V_{REF}(-)}{\left[\frac{V_{REF}(+) - V_{REF}(-)}{256}\right]}$$

4. ADC0809 应用说明

(1) ADC0809 内部带有输出锁存器，可以与 AT89C52 单片机直接相连。

(2) 初始化时，使 START 和 OE 信号全为低电平。

(3) 送要转换的那一通道的地址到 A，B，C 端口上。

(4) 在 START 端给出一个至少有 100ns 宽的正脉冲信号。

(5) 是否转换完毕，将根据 EOC 信号来判断。

(6) 当 EOC 变为高电平时，给 OE 为高电平，转换的数据就输出给单片机了。

12.3.2 DAC0832

DAC0832 是 8 位分辨率的 D/A 转换集成芯片，它具有价格低廉、接口简单及转换控制容易等特点。

1. DAC0832 的内部逻辑结构

DAC0832 由 8 位输入锁存器、8 位 DAC 寄存器、8 位 DIA 转换电路及转换控制电路组成，能和 CPU 数据总线直接相连，属中速转换器，大约在 1μs 内将一个数字量输入转换成模拟量输出。DAC0832 原理如图 12－3 所示。

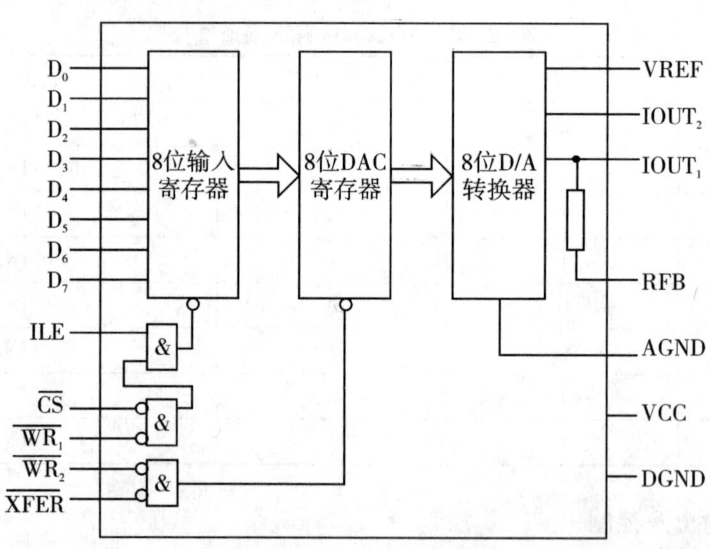

图 12－3 DAC0832 原理

2. DAC0832 引脚结构

DAC0832 引脚结构如表 12－3 及图 12－4 所示。

表 12-3　DAC0832 引脚说明

符　号	引 脚 说 明
$D_7 \sim D_0$	8 位数据输入端，D_7 为最高位
ILE	数据锁存允许信号输入端，高电平有效
CS	片选信号输入端，低电平有效
WR_1	输入锁存器写选通信号，低电平有效。它作为第一级锁存信号将输入数据锁存到输入锁存器中。WR_1 必须在 CS 和 ILE 均有效时才能起操控作用
WR_2	DAC 寄存器写选通信号，低电平有效。它将锁存在输入锁存器中可用的 8 位数据送到 DAC 寄存器中进行锁存。此时，传送控制信号 XFER 必须有效
XFER	传送控制信号，低电平有效。当 XFER 为低电平时，将允许锁存在输入锁存器中可用的 8 位数据送到 DAC 寄存器中进行锁存
$IOUT_1$/$IOUT_2$	模拟电流输出端，转换结果以一组差动电流（$IOUT_1$，$IOUT_2$）输出。当 DAC 寄存器中的数字码全为"1"时，$IOUT_1$ 最大；全为"0"时，$IOUT_2$ 为零。$IOUT_1 + IOUT_2$ = 常数，$IOUT_1$，$IOUT_2$ 随 DAC 寄存器的内容线性变化
RFB	反馈电阻引出端，DAC0832 内部已有反馈电阻，所以 RFB 端可以直接接到外部运算放大器的输出端，这样，相当于将一个反馈电阻接在运算放大器的输入端和输出端之间
V_{REF}	参考电压输入端，此端可接一个正电压，也可接负电压。范围为 -10 ～ +10 V。外部标准电压通过 V_{REF} 与 T 型电阻网络相连。此电压越稳定，模拟输出精度就越高
VCC	电源电压输入端，范围为 +5 ～ +15 V，以 +15 V 时工作为最佳
AGND	模拟地
NGND	数字地

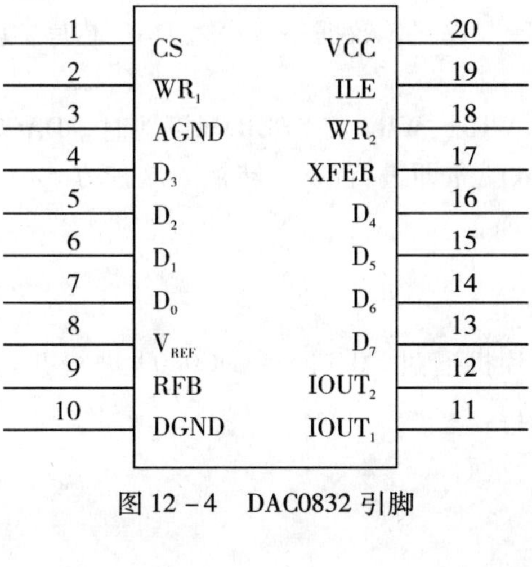

引脚	名称	名称	引脚
1	CS	VCC	20
2	WR_1	ILE	19
3	AGND	WR_2	18
4	D_3	XFER	17
5	D_2	D_4	16
6	D_1	D_5	15
7	D_0	D_6	14
8	V_{REF}	D_7	13
9	RFB	$IOUT_2$	12
10	DGND	$IOUT_1$	11

图 12-4　DAC0832 引脚

3. 模拟量输出及控制

DAC0832 有两个内部寄存器，要转换的数据先送到输入锁存器，但不进行转换。只有数据送到 DAC 寄存器时才能开始转换，因而称为双缓冲。ILE，CS 和 WR_1 三个信号组合控制第一级缓冲器的锁存。当 ILE 为高电平，并且 CPU 执行 OUT 指令时，CS 和 WR_1 同时为低电平，使得输入锁存器的使能端 LE_1 为高电平，此时锁存器的输出随输入变化；当 CPU 写操作完毕时，CS 和 WR_1 都变成高电平，使得 LE_1 为低电平，此时，数据锁存在输入锁存器中，实现第一级缓冲。同理，当 WR_1 和 WR_2 同时为低电平时，LE_2 为高电平，第一级缓冲器的数据送到 DAC 寄存器；当 XFER 和 WR_2 中任意一个信号变为高电平时，这个数据被锁存在 DAC 寄存器中，实现第二级缓冲，并开始转换。

4. DAC0832 应用说明

由于 DAC0832 拥有两个内部寄存器，因此可以工作于双缓冲方式、单缓冲方式和直通方式：

（1）双缓冲方式。

所谓双缓冲方式，就是把 DAC0832 的输入锁存器和 DAC 寄存器都接成受控锁存方式。这种方式适用于多路 D/A 同时进行转换的系统。因为各芯片的片选信号不同，可由每片的片选信号 CS 与 WR_1 分时地将数据输入到每片的输入锁存器中，每片的 ILE 固定为 +5V，XFER 与 WR_2 分别连在一起，作为公共控制信号。数据写入时，首先将待转换的数字信号写入 8 位输入锁存器，当 WR_1 与 WR_2 同时为低电平时，数据将在同一时刻由各个输入锁存器传送到对应的 DAC 寄存器并锁存在各自的 DAC 寄存器中，使多个 DAC0832 芯片同时开始转换，实现多点控制。双缓冲方式的优点是，在进行 D/A 转换的同时，可接收下一个转换数据，从而提高了转换速度。

（2）单缓冲方式。

如果应用系统中只有一路 D/A 转换，或虽然是多路转换但不要求同步输出时，可采用单缓冲方式。所谓单缓冲方式，就是使 DAC0832 的输入锁存器和 DAC 寄存器有一个处于直通方式，另一个处于受控的锁存方式。一般将 WR2 和 XFER 接地，使 DAC 寄存器处于直通状态，ILE 接 +5V，WR_1 接 CPU 的 IOW，CS 接 I/O 地址译码器的输出，以便为输入锁存器确定地址。在这种方式下，数据一旦写入 DAC 芯片，就立即进行 D/A 转换。

（3）直通方式。

当 ILE 接 +5 V，CS，WR_1，WR_2 及 XFER 都接地时，DAC0832 处于直通方式，输入端 $D_7 \sim D_0$ 一旦有数据输入就立即进行 D/A 转换。这种方式不使用缓冲寄存器，不能直接与 CPU 或系统总线相连。

12.4 项目的原理图

如图 12－5 所示，单片机通过 P0 口与 ADC0809 进行并行数据通信，通过 P2.3 ～ P2.7 对 ADC0809 进行控制。

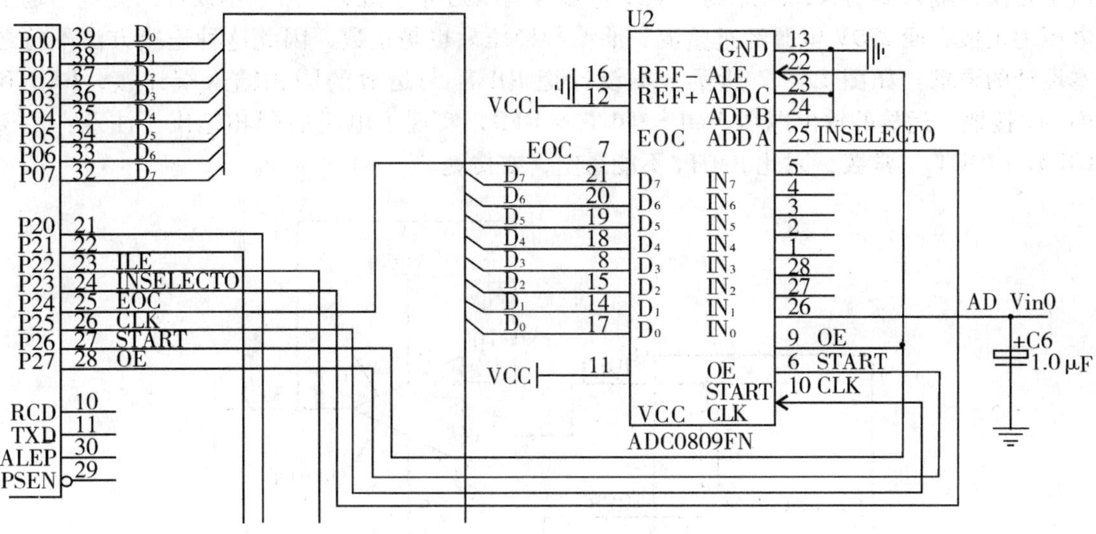

图 12－5　ADC0809 电路图

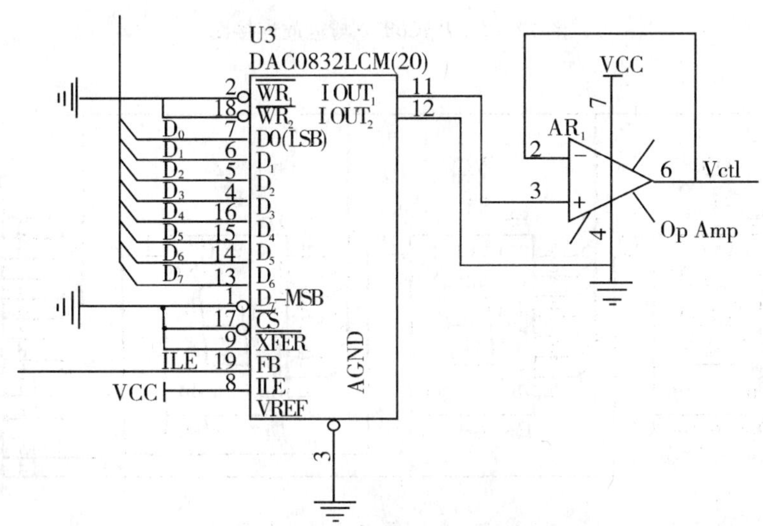

图 12－6　DAC0832 电路图

如图 12－6 所示，单片机通过 P0 口与 DAC0832 进行并行数据通信，通过 P2.2 与 DAC0832 的 ILE 连接。由于单片机的 P0 口同时与 ADC0809 和 DAC0832 进行连接，因此 DAC0832 需要对输入的数据进行缓冲。另外，本设计只有一路 D/A 转换输出，因此 DAC0832 采用单缓冲方式。这里把 CS、WR_1、WR_2 及 XFER 均接地，ILE 与单片机连接，ILE 成为 DAC0832 的片选信号（当然也存在其他的连接方式）。当需要进行 D/A 转换时，单片机只要把 ILE 设为高电平，就能立即把 P0 口的数据进行 D/A 转换输出。

另外，大多数的教材均把 DAC0832 的 $IOUT_1$ 与运算放大器的反相输入端连接，RFB 与运放的输出端连接，实现 DAC0832 输出电流到电压的转换。然而，在这种连接方式下，由于是反相输入端输入，因此输出电压与参考电压的符号相反。由于本设计的充电器输出电压为正数，而220V电源经过整流、滤波和稳压后也是正数，因此这种连接方法不符合本设计的要求。如图12－7所示，本设计把$IOUT_1$与运放的同相输入端连接，RFB和$IOUT_2$接地。运放的输出电压 $Vctl = IOUT_1 \times RFB$，实现了电压的同相输出。注意：由于$IOUT_1 + IOUT_2 =$ 常数，因此$IOUT_2$不能悬空，要接地。

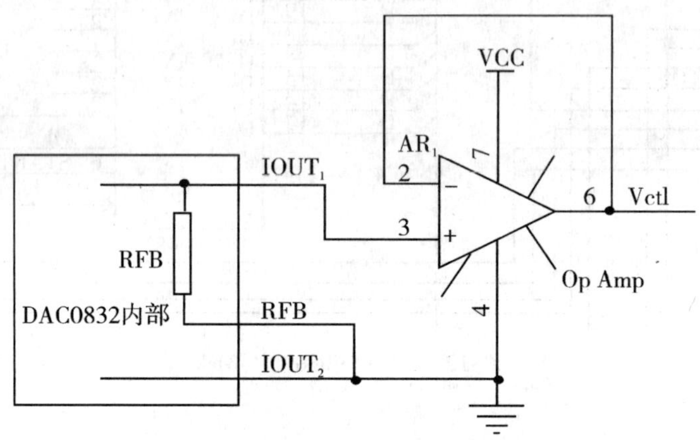

图12－7　DAC0832与运放连接图

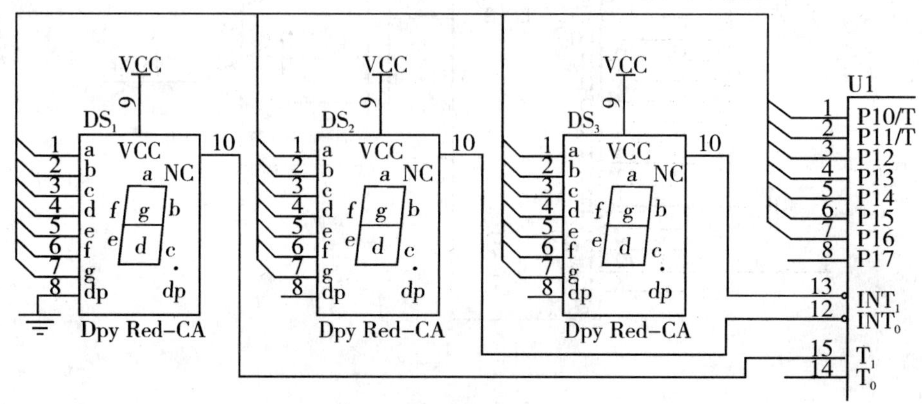

图12－8　数码管电压显示电路图

电压显示采用3个共阳数码管进行，如图12－8所示。考虑到本设计的充电器的电压调节范围在5V以内，因此图12－8让最左边的数码管的小数点亮（dp接地）。另外，本设计的数码管显示采用动态刷新的方法，由单片机的P3.2，P3.3及P3.5对3个数码管进行轮流片选显示操作。

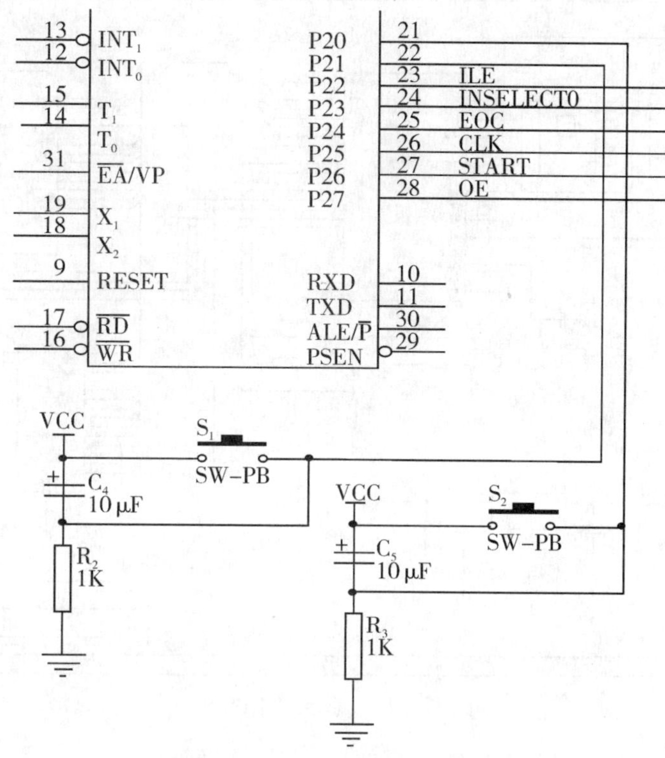

图 12 - 9　电压调节键盘电路图

如图 12 - 9 所示，单片机通过 P2. 0 和 P2. 1 实现用户对电压的按钮调节功能。

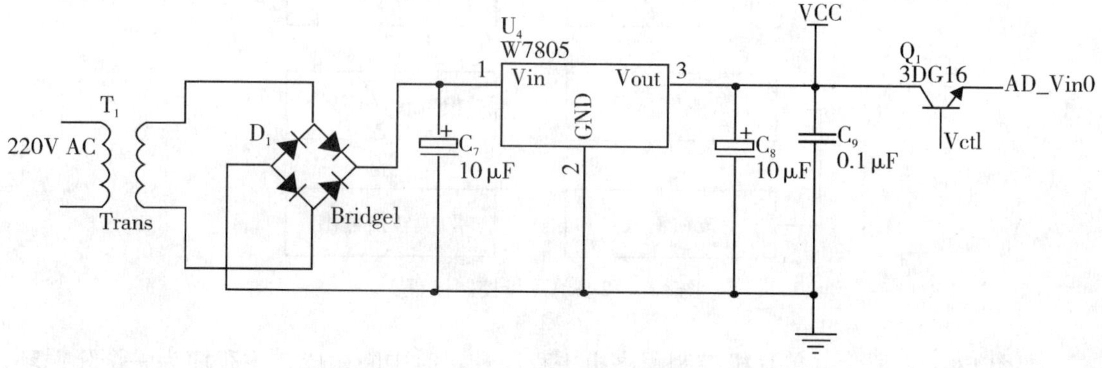

图 12 - 10　电源电路图

图 12 - 10 所示为系统的电源部分，220V 的交流电压输入经过变压器变压、整流、滤波及 5V 稳压芯片 W7805 稳压，其输出电压作为 VCC，给整个系统供电（包括 DAC0832 的转换参考电压）。同时，三极管 3DG16 用于可调电压输出，其发射极为充电器的可调电压输出，并接 ADC0809 的 IN_0 输入，由单片机采集并显示当前的电压输出值；而基极则接 DAC0832 的运放输出，以此控制充电器的电压变化。

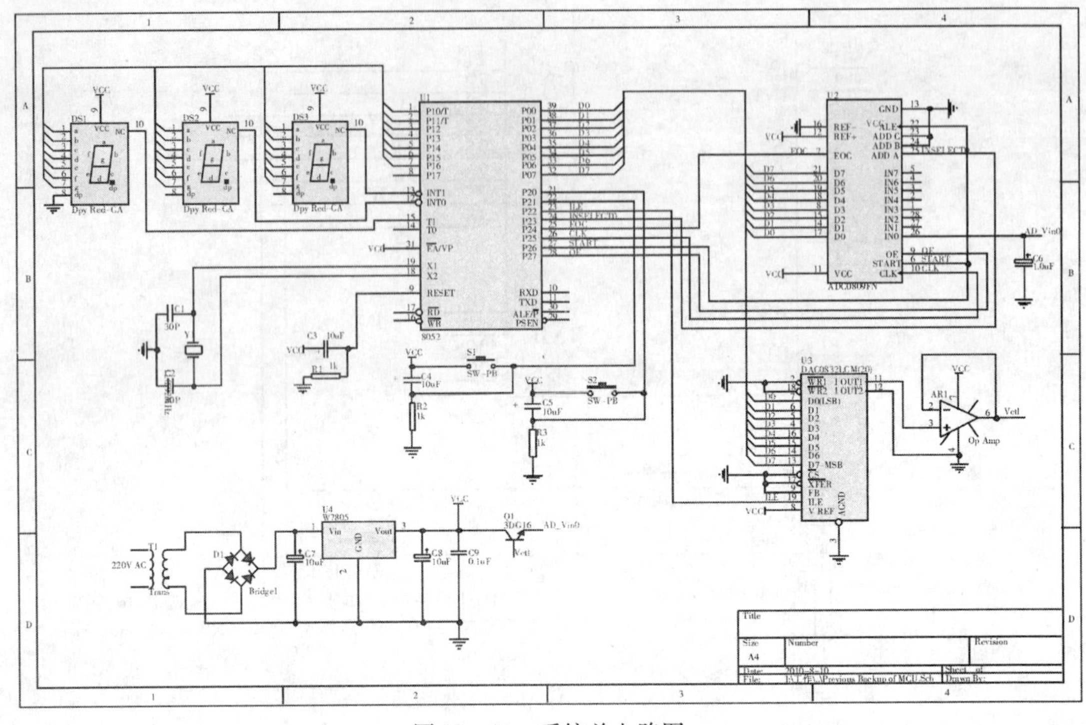

图 12－11　系统总电路图

12.5　单片机程序设计

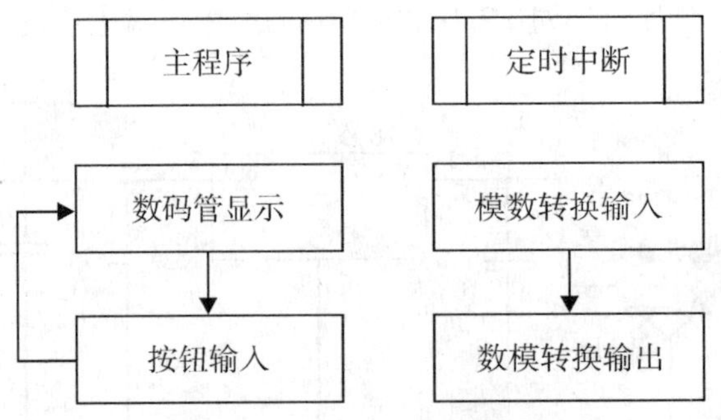

图 12－12　单片机控制流程

如图 12－12 所示，单片机控制程序由主程序和定时中断构成。主程序为一个死循环，不停动态刷新数码管的当前电压数值显示和对电压调节按钮进行扫描。当主程序监测到有按钮按下时，会把按钮调节的数值进行修改。另外，单片机每半秒发生一次定时中断，把直流电源的输出电压进行模数转换采集，并对当前电压数值进行修改，以便数码管在刷新时改变显示的数值；这个定时中断还会把由按钮调节所修改的数值进行数模转换输出，以便对直流稳压电源的输出电压进行控制。

读者可以把“模数转换输入”部分放于主程序中，但由于主程序的循环速度很快，这样做会导致数码管所显示的数字快速改变，而人眼是无法看清楚数码管数值的改变的；同样，如果把“数模转换输出”部分放于主程序中，由于用户按按钮的速度相对于单片机而言很慢，这样会令数模转换器在按按钮的时间间隔里多次地输出同一个模拟值，增加了单片机和数模转换器的消耗。最后必须注意的是，如果读者把“模数转换输入”和“数模转换输出”分别放于主程序和定时中断里，则由于 DAC0832 和 ADC0809 同时连接着 P0 口，当定时中断发生时，有可能会发生 DAC0832 和 ADC0809 同时工作的情况，引起 P0 口冲突。

12.6 附录

12.6.1 元件清单

设计元件清单如表 12－4 所示。

表 12－4　元件清单

元　件	描　述	编号	引　脚	数量
8052		U1	DIP－40	1
ADC0809FN	CMOS Analog－to－Digital Converter with 8－Channel Multiplexer	U2	FN028	1
Bridge1	Full Wave Diode Bridge	D1	E－BIP－P4/D10	1
10μF		C5	CRAD0. 1	1
10μF		C3	CRAD0. 1	1
10μF		C4	CRAD0. 1	1
30P	Capacitor	C1	0805	1
30P	Capacitor	C2	0805	1
0. 1μF	Capacitor	C9	0805	1
11. 0592MHz	Crystal	Y1	XTAL1	1
DAC0832LCM	8-Bit Double－Buffered D to A Converters	U3	SO20W	1
Dpy Red－CA	Common Anode Seven-Segment Display，Right Hand Decimal	DS1	DIP10	1
Dpy Red－CA	Common Anode Seven-Segment Display，Right Hand Decimal	DS2	DIP10	1
Dpy Red－CA	Common Anode Seven-Segment Display，Right Hand Decimal	DS3	DIP10	1
1. 0μF	Electrolytic Capacitor	C6	CRAD0. 2	1
10μF	Electrolytic Capacitor	C7	CRAD0. 2	1
10μF	Electrolytic Capacitor	C8	CRAD0. 2	1
3DG16	NPN Bipolar Transistor	Q1	BCY－W3	1
Op Amp	FET Operational Amplifier	AR1	CAN－8/D9. 4	1
1K		R1	0805	1
1K		R2	0805	1
1K		R3	0805	1
SW－PB	Switch	S1	SPST－2	1
SW－PB	Switch	S2	SPST－2	1
Trans	Transformer	T1	TRANS	1
W7805		U_4	78M05	1

12.6.2 单片机参考代码

单片机参考代码如下所示。

```
#include <reg52.h>
#include <absacc.h>                /* use XBYTE function */

#define uchar unsigned char
#define uint unsigned int
#define key_sensitivity 100        //可通过修改来调节按钮按下的敏感度

sfr AUXR = 0x8e;
sbit voltage_up = P2^0;         //定义调高电压按钮
sbit voltage_down = P2^1;       //定义调低电压按钮
sbit dac_cs = P2^2;             //定义 DAC 使能输出引脚
sbit adc_adda = P2^3;           //定义与 ADC ADD_A 引脚相连的引脚
sbit adc_eoc = P2^4;            //定义与 ADC EOC 引脚相连的引脚
sbit adc_clk = P2^5;            //定义与 ADC CLK 引脚相连的引脚
sbit adc_start = P2^6;          //定义与 ADC START 引脚相连的引脚
sbit adc_oe = P2^7;             //定义与 ADC OE 引脚相连的引脚
sbit led_1 = P3^5;              //定义与 LED 个位引脚相连的引脚
sbit led_2 = P3^2;              //定义与 LED 小数点后一位引脚相连的引脚
sbit led_3 = P3^3;              //定义与 LED 小数点后两位引脚相连的引脚

uint sec = 0;
uint hour = 0;
uint ms = 0;        //定时器计时变量
uchar voltage_control = 0;//定义输出电压的计量变量，可由按钮进行改变，范围 0～255
uchar LED_code[10] = {0x40,0x79,0x24,0x3f,0x19,0x12,0x02,0x78,0x00,0x10};  //定义共阳数码管段码
uchar voltage_show[3]; //定义存储 3 个数码管的段码

/*======================= 延时子函数 ==========================*/
/* 名称: delay_ms */
/* 功能: 调用此函数起延时作用 */
/*============================================================*/
void delay_ms(uint w)
{
    uchar z;
    while(w--)
    {
```

```
        for(z=0;z<125;z++);
    }
}

/*====================== 电压采集子函数 ==============================
=*/
/*名称：voltage_input          */
/*功能：调用此函数进行电压的 ADC0809 采集，并转换为 3 位七段数码管的段码*/
/*=====================================================================*/
void voltage_input()
{
    uchar data_get;
    uint voltage;

    adc_adda=0;              //ADC 通道 0
    adc_start=1;
    delay_ms(1);
    adc_start=0;
    delay_ms(1);
    while(adc_eoc==0);       //等待 EOC=1
    adc_oe=1;
    delay_ms(10);
    data_get=P0;
    delay_ms(10);
    adc_oe=0;

    voltage=(data_get*5/256)*100;
    //把模数转换值转换为电压的实际测量值，参考电压为 5V，ADC0809 为 8 位精度。
由于数码管显示的是精确到小数点后两位的电压值，乘以 100 是为了避免浮点数的产生
    voltage_show[0]=LED_code[voltage/100];             //voltage 的百位，转换为段码
    voltage_show[1]=LED_code[(voltage%100)/10];   //voltage 的十位，转换为段码
    voltage_show[2]=LED_code[voltage%10];              //voltage 的个位，转换为段码
}


/*======================= LED 电压显示子函数 =========================
=*/
/*名称：LED_show        */
/*功能：调用此函数令 3 个七段数码管显示直流电源的输出电压值*/
/*描述：3 个数码管均连接 P1 口，无寄存器，需要不停调用此函数来动态显示电压值*/
```

```
/*==============================================================*/
void LED_show()
{
    led_2 = 1;led_3 = 1;led_1 = 0;
    P1 = voltage_show[0];
    delay_ms(10);

    led_1 = 1;led_3 = 1;led_2 = 0;
    P1 = voltage_show[1];
    delay_ms(10);

    led_1 = 1;led_2 = 1;led_3 = 0;
    P1 = voltage_show[2];
    delay_ms(10);
}

/*======================电压输出子函数======================*/
/*名称: voltage_output        */
/*功能: 调用此函数令 DAC0832 输出电压*/
/*=========================================================*/
void voltage_output()
{
    dac_cs = 1;      //DAC0832 锁存有效
    P0 = voltage_control;
    delay_ms(10);
    dac_cs = 0;
}

/*======================按钮监测子函数======================*/
/*名称: key_detect            */
/*功能: 调用此函数检测是否有电压调节按钮按下*/
/*=========================================================*/
void key_detect()
{
    if(voltage_up == 1)
    {
        voltage_control++;
    }
    delay_ms(key_sensitivity);      //延时越长键盘越不敏感
    if(voltage_down == 1)
```

```
    {
        voltage_control -- ;
    }
    delay_ms(key_sensitivity);

}

/*====================== 初始化子函数 ================================*/
/*名称：init */
/*功能：初始化单片机内部系统资源，包括定时器等，初始化 ADC0809、DAC0832 */
/*==================================================================*/
init()
{
    TMOD = 0x22;
    //定时器 0 初始化,定时频率 921.6/30 = 30.72kHz
    TH0 = 0xe2;
    TL0 = 0xe2;
    TR0 = 1;
    ET0 = 1;

    EA = 1;        //开总中断
    /*======== ADC0809 初始化 ==============*/
    adc_start = 0;
    adc_oe = 0;
    /*======== DAC0832 初始化 ==============*/
    dac_cs = 0;
}

/*====================== 定时器中断服务子函数 ======================*/
/*名称：timer 0          */
/*功能：定时频率 30.72kHz，为 0809 提供时钟脉冲，间接产生半秒一次的定时中断*/
/*==================================================================*/
timer 0() interrupt 1 using 0
{
    adc_clk = !adc_clk;          //产生 15.36kHz 时钟脉冲给 ADC0809
    ms ++ ;
    if(ms >= 15360)                     //半秒
    {
      ms = 0;
```

```
    voltage_input();
    voltage_output();
  }
}

/*====================== 主函数 ========================*/
/* 名称: main    */
/* 功能: */
/*=====================================================*/
main()
{
   AUXR=0x02;     //STC89C52RC 单片机专用功能，禁止使用内部 128 字节 XDATA

   init();
   while(1)
   {
       LED_show();
       key_detect();
   }
}
```

12.7 参考文献

[1] 马忠梅. 单片机的 C 语言应用程序设计 [M]. 北京：北京航空航天大学出版社，2003.

[2] 张毅刚. 新编 MCS51 单片机应用设计 [M]. 哈尔滨：哈尔滨工业大学出版社，2006.

[3] 谭浩强. C 程序设计 [M]. 北京：清华大学出版社，1999.

[4] 胡烨，姚鹏翼，江思敏. Protel 99 SE 电路设计与仿真教程 [M]. 北京：机械工业出版社，2005.

[5] 童诗白，华成英. 模拟电子技术基础 [M]. 北京：高等教育出版社，2001.

第 13 章　路径自组织吸尘机器人的算法设计

13.1　设计概述

自动寻路、自动避障是机器人运动的一个基本要求。目前，本科阶段关于机器人运动方面的实践设计以传感检测及电机控制的实现为重点，设计重心倾向于硬件设计及底层的基本动作控制，并没有对复杂的自动寻路避障等上层控制算法引起足够的重视，机器人的移动智能化不足。针对这种情况，本设计完全避免直接与底层硬件及其控制方法的接触，仅通过接口实现具体动作。本设计要求对运动机器人的运动路径自组织、自动避障的复杂运动策略组织进行设计，从而实现吸尘机器人对某指定区域进行遍历运动。通过本设计，读者能掌握程序设计的思维方法，初步掌握设计具有较高智能化水平的自动系统的方法。

13.2　产品简介

13.2.1　吸尘机器人结构原理

近几年来，随着传感器、控制、驱动及材料等领域的技术进步，机器人首次在制造领域以外的服务行业开辟了新领域。这些行业与制造业相比，其主要特点是工作环境的非结构化和不确定性，因而对机器人的要求更高，需要机器人具有行走功能、对外感知能力以及局部的自主规划能力等，即“智能化”，这是机器人技术的一个重要发展方向。

吸尘机器人就是一种新型的服务机器人。吸尘机器人又称清洁机器人或自动吸尘器或智能吸尘器。吸尘机器人能够在房间中自动清洁地面，它集机械学、电子技术、传感器技术、计算机技术、控制技术、机器人技术、人工智能等诸多学科于一体。吸尘机器人作为智能移动机器人实用化发展的先行者，其研究始于 20 世纪 80 年代，到目前为止，已经产生了一些概念样机和产品。吸尘机器人的发展，带动了家庭服务机器人行业的发展，也促进了移动机器人技术、图像和语音识别、传感器等相关技术的发展。

吸尘机器人通常可由 5 个主要部分组成，如图 13－1 所示：控制部分、驱动部分、传感检测部分、吸尘部分和电源部分。其中传感检测部分一般采用超声波测距仪、接触和接近传感器、视觉传感器、红外线传感器和 CCD 摄像机等；而控制部分则是系统的核心，它决定着机器人的行走策略，直接影响着吸尘效果。

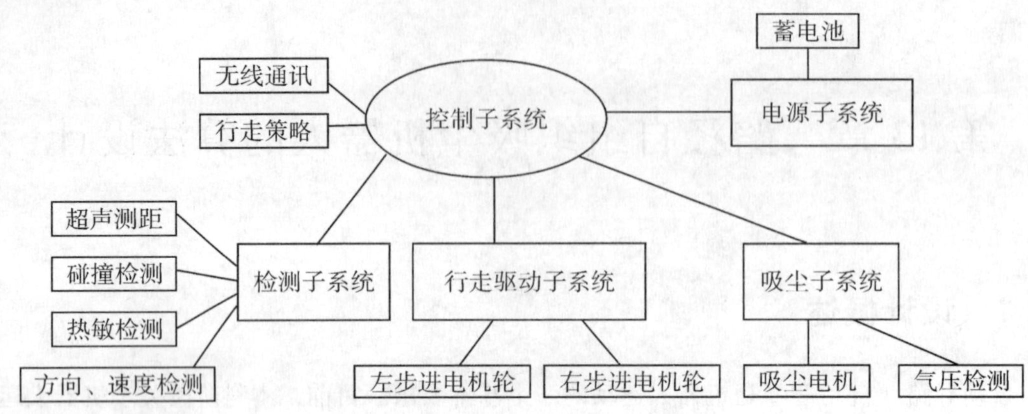

图 13－1 智能吸尘机器人的组成结构

13.2.2 国内外研究现状

在 20 世纪 80 年代 SANYO 公司就正式开始进行自主吸尘机器人的研发工作。国外对于自主吸尘机器人的研究，已经达到了产品阶段，主要产品有日本松下的真空吸尘器、美国伦巴（Roomba）吸尘器、伊莱克斯公司的三叶虫吸尘器、三星的 Hauzen 吸尘器等。其中代表就是伊莱克斯公司的“三叶虫”。这款吸尘器使用超声波探测障碍物，并且可以自行设计出在房间中行走的最佳路线。它通过超声波躲避桌椅腿和宠物等障碍，超声波系统同时帮助它测量房间的尺寸，而最佳行进路线就是根据这些测量数据通过机器内部的计算机算出的。使用者必须在房间门口和楼梯尽头贴上磁条作为无形的墙壁阻止机器人的前进。“三叶虫”是由可充电电池驱动的，每次充电后可以运行 60 分钟。

图 13－2 伊莱克斯的“三叶虫”

在国内，目前也已开始有关的研究开发工作，特别是在移动机器人的运动规划与控制方面取得了一定的成就，为研究开发吸尘机器人奠定了技术基础。1999 年初，浙江大学机械电子研究所开始进行智能吸尘机器人的研究。同时，哈尔滨工业大学也进行了自主吸尘机器人的研究并完成了研发工作，由海尔公司进行产品化工作。宁波百年电器有限公司根据已有的研发经验，在 2008 年，与杭州明强智能科技有限公司合作，共同研发吸尘机器人 HOMEMBER。

综上所述，全自动智能吸尘器具有广阔的市场前景，虽然在这方面的研究已经取得了很大进步，进入了实用阶段，并且有很多样机和产品已经产生，但它们仍有很多的问题需解决，如算法复杂、清洁效果不佳，特别是是否能够遍历房间吸尘，即效率等还不够理想。

本设计主要以吸尘机器人在未知环境中的自主路径规划设计为中心，通过对吸尘机器人的一些关键技术——路径规划技术、自主避障技术等的研究，提出一种适应性较强的路径规划算法。通过 VB 平台对路径算法进行仿真，实现吸尘机器人行走路径的规则性，使得清扫效率更高，更节能。

13.3　工作条件

本控制算法的设计虽然不直接跟硬件打交道，但是算法的输入、输出接口还是需要首先确定的。算法的输入接口有：左有/无障碍、右有/无障碍、前有/无障碍；输出接口有：前进、后退、停止、90°左转、90°右转共 5 个运动动作。关于机器人如何实现障碍检测（用什么传感器）、如何实现运动动作（电机驱动如何工作）则无须理会。

13.4　避障策略——自主避障路线设计

避障是指在发生紧急情况时的紧急处理过程，如当机器人遇到突发障碍物而有碰撞危险时，应采取躲避等措施。遍历的路径规划算法的设计主要是解决机器人如何最优地避开障碍物。针对避障问题，分析机器人避障行走的路线规则如下：首先，检测在前进过程中前方是否发现障碍物，若无，继续前进；若有，优先检测右方是否发现障碍物，若未发现障碍物，则优先向右偏转；若右方同样发现障碍物，则继而检测左方；若检测到前方、左右方均有障碍物，则说明小车进入了死胡同，此时，小车必须后退。这阶段的主要目的是为了躲开障碍物。具体路径规划如图 13－3 所示。

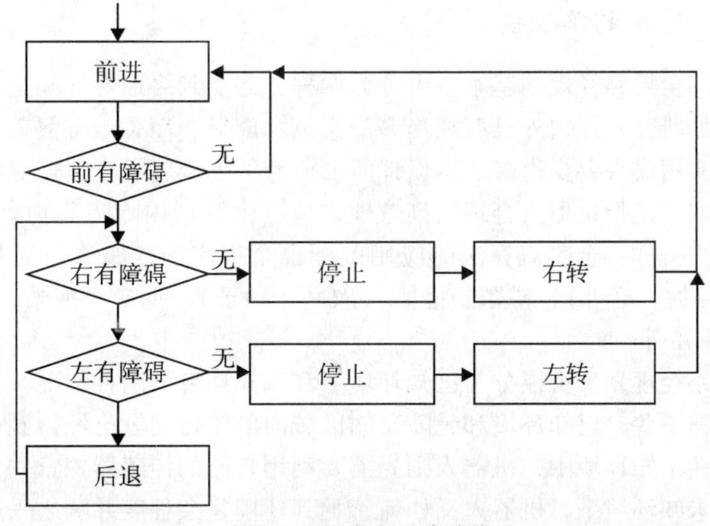

图 13－3　自主避障路线

13.5 路径规划

13.5.1 路径规划简介

路径规划技术是智能机器人领域中的核心问题之一。路径规划是自治式移动机器人的一个重要组成部分，它的任务就是在具有障碍物的环境内，按照一定的评价标准，寻找一条从起始状态（包括位置和姿态）到达目标状态（位置和姿态）的无碰撞路径。路径规划本身可以分为若干层次，包括全局路径规划、局部路径规划和最底层的避障。

吸尘机器人的路径规划就是根据机器人所感知到的工作环境信息，按照某种优化指标，在起始点和目标点规划出一条与环境障碍无碰撞的路径，并实现所需清扫区域完全路径覆盖。机器人工作环境分为静态结构化环境、动态已知环境、不确定环境。路径规划按机器人获取环境信息的方式不同，可以分为基于模型的路径规划和基于传感器的路径规划；根据机器人对环境信息知道的程度不同，可以分为两种类型，全局路径规划和局部路径规划。

路径规划问题具有如下特点：

（1）复杂性：在复杂环境下尤其是动态时变环境中，机器人路径规划非常复杂，且需要很大的计算量。

（2）随机性：复杂环境的变化往往存在很多随机性和不确定因素。动态障碍物的出现也带有随机性。

（3）多约束：机器人的运动存在几何约束和物理约束。几何约束是指机器人的形状制约，而物理约束是指机器人的速度和能量等。

（4）多目标：机器人运动过程中路径规划性能要求存在多种目标，如路径最短、时间最优、安全性能最好、能源消耗最小，但这些目标之间往往存在冲突。

13.5.2 全区域遍历的路径规划算法

移动机器人的全局路径规划基本上可分为两种：起点到终点寻优和全覆盖寻优。关于点到点寻优方法的研究，国内外已有相当多的文献和成果，而关于全覆盖寻优方法，相比之下研究工作和实用成果要少得多。本设计所要研究的内容就是全覆盖寻优方法。所谓全覆盖寻优路径规划，是指机器人合理而高效地走遍一个区域内除障碍物以外的全部地方。和点到点寻优算法一样，全覆盖算法的应用范围也是很广的，如清扫（灰尘、树叶、积雪等）、收割（谷物、草等）、耕犁、播撒（农药、种子）、探矿、搜救、（水下）测绘、（桥梁）探伤、排雷等。

全覆盖寻优路径规划又可以分为已知环境下和未知环境下两种情况。已知环境下的路径规划方法要成熟一些，已知环境和无障碍物区域内的覆盖问题已经得到了令人比较满意的解决。然而，在未知环境中，机器人则先需要利用自已的传感器探索并认知环境，然后规划出路径。在未知环境下，机器人又如何感觉到环境复杂程度并随之采取相应的移动策略呢？本设计利用了两种较为常见的路径规划算法相结合来实现全区域遍历。

1. 犁式覆盖（plow cover）

吸尘机器人选择房间的一角，开始来回往返的犁式清扫。犁式清扫是吸尘机器人全覆盖算法的核心行为，它由 2 个基本行为组成，直线行走（cruise）和转弯（turn），如图 13－4 所示。犁式覆盖可分解成以下基本行为系列：

（1）吸尘机器人从某一角开始，先沿墙壁行走（若有障碍物时，则进入避障覆盖），直至遇到墙壁；

（2）吸尘机器人向空间一侧转 180°，并偏移原来行走路径一定宽度，宽度由吸尘机器人的吸口宽度决定；

（3）吸尘机器人再开始直线行走，直至前方传感器探测到墙壁；

（4）检查侧边是否有障碍物，如在吸尘机器人需偏移的一侧出现障碍物，并且障碍物距离小于吸尘机器人的宽度时，则停止犁式覆盖程序而进入另一覆盖行为（避障覆盖）；

（5）吸尘机器人向前次相反的方向转动 180°，同时也偏移一定宽度；

（6）从（3）开始重复。

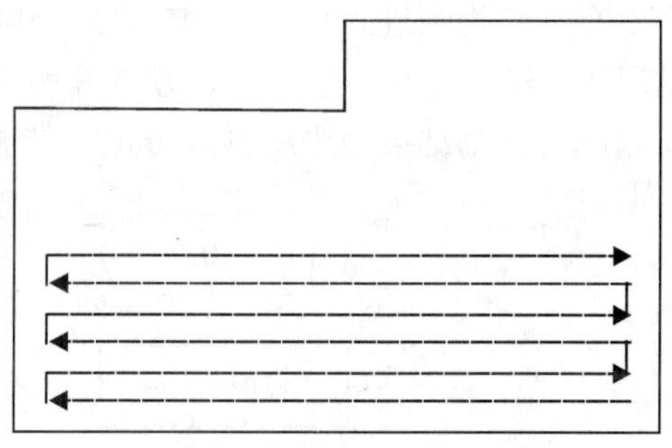

图 13－4　犁式覆盖行走路径

2. 避障覆盖（avoidance cover）

吸尘机器人在犁式行走时，前方出现障碍物，运用避障算法，使吸尘机器人在避障后按原来行走路线的延长线行走。为了简化程序，可采用垂直行走来避障，如图 13－5 所示。

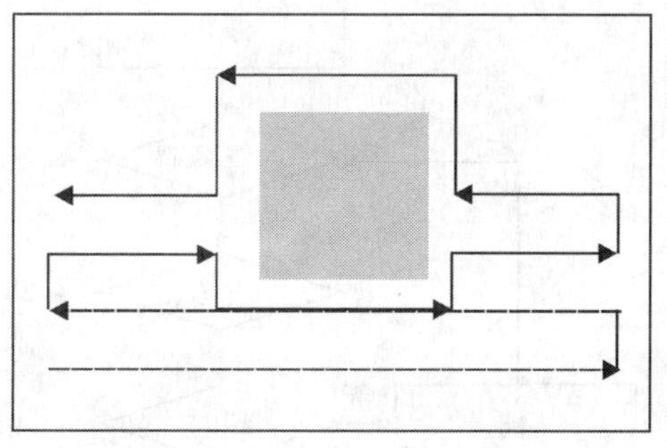

图 13－5　避障覆盖行走路径

（1）吸尘机器人前方出现障碍物时，右转 90°后直线行走，直至左边传感器遗失目标，记录行走距离 L；

（2）吸尘机器人左转 90°后直线行走，直至左边传感器再次遗失目标；

（3）吸尘机器人再次左转 90°后直线行走距离 L，再右转 90°直线行走；

（4）重新进行犁式行走。

13.6 算法流程图设计

然而，只是简单地将两种算法结合，是无法完全实现机器人的遍历效果的。因此，需要在结合两种算法的基础上对路径规划算法做出相应的改动与调整。详细流程分析如下。

由于本设计的路径规划算法目标是让吸尘机器人在未知环境下进行遍历清扫工作，故主要采用上下行走方式，即犁式行走方式。同时，当吸尘机器人行走遇到障碍物时，为避免因障碍物而遗漏障碍物周围的清洁工作，故采用了避障覆盖的行走方式，弥补了犁式覆盖的缺点。具体的行走路径分以下三种情况。

情况 1：当吸尘机器人在前进过程中前方出现障碍物时吸尘机器人停止行走，并优先检测右方是否有障碍物，右方没有障碍物则进入情况 2；有障碍物则继续检测左方，当左方没有出现障碍物时，则进入情况 3；若在前方、左方、右方三方均发现障碍物，则后退，继续优先检测右方，直至检测时间超时，则结束吸尘机器人行走。其流程如图 13－6 所示。

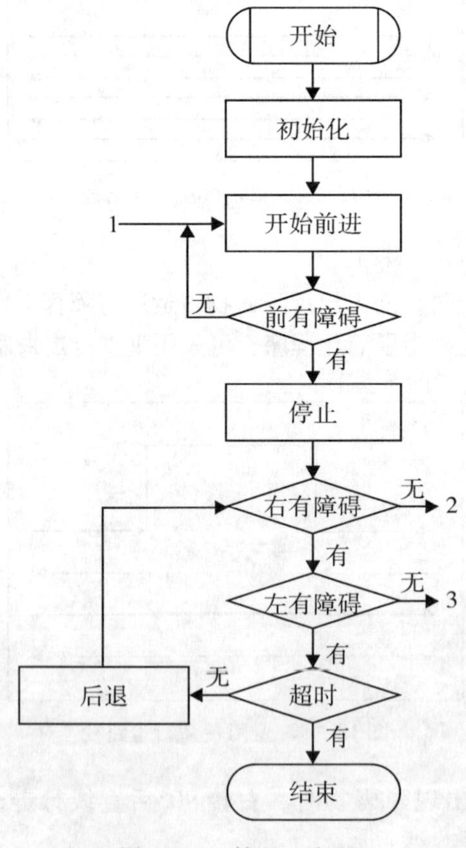

图 13－6　情况 1 流程

情况 2：在检测右方无障碍物的情况下，吸尘机器人进行右转，进入避障覆盖，即：前进且开始计时，继而开始检测左方（吸尘机器人前方的障碍在吸尘机器人右转后，变成了左方的障碍物，因此吸尘机器人必须检测左方），同时，为了区分吸尘机器人检测到的障碍物是实体障碍还是墙壁，程序中应用了一个“超时判断”。具体流程见图 13－7。

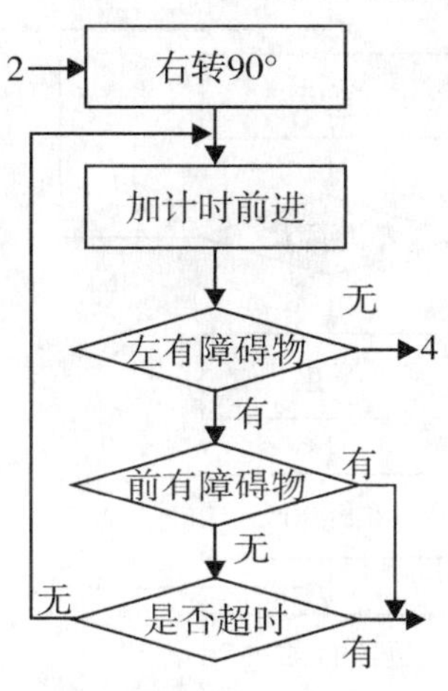

图 13－7　情况 2 流程

若在未超时的情况下，检测到左方无障碍，则进入情况 a 进行具体分析；若左方有障碍且未超时，但前方出现障碍的时间，或是沿障碍物前进的时间过长，则认为是墙壁障碍，则都进入情况 b 进行具体分析。

（1）情况 a：当检测到左方无障碍物时，吸尘机器人停止计时后向左转，继续沿着障碍物的另一侧前进，仍然检测左方障碍物，直至左方遗失障碍目标，吸尘机器人停止前进，然后向右转，继续减计时前进，即前进的时间为所积累时间（将累计的时间按减法计时，直至时间为 0，这是避障覆盖的核心算法），若是在减计时前进的过程中（即时间未为 0 时）前方出现障碍，则先停止前进，然后检测右方；若右方有障碍，则吸尘机器人进行后退，直至在右方无障碍的情况下向右转，回到最初前进的方向继续前进。具体流程见图 13－8。

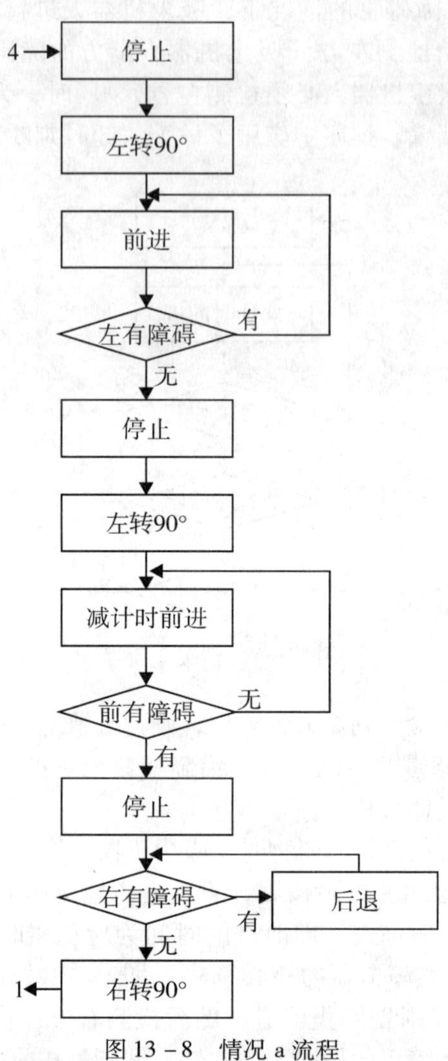

图 13－8 情况 a 流程

（2）情况 b：若吸尘机器人检测超时，则认为检测到的障碍物是墙壁，或是检测未超时，但前方出现障碍，吸尘机器人便停止前进且开始减计时后退至前一次旋转处，继续犁式行走。由于前一次旋转为左转，则根据犁式覆盖规则，可知应检测右方，如有障碍，则后退直至无障碍后向右旋转，然后前进直至前方遇到障碍，此时需要进入另一侧的犁式行走，由于在犁式行走中，在每次转向时都必须前进一定的距离再进入另一方向，故本设计采用接近机器人宽度的距离，具体流程见图 13－9。

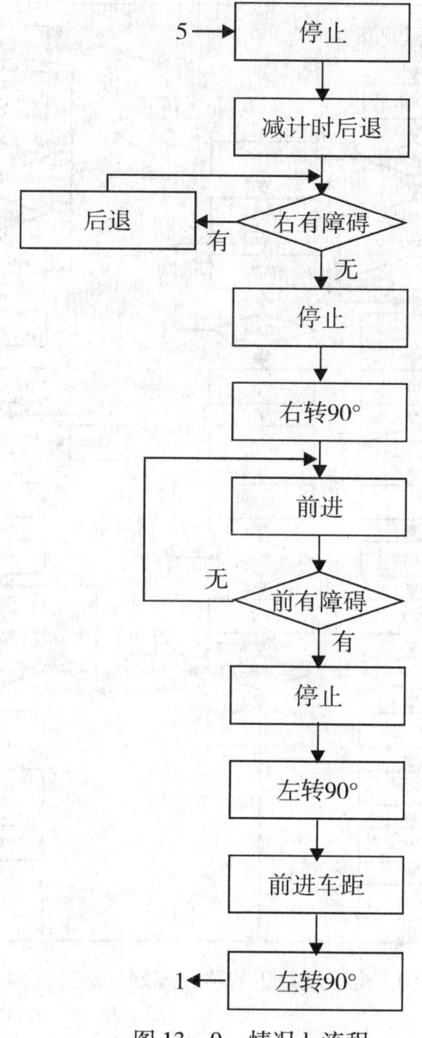

图 13－9　情况 b 流程

情况 3：同理，将“右转”改为“左转”、“左方/右方是否有障碍物”改为“右方/左方是否有障碍物”即可，具体分析见情况 2。

图 13－10 为全区域遍历的路径规划算法总流程。

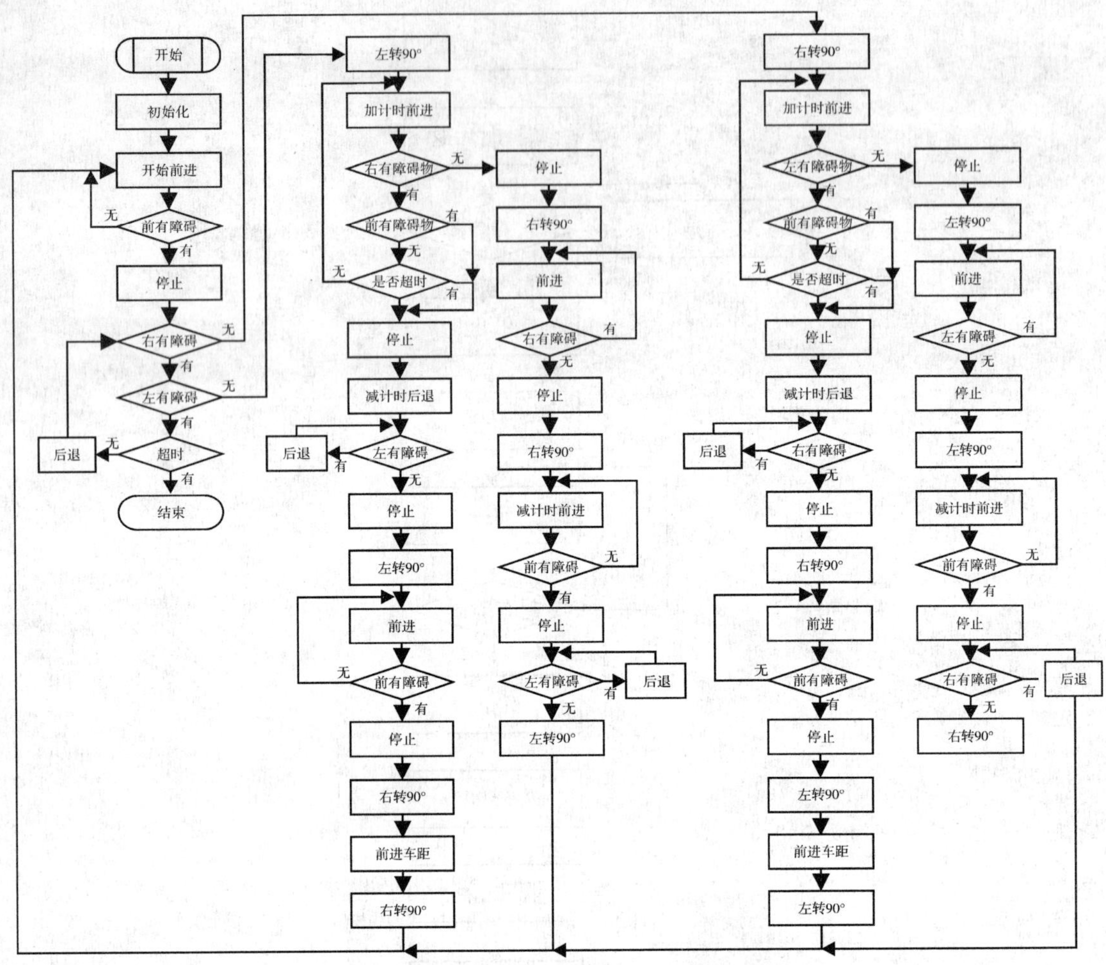

图 13－10　全区域遍历的路径规划算法总流程

13.7　算法仿真

13.7.1　仿真软件系统

本设计采用 Visual Basic 6.0 对算法执行效果进行仿真测试。为了提高仿真系统代码的利用效率，采用模块化的程序设计方法，将该仿真系统分为四大模块：环境建立模块、算法模块（即引入遍历算法）、障碍设置模块、起点/目标设定模块。系统构成框架如图 13－11 所示。

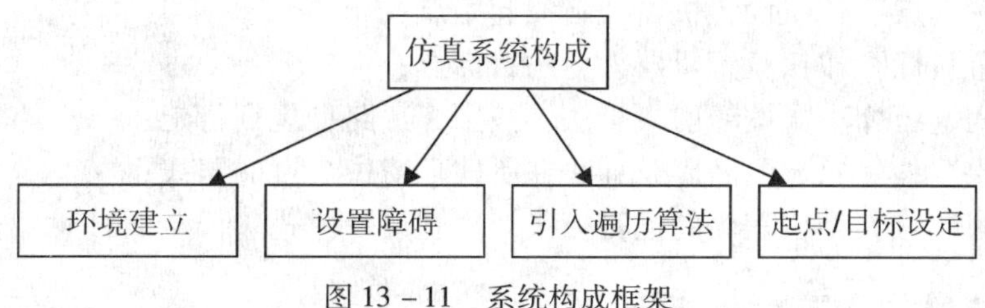

图 13－11　系统构成框架

13.7.2　系统仿真目标

（1）仿真界面须做得友好且人性化；

（2）界面可以让测试者随意在机器人达到的范围内设置障碍；

（3）可以让测试者随意设置机器人的起始位置以及目标；

（4）可以实现遍历的路径规划算法。

13.7.3　仿真界面设计

本设计以 VB 为开发平台，界面设计以简洁实用、方便操作为主要原则，将所有的功能键放在左侧，右侧为环境建模和路径输出，采用 20×10 个按钮数组构成，如图 13－12 所示。

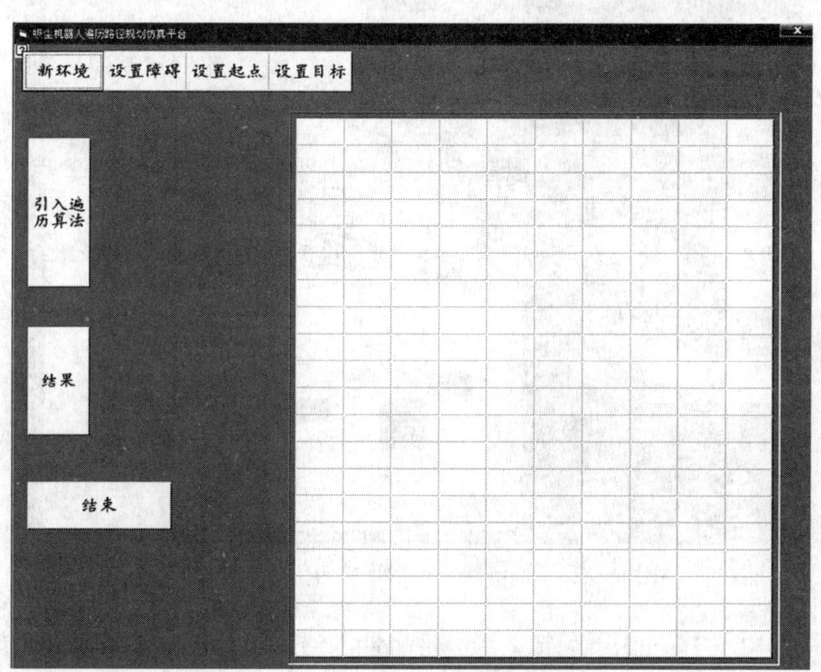

图 13－12　吸尘机器人遍历路径规划仿真平台界面

界面功能主要有：

（1）“新环境”按钮设置新的障碍环境；

（2）“设置障碍”按钮设置新的障碍环境；

（3）“设置起点”按钮设置机器人新的起始点；

（4）“设置目标”按钮设置机器人新的目标点；

（5）“引入遍历算法”按钮引入算法，按照算法路径规划行走；

（6）“结果”按钮只显示障碍及算法在所建环境中走过的路线；

（7）“结束”按钮结束程序的运行模式，回到设计模式。

13.7.4 算法的仿真实验及结果

实验过程：在此仿真实验中，首先单击“新环境”按钮，将环境设置为无障碍环境；接着单击“设置障碍”按钮，在空白环境中随机设置多个障碍物；然后先后单击“设置起点”、“设置目标”按钮，分别随机产生起点和目标（目标一定在起点的下面）；再单击“引入遍历算法”按钮，开始算法的仿真验证；单击“结果”按钮可以只显示起点至目标的范围的环境，可更清楚路径；最后单击“结束”按钮可结束程序的运行。由图 13－13 中可知，该路径规划算法可使吸尘机器人从起点走到目的地，且路线采用了犁式行走及避障行走，较有规则（图中数字表明所走的路径顺序）。

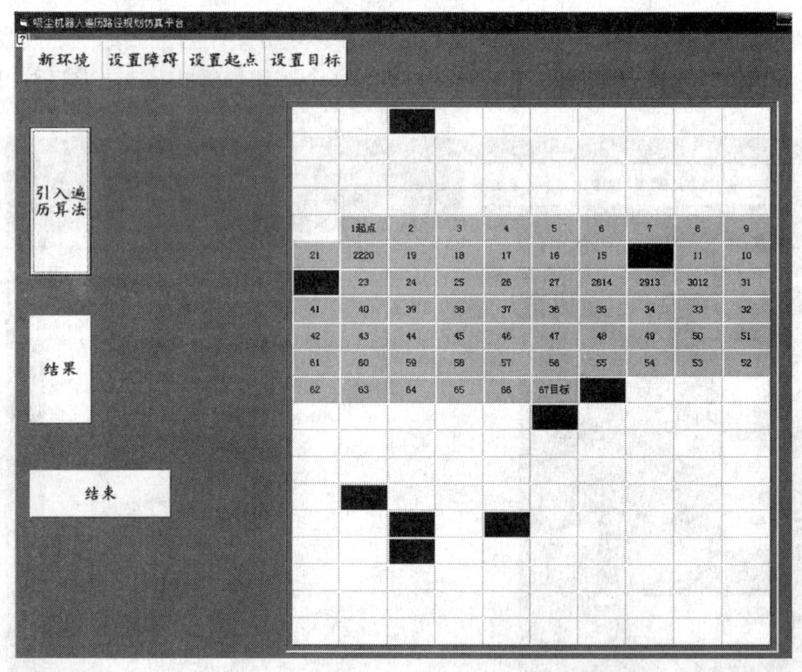

图 13－13　遍历路径规划算法的仿真实验结果

实验结果：由图 13－14 可预知，当吸尘机器人遇到障碍时（即在第 51 步后），吸尘机器人将进行避障行走，即绕到障碍物的另一侧进行清洁工作，再回归原来行走的路线上行走；接着来到环境的边缘后，在进入犁式覆盖的另一侧出现了障碍（即第 61 步后），机器人将沿着来的路线往回走，直至那一侧没有障碍，即可重新进入犁式行走；后面的环境同理。虽然有些区域重复行走，但是避免了遗漏区域，得到了较好的遍历效果。

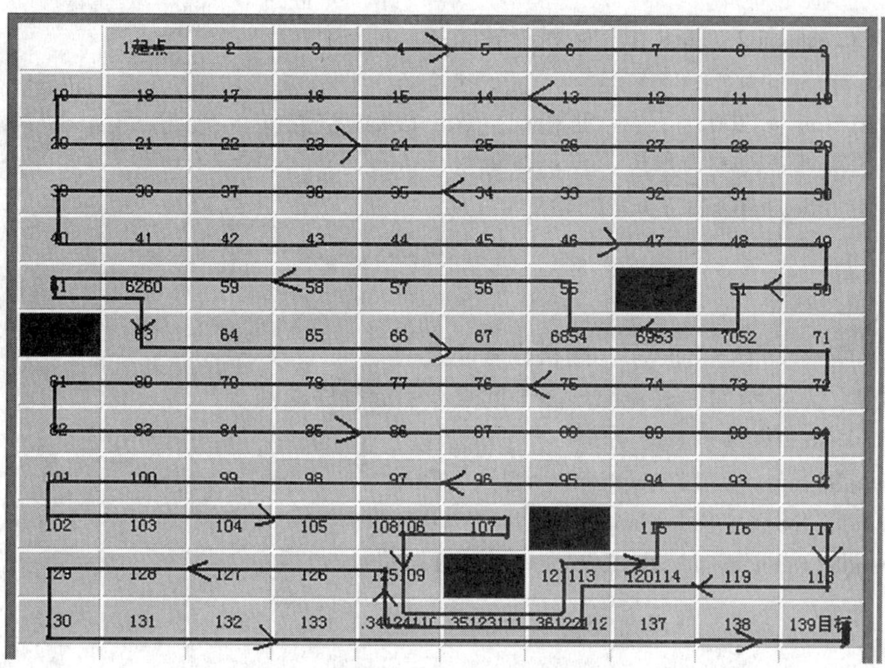

图 13－14　遍历路径规划算法搜索路径详图

13.8　附录

全自动吸尘机器人控制算法参考代码如下。

```
Private Sub form_load( )
'变量定义
Dim i As Integer                  '全局变量
Dim s As Integer                  '路迹变量
Dim begin As Integer              '起点处下标变量
Dim last As Integer               '目标处下标变量
Dim Index As Integer
Dim r As Integer
End Sub

Private Sub Command1_Click( )  '设置新环境，将障碍物全部清除，即将环境区全部设置为白色
For Index = 1 To 200 Step 1
 '将控件表面背景都改为白色，表示无障碍环境
Command8( Index - 1). BackColor = &HFFFFFF
Command8( Index - 1). Caption = " "
Next Index
End Sub
```

```
Private Sub Command2_Click( )  '随机设置障碍
For i = 1 To 10 Step 1
 Index = Int(Rnd * 200)          '随机产生0～199的整数
  '将控件表面背景都改为黑色，表示障碍物
 Command8(Index).BackColor = &H0&
Next i
End Sub

Private Sub Command3_Click( )  '随机设置起点
'将先前设置的起点清除，避免出现多个起点，引起程序混乱
For Index = 1 To 200 Step 1
 If Command8(Index - 1).Caption = "起点" Then
   Command8(Index - 1).Caption = ""
   Command8(Index - 1).BackColor = &HFFFFFF
 End If
Next Index
Do
Index = Int(Rnd * 101)          '在上半环境中随机设置起点，但不能覆盖障碍物
If Command8(Index).BackColor <> &H0& Then Exit Do
Loop
Command8(Index).BackColor = &HFF&               '将起点位置设置为红色
Command8(Index).Caption = "起点"                '在起点位置注明
End Sub

Private Sub Command4_Click( )  '随机设置目标
'将先前设置的目标清除,避免出现多个目标，引起程序混乱
For Index = 1 To 200 Step 1
If Command8(Index - 1).Caption = "目标" Then
   Command8(Index - 1).Caption = ""
   Command8(Index - 1).BackColor = &HFFFFFF
 End If
Next Index
Do
Index = Int(Rnd * 100 + 100)          '在下半环境中随机设置目标，但不能覆盖障碍物
If Command8(Index).BackColor <> &H0& Then Exit Do
Loop
Command8(Index).BackColor = &HFF&               '将目标位置设置为红色
Command8(Index).Caption = "目标"                '在目标位置注明
```

```
End Sub

Private Sub Command5_Click()'遍历算法
'寻找起点与目标
For Index = 1 To 200 Step 1
 If Command8(Index - 1).Caption = "起点" Then
    begin = Index - 1
 End If
 If Command8(Index - 1).Caption = "目标" Then
    last = Index - 1
 End If
Next Index
'从起点走到目的地，即目标，一步步检测
i = begin
s = 1
 Command8(i).BackColor = &HC000&
 Command8(i).Caption = s & "起点"
 s = s + 1
Do
 If i Mod 10 = 9 Then
  If Command8(i + 10).BackColor <> &H0& Then
     n = i
     i = i + 10
     Command8(i).BackColor = &HC000&
     Command8(i).Caption = s & Command8(i).Caption
     s = s + 1
     If Command8(i - 1).BackColor <> &H0& Then
      Do
         i = i - 1
         Command8(i).BackColor = &HC000&
         Command8(i).Caption = s & Command8(i).Caption
         s = s + 1
         If i Mod 10 = 0 Or Command8(i - 1).BackColor = &H0& Or i = last Then Exit Do
      Loop
      Do
r5:      If i Mod 10 = 0 Then
r1:       If Command8(i + 10).BackColor <> &H0& Then
           n = i
```

```
        i = i + 10
        Command8(i).BackColor = &HC000&
        Command8(i).Caption = s & Command8(i).Caption
        s = s + 1
        If Command8(i + 1).BackColor < > &H0& Then
        Do
        i = i + 1
        Command8(i).BackColor = &HC000&
        Command8(i).Caption = s & Command8(i).Caption
        s = s + 1
        If i Mod 10 = 9 Or Command8(i + 1).BackColor = &H0& Or i = last Then Exit Do
      Loop
      If Command8(i + 1).BackColor = &H0& Then GoTo r4
      End If
    Else
        i = i + 1
        Command8(i).BackColor = &HC000&
        Command8(i).Caption = s & Command8(i).Caption
        s = s + 1
        GoTo r1
    End If
  End If
  If Command8(i - 1).BackColor = &H0& Then
r6:  If Command8(i + 10).BackColor < > &H0& Then
    n = i
    i = i + 10
    Command8(i).BackColor = &HC000&
    Command8(i).Caption = s & Command8(i).Caption
    s = s + 1
    If i Mod 10 = 0 Then GoTo r5
r2:  If Command8(i - 1).BackColor < > &H0& Then
     Do
      i = i - 1
      Command8(i).BackColor = &HC000&
      Command8(i).Caption = s & Command8(i).Caption
      s = s + 1
  If Command8(i - 10).BackColor < > &H0& And i  10 < > n  10 Then
    i = i - 10
```

```
        Command8(i).BackColor = &HC000&
        Command8(i).Caption = s & Command8(i).Caption
        s = s + 1
        If Command8(i - 1).BackColor <> &H0& Then
        Do
            i = i - 1
            Command8(i).BackColor = &HC000&
            Command8(i).Caption = s & Command8(i).Caption
            s = s + 1
        If i Mod 10 = 0 Or Command8(i - 1).BackColor = &H0& Then Go To r5
         Loop
          End If
           Else
              GoTo r2
           End If
   If i Mod 10 = 0 Or Command8(i - 1).BackColor = &H0& Or i = last Then Exit Do
   Loop
          End If
         Else
             i = i - 1
             Command8(i).BackColor = &HC000&
             Command8(i).Caption = s & Command8(i).Caption
             s = s + 1
             GoTo r6
           End If
         End If
         If i Mod 10 <> 0 Or Command8(i - 1).BackColor <> &H0& Then Exit Do
       Loop
      End If
   Else
      i = i - 1
      Command8(i).BackColor = &HC000&
      Command8(i).Caption = s & Command8(i).Caption
      s = s + 1
   End If
Else
   If Command8(i + 1).BackColor <> &H0& Then
Do
```

```
    i = i + 1
    Command8(i).BackColor = &HC000&
    Command8(i).Caption = s & Command8(i).Caption
    s = s + 1
  If i Mod 10 = 9 Or Command8(i + 1).BackColor = &H0& Or i = last Then Exit Do
  Loop
  Else                              '发现前方有障碍，则往右走
r4:   If Command8(i + 10).BackColor <> &H0& Then
      n = i
      i = i + 10
      Command8(i).BackColor = &HC000&
      Command8(i).Caption = s & Command8(i).Caption
      s = s + 1
r3:       If Command8(i + 1).BackColor <> &H0& Then
          Do
            i = i + 1
            Command8(i).BackColor = &HC000&
            Command8(i).Caption = s & Command8(i).Caption
            s = s + 1
            If Command8(i - 10).BackColor <> &H0& And i   10 >= n   10 Then
              i = i - 10
              Command8(i).BackColor = &HC000&
              Command8(i).Caption = s & Command8(i).Caption
              s = s + 1
              GoTo r3
            End If
            If i Mod 10 = 9 Or Command8(i + 1).BackColor = &H0& Or i = last Then Exit Do
          Loop
        End If
    Else
      i = i - 1
      Command8(i).BackColor = &HC000&
      Command8(i).Caption = s & Command8(i).Caption
      s = s + 1
      GoTo r4
    End If
  End If
End If
```

```
If i = last Then Exit Do                '找到目标即停止
Loop
End Sub

Private Sub Command6_Click()          '将路径规划经过的控件显示出来
For i = 1 To 200 Step 1
    If Command8(i - 1).BackColor = &HFFFFFF Then
       Command8(i - 1).Visible = False
    End If
Next i
End Sub

Private Sub Command7_Click()           '结束
 End            '结束运行
End Sub

Private Sub Command8_Click(Index As Integer)    '环境建模的 200 个按钮数组
Command8(Index).BackColor = &HFF&
Command8(Index).Caption = "起点"
End Sub
```

13.9　参考文献

[1] 朱世强，刘瑜，庞作伟，金波．自主吸尘机器人的研究现状［M］．机器人，2004 (6)：569～574.

[2] 戴光智，许锦标，王群．家用智能吸尘器测控系统的研究［M］．2005.

[3] 吴海彬，朱世强，马翔．自主吸尘机器人在非结构环境下的避障与路径规划研究[J]．机器人，2000，22 (7)：627～630.

[4] 蒋新松．机器人导论［M］．沈阳：辽宁科学技术出版社，1994：511～516.

[5] 陈华志，谢存禧．移动机器人导航及其相关技术的研究［J］．机床与液压，2004，(4)：12～15.

[6] 付岩．智能水下机器人全局及局部路径规划技术研究：［硕士学位论文］．哈尔滨：哈尔滨工业大学，2004.

[7] 陈卫平．全区域覆盖自主移动机器人路径规划与避障的研究：［硕士学位论文］．南京：南京理工大学，2004.

[8] 姚卫康．基于行为控制的智能吸尘器的研究：［硕士学位论文］．上海：上海交通大学，2003.

第14章 桌上电子记事本的设计

14.1 设计概述

本设计是利用单片机与液晶显示屏和计算机进行连接，实现单片机对显示屏的控制。通过本设计使读者初步掌握嵌入式仪器、设备的数据及字符输出方法，令读者掌握开发电子、通信、自动化电器设备控制系统的输出显示基本技能，为中文显示、图像显示等复杂显示方法的学习打下一定的基础。

14.2 产品简介

随着电脑的逐渐普及，人们的工作和生活越来越方便和快捷，也使越来越多的人依赖于电脑办公。而传统的日程记事本逐渐显现出在当今时代的不足和局限性，传统记事本一般为纸制品，加大了对森林资源的需求，与当今提倡绿色环保的思想相悖；传统记事本一般不带有日历，而且对该天前后的日程信息也很不好把握；传统记事本没有自动提醒功能，不能对使用者的行程进行很好的规划和安排。然而，虽然利用桌上电脑也能实现无纸化的记事和日历功能，但一旦电脑处于关闭状态也就同时失去了此功能。

桌上中文电子记事本能适时地发出声音以提醒我们该做的事情。本设计主要实现传统记事本的数字化，具有液晶显示以及闹钟提醒功能，利用计算机控制界面进行相关时间以及备忘录的输入，再通过串口把相关数据传输给记事本，记事本接收数据后，根据数据内容进行分析处理，在相应时间上，LCD 显示记事内容，并伴随有闹钟提醒。本记事本灵活、方便，通过与计算机的充分结合，实现对时间和闹铃的控制，从而达到记事功能。

14.3 工作条件

14.3.1 LCD1602 液晶显示芯片引脚介绍

LCD1602 是一种字符型液晶显示芯片，专门用于显示字母、数字、符号等点阵式 LCD。LCD1602 液晶模块内部的字符发生存储器（CGROM）已经存储了 160 个不同的点阵字符图形，这些字符有：阿拉伯数字、英文字母的大小写、常用的符号和日文假名等，每一个字符都有一个固定的代码，如大写的英文字母“A”的代码是 01000001B（41H），显示时模块把地址 41H 中的点阵字符图形显示出来，就能看到字母“A”。LCD1602 分为带背光和不带背光两种，带背光的比不带背光的厚，是否带背光在应用中并无差别，两者尺寸差别如图 14-1 所示。

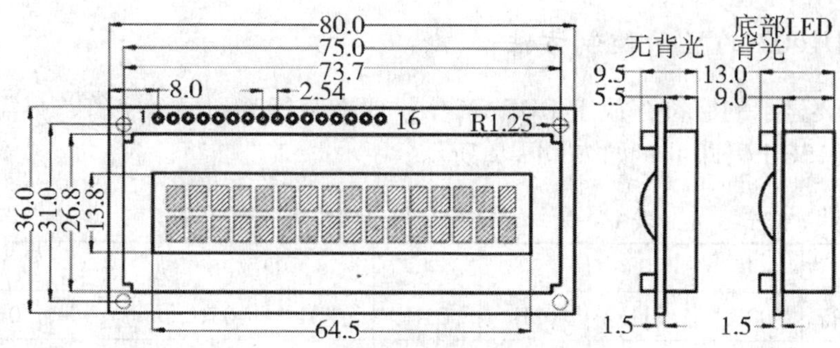

图 14－1　LCD1602 尺寸（单位：mm）

1. LCD1602 主要技术参数

（1）显示容量：16×2 个字符。

（2）芯片工作电压：4.5～5.5V。

（3）工作电流：2.0mA（5.0V）。

（4）模块最佳工作电压：5.0V。

（5）字符尺寸（W×H）：2.95mm×4.35mm。

2. 引脚功能说明

LCD1602 采用标准的 14 脚（无背光）或 16 脚（带背光）接口，各引脚接口说明如表 14－1 所示。

14 脚 LCD1602 电路如图 14－2 所示。

表 14－1　LCD1602 各引脚接口说明

编　号	符　号	引 脚 说 明	编　号	符　号	引 脚 说 明
1	VSS	电源地	9	D2	数据
2	VDD	电源正极	10	D3	数据
3	VEE	液晶显示偏压	11	D4	数据
4	RS	数据/命令选择	12	D5	数据
5	R/W	读/写选择	13	D6	数据
6	E	使能信号	14	D7	数据
7	D0	数据	15	BLA	背光源正极
8	D1	数据	16	BLK	背光源负极

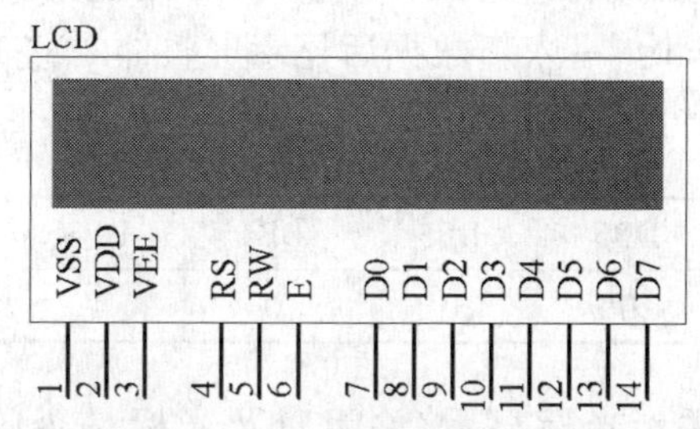

图 14－2　14 脚 LCD1602 电路

14.3.2 LCD1602 的显示控制方法

LCD1602 要显示的字符存放于 DDRAM 中，要在某行某列显示字符，只需在相应地址上存放字符的 ASCII 码即可，如表 14－2 所示。

表 14－2 LCD1062 显示字符对应地址

	显示位置	1	2	3	4	5	6	…	15	16
DDRAM 地址	第一行	00H	01H	02H	03H	04H	05H	…	0EH	0FH
	第二行	40H	41H	42H	43H	44H	45H	…	4EH	4FH

LCD1602 的操作指令共 11 条，常用的指令如下所示。

1. 清屏指令

RS	R/W	DB7	DB6	DB5	DB4	DB3	DB2	DB1	DB0
0	0	0	0	0	0	0	0	0	1

功能：①清除液晶显示器，即全部填入“空白”的 ASCII 码 20H；②光标归位，即将光标撤回液晶显示屏的左上方；③将地址计数器（AC）的值设为 0。

2. 光标归位指令

RS	R/W	DB7	DB6	DB5	DB4	DB3	DB2	DB1	DB0
0	0	0	0	0	0	0	0	1	X

功能：① 把光标撤回到显示器的左上方；②把地址计数器（AC）的值设置为 0；③保持 DDRAM 的内容不变。

3. 进入模式设置指令

RS	R/W	DB7	DB6	DB5	DB4	DB3	DB2	DB1	DB0
0	0	0	0	0	0	0	1	I/D	S

功能：设定每次写入 1 位数据后光标的移位方向，并且设定每次写入的一个字符是否移动。I/D＝0：写入新数据后光标左移，I/D＝1：写入新数据后光标右移；S＝0：写入新数据后显示屏不移动，S＝1：写入新数据后显示屏整体右移 1 个字符。

4. 显示开关控制指令

RS	R/W	DB7	DB6	DB5	DB4	DB3	DB2	DB1	DB0
0	0	0	0	0	0	1	D	C	B

功能：控制显示器开/关、光标显示/关闭以及光标是否闪烁。D＝0：显示功能关，D＝1：显示功能开；C＝0：无光标，C＝1：有光标；B＝0：光标闪烁，B＝1：光标不闪烁。

5. 设定显示屏或光标移动方向指令

RS	R/W	DB7	DB6	DB5	DB4	DB3	DB2	DB1	DB0
0	0	0	0	0	1	S/C	R/L	X	X

功能：使光标移位或使整个显示屏幕移位。参数设定的情况如下：

S/C	R/L	设 定 情 况
0	0	光标左移 1 格，且 AC 值减 1
0	1	光标右移 1 格，且 AC 值加 1
1	0	显示器上字符全部左移一格，但光标不动
1	1	显示器上字符全部右移一格，但光标不动

6. 功能设定指令

RS	R/W	DB7	DB6	DB5	DB4	DB3	DB2	DB1	DB0
0	0	0	0	1	DL	N	F	X	X

功能：设定数据总线位数、显示的行数及字型。DL = 0：数据总线为 4 位，DL = 1：数据总线为 8 位；N = 0：显示 1 行，N = 1：显示 2 行；F = 0：5 × 7 点阵/每字符，F = 1：5 × 10 点阵/每字符。

7. 设定 CGRAM 地址指令

RS	R/W	DB7	DB6	DB5	DB4	DB3	DB2	DB1	DB0
0	0	0	1	CGRAM 地址（6 位）					

功能：设定下一个要存入数据的 CGRAM 的地址。

8. 设定 DDRAM 地址指令

RS	R/W	DB7	DB6	DB5	DB4	DB3	DB2	DB1	DB0
0	0	1	DDRAM 地址（7 位）						

功能：设定下一个要存入数据的 DDRAM 的地址。

9. 读取忙信号或 AC 地址指令

RS	R/W	DB7	DB6	DB5	DB4	DB3	DB2	DB1	DB0
0	1	FB	AC 内容（7 位）						

功能：①读取忙碌信号 BF 的内容，BF = 1 表示液晶显示器忙，暂时无法接收单片机

送来的数据或指令；当 BF =0 时，液晶显示器可以接收单片机送来的数据或指令。②读取地址计数器（AC）的内容。

10. 数据写入 DDRAM 或 CGRAM 指令

RS	R/W	DB7	DB6	DB5	DB4	DB3	DB2	DB1	DB0
1	0	要写入的 8 位数据							

功能：①将字符码写入 DDRAM，以使液晶显示屏显示出相对应的字符；②将使用者自己设计的图形存入 CGRAM。

11. 从 CGRAM 或 DDRAM 读出数据的指令

RS	R/W	DB7	DB6	DB5	DB4	DB3	DB2	DB1	DB0
1	1	要读取的 8 位数据							

功能：读取 DDRAM 或 CGRAM 中的内容。

14.4 项目的原理图与仿真

14.4.1 原理图设计

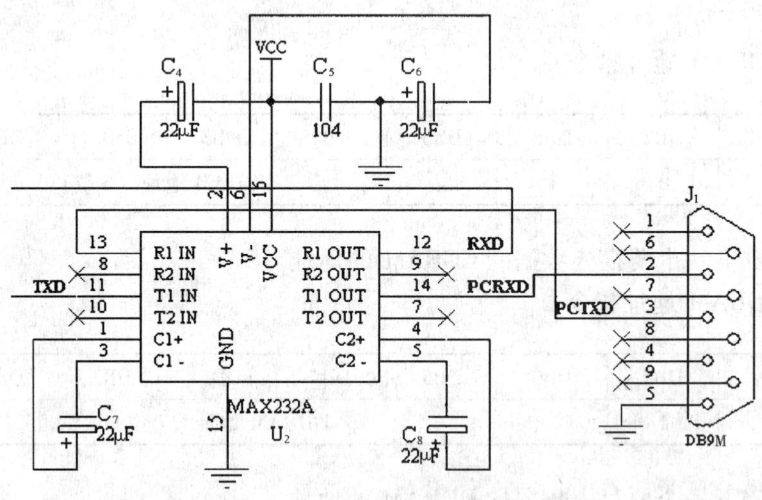

图 14－3 串口电路

单片机通过如图 14－3 所示的 MAX232 电平转换芯片与计算机连接，实现与计算机的串行通信。

如图 14－4 所示，闹钟电路与单片机的 P17 连接，当 P17 输出方波时，即可实现蜂鸣的闹钟效果。另一方面，为了简化电路的开发，电路电源采用外部直流电源再经 5V 稳压芯片来产生 VCC 电源，如图 14－5 所示。

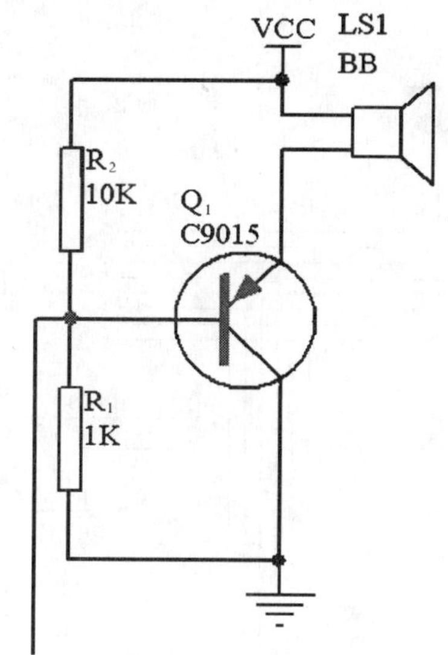

图 14－4 闹钟电路

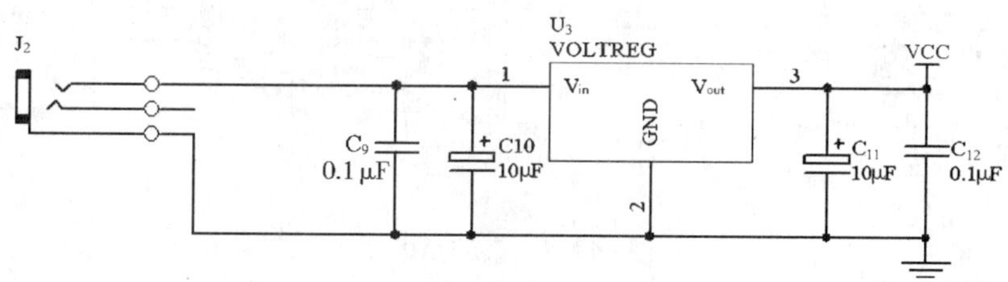

图 14－5 单片机的电源电路

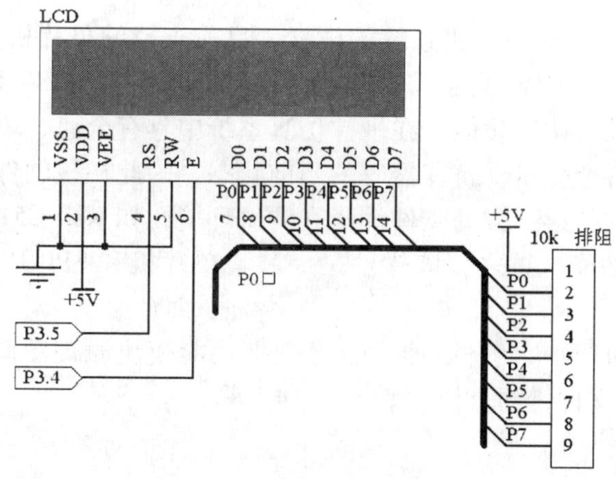

图 14－6 LCD 液晶演示电路

如图 14－6 所示，单片机通过 P0 口与 LCD 进行并行数据通信，通过 P3.4 和 P3.5 对 LCD 进行控制，RW 接地，且永远有效。系统总电路如图 14－7 所示。

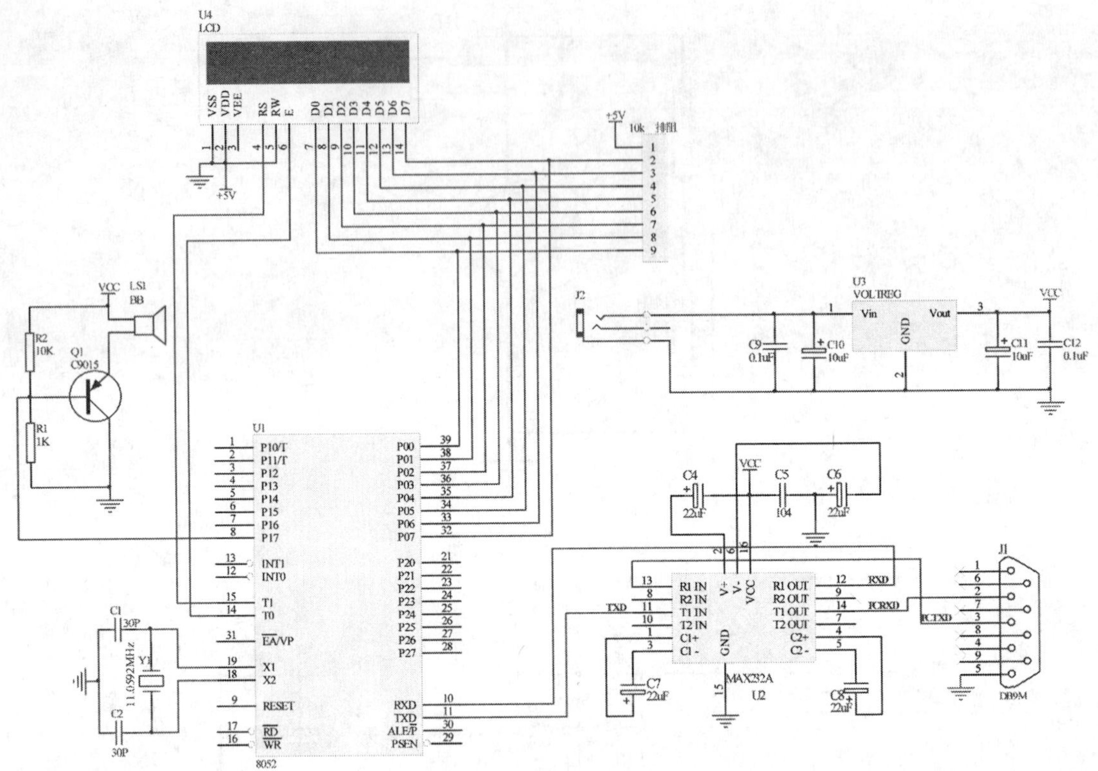

图 14－7　系统总电路

14.4.2　液晶显示仿真

PROTEUS ISIS 支持主流单片机系统的仿真。目前支持的单片机类型有：68000 系列、8051 系列、AVR 系列、PIC12 系列、PIC16 系列、PIC18 系列、Z80 系列、HC11 系列以及各种外围芯片。提供软件调试功能。在硬件仿真系统中具有全速、单步、设置断点等调试功能，同时可以观察各个变量、寄存器等的当前状态，因此在该软件仿真系统中，也必须具有这些功能；同时支持第三方的软件编译和调试环境，如 Keil C51 uVision2 等软件；具有强大的原理图绘制功能。总之，该软件是一款集单片机和 SPICE 分析于一身的仿真软件，功能极其强大。

利用 PROTEUS ISIS 强大的仿真能力，事先把功能模块原理图画出，通过在 uVision2 中的编程，引导 HEX 文件，仿真模块。见图 14－8。

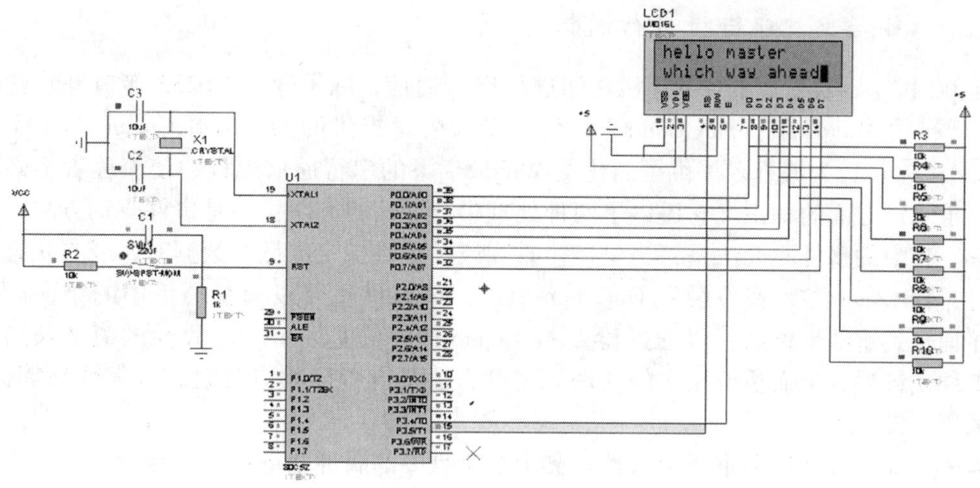

图 14－8　LCD 显示仿真图

14.5　计算机端控制程序设计

14.5.1　计算机控制界面设计

计算机控制界面参考图如图 14－9 所示，界面用于输入闹钟以及记事内容，点击“通信”按钮后，即可以通过串口与单片机进行数据的传输。

输入过程中，限制了输入的格式，否则会有“输入错误”提示。限制内容包括：

（1）输入闹钟时，输入的必须是数字，而且年是 4 位数，其他的是两位数。

（2）由于液晶显示器的显示容量为 16×2 个字符，记事内容长度不能大于 32 个字符。

读者在设计时也可以加入其他的验证功能，例如设置闹钟的同时记事内容不能为空；也可自行加入系统时间设置功能，令系统功能更完善。

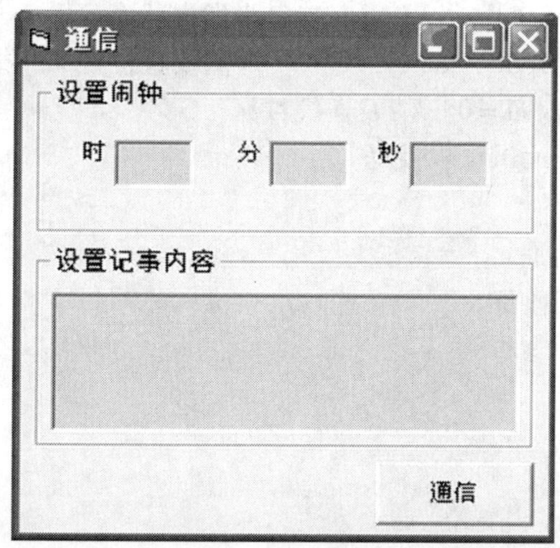

图 14－9　计算机控制界面参考图

14.5.2 VB与单片机进行串行通信

在PC机中，实现VB与单片机之间进行串行通信，除了通过RS232接口外，就是利用VB现有的Microsoft Comm Control控件。微软公司提供的Microsoft Comm Control控件（简称MSComm）为编程者提供了简化的Windows下的串行通信编程，使编程者不必掌握诸多关于硬件方面的知识。它提供了两种处理串行通信的方法：一是事件驱动方法，二是查询法。其中的事件驱动法是：当串口接收到或发送完指定数量的数据时，或当状态发生改变时，MSComm控件都将触发OnComm事件，该事件也可以捕获通信中的错误。当应用程序捕获到这些事件后，可通过检查MSComm控件的CommEvent属性的值来获知所发生的事件或错误，从而执行相应的处理。这种方法具有程序响应及时、可靠性高等优点。这里采用事件驱动法。

MSComm控件有许多重要的属性，其中七个重要的属性如下：

（1）CommPort：设置或返回通信端口。为1时对应COM1，为2时对应COM2。

（2）Settings：设置或返回波特率、奇偶校验、数据位和停止位参数。

（3）PortOpen：打开或关闭通信口。

（4）Input：读取或删除缓冲区中的数据流。

（5）Output：将数据写入发送缓冲区。

（6）InputLen：设置和返回Input属性从接收缓冲区中读取的字节数。

（7）InputMode：设置和返回的类型。该属性为0时，Input属性所检取的数据是文本；为1时，Input属性所检取的数据是二进制数据。这个属性对于单片机的通信尤为重要。

由于本系统没用到计算机端接收设置，所以串口通信更加简单。下面就是本系统VB串行通信的初始化设置：

```
MSComm1. CommPort = 1    '设置端口号为1
MSComml. PortOpen = True    '打开通讯端口
MSComml. RTSEnable = False    '置通讯端口为发送状态
MSComml. Settings = "9600, m, 8, 1"    '奇偶校验位置1，发送地址信息
MSComml. OutBufferCount = 0    '清发送缓冲区
MSComml. Output = SendData    '发送
```

14.6　单片机程序设计

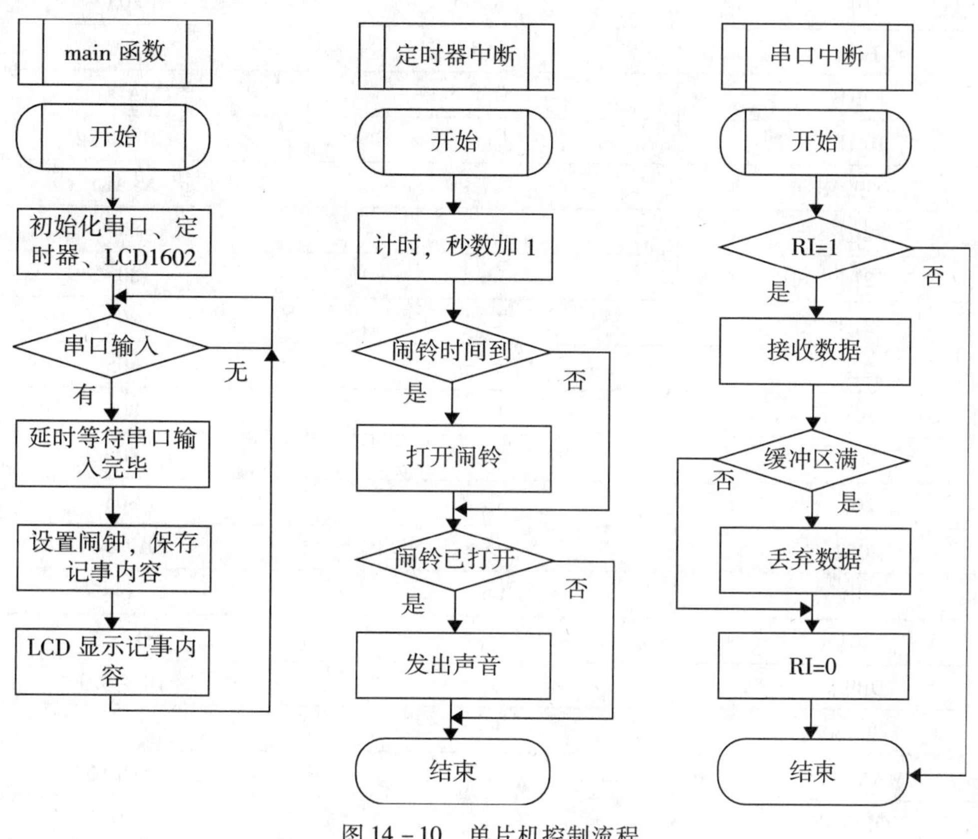

图 14-10　单片机控制流程

图 14-10 所示的流程并没有实现时间设置及闹铃关闭的功能，读者可自行进行修改设置。

14.7　附录

14.7.1　元件清单

元件清单如表 14-3 所示。

表 14-3　元件清单

元　件	编　号	引脚类型
0.1μF	C_9	805
0.1μF	C_{12}	805
1K	R_1	805

续表 14-3

元　件	编　号	引 脚 类 型
10K	R_2	805
10K	排阻	
10μF	C_{10}	CRAD0.2
10μF	C_{11}	CRAD0.2
11.0592MHz	Y_1	XTAL1
22μF	C_8	805
22μF	C_7	805
22μF	C_6	805
22μF	C_4	805
30P	C_2	805
30P	C_1	805
104	C_5	805
8052	U_1	DIP-40
BB	LS_1	bb
C9015	Q_1	SOT-23
DB9M	J_1	DB-9/F
LCD1602	U_4	
MAX232A	U_2	SOP16
VOLTREG	U_3	78M05

14.7.2　VB 参考代码

```
Private Sub cmdcomm_Click()
    Dim RingTime As Stirng
    Dim str As String

    RingTime = RingHour. Text + RingMinute. Text + RingSecond. Text
    str = RingTime +  txtMemory. Text

    cmdcomm. Enabled = False    '使"通信"按钮失效
    MSComm1. CommPort = 1    '设置端口号为1
    MSComml. PortOpen = True    '打开通讯端口
    MSComml. RTSEnable = False    '置通讯端口为发送状态
    MSComml. Settings = "9600,n,8,1"    '设置波特率等通信协议 波特率：9600 bps 奇校
验，8位数据，1位停止位
```

```
    MSComm1. OutBufferCount = 0   '清发送缓冲区
    MSComm1. Output = SendData   '发送
    cmdcomm. Enabled = True   '发送完毕，"通信" 按钮变回可用
    End Sub
```

14. 7. 3 单片机参考代码

```
#include <reg52. h>
#include <absacc. h>                /* use XBYTE function */
#include <intrins. h>               /* use _nop_( ) function */
#include <string. h>

#define uchar unsigned char
#define uint unsigned int
#define comrxdsize 38               //串口接收缓冲区大小

sfr AUXR = 0x8e;

sbit rs = P3^5;                     //LCD1602 的 RS 引脚
sbit lcden = P3^4;                  //LCD1602 的 E 引脚
sbit RING = P1^7;                   //定义与闹铃引脚相连的引脚

uchar table1[16];                   //LCD1602 的第一行字符
uchar table2[16];                   //LCD1602 的第二行字符
uint ringopen = 0;
uint sec = 0;
uint hour = 0;
uint ms = 0;                        //定时器计时变量
uint ringsec, ringhour;             //定义闹钟时间
uchar serial_data;                  //串口接收数据变量
uchar idata comrxdbuf[comrxdsize];          //串口接收缓冲区
uchar comrxdindex = 0;                      //串口接收缓冲区写序号

/*======================= 延时子函数 ================*/
/* 名称：delay_ms          */
/* 功能：调用此函数起延时作用 */
/*====================================================*/
void delay_ms(uint w)
{
 uchar z;
 while(w--)
```

```
{
 for(z=0;z<100;z++);
}
}

/*=======================LCD1602 设置子函数 ==================*/
/*名称：write_com            */
/*功能：调用此函数对 LCD1602 进行设置，对应 LCD1602 操作指令第 1～8 条*/
/*=========================================================*/
void write_com(uchar com)
{
    P0=com;
    rs=0;
    lcden=0;
    delay_ms(10);
    lcden=1;
    delay_ms(10);
    lcden=0;
}

/*=======================LCD1602 写数据子函数 =================*/
/*名称：write_date            */
/*功能：调用此函数把要显示的字符写入 LCD1602，对应 LCD1602 操作指令第 10 条*/
/*=========================================================*/
void write_date(uchar date)
{
    P0=date;
    rs=1;
    lcden=0;
    delay_ms(10);
    lcden=1;
    delay_ms(10);
    lcden=0;

}

/*=======================来自计算机的字符串的处理子函数 ===============*/
/*名称：string_set            */
/*功能：对串口输入的字符串进行处理，包括设置闹铃、保存要显示的记事内容*/
/*=========================================================*/
```

```
void string_set( )
{
    uint x;
    ringhour = ( comrxdbuf[ 0 ] - 0x30 ) * 10 + ( comrxdbuf[ 1 ] - 0x30 ) ;
    ringsec = ( ( comrxdbuf[ 2 ] - 0x30 ) * 10 + ( comrxdbuf[ 3 ] - 0x30 ) ) * 60 + ( comrxdbuf
[ 4 ] - 0x30 ) * 10 + ( comrxdbuf[ 5 ] - 0x30 ) ;
    for( x = 0 ; x < 16 ; x + + )
    {
      table1[ x ] = comrxdbuf[ x + 6 ] ;
      table2[ x ] = comrxdbuf[ x + 22 ] ;
    }
}

/ *======================== LCD1602 屏幕显示子函数 =================* /
/ * 名称：LCD_show              * /
/ * 功能：调用此函数让 LCD1602 显示两行字符串 * /
/ *=============================================================* /
void LCD_show( )
{
    uint a;
    write_com( 0x01 ) ;
    delay_ms( 20 ) ;

    write_com( 0x80 ) ;
    delay_ms( 20 ) ;
    for( a = 0 ; a < 16 ; a + + )
    {
    write_date( table1[ a ] ) ;
    delay_ms( 20 ) ;
    }

    write_com( 0xc0 ) ;
    delay_ms( 150 ) ;
    for( a = 0 ; a < 16 ; a + + )
    {
    write_date( table2[ a ] ) ;
    delay_ms( 40 ) ;
    }
}
```

```
/*====================== 等待字符串传输完毕子函数 ================*/
/*名称：wait_rxd_ok        */
/*功能：等待字符串传输完毕*/
/*==========================================================*/
void wait_rxd_ok()
{
  uint gap;
  gap = sec;
  while(sec == gap);
//   gap = sec;
//   while(sec == gap);                 //等待，每多加一个多等1秒
  comrxdbuf[comrxdindex] = '0';         //给串口输入字符串后面加终止符
}

/*====================== 准备好接收下一串口字符串子函数 ===============*/
/*名称：ready_rxd_response      */
/*功能：准备好，可以接收下一次来自计算机的数据*/
/*==========================================================*/
void ready_rxd_response()
{
    comrxdindex = 0;
}

/*====================== 初始化子函数 =======================*/
/*名称：init   */
/*功能：初始化单片机内部系统资源，包括串口、定时器等，初始化LCD1602*/
/*==========================================================*/
init()
{
  TMOD = 0x22;

 //定时器0初始化，定时频率921.6/30 = 30.72kHz
 TH0 = 0xe2;
 TL0 = 0xe2;
 TR0 = 1;
 ET0 = 1;

 /******** 串口初始化 *****************
    用11.0592MHz晶振，波特率960bps
    8位数据，1位起始位，1位停止位
```

```
    使用定时器 1 为波特率发生器
 ***********************************/
 TH1 = 0xfd;
 TL1 = 0xfd;
 SCON = 0x50;
 PCON = 0x00;
 TR1 = 1;
 ES = 1;
 EA = 1;        //开总中断
 RI = 0;

 //LCD1602 初始化
 write_com(0x38);
 delay_ms(20);
 write_com(0x0f);
 delay_ms(20);
 write_com(0x06);
 delay_ms(20);
 write_com(0x01);
 delay_ms(20);
}

/*======================= 定时器中断服务子函数 =======================*/
/* 名称：timer0          */
/* 功能：定时频率 30.72kHz，为闹铃提供脉冲，频率 15.36kHz */
/*============================================================*/
timer0()interrupt 1 using 0
{
    ms++;
    if(ms >= 30720)                //1 秒
    {
      ms = 0;
      sec++;
      if(sec >= 3600)
      {
        sec = 0;
        hour++;
        if(hour >= 24)
        {
```

```
                hour = 0;
            }
        }
    }
    if(sec == ringsec||hour == ringhour) ringopen = 1;
    if(ringopen == 1) RING = ! RING;            //产生 15.36kHz 响铃
}

/*======================= 串口中断服务子函数 ========================*/
/* 名称: serial            */
/* 功能: 串口中断接收数据 */
/*=================================================================*/
void serial() interrupt 4 using 1
{
 if(RI)
 {
        serial_data = SBUF;
        comrxdbuf[comrxdindex] = serial_data;
        comrxdindex ++;
        if(comrxdindex >= comrxdsize) comrxdindex = comrxdsize - 1;
        RI = 0;
 }
}

/*======================= 主函数 ========================*/
/* 名称: main   */
/* 功能: */
/*=====================================================*/
main()
{
 AUXR = 0x02;     //STC89C52RC 单片机专用功能, 禁止使用内部 128 字节 XDATA
 init();                               //初始化定时器和串口
 ready_rxd_response();
 while(1)
 {
    if(RI == 1){
    wait_rxd_ok();
    string_set();
    LCD_show();
```

```
    ready_rxd_response();
    }
  }
}
```

14.8 参考文献

[1] 马忠梅. 单片机的C语言应用程序设计［M］. 北京：北京航空航天大学出版社，2003.

[2] 张毅刚. 新编MCS51单片机应用设计［M］. 哈尔滨：哈尔滨工业大学出版社，2006.

[3] 谭浩强. C程序设计［M］. 北京：清华大学出版社，1999.

[4] 胡烨，姚鹏翼，江思敏. Protel 99 SE电路设计与仿真教程［M］. 北京：机械工业出版社，2005.

[5] 童诗白，华成英. 模拟电子技术基础［M］. 北京：高等教育出版社，2001.

[6] 龚沛曾，陆慰民，杨志强. Visual Basic程序设计简明教程［M］. 2版. 北京：高等教育出版社，2003.

第 15 章 基于 51 单片机的“贪食蛇”游戏机开发

15.1 设计概述

本设计以 51 系列单片机 STC89C52 为控制核心，以点阵液晶显示模块、键盘为人机接口，实现了一个“贪食蛇”游戏机。通过本设计，读者将掌握利用单片机开发简单电子产品的基本技能，熟悉原理图绘制、仿真、软件设计、优化以及系统调试的基本方法，为进一步设计开发更为复杂的嵌入式模拟/数字混合系统打下一定的基础。

15.2 产品简介

“贪食蛇”又称为“贪吃蛇”，是一种益智小游戏。其游戏规则比较简单，就是一条小蛇，不停地在屏幕上游走去吃屏幕上出现的蛋，越吃越长，只要蛇头碰到屏幕四周或者自己的身子，小蛇就立即毙命并结束游戏。本作品有上、下、左、右 4 个按键来控制蛇头的移动方向，另有一个复位按键控制程序的重启，游戏界面采用分辨率为 128 × 64 的液晶显示屏。

15.3 硬件设计

15.3.1 人机接口电路

本游戏机游戏界面由液晶显示模块呈现。液晶显示模块中，最主要的就是 LCD 液晶屏。根据 LCD 液晶屏显示内容的不同，液晶显示模块可以分为数显液晶模块、点阵字符液晶模块和点阵图形液晶模块 3 种。本设计使用点阵图形液晶模块 OCM12864。OCM12864 液晶显示模块是 128 × 64 点阵型液晶显示模块，可显示各种字符及图形，可与 CPU 直接连接，具有 8 位标准数据总线、6 条控制线及电源线，各引脚的信号说明参见表 15 - 1。

表 15 - 1 OCM12864 引脚说明

管脚名称	方向	引脚说明
VSS	-	逻辑电源地
VDD	-	逻辑电源 +5V
V0	I	LCD 调整电压，应用时接 10K 电位器可调端

续表 15－1

管脚名称	方向	引脚说明
RS	I	数据/指令选择：高电平：数据 D0～D7 将送入显示 RAM； 低电平：数据 D0～D7 将送入指令寄存器执行
R/W	I	读/写选择：高电平：读数据；低电平：写数据
E	I	读写使能，高电平有效，下降沿锁定数据
DB0	I/O	数据输入输出引脚
DB1	I/O	数据输入输出引脚
DB2	I/O	数据输入输出引脚
DB3	I/O	数据输入输出引脚
DB4	I/O	数据输入输出引脚
DB5	I/O	数据输入输出引脚
DB6	I/O	数据输入输出引脚
DB7	I/O	数据输入输出引脚
CS1	I	片选择信号，高电平时选择左半屏
CS2	I	片选择信号，高电平时选择右半屏
/RET	I	复位信号，低电平有效
VEE	O	LCD 驱动，负电压输出，对地接 10K 电位器
LEDA	-	背光电源，LED＋（5V）
LEDK	-	背光电源，LED－（0V）

单片机与液晶显示器的连接电路如图 15－1 所示，片选信号 CS1 与 CS2 接 P2.4 和 P2.3 引脚，RS、R/W、E 分别接引脚 P2.2、P2.1、P2.0。VEE 驱动负电压输出，而 V0 接 10K 电位器，对 LCD 亮度进行调节。51 单片机的 P0 口为了实现准 3 态，采用了 OC 输出，也就是集电极悬空输出。这种电路结构只有下拉能力，高电平输出没有电流。在高电平时表现为高阻态，加上拉电阻，就会失去高阻态，变成 1、0 两态。因此，在 P0 口与 OCM12864 的 I/O 口之间接上 10K 的排阻。

用户通过 4 个按键控制蛇头的上、下、左、右移动，接法如图 15－1 所示。4 个按键尾端均接地，任意按键的按下均会使与门输出由高电平变成低电平，从而触发中断。此时，中断服务程序通过检测 P2.6 口与 P2.7 口的电平可以识别是哪个按键被按下。若 P2.6 和 P2.7 同时为低电平，表明是“up”键被按下；若同时为高电平，表明“down”键被按下；若 P2.6 为高，P2.7 为低则表明是“left”键被按下；若 P2.6 为低，P2.7 为高则表明“right”键被按下。

游戏音效由蜂鸣器实现，接法如图 15－1 所示。由于单片机输出脚的驱动电流有限，我们用单片机 P2.5 脚输出信号控制 PNP 三极管 S8550 的通断，当 P2.5 输出高电平时，三极管截止；当 P2.5 输出低电平时，三极管导通。因此，通过在 P2.5 脚输出不同频率的方波信号，可使得蜂鸣器发出不同频率的声音。

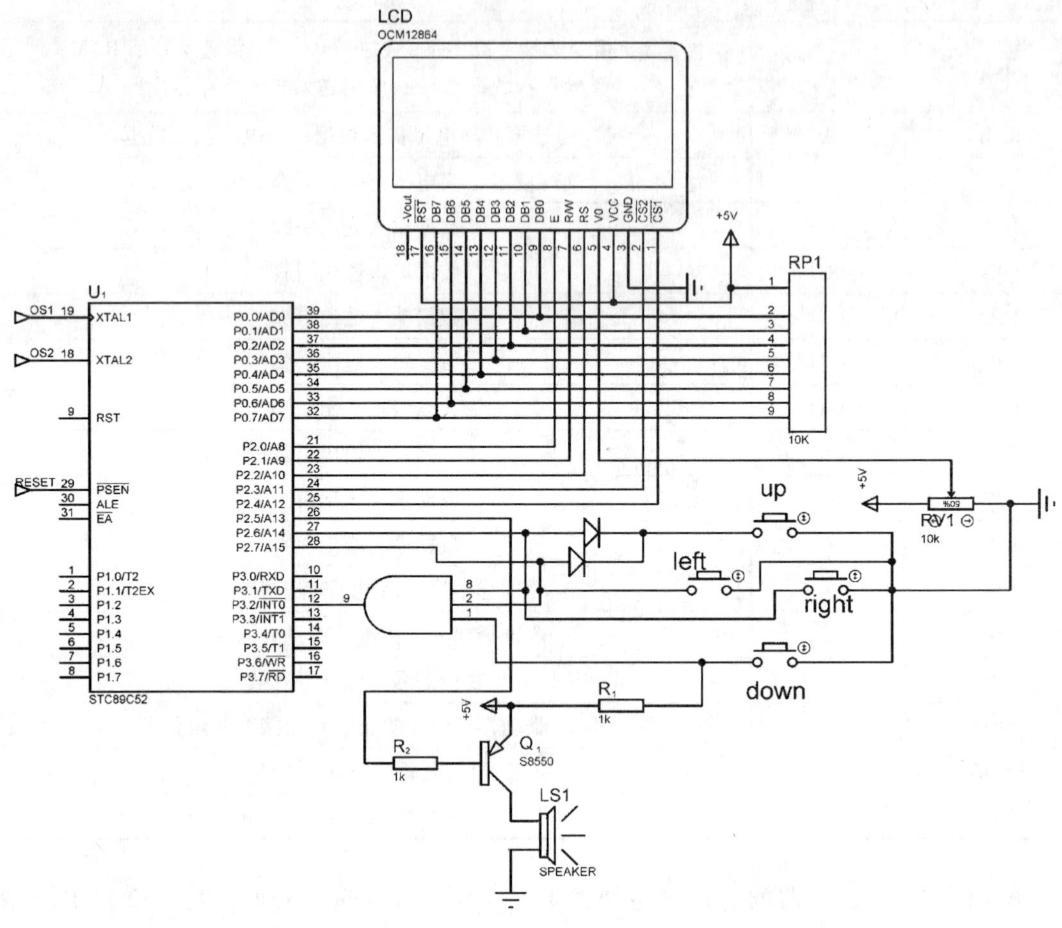

图 15-1 人机接口电路

15.3.2 单片机与 PC 机通信电路

本设计采用的 STC89C52 单片机具备 ISP 下载功能，无需用到编程器，编译好的单片机程序可以通过串口下载到单片机。单片机与 PC 机串行通信采用 RS-232C 标准。因为 RS-232C 接口信号不是标准的 TTL 电平，单片机与 PC 机通过 RS-232C 串口进行通信时，必须进行电平转换。虽然可以用分立元件组成 RS-232C 与 TTL 电平之间的转换电路，但是现在更多的是使用集成电路来完成，这里使用 MAX232 集成电路。如图 15-2 所示，MAX232 需要外接 4 只 0.1μF 电容，或者 1μF 的电解电容。之所以需要电容，是因为 RS-232 电平是工作在 -9～+9V，需要电容将 5V 电压转换成 RS-232 电平需要的 +10V 和 -10V。单片机则安装了 DB9 物理连接器，可直接通过串口线连接到 PC 的串口。

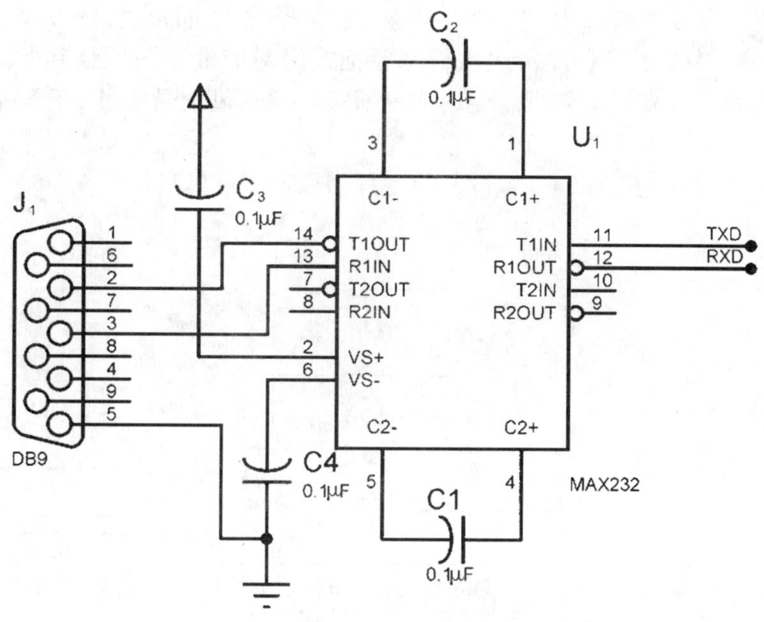

图 15 - 2　RS - 232 信号适配电路

15.3.3　其他部分电路说明

电源电路、复位和时钟电路比较简单，具体连接请参见电路原理总图。

供电部分采用 7805 将输入 9 ～ 12V 电压转换为 5V 输出，输入输出端接 220μF 电解电容，使整流后的脉动直流电压变成相对比较稳定的直流电压。由于大容量的电解电容一般具有一定的电感，对高频及脉冲干扰信号不能有效地滤除，所以两端并联一只容量为 0.1μF 的电容，以滤除高频及脉冲干扰。

复位电路含有上电复位和按键复位功能，按键复位用于游戏结束后的重新启动。系统插电瞬间电源通过 10K 电阻给 10μF 电容充电电平，充电电流在 10K 电阻上产生压降，于是电阻上端产生一个维持几百毫秒的高电平输入到“RESET”键对单片机进行复位，电容充电满后经过电阻电流为 0，复位失效。类似地，当开关按下时，强制产生一个高电平对单片机进行复位。

时钟电路使用 12MHz 的晶振，晶振的两引脚处接入两个 22pF 的瓷片电容来削减谐波对电路稳定性的影响。

15.4　软件设计

15.4.1　系统程序流程

如图 15 - 3 所示，“贪食蛇”软件主要分成三个部分：主程序、外部中断服务程序和定时中断服务程序。主程序的作用是一些初始化工作及蛇体动作执行、食物的随机产生、得分累计、图像显示等。外部中断服务程序的功能是识别按键。定时中断服务程序的作用是定时产生步进信号。外部中断服务程序与主程序之间联系的纽带是全局变量 MovDirection，键盘中断服务程序每次执行都要把按键对应的方向更新到此变量，而主程序每次步进方向都以此变量为依据。定时中断服务程序通过全局变量 IsToStep 与主程序联系起来，主程序只有在 IsToStep 为 1 时才让蛇体步进，且步进后将该变量置 0，定时中断服务程序每隔一段时间为 IsToStep 置位，使主程序得到步进信号。

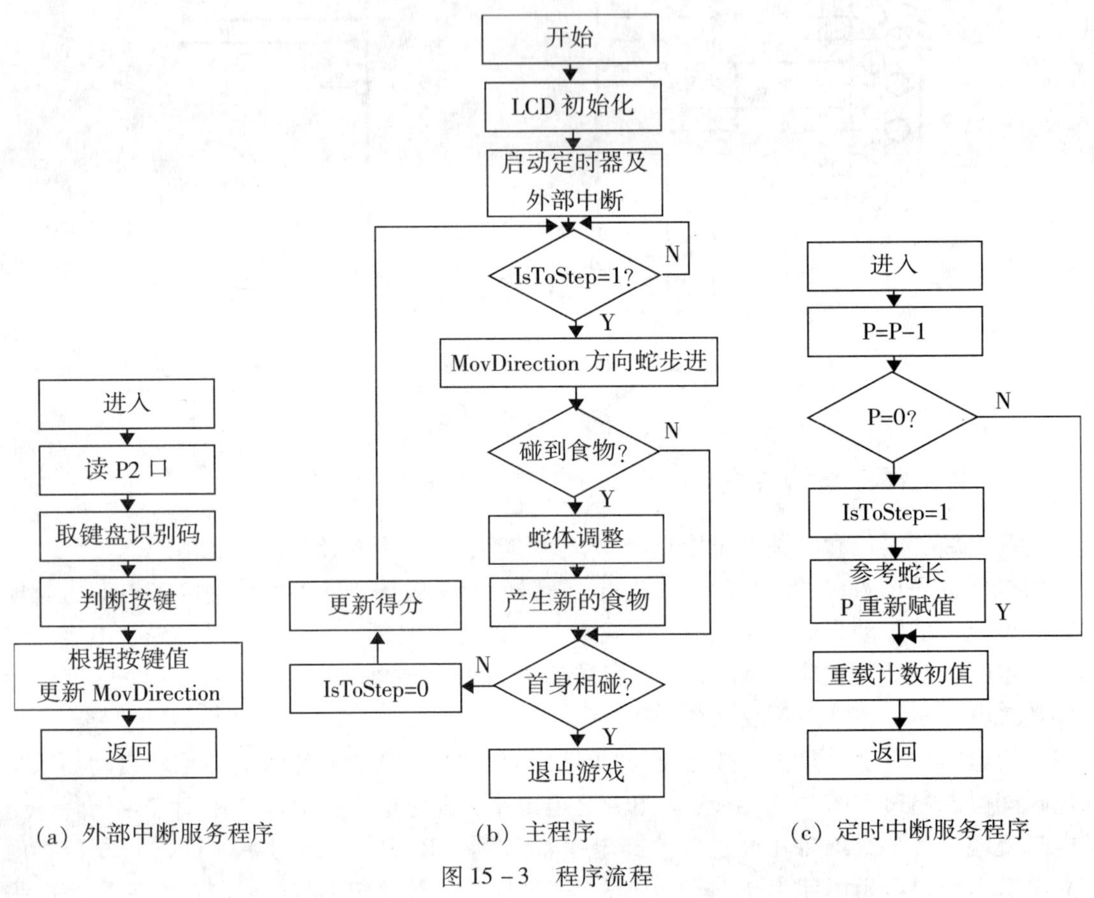

(a) 外部中断服务程序　　(b) 主程序　　(c) 定时中断服务程序

图 15-3　程序流程

主程序首先进行 LCD 和定时器的初始化，绘制好游戏界面后打开外部中断并启动定时器，进入主循环。主循环等待蛇体步进信号 IsToStep（由定时中断服务程序设置），得到步进信号后根据当前方向 MovDirection 控制蛇体向前步进。步进后判断当前蛇头是否碰到食物，若碰到，将食物与蛇体合并，并产生新的食物再进入首身相碰判断；若未碰到食物，直接进入首身相碰判断。若首身未相碰则将 IsToStep 清零、更新得分后回到主循环，否则退出游戏。

定时器中断服务程序作用是定时产生步进信号，因硬件定时最大值不够蛇体步进最小间隔时间，我们用多次硬件定时来产生一个步进信号。设计全局变量 p，每硬件中断触发一次 p 减 1。当 p 减到 0 时置 IsToStep 为 1 并对 p 重新赋值。值得注意的是，p 的重新赋值应参考蛇体长度，若蛇体长度越长 p 值应越小，即步进间隔越短，蛇体移动速度越快，游戏难度越大。具体做法见参考代码。

外部中断服务程序用于按键识别并更新前进方向全局变量 MovDirection。首先取出键盘检测位的值再确定“贪食蛇”要改变的方向。当“贪食蛇”正向上或向下移动时，按下上下方向键，键值都不进行处理；而“贪食蛇”正向左或向右移动时，按下左右方向键，键值都不进行处理。

15.4.2　软件模块设计

15.4.2.1　LCD 初始化

在对 LCD 进行初始化时，先要检查读忙碌标志位，当 BF 为 1 表示内部操作正在进行，0 表示允许指令操作。具体指令说明如下：

1. 显示开/关设置

引脚	R/W	RS	DB7	DB6	DB5	DB4	DB3	DB2	DB1	DB0
电平	L	L	L	L	H	H	H	H	H	H/L

功能：设置屏幕显示开/关。DB0 = H，开显示；DB0 = L，关显示。不影响显示 RAM（DD RAM）中的内容。

2. 设置显示起始行

引脚	R/W	RS	DB7	DB6	DB5	DB4	DB3	DB2	DB1	DB0
电平	L	L	H	H	行地址（0～63）					

功能：执行该命令后，所设置的行将显示在屏幕的第一行。显示起始行是由 Z 地址计数器控制的，该命令自动将 A0 ～ A5 位地址送入 Z 地址计数器，起始地址可以是 0 ～ 63 范围内任意一行。Z 地址计数器具有循环计数功能，用于显示行扫描同步，当扫描完一行后自动加“1”。

3. 设置页地址

引脚	R/W	RS	DB7	DB6	DB5	DB4	DB3	DB2	DB1	DB0
电平	L	L	H	L	H	H	H	页地址（0～7）		

功能：执行本指令后，下面的读写操作将在指定页内，直到重新设置。页地址就是 DDRAM 的行地址，页地址存储在 X 地址计数器中，A2 ～ A0 可表示 8 页，读写数据对页地址没有影响，除本指令可改变页地址外，复位信号（RST）可把页地址计数器内容清零。

4. 设置列地址

引脚	R/W	RS	DB7	DB6	DB5	DB4	DB3	DB2	DB1	DB0
电平	L	L	L	H	列地址（0～63）					

功能：DDRAM 的列地址存储在 Y 地址计数器中，读写数据对列地址有影响，在对 DDRAM 进行读写操作后，Y 地址自动加 1。

5. 状态检测

引脚	R/W	RS	DB7	DB6	DB5	DB4	DB3	DB2	DB1	DB0
电平	H	L	BF	L	ON/OFF	RST	L	L	L	L

功能：读忙信号标志位（BF）、复位标志位（RST）以及显示状态位（ON/OFF）。BF = H：内部正在执行操作；BF = L：空闲状态。RST = H：正处于复位初始化状态；RST = L：正常状态。ON/OFF = H：表示显示关闭；ON/OFF = L：表示显示开启。

6. 写显示数据

引脚	R/W	RS	DB7	DB6	DB5	DB4	DB3	DB2	DB1	DB0
电平	L	H	D7	D6	D5	D4	D3	D2	D1	D0

功能：写数据到 DDRAM，DDRAM 是存储图形显示数据的，写指令执行后 Y 地址计数器自动加 1。D7 ~ D0 位数据为 1 表示显示，数据为 0 表示不显示。写数据到 DDRAM 前，要先执行“设置页地址”及“设置列地址”命令。

7. 读显示数据

引脚	R/W	RS	DB7	DB6	DB5	DB4	DB3	DB2	DB1	DB0
电平	H	H	D7	D6	D5	D4	D3	D2	D1	D0

功能：从 DDRAM 读数据，读指令执行后 Y 地址计数器自动加“1”。从 DDRAM 读数据前要先执行“设置页地址”及“设置列地址”命令。

LCD 初始化时，根据指令格式，先进行读忙碌检查。当 BF 为低电平时，设置显示起始行为第一行，A0 ~ A5 位为 0，然后设置屏幕显示为开，具体做法见参考代码。

15.4.2.2 键盘扫描程序

键盘扫描通过外部中断来检测，4 个方向键经与门与 P3.2（中断输入）引脚相连。程序初始化时将 IT0 置 0，表示外部中断使用电平触发方式，低电平可引起中断。任何键的按下均会使 P3.2 电平为低，进入中断服务程序。中断服务程序先将 P2 口数据取出，右移 6 位将键盘接入引脚（P2.7、P2.6）的值取出，得到键盘识别码。键盘识别码有 4 个：“1”（左键）、“2”（右键）、“0”（上键）、“3”（下键）。得到按键识别码后根据识别码及当前方向更新前进方向。

15.4.2.3 显示 16×16 点阵汉字

液晶显示器的数据线是 8 位的，显示数据是逐字节输入的。每字节输入数据对应到一列的 8 个像素点（8 行）。自然地，64 行像素点分成 8 页，每 8 行为一页。向液晶显示器写入显示数据时均要先设置写入的页号和列号（而不是具体某一个像素点的坐标），然后写入一个字节的数据。如表 15－2 所示，液晶显示模块中的 DDRAM 是存储图形显示数据的，LCD 显示的数据与 DDRAM 中的数据一一对应（一位 DDRAM 对应一个像素，数据为 1 表显示该点，为 0 不显示）。汉字在液晶中占用 16×16 像素点，即两页 16 列。把汉字的点阵数据写到液晶的 DDRAM 中时。先载入第一页的 16 列（字节），再载入第 2 页的 16 列。详细过程见参考代码。

表 15-2　DDRAM 地址映像

Y 地址

<table>
<tr><td>0</td><td>1</td><td>2</td><td>………………………</td><td>61</td><td>62</td><td>63</td><td>X 地址</td></tr>
<tr><td colspan="3">DB0
∫
DB7</td><td colspan="4">PAGE0</td><td>X=0</td></tr>
<tr><td colspan="3">DB0
∫
DB7</td><td colspan="4">PAGE1</td><td>X=1</td></tr>
<tr><td colspan="3">::
::
::
::</td><td colspan="4"></td><td></td></tr>
<tr><td colspan="3">DB0
∫
DB7</td><td colspan="4">PAGE6</td><td>X=7</td></tr>
<tr><td colspan="3">DB0
∫
DB7</td><td colspan="4">PAGE7</td><td></td></tr>
</table>

15.4.2.4　食物的随机出现

食物的出现是一种随机行为，所以必须做一个随机数，而且食物出现的位置不能与蛇的位置相同，也不能超出墙外，否则就要重置食物。这里使用程序中的定时计数器的低 8 位 TL0 的数值，由于 TL0 不断变化，不同的时间点数值不同，TL0%24 及 TL0%15 分别为食物的列地址和行地址。

15.4.3 软件编译

程序调试使用 uVision3，此在软件中要求每个工程都要建立一个文件来存储相关信息，因此不论是汇编的，还是 C 语言的，不论是只有一个文件的还是有多个文件的程序都需要一个工程文件。这里使用 C 语言编写，具体步骤如下。

（1）打开 uVision3 后，打开“Project”菜单，在弹出的下拉菜单中选择“New Project”命令，选择保存路径，输入工程名“贪食蛇”，最后单击“保存”按钮。在保存新建工程后要求选择所使用单片机的型号，在此选择 Atmel 的 80C52 单片机。

（2）建立起一个新工程后，接下来是新建程序及各种文件，保存程序文件后需要将其添加到工程中。

（3）至此就可以进行源程序编写，完成编写后就对程序进行编译及仿真。通过单击工具栏图标“Build Target”，可以翻译所有源文件并生成应用。当 Build 应用存在语法错误时，uVision3 将会在 Output Window - Build 页显示错误和警示信息。双击信息行，uVision3 在编辑器窗口打开此信息对应的源文件，并定位到相应的位置。一旦成功地生成了应用程序，就可以开始调试了。在调试好应用程序后，要求生成一个 Intel HEX 文件。这个文件可以下载到 EPROM 编程器中。

15.5 系统调试

15.5.1 Proteus 仿真

在用 uVision3 编写单片机程序时，因 uVision3 往往只能修改语法上的错误，对于算法上的问题不好检查，而直接下到单片机里又受电路板的限制不方便调试，因此这里使用 Proteus 进行电路仿真。该软件具有模拟电路仿真、数字电路仿真、单片机及其外围电路组成的系统仿真、RS232 动态仿真、I^2C 调试器、SPI 调试器、键盘和 LCD 系统仿真的功能，同时有各种虚拟仪器，如示波器、逻辑分析仪、信号发生器等。

在 Proteus 软件的 ISIS 中新建设计图，画出本设计的电路图。电路设计完成后就可以进行仿真。先双击单片机，把用 uVision3 编译生成的 HEX 文件指定为下载文件，点击“PLAY”键即可进行仿真。当出现“ANALYSER ERRORS”时，表示电路有错误，列表中说明了具体的错误，必须要先排错才可以进行仿真。

15.5.2 硬件的安装

软件调试及 Proteus 仿真完成后就可以进行硬件的安装。读者可以自己印制 PCB 进行设计，亦可在万能板上搭建。安装时要考虑受热、稳固等多方面的影响。如使用电烙铁时要控制好焊接的时间，电烙铁停留的时间太短，焊锡不易完全熔化，形成“虚焊”；而焊接时间太长又容易损坏元器件，每一两秒内要焊好一个焊点，若没完成，宁愿等一会儿再焊一次。其次，芯片的摆置要方便连线，焊接时要先把芯片从插座中拔出，等线接好后再插上去。在焊接时要考虑电路的抗干扰能力，同时要充分考虑电源对单片机的影响。每焊接完一个模块，要用万用表根据电路图检查有没有接错、短路等现象，确认正确后再继续下一个模块。

15.5.3　调试注意事项

15.5.3.1　硬件调试注意事项

硬件全部焊接好以后，先初步检查是否焊错，有没有漏焊、虚焊，元件有没有接错或者接反。在上电之前可以用万用表检测电源正负极有没有短路，保证系统可靠地供电。

对于复杂的接口，例如 LCD 接口，单纯从硬件角度不易调试，应结合软件从不同的角度进行测试，这样能起到更好的效果。如果有条件可以合理地使用示波器，提高工作效率。注意系统时钟受干扰或晶体振荡不正常可能导致系统工作故障，复位电路也要保证连接正确及工作正常。

检查故障时要细心严谨，要学会正确迅速排除故障原因。如果调试各部分都正常，就可以把整个程序下载到单片机系统中，再进行下一步的软件调试了。

15.5.3.2　软件调试注意事项

整个程序是用 C 语言进行编写的，因为程序不可能一次就正确无误地完成，所以需要在调试中慢慢修改。程序完成后先用 Proteus 软件进行仿真调试，之后再进行硬件调试。这样可以避免多次使用硬件下载调试造成不必要的麻烦与失误。软件仿真成功了，便可以通过串口下载到单片机上进行调试了。但要注意一点，并不是软件上的仿真成功了硬件就一定能成功，很多时候软件上的仿真和硬件上的仿真还是存在很大差别的，软件仿真成功只说明电路连接正确，程序编写合理；而硬件的仿真还受到元件性能、周围环境温度和噪音干扰等多方面因素影响，必须要综合考虑。

15.6　附录

15.6.1　总原理图

本设计总原理图如图 15 – 4 所示。

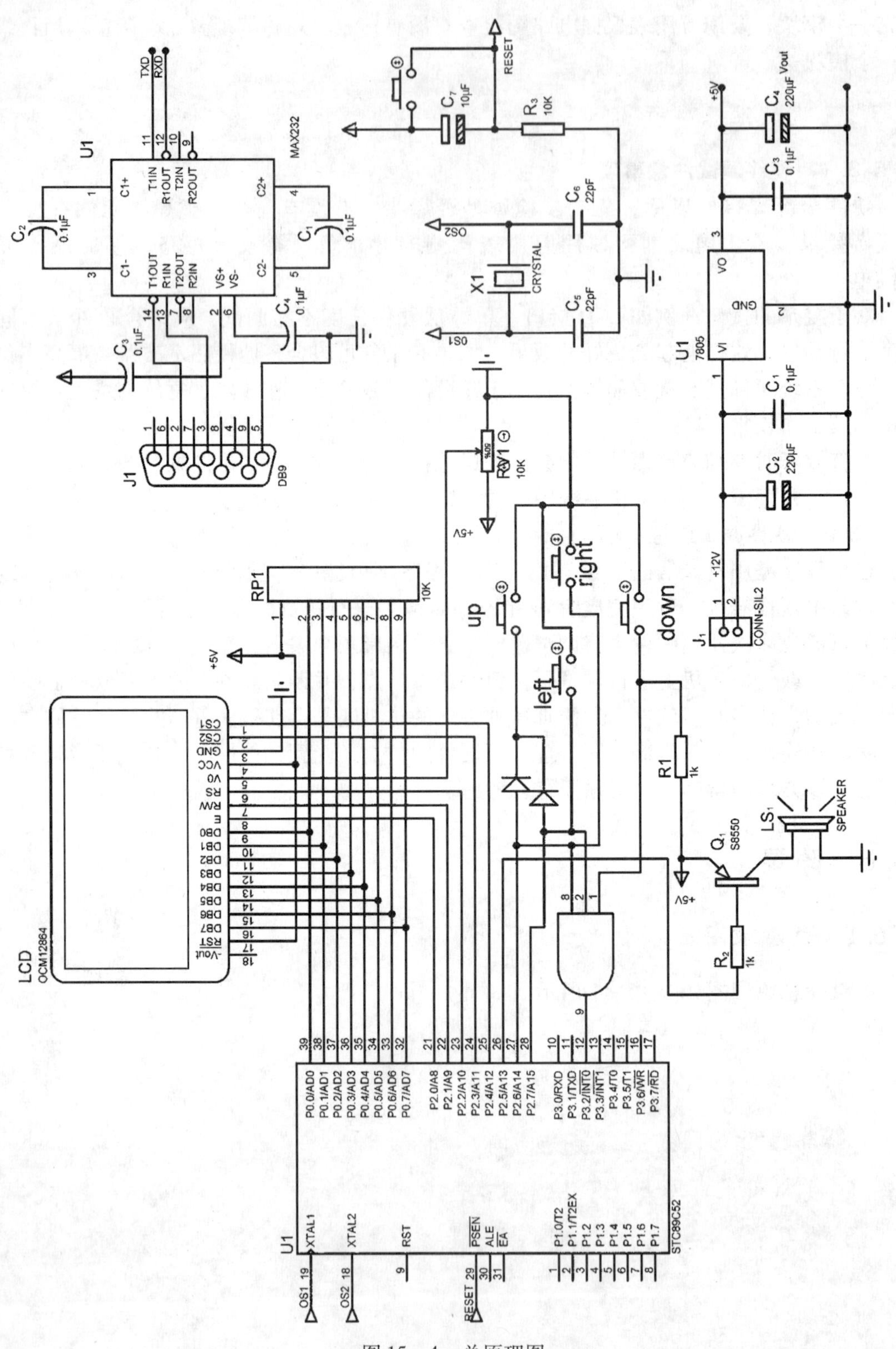

TXD
RXD
U1
MAX232
C1+
C1-
C2+
C2-
T1IN
R1OUT
R2OUT
T2IN
T1OUT
R1IN
T2OUT
R2IN
VS+
VS-
C_1 0.1μF
C_2 0.1μF
C_3 0.1μF
C_4 0.1μF
J1
DB9
RESET
C_7 10μF
R_3 10K
C_6 22pF
C_5 22pF
X1
CRYSTAL
OS1
OS2
RV1
10K
+5V
RP1
10K
up
down
left
right
U1
7805
VI
VO
GND
C_1 0.1μF
C_2 220μF
C_3 0.1μF
C_4 220μF
Vout
+12V
J_1
CONN-SIL2
R1
1k
R_2
1k
Q_1
S8550
LS_1
SPEAKER
LCD
OCM12864
CS1
CS2
GND
VCC
V0
RS
R/W
E
DB0
DB1
DB2
DB3
DB4
DB5
DB6
DB7
RST
-Vout
XTAL1
XTAL2
RST
PSEN
ALE
EA
P0.0/AD0
P0.1/AD1
P0.2/AD2
P0.3/AD3
P0.4/AD4
P0.5/AD5
P0.6/AD6
P0.7/AD7
P2.0/A8
P2.1/A9
P2.2/A10
P2.3/A11
P2.4/A12
P2.5/A13
P2.6/A14
P2.7/A15
P3.0/RXD
P3.1/TXD
P3.2/INT0
P3.3/INT1
P3.4/T0
P3.5/T1
P3.6/WR
P3.7/RD
P1.0/T2
P1.1/T2EX
P1.2
P1.3
P1.4
P1.5
P1.6
P1.7
STC89C52

图 15-4 总原理图

15.6.2 单片机程序参考代码

```
/******************************************************************
文件名：main. c
说  明：程序文件,所有“贪食蛇”软件的函数均在此文件内,
        包括 main 函数、中断处理处理函数和液晶驱动的相关函数。
其  他：编译器 Keil C，单片机晶振 12MHz。
******************************************************************/
#include "reg52. h"
#define uchar unsigned char
#define uint unsigned int
void DelayINms(uint k); //函数原型声明
void chekbusy12864();
void choose12864(uchar SlctScreen);
void cmd_w12864(uchar cmd);
void dat_w12864(uchar dat);
void clear12864();
void init_lcd();
void Play8(uchar SlctScreen,uchar Column,uchar Page,uchar *pAdr);
void Play16(uchar SlctScreen,uchar Column,uchar Page,uchar *pAdr);
uchar dat_r12864(uchar Page,uchar Column);
void vertical(uchar RowStart,uchar RowStop,uchar Column);
void dot(uchar x,uchar y);
void cleardot(uchar x,uchar y)
void DisplayBodyCell(uchar *x,uchar *y);
void ClearBodyCell(uchar *x,uchar *y);
//文字点阵数据
uchar code shu0[] =
{0x00,0xE0,0x10,0x08,0x08,0x10,0xE0,0x00,0x00,0x0F,0x10,0x20,0x20,0x10,0x0F,0x00};/*
"0" */
uchar code shu1[] =
{0x00,0x10,0x10,0xF8,0x00,0x00,0x00,0x00,0x00,0x20,0x20,0x3F,0x20,0x20,0x00,0x00};/*
"1" */
uchar code shu2[] =
{0x00,0x70,0x08,0x08,0x08,0x88,0x70,0x00,0x00,0x30,0x28,0x24,0x22,0x21,0x30,0x00};/*
"2" */
uchar code shu3[] =
```

```
{0x00,0x30,0x08,0x88,0x88,0x48,0x30,0x00,0x00,0x18,0x20,0x20,0x20,0x11,0x0E,0x00};/*
"3" */
uchar code shu4[] =
{0x00,0x00,0xC0,0x20,0x10,0xF8,0x00,0x00,0x00,0x07,0x04,0x24,0x24,0x3F,0x24,0x00};/*
"4" */
uchar code shu5[] =
{0x00,0xF8,0x08,0x88,0x88,0x08,0x08,0x00,0x00,0x19,0x21,0x20,0x20,0x11,0x0E,0x00};/*
"5" */
uchar code shu6[] =
{0x00,0xE0,0x10,0x88,0x88,0x18,0x00,0x00,0x00,0x0F,0x11,0x20,0x20,0x11,0x0E,0x00};/*
"6" */
uchar code shu7[] =
{0x00,0x38,0x08,0x08,0xC8,0x38,0x08,0x00,0x00,0x00,0x00,0x3F,0x00,0x00,0x00,0x00};/*
"7" */
uchar code shu8[] =
{0x00,0x70,0x88,0x08,0x08,0x88,0x70,0x00,0x00,0x1C,0x22,0x21,0x21,0x22,0x1C,0x00};/*
"8" */
uchar code shu9[] =
{0x00,0xE0,0x10,0x08,0x08,0x10,0xE0,0x00,0x00,0x00,0x31,0x22,0x22,0x11,0x0F,0x00};/*
"9" */
uchar code GameOverWord[] =
{
0x00,0x20,0x44,0x08,0x20,0xE0,0x92,0x94,0x10,0x28,0xAE,0x68,0x24,0x04,0x00,0x00,
0x00,0x0C,0x03,0x04,0x02,0x19,0x0C,0x03,0x02,0x12,0x22,0x1F,0x01,0x01,0x01,0x00,/*
"游" */
0x00,0x20,0xA0,0x90,0x10,0xF0,0x00,0x40,0x7F,0xC0,0x20,0x24,0x88,0x00,0x00,0x00,
0x10,0x08,0x04,0x02,0x01,0x02,0x14,0x10,0x08,0x05,0x06,0x09,0x10,0x20,0x38,0x00,/*
"戏" */
0x00,0x60,0x50,0xCC,0x40,0x30,0x40,0x40,0x40,0xFE,0x20,0x20,0x20,0x20,0x00,0x00,
0x00,0x12,0x13,0x0A,0x09,0x05,0x00,0x3A,0x2A,0x25,0x25,0x15,0x1D,0x00,0x00,0x00,/*
"结" */
0x00,0x00,0x00,0x60,0xA8,0xA8,0xA8,0xFF,0x94,0x54,0x70,0x00,0x00,0x00,0x00,0x00,
0x10,0x10,0x08,0x08,0x04,0x02,0x01,0x7F,0x02,0x04,0x08,0x08,0x10,0x10,0x10,0x00 /*
"束" */
};
uchar code fen[] =
{
0x80, 0x40, 0x20, 0x98, 0x87, 0x82, 0x80, 0x80, 0x83, 0x84, 0x98, 0x30, 0x60, 0xc0,
```

```
0x40, 0x00,
0x00, 0x80, 0x40, 0x20, 0x10, 0x0f, 0x00, 0x00, 0x20, 0x40, 0x3f, 0x00, 0x00, 0x00, 0x00,
0x00/ * "分" * /
};
uchar code shu[ ] =
{
0x10, 0x92, 0x54, 0x38, 0xff, 0x38, 0x54, 0x52, 0x80, 0xf0, 0x1f, 0x12, 0x10, 0xf0, 0x10, 0x00,
0x42, 0x42, 0x2a, 0x2e, 0x13, 0x1a, 0x26, 0x02, 0x40, 0x20, 0x13, 0x0c, 0x33, 0x60, 0x20,
0x00/ * "数" * /
};

/ * “贪食蛇”身体最小单位为 4 ×4 像素，活动空间被划分成多个 4 ×4 的小方块，共有
16 行 25 列，用 x 表示列，y 表示行的话我们可以用（X，Y）来表示蛇身体的一个单元
的位置，从蛇头开始，我们将蛇的身体所有单元置于一个数组内，该数组为 SnakeBody,
SnakeBody [0] 存蛇尾。食物也是 4 ×4 的，处理方法类似 * /
uchar SnakeBody[80] = {0,8,1,8};
sbit deep = P2^5;
bit IsMovInVetical = 0;      //IsMovInVetical 为 0 表示当前蛇头移动是水平向，1 表垂直向
bit IsNotEatSelf;            //为 0 表蛇头碰到蛇身，为 1 表未碰到
bit IsToStep = 0;            //步进标志,主循环发现此位为 1，让蛇进一步且将该位置 0
bit IsT0GenNewFood;          //是否需要重新产生食物（重置食物）
uchar SnakeLength = 2;       //蛇体当前长度
uchar p = 20;                //定时次数
uchar ButtonNum,MovDirection = 1;   //k 是按键号，MovDirection 是移动方向

//液晶显示器相关全局变量
sbit E = P2^0;
sbit RW = P2^1;
sbit RS = P2^2;
sbit CS2 = P2^3;
sbit CS1 = P2^4;

/ *******************************************************************
函数名：main
说明：液晶屏初始化，定时器初始化后进入一个主循环，在主循环内等待到定时中断服
务程序将全局变量 IsToStep 置 1，控制蛇产生步进。判断是否碰到食物，若碰到食物则将
蛇身与食物合并，并产生新的食物。每步进一次，主循环内还要判断蛇是否吃到自己，
若是，则退出主循环提示结束程序。
******************************************************************* /
```

```
void main()
{
    uchar food[2] = {12,8};           //食物的位置(位于哪个 4×4 小格)
    uchar i,x,y;
    choose12864(2);                   //选定左右屏幕
    init_lcd();                       //初始化
    clear12864();                     //清屏
    vertical(1,61,30);                //画左垂直边框线
    vertical(1,61,127);               //画右垂直边框线
    for(i=0;i<98;i++)                 //画上下水平边框线
    {
      dot(30+i,1);
        dot(30+i,62);
    }
    Play16(0,0,1,fen);                //在屏幕左侧显示“分数”字样
    Play16(0,0,2,shu);
    DisplayBodyCell(SnakeBody,(SnakeBody+1));  //显示“贪食蛇”
    DisplayBodyCell((SnakeBody+2),(SnakeBody+3));  //显示食物
    DisplayBodyCell(food,food+1);
    TMOD=0x01;                        //定时器工作方式
    IT0=1;                            //边延有效
    EX0=1;                            //开外部中断
    TL0=0x00;
    TH0=0x00;                         //定时器初值
    TR0=1;                            //启动定时器
    ET0=1;                            //开定时器中断
    IP=0x01;                          //设置中断优先级
    EA=1;                             //开 CPU 中断
    do
    {
        while(!IsToStep);  //等待到定时中断给步进标记置位后，控制蛇身向前一步
        x=*(SnakeBody);  //暂存蛇尾位置
        y=*(SnakeBody+1);
        switch(MovDirection)
          {
            case 1:                   //东
            {
                //蛇步进，原次尾单元变成尾单元。SnakeBody 向前挪两个字节
```

```
            for(i=0;i<SnakeLength-1;i++)
            {
                *(SnakeBody+(i<<1))=*(SnakeBody+(i<<1)+2);
                 *(SnakeBody+(i<<1)+1)=*(SnakeBody+(i<<1)+3);
            }
            (*(SnakeBody+(SnakeLength<<1)-2))++;  //设定新蛇头的位置
                IsMovInVetical=0;
                break;
    }
      case 2:                            //南
      {//蛇步进，原次尾单元变成尾单元。SnakeBody 向前挪两个字节
       for(i=0;i<SnakeLength-1;i++){
           *(SnakeBody+(i<<1))=*(SnakeBody+(i<<1)+2);
            *(SnakeBody+(i<<1)+1)=*(SnakeBody+(i<<1)+3);
         }
           (*(SnakeBody+(SnakeLength<<1)-1))++;
                IsMovInVetical=1;
                break;
    }
    case 3:                              //西
    {//蛇步进，原次尾单元变成尾单元。SnakeBody 向前挪两个字节
       for(i=0;i<SnakeLength-1;i++){
           *(SnakeBody+(i<<1))=*(SnakeBody+(i<<1)+2);
            *(SnakeBody+(i<<1)+1)=*(SnakeBody+(i<<1)+3);
       }
       (*(SnakeBody+(SnakeLength<<1)-2))--;//设定新蛇头的位置
           IsMovInVetical=0;
           break;
    }
    case 4:                              //北
    {       //蛇步进，原次尾单元变成尾单元。SnakeBody 向前挪两个字节
          for(i=0;i<SnakeLength-1;i++)
          {
          *(SnakeBody+(i<<1))=*(SnakeBody+(i<<1)+2);
          *(SnakeBody+(i<<1)+1)=*(SnakeBody+(i<<1)+3);
          }
          (*(SnakeBody+(SnakeLength<<1)-1))--;//设定新蛇头的位置
            IsMovInVetical=1;
```

```
                    break;
                }
        }

    if(((*(SnakeBody+(SnakeLength<<1)-2))==food[0])&&
     ((*(SnakeBody+(SnakeLength<<1)-1))==food[1]))
      { //若碰到食物，调整蛇体
            for(i=SnakeLength;i>0;i--)
            {
                *(SnakeBody+(i<<1))=*(SnakeBody+(i<<1)-2);
                *(SnakeBody+(i<<1)+1)=*(SnakeBody+(i<<1)-1);
            }
            *SnakeBody=x;
            *(SnakeBody+1)=y;
            SnakeLength++; //蛇体长度加
            do  //产生新的有效的食物
            {
                IsT0GenNewFood=0;
                food[0]=TL0%24; //产生食物
                food[1]=TL0%15;//检查 Food 位置是否被蛇身覆盖，若是需重置食物
                for(i=0;i<SnakeLength-1;i++)
                {
                   if((*(SnakeBody+(i<<1)))==food[0]&&
                    ((*(SnakeBody+(i<<1)+1))==food[1]))
                      {
                           IsT0GenNewFood=1;
                           break;
                      }
                }
            }
            while(IsT0GenNewFood);
            DisplayBodyCell(food,food+1); //显示食物
      }

    IsNotEatSelf=1;
    for(i=0;i<SnakeLength-1;i++)
    { //判断是否吃到自己，蛇头坐标与身体某单元相同
           if(*(SnakeBody+(i<<1))==*(SnakeBody+(SnakeLength<<1)-2)
              &&(*(SnakeBody+(i<<1)+1)==*(SnakeBody+(SnakeLength<<1)-1)))
```

```
			{
					IsNotEatSelf = 0;//吃到自己
					break;
				}
			}
		IsNotEatSelf = IsNotEatSelf&& * (SnakeBody + (SnakeLength <<1) -2) >=0
								&& * (SnakeBody + (SnakeLength <<1) -2) <24;
		IsNotEatSelf = IsNotEatSelf&& * (SnakeBody + (SnakeLength <<1) -1) >=0
								&& * (SnakeBody + (SnakeLength <<1) -1) <15;
		if(IsNotEatSelf) //如果未吃到自己
		{
			clear(&x,&y);
			for(i =0;i < SnakeLength;i ++)//显示蛇身
			{
				DisplayBodyCell(SnakeBody + (i <<1),SnakeBody + (i <<1) +1);
			}
			IsToStep =0;
			Play8(0,0,3,shu0 + ((SnakeLength/10) <<4));//显示得分
			Play8(0,1,3,shu0 + (((SnakeLength)%10) <<4));
		}
	}
	while(IsNotEatSelf);
	//如果吃到自己，则上面大循环结束，游戏结束
	TR0 =0;
	DelayINms(450);
	DelayINms(450);
	choose12864(2);
	clear12864();
	Play16(0,4,1,GameOverWord); //显示“游戏结束”字样。
	Play16(0,6,1,GameOverWord +32);
	Play16(1,0,1,GameOverWord +64);
	Play16(1,2,1,GameOverWord +96);
	while(1);
}
/ ***************************************************************************
函数名：DelayINms
说　明：延时
输入参数:uint k，要延时的 ms 数
 *************************************************************************** /
```

```
void DelayINms(uint k)
{
   k = k * 125;
   while(k --);
}
/ *********************************************************************
函数名：chekbusy12864
说　明：检查液晶是否忙，若忙，等到其空闲再退出函数
********************************************************************* /
void chekbusy12864()
 {
     uchar dat;
     EX0 =0;
     RS =0;                              //指令模式
     RW =1;                              //读数据
     do
     {
         P0 =0x00;
         E =1;
         dat = P0&0x80;
         E =0;
     }
     while(dat!=0x00);
     EX0 =1;
 }
/ *********************************************************************
函数名：choose12864
说　明：选择要写的屏幕
输入参数：uchar SlctScreeni 是要写的屏。0 是左屏，1 是右屏，2 是双屏
********************************************************************* /
void choose12864(uchar SlctScreen)
{
     switch (SlctScreen)
     {
         case 0: CS1 =0;CS2 =1;break;
         case 1: CS1 =1;CS2 =0;break;
         case 2: CS1 =0;CS2 =0;break;
         default: break;
```

```
    }
}
/****************************************************************
函数名：cmd_w12864
说　明：液晶写命令
输入参数：uchar cmd 要写的命令字
****************************************************************/
void cmd_w12864(uchar cmd)
{
    chekbusy12864();
    EX0 =0;
    RS =0;                              //指令模式
    RW =0;                              //写模式
    E =1;
    P0 =cmd;
    E =0;
    EX0 =1;
}
/****************************************************************
函数名：dat_w12864
说　明：写数据
输入参数：uchar dat 要写的数据
****************************************************************/
void dat_w12864(uchar data)
{
  chekbusy12864();
  EX0 =0;
  RS =1;
  RW =0;
  E =1;
  P0 =data;
  E =0;
  EX0 =1;
}
/****************************************************************
函数名：clear12864
说　明：清屏
****************************************************************/
```

```
void clear12864()
{
    uchar Page,Column;
    for(Page = 0xb8;Page < 0xc0;Page ++)
    {
            cmd_w12864(Page);
            cmd_w12864(0x40);
            for(Column = 0;Column < 64;Column ++)        dat_w12864(0x00);
    }
}

/*************************************************************************
函数名: init_lcd
说  明: 初始化液晶
*************************************************************************/
void init_lcd()
{
    chekbusy12864();
    cmd_w12864(0xc0);
    cmd_w12864(0x3f);
}

/*************************************************************************
函数名: Play8
说  明: 8X16 字符的显示
输入参数: uchar SlctScreen, 左右屏幕选择; uchar Column, 显示位置的起始列号 uchar
          Page, 显示位置的起始页号; uchar *pAdr, 指向显示的内容
*************************************************************************/
void Play8(uchar SlctScreen,uchar Column,uchar Page,uchar *pAdr)
{
    uchar i;
    choose12864(SlctScreen);
    Page = Page <<1;
    Column = Column <<3;
    cmd_w12864(Column +0x40);
    cmd_w12864(Page +0xb8);
    for(i =0;i <8;i ++) dat_w12864( *(pAdr +i));
    cmd_w12864(Column +0x40);
```

```
    cmd_w12864(Page +0xb9);
    for(i =8;i <16;i ++) dat_w12864( *(pAdr +i));
}
/ *************************************************************************
函数名: Play16
说　明: 该函数可用于在液晶屏指定位置输出一个分辨率为 16 ×16 的汉字
输入参数: uchar SlctScreen, 左右屏幕选择; uchar Column, 显示位置的起始列号 uchar
          Page, 显示位置的起始页号; uchar  * pAdr, 指向显示的内容
************************************************************************ /
void Play16(uchar SlctScreen,uchar Column,uchar Page,uchar * pAdr)
{
    uchar i;
    choose12864(SlctScreen);
    Page = Page <<1;
    Column = Column <<3;
    cmd_w12864(Column +0x40);
    cmd_w12864(Page +0xb8);
    for(i =0;i <16;i ++) dat_w12864( *(pAdr +i));      //写起始页的 16 列
    cmd_w12864(Column +0x40);
    cmd_w12864(Page +0xb9);
    for(i =16;i <32;i ++) dat_w12864( *(pAdr +i));      //写下一页的 16 列
}
/ *************************************************************************
函数名: dat_r12864
说　明: 读 12864 数据
输入参数: uchar Page, 页地址; uchar Column, 列地址
************************************************************************ /
uchar dat_r12864(uchar Page,uchar Column)
{
    uchar dat;
    chekbusy12864();
    cmd_w12864(Page +0xb8);
    cmd_w12864(Column +0x40);
    EX0 =0;
    P0 =0xff;
    RW =1;
    RS =1;
    E =1;
```

```
    E = 0;
    E = 1;
    dat = P0;
    E = 0;
    return(dat);
    EX0 = 1;
}
/ ***************************************************************************
函数名: vertical
说  明: 该函数可用于在液晶屏指定位置输出一个分辨率为 16×16 的汉字
输入参数: uchar RowStart, 竖线上端点所在行; uchar RowStop, 竖线下端点所在行 uchar
         Column,竖线所在列
*************************************************************************** /
void vertical(uchar RowStart,uchar RowStop,uchar Column)
{
    uchar i,sum = 0;
    if(Collumn > 63)       //若列号大于 63 选择在右屏画竖线
    {
      choose12864(1);
      Collumn = Collumn - 64;
    }
    else choose12864(0); //若列号小于 63 选择在左屏画竖线
    if((RowStart/8)!=(RowStop/8))//如果上下端点在不同页
    {
       for(i = 0;i < (8 - RowStart%8);i ++) sum = sum|((2 << ((RowStart%8) + i)));
       cmd_w12864(Collumn + 0x40);
       cmd_w12864(RowStart/8 + 0xb8);
       dat_w12864(sum);
       sum = 0;
       for(i = 0;i < (RowStop/8 - RowStart/8 - 1);i ++)
       {
           cmd_w12864(Collumn + 0x40);
           cmd_w12864((RowStart/8) + 0xb9 + i);
           dat_w12864(0xff);
       }
       for(i = 0;i <= (RowStop%8);i ++) sum = sum|(2 << i);
       cmd_w12864(Collumn + 0x40);
       cmd_w12864(RowStop/8 + 0xb8);
```

```
            dat_w12864(sum|1);
            sum =0;
        }
        else//如果上下端点在同一页
        {
            for(i =0;i <= RowStop - RowStart;i ++) sum = sum|(2 << (i + (RowStart%8)));
            cmd_w12864(0x40|Collumn);
            cmd_w12864(0xb8|(RowStart/8));
            dat_w12864(sum);
        }
    }
/ ************************************************************************
函数名：dot
说　明：点的显示
输入参数：uchar x，X 坐标；uchar y，Y 坐标
************************************************************************ /
void dot(uchar x,uchar y)
{
    uchar dat;
    if(x >63)
    {
        choose12864(1);
        x = x -64;
    }
    else choose12864(0);
    dat = dat_r12864(y/8,x);
    cmd_w12864(0x40|x);
    cmd_w12864(0xb8|y/8);
    dat_w12864((1 << (y%8))|dat);
}
/ ************************************************************************
函数名：cleardot
说　明：清除一个点
输入参数：uchar x，X 坐标；uchar y，Y 坐标
************************************************************************ /
void cleardot(uchar x,uchar y)
{
```

```
    uchar dat,j;
    if(x>63)
    {
        choose12864(1);
        x=x-64;
    }
    else choose12864(0);
    dat=dat_r12864(y/8,x);
    cmd_w12864(0x40|x);
    cmd_w12864(0xb8|y/8);
    j=~(1<<y%8);
    dat_w12864(dat&j);
}
/*************************************************************************
函数名：DisplayBodyCell
说　明：显示一个4×4单元格
输入参数：uchar x，X坐标；uchar y，Y坐标（指屏幕被分成4×4小格后的坐标，第几格）
*************************************************************************/
void DisplayBodyCell(uchar *x,uchar *y) //x<24 y<15
{
    uchar i,m,n;
    if(*x<24&&*y<15)
    {
        m=(*x)<<2;
        n=((*y)<<2)+2;
        for(i=0;i<4;i++)
        {
            dot(31+m,n+i);
            dot(34+m,n+i);
        }
        dot(32+m,n);
        dot(32+m,n+1);
        dot(32+m,n+3);
        dot(33+m,n);
        dot(33+m,n+2);
        dot(33+m,n+3);
    }
}
```

```
/ ****************************************************************
函数名: learBodyCell
说　明: 清楚一个 4 ×4 单元格
输入参数: uchar x, X 坐标; uchar y, Y 坐标 (指屏幕被分成4 ×4 小格后的坐标, 第几格)
**************************************************************** /
void ClearBodyCell(uchar *x, uchar *y)
{
    uchar i,m,n;
    m = ((*x) <<2) +31;
    n = ((*y) <<2) +2;
    for(i =0;i <4;i ++)
    {
        cleardot(m,n +i);
        cleardot(m +1,n +i);
        cleardot(m +2,n +i);
        cleardot(m +3,n +i);
    }
}
/ ****************************************************************
函数名: ExtInterrupt
说　明: 外部中断处理函数, 点击键盘后进入本服务程序, 程序用于判断点击的按键。
**************************************************************** /
void ExtInterrupt() interrupt 0
{
      ButtonNum = (P2 >>6);
      ButtonNum = ButtonNum&0x03;
      if(IsMovInVetical)
      {  //当前方向为垂直方向, 则不处理上下方向键的按下
         if(ButtonNum ==1) MovDirection =3;//左
         if(ButtonNum ==2) MovDirection =1;//右
      }
      else
      {  //当前方向为水平方向, 则不处理左右方向键的按下
         if(ButtonNum ==0) MovDirection =4;//上
         if(ButtonNum ==3) MovDirection =2;//下
      }
}
/ ****************************************************************
```

```
函数名：timer1
说　明：定时中断，产生步进信号
*****************************************************************/
void timer1() interrupt 1
{
    if(p--)
    {
        TL0=0;
        TH0=0xa0;
        IsToStep=0;
    }
    else
    {
        deep=0;
        IsToStep=1;
        TL0=0;
        TH0=0x00;
        p=20-(dengji<<1);
        deep=1;
    }
}
```

15.7　参考文献

[1] 罗永能，刘云．基于51单片机的贪食蛇游戏机开发［J］．福建电脑，2009（7）．

[2] 王为青，邱文勋．51单片机应用开发案例精选［M］．北京：人民邮电出版社，2007．

[3] 林志琦，郎建军，李会杰，等．基于Proteus的单片机可视化软硬件仿真［M］．北京：北京航空航天大学出版社，2006．

第 16 章　文件传输协议的 C 语言实现

16.1　设计概述

本设计旨在利用 Winsock 2.0 简单实现 FTP（file transfer protocol，文件传输协议）的客户端和服务器端程序。通过完成此设计，了解 Winsock API 函数调用方法和一般网络应用程序的编程方法，理解 FTP 协议，掌握用 C 语言设计 FTP 协议软件的基本技术，为将来开发其他通信协议软件打下坚实基础。

16.2　设计准备

（1）连入同一局域网的 PC，每人一台。

（2）PC 装有 Windows 操作系统、Visual C++ 6.0 编译器及开发手册 MSDN 6.0。

16.3　关键技术

16.3.1　文件传输协议介绍

FTP 是“file transfer protocol”的英文简称，用于 Internet 上控制文件的双向传输。在实现的层面上，FTP 又可理解为一个可用于文件传输的客户机/服务器系统，该系统包括客户机端程序和服务器端程序，客户端和服务器端通信规则为 FTP 协议。用户通过客户机程序向服务器程序发出命令请求，服务器程序执行用户所发出的命令，并将执行的结果返回到客户机。比如说，用户发出一条命令，要求服务器向用户传送某一个文件的一份拷贝，服务器会响应这条命令，将指定文件送至用户的机器上。客户机程序接收到这个文件，将其存放在用户目录中。在通信协议的分层模型中，文件传输协议是在 TCP（transmission control protocol，传输控制协议）之上的一个应用层协议，应用程序之间的通信需要用到传输层提供的字节流透明无误传输服务。Windows 操作系统具有 TCP/IP 协议栈，应用程序可通过 Winsock API 函数的调用实现端到端透明数据链接的建立。

16.3.2　Winsock API 介绍

因特网（Internet）最初是基于 Unix 的，而 Sockets（套接字）是 Unix 第一个支持 TCP/IP 协议栈的网络 API，最早于 1982 年 8 月随 4.2 BSD 版 Unix 推出，常被称为 Berkeley Sockets（伯克利套接字）。Winsock（Windows Sockets API）是从 Sockets 移植过来的 TCP/IP 编程的底层 Windows API。Winsock 分 1.1 版和 2.x 版，从 Windows 98 开始使用

2. x 版。

Winsock 与 Windows 操作系统的关系如图 16-1 所示。操作系统实现了 TCP/IP 协议栈（包括传输层协议 TCP 及 UDP，网络层协议 IP、ICMP 及 IGMP，链路层协议 ARP 和 RAR），该模块的相关功能以动态链接库的形式被应用程序调用。操作系统接受网卡驱动程序的注册，网卡驱动程序本质上是一套控制网卡硬件收发报文的函数，也是以动态链接库的形式被调用。物理通信介质是指网卡驱动芯片及其外围电路，完成链路层数据帧的封装/解封、发送/接收等功能。

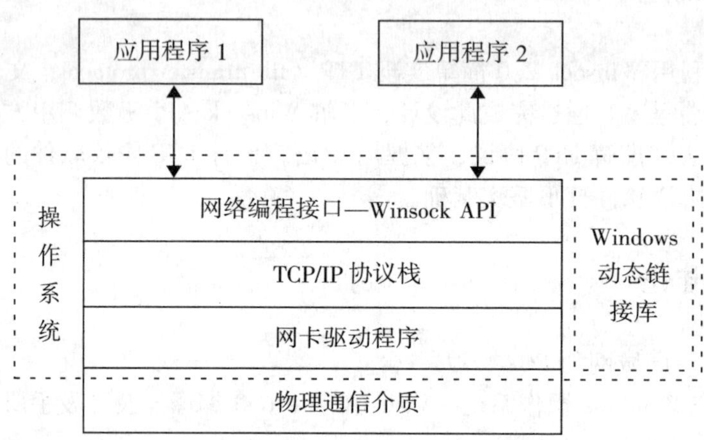

图 16-1 Winsock 与 Windows 操作系统的关系

套接字可看做不同主机间的进程进行双向通信的虚拟管道端点：网络中两台主机各自在自己机器上建立通信的端点——套接字，然后使用套接字进行数据通信。一个套接字包含 5 个基本元素：协议类型、本地 IP 地址、本地端口、远端 IP 地址和远端端口。在操作系统中，套接字是一种系统资源，应用程序使用时应向操作系统申请或注册，使用结束后应用程序应释放该套接字。和其他系统资源一样，操作系统为套接字分配一个唯一的 ID（在 Windows 中被称作“句柄”）。

根据网络通信的特征，套接字分为 3 类：流套接字（SOCK_STREAM）、数据报套接字（SOCK_DGRAM）和原始套接字（SOCK_RAW）。流套接字是面向连接的，它提供双向、有序、无差错、无重复并且无记录边界的数据流服务，适用于处理大量数据，提供可靠的服务。数据报套接字是无连接的，它支持双向的数据传输，具有开销小、数据传输效率高的特点，但不保证数据传输的可靠性、有序性和无重复性，适合少量数据传输以及时间敏感的音/视频等多媒体数据传输。原始套接字（SOCK_RAW）可以用作对底层协议（如 IP 或 ICM）的直接访问。

Winsock 网络应用程序利用 API 函数（如 accept，send，recv 等函数）进行 I/O 操作时有阻塞和非阻塞两种模式。在阻塞模式下，若要获取的资源还没有到达（如：接收缓冲区中没有数据提供给 recv 函数），执行 I/O 操作的 Winsock 函数在 I/O 操作完成前会一直等待下去，不会立即返回；而在非阻塞模式下，该函数不管 I/O 操作有没有完成都会立即返回，若未完成一般会返回错误码 WSAWOULDBLOCK，意味着必须重新进行尝试。阻塞模式与非阻塞模式比较，从编程角度来说，前者更便于使用，但从程序运行的效率来说，由于阻塞调用后会使得所在的线程（如果是主线程那么就是整个程序）等待在该 I/O 操作上，因此后者效率更高。默认情况下，这些 I/O 操作工作于阻塞模式。

在阻塞模式下使用 Winsock 2 的 API 库函数进行数据报套接字编程的过程如图 16－2 所示。在服务器端，先调用 WSASartup 函数进行初始化，初始化完成后调用 Socket 函数创建一个 Socket s，再调用 bind 函数将该套接字绑定到某个特定端口，接下来调用 Listen 函数启动监听并调用 Accept 函数接收客户连接，若客户连接请求未及时到达，则 Accept 函数处于阻塞状态。Accept 函数为客户端的连接请求创建一个新的套接字 s1，在以后的通信中，服务器利用套接字 s1 与客户端进行数据双向传输。通信结束时，服务器可以采用 Closesocket 函数释放套接字，并可调用 WSAClearup 释放 Winsock DLL。客户机是连接的请求的发起者，在创建 Socket 之后直接通过调用 Connect 发起连接请求，成功后即可以利用该 Socket 进行双向通信了。下面对 Winsock 2 提供的主要接口函数逐一进行介绍。

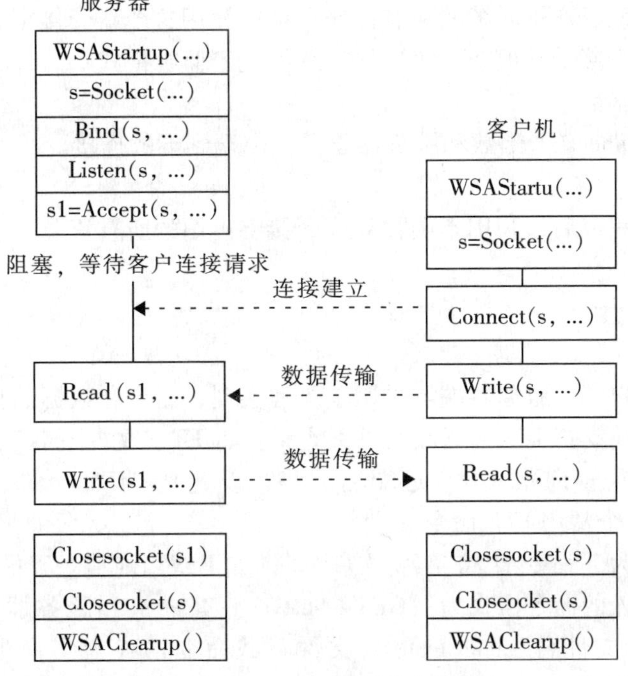

图 16－2　基于 TCP 的网络应用程序

1. WSAStartup( ) 函数和 WSACleanup( ) 函数

由于 Winsock 2 提供的 API 服务是以动态链接库 ws2_32. dll 实现的，所以必须先调用 WSAStartup( ) 函数对 ws2_32. dll 进行加载初始化，协商 Winsock 的版本支持，并分配必要的资源。在应用程序关闭套接字后，还应调用 WSACleanup( ) 函数来终止和卸载动态链接库 ws2_32. dll，释放资源。

2. socket( ) 函数

服务进程和客户进程在通信前必须创建各自的套接字，然后才能用相应的套接字进行发送、接收操作，实现数据的传输。服务进程总是先于客户进程启动，服务进程和客户进程调用 socket( ) 函数创建套接字。

3. bind( ) 函数

当用 socket( ) 创建套接字后，它便存在于一个名字空间（地址族）中，但并未赋名。bind( ) 函数通过给一个未命名套接字分配一个本地名字（主机地址/端口号）来为套接字建立本地捆绑。客户端一般隐式地向操作系统请求一个随机的未使用过的临时端口号，跟自己的 IP 地址一起，与所创建的套接字建立联系，由于该临时端口号客户端程序事先是不确定的，因此不显式地使用绑定函数。

4. listen( ) 函数

调用 listen( ) 函数对服务器上套接字启动监听，即允许客户连接请求开始排队。

5. accept( ) 函数

服务器设置监听工作方式后，通过调用 accept( ) 函数使套接字等待接受客户连接。如果已有连接请求到来，该函数会返回一个新的套接字描述符，它对应于已经接受的那个客户端连接。对于该客户机后续的所有操作，都应使用这个新套接字。至于原来那个监听套接字，它仍然用于接受其他客户机连接，继续处于监听模式。

6. connect( ) 函数

客户端利用 connect( ) 函数和服务器建立一个端到端的连接。

7. closesocket( ) 函数

网络通信任务完成后，利用本函数释放套接字占用的所有资源。

16.4 软件设计

本设计中，客户端及服务器端均采用单线程实现，命令和数据的传输在同一个 Socket 链接上进行。客户端支持 DIR（远端文件夹查询）、GET（文件下载）、PUT（文件上传）、PWD（远端当前路径查询）、CD（远端当前路径设置）、MD（远端文件夹创建）、DEL（远端文件删除）7 个常用 FTP 命令。

用户命令格式为“命令字 路径名/文件名”，如下载当前目录下的 test. txt 文件，则用户在控制台界面输入的命令格式为“GET test. txt”。客户机和服务器的命令格式约定为“命令字 $ 路径名/文件名”，即 test. txt 文件下载命令格式为“命令字 $ 路径名/文件名”。

图 16－3(a) 为客户端主程序流程，初始化 Winsock 后，用 socket 函数新建一个 socket，填写入服务器的和 IP 地址及监听端口后，利用 connect 函数连接到服务器后即提示用户输入 FTP 命令，程序阻塞在 scanf 函数。用户输入命令后，scanf 函数返回，通过字符串比对函数 strncmp 识别命令，并调用相应的命令发送函数，若输入的是 quit 命令，客户端程序退出。命令处理函数主要工作有两个，一是构建命令字节流发送到服务器，二是与服务器交互该命令的后续执行数据，例如，对于 get 命令，该函数在发出 get 命令请求字节流后，要接收服务器下发的文件数据。各命令处理函数的实现请参见源代码。

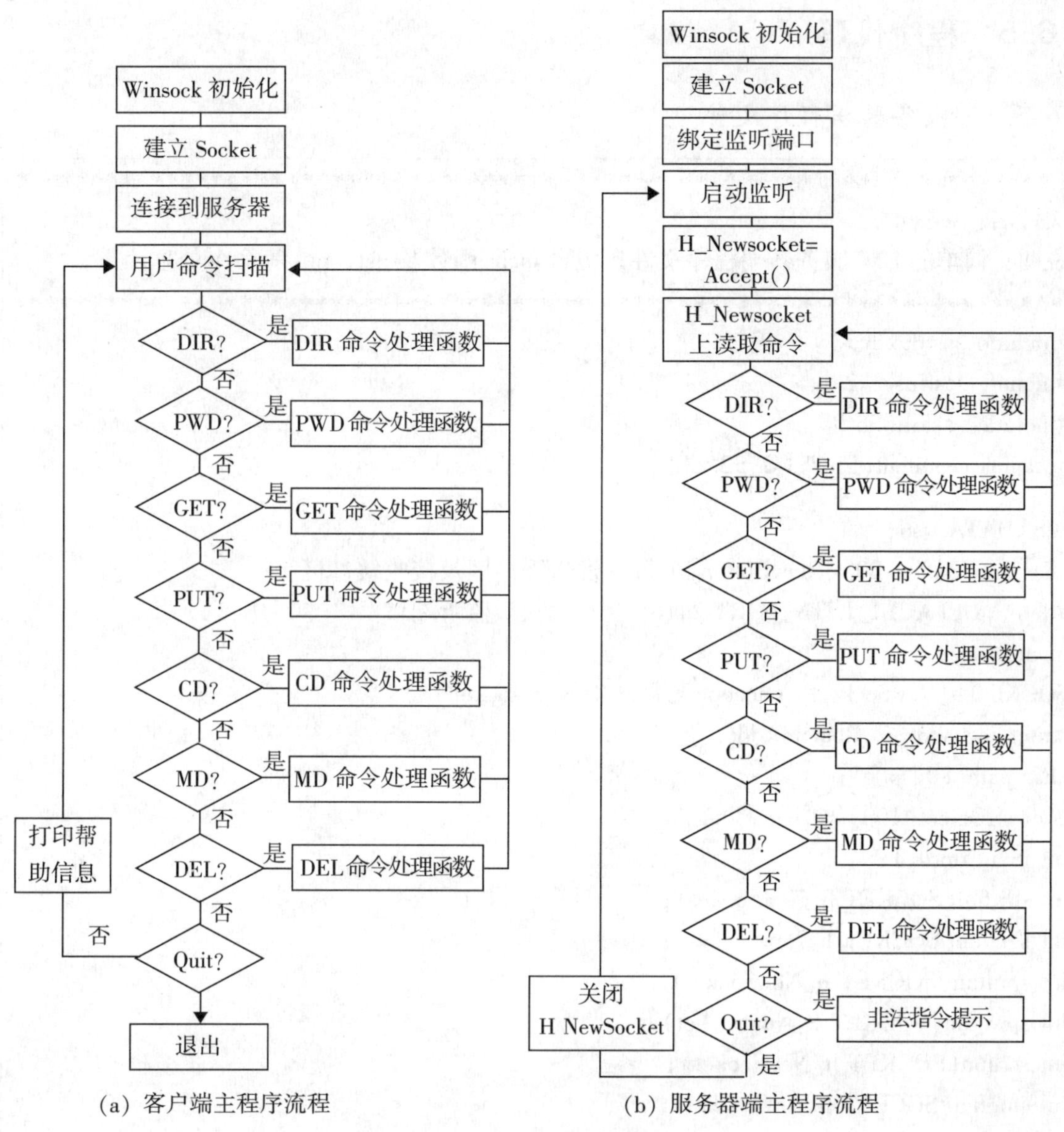

(a) 客户端主程序流程　　(b) 服务器端主程序流程

图 16－3　程序流程

图 16－3(b) 为服务器端主程序流程，先初始化 Winsock，建立 Socket 并绑定到监听端口，启动监听，阻塞在 Accept 函数等待连接请求的到来，当连接请求到达，Accept 函数为该请求创建新的 Socket 用于与对应的客户通信，而原来 Socket 继续处于监听状态。此后，主程序从新的 Socket 中读取命令，通过字串比较识别命令，若发现是 quit 命令，则关闭当前连接，准备接收下一个连接；若不是 quit 命令，则转移到相应的命令处理函数，处理完毕后继续在该 Socket 上读取命令并进行处理。各命令处理函数的设计请参看源代码。

16.5 程序代码

16.5.1 服务器端程序文件

```
/**********************************************************************
文件名：server.c
说明：简单的 FTP 服务器端程序文件，包含 main 函数及 get，put 等命令处理函数。
**********************************************************************/
#include <stdio.h>
#include <winsock2.h>
#include <stdlib.h>
#pragma comment(lib,"ws2_32.lib")

WSADATA wsd;
char SendBuffer[80],RecvBuffer[80];//发送缓冲区及接收缓冲区
#define DEFAULT_LSTN_PORT 2416  //本地默认监听端口
int n,bytes;
SOCKET h_NewSocket; //accept 函数产生的新 socket
struct sockaddr_in RemoteAddr;
char path[80] = "";
char strObject[100] = "";
int iSynError = 1;
int sdirfun(SOCKET h_NewSocket);
int sgetfun(SOCKET h_NewSocket);
int sputfun(SOCKET h_NewSocket);
int spwdfun(SOCKET h_NewSocket);
int scdfun(SOCKET h_NewSocket);
int smdfun(SOCKET h_NewSocket);
int sdelfun(SOCKET h_NewSocket);

/**********************************************************************
函数名：main
说明：主函数
输入参数：int argc，输入参数长度；char *argv[]输入参数，用于传入监听端口号
**********************************************************************/
int main(int argc, char *argv[])
{
    struct sockaddr_in SLocalAddr;
```

```
SOCKET h_Socket4Lstn; //欲用作监听的 socket
int addr_in_len;//地址长度
//初始化 winsock
if (WSAStartup(MAKEWORD(2,2), &wsd) !=0)
{
   WSACleanup();
   printf("WSAStartup failed\n");
}
memset(&SLocalAddr,0,sizeof(SLocalAddr));
//创建 socket
h_Socket4Lstn = socket(PF_INET, SOCK_STREAM, 0);
if (h_Socket4Lstn  <0) printf("creating socket failed\n");
SLocalAddr.sin_family = AF_INET;
if(argc ==2) SLocalAddr.sin_port = htons((u_short)atoi(argv[1]));
else SLocalAddr.sin_port = htons(DEFAULT_LSTN_PORT);
SLocalAddr.sin_addr.s_addr = INADDR_ANY;
//绑定 socket
if (bind(h_Socket4Lstn,(struct sockaddr *)(&SLocalAddr),sizeof(SLocalAddr))
   <0)
     printf("Bind failed! \n");

while (1)
       { //主循环
         listen(h_Socket4Lstn,3); //启动监听
         addr_in_len = sizeof(RemoteAddr);
         //接受连接请求
         h_NewSocket = accept( h_Socket4Lstn,
                     (struct sockaddr *)(&RemoteAddr), &addr_in_len);
         if (h_NewSocket == INVALID_SOCKET) break;//出错退出
         printf("%s is connected at port %d \n",inet_ntoa(RemoteAddr.sin_addr),
                ntohs(SLocalAddr.sin_port));
         sprintf(SendBuffer,"200 Welcome \r\n"); //向客户端发送欢迎消息
         bytes = send(h_NewSocket, SendBuffer, strlen(SendBuffer), 0);
         sprintf(SendBuffer,"530 Log in \r\n");
         bytes = send(h_NewSocket, SendBuffer, strlen(SendBuffer), 0);
         while (1)
         { //接收客户端的命令并调用命令处理函数
            n =0;
```

```
iSynError = 1;
while (1)
{
    bytes = recv(h_NewSocket, &RecvBuffer[n], 1, 0);
    if ((bytes < 0) || (bytes == 0)) break;
    if (RecvBuffer[n] == '$')
    {
        RecvBuffer[n] = '\0';
        break;
    }
    if (RecvBuffer[n] != '\r') n++;
}
if ((bytes < 0) || (bytes == 0))
    break;
printf("The Server received: '%s' cmd from client \n", RecvBuffer);
//命令识别
//查看当前目录
if(strncmp(RecvBuffer,"dir",3) == 0) sdirfun(h_NewSocket);
//查询当前目录路径
if(strncmp(RecvBuffer,"pwd",3) == 0) spwdfun(h_NewSocket);
//改变当前目录
if (strncmp(RecvBuffer,"cd",2) == 0) scdfun(h_NewSocket);
//文件下载
if (strncmp(RecvBuffer,"get",3) == 0) sgetfun(h_NewSocket);
//文件上传
if (strncmp(RecvBuffer,"put",3) == 0) sputfun(h_NewSocket);
//新建文件夹
if (strncmp(RecvBuffer,"md",2) == 0) smdfun(h_NewSocket);
//删除文件
if (strncmp(RecvBuffer,"del",3) == 0) sdelfun(h_NewSocket);
if (strncmp(RecvBuffer,"quit",4) == 0) //退出命令
{
    printf("quit \n");
    sprintf(SendBuffer, "221 Bye bye... \r\n");
    bytes = send(h_NewSocket, SendBuffer,
                 strlen(SendBuffer), 0);
    iSynError = 0;
    break;
```

```
            }
            if ( iSynError == 1 ) //Syntax error
            {
                printf( "command unrecognized, non - implemented! \n" );
                sprintf( SendBuffer, "500 Syntax error. \n" );
                bytes = send( h_NewSocket, SendBuffer,
                            strlen( SendBuffer ), 0 );
            }
        }
        closesocket( h_NewSocket );
        printf( "%s disconnected from port %d, control socket is closed. \n",
            inet_ntoa( RemoteAddr. sin_addr ) ,ntohs( SLocalAddr. sin_port ) );
    }
    closesocket( h_Socket4Lstn ); //释放监听的 socket
    return 0;
}
/ ************************************************************************
函数名: sdirfun
说明: 用于处理来自客户端的目录查询命令
输入参数: SOCKET h_NewSocket, 命令通过此 socket 接收到, 可通过它响应命令。
************************************************************************ /
int sdirfun( SOCKET h_NewSocket)
{
    char temp_buffer[ 80 ];
    FILE * p_FiLeTemp;
    //整理本地 dir 命令
    strObject[ 0 ] = '\0 ';
    strcat( strObject, "dir " );
    strcat( strObject,path);
    strcat( strObject, "  >tmp. txt" );
    system( strObject);                          //system 函数执行 shell 命令
    p_FiLeTemp = fopen( "tmp. txt" , "r" );    //打开执行结果文件, 准备发送到客户端
    sprintf( SendBuffer, "125 Transfering... \r\n" );
    bytes = send( h_NewSocket, SendBuffer, strlen( SendBuffer ), 0 );
    while (fgets( temp_buffer,80,p_FiLeTemp) != NULL) //每次读取 80 字节发送
    {
        sprintf( SendBuffer, "%s" ,temp_buffer); //
        send( h_NewSocket, SendBuffer, strlen( SendBuffer), 0);
```

```
    }
    fclose(p_FiLeTemp);                          //发送完毕，关闭结果临时文件
    sprintf(SendBuffer, "226 Transfer completed... \r\n");
    bytes = send(h_NewSocket, SendBuffer, strlen(SendBuffer), 0);
    system("del tmp.txt");                       //删除结果临时文件
    sprintf(SendBuffer,"226 Close the data socket... \r\n");
    bytes = send(h_NewSocket, SendBuffer, strlen(SendBuffer), 0);
    printf("dir command has been done! \n");
    iSynError = 0;
    return 0;
}
/**********************************************************************
函数名：sgetfun
说明：用于处理来自客户端的文件下载命令
输入参数：SOCKET h_NewSocket，命令通过此 socket 接收到，可通过它响应命令。
**********************************************************************/
int sgetfun(SOCKET h_NewSocket)
{
    int i = 4, k = 0;
    char FileName[20],temp_buffer[80];
    char * p_FileName = strObject;
    FILE * fp;
    printf("required file is: "); //打印文件名到屏幕
    while (1)
    {   //提取文件名
        bytes = recv(h_NewSocket, &RecvBuffer[i], 1, 0);
        printf("%c",RecvBuffer[i]);
        if ((bytes < 0) || (bytes ==0)) break;
        FileName[k] = RecvBuffer[i];
        if (RecvBuffer[i] =='\0') { FileName[k] ='\0'; break; }
        if (RecvBuffer[i] !='\r') { i++; k++; }
    }
    printf("\n"); //文件名打印结束
    strObject[0] ='\0';
    strcat(strObject,path);
    if(strlen(path) >0)
    trcat(strObject,"\");
    strcat(strObject,FileName);
```

```
    //打开客户端欲下载的文件
    if( (fp = fopen(p_FileName, "r")) == NULL )
    {   //未成功打开文件
        sprintf(SendBuffer, "Sorry, cannot open %s. Please try again. \r\n", FileName);
        bytes = send(h_NewSocket, SendBuffer, strlen(SendBuffer), 0);
        sprintf(SendBuffer, "226 Transfer completed...  \r\n");
        bytes = send(h_NewSocket, SendBuffer, strlen(SendBuffer), 0);
        return 1;
    }
    else
    {

        printf("The file %s is found,ready to transfer. \n",FileName);
        sprintf(SendBuffer, "125 Transfering...  \r\n");
        bytes = send(h_NewSocket, SendBuffer, strlen(SendBuffer), 0);
        {   //循环读取文件并通过 h_NewSocket 发送到客户端
            sprintf(SendBuffer,"%s",temp_buffer);
            send(h_NewSocket, SendBuffer, 80, 0);
            printf("."); //文件发送中，每发 80 个字节在屏幕打一个点号
        }
        fclose(fp);
        sprintf(SendBuffer, "226 Transfer completed...  \r\n");
        bytes = send(h_NewSocket, SendBuffer, strlen(SendBuffer), 0);
    }
    iSynError =0;
    printf("get command has been done! \n");
    return 0;
}
/ ***************************************************************************
函数名：sputfun
说明：用于处理来自客户端的文件上传命令
 *************************************************************************** /
int sputfun(SOCKET h_NewSocket)
{
    Printf("篇幅所限，请读者完成。\n");
    iSynError =0;
    return 0;
}
```

```
/ *********************************************************************
函数名：spwdfun
说明：用于处理来自客户端的当前路径查询命令
********************************************************************* /
int spwdfun(SOCKET h_NewSocket)
{
    Printf("篇幅所限，请读者完成。\n");
    iSynError =0;
    return 0;
}
/ *********************************************************************
函数名：scdfun
说明：用于处理来自客户端的当前路径设置命令
********************************************************************* /
int scdfun(SOCKET h_NewSocket)
{
    Printf("篇幅所限，请读者完成。\n");
    iSynError =0;
    return 0;
}
/ *********************************************************************
函数名：smdfun
说明：用于处理来自客户端的当前文件夹新建命令
********************************************************************* /
int smdfun(SOCKET h_NewSocket)
{
    Printf("篇幅所限，请读者完成。\n");
    iSynError =0;
    return 0;
}
/ *********************************************************************
函数名：sdelfun
说明：用于处理来自客户端的文件删除命令
********************************************************************* /
int sdelfun(SOCKET h_NewSocket)
{
    Printf("篇幅所限，请读者完成。\n");
    iSynError =0;
```

```
    return 0;
}
```

16.5.2　客户端程序文件

```
/******************************************************************************
文件名: client.c
说明: 简单的 FTP 客户端程序文件, 包含 main 函数及 get, put 等命令发送函数。
******************************************************************************/
#include <winsock2.h>
#include <stdio.h>
#include <stdlib.h>
#pragma comment(lib,"ws2_32.lib")
#define DEFAULT_SERV_PORT        2416   //服务器的监听端口
#define DEFAULT_BUFFER_SIZE      2048   //缓冲区长度
char sz_ServIp[128];                    // 服务器的 IP 地址
char sz_Msg2Snd[1024];                  // 发给服务器端的字符串
int iPort = DEFAULT_SERV_PORT;          // 服务器的监听端口
BOOL b_IsSendOnly = FALSE;              // 只发消息, 不收消息
int dirfun(SOCKET );                    //"dir"命令处理函数
int getfun(SOCKET h_Socket4Cmd,char FileName[40]);    //"get"命令处理函数
int putfun(SOCKET h_Socket4Cmd,char FileName[40]);    //"put"命令处理函数
int pwdfun(SOCKET);                                   //"pwd"命令处理函数
int cdfun(SOCKET h_Socket4Cmd,char pathname[40]);     //"cd"命令处理函数
int mdfun(SOCKET h_Socket4Cmd,char DocName[20]);      //"md"命令处理函数
int delfun(SOCKET h_Socket4Cmd,char name[20]);        //"del"命令处理函数
int helpfun();                                        //"help"命令处理函数
/******************************************************************************
函数名: main
说明: 主函数
输入参数: int argc, 输入参数长度; char *argv[], 输入参数字符型数组
******************************************************************************/
int main(int argc, char **argv)
{
    WSADATA wsd;
    SOCKET      h_Socket4Cmd;
    char        szBuffer[DEFAULT_BUFFER_SIZE];
    int         ret;
    struct sockaddr_in server;
```

```
struct hostent      * host = NULL;
char CmdWords[5],CmdWords2[40];
argv[1] = " -s:127.0.0.1";
strcpy(sz_ServIp, &argv[1][3]);
if (WSAStartup(MAKEWORD(2,2), &wsd) !=0) //winsock 初始化
{
    printf("Failed to load Winsock library! \n");
    return 1;
}
h_Socket4Cmd = socket(AF_INET, SOCK_STREAM, IPPROTO_TCP);
if (h_Socket4Cmd == INVALID_SOCKET)
{
    printf("creating socket failed, error_code : %d\n", WSAGetLastError());
    return 1;
}
server.sin_family = AF_INET;
server.sin_port = htons(iPort);
server.sin_addr.s_addr = inet_addr(sz_ServIp);
if (server.sin_addr.s_addr == INADDR_NONE)
{
    host = gethostbyname(sz_ServIp);
    if (host == NULL)
    {
        printf("Unable to resolve server: %s\n", sz_ServIp);
        return 1;
    }
    CopyMemory(&server.sin_addr, host -> h_addr_list[0],
    host -> h_length);
}
if (connect(h_Socket4Cmd, (struct sockaddr *)&server,
   sizeof(server)) == SOCKET_ERROR)      //链接到服务器端
{
    printf("connecting to server failed,error_num: %d\n", WSAGetLastError());
    return 1;
}
  //接收服务器欢迎消息并打印到屏幕
  ret = recv(h_Socket4Cmd, szBuffer, DEFAULT_BUFFER_SIZE, 0);
  if (ret ==0) return 0;
```

```
    else if (ret == SOCKET_ERROR)
    {
        printf("recv function failed,error_num: %d\n", WSAGetLastError());
        return 0;
    }
  szBuffer[ret] = '\0';
  printf("%s\n",szBuffer);
  if(ret < 15)
    {
        ret = recv(h_Socket4Cmd, szBuffer, DEFAULT_BUFFER_SIZE, 0);
        if (ret == 0) return 0;
        else if (ret == SOCKET_ERROR) return 0;
        szBuffer[ret] = '\0';
        printf("%s\n",szBuffer);
    }
  helpfun();    //打印命令列表
  while(1)
  {
        puts("------------------------------------------");
        printf("ftp> ");
        scanf("%s", CmdWords);      //输入命令扫描
        //输入命令识别
        if(strncmp(CmdWords,"dir",3) ==0||strncmp(CmdWords,"DIR",3) ==0)
        {
            dirfun(h_Socket4Cmd); continue;
        }
        else if(strncmp(CmdWords,"pwd",3) ==0||strncmp(CmdWords,"PWD",3) ==0)
        {
            pwdfun(h_Socket4Cmd); continue;
        }
        else if(strncmp(CmdWords,"?",1) ==0)
        {
            helpfun(); continue;
        }
        else if(strncmp(CmdWords,"quit",4) ==0||strncmp(CmdWords,"QUIT",2) ==0)
            break;
        scanf("%s", CmdWords2);
        if(strncmp(CmdWords,"get",3) ==0||strncmp(CmdWords,"GET",3) ==0)
```

```
        {
            getfun(h_Socket4Cmd,CmdWords2); continue;
        }
        else if(strncmp(CmdWords,"put",3)==0||strncmp(CmdWords,"PUT",3)==0)
        {
            putfun(h_Socket4Cmd,CmdWords2); continue;
        }
        else if(strncmp(CmdWords,"cd",2)==0||strncmp(CmdWords,"CD",2)==0)
        {
            cdfun(h_Socket4Cmd,CmdWords2); continue;
        }
        else if(strncmp(CmdWords,"md",2)==0||strncmp(CmdWords,"MD",2)==0)
        {
            mdfun(h_Socket4Cmd,CmdWords2); continue;
        }
        else if(strncmp(CmdWords,"del",3)==0||strncmp(CmdWords,"DEL",3)==0)
        {
            delfun(h_Socket4Cmd,CmdWords2); continue;
        }
        else
        {
            puts("输入错误，按？号获取帮助，或重新输入!");
            fflush(stdin); printf("\n");
        }
    }
    closesocket(h_Socket4Cmd);
    WSACleanup();
    return 0;
}
/****************************************************************************
函数名：dirfun
说明：按协议规则构建目录查询命令并发送到服务器
输入参数：SOCKET h_Socket4Cmd，通过此 socket 发送命令到服务器。
****************************************************************************/
int dirfun(SOCKET h_Socket4Cmd)
{
    int ret;
    char *MSG="dir $";
```

```
    char szBuffer[80];
    strcpy(sz_Msg2Snd, MSG);
    ret = send(h_Socket4Cmd, sz_Msg2Snd, strlen(sz_Msg2Snd), 0);
    if (ret ==0) return 1;
    else if (ret == SOCKET_ERROR)
    {
      printf("send funtion failed,error_num: %d\n", WSAGetLastError());
      return 1;
    }
    while(! b_IsSendOnly)
    {   //读取流并显示
        ret = recv(h_Socket4Cmd, szBuffer, 80, 0);
        if (ret ==0) return 1;
        else if (ret == SOCKET_ERROR)
        {
            printf("recv function failed, error_num: %d\n", WSAGetLastError());
            return 1;
        }
       szBuffer[ret] = '\0';
       if(strncmp(szBuffer,"226 Close",strlen("226 Close")) ==0) break;
        printf("%s",szBuffer);
       if(strncmp(szBuffer,"500 Syntax error",strlen("500 Syntax error")) ==0) break;
    }
     return 0;
}
/**********************************************************************
函数名: getfun
说明: 按协议规则构建文件下载命令并发送到服务器
输入参数: SOCKET h_Socket4Cmd, 通过此 socket 发送命令到服务器。
          char FileName[40], 欲下载文件的文件名
**********************************************************************/
int getfun(SOCKET h_Socket4Cmd,char FileName[40])
{
    int ret;
    FILE *fpre;
    char szBuffer[80];
    sz_Msg2Snd[0] = '\0';
    strcat(sz_Msg2Snd, "get $");
```

```
strcat(sz_Msg2Snd,FileName);
//向服务器发送 get 命令
ret = send(h_Socket4Cmd, sz_Msg2Snd, strlen(sz_Msg2Snd) +1, 0);
if (ret ==0) return 1;
else if (ret == SOCKET_ERROR)
{
    printf("send function failed,error_num: %d\n", WSAGetLastError());
    return 1;
}
printf("Send %d bytes successfully! \n", ret);
ret = recv(h_Socket4Cmd, szBuffer, 80, 0);
szBuffer[ret] ='\0';
printf("%s\n",szBuffer);
//判断服务器是否在发送文件，若在发送则读取并保存到本地文件
if(strncmp( szBuffer,"125 Transfering... ",strlen("125 Transfering... ") ) ==0)
{
    if( (fpre = fopen(FileName,"w")) == NULL )//打开文件准备写入
    {    printf("error of opening file !");
         return 1;
    }
    while(! b_IsSendOnly)
    {  //读取流，每次 80 个字节
       ret = recv(h_Socket4Cmd, szBuffer, 80, 0);
       if (ret ==0)      return 1;
       else if (ret == SOCKET_ERROR)
       { printf("receive function failed,error_num: %d\n", WSAGetLastError());
         return 1;
       }
       //读取流中有传输结束标志，停止接收
       if(strncmp(szBuffer,"226 Transfer",strlen("226 Transfer")) ==0) break;
       if(strncmp(szBuffer,"500 Syntax error",strlen("500 Syntax error")) ==0)
       {   //判断读取流中是否有通信错误提示
           break;
       }
       if( -1 ==fprintf(fpre,"%s",szBuffer))      //将读取的数据写入到文件
           printf("error of writing into the file !");
    }
    fclose(fpre);
```

```
        printf("transfer is completed! \n");
    }
    return 0;
}
/***********************************************************************
函数名：putfun
说明：按协议规则构建文件上传命令并发送到服务器
输入参数：SOCKET h_Socket4Cmd，通过此 socket 发送命令到服务器。
          char FileName[40]，欲上传文件的文件名
***********************************************************************/
int putfun(SOCKET h_Socket4Cmd,char FileName[40])
{
    Printf("篇幅所限，请读者完成。\n");
    iSynError = 0;
    return 0;
}

/***********************************************************************
函数名：pwdfun
说明：按协议规则构建文件当前路径查询命令并发送到服务器
***********************************************************************/
int pwdfun(SOCKET h_Socket4Cmd)
{
    Printf("篇幅所限，请读者完成。\n");
    iSynError = 0;
    return 0;
}

/***********************************************************************
函数名：cdfun
说明：按协议规则构建文件当前路径设置命令并发送到服务器
输入参数：SOCKET h_Socket4Cmd，通过此 socket 发送命令到服务器。
          char pathname[40]，欲设置的路径名
***********************************************************************/
int cdfun(SOCKET h_Socket4Cmd,char pathname[40])
{
    Printf("篇幅所限，请读者完成。\n");
    iSynError = 0;
    return 0;
```

```
}
/*************************************************************************
函数名：mdfun
说明：按协议规则构建文件夹新建命令并发送到服务器
输入参数：SOCKET h_Socket4Cmd，通过此 socket 发送命令到服务器。
         char DocName[40]，欲设新建的文件夹名
*************************************************************************/
int mdfun(SOCKET h_Socket4Cmd,char DocName[20])
{
    Printf("篇幅所限，请读者完成。\n");
    iSynError =0;
    return 0;
}
/*************************************************************************
函数名：delfun
说明：按协议规则构建文件删除命令并发送到服务器
输入参数：SOCKET h_Socket4Cmd，通过此 socket 发送命令到服务器。
         char FileName[40]，欲设新建的文件夹名
*************************************************************************/
int delfun(SOCKET h_Socket4Cmd,char FileName[20])
{
    Printf("篇幅所限，请读者完成。\n");
    iSynError =0;
    return 0;
}
/*************************************************************************
函数名：delfun
说明：帮助函数，按？号回车，则列出命令列表
*************************************************************************/
int helpfun( )
{
    puts("----------------------------------------");
    puts("get:取远方的一个文件");
    puts("put:传给远方一个文件");
    puts("pwd:显示远方当前路径");
    puts("dir:列出远方当前目录");
    puts("md:在远方新建文件夹");
    puts("cd:改变远方当前目录");
```

```
    puts("del:删远方的一个文件");
    puts("? : 显示你提供的命令");
    puts("quit:退出返回");
    return 0;
}
```

16.6 参考文献

[1]（美）Andrew S Tanenbaum 著. 计算机网络［M］. 潘爱民，译. 北京：清华大学出版社，2004.

[2]（美）G. R. 赖特，（美）W. R. 史蒂文斯著. TCP/IP 详解卷 2：实现［M］. 陆雪莹，译. 北京：机械工业出版社，2000.

第 17 章 一种简单可调稳压电源的制作

17.1 设计概述

本设计利用常用的数字电路芯片（如计数器、译码器、DA 转换器等）和常用的模拟电路元件（二极管、三极管、理想运算放大器等）设计了 0 ～ 9.9V 输出电压可调的直流电源。通过完成本设计，使读者掌握扎实的 PCB 制作、焊接、电路故障排除等基本技能，培养学生对数字电子技术、模拟电子技术的综合应用的能力，使学生对电路系统的设计指标、方案选择和元件选型有更深的理解和认识，为将来从事更复杂、更高级的电子系统设计打下基础。

17.2 产品简介

本作品输入电压为 220V 的生活用电，输出电压 0 ～ 9.9V 可调，最大输出电流可达 2A。输出电压通过两个 LED7 段数码管显示，一个显示个位，一个显示小数点后一位，数码管显示电压即为输出电压。通过两个按键（一个增加键，一个减少键）可调节输出电压的值，每点动按键一次，输出电压升高或降低 0.1V。电压的输出采用多种规格的连接器，可为各种日用电子产品（如手机、MP3、数码相框、交换机等）提供平稳的直流电。本稳压源输出电压比较准确，数码管显示的电压与输出电压最大误差小于或等于 0.1V；输出功率强劲，最大输出功率可达 40W；输入交流电压在 195 ～ 240V 时仍可正常工作。

17.3 电路原理

如图 17 - 1 所示，电路大致可以划分为以下几个部分：变压整流、小功率稳压、按键消抖、可逆计数、译码显示、DA 转换、电压求和、大功率达林顿管射极跟随器输出等。220V 交流电先经过变压线圈降压成两组有效值为 18V 的低压交流电，整流后经过小功率稳压电路得到 3 个稳定的直流电压供电路中的芯片工作，3 个电压分别为：+15V，-15V 和 +5V。小功率稳压输出电流能力有限，不宜作为电源的输出电流的来源，只是为控制电路提供稳定电压，特别是为 DA 芯片提供稳定的参考电压。按键开关先经过消抖电路产生稳定的跳沿信号，按键脉冲触发低位双向可逆计数器。两个十进制计数器一个控制小数的 0.1 位电压，一个控制整数的个位电压。译码及 LED 显示电路实时显示当前计数值。DA 转换电路对计数值进行转换，0.1 位电压 DA 转换器输入的十进制数字信号每加 1，输出电压增加 0.1V；1 位电压 DA 转换器输入的十进制数字信号每增加 1，输出增加 1V。电压求和电路将两个 DA 转换器输出的电压相加之后输出到达林顿管的基极控制输出电压。达林顿管射极跟随器的作用是将 18V 整流后的电压调整成用户设定的电压，并具备较强的电流输出能力。

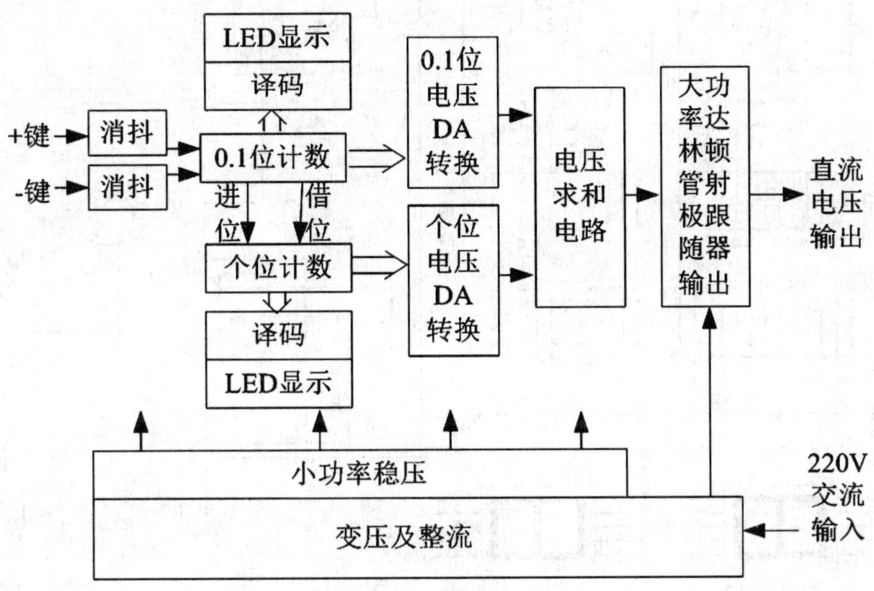

图 17－1　电路原理框图

如图 17－2 中的电路原理所示，220V 交流电经变压线圈 T_1 转换成两组共地的 18V（有效值）交流电输出，两条非地线间的电压为 36V。将两条非地线经过 1 个桥式整流，得到的 36V 全波整流电压，高电位端送入 7805、7815 的1 脚，低电位端送入 7915 的1 脚，将变压器地线与所有稳压芯片的 2 脚相连，再在稳压芯片的输入输出端接上滤波电容，就可在 7805、7815、79153 脚分别得到 +5V，+15V，－15V 的稳压输出了。

为保证每次按键只产生一个跳沿，触发计数器一次，需要对按键产生的信号去抖动。硬件去抖动可以采用阻容滤波法，亦可采用 RS 触发器法，其中 RS 触发器法工作更稳定，调试更容易。用两个交叉相连的与非门即可实现一个 RS 触发器。本例中，按键 S2/S3 先接到 74LS00 构建的 RS 触发器消抖，具体接法如电路原理图所示。

按键产生的触发信号消抖动后输入 0.1 位的可逆计数器，一个触发递增，一个触发递减。计数芯片采用十进制计数器 74LS192，0.1 位计数器的进位输出及借位输出分别连接到个位计数器的加计数端和减计数端。两级计数器总计数范围为 00 ～ 99（十进制数），对应输出电压（0 ～ 9.9V）。

个位及 0.1 位计数输出分别连入 74LS248 集成译码器，74LS248 为四线至七线译码器/驱动器，内部输出带上拉电阻，它把从计数器传送来的二十进制的 8421 码转换成十进制码，并驱动共阻数码管显示数码。

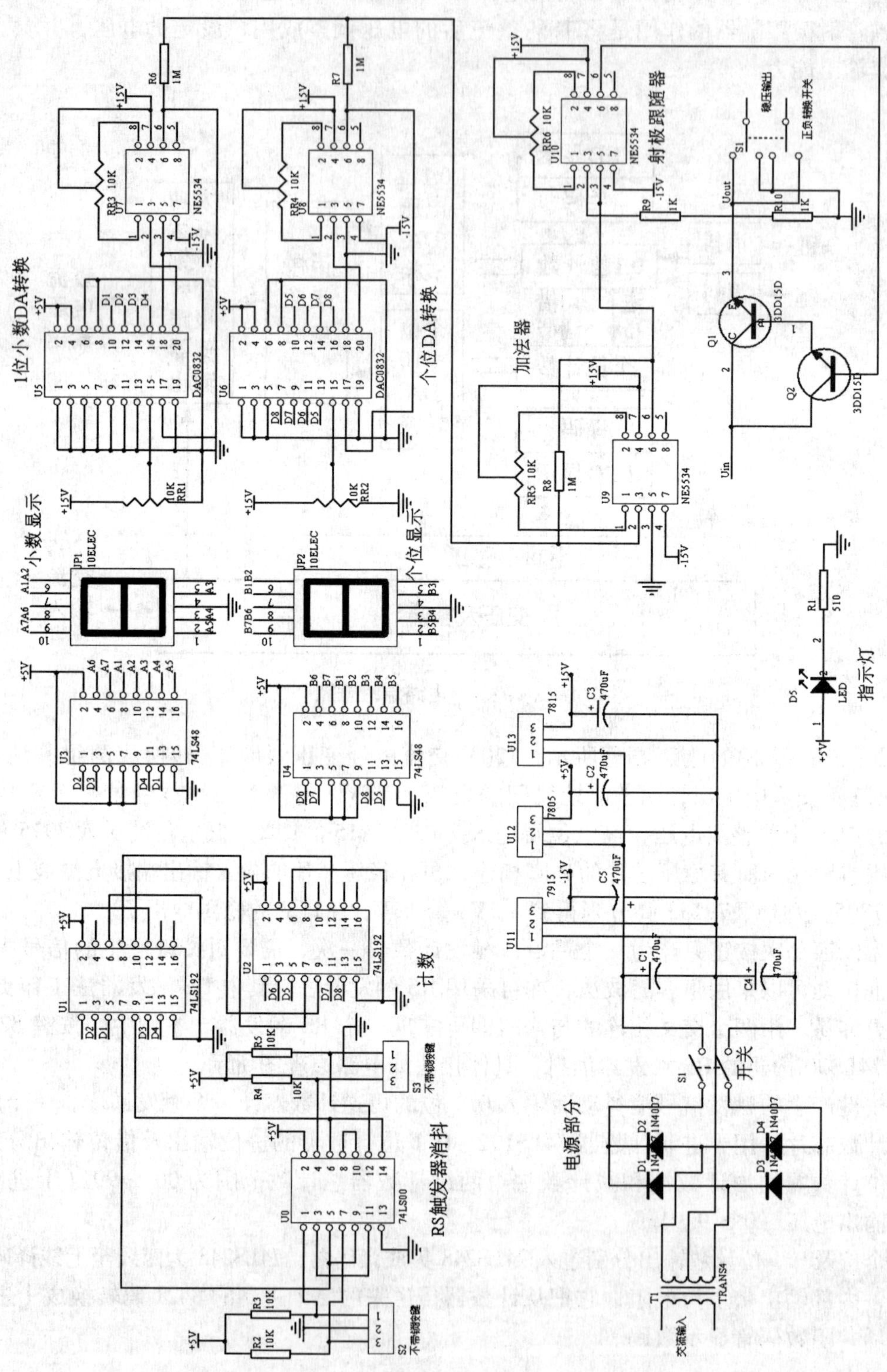

图 17－2 电路原理

计数器输出同时连接到数模转换器，数模转换电路采用两块 DAC0832 集成电路，它是一个 8 位数模转换器。由于计数器输出 4 位，而 DA 转换器输入为 8 位，我们对小数 0.1 位和整数个位分别作了处理。小数位 0832 高 4 位数字输入端接小数位计数器，低 4 位接地；整数位 0832 输入端采用高低相连方式（即 D0 与 D7 相连作为最高位，D1 与 D6 相连作为次高位，D2 与 D5 相连作为次低位，D3 与 D4 相连作为最低位），再将个位计数器与 0832 的高 4 位相连。由于 DA0832 是电流输出，且不包含运算放大器，所以需要外接一个运算放大器 NE5534 相配，构成完整的 DAC。通过调节与参考电压输入脚连接的可变电阻，可使小数 0.1 位的 DA 输出模拟电压范围为 0～0.9V，整数个位的 DAC 输出模拟电压范围为 0～9V。

两个 DA 通道产生的电压信号通过加法器相加，得到目标电压，但此加法器输出脚驱动能力有限，不宜作为最终的电源输出。本例中用到的所有运放均采用低噪声高速率优质运放 NE5534，该运放具有调零端，对直流电路特别有利，通过细心调节调零端，可以使电路的每一步输出电压精准地映射到期望值。

加法器输出端接运放 NE5534 构建的电压跟随器以提高目标电压的驱动能力，5534 输出连接到射极跟随器的基极以控制电源的最后输出电压。射极跟随器采用两个大功率三极管构建，连接成达林顿管，集电极接到 18V 全波整流输出端（即 7815 的输入端，而不是连接到 7815 的输出端），基极受 5534 构建的电压跟随器输出脚控制（即 U6 的 6 脚），发射极作为电压输出端。此结构可确保电路的输出电压或电流达到设计要求。

为提高本作品的易用性，本作品的输出电压接口采用 4 种规格的常用直流电源插口。此外，还设计了电源极性转换开关 S_1，通过此开关，可以将输出电源的极性倒置。

17.4　制作及调试

17.4.1　元件清单

本作品元件清单如表 17－1 所示。

表 17－1　元件清单

元　件	参　数	名　称	封　装	数　量
电　阻	510	R_1	AXIAL0.3	1 个
	1K	R_9，R_{10}	AXIAL0.3	2 个
	10K	R_2，R_3，R_4，R_5	AXIAL0.3	4 个
	1M	R_6，R_7，R_8	AXIAL0.3	3 个
可调电阻	10K	RR_1，RR_2，RR_3，RR_4，RR_5，RR_6	TO－126	6 个
电解电容	470μF	C_1，C_2，C_3，C_4，C_5	RAD0.1	5 个

续表 17－1

元 件	参 数	名 称	封 装	数 量
二极管	1N4007	D_1，D_2，D_3，D_4	DIODE0.4	4 个
发光二极管		D_5	RAD0.1	1 个
与非门	74LS00	U_0	DIP14	1 片
计数器	74LS192	U_1，U_2	DIP16	2 片
译码器	74LS48	U_3，U_4	DIP16	2 片
数码管	一位/共阻			2 个
数模转换芯片	DAC0832	U_5，U_6	DIP20	2 片
运放	NE5534	U_7，U_8，U_9，U_{10}	DIP8	4 片
稳压芯片	7805	U_{11}	TO－220	1 片
	7815	U_{12}	TO－220	1 片
	7915	U_{13}	TO－220	1 片
变压器	双输出 18V/50W	T_1		1 个
三极管	3DD15D	Q，Q_2	TO－3	2 个
铜板	15cm×20cm			1 张
按键		S_2，S_3	TO－126	2 个
开关		S_1		1 个
电源线				1 根

17.4.2 PCB 制作与调试

由于本例芯片较多，需要连接的线也就很多，用万能板很难做出美观可靠的电路，建议读者用热转印 PCB 板实现。为提高成功率，可考虑采用单面板；如果实验条件好，亦可做双面板。在采用单面 PCB 板时，元件均可采用直插器件，但布线需要格外耐心仔细。首先，要考虑好如何放置元件，只有元件的放置位置合理布线才可能简单；其次，若自动布线布不通，应考虑手工布线，耐心调整、尝试；最后，若个别地方手工布线亦难以布通，应考虑手工设置跳线点，跳线宜美观、有序。

连接好线路之后，检查各元件工作是否完好，若遇到问题，应先检查电源电压再逐级向后检查。各级基本功能实现后就可以对精度进行调整了。具体方法如下：

（1）点动按键将数码管显示电压调节到 0.0，调节 RR_3 使小数位输出电压为 0（U_7 的 6 脚输出电压为 0）；调节 RR_4 使个位输出电压为 0（U_8 的 6 脚输出电压为 0）。调节 RR_5 使得加法器输出电压为 0（U_9 的 6 脚输出电压为 0），调节 RR_5 使得最终输出电压为 0。

（2）点动按钮将数码管显示电压调节到 0.9，调节 RR_1 使输出电压为 0.9V。

（3）点动按钮将数码管显示电压调节到 9.0，调节 RR_2 使输出电压为 9.0V。

至此，稳压电源调试工作完毕，为电源接上交流电输入插头，用胶枪将部分电线或元件加固即可投入使用了。

17.5　参考文献

[1] 王毓银，陈鸽，等. 数字电路逻辑设计 [M]. 北京：高等教育出版社，2005.
[2] 童诗白，华成英. 模拟电子技术基础 [M]. 北京：高等教育出版社，2005.

第18章 对讲机设计与制作

18.1 设计概述

18.1.1 高频电路

电子电路可以分为模拟电路与数字电路，而模拟电路又可以分类为低频电路与高频电路。

一般的电子技术人员，首先尝试设计或制作的，大多以数字电路或低频电路为主，较少从高频电路开始的。其主要原因是，高频电路较难去理解，往往所制作出的电路无法如预期的设计目标运作。

但是，如果忽略了高频电路的基本常识，也可能使所设计出的数字电路或低频电路不能成为最适当的电路，甚至可能会造成运作的不稳定。

相反，如果能够熟悉高频电路，也可以提高数字电路或低频电路的设计水准。现在无论是数字电路还是以直流为主的测试仪器电路，对于处理都要求高速化，结果也使得高频电路的基本常识相当重要。

18.1.2 低频电路与高频电路的区别

为了了解高频电路的特征，在此，对低频率电路与高频电路作一比较。如图18－1所示的为低频电路与高频电路的比较。图18－1(a)为低频电路，图18－1(b)为高频电路。首先，说明信号的流通。由于在低频电路的信号其波长较长，一般可以忽略时间因素。因此，振荡器的输出端与放大器的输入端可视为同一信号。也即是，在低频率电路中的信号流通如箭头的方向所示，成为闭回路，此也被称为集中常数的考虑方法。而在高频电路中，由于波长较短，不可以忽略时间的因素。在同一时间的振荡器输出端、中途的电缆线上、放大器的输入端的信号就非同一信号，也就是说信号像电波一样传输，这种考虑电路问题的方法称为分布常数。

一般在集中常数电路中的低频电路中，对于电缆线的限制较少，可以使用一般的隔离线，重视噪音的频率特性；而在分布常数电路中的高频电路中，为了不使信号发生传送路径上的失真，要使用同轴电缆，重视特性阻抗。

在放大器的输出端所连接的负载如下：

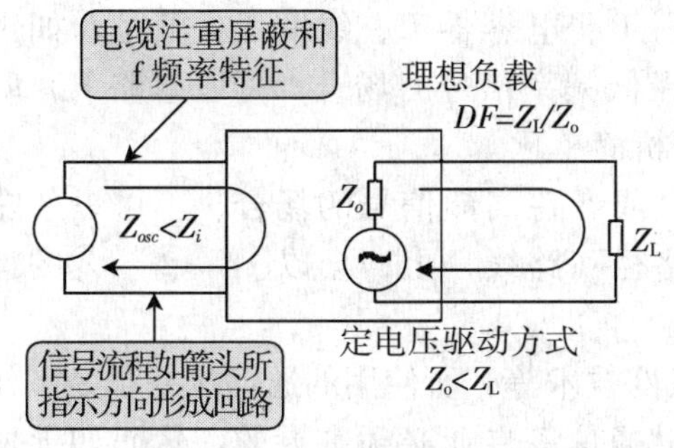

（a）低频电路

图中低频率电路为定电压驱动，即使负载阻抗有变化，输出电压也一定，放大器的输出阻抗 Z_o 与负载的阻抗 Z_L 的关系为 $Z_o<Z_L$。

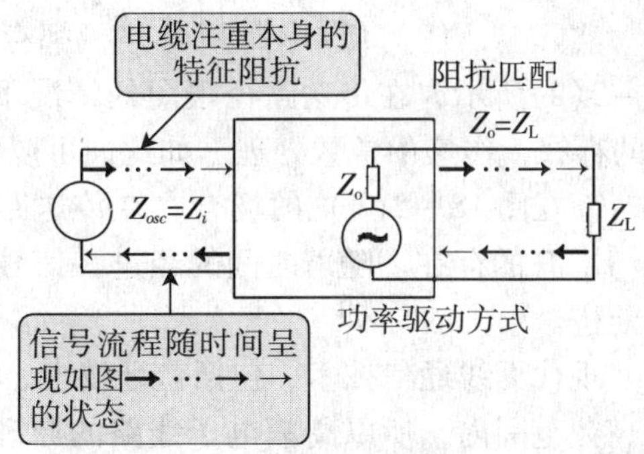

（b）高频电路

图中高频电路为功率驱动，信号的单位为功率，从负载能够取出的最有效功率为在 $Z_o=Z_L$ 状态下，也即是在阻抗匹配（impedance matting）状态下。因此，低频率电路与高频电路分析的考虑方法不一样。

图 18－1　低频电路与高频电路的比较

18.1.3　集中常数电路与分布常数电路

图 18－2 所示以传送路线为例子，说明集中常数电路的分析方法与分布常数电路的分析方法。

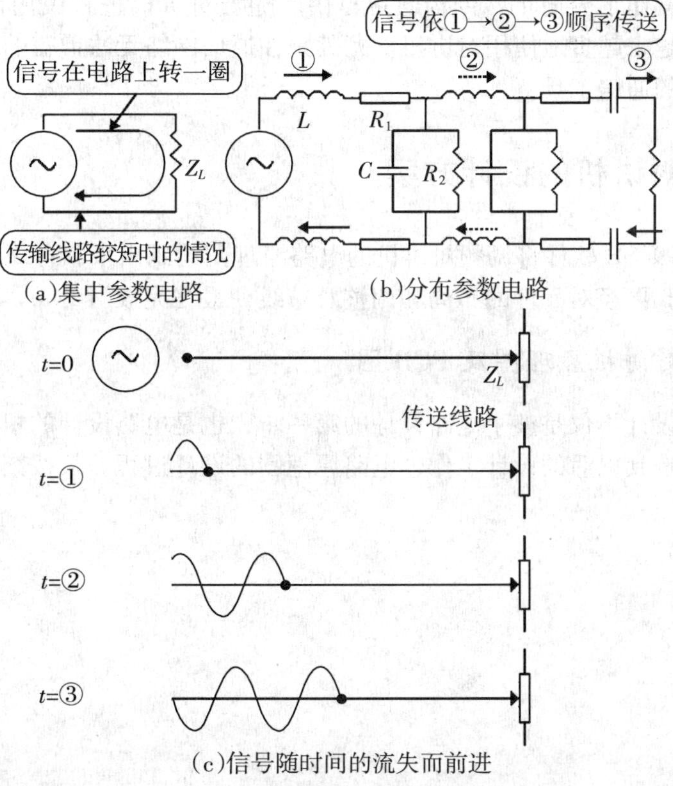

(a)集中参数电路　(b)分布参数电路

(c)信号随时间的流失而前进

图 18－2　集中常数电路与分布常数电路

实际上，任何低频/高频电路，都存在有电阻 R、电容器 C、线圈 L。可是，如图 18－2(a)所示，在传送路径很短的情况下，或者在低频率信号的场合，可以忽略 R，L，C 的存在，作集中常数处理。如此，可以使电路分析简单化。

而在图 18－2(b) 的场合，在传送路径较长，或者在高频信号的场合，不可以忽略 R，L，C 的存在。随着时间的经过，信号在传送路径（路线）上，会以①→②→③的情况前进。

现代无线通信技术，包括蓝牙技术、无线局域网技术等，所使用的通信设备都是工作在高频范围内，所以高频电子线路的原理是电子、通信等专业必须掌握的。然而如上所述，由于高频电路与低频电路相比，涉及的参数更多，设计时受周边影响很大，不仅要考虑电路本身的设计，还要顾及所使用的印制基板的材质、厚度和印刷布线等。如果设计不当，就会产生寄生电容形成谐振电路，造成信号衰减或产生噪声，导致无法满足设计要求。因此，高频电路设计人员需要更多的经验，而经验则需要靠不断地实践去获得。所以，本章选择无线对讲机的设计与制作作为练习，使同学们能更熟悉高频电路的设计与制作、调试的过程。

无线对讲机具有使用简单、不受网络限制、通话成本低、适用范围广等优点。这样的特点，让对讲机广泛应用在很多领域。主要运用于学校、工厂、公安、民航、运输、水利、铁路、制造、建筑、服务等行业，用于团体成员间的联络和指挥调度，以提高沟通效率和提高处理突发事件的快速反应能力。另外，对讲机提供了一对一、一对多的通话方式，一按就说，操作十分简单，令沟通更自由。随着对讲机进入民用市场，人们外出旅游、购物也开始越来越多地使用对讲机。尤其是在通信网络无法覆盖的地方，无线对讲机便成了人们喜爱的通信工具。

18.2 无线对讲机的设计方案

利用 Protel 99 SE 软件将调频对讲机的电路原理图绘制出来，再规划电路板，通过装入网络表和封装，再经对元件的布局和调整及布线，最终完成对 PCB 板的制作。

18.2.1 无线对讲机原理图及 PCB 图

电路原理图设计不仅是整个电路设计的第一步，也是电路设计的根基，因此电路图的设计好坏直接影响到以后的设计工作，电路原理图的设计过程一般按图 18－3 所示的流程进行。

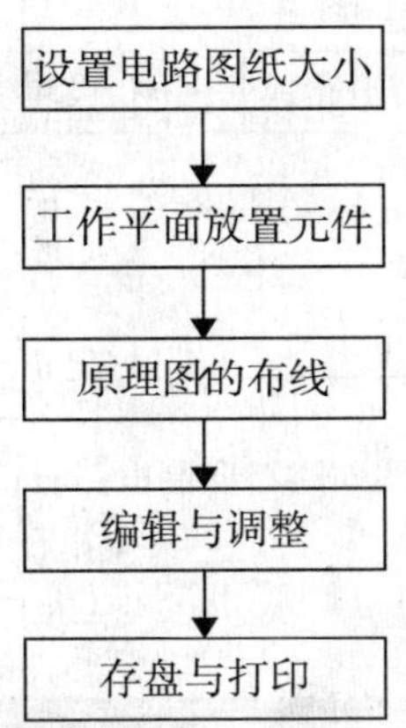

图 18－3　无线对讲机电路原理图的设计过程

采用集成功放 D2822 和 D1800 实现无线收音对讲功能，对讲的发射部分采用两级放大电路，第一级为振荡兼放大电路，第二级为发射部分，使对讲距离和发射效率大大提高，其电路原理图如图 18－4 所示：

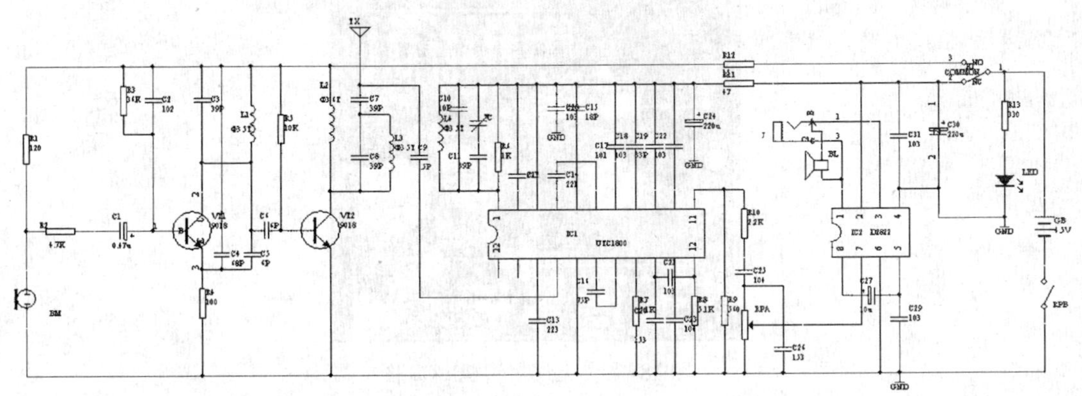

图 18－4　用 Protel 制作的采用集成功放 D2822 和 D1800 实现无线收音对讲功能方案图

本方案使用专门的功放和收音集成芯片，像 D2822、UTC1800 等都是专门的对讲收音芯片，虽然用其他的元器件也能实现芯片功能，但缺点是需太多元器件替代和电路图画起来太复杂。为了能在这次设计中既完成设计工作，又可以学到更多的技能和知识，并提高制作效率和简化电路图，建议设计成有集成功放 D2822 等芯片的无线对讲机，这个方案设计结构简单，易于操作，又可达到预期效果。

无线对讲机印制电路板设计的一般流程如图 18－5 所示。

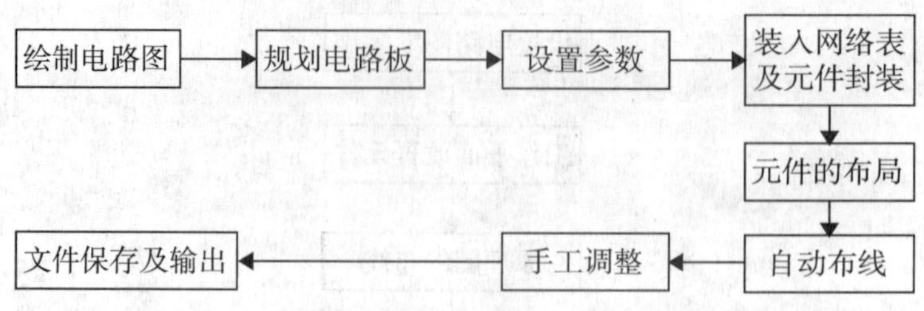

图 18－5　无线对讲机印制电路板设计的一般流程

画出 PCB 图如图 18－6 所示。

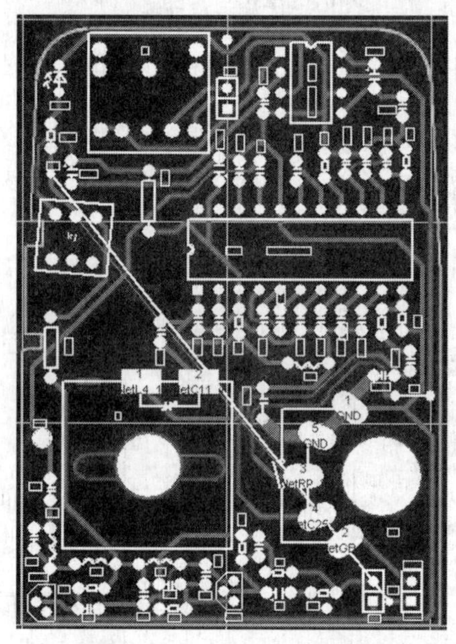

图 18－6　无线对讲机 PCB 图

18.2.2　电路原理

本电路用的主要芯片有 UTC1800（或 D1800），它作为收音接收专用集成电路，功放部分选用 D2822。对讲的发射部分采用两级放大电路，第一级为振荡兼放大电路，第二级为发射部分，使发射效率和对讲距离大大提高。它具有造型美观、体积小、外围元件少、灵敏度极高、性能稳定、耗电少、输出功率大等优点。

18.2.2.1　接收机部分原理

调频信号由 TX 接收，经 C9 耦合到 IC1 的 19 脚内的混频电路，IC1 第 1 脚内部为本机振荡电路，1 脚为本振信号输入端，L_4，C，C_{10}，C_{11} 等元件构成本振的调谐回路。在 IC1 内部混频后的信号经低通滤波器后得到 10.7MHz 的中频信号，中频信号由 IC1 的 7，8，9 脚内电路进行中频放大、检波，7，8，9 脚外接的电容为高频滤波电容，此时，中频信号频率仍然是变化的，经过鉴频后变成变化的电压。10 脚外接电容为鉴频电路的滤波电容。这个变化的电压就是音频信号，经过静噪的音频信号从 14 脚输出耦合至 12 脚内的功放电路，第一次功率放大后的音频信号从 11 脚输出，经过 R_{10}，C_{25}，RP，耦合至 IC2 进行第二次功率放大，推动扬声器发出声音。

18.2.2.2　对讲发射原理

变化着的声波被驻极体转换为变化着的电信号，经过 R_1，R_2，C_1 阻抗均衡后，由 VT_1 进行调制放大。C_2，C_3，C_4，C_5，L_1 以及 VT1 集电极与发射极之间的结电容 Cce 构成一个 LC 振荡电路，在调频电路中，很小的电容变化也会引起很大的频率变化。当电信号变化时，相应的 Cce 也会有变化，这样频率就会有变化，就达到了调频的目的。经过 VT_1 调制放大的信号经 C_6 耦合至发射管 VT_2 通过 TX，C_7 向外发射调频信号。VT_1，VT_2 用 9018 超高频三极管作为振荡和发射专用管。

18.2.2.3　无线对讲机性能

无线对讲机性能参数如下所述：

（1）调频波段 88～108MHz；

（2）工作电源电压范围 2.5～5V；

（3）静态电流 13.5mA；

（4）信噪比 >80dB；

（5）谐波失真 <0.8%；

（6）输出功率≥350mA；

（7）发射机工作电流 18mA；

（8）对讲距离 50～100 米。

18.3　无线对讲机元器件

本无线对讲机主要是以集成芯片 UTC1800（D1800）和 D2822 为主，其次还包括了一系列的普通元件如三极管、电阻、电解电容、瓷片电容等，还包括由电感电容组成的选频网络等，采用电池供电，方便随身携带。接下来具体介绍主要元器件的功能。

1. D2822 双声道低电压功率放大器

（1）D2822 概述与特点。

D2822 是双通道低压功率放大器，适于在体积小的便携式盒式对讲机和收音机中作音频放大器用，该电路的特点如下：

1）电源电压范围宽（1.8～15V），电源电压低至 1.8V 仍能工作，因此该电路适合在低电源电压下工作；

2）静态电流小；

3）交越失真小；

4）适合于单声桥式（BTL）或立体声线路两种工作状态。

对应于实物图，D2822 内部方框图如图 18－7 所示。

（2）D2822 引出脚说明。

D2822 引出脚说明如表 18－1 所示。

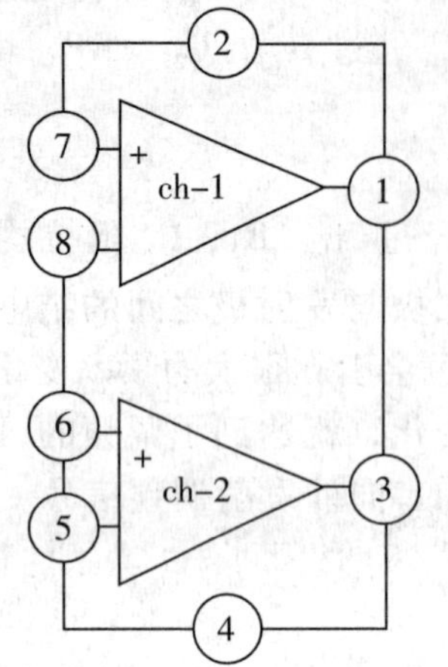

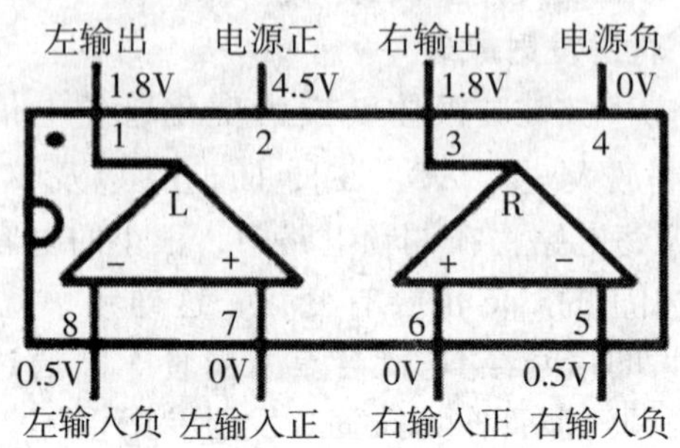

图 18－7 D2822 内部方框图的两种形式

表 18－1 D2822 引出脚说明表

引出端序号	符 号	功能	引出端序号	符号	功能
1	OUT1	输出端 1	5	IN2（－）	反向输入端 2
2	VCC	电源	6	IN2（＋）	正向输入端 2
3	OUT2	输出端 2	7	IN1（＋）	正向输入端 1
4	GND	地	8	IN1（－）	反向输入端 1

（3）D2822 电特性。

D2822 的电特性说明如表 18－2、表 18－3 所示。

表 18－2 D2822 极限参数说明表

参 数 名 称	符 号	数 值	单 位
电源电压	VCC	15	V
输出峰值电流	Lo（p）	1	A
全功耗 Tamb＝50℃ Tamb＝50℃	Pd	1 1.4	W
结温	Tj	150	℃
贮存温度	Tstg	－40～＋150	℃

表 18－3　D2822 电特性说明表

立体声参数

项　目	符　号	测 试 条 件			最　小	典　型	最　大	单　位
电源电压	VCC				1.8		1.5	V
静态输出电压	V_o	VCC＝3V				2.7		V
						1.2		V
输入偏流	I_B					100		nA
静态电流	ICC					6	9	mA
输出功率（每一声道）	P_o	f＝1kHz THD＝10%	R_L＝32Ω	VCC＝9V		300		mW
				VCC＝6V	90	120		
				VCC＝4.5V		60		
				VCC＝3V	15	20		
				VCC＝2V		5		
			R_L＝16Ω	VCC＝6V	170	220		
			R_L＝18Ω	VCC＝9V		1000		
				VCC＝6V	300	380		
			R_L＝4Ω	VCC＝6V	450	650		
				VCC＝4.5V		320		
				VCC＝3V		110		
失真度	THD	R_L＝32Ω　P_o＝40mW				0.2		%
		R_L＝16Ω　P_o＝75mW				0.2		
		R_L＝8Ω　P_o＝150mW				0.2		
闭环增益	A_{VF}	f＝1kHz			36	39	41	dB
声道平衡度	CB				－1		＋1	dB
输入阻抗	Z_1	f＝1kHz			100			kΩ
总输入噪声	V_{NI}	Rs＝10kΩ	B＝曲线 A			2		μV
			B＝22Hz～22kHz			2.5		
电源纹波抑制比	Srip	f＝100Hz　C_1＝C_2＝100μF			24	30		dB
分离度	CSR	f＝1kHz				50		dB

BTL 部分

<table>
<tr><th>项 目</th><th>符 号</th><th colspan="3">测 试 条 件</th><th>最 小</th><th>典 型</th><th>最 大</th><th>单 位</th></tr>
<tr><td>电源电压</td><td>VCC</td><td colspan="3"></td><td>1. 8</td><td></td><td>1. 5</td><td>V</td></tr>
<tr><td>静态电流</td><td>ICC</td><td colspan="3">$R_L=\infty$</td><td></td><td>6</td><td>9</td><td>mA</td></tr>
<tr><td>输出偏移电压</td><td>V</td><td colspan="3">$R_L=8\Omega$</td><td>-50</td><td></td><td>50</td><td>mA</td></tr>
<tr><td>输入偏流</td><td>I_B</td><td colspan="3"></td><td></td><td>100</td><td></td><td>nA</td></tr>
<tr><td rowspan="14">输出功率</td><td rowspan="14">P_o</td><td rowspan="14">f = 1kHz
THD = 10%</td><td rowspan="5">$R_L=32\Omega$</td><td>VCC = 9V</td><td></td><td>1000</td><td></td><td rowspan="14">mW</td></tr>
<tr><td>VCC = 6V</td><td>320</td><td>400</td><td></td></tr>
<tr><td>VCC = 4. 5V</td><td></td><td>200</td><td></td></tr>
<tr><td>VCC = 3V</td><td>50</td><td>65</td><td></td></tr>
<tr><td>VCC = 2V</td><td></td><td>8</td><td></td></tr>
<tr><td rowspan="3">$R_L=16\Omega$</td><td>VCC = 9V</td><td></td><td>2000</td><td></td></tr>
<tr><td>VCC = 6V</td><td></td><td></td><td></td></tr>
<tr><td>VCC = 3V</td><td></td><td>120</td><td></td></tr>
<tr><td rowspan="3">$R_L=8\Omega$</td><td>VCC = 6V</td><td>900</td><td>1350</td><td></td></tr>
<tr><td>VCC = 4. 5V</td><td></td><td>700</td><td></td></tr>
<tr><td>VCC = 3V</td><td></td><td>220</td><td></td></tr>
<tr><td rowspan="3">$R_L=4\Omega$</td><td>VCC = 4. 5V</td><td></td><td>1000</td><td></td></tr>
<tr><td>VCC = 3V</td><td>200</td><td>350</td><td></td></tr>
<tr><td>VCC = 2V</td><td></td><td>80</td><td></td></tr>
<tr><td>失真度</td><td>THD</td><td colspan="3">$P_o=0.5W$ $R_L=8\Omega$ f = 1kHz</td><td></td><td>0. 2</td><td></td><td>%</td></tr>
<tr><td>闭环电压增益</td><td>A_{VF}</td><td colspan="3">f = 1kHz</td><td></td><td>39</td><td></td><td>dB</td></tr>
<tr><td>输入阻抗</td><td>Z_1</td><td colspan="3">f = 1kHz</td><td>100</td><td></td><td></td><td>kΩ</td></tr>
<tr><td rowspan="2">总输入噪声</td><td rowspan="2">V_{NI}</td><td rowspan="2">$R_s=10k\Omega$</td><td colspan="2">B = 曲线 A</td><td></td><td>2. 5</td><td></td><td rowspan="2">μV</td></tr>
<tr><td colspan="2">B = 22Hz ~ 22kHz</td><td></td><td>3</td><td></td></tr>
<tr><td>电源纹波抑制比</td><td>Srip</td><td colspan="3">f = 100Hz $C_1=C_2=100\mu F$</td><td></td><td>40</td><td></td><td>dB</td></tr>
<tr><td>功率带宽</td><td>BWp</td><td colspan="3">$R_L=8\Omega$ $P_o=1W$</td><td></td><td>120</td><td></td><td>kHz</td></tr>
</table>

（4）D2822 应用电路与说明。

D2822 典型的应用电路如图 18 - 8 和图 18 - 9 所示。

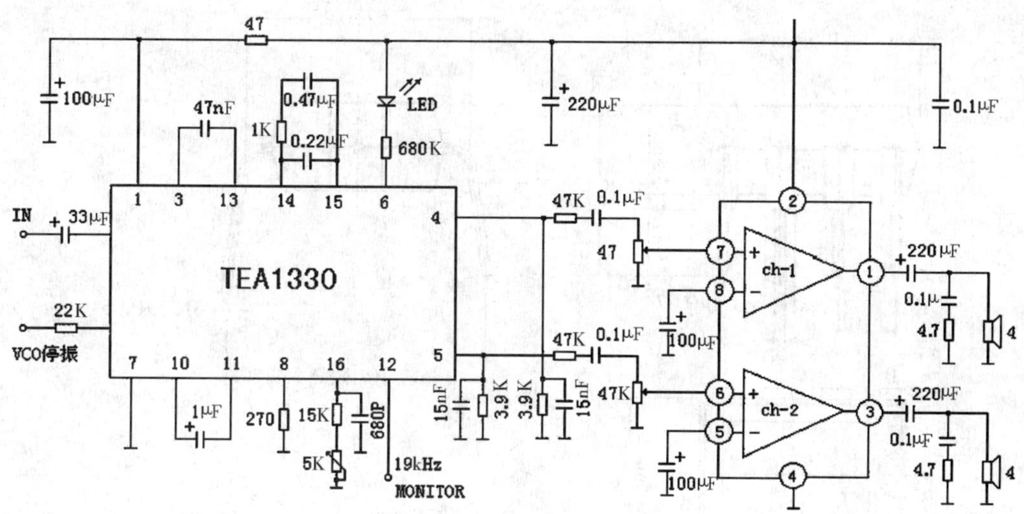

图 18－8　D2822 应用于便携式收音机中的典型电路

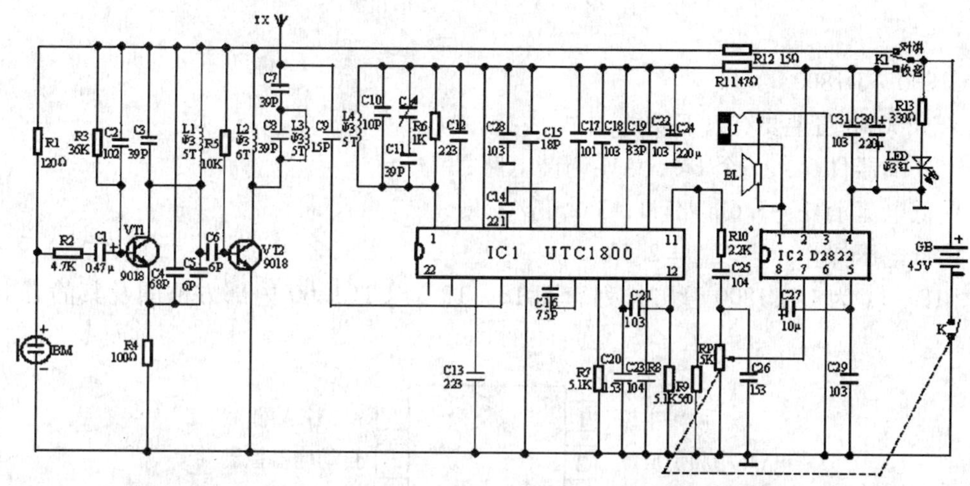

图 18－9　D2822 应用于 JC818 型调频无线对讲机的典型电路

（5）D2822 外形尺寸。

如图 18－10 所示。

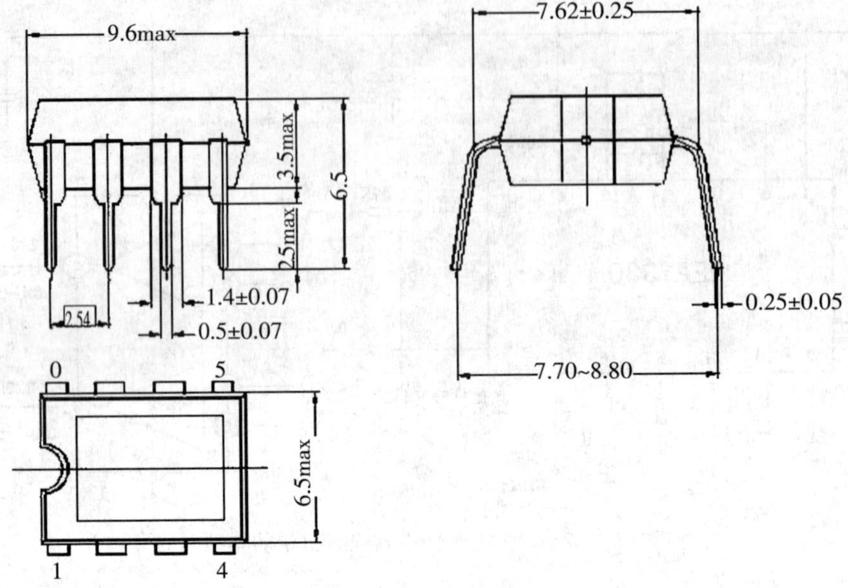

图 18－10　D2822 外形尺寸

2. UTC1800（D1800）

UTC1800 电路主要有以下功能：

1）外围器件少：一个 FM，AM 调谐电路；

2）低电流消耗：5.6mA/FM，3.2mA/AM；

3）低电压操作：VCC_{min} = 2.5V。

图 18－11 为 UTC1800 管脚排列。图 18－12 为 UTC1800 内部方框图及其静态电压参考值。

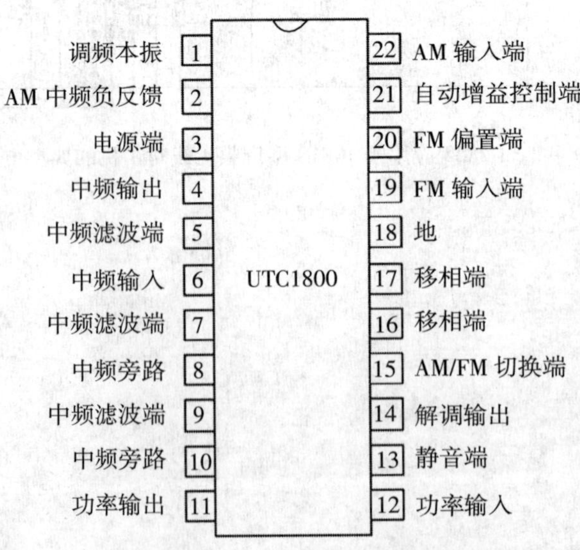

图 18－11　UTC1800 管脚排列

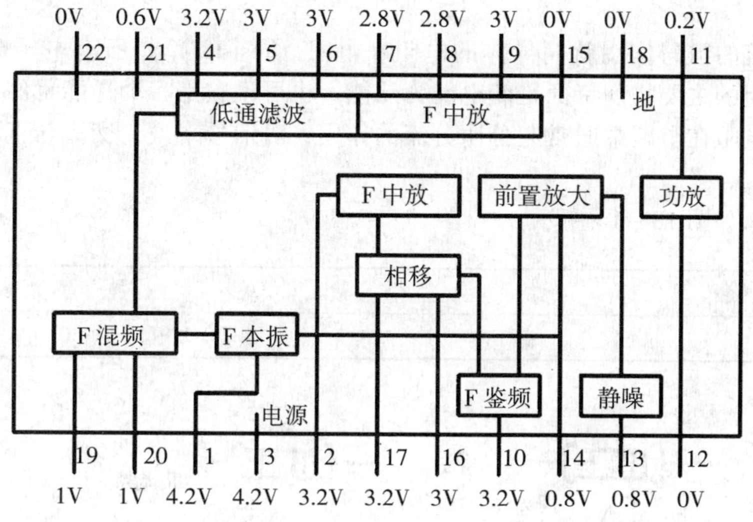

图 18 – 12　UTC1800 内部方框图及静态电压参考值

3. 三极管 9018

9018 是半导体三极管，三极管的主要作用就是放大。可用作放大电路，开关电路，振荡电路等。三极管 9018 管脚如图 18 – 13 所示，三极管 9018 应用参数如表 18 – 4 所示。

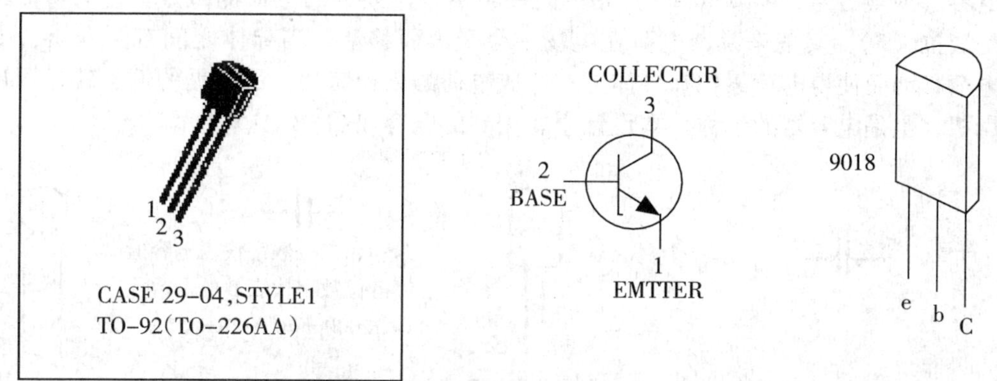

图 18 – 13　三极管 9018 管脚

表 18 – 4　部分三极管应用参数参考表

名　称	封　装	极　性	功　能	耐　压	电　流	功　率	频　率	配对管
D633	28	NPN	音频功放	100V	7A	40W	达林顿	
9013	21	NPN	低频放大	50V	0.5A	0.625W		9012
9014	21	NPN	低噪放大	50V	0.1A	0.4W	150MHz	9015
9015	21	PNP	低噪放大	50V	0.1A	0.4W	150MHz	9014
9018	21	NPN	高频放大	30V	0.05A	0.4W	1000MHz	
8050	21	NPN	高频放大	40V	1.5A	1W	100MHz	8550

4. 电阻

导体对电流的阻碍作用就叫导体的电阻。电阻（resistor）是所有电子电路中使用最多的元件。电阻的主要物理特征是变电能为热能，也可说它是一个耗能元件，电流经过它就产生热能。电阻在电路中通常起分压分流的作用，对信号来说，交流与直流信号都可以通过电阻。

电阻值计算如图 18－14 所示。

棕	红	橙	黄	绿	兰	紫	灰	白	黑	金	银
1	2	3	4	5	6	7	8	9	0	5%	10%

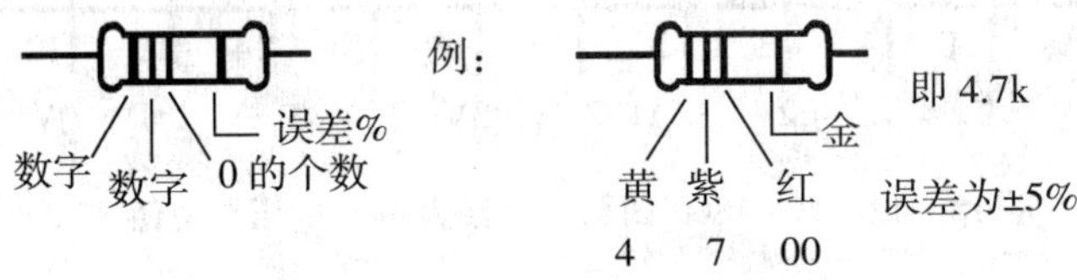

图 18－14　电阻值计算示意图

5. 电容

电容（或电容量，capacitance）指的是在给定电位差下的电荷储藏量，记为 C，国际单位是法拉（F）。一般来说，电荷在电场中会受力而移动，当导体之间有了介质，则阻碍了电荷移动而使得电荷累积在导体上；造成电荷的累积储存，最常见的例子就是两片平行金属板，也是电容器的俗称。本设计主要用到的电容如图 18－15 所示。

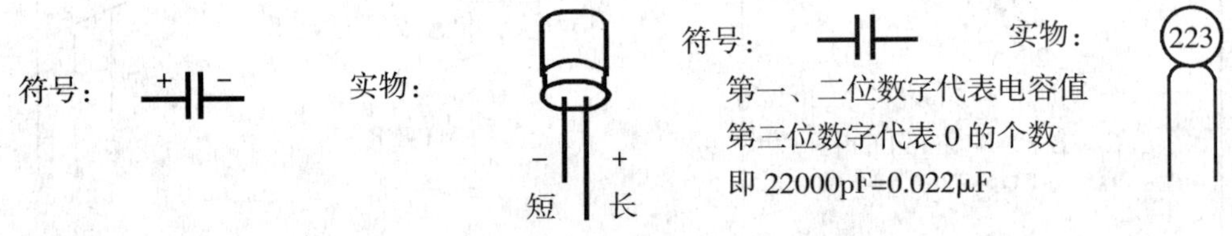

图 18－15　电解电容实物示意图及瓷片电容计算示意图

18.4　无线对讲机的制作和调试

18.4.1　无线对讲机的制作过程

焊接与安装一般先装低矮、耐热的元件，最后装集成电路。应按如下步骤进行焊接：①清查元器件的质量，并及时更换不合格的元件；②确定元件的安装方式，由孔距决定，并对照电路图核对电路板；③将元器件弯曲成形，本电路所有的电阻（除 R_{12}外）均采用立式插装，尽量将字符置于易观察的位置，字符应从左到右，从上到下，以便于以后检查，将元件脚上锡，以便于焊接；④插装，应对照电路图对号插装，有极性的元件要注意极性，如集成电路的脚位等；⑤焊接，各焊点加热时间及用锡量要适当，防止虚焊、错焊、短路。其中耳机插座、三极管等焊接时要快，以免烫坏；⑥焊后剪去多余引脚，检查所有焊点，并对照电路图仔细检查，确认无误后方可通电。

制作过程如下流程图所示：

（1）全套散件图，如图 18－16 所示。

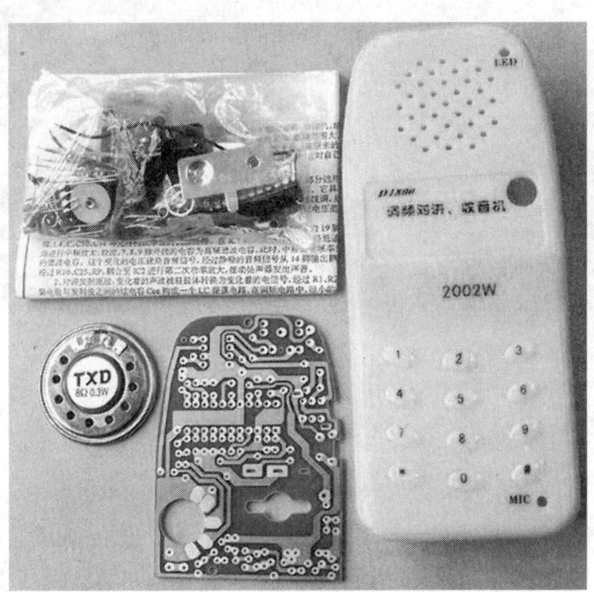

图 18－16 无线对讲机全套散件

（2）焊接电阻器（共 13 只），如图 18－17 所示。

R_1：120Ω　R_2：4.7kΩ　R_3：36kΩ　R_4：100Ω　R_5：10kΩ　R_6：1kΩ　R_7：5.1kΩ

R_8：5.1kΩ　R_9：560Ω　R_{10}：2.2kΩ　R_{11}：47Ω　R_{12}：15Ω　R_{13}：330Ω

图 18－17 焊接电阻器

(3) 焊接电位器（1 只）和短接线 J1，如图 18－18 所示。

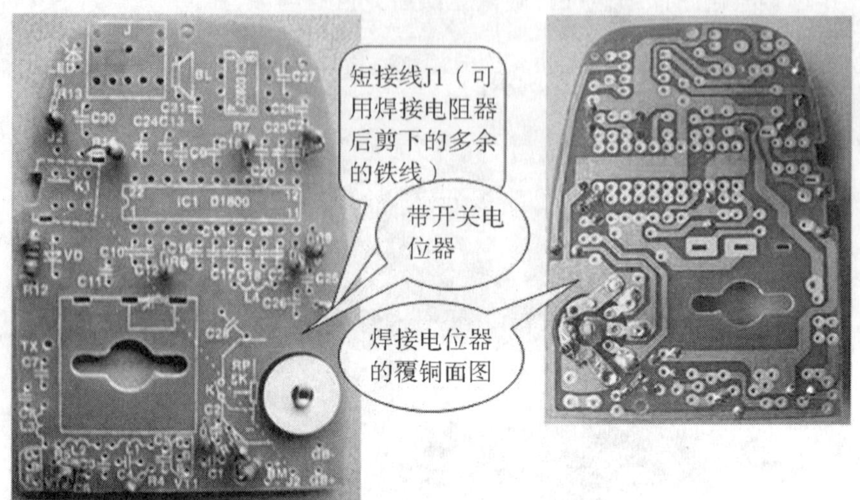

图 18－18　焊接电位器和短接线

(4) 焊接瓷片电容器（共 27 只），如图 18－19、图 18－20 所示。

C_2：102　C_3：39P　C_4：68P　C_5：6P　C_6：6P　C_7：39P　C_8：39P　C_9：15P
C_{10}：10P　C_{11}：39P　C_{12}：223　C_{13}：223　C_14：221　C_{15}：18P　C_{16}：75P
C_{17}：101　C_{18}：103　C_{19}：33P　C_{20}：153　C_{21}：103　C_{22}：103　C_{23}：104
C_{25}：104　C_{26}：153　C_{28}：103　C_{29}：103　C_{31}：103

图 18－19　部分瓷片电容器的焊接

图 18－20　全部瓷片电容器的焊接

(5) 焊接电解电容器（共 4 只），如图 18－21 所示。

C_1：0.47μF　C_{24}：220μF　C_{27}：10μF　C_{30}：220μF

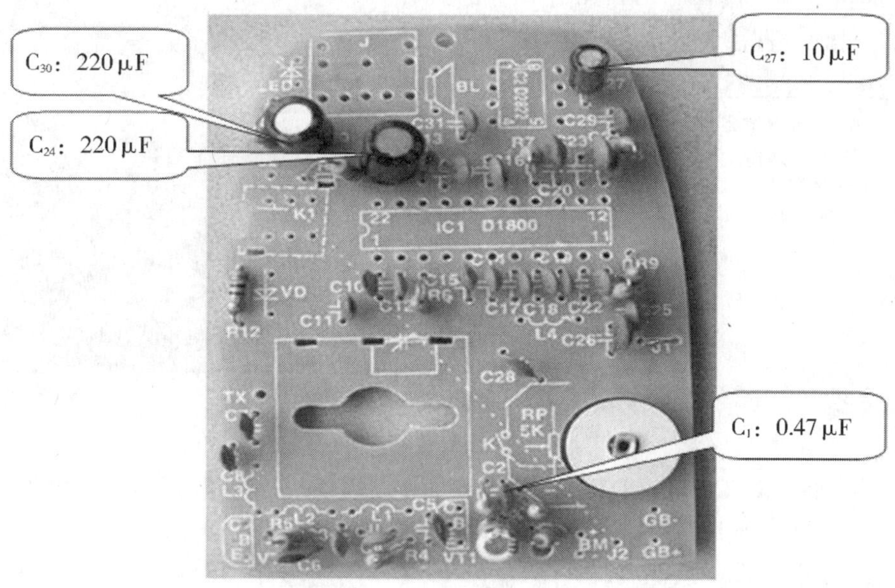

图 18－21　焊接电解电容器

（6）焊接电感线圈（共 4 只），如图 18－22 所示。

L_1：5 圈　　L_2：6 圈　　L_3：5 圈　　L_4：5 圈

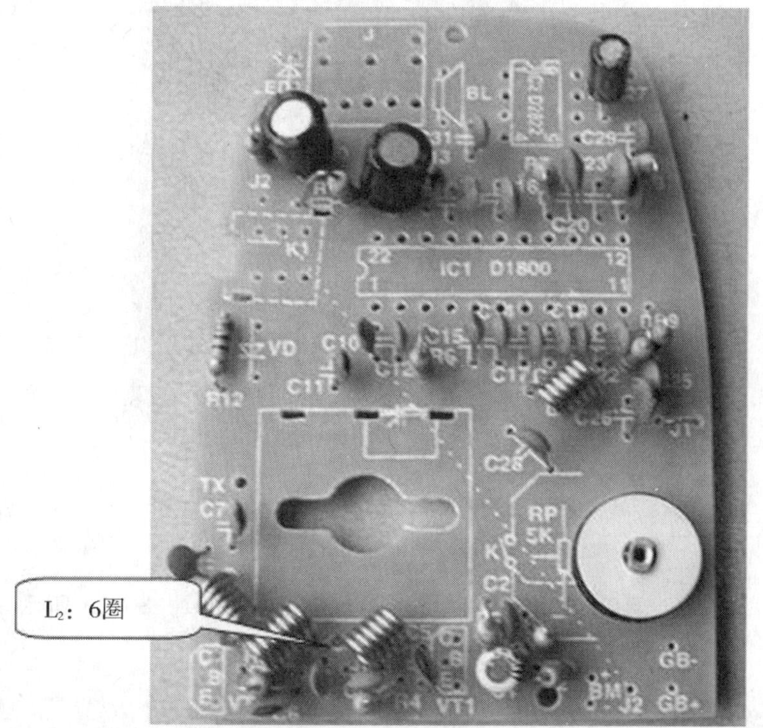

图 18－22　焊接电感线圈

（7）焊接发光二极管 LED，如图 18－23 所示。

发光二极管：直径 3 毫米，红色。

图 18－23　焊接发光二极管

（8）焊接 IC（UTC1800、D2822）、耳机插座、开关、可变电容器、三极管、集成电路（IC1：UTC1800 和 IC2：D2822）、耳机插座 J（直径 3.5 毫米）、按钮开关 K_1（不带锁）、可变电容器（223F）、三极管 VT1 和 VT2（9018），如图 18－24 所示。

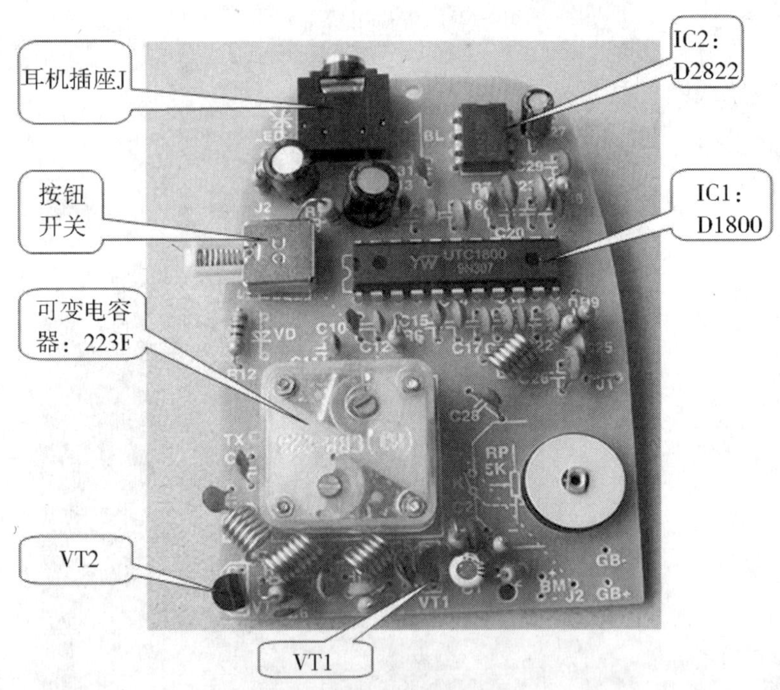

图 18－24　焊接 IC 等元件

（9）焊接跳线 J2、天线 TX（说明：VD 不用焊接），如图 18－25 所示。

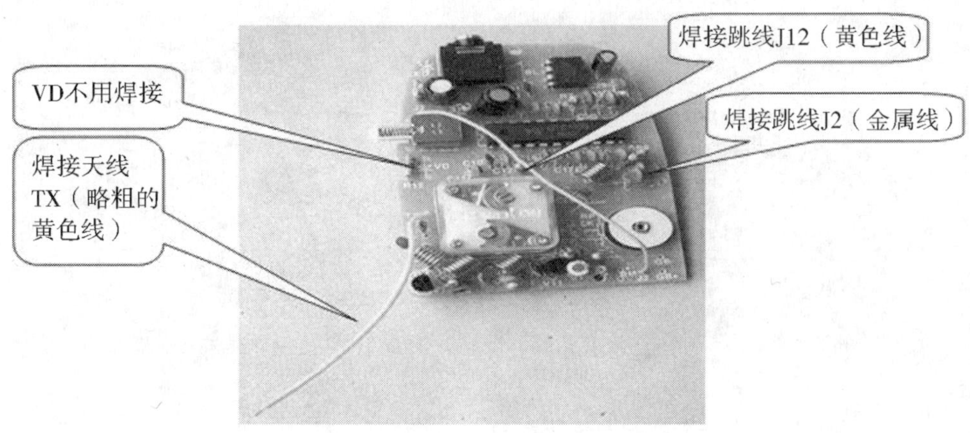

图 18－25　焊接跳线、天线

（10）电路板的覆铜面，如图 18－26 所示。

图 18－26　电路板的覆铜面

（11）扬声器、话筒上导线的焊接，如图 18－27 所示。

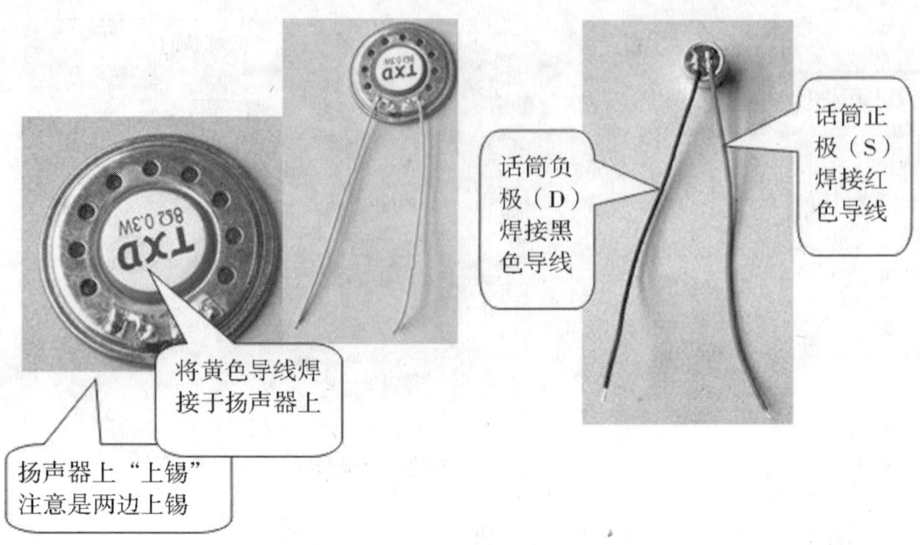

图 18－27　扬声器、话筒线的焊接

（12）扬声器放在外壳中固定、焊接电池线，如图 18－28 所示。

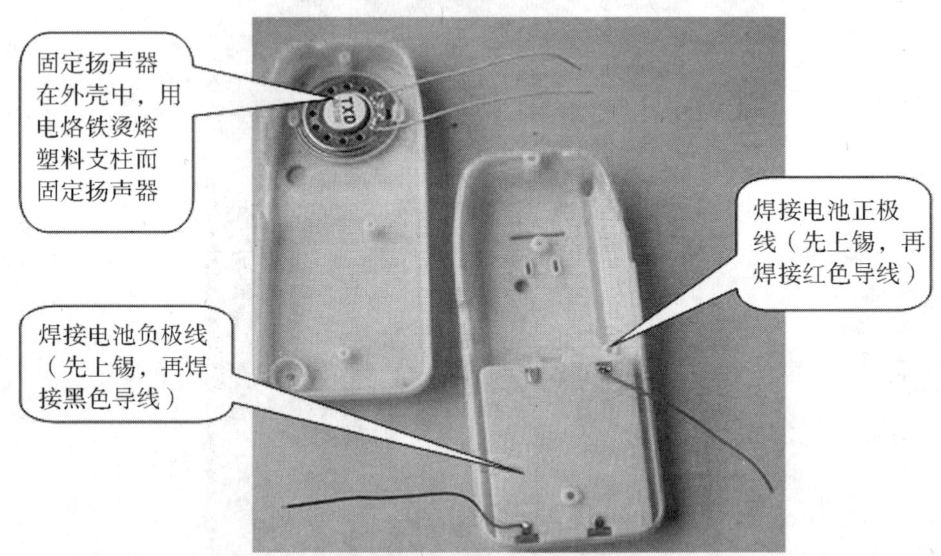

图 18－28　扬声器放在外壳中固定、焊接电池线

（13）扬声器与电路板的连接，如图 18－29 所示。

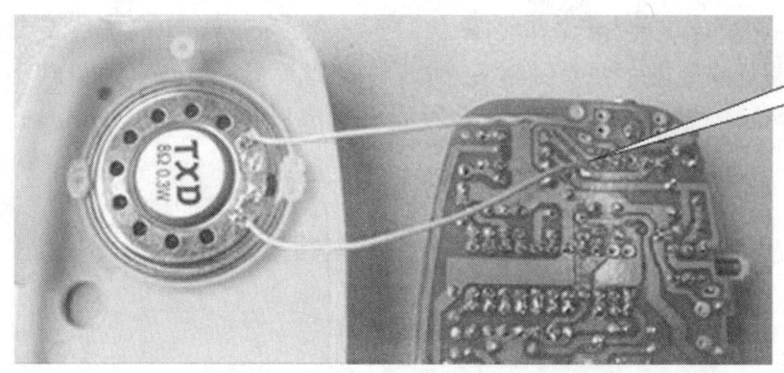

图 18－29　扬声器与电路板的连接

（14）拉杆天线的固定和焊接，如图 18－30 所示。

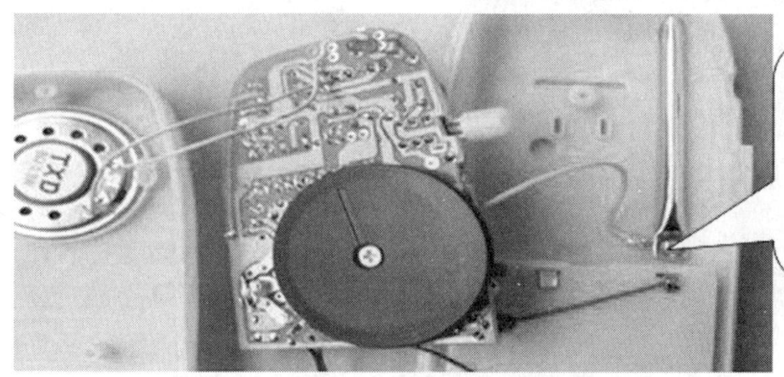

图 18－30　拉杆天线的固定和焊接

（15）调频收音机频率范围的调试，如图 18－31 所示。

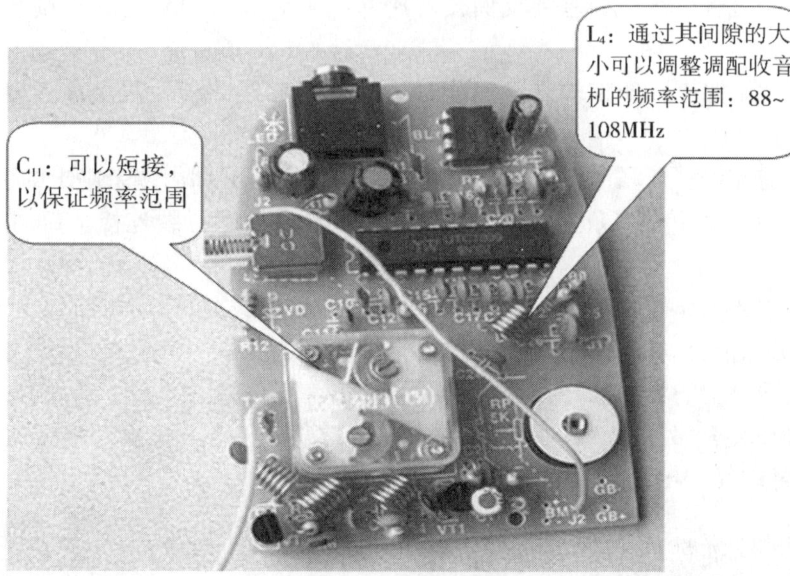

图 18－31　电路板焊接完成

调频的频率范围一定要保证在 88 ~ 108MHz，特别要保证低端，因为无线发射部分的频率在 89MHz 附近。调频率范围主要靠调整 L_4 线圈的间隙大小：拉开，感量减小，频率提高，相应收到的高频段的台多；缩紧，感量增大，频率减小，相应收到的低频段的台多。

如果调不出低端，可以把 C_{11}（39P）的瓷片电容器短接，这样低端可以保证在 88MHz。高端有损失，可把 L_4 稍微拉开一点点，这样高端也能保证在 108MHz，如此高低端可以兼顾。

（16）安装后的整体效果如图 18-32 所示。

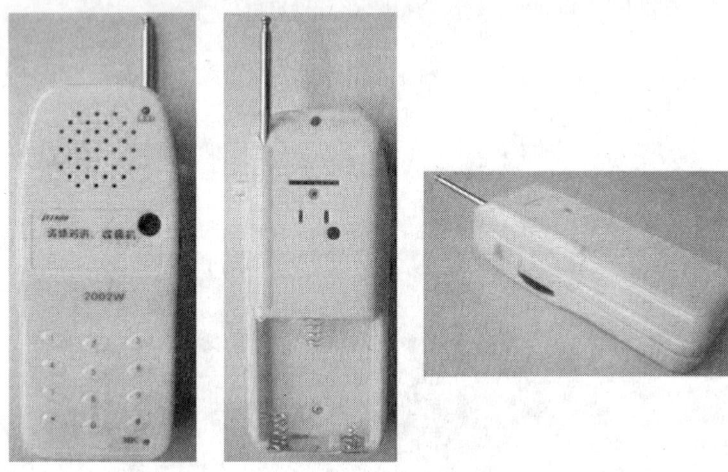

图 18-32 安装完成

总结焊接、安装对讲机注意事项包括如下八方面内容：

（1）发光二极管应焊在印制板反面，对比好高度和孔位再焊接，否则会造成外壳盖不了；

（2）由于本电路工作频率较高，安装时请尽量紧贴线路板，以免高频衰减而造成对讲距离缩短；

（3）焊接前应先将双联用螺丝上好，并剪去双联拨盘圆周内多余高出的引脚再焊接；

（4）J1 可以用剪下的多余元件脚代替，J2 的引线用黄色导线连接，TX 的引线用略粗黄色导线连接；

（5）插装集成电路时一定要注意方向，保证集成电路的缺口与电路板上 IC 符号的缺口一一对应，以免因方向不对烧坏芯片；

（6）耳机插座上的脚要插好，否则后盖可能会盖不紧；

（7）按钮开关 K_1 外壳上端的脚要焊接起来，以保证外壳与电源负极连通；

（8）电路板上的 VD 是多余的，可不焊接。

18.4.2 无线对讲机的调试

元器件以及连接导线全部焊接完后，经过认真仔细检查（有极性的元件要注意极性，如集成电路的脚位；检查耳机插座、三极管等焊接情况，看是否有烫坏；检查所有焊点，并对照电路图仔细检查，看有没有错焊、虚焊、短路。如有问题及时解决）后即可通电调试（注意最好不要用充电电池，因为电压太低可使发射距离缩短）。

接收（或收音）部分的调整：首先用万用表 100mA 电流挡（其他挡也行，只要≥50 mA 挡即可）的正负表笔分别跨接在地和 K 的 GB - 之间，这时的读数在 10 ～ 15mA，这时打开电源开关 K，并将音量开至最大，再细调双联，这时一般可收到广播电台。若还收不到就检查有没有元件装错，印制电路板有没有短路或开路，有没有因焊接质量不高而导致短路或开路等，还可以试换一下 IC1，确认无误后即可实现一装即响。排除故障后找一台标准的调频收音机，分别在低端和高端收一个电台，并调整被调收音机 L_4 的松紧度，使被调收音机也能收到这两个电台，那么这台被调收音机的频率覆盖就调好了。如果在低端收不到这个电台，说明要增加 L_4 的匝数，在高端收不到这个电台，说明要减少 L_4 的匝数，直至这两个电台都能收到为止。调整时可以用牙签（处理后）拨动 L_4 的松紧度。当 L_4 拨松时，频率就增高，反之则降低，还要注意调整前请将频率指示标牌贴好，使整个圆弧数值都能在前盖的小孔内看得见（旋转调台拨盘）。

发射（或对讲）部分的调整：首先将一台标准的调频机的频率指示调在 100MHz 左右，然后将被调的发射部分的开关 K_1 按下，并调节 L_1 的松紧度，使标准收音机有啸叫声，若没有啸叫声则要将距离拉开 0.2 ～ 0.5m，直到有啸叫声为止，然后再拉开距离对着驻极体讲话，若有失真，则可调整标准收音机的调台旋钮，直到消除失真，也可以调整 L_2 和 L_3 的松紧度，使距离拉得更开，信号更稳定。再安装一台本套件对讲机，并按同样的方法进行调整，对讲频率自己定，如 88MHz、98MHz、108MHz……这样可以实现互相保密也不至相互干扰，最终可以实现对讲功能。

18.5　总结

本设计通过对无线对讲机的各组成部分的原理、功能及运用的研究，设计画出无线对讲机的电路原理图并进行制作调试。过程中经过了对方案的确定，到分析、了解电路原理及各元件的作用，到利用 Protel 99 SE 画电路图、PCB 图，到对无线对讲机的焊接及调试，最后实现对讲功能。

18.6　设计实现的元件列表

设计实现的元件清单如表 18 - 5 所示。

表 18 - 5　元件清单表

序　号	名　称	型号与规格	位　号	数　量
1	集成块	UTC1800(D1800)	IC1	1 块
2	集成块	D2822	IC2	1 块
3	高频三极管	9018	VT1、VT2	2 支

续表 18－5

序号	名称	型号与规格	位号	数量
4	发光二极管	Φ3 红	LED	1 支
5	驻极体话筒	50dB	BM	1 支
6	扬声器	8Ω，Φ36mm	BL	1 个
7	电感线圈	Φ3 5T	L_1，L_3，L_4	3 支
8	电感线圈	Φ3 6T	L_2	1 支
9	电位器	5K	RP	1 支
10	电阻器	15Ω，47Ω，100Ω	R_{12}，R_{11}，R_4	各 1 支
11	电阻器	120Ω，330Ω，560Ω	R_1，R_{13}，R_9	各 1 支
12	电阻器	2.2K、4.7K	R_{10}，R_2	各 1 支
13	电阻器	1K、10K、36K	R_6，R_5，R_3	各 1 支
14	电阻器	5.1K	R_7，R_8	2 支
15	双联电容	CBM－223K	C	1 支
16	瓷片电容	10P，15P	C_{10}，C_9	各 1 支
17	瓷片电容	18P，33P	C_{15}，C_{19}	各 1 支
18	瓷片电容	39P	C_3，C_7，C_8	3 支
19	瓷片电容	68P，75P	C_4，C_{16}	各 1 支
20	瓷片电容	101，221，102	C_{17}，C_{14}，C_2	各 1 支
21	瓷片电容	6P，153	C_5，C_6，C_{20}，C_{26}	各 2 支
22	瓷片电容	223，104	C_{12}，C_{13}，C_{23}，C_{25}	各 2 支
23	瓷片电容	103	C_{18}，C_{21}，C_{22}	3 支
24	瓷片电容	103	C_{28}，C_{29}，C_{31}	3 支
25	点解电容	0.47μ，10μ	C_1，C_{27}	各 1 支
26	点解电容	220μ	C_{24}，C_{30}	2 支
27	按钮开关		K_1	1 支
28	耳机插座	Φ3.5	J	1 个
29	导线	80mm	BM＋（红色） BM－（黑色）	各 1 根
30	导线	80mm	J2（黄色）	1 根
31	导线	80mm	GB＋（红色） GB－（黑色）	各 1 根
32	导线	80mm	BL（黄色）	2 根
33	导线（略粗）	70mm	TX	1 根
34	印制电路板	50×75		1 块

续表 18 - 5

序　号	名　称	型号与规格	位　号	数　量
35	前、后电池盖			各 1 个
36	塑料按钮			1 个
37	大拨盘			1 份
38	小拨盘			1 个
39	正极片			1 片
40	负极片			1 片
41	连体片			2 片
42	拉杆天线		TX	1 根
43	小焊片	Φ3. 2mm		1 片
44	自攻螺丝	Φ2 ×5	电路板、天线、电池仓	3 粒
45	自攻螺丝	Φ2 ×8	后盖上端	1 粒
46	平机螺丝	Φ2. 5 ×5	双联及拨盘	3 粒
47	元机螺丝	Φ1. 6 ×5	电位器拨盘	1 粒

18. 7　参考文献

[1] (日) 铃木宪次. 高频电路设计与制作 [M]. 北京: 科学出版社, 2005.

[2] 徐贵森, 刘鑫, 谭学治. 浅谈无线电对讲机模拟转数字 [J]. 移动通信, 2009 (5): 22 ~ 25.

[3] 王宇寰. 基于声码器的 900MHz 数字对讲机研究 [D]. 西安: 西安电子科技大学, 2007.

[4] 陈晔. 30MHz 调频对讲机接收系统的设计 [J]. 科技情报开发与经济, 2008, 18 (33): 227 ~ 228.

[5] 王晓鹏. F30 - 5 型无线对讲机原理、制作与维修 [Z]. 北京: 北京电子报出版社, 1996.

第19章 基于Socket的局域网即时通信软件设计与实现

19.1 设计概述

在互联网深入生活的今天，任何一款应用软件的网络功能是必需的要素。为软件增加网络功能成为每个开发人员必须要考虑的问题。

本文将介绍一种基于Socket的局域网即时通信软件的设计与实现方法，提供网络编程实践。局域网即时通信软件可以为局域网提供一种良好、安全、快速的通信机制。它的实现无需对原有的局域网硬件进行任何改动，软件实现简单，可以很好地解决局域网的各种通信需求。基于Socket的局域网通信软件不但可以处理传统的通信需求，也能扩展功能以适应新型的网络应用，如网络教育、影音传输等，拥有广泛的应用前景。

19.2 开发原理和背景知识

19.2.1 TCP/IP体系结构与特点

19.2.1.1 TCP/IP体系结构

TCP/IP协议实际上就是在物理网上的一组完整的网络协议。其中TCP是提供传输层服务，而IP则是提供网络层服务。TCP/IP协议结构如图19-1所示。

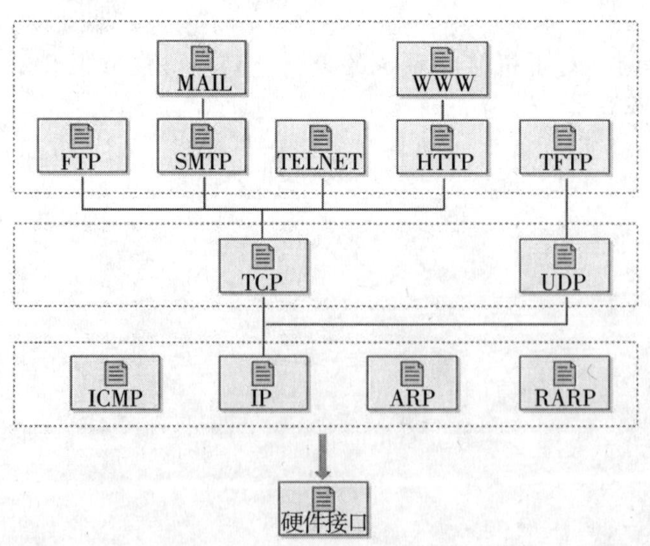

图19-1 TCP/IP协议体系结构

IP：网际协议（Internet Protocol）。负责主机间数据的路由和网络上数据的存储。同时为 ICMP、TCP、UDP 提供分组发送服务，用户进程通常不需要涉及这一层。

TCP：传输控制协议（Transmission Control Protocol）。这是一种提供给用户进程的可靠的全双工字节流面向连接的协议。它要为用户进程提供虚电路服务，并为数据可靠传输建立检查。（注：大多数网络用户程序使用 TCP）

UDP：用户数据报协议（User Datagram Protocol）。这是提供给用户进程的无连接协议，用于传送数据而不执行正确性检查。

19.2.1.2　TCP/IP 特点

TCP/IP 协议的核心部分是传输层协议（TCP、UDP），网络层协议（IP）和物理接口层，这三层通常是在操作系统内核中实现，因此用户一般不涉及。网络编程时，编程界面有两种形式：一是由内核直接提供的系统调用，二是使用以库函数方式提供的各种函数。前者为核内实现，后者为核外实现。用户服务的编程要通过核外的应用程序才能实现，所以要使用套接字（Socket）来实现。TCP/IP 协议核心与应用程序关系见图 19－2。

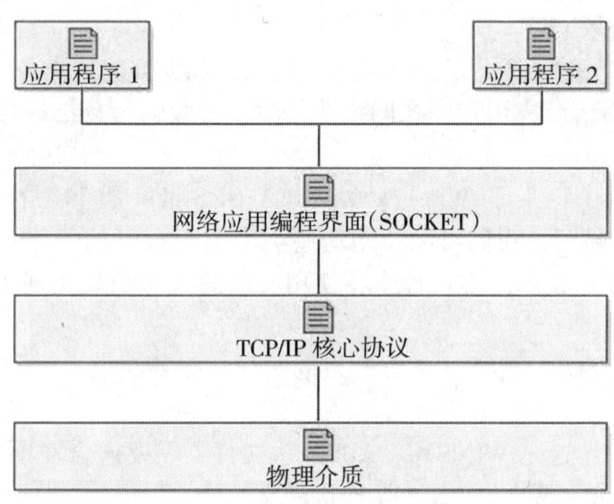

图 19－2　TCP/IP 协议核心与应用程序关系

19.2.2　Socket 套接字原理

19.2.2.1　基本原理

Windows Sockets API 是 TCP/IP 网络环境里，也是 Internet 上进行开发最为通用的 API。美国加州大学 Berkeley 分校最早在 UNIX 下为 TCP/IP 协议开发了一个 API，这个 API 就是著名的 Berkeley Socket 接口（套接字）。在桌面操作系统进入 Windows 时代后，仍然继承了 Socket 方法。在 TCP/IP 网络通信环境下，Socket 数据传输是一种特殊的 I/O，它也相当于一种文件描述符，具有一个类似于打开文件的函数调用－socket( )。可以这样理解：Socket 实际上是一个通信端点，通过它，用户的 Socket 程序可以通过网络和其他的 Socket 应用程序通信。Socket 存在于一个“通信域”（为描述一般的线程如何通过 Socket

进行通信而引入的一种抽象概念）里，并且与另一个域的 Socket 交换数据。Socket 有三种。第一种是 SOCK_STREAM（流式），提供面向连接的可靠的通信服务，例如 telnet，http。第二种是 SOCK_DGRAM（数据报），提供无连接不可靠的通信，例如 UDP。第三种是 SOCK_RAW（原始），主要用于协议的开发和测试，支持通信底层操作，例如对 IP 和 ICMP 的直接访问。

在网络编程中最常用的方案便是 Client/Server（客户机/服务器）模型。在这种方案中客户应用程序向服务器程序请求服务。一个服务程序通常在一个众所周知的地址监听对服务的请求，也就是说，服务进程一直处于阻塞状态，直到一个客户向这个服务的地址提出了连接请求。在这个时刻，服务程序解除阻塞状态并且为客户提供服务——对客户的请求作适当的反应。

为了方便这种 Client/Server 模型的网络编程，90 年代初，由 Microsoft 联合了其他几家公司共同制定了一套 Windows 下的网络编程接口，即 Windows Sockets 规范，它不是一种网络协议，而是一套开放的、支持多种协议 Windows 下的网络编程接口。现在的 Winsock 已经基本上实现了与协议无关，可以使用 Winsock 来调用多种协议的功能，但较常使用的是 TCP/IP 协议。

Socket 实际在计算机中提供了一个通信端口，可以通过这个端口与任何一个具有 Socket 接口的计算机通信。应用程序在网络上传输，接收的信息都通过这个 Socket 接口来实现。

微软为 Visual C ++ 定义了 Winsock 类如 CAsyncSocket 类和派生于 CAsyncSocket 的 CSocket 类，它们简单易用，我们可以使用这些类来实现自己的网络程序，但是为了更好地了解 Winsock API 编程技术，本设计中将使用底层的 API 函数实现 Winsock 平台的即时通信工具。

在 VC 中进行 WINSOCK 的 API 编程开发的时候，需要在项目中使用下面的三个文件，否则会出现编译错误。

（1）WINSOCK. H：这是 WINSOCK API 的头文件，需要包含在项目中。

（2）WSOCK32. LIB：WINSOCK API 连接库文件。

（3）WINSOCK. DLL：WINSOCK 的动态连接库，位于 WINDOWS 的安装目录下。

19. 2. 2. 2　Socket 工作流程

Socket 套接字工作流程如图 19 – 3 所示。

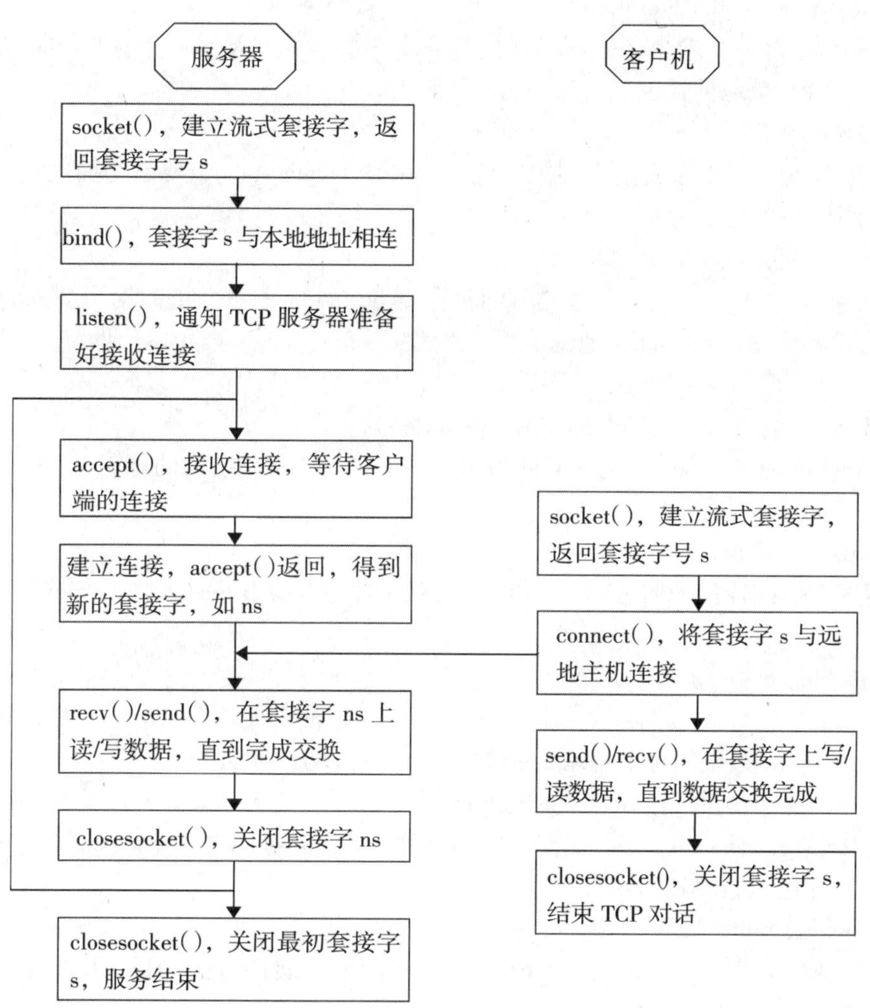

图 19－3　Socket 套接字工作流程

19.2.2.3　Socket 系统调用

主要的系统调用有：

1. 创建 Socket：Socket( )

应用程序在使用 Socket 之前，首先必须拥有一个 Socket。系统调用 Socket( ) 向应用程序提供创建 Socket 的手段。Socket( ) 调用格式为：

Sockid = Socket(af, type, protocol)

返回值是一个整数，即 Socket 号。创建一个 Socket 实际上是向系统申请一个属于自己的 Socket 号。其中，af 指出 Socket 所用的地址类型，type 指创建 Socket 的应用程序所希望的通信服务类型，protocol 指出本 Socket 所希望的协议。

2. 指定本地地址：bind( ) 系统调用

bind( ) 将本地 Socket 地址（包括本地主机地址和本地端口）与所创建的 Socket 号联系起来。其作用相当于给该 Socket 命名，调用格式为：

bind(sockid, localaddr, addrlen)

其中，sockid 是一个未命名的 Socket 的 Socket 号，localaddr 是一个指向 Socket 地址结构的指针，addrlen 是地址长度。

3. 建立 Socket 连接：connect( ) 和 accept( ) 系统调用

这两个系统调用用于完成整个相关的建立。其中 connect( ) 主要是为面向连接的客户设计的，其调用格式为：

connect(sockid, destaddr, addrlen)

其中，sockid 是欲建立连接的本地 socket 号，destaddr 是一个指向对方 Socket 地址结构的指针，pddrlen 是对方 socket 地址长度。

accept( ) 是为面向连接的服务器而设计的。其调用格式为：

newsock = accept (sockid, clientaddr, paddrlen)

其中，sockid 为本地 socket 号，clientaddr 是指向客户地址结构的指针，paddrlen 是客户 socket 地址长度。

4. listen( ) 系统调用

此调用用于面向连接的服务器，表明它愿意接收连接。listen( ) 在 accept( ) 之前调用，其格式为：

listen(sockid, quelen)

其中，sockid 是本地 socket 号，服务器愿意从它上面接收请求；quelen 是请求队列长度。listen( ) 以此参数限制排队请求的个数。目前允许的最大值为 5。

5. 发送和接收系统调用：send( ) 和 recv( )

一旦连接成功，便可以在两个端点之间的通路上发送与接收数据。send( ) 系统调用用于向网络中发送数据。其调用格式为：

send (sockid, buff, bufflen, flags)

其中，sockid 为本地 socket 号，buff 是一个指向发送缓冲区的指针，bufflen 是发送缓冲区大小，flags 是传输控制标志。

recv( ) 系统调用用于接收数据。其调用格式为：

recv(sockid, buff, bufflen, flags)

其中，sockid 为本地 socket 号，buff 为数据缓冲区的指针，bufflen 是缓冲区字节长度，flag 或为 0 或由一些常量组合而成。

上述两个系统调用返回读写数据长度作为函数返回值。

19.2.3 多线程编程技术

19.2.3.1 进程及线程概述

进程和线程都是操作系统的概念。进程是应用程序的执行实例，每个进程是由私有的虚拟地址空间、代码、数据和其他各种系统资源组成，进程在运行过程中创建的资源随着进程的终止而被销毁，所使用的系统资源在进程终止时被释放或关闭。

线程是进程内部的一个执行单元。系统创建好进程后，实际上就启动执行了该进程的主执行线程，主执行线程以函数地址形式，比如说 main 或 WinMain 函数，将程序的启动点提供给 Windows 系统。主执行线程终止了，进程也就随之终止。

每一个进程至少有一个主执行线程，它无需由用户去主动创建，而是由系统自动创建的。用户根据需要在应用程序中创建其他线程，多个线程并发地运行于同一个进程中。一个进程中的所有线程都在该进程的虚拟地址空间中，共同使用这些虚拟地址空间、全局变量和系统资源，所以线程间的通讯非常方便，多线程技术的应用也较为广泛。

多线程可以实现并行处理，避免了某项任务长时间占用 CPU 时间。要说明的一点是，目前大多数的计算机都是单处理器（CPU）的，为了运行所有这些线程，操作系统为每个独立线程安排一些 CPU 时间，操作系统以轮换方式向线程提供时间片，这就给人一种假象，好像这些线程都在同时运行。由此可见，如果两个非常活跃的线程为了抢夺对 CPU 的控制权，在线程切换时会消耗很多的 CPU 资源，反而会降低系统的性能。这一点在多线程编程时应该注意。

Win32 SDK 函数支持进行多线程的程序设计，并提供了操作系统原理中的各种同步、互斥和临界区等操作。Visual C ++ 6.0 中，使用 MFC 类库也实现了多线程的程序设计，使得多线程编程更加方便。

19.2.3.2　Win32 API 对多线程编程的支持

Win32 提供了一系列的 API 函数来完成线程的创建、挂起、恢复、终结以及通信等工作。下面将选取其中的一些重要函数进行说明。

（1） HANDLE CreateThread（LPSECURITY_ATTRIBUTES lpThreadAttributes，DWORD dwStackSize，LPTHREAD_START_ROUTINE lpStartAddress，LPVOID lpParameter，DWORD dwCreationFlags，LPDWORD lpThreadId）；

该函数在其调用进程的进程空间里创建一个新的线程，并返回已建线程的句柄。

（2） DWORD SuspendThread（HANDLE hThread）；

该函数用于挂起指定的线程，如果函数执行成功，则线程的执行被终止。

（3） DWORD ResumeThread（HANDLE hThread）；

该函数用于结束线程的挂起状态，执行线程。

（4） VOID ExitThread（DWORD dwExitCode）；

该函数用于线程终结自身的执行，主要在线程的执行函数中被调用。其中参数 dwExitCode 用来设置线程的退出码。

（5） BOOL TerminateThread（HANDLE hThread，DWORD dwExitCode）；

一般情况下，线程运行结束之后，线程函数正常返回，但是应用程序可以调用 TerminateThread 强行终止某一线程的执行。使用 TerminateThread（） 终止某个线程的执行是不安全的，可能会引起系统不稳定；虽然该函数立即终止线程的执行，但并不释放线程所占用的资源。因此，一般不建议使用该函数。

（6） BOOL PostThreadMessage（DWORD idThread，UINT Msg，WPARAM wParam，LPARAM lParam）；

该函数将一条消息放入到指定线程的消息队列中，并且不等到消息被该线程处理时便返回。调用该函数时，如果即将接收消息的线程没有创建消息循环，则该函数执行失败。

19.3 设计思路

19.3.1 体系结构设计

通常的通信工具，一般采用客户机/服务器体系结构，客户机/服务器结构是这样的一种结构：它包括一个客户机（或称前端），一个服务器（或称后端），客户机的作用是访问和处理远程服务器上的数据，服务器的作用是接收和处理客户机的数据请求。有时，可能有多个客户向同一个服务器同时请求服务，这就需要服务器决定怎样处理这些请求。Client/Server 结构是当前数据库应用程序中极为流行的一种方式。尤其是网络技术的发展，使得当前很多系统都采用这种方式进行构造，其最大的优点是将计算机工作任务分别由客户机和服务器端来共同完成，这样有利于充分合理地利用系统资源。另外，它的服务器端还可以将信息集中起来，任何客户机都可以通过访问服务器而获得所需的信息。Client/Server 模型最终可归结为一种"请求/应答"关系。一个请求总是首先被客户发出，然后服务器总是被动地接收请求，返回客户需要的结果。在客户发出一个请求之前，服务进程一直处于休眠状态。一个客户提出请求后，服务进程被"唤醒"并且为客户提供服务，对客户的请求做出所需要的应答。如图 19－4 所示：

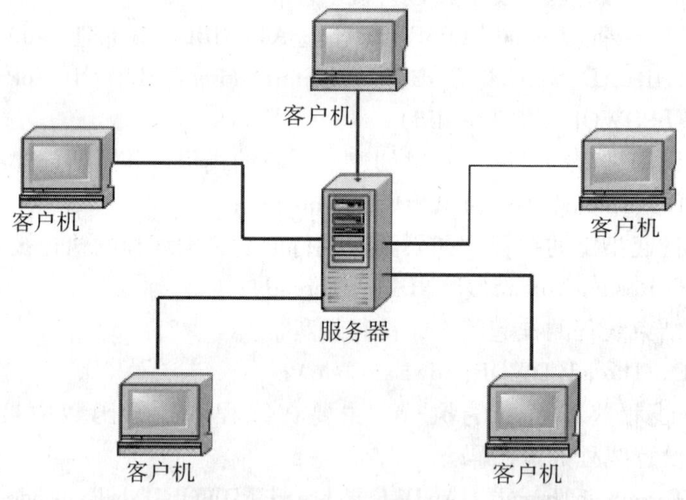

图 19－4 客户机/服务器通信结构示意图

19.3.2 系统基本流程

服务器端开启服务器接受用户登录。由于采用多线程，不存在单条流程图，流程是多路进行的。系统基本流程如图 19－5 所示。

首先服务器端开启服务器接受用户登录，客户端向服务器发送连接请求，成功连接信息返回就表示成功连接了服务器，如果超时没有返回成功连接信息就表示连接失败。当客户端成功连接到服务器，就可以进行通信。如果客户端用户需要进行关闭或者下线修改资料等操作，就可以向服务器发送下线请求，服务器接到请求后自动从用户列表中删除用户。当服务器关闭时，客户端收到关闭信息自动关闭程序。

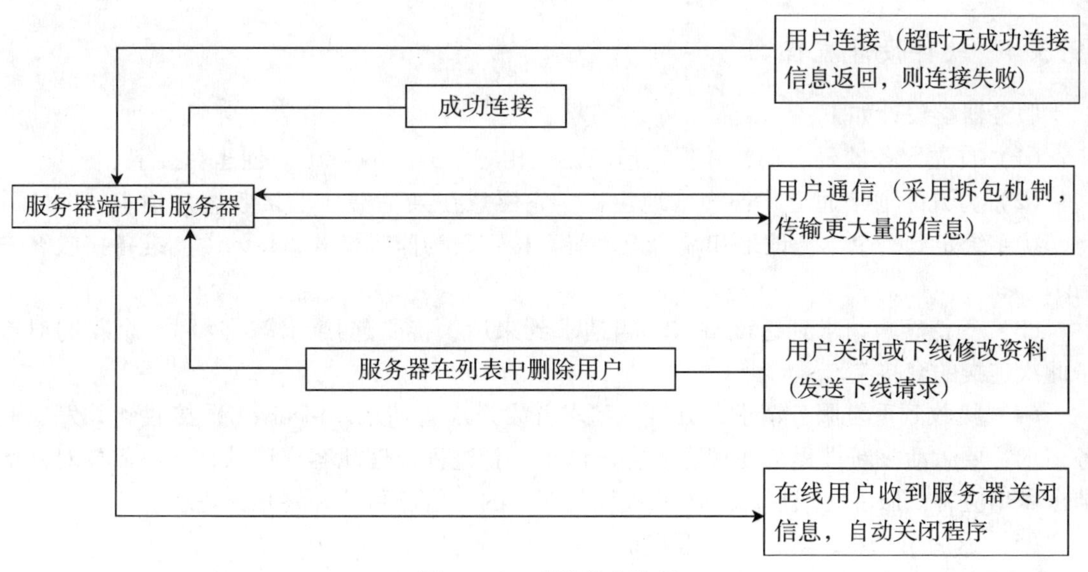

图 19－5　系统基本流程

19.3.3　功能实现

这个软件可以实现以下功能。

1. 聊天模式

群聊：只要连接服务器的客户端就可以进行聊天，可以阅读信息和发送信息。

单对单聊天：只需要把焦点定在接受用户一行，与接受用户单对单对话。附加功能。

2. 客户和服务器程序采用线程以防止阻塞

服务器端：开启服务器后打开一个线程监听客户端连接请求，为每一个客户建立并维护一条线程，监听用户通信。

客户端：上线、隐身、离开后与服务器建立连接，并建立一条线程监听服务器消息。

3. 服务器和客户端的界面设计和功能实现

服务器设计：在服务器的用户列表中显示所连接用户的 IP 地址和端口号。因为一个用户只能有一个连接。一个 IP 和一个端口只有一个用户，所以一个用户只会有一个连接。服务器有聊天信息记录框可以显示所有的聊天记录。

客户端设计：在客户端的用户列表中也可以显示所连接用户的 IP 地址和端口号，并且用户有权决定向全部人还是特定某个人发送信息。界面设计有 IP 地址和端口号的编辑框，聊天信息编辑框和聊天信息记录框。

全局维护一个用户基本信息表，并实时更新。采用信号量处理按键灰化的不同状态。

4. 附加人性化功能

可以支持上线、隐身、离开（表示用户忙）、下线等不同状态，并配有一定图片，用户可以更清楚自己的在线状态。支持超过 100 人同时通信。

服务器和客户端窗口都能最小化为托盘图标。

19.3.4 软件设计流程

服务器端设计如下：

(1) 首先服务器要启动，并根据请求提供相应服务。socket( ) 创建套接字。

(2) 打开一通信通道并告知本地主机，它愿意在某一端口上接收客户请求。bind( ) 将套接字绑定到一个本地地址和端口上。将套接字设为监听模式，listen( ) 准备接收客户请求。

(3) 等待客户请求到达该端口。当请求到来后，接受连接请求，返回一个新的对应于此次连接的套接字。

(4) 接收到重复服务请求，处理该请求并发送应答请求。receive( ) 接收到并发送服务请求，要激活一新进程来处理这个客户请求。新进程处理此客户请求，并不需要对其他请求做出应答。服务完成后，关闭此进程与客户的通信链路，并终止该进程。

(5) 返回第二步，等待另一客户请求。

(6) 关闭服务器。close( ) 关闭套接字。

客户端设计如下：

(1) 打开一通信通道，并连接到服务器所在主机的指定端口。socket( ) 创建套接字。

(2) connect( ) 向服务器发服务请求，等待并接收应答，继续提出请求。

(3) 请求结束关闭后关闭通信通道并终止。

设计流程如图 19-6 所示。

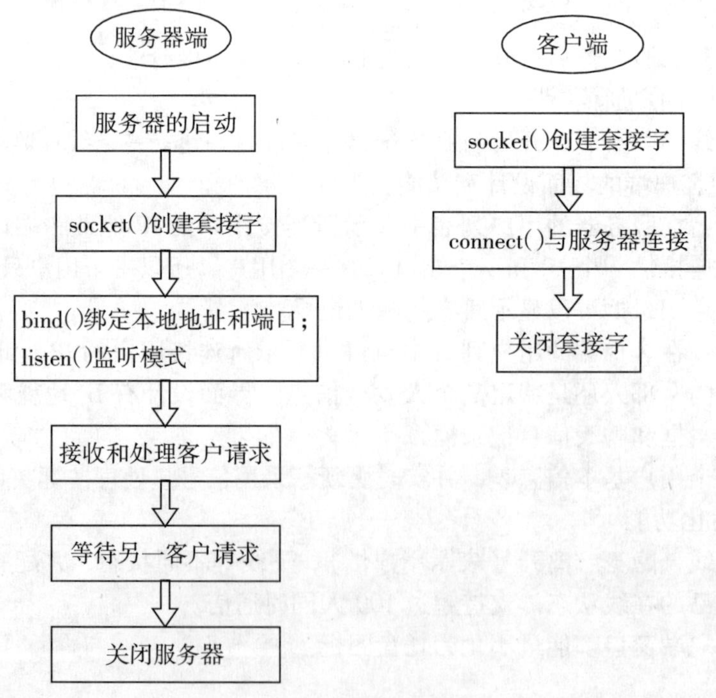

图 19-6 设计流程

19.4　详细设计过程

19.4.1　服务器详细设计

19.4.1.1　服务器界面设计

启用 Visual C ++ 6.0，新建 MFC AppWizard 类工程，采用单文档模式（Single Document）在第四步的时候选上“Windows Sockets”用以来支持网络通信，如图 19 - 7 所示。

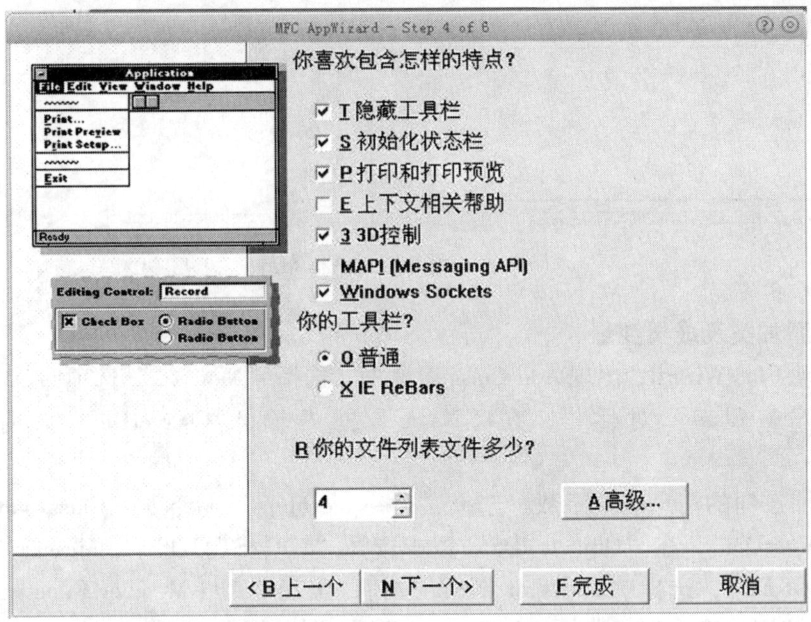

图 19 - 7　建立应用程序框架

服务器界面由 MFC 框架的基于对话框的应用程序模板生成，然后在模板的基础上做具体的设计，美化修改，按照表 19 - 1 向对话框中添加控件。

表 19 - 1　服务器对话框所添加控件属性表

控件类型	ID	Caption	控件类型	ID	Caption
Group Box	IDC_ LOCALADDR	连接设置	Button	IDC_START	开启服务器
Group Box	IDC_STATE	服务器关闭	Button	IDC_SHUTDOWN	关闭服务器
Group Box	IDC_STATIC	用户列表	Edit Box	IDC_PORT	
Group Box	IDC_STATIC	聊天记录设置	Edit Box	IDC_CHATNAME	
Text	IDC_STATIC	端口号：	Edit Box	IDC_CHAT_LIST	
Text	IDC_STATIC	端口号：	Picture	IDC_PIC	
List Control	IDC_CLI_LIST	聊天室名：			

服务器对话框布局如图 19－8 所示。

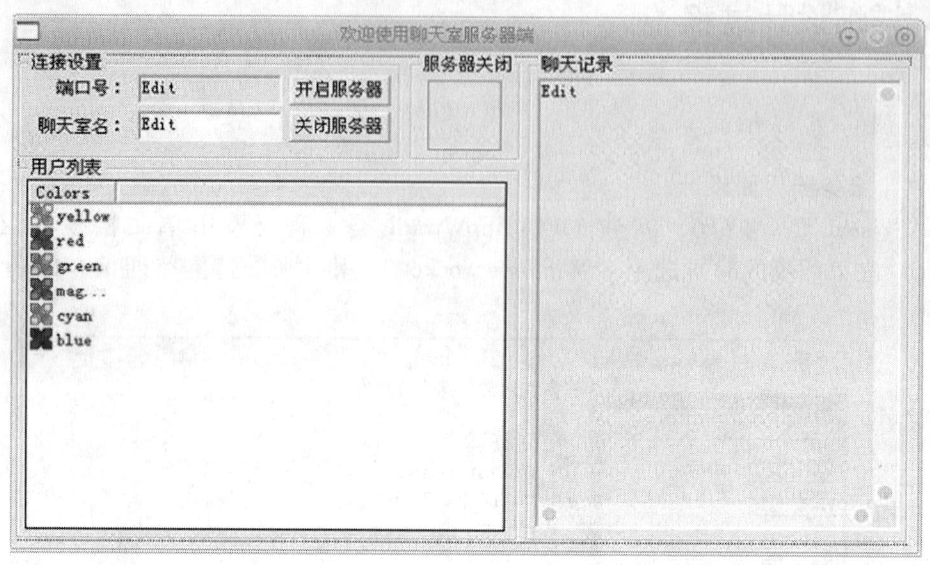

图 19－8 服务器对话框布局

19.4.1.2 添加类及成员变量

（1）启动 ClassWizard，出现 Add Class 对话框，选择“New...”选项并单击“OK”按钮，出现“New Class”对话框，在“Name”框内输入 CserverDlg，基类选默认的“CDialog”。

（2）添加按钮的消息响应函数。选择“Message Maps”标签，“Class name”框中的设置为“CserverDlg”，在“Objects IDS”框中选择“IDC_START”，“Message”框中的设置“BN_CLICKED”，选择“Add Function”按钮，出现“Add Member Function”对话框，单击“OK”按钮接受响应函数的“OnStart”。以同样方式添加“IDC_SHUTDOWN”。

（3）在“Class Wizard”中选择“CserverDlg”类，单击鼠标右键选择“Add Member Variable”增加成员变量，变量列表如表 19－2 所示。

表 19－2 CserverDlg 类的成员变量列表

类 型	变 量 名	Access 方式	说 明
CString	Chat_Histroy	public	聊天历史
CString	Chat_Name	public	聊天室名
CListCtrl	Cli_List_Ctrl	public	聊天记录
CEdit	Name_Edit	public	编辑聊天室名
int	Sev_Port_int	public	服务器端口
CButton	Shut_Bnt	public	关闭服务器
CButton	Start_Bnt	public	开启服务器
int	state	public	服务器状态

19.4.1.3　服务器编程实现

服务器程序启动时，先设置自己的本地端口，因为有些端口有其固定的作用，如 80 是网页浏览端口，故尽可能选择不可能使用的端口，此次设置服务器端口号为 30000。开启服务器，然后开始进行侦听。当侦听到有客户机要求与服务器进行连接，就接受，并在用户列表中记录下用户的用户名、性别、IP、端口、状态。

（1）开启服务器后打开一个线程监听客户端连接请求，为每一个客户建立并维护一条线程，监听用户通信。服务器的主要任务是侦听建立连接的请求，这是由创建的特定服务器对象完成的。按下“开启服务器”按钮，开一个监听 Accept 的线程：

Listen_Thread = (HANDLE)_beginthreadex(NULL, 0, &On_Accept, (void *)p_acc, 0, &Accept_ID);

其中 On_ Accept 为一个函数，不能为其他类的子函数，原形定义为：

unsigned_stdcall On_Accept(void * p);

（2）服务器程序启动，接受了客户端的连接请求后，在用户列表记录客户端用户的情况。在用户列表插入用户名、性别、IP、端口、状态等列选项，InsertColumn 的操作是向列表视图插入新列。程序代码如下：

```
Cli_List_Ctrl. InsertColumn(0, "用户名", LVCFMT_RIGHT, 80);       //用户名选项
Cli_List_Ctrl. InsertColumn(1, "性别", LVCFMT_RIGHT, 40);         //性别选项
Cli_List_Ctrl. InsertColumn (2, "用户 IP", LVCFMT_RIGHT T, 80);  //IP 选项
Cli_List_Ctrl. InsertColumn (3, "端口", LVCFMT_RIGHT,55);        //端口选项
Cli_List_Ctrl. InsertColumn (4, "状态", LVCFMT_RIGHT,50);        //状态选项
```

在用户列表中增加客户端用户的信息情况，getpeername( ) 函数用于从端口 s 中获取与它捆绑的端口名，并把它存放在 sockaddr 类型的 name 结构中。它适用于数据报或流类套接口。int getpeername(SOCKET s, struct sockaddr * addr, int * addrlen); s 是连接的流式套接字的描述符。addr 是一个指向结构 struct sockaddr（或者是 struct sockaddr_in）的指针，它保存着连接的另一边的信息。addrlen 是一个 int 型的指针，它初始化为 sizeof (struct sockaddr)。

```
用户列表中增加用户名、IP、用户端口、性别代码如下：
SplitNext(buf,ch,k);
client_list[ * p_sock]. name = ch;                              //列表增加用户名
client_list[ * p_sock]. ip = inet_ntoa(fsip. sin_addr);         //列表增加用户 IP
client_list[ * p_sock]. port = fsip. sin_port;                  //列表增加用户端口
if(strcmp(ch,"BOY") ==0) client_list[ * p_sock]. sex =1;        //列表增加用户性别
else if(strcmp(ch,"GIRL") ==0) client_list[ * p_sock]. sex =2;
识别用户在线、隐身、离开等不同状态
if(strcmp(ch,"ONLINE") ==0)
client_list[ * p_sock]. state =1;                                //用户在线
else if(strcmp(ch,"HIDE") ==0) client_list[ * p_sock]. state =2;   //用户隐身
else if(strcmp(ch,"LEAVE") ==0) client_list[ * p_sock]. state =3;  //用户离开
```

19.4.2 客户端

19.4.2.1 客户端界面的设计

客户端界面由 MFC 框架的基于对话框的应用程序模板生成，然后在模板的基础上进行具体的设计、美化修改。用户连接到服务器，界面中就会显示出局域网内所有当前所连接用户的 IP 地址和端口号。当双击用户列表中的某一项时，可以在聊天对话框中编辑信息以实现消息发送功能。按照 VC6.0 的控件开发方法，按照表 19－3 向对话框中添加控件。

表 19－3 客户端对话框所添加控件属性表

控件类型	ID	Caption	控件类型	ID	Caption
Group Box	IDC_STATIC	聊天记录	Button	IDC_LEAVE	离开
Group Box	IDC_STATIC	编辑发送	Button	IDC_HIDE	隐身
Group Box	IDC_LOCALIP	用户列表	Button	IDC_LOGOUT	离线
Group Box	IDC_STATIC	连接服务器设置	Edit Box	IDC_MESSAGE	
Group Box	IDC_STATIC	性别	Edit Box	IDC_CHAT_HISTORY	
Text	IDC_STATIC	端口号：	Edit Box	IDC_PORT	
Text	IDC_STATIC	IP 地址：	Edit Box	IDC_IP	
Text	IDC_STATIC	登录名：	Edit Box	IDC_STATIC	
Button	IDC_SEND	发送	Radio Button	IDC_BOY	男孩
Button	IDC_CLEAR	清除	Radio Button	IDC_GIRL	女孩
Button	IDC_CONN	上线	List Control COCCControl	IDC_CLI_LIST	
Picture Control	IDC_IMAGE				

客户端对话框布局如图 19－9 所示。

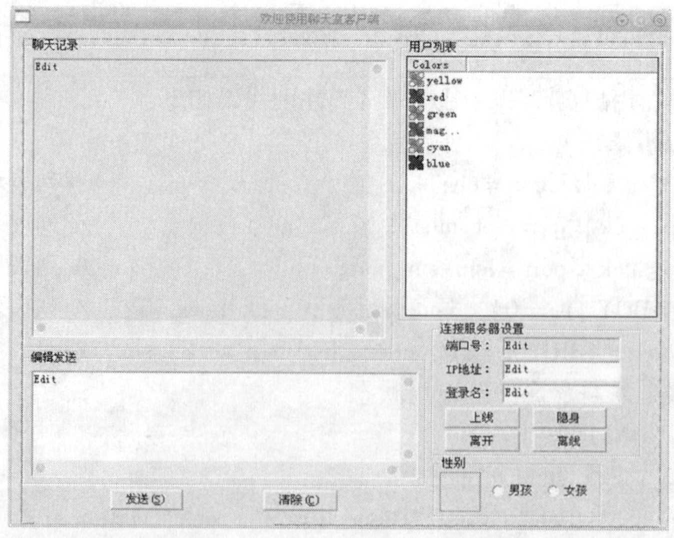

图 19－9 客户端对话框布局

19.4.2.2　添加类及成员变量

（1）启动“ClassWizard”，出现“Add Class”对话框，选择“New...”选项并单击“OK”按钮，出现“New Class”对话框，在“Name”框内输入“CClientDlg”，基类选默认的“CDialog”。

（2）添加按钮的消息响应函数。选择“Message Maps”标签，“Class name”框中的设置为“CClientDlg”，在“Objects IDS”框中选择“IDC_CONN”，“Message”框中的设置为“BN_CLICKED”，选择“Add Function”按钮，出现“Add Member Function”对话框，单击“OK”按钮接受响应函数的 OnConn( )。以同样方式添加 IDC_HIDE、IDC_LEAVE、IDC_LOGOUT、IDC_SEND、IDC_CLEAR。

（3）在“Class Wizard”中选择“CClientDlg”类，单击鼠标右键选择“Add Member Variable”增加成员变量，CClientDlg 类成员变量列表如表 19－4 所示。

表 19－4　CClientDlg 类成员变量列表

类　型	变 量 名	Access 方式	说　明
CString	Chat_Histroy	public	聊天历史
CString	Chat_Name	public	聊天室名
CListCtrl	Cli_List_Ctrl	public	聊天记录
CEdit	Name_Edit	public	编辑聊天室名
int	Sev_Port_int	public	服务器端口
CButton	Shut_Bnt	public	关闭服务器
CButton	Start_Bnt	public	开启服务器
int	state	public	服务器状态

19.4.2.3　客户端编程实现

（1）客户端程序启动时先设置服务器的地址及端口，默认 IP 地址为本地主机 IP 地址“127.0.0.1”，也可在程序开始时让用户输入服务器地址以增加灵活性。默认服务器端口为 30000。在实现了客户端与服务器的相互连接之后，下一步要做的就是实现消息的发送和接收。如果建立了连接，用户就能够在对话框窗口的编辑框中输入文本消息，然后单击“发送”按钮，就可以发送消息，消息被发送出去后，将被添加到聊天记录列表框中。当发送内容为空时，向用户发出“发送内容不能为空”的提示信息。要实现上述功能，当“发送”按钮被单击之后，应用程序需要检查是否有消息输入了编辑框，获取该消息的长度，并发送该消息，然后把此消息添加到聊天记录列表框中。为了在程序中添加此功能，使用 ClassWizard 向“发送”按钮的单击事件（BN CLICKED）添加一个事件处理函数，函数名为 OnSend( )，OnSend( ) 是发送数据时产生的消息处理。编辑该函数。

当发送内容为空时，提示用户“发送内容不能为空”，代码如下：

```
if(Message == "") tip.Format("温馨提示：发送内容不能为空");
Chat_History = Chat_History + strTime + "对 全部人说:\r\n" + Message + "\r\n\r\n";
msg = "|CHATROOM||MESSAGE||" + Name + "||全部人||" + Message + "|";
```

（2）对于消息的接收方，当套接字的 OnReceive 事件被触发时，表明一个消息已经到达了，可以用 On_Receive( ) 函数从套接字中检索到该消息。如果消息被顺利检索到，需要把接收的字符数组转换成 CString 类型，并把接收的消息添加到已接受的聊天记录列表框中。

19.5 程序代码

19.5.1 服务器程序代码

服务器程序代码如下所示。

```
unsigned__stdcall On_Accept( void * p)
{
    int alen;
    WSADATA wsadata;
    sockaddr_in   fsin;
    if ( WSAStartup( WSVERS, &wsadata) != 0)
         AfxMessageBox( " WSAStartup failed" ) ;
    msock = passivesock( "30000" , "tcp" , QLEN) ;
    while( 1) {
        alen = sizeof( struct sockaddr) ;
        client_list[ cli_num ++ ]. client_sock = accept( msock, ( struct sockaddr * )&fsin, &alen) ;
        int * p = new int;                          // 要转换成指针的,很麻烦
            * p = cli_num - 1;
        client_list[ cli_num - 1 ]. thread = ( HANDLE ) _beginthreadex( NULL,   0,   &On_
Receive, ( void * ) ( p) ,1 ,&client_list[ cli_num - 1 ]. threadID) ;
    }
    return 0;
}
unsigned__stdcall On_Receive( void * p)
{
    int * p_sock;
    p_sock = ( int * ) p;
    char buf[ BUFSIZE ] ,ch[ 1000 ] ;
    int cc ,k = 0 ,SpeakTo ,port;
    CString name ,talk ,ip ,msg ,send_msg;
    CServerDlg * pMainWnd = ( ( CServerDlg * ) ( AfxGetApp( ) -> m_pMainWnd) ) ;

    cc = recv( client_list[ * p_sock ]. client_sock ,buf, sizeof( buf) ,0) ;
    SplitNext( buf ,ch ,k) ;
```

```
    if(strcmp(ch,"CHATROOM")!=0) return 0;
    SplitNext(buf,ch,k);                                    //列表增加用户名
    client_list[*p_sock].name = ch;
    sockaddr_in fsip;
    sockaddr_in fsip;
    int alen = sizeof(struct sockaddr);
    getpeername(client_list[*p_sock].client_sock,(struct sockaddr*)&fsip,&alen);
    client_list[*p_sock].ip = inet_ntoa(fsip.sin_addr);   //列表增加用户 IP
    client_list[*p_sock].port = fsip.sin_port;            //列表增加用户端口
    SplitNext(buf,ch,k);                                  //列表增加用户性别
    if(strcmp(ch,"BOY")==0) client_list[*p_sock].sex = 1;
    else if(strcmp(ch,"GIRL")==0) client_list[*p_sock].sex = 2;
    SplitNext(buf,ch,k);
if(strcmp(ch,"ONLINE")==0) client_list[*p_sock].state = 1;          //用户在线
    else if(strcmp(ch,"HIDE")==0) client_list[*p_sock].state = 2;     //用户隐身
    else if(strcmp(ch,"LEAVE")==0) client_list[*p_sock].state = 3;    //用户离开
    Refresh_List();
    while(1){
        cc = recv(client_list[*p_sock].client_sock,buf, sizeof(buf),0); //接受包，在这里阻塞
       buf[cc] = '\0';                                                  //加结束字符
        CString strtmp;
        strtmp = buf;
        k = 0;
        SplitNext(buf,ch,k);
        if(strcmp(ch,"CHATROOM")!=0) continue;
        SplitNext(buf,ch,k);
        if(strcmp(ch,"MESSAGE")==0){
            SplitNext(buf,ch,k);
        name = ch;
            SplitNext(buf,ch,k);
        talk = ch;
            if(strcmp(ch,"全部人")!=0){                  //不是对全部人说
                SplitNext(buf,ch,k);     //分解 IP 和端口号，IP 和端口号为唯一标示
              ip = ch;
                SplitNext(buf,ch,k);
            port = atoi(ch);
              SplitNext(buf,ch,k);
                msg = ch;                                 // 消息体
```

```
            for(SpeakTo =0;SpeakTo < cli_num;SpeakTo ++ )
                if(client_list[SpeakTo]. ip ==ip && client_list[SpeakTo]. port ==port) break;
            if(SpeakTo < cli_num) {
                send_msg ="|CHAT_SERVER||MESSAGE||" +name +"||" +msg +"|";
                send(client_list[SpeakTo]. client_sock,send_msg, strlen(send_msg),0);
            }
        }
        else {                                              // 对全部人说
            SplitNext(buf,ch,k);
            msg = ch;                                       // 消息体
            for(SpeakTo =0;SpeakTo < cli_num;SpeakTo ++ ){
                if( *p_sock! = SpeakTo){
                    send_msg ="|CHAT_SERVER||MESSAGE||" +name +"||" +msg +"|";
                    send(client_list[SpeakTo]. client_sock, send_msg,
                    strlen(send_msg),0);
                }
            }
        }
        CTime CurrentTime = CTime::GetCurrentTime();
        CString strTime,hour,min,sec;
        hour. Format("%d",CurrentTime. GetHour());
        min. Format("%d",CurrentTime. GetMinute());
        sec. Format("%d",CurrentTime. GetSecond());
        strTime  += CurrentTime. GetHour() <10 ? "0" +hour : hour;
        strTime  +=":";
        strTime  += CurrentTime. GetMinute() <10 ? "0" +min : min;
        strTime  +=":";
        strTime  += CurrentTime. GetSecond() <10 ? "0" +sec : sec;
        pMainWnd -> Chat_History = pMainWnd -> Chat_History + name + " " +
            strTime + " 对 " + talk + " 说:\r\n" + msg + "\r\n\r\n";
        pMainWnd -> SendMessage(WM_MYUPDATEDATA,false);
    }
    else if(strcmp(ch,"STATE_CHANGE") ==0){
        SplitNext(buf,ch,k);
      if(strcmp(ch,"ONLINE") ==0) client_list[ *p_sock]. state =1;
        else if(strcmp(ch,"HIDE") ==0) client_list[ *p_sock]. state =2;
        else if(strcmp(ch,"LEAVE") ==0) client_list[ *p_sock]. state =3;
        Refresh_List();
```

```
        }
        else if(strcmp(ch,"CLOSE")==0){
            client_list[*p_sock].state=0;
            Refresh_List();
            TerminateThread(client_list[*p_sock].thread,1);
            break;
        }
    }
    return 0;
}
```

19.5.2　客户端程序代码

客户端程序代码如下所示。

```
unsigned __stdcall On_Receive(void * p)
{
int cc,k,i;
char buf[2000],ch[80];
    CClientDlg * pMainWnd=((CClientDlg *)(AfxGetApp()->m_pMainWnd));
    CString str,msg;
    while(1){
        k=0;
        cc=recv(msock, buf, 2000, 0);
        buf[cc]='\0';                                    //增加结束符
        SplitNext(buf,ch,k);
if(strcmp(ch,"CHAT_SERVER")!=0) continue;
SplitNext(buf,ch,k);
if(strcmp(ch,"NEWLIST")==0){                             //传递的是用户列表信息
       SplitNext(buf,ch,k);
       cli_num=atoi(ch);
       pMainWnd->Cli_List.DeleteAllItems();
      pMainWnd->Cli_List.InsertItem(0,"");
       pMainWnd->Cli_List.SetItemText(0,0,"全部人");           //全部
      for(i=0;i<cli_num;i++){
                 pMainWnd->Cli_List.InsertItem(i+1,"");
                 SplitNext(buf,ch,k);                    //拆包函数
                 str=ch;
                 pMainWnd->Cli_List.SetItemText(i+1,0,str);   //名字
                 SplitNext(buf,ch,k);
```

```
                str = ch;
                pMainWnd -> Cli_List. SetItemText( i +1,1,str);     //性别
                SplitNext(buf,ch,k);
                str = ch;
                pMainWnd -> Cli_List. SetItemText( i +1,2,str);     //IP
                SplitNext(buf,ch,k);
                str = ch;
                pMainWnd -> Cli_List. SetItemText( i +1,3,str);     //端口
                SplitNext(buf,ch,k);
    if(strcmp(ch,"ONLINE") ==0) pMainWnd -> Cli_List. SetItemText(i +1,4,"在线");
    else if(strcmp(ch,"LEAVE") ==0) pMainWnd -> Cli_List. SetItemText(i +1,4,"离开");
            }
        }
        else if(strcmp(ch,"MESSAGE") ==0){
            SplitNext(buf,ch,k); // 发送信息的用户
            str = ch;
          SplitNext(buf,ch,k); // 消息体
            msg = ch;
CTime CurrentTime = CTime::GetCurrentTime();// 获得当前时间
            CString strTime,hour,min,sec;
            hour. Format("%d",CurrentTime. GetHour());
            min. Format("%d",CurrentTime. GetMinute());
            sec. Format("%d",CurrentTime. GetSecond());
            strTime  += CurrentTime. GetHour() <10 ? "0" + hour : hour;
            strTime  += ":";
            strTime  += CurrentTime. GetMinute() <10 ? "0" + min : min;
            strTime  += ":";
            strTime  += CurrentTime. GetSecond() <10 ? "0" + sec : sec;
            pMainWnd -> Chat_History = pMainWnd -> Chat_History  +  str  +  " "  +  strTime  +  "
对您说:\r\n"  +  msg  +  "\r\n\r\n";
            pMainWnd -> SendMessage(WM_MYUPDATEDATA,false);   // 刷新历史纪录
            pMainWnd -> History_Edit. LineScroll
GetLineCount(),0);//使 edit 框始终看到最新数据
        }
        else if(strcmp(ch,"SERVER_CLOSE") ==0){
            // 关闭本身线程

            // 清除客户列表
```

```
            CClientDlg * pMainWnd = ((CClientDlg *)(AfxGetApp() -> m_pMainWnd));
            pMainWnd -> Cli_List. DeleteAllItems();

            // 改变按键状态
            pMainWnd -> state = 0;
            CButton * pRadio_BOY = (CButton *)pMainWnd -> GetDlgItem(IDC_BOY);
            pRadio_BOY -> EnableWindow(true);
            CButton * pRadio_GIRL = (CButton *)pMainWnd -> GetDlgItem(IDC_GIRL);
            pRadio_GIRL -> EnableWindow(true);
            pMainWnd -> Send_Bnt. EnableWindow(false);
            pMainWnd -> Ip_Edit. EnableWindow(true);
            pMainWnd -> Name_Edit. EnableWindow(true);
            pMainWnd -> Login_Bnt. EnableWindow(true);
            pMainWnd -> Hide_Bnt. EnableWindow(true);
            pMainWnd -> Leave_Bnt. EnableWindow(true);
            pMainWnd -> Logout_Bnt. EnableWindow(false);

            TerminateThread(Accept_Handle,0); // 结束线程
        }
        else if(strcmp(ch,"SERVER_SHUTDOWN") ==0){
            exit(0);
        }
    }
    return 0;
}
```

19.6　参考文献

[1] Alex. 局域网通信工具的设计与实现 [EB/OL]. http: //blog. csdn. net/anyue417/archive/2007/07/08/1682547. aspx, 2007 - 07 - 08/2008 - 02 - 10.

[2] Stretch. 多线程编程 [EB/OL]. http: //blog. csdn. net/stretch/archive/2007/01/26/1494404. aspx, 2007 - 01 - 26/2008 - 02 - 16.

[3] 胡建明/面向连接的 SOCKET 编程与通信软件的设计 [R]. 成都: 成都技术学院电子技术系, 1996.

[4] 天极网. WinSock 网络编程实用宝典 [EB/OL]. http: //www. yesky. com/SoftChannel/72348977504190464/20030802/1718702. shtml.

第20章 uClinux下的LCD显示

20.1 目的要求

掌握uClinux环境下的编程方法，学习S3C44B0的LCD控制器特性；熟悉LCD控制器与LCD驱动器的连接接口，了解uClinux下framebuffer显示驱动的使用。

20.2 设计环境与要求

硬件：S3C44B0 ARM实验板、J-Link仿真器、PC机。

软件：PC机操作系统win2K、uClinux集成开发环境、uClinux软件包（S3C44B0实验板）。

本设计在uClinux中使用LCD驱动程序，显示图形和文字。

20.3 设计原理与实现

20.3.1 LCD工作原理

液晶显示器（liquid crystal display，简称LCD）就是使用了液晶（liquid crystal）作为材料的显示器。液晶是一种介于固态和液态之间的物质，当被加热时，它会呈现透明的液态，而冷却的时候又会结晶成混乱的固态，液晶是具有规则性分子排列的有机化合物。液晶按照分子结构排列的不同分为3种：类似黏土状的Smectic液晶、类似细火柴棒的Nematic液晶、类似胆固醇状的Cholestic液晶。这3种液晶的物理特性不尽相同，用于液晶显示器的是第二类的Nematic液晶，分子都是长棒状的，在自然状态下，这些长棒状的分子的长轴大致平行。

当向液晶通电时，液晶体分子排列得井然有序，光线容易通过；而不通电时，液晶分子排列混乱，光线难以通过。通电与不通电就可以让液晶像闸门般地阻隔或让光线穿过。这种可以控制光线的两种状态是液晶显示器形成图像的前提条件，当然，还需要配合一定的结构才可以实现光线向图像的转换，其结构如图20-1所示。

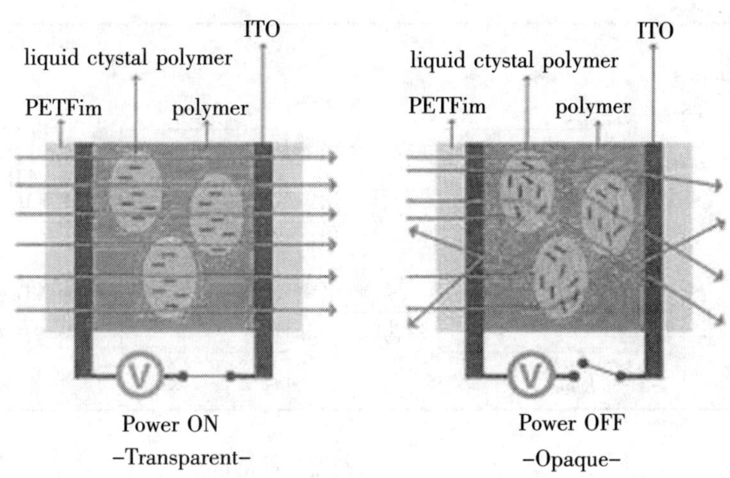

图 20－1 LCD 结构

一般只要电流不变动，液晶都在非结晶状态。这时液晶允许任何光线通过。液晶层受到电压变化的影响后，液晶只允许一定数量的光线通过。光线的反射角度按照液晶形态的变化而变化。当液晶的供应电压变动时，液晶就会产生变形，因而光线的折射角度就会不同，从而产生色彩的变化。

20.3.2 S3C44B0 的内部 LCD 驱动控制器介绍

S3C44B0 内部具有一个 LCD 驱动控制器，自动产生 LCD 驱动控制所需的控制信号，因此，S3C44B0 可以与黑白灰度、STN 型彩色 LCD 屏直接接口，而不需要另外加 LCD 控制器。在这种接口方式下，LCD 显示缓冲区映射在系统的存储器空间上，程序只需将像素点内容写入存储器对应地址就可以实现对应 LCD 屏上像素点颜色的显示，十分方便。它的主要特点如下：

（1）支持单色、多灰度、彩色 LCD。

（2）支持 4 比特双扫描、4 比特单扫描、8 比特单扫描 LCD。

（3）支持虚拟屏幕显示，支持水平和垂直滚动。

（4）使用系统内存作为显示内存。

（5）专用的 DMA 通道，将数据传送到接口。

（6）支持多种分辨率，如 640×480，320×640，160×160。

（7）支持节点模式。

其内部结构如图 20－2 所示。

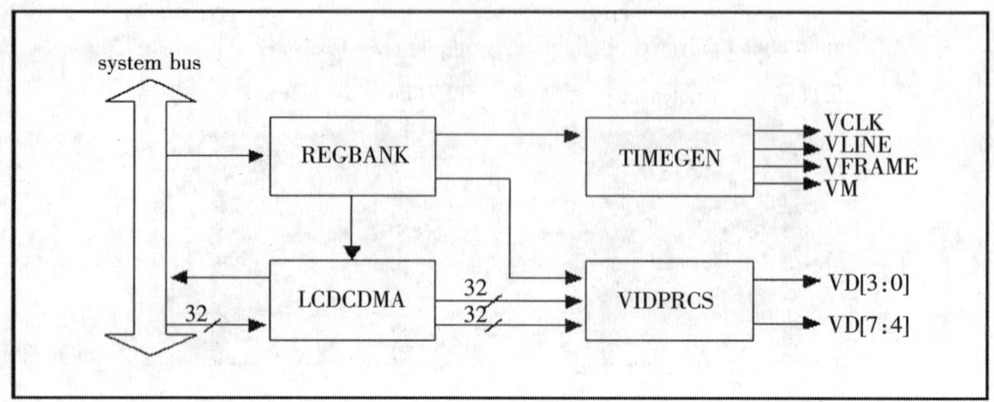

图 20－2 LCD 控制器内部结构

REGBANK：用于配置 LCD 控制器，共由 18 个可编程寄存器组成。

LCDCDMA：LCD 专用 DMA，可以自动地将显示数据从帧内存传送到 LCD 驱动器中。通过专用 DMA，可以实现在不需要 CPU 介入的情况下显示数据；且支持 32 位数据总线。

VIDPRCS：从 LCDDMA 接收数据，将相应格式的数据通 TIMEGEN（包含可编程逻辑），以支持常见的 LCD 驱动器所需要的不同接口时间和速率的要求。

TMEGEN：产生 VFRAME，VLINE，VCLK 和 VM 等信号。

VD［3:0］/VD［7:4］：LCD 像素点数据输出端口。

20.3.2.1 LCD 控制器提供的外部接口信号

LCD 控制器外部接口信号的定义及其与 LCD 模块各信号之间的对应关系如表 20－1 所示。

表 20－1 外部接口信号的定义

VFRAME	LCD 控制器和驱动器之间的帧同步信号。通知 LCD 屏新的一帧显示，LCD 控制器在一个完整帧显示后发出 VFRAME 信号
VLINE	LCD 控制器和驱动器间同步脉冲信号。LCD 驱动器通过它将水平移位寄存器的内容显示到 LCD 屏上。LCD 控制器在一整行数据全部传输到 LCD 驱动器后发出 VLINE 信号
VCLK	LCD 控制器和 LCD 驱动器之间的像素时钟信号，由 LCD 控制器送出的数据在 VCLK 的上升沿处送出，在 VCLK 的下降沿处被 LCD 驱动器采样
VM	LCD 驱动器所使用的交流信号。VM 信号被 LCD 驱动器用于改变行和列的电压极性，从而控制像素点的显示或熄灭。VM 信号可以与每个帧同步，也可以与可变数量的 VLINE 信号同步
VD［0－7］	LCD 数据线，在驱动 4 位双扫描的 LCD 时，VD［3:0］为上部显示区数据，VD［7:4］为下部显示区数据

20.3.2.2　扫描模式支持

S3C44B0X 处理器 LCD 控制器扫描工作方式通过 DISMOD（LCDCON1［6:5］）设置。DISMOD 为 00/01/10/11 时分别对应 4 位双扫描/4 位单扫描/8 位单扫描/无扫描 4 种模式。

4 位单扫描：显示控制器扫描线从左上角位置进行数据显示。显示数据从 VD［3:0］获得，彩色液晶屏数据位代表 RGB 色。如图 20－3 所示。

VD3 R1
VD2 G1
VD1 B1
VD0 R2
VD3 G2
VD2 B2
VD1 R3
VD0 G3
……
1 Pixel

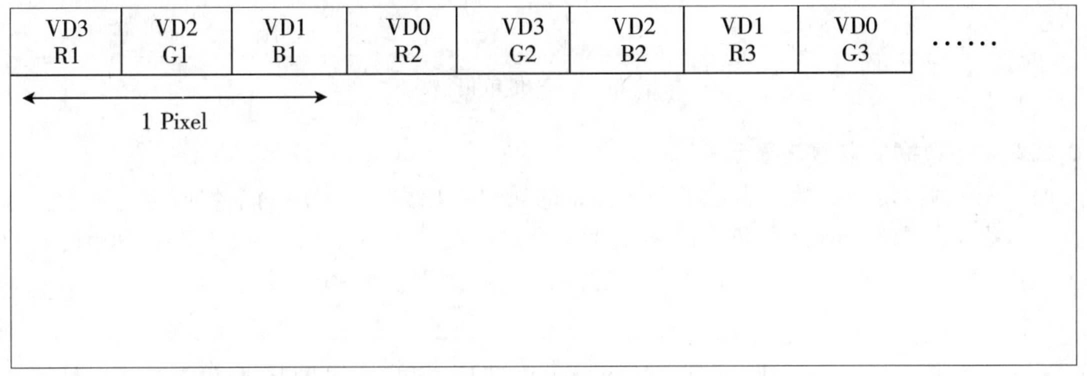

图 20－3　4 位单扫描

4 位双扫描：显示控制器分别使用两个扫描线进行数据显示。显示数据从 VD［3:0］获得高扫描数据，VD［7:4］获得低扫描数据，彩色液晶屏数据位代表 RGB 色。如图 20－4所示。

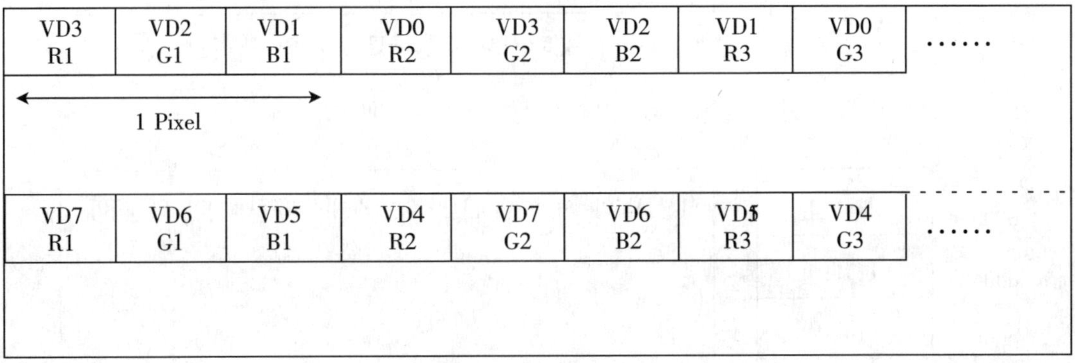

VD3 R1
VD2 G1
VD1 B1
VD0 R2
VD3 G2
VD2 B2
VD1 R3
VD0 G3
……
1 Pixel
VD7 R1
VD6 G1
VD5 B1
VD4 R2
VD7 G2
VD6 B2
VD5 R3
VD4 G3
……

图 20－4　4 位双扫描

8 位单扫描：显示控制器扫描线从左上角位置进行数据显示。显示数据从 VD［7:0］获得，彩色液晶屏数据位代表 RGB 色。如图 20－5 所示。

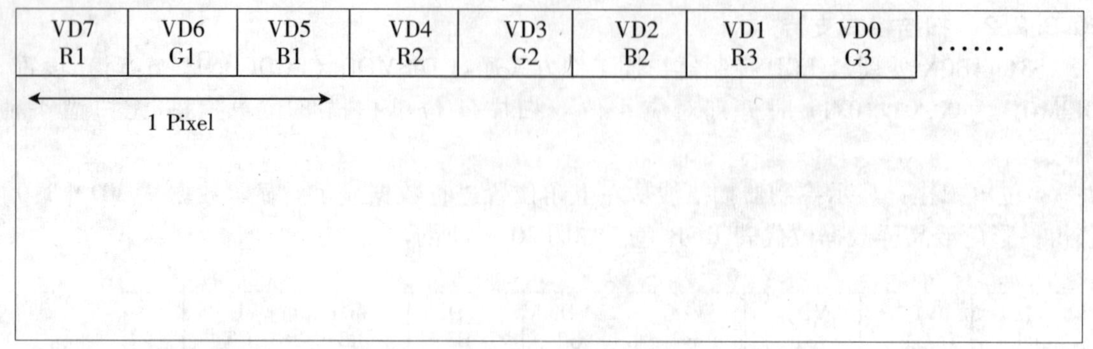

图 20－5 8 位单扫描

20.3.2.3 数据的存放与显示

液晶控制器传送的数据表示了一个像素的属性：4 级灰度屏用两个数据位，16 级灰度屏时使用 4 数据位，RGB 彩色液晶屏使用 8 个数据位（R［7:5］、G［4:2］、B［1:0］）。

在 4 位或 8 位单扫描方式时，数据的存放与显示如图 20－6 所示。

0000	A[31:0]
0004	B[31:0]
0008	C[31:0]
…	…

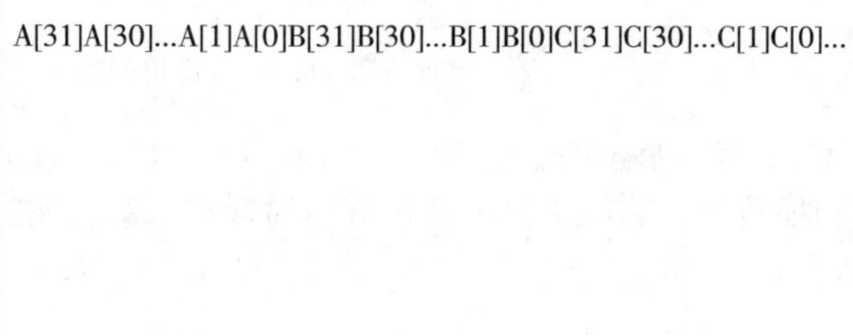

图 20－6 4 位或 8 位单扫描数据显示

在 4 位双扫描方式时，数据的存放与显示如图 20－7 所示。

0000	A[31:0]
0004	B[31:0]
0008	C[31:0]
…	…
1000	L[31:0]
1004	M[31:0]
…	…

A[31]A[30]...A[1]A[0]B[31]B[30]...B[1]B[0]C[31]C[30]...C[1]C[0]...

L[31]L[30]...L[1]L[0]M[31]M[30]...M[1]M[0]

图 20－7 4 位双扫描数据显示

20. 3. 2. 4　LCD 控制器提供的 8 位单扫描的接口时序

图 20－8 为 8 位单扫描的接口时序图。

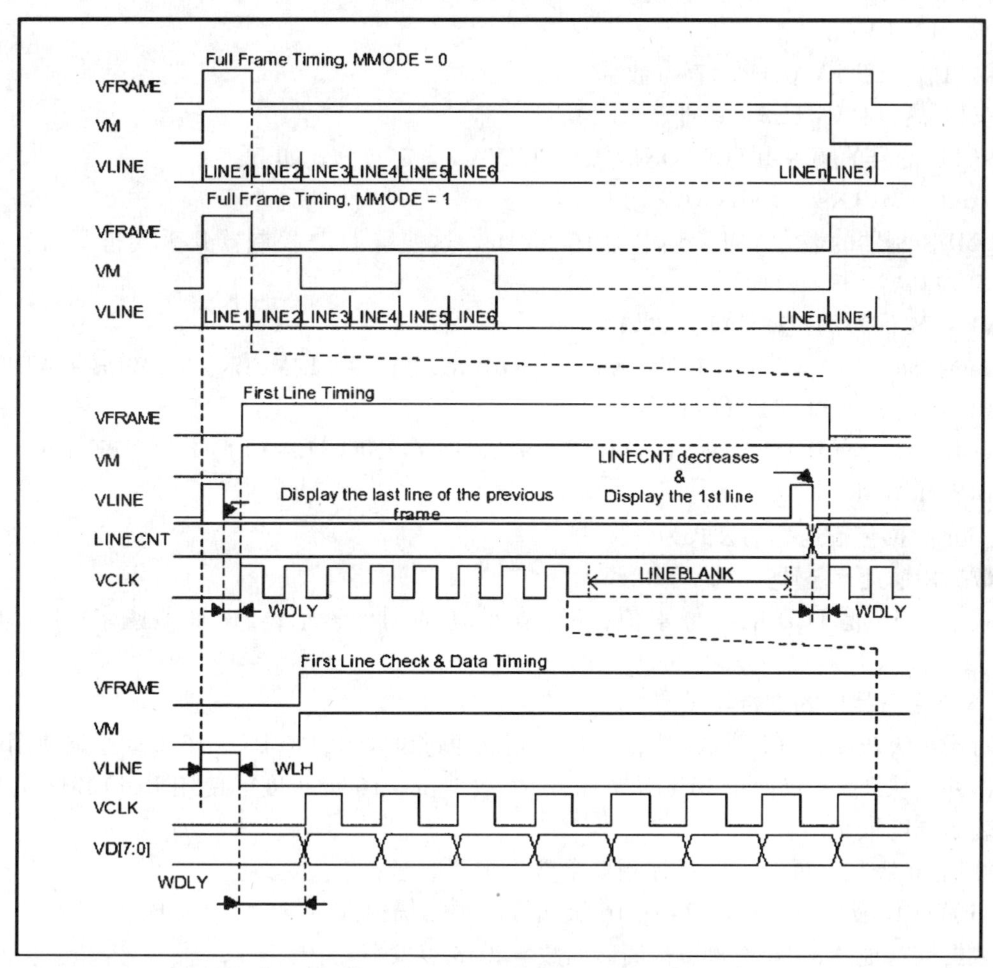

图 20－8　8 位单扫描接口时序图

从图 20－8 中我们可以看到，控制器使能 VFRAME 信号，通知 LCD 驱动器新 FRAME 的开始；VLINE 信号的使能通知 LCD 驱动器，一个水平行的数据传送完毕，可以显示该行，这一小段延时用 WDLY 表示；显示数据在 VCLK 的上升沿发出。

20. 3. 2. 5　控制信号寄存器设置

S3C44B0X 包括一个 LCD 控制器时序发生器 TIMEGEN，由它来产生 VFRAM、VLINE、VCLK 和 VM 控制时序。这些控制信号由寄存器 LCDCON1 和 LCDCON2 进行配置。通过对寄存器中配置项目的设置，TIMEGEN 就可以产生适应于各种 LCD 屏的控制信号了。

VFRAME 和 VLINE 的生成由 LCDCON2 寄存器的 LINEVAL 和 HOZVAL 决定，每个域都与 LCD 的尺寸和显示模式有关。

（1）HOZVAL：

单色：HOZVAL =（水平行点数/有效数据线宽度）-1

彩色：HOZVAL =（水平行点数×3/有效数据线宽度）-1

（2）LINEVAL：

单扫描：LINEVAL = 垂直点数 -1

双扫描：LINEVAL =（垂直点数/2）-1

VCLK 信号的频率由 LCDCON1 中的 CLKVAL 决定，公式如下：

VCLK = MCLK /（CLKVAL×2）

LCD 控制器的最大 VCLK 频率为 16.5MHz，这使得 LCD 控制器几乎支持了所有已有的 LCD 控制器。

VFRAM 信号的频率计算公式如下：

frame_rate(Hz) = 1/[((1/VCLK)×(HOZVAL+1)+(1/MCLK)×(WLH+WDLY+LINEBLANK))×(LINEVAL+1)]

VCLK(Hz) = (HOZVAL+1)/[(1/(frame_rate×(LINEVAL+1)))-((WLH+WDLY+LINEBLANK)/MCLK)]

（3）数据传输速率的公式为：

数据传输速率 = HS×VS×FR×MV

其中，HS 是 LCD 的行像素值；VS 是 LCD 的列像素值；FR 是帧速率；MV 是模式值。

20.3.2.6　液晶屏的支持与设定

对于4级灰度屏（2位数据），LCD 控制器通过设置 BULELUT［15:0］指定使用的灰度级，并且从0～4级使用 BULELUT 的4个数据位。16级灰度屏使用 BULELUT 的每一位来表示灰度级别。

使用16级灰度屏时，LCD 控制器参数设定可参考：

（1）LCD 液晶屏：320*240；16级灰度；单扫描模式

数据帧首地址 = 0xc300000；偏移点数 = 2048 点（512 个半字）；

LINEVAL = 240 - 1 = 0xEF;

PAGEWIDTH = 320*4/16 = 0x50;

OFFSIZE = 512 = 0x200;

LCDBANK = 0xc300000 >> 22 = 0x30;

LCDBASEU = 0x100000 >> 1 = 0x80000;

LCDBASEL = 0x80000 + (0x50 + 0x200) * (0xef + 1) = 0xa2b00;

（2）LCD 液晶屏：320*240；16级灰度；双扫描模式

数据帧首地址 = 0xc300000；偏移点数 = 2048 点（512 个半字）；

LINEVAL = 120 - 1 = 0x77;

PAGEWIDTH = 320*4/16 = 0x50;

OFFSIZE = 512 = 0x200;

LCDBANK = 0xc300000 >> 22 = 0x30;

LCDBASEU = 0x100000 >> 1 = 0x80000;

LCDBASEL = 0x80000 + (0x50 + 0x200) * (0x77 + 1) = 0x91580;

20.4　uClinux 下基于 framebuffer 的 LCD 驱动程序

20.4.1　Framebuffer 介绍

Framebuffer 设备是图形硬件设备的抽象层。它描述视频硬件的帧缓冲区，提供一组非常方便的应用软件访问图形硬件的接口，应用软件不需要了解任何底层硬件设备的任何信息。

Frambuffer 设备通过指定的设备节点访问，通常位于/dev 目录下，如/dev/fb *。内核中/Documentation/fb 目录下的 framebuffer. txt 和 interal. txt 文件介绍了一部分关于 Framebuffer 的信息。

当用户使用 MicroWindows、MiniGUI 等用户图形接口时，LCD 的设备驱动程序必须以 Linux Framebuffer 设备驱动形式实现。

20.4.2　Framebuffer 设备使用

对于使用者来说，Framebuffer 设备与/dev 目录下的其他设备大体相同，Framebuffer 设备是主编号 29 的字符设备，尾编号指定同一类设备的顺序。

通常约定使用如下的设备节点：

0 = /dev/fb0　　第一个 Framebuffer

1 = /dev/fb1　　第二个 Framebuffer

……

31 = /dev/fb31　　第三十二个 Framebuffer

Framebuffer 设备类似一般的存储区设备，用户可以读或写该设备，如要快速保存屏幕上的内容，可以使用以下命令：

cp /dev/fb0 myfile

20.5　程序分析

程序流程如图 20 - 9 所示。该实验程序包含两个文件：lcd. c，jxs. h。其中的头文件中以数组形式存储了图像的点阵结构。

附源程序：

```
#include <stdio.h>
#include <unistd.h>
#include <sys/types.h>
#include <sys/stat.h>
#include <fcntl.h>
```

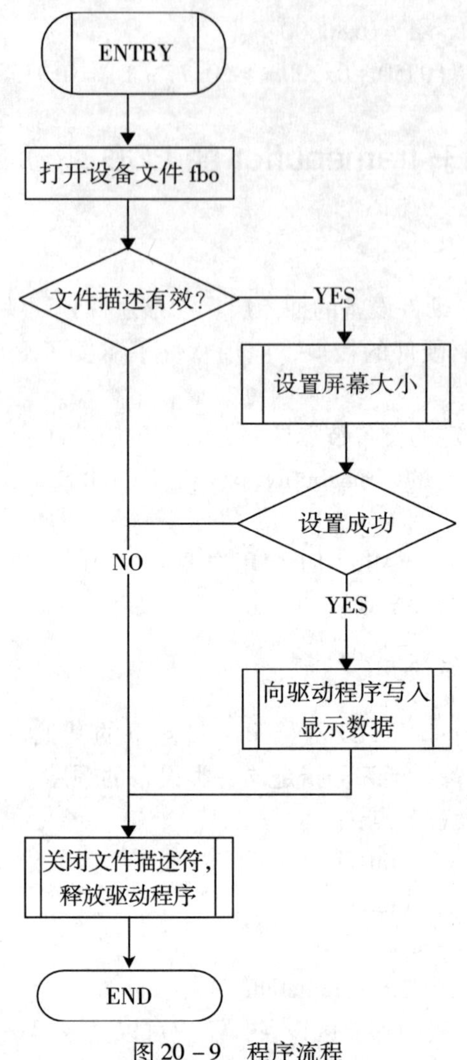

图 20-9 程序流程

```
#include <linux/fb.h>
/* Get a test bitmap */
#include "jxs.h"
/* Define LCD screen parameters */
// Pixels per word
#define SCREEN_X 240
#define LCD_XDIM (SCREEN_X/4)
// Number of lines in a screen
#define LCD_YDIM 64
int main () {
  int i, fd;
  struct fb_fix_screeninfo fb_fix;
```

```
    struct fb_ var_ screeninfo fb_ var;
    printf (" opening device <FrameBuffer> fb0,");
    fd = open (" /dev/fb0", O_ RDWR);
    printf (" returned handler = 0x%08X \ n", fd);

    if (fd < 0)
      goto out;

    if (ioctl (fd, FBIOGET_ FSCREENINFO, &fb_ fix)  == -1 ||
          ioctl (fd, FBIOGET_ VSCREENINFO, &fb_ var)  == -1) {
            printf (" Error reading screen info: \ n");
            goto out;
      }
    printf (" type = %d \ n", fb_ fix. type);
    printf (" visual = %d \ n", fb_ fix. visual);
    printf (" xres = %d \ n", fb_ var. xres);
    printf (" yres = %d \ n", fb_ var. yres);
    printf (" bpp = %d \ n", fb_ var. bits_ per_ pixel);
    printf (" linelen = %d \ n", fb_ fix. line_ length);

    printf (" Smem_ start = %d \ n", fb_ fix. smem_ start);

//  write (fd, peng_ small_ bits, sizeof (peng_ small_ bits));
     write (fd, ucjxsBitmap, sizeof (ucjxsBitmap));

out:
    printf (" \ nclosing device \ n");
    close (fd);
    return 0;
}
```

20.6　参考文献

[1] 金西，黄汪. 嵌入式 Linux 技术及其应用 [J]. 计算机应用，2000 (7).

[2] 张家奇，于飞. 基于 S3C4510B 的嵌入式系统设计 [A]. 冶金轧制过程自动化技术交流会论文集 [C]，2005.

[3] 于生祥，邹久朋. 基于 uClinux 的远程温度监控系统的实现 [A]. 中国仪器仪表学会 2005 年学术年会测控技术与节能环保学术会议论文集 [C]，2005.

[4] 陈坚华. 基于 ARM7TDMI 的 uClinux 移植 [D]. 杭州：浙江大学，2003.

第21章 出租车计价器设计

21.1 设计目的

本设计任务的目的是要求学生按照分析、设计、编码、调试和测试的软件开发过程独立完成一个出租车自动计价器系统，并能最终实现本系统的功能要求。通过实践教学引导学生在理论指导下有所创新，加强对Quartus2的掌握和使用，熟悉硬件描述语言的实现过程和方法。

21.2 内容提要与要求

设计一个出租车计价器，其具体功能如下：

（1）该计价器的计费系统：行程2.5公里内，且等待累计时间3分钟内，起步费为9元；3公里外以每公里1.0元计费，等待累计时间超过3分钟以每分钟0.5元计费。

（2）可以显示行驶里程、等待累计时间、总费用。

（3）主要技术指标：

1）计价范围：0～999.9元，计价分辨率：0.1元。

2）计程范围：0～99公里，计程分辨率：1公里。

3）计时范围：0～59分，计时分辨率：分。

21.3 设计原理

系统原理如图21－1所示。

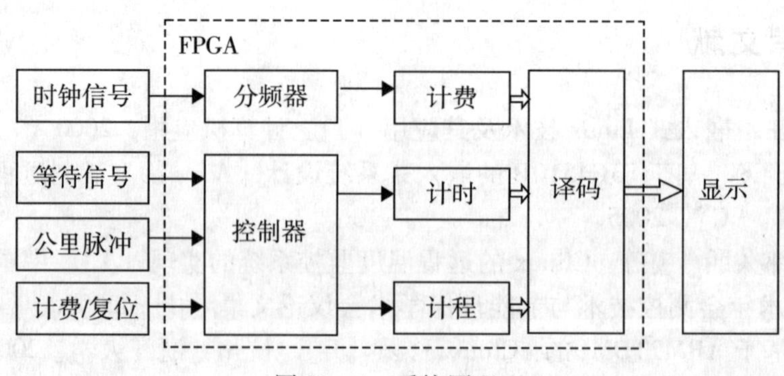

图21－1 系统原理

1. 分频模块

分频模块对频率为 240Hz 的输入脉冲进行分频，得到 16Hz、15Hz 和 1Hz 三种频率。

2. 控制模块

控制模块是系统的核心部分，对计价器的状态进行控制。

3. 计量模块

计量模块完成以下三个功能：

(1) 计价功能：行程 2.5 公里内，且等待累计时间 3 分钟内，起步费为 9 元；3 公里外以每公里 1 元计费，等待累计时间超过 3 分钟以每分钟 0.5 元计费。

(2) 计时功能：计算乘客的等待累计时间。计时器的量程为 59 分，满量程自动归零。

(3) 计程功能：计算乘客行程的公里数。计程器的量程为 99 公里，满量程自动归零。

4. 译码模块

计费数据送入显示译码模块进行译码，最后送至以百元、十元、元、角为单位对应的数码管上显示。

计时数据送入显示译码模块进行译码，最后送至以分为单位对应的数码管上显示。

计程数据送入显示译码模块进行译码，最后送至以公里为单位对应的数码管上显示。

5. 显示模块

计价数据在以百元、十元、元、角为单位对应的数码管上显示。

计时数据在以分为单位对应的数码管上显示。

计程数据在以公里为单位对应的数码管上显示。

21.4　程序设计与仿真

出租车计价器顶层电路符号如图 21－2 所示。

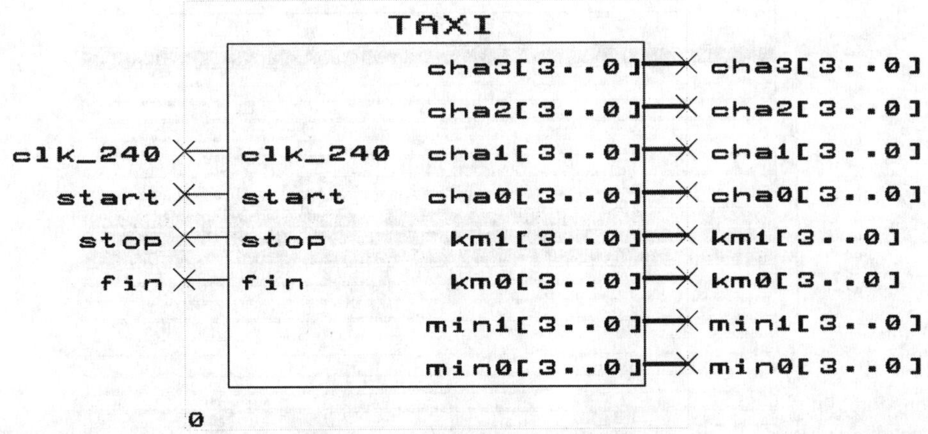

图 21－2　出租车计价器顶层电路符号

程序端口定义如下：

```
■ entity taxi is
■ port ( clk_240 :in std_logic;                    --频率为240Hz的时钟
■          start:in std_logic;                     --计价使能信号
■          stop:in std_logic;                      --等待信号
■          fin:in std_logic;                       --公里脉冲信号
■          cha3,cha2,cha1,cha0:out std_logic_vector(3 downto 0);
                                                   --费用数据
■          km1,km0:out std_logic_vector(3 downto 0);
                                                   --公里数据
■          min1,min0: out std_logic_vector(3 downto 0));
                                                   --等待时间
■ end taxi;
```

程序中间信号定义如下：

```
* signal f_15,f_16,f_1:std_logic;      --频率为15Hz,16Hz,1Hz的信号
* signal q_15:integer range 0 to 15;                 --分频器
* signal q_16:integer range 0 to 14;                 --分频器
* signal q_1:integer range 0 to 239;                 --分频器
* signal w:integer range 0 to 59;                    --秒计数器
* signal c3,c2,c1,c0:std_logic_vector(3 downto 0);   --费用计数器
* signal k1,k0:std_logic_vector(3 downto 0);         --公里计数器
* signal m1:std_logic_vector(2 downto 0);            --分的十位计数器
* signal m0:std_logic_vector(3 downto 0);            --分的个位计数器
* signal en1,en0,f:std_logic;                        --使能信号
```

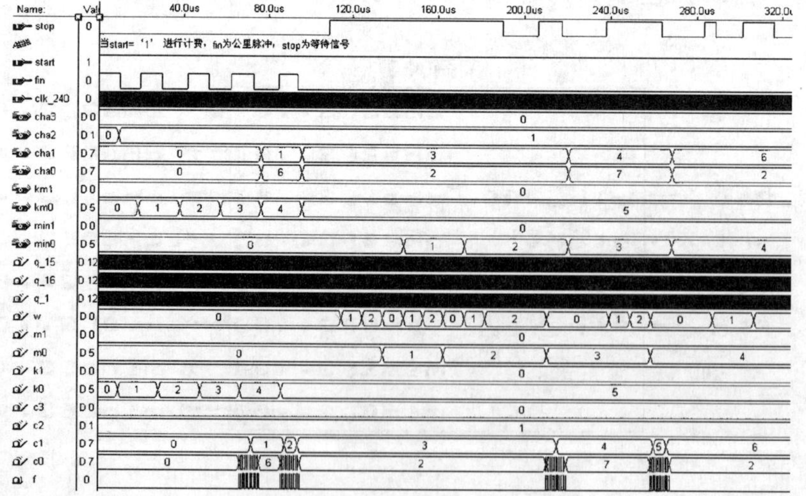

图21-3 仿真图

图 21 -3 中秒与分的关系为 3 进制，即 w 为 2 时就归 0；出租车总行驶里程为 5 公里，等待累计时间为 4 分钟，总费用为 16. 2 元。

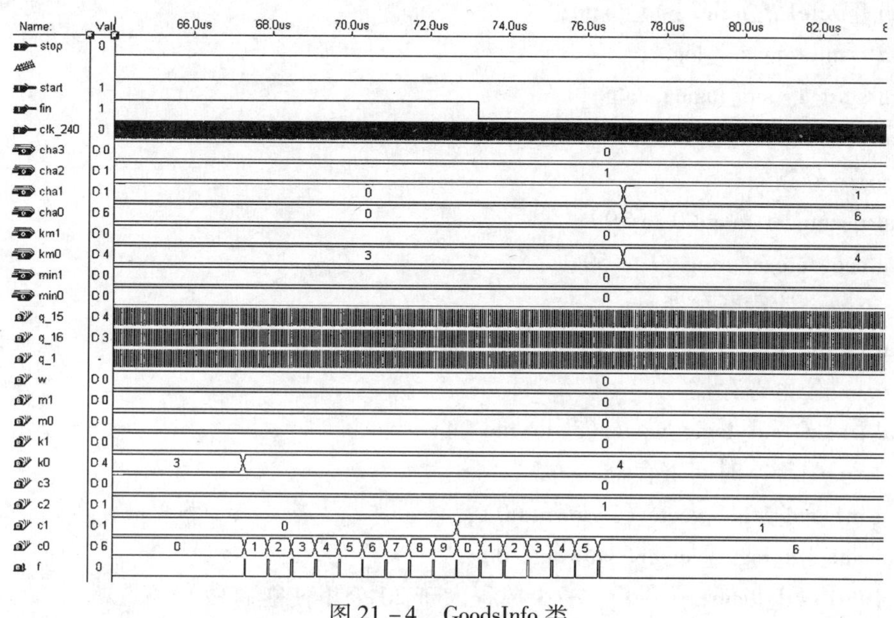

图 21 -4　GoodsInfo 类

等待累计时间为 3 分钟时，f 得到 15 个计价脉冲。计价器的数值增加 15，即等效于加 1. 5 元。其对应的仿真图如图 21 -4 所示。

21. 5　源程序

(1) 控制模块源代码：

```
library IEEE;
use IEEE. STD_LOGIC_1164. ALL;
use IEEE. STD_LOGIC_ARITH. ALL;
use IEEE. STD_LOGIC_UNSIGNED. ALL;
entity taxi is
port (    clk:in std_logic;……………………输入 300Hz 时钟
          start:in std_logic;……………………计价器启动
          stop:in std_logic;………………………等待信号
          mile:in std_logic;………………………公里脉冲信号
          single:in std_logic;………………………单程键
          char3,char2,char1,char0:out std_logic_vector(3 downto 0);……计费输出
          min1,min0: out std_logic_vector(3 downto 0);…………等待时间输出
          km1,km0:out std_logic_vector(3 downto 0) );…………行驶公里输出
end taxi;
```

```
architecture behav of taxi is
 …………延迟信号
 signal f_mile1,f_mile2:std_logic;
 signal f_mile_r: std_logic;
 signal start_r: std_logic;
 signal clk1hz: std_logic; ………分频得 1Hz 时钟
 …………分频器
 signal q:integer range 0 to 299;
 signal sec:integer range 0 to 59;
 ……………计费寄存器
 signal c3,c2,c1,c0:std_logic_vector(3 downto 0);
 …………公里寄存器
 signal k1,k0:std_logic_vector(3 downto 0);
 ……………等待时间寄存器
 signal m1:std_logic_vector(3 downto 0);
 signal m0:std_logic_vector(3 downto 0);
 signal en1:std_logic;………………单程大于 20 公里使能有效
 signal en0:std_logic;………………路程大于 3 公里使能有效
 signal f_wait: std_logic;……………等待时间,1 脉冲/分钟
 signal f :std_logic;…………………计费时钟
 begin
 ………………分频进程
 U1:process(clk)
    begin
      IF rising_edge(clk) THEN
        IF q =299 then
            q <=0;
                clk1hz <='1';
        ELSE
            q <=q +1;
            clk1hz <='0';
        END IF;
      END IF;
    END Process;
 …………………等待计时进程
 U2:process(clk1hz)
 begin
     IF start ='0' then
```

```
            f_wait <='0';
        Elsif rising_edge(clk1hz) then
            IF stop ='1' then
                IF sec =59 then
                    sec <=0;
                    f_wait <='1';
                IF m0 ="1001" then
                    m0 <="0000";
                    IF m1 ="0101" then
                        m1 <="0000";
                    ELSE
                        m1 <= m1 +'1';
                    end if;
              ELSE
                     m0 <= m0 +'1';
              end if;
          else
              f_wait <='0';
             sec <= sec +1;
          end if;
        ELSE
          f_wait <='0';
        end if;
    end if;
end process;
……………………延迟信号,检测上升沿
U3:process(clk1hz)
begin
      IF rising_edge(clk1hz) then
           f_mile2 <= f_mile1;
           f_mile1 <= mile;
           start_r <= start;
       end if;
end process;
f_mile_r <= f_mile1 AND NOT(f_mile2);
   f <= f_wait when stop ='1' else
      f_mile_r when en0 ='1' else '0';
………………公里计数进程
```

```
  U4: process( start,f_mile_r)
  begin
     IF start ='0' then
        k0 <="0000";
        k1 <="0000";
        en0 <='0';
     ELSIF rising_edge(f_mile_r) then
        IF k0 ="1001" then
           k0 <="0000";
           if k1 ="1001" then
              k1 <="0000";
        else
           k1 <=k1 +'1';
        end if;
      else
        k0 <=k0 +'1';
      end if;
  IF k0 ="0011" then
     en0 <='1';
    end if;
  IF k1 ="0001" and k0 ="1001" and single ='1' then
         en1 <='1';
   end if;
  end if;
  end process;
………………计费进程
  U5:process(start,f)
  begin
    if start ='1' and start_r ='0' then
      c0 <="0000";
      c1 <="1000";
      c2 <="0000";
      c3 <="0000";
  elsif rising_edge(f) then
    if en1 ='0' then
      if c1 ="1001" then
          c1 <="0000";
        if c2 ="1001" then c2 <="0000";
```

```
            if c3 <= "1001" then c3 <= "0000";
          else c3 <= c3 + '1';
            end if;
          else c2 <= c2 + '1';
          end if;
        else c1 <= c1 + '1';
        end if;
      else
  if(c0 = "0101" and c1 = "0001") OR c1 = "1001" then
       if c1 = "1001" and c0 = "0101" then
            c0 <= "0000";
            c1 <= "0001";
       elsif c1 = "1001" and c0 = "0000" then
          c0 <= "0101";
          c1 <= "0000";
       elsif c1 = "1000" and c0 = "0101" then
         c0 <= "0000";
         c1 <= "0000";
       end if;
       if c2 = "1001" then
         c2 <= "0000";
         if c3 = "1001" then
             c3 <= "0000";
           else
             c3 <= c3 + '1';
        end if;
      else
        c2 <= c2 + '1';
      end if;
  elsif c0 = "0000" then
      c0 <= "0101";
      c1 <= c1 + '1';
    else
      c0 <= "0000";
      c1 <= c1 + "0010";
      end if;
     end if;
    end if;
```

```
end process;
……………输出显示
   km1 <= k1;km0 <= k0;min1 <= m1;min0 <= m0;
   char3 <= c3;char2 <= c2;char1 <= c1;char0 <= c0;
end behav;
```

（2）译码显示模块的源代码：

```
LIBRARY IEEE;
USE IEEE.STD_LOGIC_1164.ALL;
USE IEEE.STD_LOGIC_UNSIGNED.ALL;
use IEEE.STD_LOGIC_ARITH.ALL;
ENTITY display IS
      PORT (  reset ,clk:IN STD_LOGIC;
                 char3,char2,char1,char0:in std_logic_vector(3 downto 0);
                 min1,min0:in std_logic_vector(3 downto 0);
                 km1,km0:in std_logic_vector(3 downto 0);
                 sel,show:OUT STD_LOGIC_VECTOR(7 DOWNTO 0) );
 end display;
ARCHITECTURE rtl OF display IS
constant reset_active:std_logic: ='0';
type state_type is(led1,led2,led3,led4,led5,led6,led7,led8);
signal pre_state,next_state:state_type;
signal q :STD_LOGIC_VECTOR(31 DOWNTO 0);
signal q_reg:STD_LOGIC_VECTOR(3 DOWNTO 0);
signal sel_reg:STD_LOGIC_VECTOR(7 DOWNTO 0);
signal show_reg:STD_LOGIC_VECTOR(6 DOWNTO 0);
begin
q <= min1 & min0 & km1 & km0 & char3 & char2 & char1 & char0;
present_state_register:process(reset,clk)
begin
   IF reset = reset_active then
      pre_state <= led1;
   ELSIF rising_edge(clk) then
        pre_state <= next_state;
   end if;
end process;
Sel_Process:PROCESS(reset,clk)
begin
   IF reset = reset_active then
```

```
        next_state <= led1;
    ELSIF rising_edge(clk) then
      case next_state is
        when led1 = >
            sel_reg <= "11111110";
            q_reg <= q(3 downto 0);
            next_state <= led2;
        when led2 = >
            sel_reg <= "11111101";
            q_reg <= q(7 downto 4);
            next_state <= led3;
        when led3 = >
            sel_reg <= "11111011";
            q_reg <= q(11 downto 8);
            next_state <= led4;
        when led4 = >
            sel_reg <= "11110111";
            q_reg <= q(15 downto 12);
            next_state <= led5;
        when led5 = >
            sel_reg <= "11101111";
            q_reg <= q(19 downto 16);
            next_state <= led6;
        when led6 = >
            sel_reg <= "11011111";
            q_reg <= q(23 downto 20);
            next_state <= led7;
        when led7 = >
            sel_reg <= "10111111";
            q_reg <= q(27 downto 24);
            next_state <= led8;
        when led8 = >
            sel_reg <= "01111111";
            q_reg <= q(31 downto 28);
            next_state <= led1;
        when others = >
            sel_reg <= "11111111";
            q_reg <= "11111111";
```

```
            next_state <= led1;
        end case;
end if;
end process;
  with q_reg select
     show_reg <= "1000000" when "0000",
                 "1111001" when "0001",
                 "0100100" when "0010",
                 "0110000" when "0011",
                 "0011001" when "0100",
                 "0010010" when "0101",
                 "0000010" when "0110",
                 "1011000" when "0111",
                 "0000000" when "1000",
                 "0010000" when "1001",
                 "1111111" when others;
     show <= '0' &show_reg when sel_reg = "11111101" else
             '1' &show_reg;
     sel <= sel_reg;
     end rtl;
```

21.6 参考文献

[1] 周清华，马善农，谢勇勤. 基于 CPLD 的出租车计价器的设计与研究 [J]. 科技广场，2007 (1): 205 ~ 206.

[2] 杨建潮. 出租汽车计价器的计价原理 [J]. 检定与规程，2001 (4): 44 ~ 45.

[3] 黄再银. 基于 uPD78F0034 单片机的出租车计费器的设计与实现 [J]. 国外电子元器件，2004 (8): 21 ~ 24.

第 22 章　饮料自动贩卖机

22.1　目的要求

本设计目的是要求学生按照分析、设计、编码、调试和测试的软件开发过程独立完成一个自动贩卖机控制系统，并能最终实现本系统的功能要求。通过实践教学引导学生在理论指导下有所创新，加强对数组的使用、类的设计和使用、类间调用等知识点的掌握。

22.2　设计任务与要求

本设计在 VC ++ 平台上模拟饮料自动售卖机的销售过程。顾客首先进行投币，机器显示投币金额。接下来顾客选择要购买的饮料，如果投币金额足够并且所购饮料存在，则提示用户在出口处取走饮料，同时找零。如果投币金额不足，显示提示信息；如果所购饮料已经售完，显示售完信息。

功能说明：

（1）只接受 10 元、5 元、2 元、1 元和 0.5 元的纸币和硬币。

（2）顾客一次只能投入上述一种金额的纸币或硬币，当用户重复投入时货币金额累加。

（3）销售的饮料包括 5 种：可口可乐（2 元）、百事可乐（2 元）、橙汁（3 元）、咖啡（5 元）、纯净水（1.5 元）。

（4）系统通过必要的提示信息，提示用户完成相应的操作。

（5）若顾客所购买的饮料已经售完，则进行提示并询问用户是否购买其他的饮料。

（6）完成一次售卖后，系统自动进行结算找零。

22.3　设计原理

根据系统功能要求，首先设计处理钱币的类和商品信息类。处理钱币的类主要完成与钱币相关的工作，如给顾客找零等过程。商品信息类主要用来处理与商品相关的工作，如获得商品信息等操作。

还需要设计一个自动贩卖机类来实现饮料的售卖过程。在这个类里面，将钱币类和商品信息类作为其数据成员。同时定义了包含 5 个 GoodsInfo 对象的数组，负责保存饮料的三个信息：名称、价格和库存量，并且可以反馈这些信息。

案例需要用到类与类之间的一种关系：has-a 拥有关系，是指一个对象包含另一个对象，即一个对象是另一个对象的成员。

22.3.1 类的设计

根据上述的设计思想，设计了“MoneyCounter 类”、“GoodsInfo 类”和“DrinkMachine 类”3 个类。

（1）MoneyCounter 类的设计，如图 22－1 所示。

```
//数据成员
    float input_money;
    //用于记录顾客投币金额
      函数成员
    MoneyCounter( );
    //构造函数，初始化顾客投币金额为 0.00
    ~MoneyCounter( ) {}
    //析构函数
    void getmoney( );
    //提示顾客投币
    float money_from_buyer( );
    返回投币金额
    void clear( );
    //清空，准备下一轮投币
    void return_money (float);
    //返回找的零钱
```

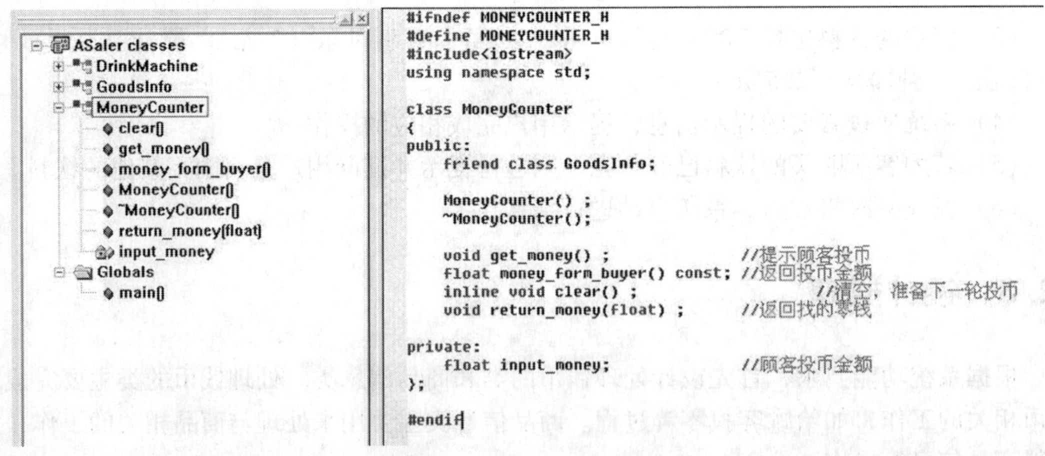

图 22－1 MoneyCounter 类

（2）GoodsInfo 类的设计，如图 22－2 所示。

```
    //数据成员
    string name;
```

//用于记录饮料名称
float price;
//用于记录饮料的单价
int total;
//用于记录饮料的总库存数
函数成员
GoodsInfo ();
//构造函数，初始化饮料信息
~GoodsInfo() {}
//析构函数
void set_goods (string, float, int);
//设置每种饮料的属性：名称，价格，数量
string goods_name();
//返回饮料的名称
float goods_price();
//返回饮料的价格
int goods_number();
//返回饮料的数量

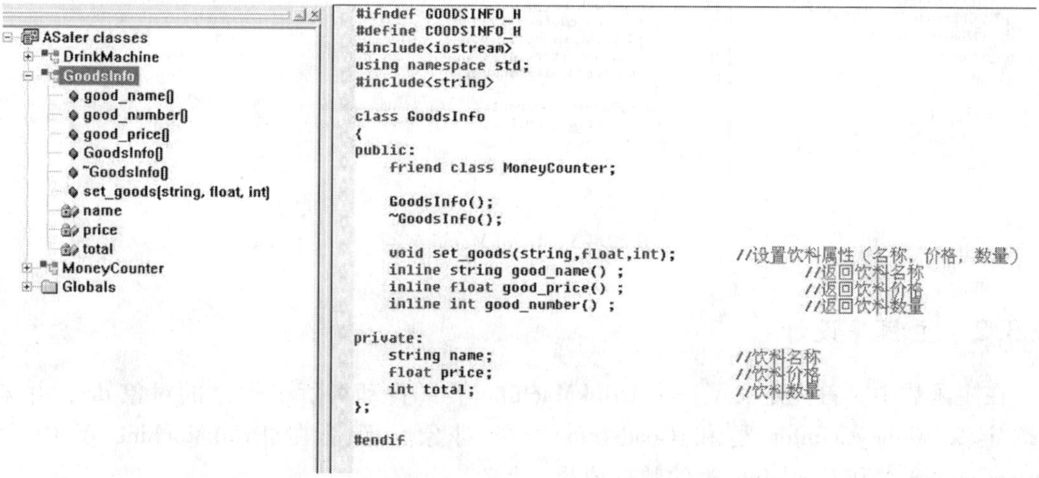

ASaler classes
DrinkMachine
GoodsInfo
good_name()
good_number()
good_price()
GoodsInfo()
~GoodsInfo()
set_goods(string, float, int)
name
price
total
MoneyCounter
Globals

```
#ifndef GOODSINFO_H
#define GOODSINFO_H
#include<iostream>
using namespace std;
#include<string>

class GoodsInfo
{
public:
    friend class MoneyCounter;

    GoodsInfo();
    ~GoodsInfo();

    void set_goods(string,float,int);        //设置饮料属性（名称，价格，数量）
    inline string good_name() ;                    //返回饮料名称
    inline float good_price() ;                    //返回饮料价格
    inline int good_number() ;                     //返回饮料数量

private:
    string name;                             //饮料名称
    float price;                             //饮料价格
    int total;                               //饮料数量
};

#endif
```

图 22-2　GoodsInfo 类

(3) DrinkMachine 类的设计，如图 22-3 所示。

//数据成员
MoneyCounter moneyctr;
//定义 MoneyCounter 的对象，实现投币、找零等功能
GoodsInfo v_goods [5];
//定义 GoodsInfo 的对象，实现商品信息的维护，此处设计了 5 种饮料，详见该类的实现

```
//函数成员
DrinkMachine( );
//构造函数，初始化自动售货机中的商品信息
 ~DrinkMachine( )
//析构函数
void showchoices( );?
//显示饮料选择信息
void inputmoney( );?
//获取顾客投入钱币
bool goodsitem( int);
//检查饮料状况
void return_allmoney( );
//返回钱数
```

ASaler classes
- DrinkMachine
  - DrinkMachine()
  - ~DrinkMachine()
  - goods_item(int)
  - input_money()
  - return_all_money()
  - show_choices()
  - moneyctr
  - v_goods
- GoodsInfo
- MoneyCounter
- Globals

```
#ifndef DRINKMACHINE_H
#define DRINKMACHINE_H
#include"MoneyCounter.h"
#include"GoodsInfo.h"
#include<iostream>
using namespace std;


class DrinkMachine
{
public:
    DrinkMachine();
    ~DrinkMachine();
    void show_choices();                //显示饮料选择信息
    void input_money();                 //获取顾客投入钱币
    bool goods_item(int);               //检查饮料状况
    void return_all_money();            //返回钱数
private:
    MoneyCounter moneyctr;  //定义 MoneyCounter 的对象，实现投币、找零等功能
    GoodsInfo v_goods[5];   //定义 GoodsInfo 的对象，实现商品信息，设计5 种饮料

};

#endif
```

图 22 – 3　DrinkMachine 类

22.3.2　主程序设计

在主函数中，首先定义了一个 DrinkMachine 类（自动售货机类）的对象 dri，并未显式地定义 MoneyCounter 类和 GoodsInfo 类的对象。但是在 DrinkMachine 类中含有 MoneyCounter 类和 GoodsInfo 类的数据成员。

其次，设计一个两重循环，外循环的持续条件是顾客继续购买，内循环的持续条件是顾客继续重复投币，即顾客可以反复投币直至投够为止。当顾客购买成功或不再继续购买时流程中止。软件方案程序流程如图 22 – 4 所示。

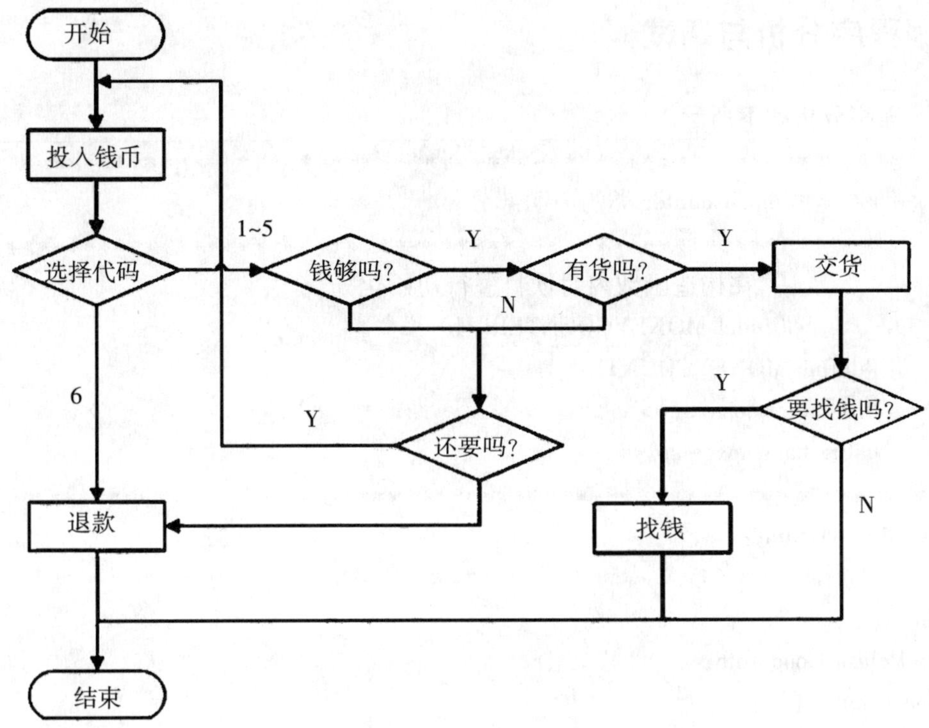

图 22－4　软件方案程序流程

22.4　设计总结与提高

1. 设计总结

本设计设计了 3 个类，即处理货币信息的类、商品类和售货机类。这 3 个类彼此间并非是并列关系，在售货机类中包含了货币类和商品类的数据成员，通过这种方式间接调用这两个类的成员函数完成程序任务。学生在学习本设计时一定要理解并掌握这种类的调用关系。

在案例设计中要注意一些细节：例如，饮料售完时的处理，连续多次交钱的处理，钱不足时的处理等，设计的程序要注意考虑到多种可能性。

2. 设计提高

本案例只是简单地模拟一个自动售货机的售货流程，学生可以在本设计的基础上对其做一定的修改：

（1）可以更改程序实现一次购买多种商品。

（2）对于自动售货机的商家来说，还应该有一个交互的界面，可以让商家来更改自动售货机中货物的品种、单价、数量等信息。

22.5 程序分析与调试

(1) 程序分析如下所示。

```
// ********************************************************************
      // * MoneyCounter 类的声明部分
// ********************************************************************
            // 在构造函数内对饮料进行初始化
            #ifndef MONEYCOUNTER_H
      #define MONEYCOUNTER_H
      #include < iostream >
      using namespace std;
// ****************************************************************
class MoneyCounter
{
public:
friend class GoodsInfo;
MoneyCounter() ;
~ MoneyCounter();

void get_money() ;                          //提示顾客投币
    float money_form_buyer() const;         //返回投币金额
inline void clear() ;                       //清空，准备下一轮投币
void return_money(float) ;                  //返回找的零钱
private:
float input_money;                          //顾客投币金额
};;

// ********************************************************************
      // * MoneyCounter 类的成员函数的实现
// ********************************************************************
#include "MoneyCounter. h"

MoneyCounter::MoneyCounter()
{
input_money =0.00;
}
MoneyCounter::~ MoneyCounter()
{
```

```
}
void MoneyCounter::get_money()          //提示顾客投币
{
char flag;
float money;
do
{
    cout << "本机只接受10元、5元、2元、1元和0.5元的纸币和硬币" << endl;
    cout << "请投币:";

    cin >> money;
    cin.clear();
    cin.sync();                          //清空流

    while(cin.fail() ||(money !=10 && money !=5 && money !=2 && money !=1
&& money !=0.5))//如果输入有错误（输入不是浮点型或者投币数额不对）
    {
        cout << "输入有错或者投币金额不符合！请重新输入" << endl;

        cin >> money;                    //重新输入

            cin.clear();
        cin.sync();                      //清空流
    }

    input_money += money;
    money =0;
    cout << "你当前的投币金额为:" << input_money << "元" << endl;

    cout << "继续投币吗？y(yes) or n(no)" << endl;
//  cin.get(flag);
    cin >> flag;
    while(flag !='y' && flag!='n' || cin.fail())
    {
        cin.clear();
        cin.sync();                      //清空流
        cout << "请输入正确的符号!" << endl;
        cout << "继续投币吗？y(yes) or n(no)" << endl;
        cin >> flag;
```

```
    }
                cin. clear ( );
            cin. sync( );               //清空流

    }
    while( flag == 'y' );
    }
    float MoneyCounter::money_form_buyer( ) const      //返回投币金额
    {
    return input_money;
    }
    inline void MoneyCounter::clear( )         //清空，准备下一轮投币
    {
    input_money = 0;
    }
    void MoneyCounter::return_money( float money)//返回找的零钱
    {
    if( input_money  >= money)
        input_money  -= money;
    else
        cout  <<  "你的投币金额不足!"  <<  endl;
}

    // ************************************************************
            //  * COODSINFO 类的声明
    // ************************************************************
    class GoodsInfo
    {
    public:
    friend class MoneyCounter;

    GoodsInfo( );
    ~GoodsInfo( );

        void set_goods( string,float,int);      //设置饮料属性 (名称，价格，数量)
        inline string good_name( ) ;            //返回饮料名称
        inline float good_price( ) ;            //返回饮料价格
    inline int good_number() ;                  //返回饮料数量
```

```
private:
string name;                              //饮料名称
float price;                              //饮料价格
int total;                                //饮料数量
};

// *********************************************************
          // * COODSINFO 类的成员函数实现部分
// **********************************************************
#include"GoodsInfo.h"
//#include <string>
GoodsInfo::GoodsInfo() //设置初始化
{
name = "";
price =0.0;
total =0;
}
GoodsInfo::~GoodsInfo()
{
}
void GoodsInfo::set_goods(string n,float p,int t)  //设置饮料属性（名称，价格，数量）
{
name = n;
price = p;
total = t;
}
string GoodsInfo::good_name()             //返回饮料名称
{
return name;
}
float GoodsInfo::good_price()             //返回饮料价格
{
return price;
}
int GoodsInfo::good_number()              //返回饮料数量
{
return total;
}
```

```
// ******************************************************************
        // * DRINKMACHINE 类的声明部分
// ******************************************************************
class DrinkMachine
{
public:
DrinkMachine();
 ~DrinkMachine();
void show_choices();                    //显示饮料选择信息
void input_money();                     //获取顾客投入钱币
bool goods_item(int);                   //检查饮料状况
void return_all_money();                //返回钱数
private:
MoneyCounter moneyctr;  //定义 MoneyCounter 的对象,实现投币、找零等功能
GoodsInfo v_goods[5];  //定义 GoodsInfo 的对象,实现商品信息,设计 5 种饮料
};

// ******************************************************************
        // * DRINKMACHINE 类的成员函数实现部分
// ******************************************************************
#include"DrinkMachine.h"
DrinkMachine::DrinkMachine()            //初始化饮料信息
{
v_goods[0].set_goods("橙汁",2.0,20);
v_goods[1].set_goods("咖啡",3.0,20);
v_goods[2].set_goods("矿泉水",1.5,20);
v_goods[3].set_goods("可口可乐",4.0,20);
v_goods[4].set_goods("纯牛奶",2.5,20);
}
DrinkMachine::~DrinkMachine()
{
}

void DrinkMachine::show_choices()       //显示饮料选择信息
{
char flag;
int item,number;
do
{
```

```
        /*商品选择信息*/
        cout << "请选择商品代码" << endl;
        cout << "商品代码|饮料名称|价格 | 数量" << endl;
        for(char i =0; i < 5; i ++)
        {
            cout << int(i) << " |";
            cout.precision (1);                //输出到小数点后一位
            cout << fixed;                     //小数点输出模式
            cout << v_goods[i].good_name() << "|" << v_goods[i].good_price() <<
"元 | " << v_goods[i].good_number() << endl;
            cout.unsetf (ios::fixed);          //取消小数点输出模式
            cout.precision (6);
        }
        cout << "5 " << "退款并退出" << endl;

        /*用户输入商品代码*/
        cin >> item;
        while(cin.fail () || item <0 || item >5)      //如果输入有错误 (不是0~5)
        {               cin.clear();
                cin.sync();                    //清空流
            cout <<"请输入正确的商品代码(0 ~ 5)" <<endl;
                cin.clear();
                cin.sync();                    //清空流
            cin >> item;                       //重新输入
        }

        if(item ==5)                           //退出
        {
            break;
        }

        /*判断用户选择的饮料有存货*/
        if(goods_item(item) )                  //
        {
            number =v_goods[item].good_number();   //读取当前用户选择的饮料数量
            number --;
            v_goods[item].set_goods (v_goods[item].good_name(),v_goods[item].good_
price(),number);   //重新设置饮料信息
            moneyctr.return_money (v_goods[item].good_price());   //显示返回找的零钱
```

```
        }
        else
        {
            cout << "你购买的饮料已售完!" << endl;
        }

        cout << "你当前投币剩余金额为:" << moneyctr.money_form_buyer() << "元" << endl;
        cout <<"继续购买吗? y(yes) or n(no) " << endl;
        cin >> flag;
        while(flag !='y' && flag!='n')
        {
            cin.sync();
            cout << "请输入正确的符号!" << endl;
            cout <<"继续购买吗? y(yes) or n(no) " << endl;
            cin >> flag;
        }
    }
    while(flag =='y');

    }

    void DrinkMachine::input_money()        //获取顾客投入钱币
    {
    moneyctr.get_money ();
    }

    bool DrinkMachine::goods_item(int a)    //检查饮料状况 (1 有存货, 0 无存货) ==
0 && a >=0 && a<5
    {
    if(   v_goods[0].good_number() >=0 )
        return 1;
    else
        return 0;
    }

    void DrinkMachine::return_all_money() //返回钱数
    {
        cout << moneyctr.money_form_buyer();
    }
```

```
// ****************************************************************
        // * ASaler. cpp 系统主文件
//************************************************************
#include" DrinkMachine. h"
int main( )
{
DrinkMachine dir;
dir. input_money( ) ;
dir. show_choices( ) ;
    return 0;
}
```

（2）饮料自动贩卖机调试结果，如图 22 - 5 所示。

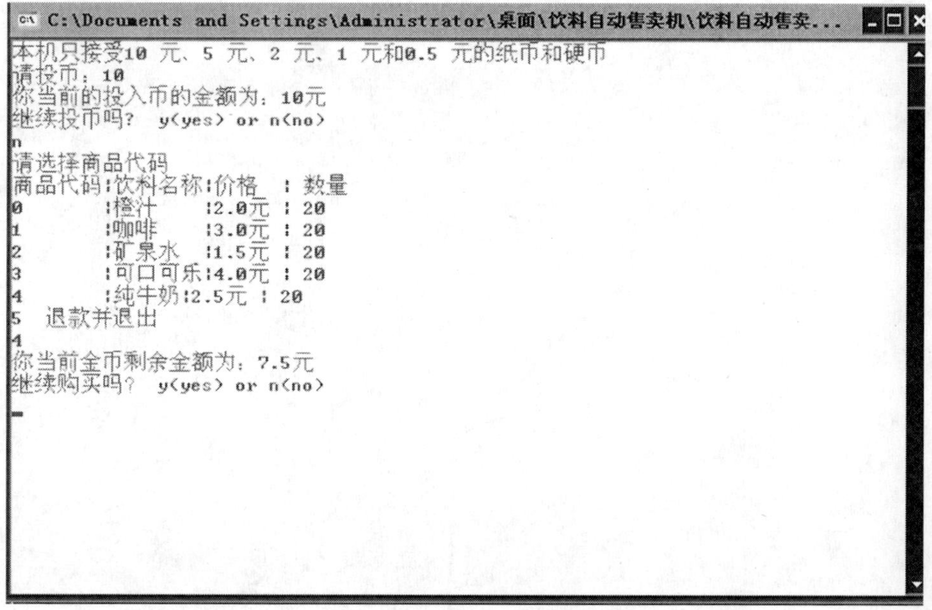

图 22 - 5　调试结果

22.6　参考文献

[1] 谭浩强. C 程序设计 . 3 版 . 北京：清华大学出版社，1999.

[2] 张海藩. 软件工程导论 . 5 版 . 北京：清华大学出版社，2003.

[3] 牛丽平，郭新志，杨继萍. UML 面向对象设计与分析基础教程. 北京：清华大学出版社，2007.

第3编　科 技 创 新

第 23 章 基于 ARM9 的嵌入式系统平台的构建

23.1 设计引言

本设计实现基于 ARM 的平台上进行嵌入式操作系统 Linux 的移植，其中 ARM 选用 S3C2410。首先对 Linux 操作系统内核进行了介绍，然后对系统引导程序（Boot Loader）进行了设计，接着根据需要配置、编译内核和创建根文件系统，之后利用 Boot Loader 把生成的内核映像文件和根文件系统烧写进 ARM 平台，完成引导目标板 Linux 操作系统的平台的构建。

23.2 嵌入式开发模式及流程

23.2.1 嵌入式系统开发模式

嵌入式系统开发分为软件开发部分和硬件开发部分。嵌入式系统在开发过程中一般都采用“宿主机/目标板”开发模式，即利用宿主机（PC 机）上丰富的软硬件资源及良好的开发环境和调试工具来开发目标板上的软件，然后通过交叉编译环境生成目标代码和可执行文件，通过串口/USB/以太网等方式下载到目标板上，利用交叉调试器再监控程序运行，实时分析，最后，将程序下载固化到目标机上，完成整个开发过程。

在软件设计上，结合 ARM 硬件环境及 ADS 软件开发环境所设计的嵌入式系统开发。整个开发过程基本包括以下六个步骤。

(1) 源代码编写：编写源 C/C ++及汇编程序；

(2) 程序编译：通过专用编译器编译程序；

(3) 软件仿真调试：在 SDK 中仿真软件运行情况；

(4) 程序下载：通过 JTAG、USB、UART 方式下载到目标板上；

(5) 软硬件测试、调试：通过 JTAG 等方式联合调试程序；

(6) 下载固化：程序无误，下载到产品上生产。

23.2.2 嵌入式系统开发流程

当前，嵌入式开发已经逐步规范化，在遵循一般工程开发流程的基础上，嵌入式开发有其自身的一些特点。主要包括系统需求分析（要求有严格规范的技术要求）、体系结构设计、软硬件及机械系统设计、系统集成、系统测试，最终得到产品。

(1) 系统需求分析。确定设计任务和设计目标，并提炼出设计规格说明书，作为正式设计指导和验收的标准。系统的需求一般分功能性需求和非功能性需求两方面。功能性需求是系统的基本功能，如输入输出信号、操作方式等；非功能性需求包括系统性能、成本、功耗、体积、重量等因素。

（2）体系结构设计。描述系统如何实现所述的功能和非功能性需求，包括对硬件、软件和执行装置的功能划分，以及系统的软件、硬件选型等。一个好的体系结构是设计成功与否的关键。

（3）硬件/软件协同设计。基于体系结构，对系统的软件、硬件进行详细设计。为了缩短产品开发周期，设计往往是并行的。嵌入式系统设计的工作大部分都集中在软件设计上，面向对象技术、软件组件技术、模块化设计是现代软件工程经常采用的方法。

（4）系统集成。把系统的软件、硬件和执行装置集成在一起，进行调试，发现并改进单元设计过程中的错误。

（5）系统测试。对设计好的系统进行测试，看其是否满足规格说明书中给定的功能要求。

嵌入式系统开发模式最大特点是软件、硬件综合开发。这是因为嵌入式产品是软硬件的结合体，软件针对硬件开发、固化、不可修改。

如果在一个嵌入式系统中使用 Linux 技术开发，根据应用需求的不同有不同的配置开发方法，但是，一般情况下都需要经过如下的过程。

（1）建立开发环境，操作系统一般使用 Redhat Linux，选择定制安装或全部安装，通过网络下载相应的 GCC 交叉编译器进行安装（如 arm-linux-gcc、arnl-uclibc-gcc），或者安装产品厂家提供的相关交叉编译器。

（2）配置开发主机，配置 MINICOM，一般的参数为波特率 115200Baud/s，数据位 8 位，停止位为 1，9，无奇偶校验，软件硬件流控设为无。在 Windows 下的超级终端的配置也是这样。MINICOM 软件的作用是作为调试嵌入式开发板的信息输出的监视器和键盘输入的工具。配置网络主要是配置 NFS 网络文件系统，需要关闭防火墙，简化嵌入式网络调试环境设置过程。

（3）建立引导装载程序 BOOTLOADER，从网络上下载一些公开源代码的 Boot Loader，如 U. BOOT、BLOB、VIVI、LILO、ARM - BOOT、RED - BOOT 等，根据具体芯片进行移植修改。有些芯片没有内置引导装载程序，如三星的 ARV17、ARM9 系列芯片，这样就需要编写开发板上 FLASH 的烧写程序，读者可以在网上下载相应的烧写程序，也有 Linux 下的公开源代码的 J-FLASH 程序。如果不能烧写自己的开发板，就需要根据自己的具体电路进行源代码修改。这是让系统可以正常运行的第一步。如果用户购买了厂家的仿真器比较容易烧写 FLASH，虽然无法了解其中的核心技术，但对于需要迅速开发自己的应用的人来说可以极大提高开发速度。

（4）下载已经移植好的 Linux 操作系统，如 MCLiunx、ARM - Linux、PPC - Linux 等，如果有专门针对所使用的 CPU 移植好的 Linux 操作系统那是再好不过，下载后再添加特定硬件的驱动程序，然后进行调试修改，对于带 MMU 的 CPU 可以使用模块方式调试驱动，而对于 MCLiunx 这样的系统只能编译内核进行调试。

（5）建立根文件系统，可以从 http：//www. busy. box. net 下载使用 BUSYBOX 软件进

行功能裁减，产生一个最基本的根文件系统，再根据自己的应用需要添加其他的程序。由于默认的启动脚本一般都不会符合应用的需要，所以就要修改根文件系统中的启动脚本，它的存放位置位于/etc 目录下，包括：/etc/init. d/rc. S、/etc/profile、/etc/. profile 等，自动挂装文件系统的配置文件/etc/fstab，具体情况会随系统不同而不同。根文件系统在嵌入式系统中一般设为只读，需要使用 mkcramfs genromfs 等工具产生烧写映像文件。

（6）建立应用程序的 FLASH 磁盘分区，一般使用 JFFS2 或 YAFFS 文件系统，这需要在内核中提供这些文件系统的驱动，有的系统使用一个线性 FLASH（NOR 型）512kB～32MB，有的系统使用非线性 FLASH（NAND 型）8～512MB，有的两个同时使用，需要根据应用规划 FLASH 的分区方案。

（7）开发应用程序，可以放入根文件系统中，也可以放入 YAFFS、JFFS2 文件系统中，有的应用不使用根文件系统，直接将应用程序和内核设计在一起，这有点类似于 μC/OS－Ⅱ的方式。

（8）烧写内核、根文件系统和应用程序，发布产品。

23. 3　移植的准备工作

23. 3. 1　目标硬件平台

嵌入式系统的一般架构如图 23－1 所示，嵌入式系统的目标平台分为硬件和软件两个方面。

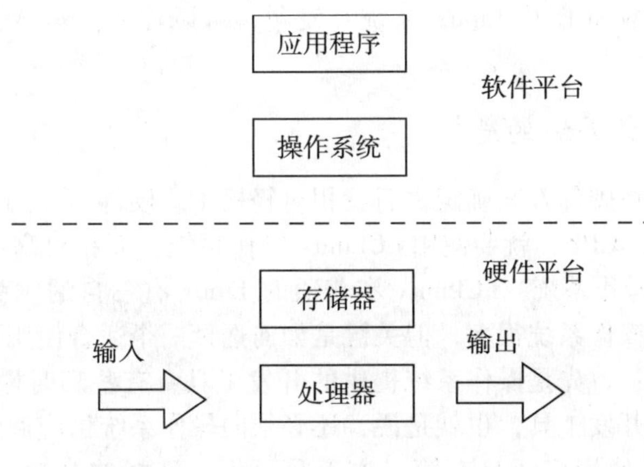

图 23－1　嵌入式系统的一般架构

按照嵌入式系统的工程设计方法，嵌入式系统的设计可以分成 3 个阶段，即分析、设计、实现。分析阶段的主要任务是确定要解决的问题及需要完成的目标，也常常被称为“需求阶段”或“系统需求阶段”。设计阶段的主要任务是解决如何在给定的约束条件下完成生产要求，此阶段是在分析阶段的基础上研究“如何做”。实现阶段主要是解决如何在所选择的硬件和软件的基础上进行整个软件、硬件系统的协调实现。因此，在分析阶段结束后，通常开发者面临的一个棘手的问题就是硬件平台和软件平台的选择，因为它的好坏直接影响着实现阶段的任务完成。通常硬件和软件的选择包括：处理器、硬件部件、操作系统、编程语言、软件开发工具、硬件调试工具、软件组件等组件的选择。需要注意以下六点：

（1）只要有可替代的方案，尽量不要选择 Linux 尚不支持的硬件平台。

（2）要根据自己的嵌入式要求和实时性要求选择适用自己的嵌入式 Linux。

（3）和选择硬件的原则一样，只要可能，永远选择使用普通的嵌入式 Linux 操作系统。

（4）比较流行的高级语言对多数微处理器都有良好的支持，通用性较好，可移植性好。

（5）除非必要，集成开发环境尽量采用标准的 glibc。

（6）授权的软件组件大都经过严格的测试，因而可靠性高，调试时间短。

基于上述问题，本设计选择了 S3C2410 微处理器，并且使用 64M SDRAM、64M Nand Flash、12M 晶振等组成 ARM 的最小系统，其中 S3C2410 微处理器是一款由 Samsung 公司设计的低功耗、高集成度的基于 ARM920T 核（16/32bit RISC CPU）的微处理器，主频最高可达 260M，一般使用 203M，独立的 16kB 指令和 16kB 数据 Cache，MMU 虚拟内存管理单元，使得程序运行以及数据存储更加高效，并可以支持 WinCE、Linux 和 ucOSII 等多种业内的操作系统。

S3C2410 开发板将由两部分组成：S3C2410 核心板和扩展底板，它们之间采用了可靠的两条 80Pin 插口连接，接口主板为多功能扩展底板，在核心板上有 10M 网口、串口、LCD 接口、JTAG 接口等资源，在底板上，将扩展 USB 接口、音频接口等。在软件上 S3C2410 提供完善的 WinCE 及 Linux 系统开发包，可以深入到嵌入式 Wince 和 Linux 的方方面面。

23.3.2　嵌入式操作系统的选择

操作系统的选择在硬件方案确定之后就相对轻松了。硬件的不同，会影响操作系统的选择，低端无 MMU 的 CPU，就要使用 uCLinux 操作系统，而相对高端的硬件，则可以用普通的嵌入式 Linux 操作系统。uCLinux 和普通的 Linux 有各自的优势和缺点。可用于嵌入式系统软件开发的操作系统很多，但关键是如何选择一个适合使用者的操作系统，应该从以下几点进行考虑：首先是操作系统提供的开发工具，有些实时操作系统（RTOS）只支持该系统供应商的开发工具，也就是说，还必须向操作系统供应商索取编译器、调试器等。而有些操作系统使用广泛且有第三方工具可用，选择的余地比较大；另外，操作系统向硬件接口移植的难度也必须考虑，操作系统到硬件的移植是一个重要的问题，它是关系到整个系统能否按期完工的一个关键因素。因此，我们要选择那些可移植性程度高的操作系统，从而避免操作系统难以向硬件移植而带来的种种困难，加速系统的开发进度；接着要考虑的是操作系统的内存要求，均衡考虑是否需要额外花钱去购买 RAM 或 EEPROM 来迎合操作系统对内存的较大要求；另外，还要看操作系统是否提供硬件的驱动程序（如网卡驱动程序等）、操作系统的可剪裁性（有些操作系统具有较强的可剪裁性，如嵌入式 Linux、Tornado/VxWorks 等）、操作系统的实时性等因素。

因此，选择操作系统时要根据自己的嵌入式要求和实时性要求选择适合自己的嵌入式 Linux；同时，和选择硬件的原则一样，只要可能，永远选择使用普通的嵌入式 Linux 系统。

目前比较流行的嵌入式系统有：uC/OC－II、WinCE 和 Linux 等。在设计中采用 Linux 操作系统，因为相对与其他嵌入式操作系统，Linux 代码是开源的。从 Linux2.6.13 开始，SamsungS3C2410 已经成为 Linux 的标准支持平台之一，无需任何补丁就可以在 S3C2440 的目标板上运行得很好了，因此可以很好地进行系统移植和裁剪。

23.3.3　开发平台的建立

嵌入式 Linux 系统的开发流程一般包括开发平台的建立，操作系统的移植，设备驱动的添加，应用软件的开发与调试。

对于嵌入式的开发，因为没有足够的资源在本机（即开发板系统）运行开发工具。通常的嵌入式系统的软件开发采用一种交叉编译调试的方式。交叉编译调试环境建立在宿主机（即一台 PC 机）上，对应的开发板叫做目标板。

简单地说，整个开发流程为：在宿主机上使用正对特定处理器系统的编译器、链接器将内核编译链生成目标代码，然后将该目标代码通过 JTAG 接口、串口、链接器或以太网接口等方式下载到目标板的 FLASH 里面，上电后内核就能在该目标处理器上运行了。

23.4　系统的硬件设计

本文所设计的嵌入式 Linux 系统主要有 32 位嵌入式微处理器、数据存储、LCD、数据通信接口等部分。系统的硬件结构如图 23－2 所示。

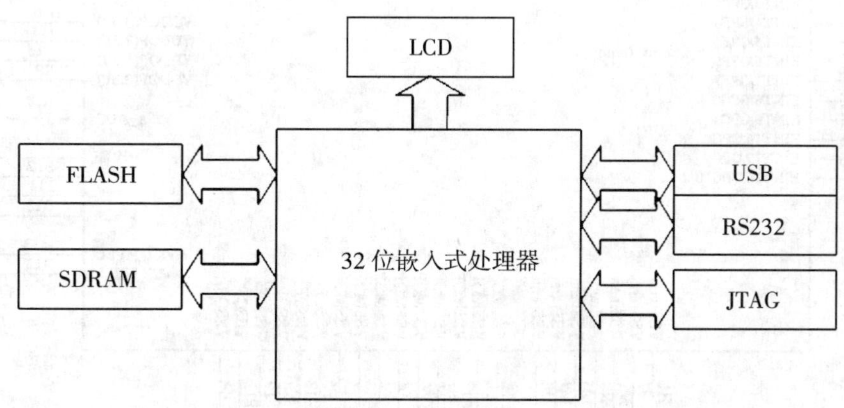

图 23－2　系统的硬件结构

23.4.1　主控芯片

S3C2410 芯片是一款基于 ARM920T 内核的 16/32 位 RISC 嵌入式微处理器，主频可以根据需要选择为 266300MHz、400MHz。该处理器主要面向嵌入式设备，具有性价比高、功耗低的特点，并且在嵌入式 Linux 操作系统下可移植性好，具有较强的控制能力和丰富的篇内资源。

S3C2410 是 Samsung 公司为手持设备和成本敏感的通用领域而设计的低功耗、高集成度的、基于 ARM920T 核的 16/32 位 RISC（精简指令集）微处理器。为降低总的系统成本，S3C2410 集成了 16kB 指令 Cache（高速缓冲寄存器），16kB 数据 Cache，用于虚拟存储管理的 MMU、LCD 控制器、NAND Flash 控制器（支持 4kB 代码直接启动）、SDRAM 控制器、3 个 UART 串口、4 通道 DMA、4 通道 PWM 定时器、117 个多功能 I/O 口、RTC 实时时钟、8 通道 10 位 ADC 和触摸屏接口、USB Host/Device、SD/MMC 卡接口以及 SPI、IIS 音频接口等。

S3C2410 共有多达 272 个引脚，所以在绘制原理图时，通常按功能将其分成 3 部分，如图 23－3、图 23－4 所示。

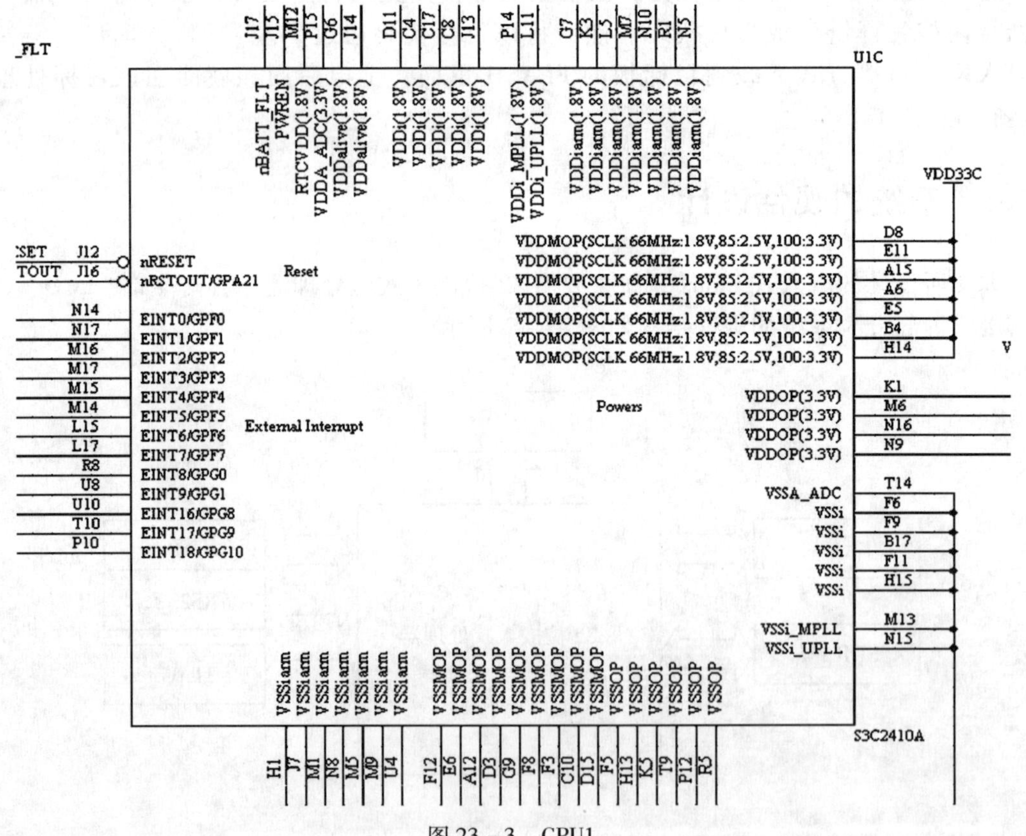

图 23－3　CPU1

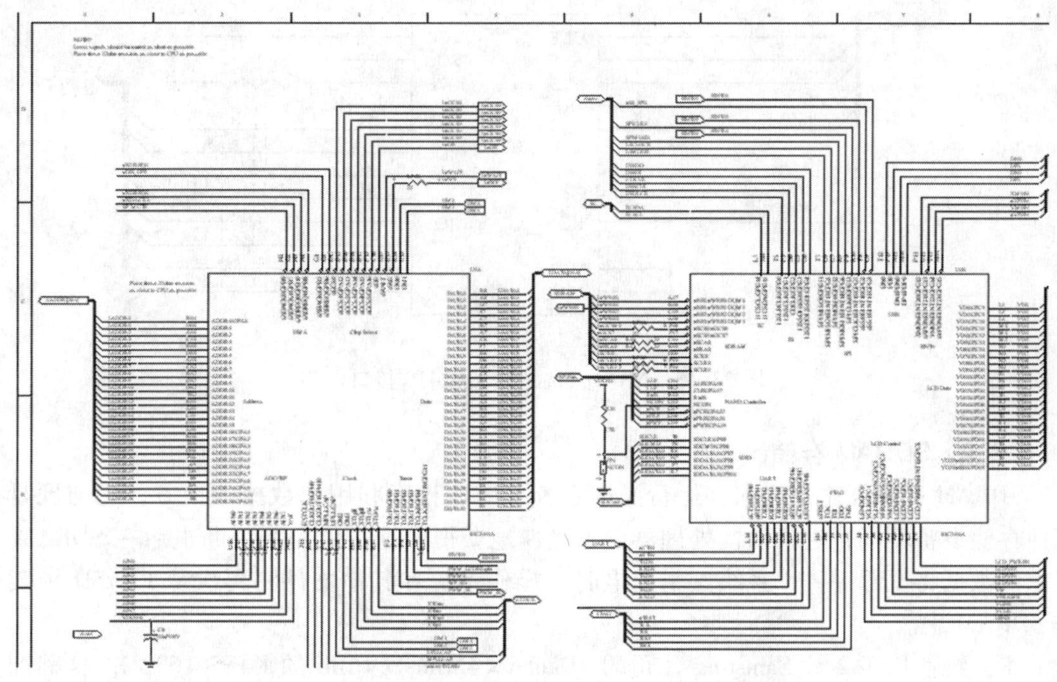

图 23 - 4　CPU2 与 CPU3

23. 4. 2　存储器接口电路

23. 4. 2. 1　NAND FLASH 存储器

本系统采用的 NAND FlASH 存储器，型号为 K9F1208U0A。K9F1208U0A 的存储容量为 64M 字节，数据总线宽度为 8 位，工作电压为 2. 7～3. 6V，采用 4 脚 TSOP 封装。内部存储结构为 528 字节 ×32 页 ×4096 块，块大小为 16kB +512 字节，可实现程序自动擦写、页程序、块擦除、智能的读/写和擦除操作，一次可以读/写或者擦除 4 页或者块的内容。仅需要 3. 3V 电压即可完成在系统的编程与擦除操作。

K9F1208U0A 的 I/O 口既可接收和发送数据，也可接收地址信息和控制命令。在 CLE 有效时，锁存在 I/O 口上的是控制命令字；在 ALE 有效时，锁存在 I/O 口上的是地址；/RE或/WE 有效时，锁存的是数据。这种一口多用的方式可以大大减少总线的数目，只是控制方式略微有些复杂。S3C2410 处理器拥有的 NAND FLASH 控制器正好可以弥补这一弊端。

如图 23 - 5 所示，K9F1208U0A 的 ALE 和 CLE 端分别接 S3C2410 的 ALE 和 CLE 端，8 位的 I/O ［7 - 0］ 与 S3C2410 低 8 位数据总线 ［DATA7 - DATA0］ 相连，nWE、nRE 和 nCE 分别与 S3C2410 的 nFWE、nFRE 和 nFCE 相连，RnB 与 R/nB 相连。

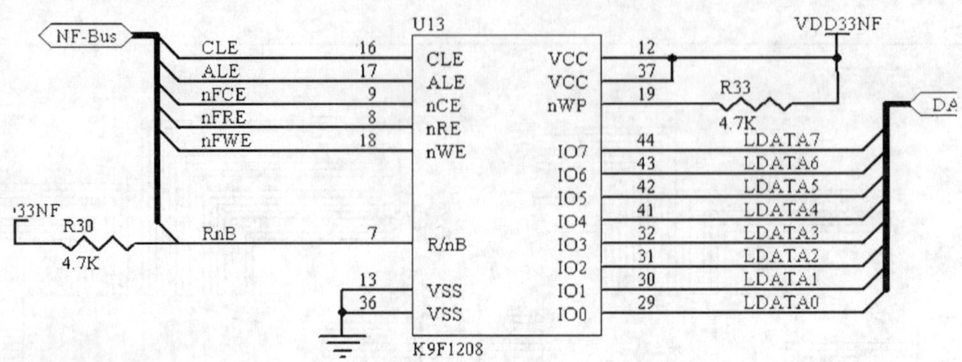

图 23－5　NAND Flash 与 S3C2410 接口电路

23.4.2.2　SDRAM 存储器

SDRAM 存储器是临时保存运行操作系统、应用程序和用户数据的地方，它与硬盘或其他存储设备不同，它可以使处理器更为迅速地获得数据，但是系统断电后在 SDRAM 中存储的数据将全部丢失。系统重新上电时，操作系统和其他文件将再次从 FLASH 中装载进 SDRAM 中。

本系统使用了 2 片 Samsung 公司的 4Banks × 4Mbits × 16bit 的 K4S561632C，这种配法是 256MB 的比较常用的 SDRAM，如图 23－6 所示。

如果希望系统存储容量扩大到 128MB 时，可以选择 2 片 512MB 的 Samsung K4S511632，存储空间配置为（8M × 16 × 4Banks）× 2ea。

若只需 32MB 存储容量的 SDRAM，那也可以选择更小的 2 片 16MB 的 K4S281632，存储空间配置为（2M × 16 × 4Banks）× 2ea。

为何要将两块 SDRAM 拼在一块用？原因是 S3C2410 是 32 位处理器，外部总线（数据线）也是 32 位的，为了最大限度地发挥其性能，内存最好也是 32 位，但市面上很少有 32 位宽度的单片 SDRAM，所以一般将两片 16 位的 SDRAM 拼起来用。

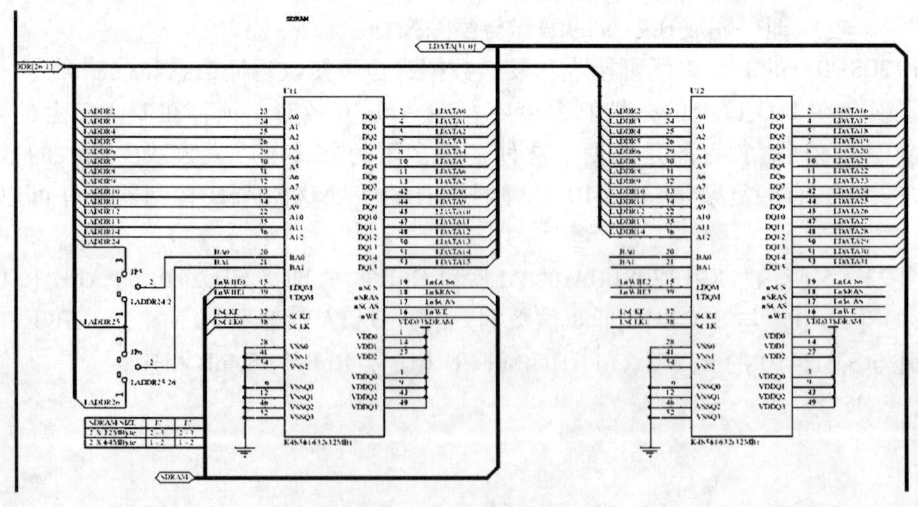

图 23－6　SDRAM 的接口电路

23.4.3　通信接口电路

23.4.3.1　RS－232 接口

S3C2410 的 UART 提供异步串行输入输出口，每一个都可工作在中断模式和 DMA 模式下。S3C2410 可以很方便地用 UART 实现 RS232 串口功能，但 S3C2410 的供电电压为 1.8V/3.3V，所以 I/O 口的最大逻辑电平也是 3.3V。要实现 RS－232 串口功能还要加电平转换电路，我们用 MAX3232 来实现这一功能。MAX3232 采用 3.3V 电源供电，仅需外接几个电容即可完成从 TTL/CMOS 电平到 RS－232 电平的转换。S3C241 与 MAX3232 接口电路设计如图 23－7 所示。

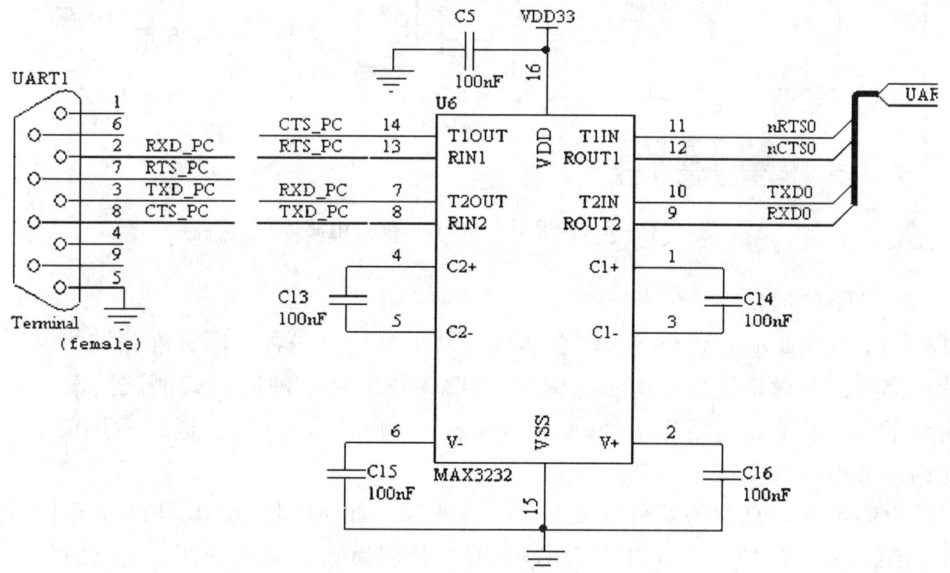

图 23－7　调试串口电路图

23.4.3.2　USB 设备接口

系统的主控芯片 S3C2410 内已经集成了一个 USB 设备接口，内含 USB 设备控制器，所以不需要再配备 USB 接口器件，大大地方便了接口驱动的开发。USB 设备接口可以用来直接通过 USB 电缆与上位机进行数据通信。

S3C2410 内置的 USB 设备控制器具有以下特性：

（1）完全兼容 USB1.1 协议；

（2）支持全速（Full Speed）设备；

（3）集成的 USB 收发器；

（4）支持 Control、Interrupt 和 Bulk 传输模式；

（5）5 个具备 FIFO 的通信端点；

（6）Bulk 端点支持 DMA 操作方式；

（7）接收和发送均有 64Byte 的 FIFO；

（8）支持挂起和远程唤醒功能。

如图 23 -8 所示为 S3C2410 与 USB 上行接口（USB 设备端口）的电路。

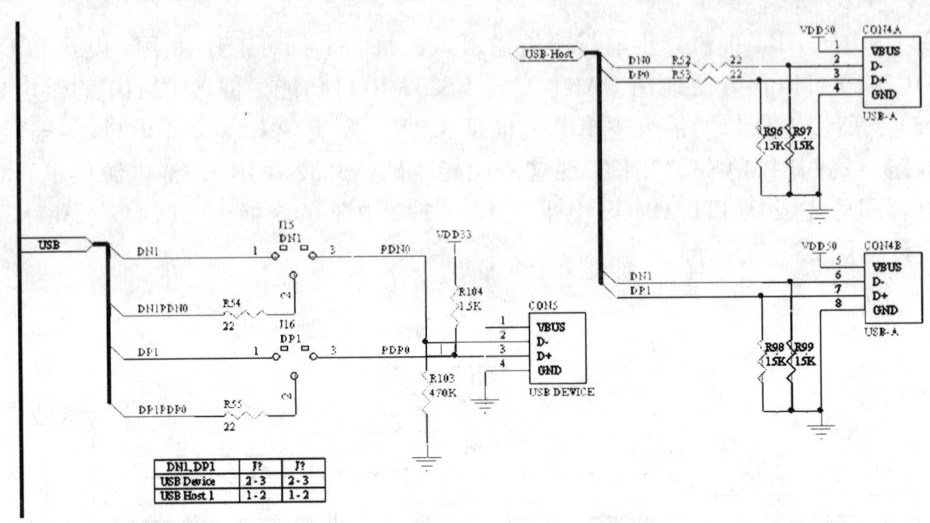

图 23 -8 USB Host/Device 接口电路原理

23.4.3.3 JTAG 接口

JTAG（joint test action group，联合测试行动小组）是一种国际标准测试协议，主要用于芯片内部测试及对系统进行仿真、调试，JTAG 技术是一种嵌入式调试技术，它在芯片内部封装了专门的测试电路 TAP（test access port，测试访问口），通过专用的 JTAG 测试工具对内部节点进行测试。

目前大多数比较复杂的器件都支持 JTAG 协议，如 ARM、DSP、FPGA 器件等。标准的 JTAG 接口是 4 线：TMS、TCK、TDI、TDO，分别为测试模式选择、测试时钟、测试数据输入和测试数据输出。

JTAG 测试允许多个器件通过 JTAG 接口串联在一起，形成一个 JTAG 链，能实现对各个器件分别测试。JTAG 接口还常用于实现 ISP（In-System Programmable 在系统编程）功能，如对 FLASH 器件进行编程等。其电路图如图 23 -9 所示。

通过 JTAG 接口，可对芯片内部的所有部件进行访问，因而是开发调试嵌入式系统的一种简洁高效的手段。目前 JTAG 接口的连接有两种标准，即 14 针接口和 20 针接口，本系统中将应用到 20 针接口，故这里只对 20 针 JTAG 接口作介绍，其定义分别如下所示。

20 针 JTAG 接口定义引脚名称如表 23 -1 所述。

表 23 -1 JTAG 各引脚接口说明

编 号	符 号	引 脚 说 明
1	VTref	目标板参考电压，接电源
2	VCC	接电源
3	nTRST	测试系统复位信号

续表 23－1

编　号	符　号	引 脚 说 明
4，6，8，10，12，14，16，18，20	GND	接地
5	TDI	测试数据串行输入
7	TMS	测试模式选择
9	TCK	测试时钟
11	RTCK	测试时钟返回信号
13	TDO	测试数据串行输出
15	nRESET	目标系统复位信号
17，19	NC	未连接

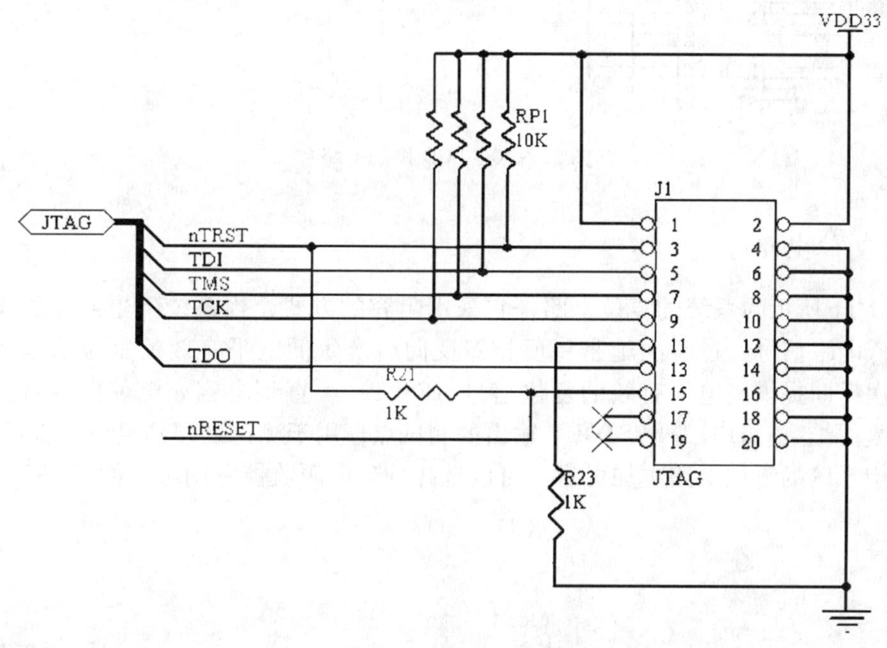

图 23－9　JTAG 接口电路

23.4.4　LCD 接口电路

LCD（液晶显示屏）按颜色可以分为灰度、黑白和彩色，彩色屏通常还会分成 STN 型和 TFT 型。STN 屏特称伪彩屏，我们经常听到的 256 色屏（或 256 色伪彩屏）指的就是这种。TFT 屏也称真彩屏，64K 真彩屏就是指这种。

图 23－10 为 S3C2410 与 LCD 屏的接口电路。74LVC245 是可以进行 3V 到 5V 电平转换的总线缓冲器，不仅可以提高 LCD 信号的质量，也可以通过 J13（短路帽）的设置驱动 5V 或 3V 两种不同逻辑电平的 LCD 屏。JP2 为板上 LCD 屏的 30PinFPC 座，可以直接与 640×480 的 6.4 寸 LCD 屏直接接口。JP4 为外扩的 50Pin 座，以外接转换板的形式支持其

他不同型号的 LCD 屏和触摸板。

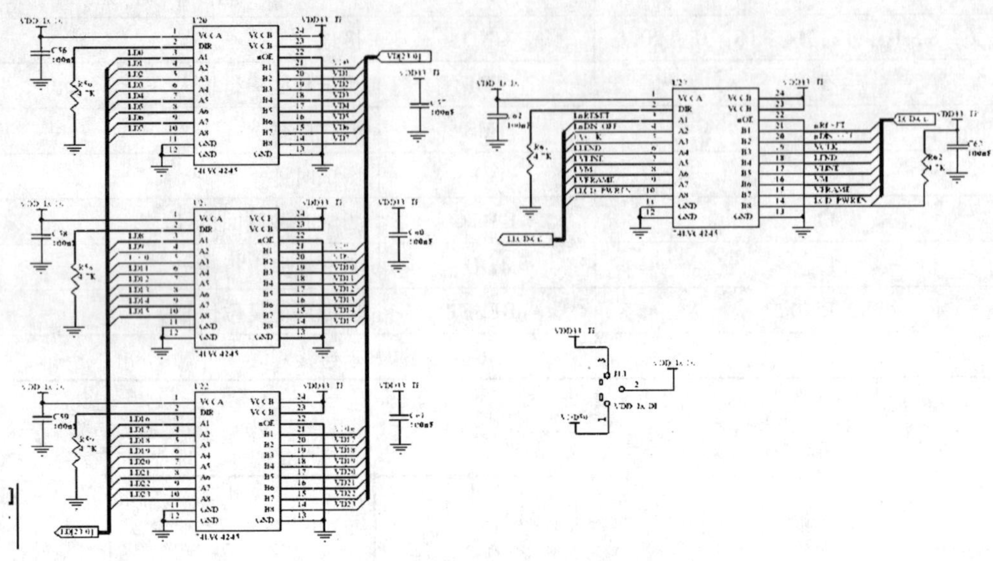

图 23－10　LCD 控制电路

23.4.5　复位电路

图 23－11 所示为系统的复位电路，它采用阻容的方式，当系统上电或复位按键按下时，一个低电平信号经过两次施密特反相器反向后产生低电平有效的复位信号 nRESET，再经过一次反向提供高电平有效的复位信号 RESET，一直到电容充电使施密特反向器再次反转，复位结束。TP1 为 nRSTOUT 输出的测试点，用于测试处理器复位是否正常。

若希望系统的复位电路更加可靠，可以选择处理电源监控专用芯片如 MAX708。

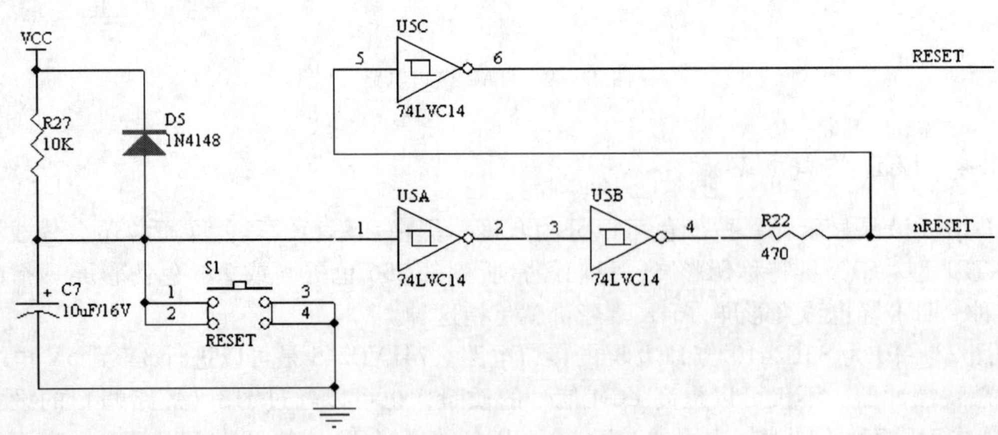

图 23－11　复位电路

23.4.6　电源电路

S3C2410 要使用两组电源：处理器 I/O 端口和一些外围设备供电电源为 3.3V，内核供电电源为 1.8V（支持主频 200MHz）或 2.0V（支持主频 266MHz）。

图 23－12 为系统 3.3V 电源电路。当 S3C2410 核心板接底板工作时，5V 电源（VDD50）由底板提供；当核心板单独工作时，需从 DC 电源座 CN1 接入 5V 电源。

图 23－13 为 1.8V/2.0V 电源电路。为了给 S3C2410 内核提供 1.8V/2.0V 的电源，选用可调节电压输出的 SPX1117M3。

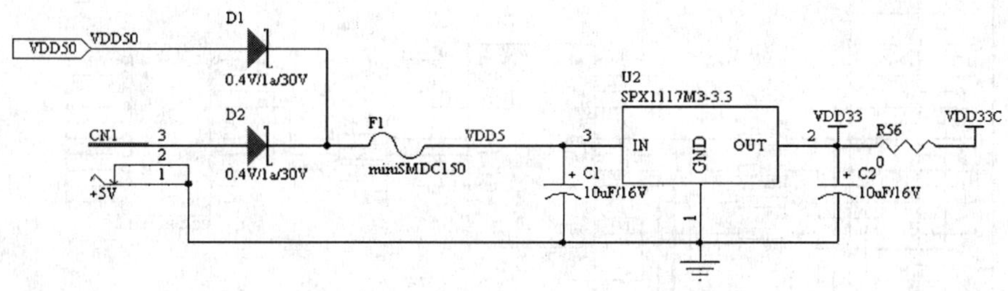

图 23－12　3.3V 电源电路

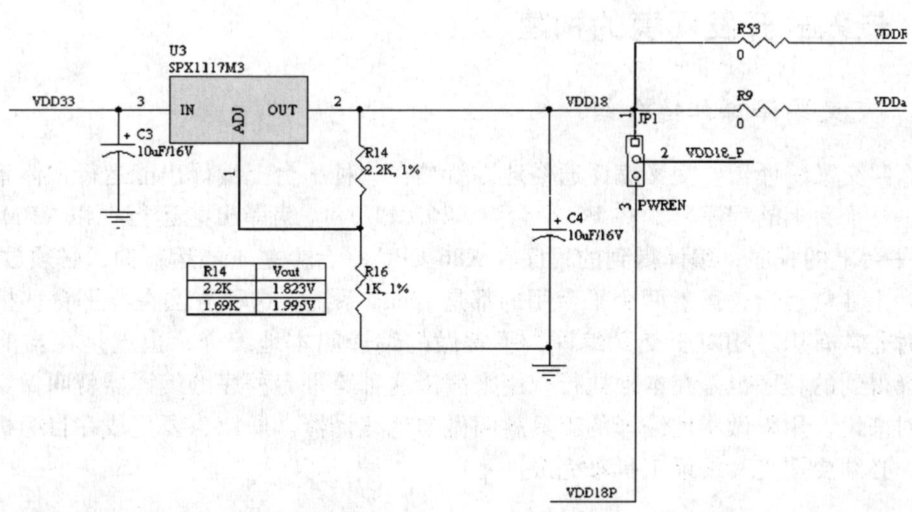

R14	Vout
2.2K	1.823V
1.69K	1.995V

图 23－13　1.8V/2.0V 电源电路

23.4.7　JTAG 线电路

简易 JTAG 线缆一端连接到 PC 的并口，另一端连接到目标板的 JTAG 接口，PC 并口中的数据、I/O 管脚通过一个 74XX244 单向驱动芯片与目标板 JTAG 口的 TMS、TCK、TDI、TDO、TRST 信号线相连，然后用 PC 上的软件来模拟 JTAG 所遵守的 IEEE 1149.1 标准协议，从而访问、控制目标板上处理器的 I/O 管脚状态，也就能访问、控制挂接在处理器总线上的 Flash 芯片的 I/O 管脚，实现将数据写入 Flash 芯片中的功能，其原理如图 23－14 所示。

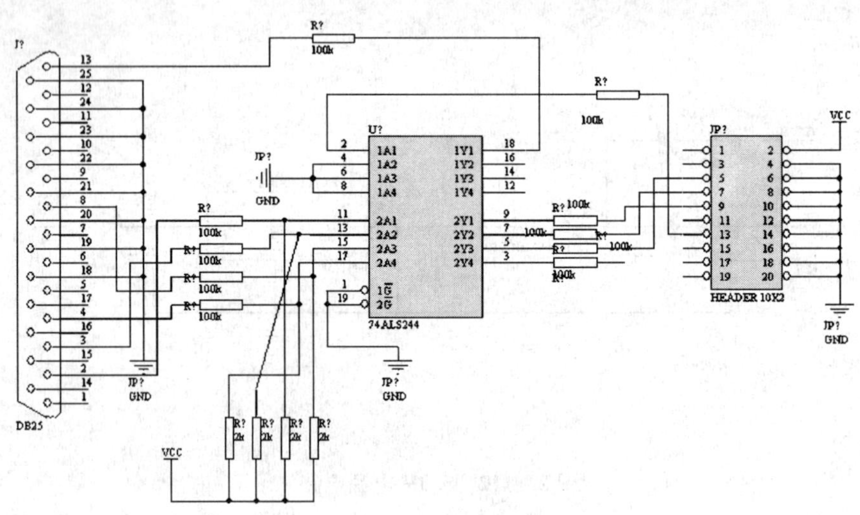

图 23－14　JTAG 线电路

23.5　嵌入式开发环境的构建

23.5.1　交叉编译工具链介绍

什么叫交叉编译器？交叉编译通俗地讲就是在一种平台上编译出能运行在体系结构不同的另一种平台上的程序，如在 PC 平台（X86 CPU）上编译出能运行在以 ARM 为内核的 CPU 平台上的程序，编译得到的程序在 X86 CPU 平台上是不能运行的，必须放到 ARM CPU 平台上才能运行，虽然两个平台用的都是 Linux 系统。这种方法在异平台移植和嵌入式开发时非常有用。相对于交叉编译，平常做的编译叫本地编译，也就是在当前平台编译，编译得到的程序也是在本地执行。用来编译这种跨平台程序的编译器就叫做交叉编译器，相对来说，用来做本地编译的工具就叫做本地编译器。所以，要生成在目标机上运行的程序，必须要用交叉编译工具来完成。

23. 5. 2　构建 ARM Linux 交叉编译工具链

通常构建交叉工具链有 3 种方法。

方法一：分步编译和安装交叉编译工具链所需要的库和源代码，最终生成交叉编译工具链。

方法二：通过 Crosstool 脚本工具来实现一次编译生成交叉编译工具链，该方法相对于方法一要简单得多，并且出错的几率也非常小。

方法三：直接通过网上下载已经制作好的交叉编译工具链。该方法简单省事，但与此同时该方法有一定的弊端就是局限性太大，因为毕竟是他人构建好的，也就是固定的，没有灵活性，所以构建所用的库以及编译器的版本也许并不适合你要编译的程序，同时也许会在使用时出现许多莫名的错误。

在这里将使用方法二来构建交叉编译工具链，下面对该方法进行详细介绍。

1. 首先准备好所需的资源文件

包括 Linux-2. 6. 10. tar. gz、binutils-2. 15. tar. bz2、gcc-3. 3. 6. tar. gz、glibc-2. 3. 2. tar. gz、gilbc-linuxthreads-2. 3. 2. tar. gz 和 linux-libc-headers-2. 6. 12. 0. tar. bz2。然后将这些工具包文件放在新建的/home/cyl020513/downloads 目录下，最后在/home/cyl020513 目录下解压 crosstool-0. 42. tar. gz，使用的命令为：

```
# cd /home/cyl020513
# tar-xvzf crosstool-0. 42. tar. gz
```

2. 建立脚本文件

接着需要建立自己的编译脚本，命名为 arm. sh，寻找一个最接近的脚本文件 demo - arm. sh 作为模板，然后将该脚本的内容复制到 arm. sh，修改 arm. sh 脚本，具体步骤如下：

```
# cd crosstool - 0. 42
# cp demo - arm. sh arm. sh
# vi arm. sh
```

修改后的 arm. sh 脚本如下：

```
# ! /bin/sh
set-ex
…
```

3. 建立配置文件

在 arm. sh 脚本文件中需要注意 arm. dat 和 gcc-3. 3. 6-glibc-2. 3. 2. dat 两个文件，这两个文件是作为 Crosstool 的编译的配置文件。其中 arm. dat 文件内容如下，主要用于定义配置文件、定义生成编译工具链的名称以及定义编译选项等。

Gcc-3. 3. 6-glibc - 2. 3. 2. dat 文件内容如图 23 - 15 所示，该文件主要定义编译过程中所需要的库，而且它定义的版本如果在编译过程中发现有些库不存在时 Crosstool 会自动在相关网站上下载，该工具在这点上相对比较智能，也非常有用。

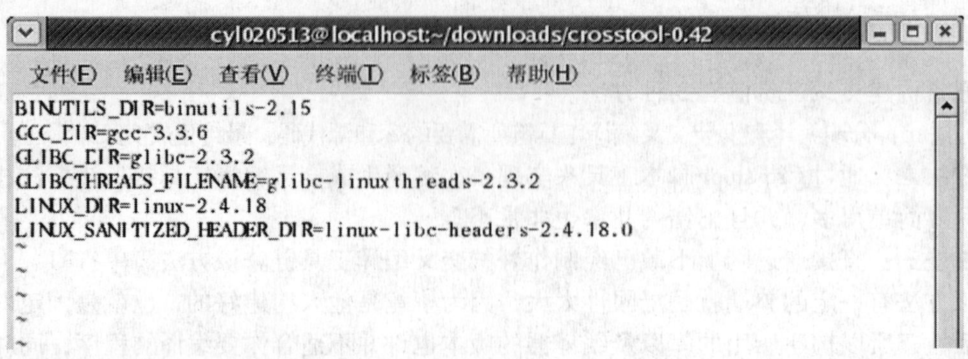

图 23－15　gcc－3.3.6－gilbc－2.3.2.dat 文件

4. 执行脚本

将 Crosstool 的脚本文件和配置文件准备好之后，开始执行 arm.sh 脚本来编译交叉工具。具体执行命令如下：

#cd crosstool－0.42

#./arm.sh

经过一段时间的编译之后，会在/opt/crosstool 目录下生成新的交叉编译工具，其中包括以下内容，如图 23－16 所示。

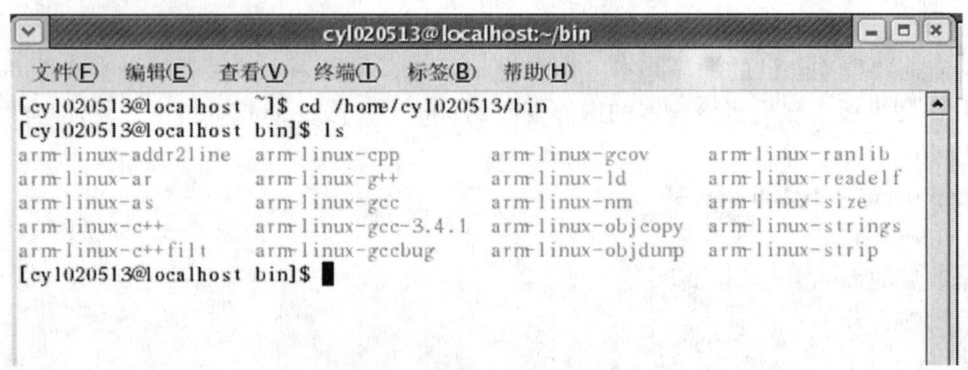

图 23－16　生成的交叉编译工具链

5. 添加环境变量

将生成的编译工具链路径添加到环境变量 PATH 上去，添加的方法是在系统/etc/bashrc 文件的最后添加下面一行，如图 23－17 所示。设置完环境变量，也就意味着交叉编译工具链已经构建完成。

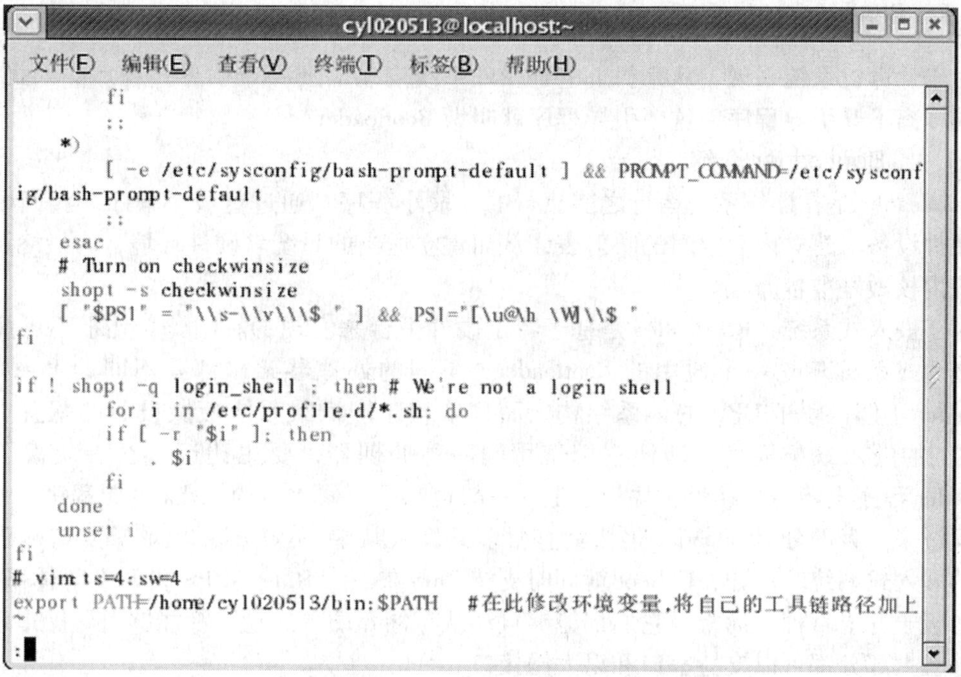

```
        fi
        ;;
    *)
        [ -e /etc/sysconfig/bash-prompt-default ] && PROMPT_COMMAND=/etc/sysconf
ig/bash-prompt-default
        ;;
    esac
    # Turn on checkwinsize
    shopt -s checkwinsize
    [ "$PS1" = "\\s-\\v\\\$ " ] && PS1="[\u@\h \W]\\$ "
fi

if ! shopt -q login_shell ; then # We're not a login shell
        for i in /etc/profile.d/*.sh; do
        if [ -r "$i" ]; then
            . $i
        fi
    done
    unset i
fi
# vim:ts=4:sw=4
export PATH=/home/cyl020513/bin:$PATH   #在此修改环境变量,将自己的工具链路径加上
~
:
```

图 23－17　修改环境变量

23.6　系统引导程序的移植

从广义上讲，移植包括软件移植和硬件移植；从狭义上讲，移植就是指软件移植，即将一个软件从一个平台迁移到另外一个与其不同的平台上工作。通常情况下，移植分为以下 3 种情况。

（1）从一个硬件平台移植到另外一个硬件平台。

这种形式的移植最常见的就是 Linux 操作系统的移植，如将基于 X86 体系结构的 Linux 移植到基于 ARM 体系的嵌入式 Linux。首先是工具链的移植；其次是内核移植，内核移植包括两方面的工作，一是 arch 目录下的体系结构的移植，二是移植 drivers 目录下的许多硬件驱动程序；最后是应用程序的移植。

（2）从一个操作系统移植到另一个操作系统。

这种形式的移植是最常见的。如将 Windows 系统下运行的程序移植到 Linux/Unix 系统中，这时需要考虑操作系统提供的 API 以及所调用的函数库等。

（3）从一种软件库环境移植到另一种软件库环境。

这种类型的移植也是比较常见的，例如将基于 Qt3.0 库的应用程序移植到 Qt4.0 库环境中去，再如将基于 gilbc 库环境的程序移植到基于 uclibc 库环境去。

23.6.1　Bootloader 的原理

对于计算机系统来说，从开机上电到操作系统启动需要一个引导过程。嵌入式 Linux 系统同样离不开引导程序，这个引导程序就叫做 Bootloader。

23.6.1.1　Bootloader 介绍

Bootloader 是在操作系统运行之前执行的一段小程序。通过这段小程序，我们可以初始化硬件设备、建立内存空间的映射表，从而建立适当的系统软硬件环境，为最终调用操作系统内核做好准备。

对于嵌入式系统，Bootloader 是基于特定硬件平台来实现的。因此，几乎不可能为所有的嵌入式系统建立一个通用的 Bootloader，不同的处理器架构都有不同的 Bootloader。Bootloader 不但依赖于 CPU 的体系结构，而且依赖于嵌入式系统板级设备的配置。对于 2 块不同的嵌入式板而言，即使它们使用同一种处理器，要想让运行在一块板子上的 Bootloader 程序也能运行在另一块板子上，一般也都需要修改 Bootloader 的源程序。

反过来，大部分 Bootloader 仍然具有很多共性，某些 Bootloader 也能够支持多种体系结构的嵌入式系统。例如，U-Boot 就同时支持 PowerPC、ARM、MIPS 和 X86 等体系结构，支持的板子有上百种。通常，它们都能够自动从存储介质上启动，都能够引导操作系统启动，并且大部分都可以支持串口和以太网接口。

23.6.1.2　Bootloader 的启动

Linux 系统是通过 Bootloader 引导启动的。一上电，就要执行 Bootloader 来初始化系统。

系统加电或复位后，所有 CPU 都会从某个地址开始执行，这是由处理器设计决定的。例如，X86 的复位向量在高地址端，ARM 处理器在复位时从地址 0x00000000 取第一条指令。嵌入式系统的开发板都要把板上 ROM 或 Flash 映射到这个地址。因此，必须把 Bootloader 程序存储在相应的 Flash 位置。系统加电后，CPU 将首先执行它。

主机和目标机之间一般有串口可以连接，Bootloader 软件通常会通过串口来输入输出。例如，输出出错或者执行结果信息到串口终端，从串口终端读取用户控制命令等。

Bootloader 启动过程通常是多阶段的，这样既能提供复杂的功能，又有很好的可移植性。例如，从 Flash 启动的 Bootloader 多数是两阶段的启动过程。

大多数 Bootloader 都包含 2 种不同的操作模式：本地加载模式和远程下载模式。这 2 种操作模式的区别仅对于开发人员才有意义，也就是不同启动方式的使用。从最终用户的角度看，Bootloader 的作用就是用来加载操作系统，而并不存在所谓的本地加载模式与远程下载模式的区别。

23.6.2　常见的 Bootloader 介绍

在嵌入式系统中常见的 Bootloader 有以下 4 种：

1. U-Boot

U-Boot 是德国 DENX 小组开发的用于多种嵌入式 CPU 的 Bootloader 程序，它可以运行在基于 PowerPC、MIPS 等多种嵌入式开发板上。

2. VIVI

VIVI是由韩国MIZI公司开发的专门用于ARM产品线的一种Bootloader。因为VIVI目前只支持使用串口和主机通信，所以必须使用一条串口电缆来连接目标和主机。VIVI一般有如下作用：

（1）把内核从Flash复制到RAM，然后启动它；

（2）初始化硬件；

（3）下载程序并写入Flash；

（4）检测目标板。

3. Redboot

Redboot是一个专门为嵌入式系统定制的引导启动工具，最初由Redhat开发，它是基于eCosde硬件抽象层，同时它继承了eCos的高可靠性、简洁性、可配制性和可移植性等特点。

4. ARMboot

ARMboot是一个以ARM或StrongARM为内核CPU的嵌入式系统的BootLoader固件程序，该软件的主要目标是使新的平台更容易被移植并且尽可能发挥其强大性能。

23.6.3　VIVI移植的实现

具体的过程如下所述。首先是下载vivi源代码，解压缩。然后是修改makefile，具体是：

修改为“LINUX - INCLUDE - DIR =/usr/local/arm/2.95.3/include”，就是自己的编译器路径。

修改为“CROSS - COMPILE =/home/cyl020513/bin/arm - linux - ”

修改为"ARM_GCC_LIBS =/usr/local/arm/2.95.3/lib/gcc - lib/arm - linux/2.95.3"

然后是修改arch/s3c2410/smdk2410.c

修改为：

```
#ifdef CONFIG_S3C2410_NAND_BOOT
mtd_partition_t default_mtd_partitions[] = {
{
        name:           "vivi",
        offset:         0,
        size:           0x00030000,
        flag:           0
    }, {
        name:           "param",
        offset:         0x00030000,
        size:           0x00150000,
        flag:           0
    }, {
```

```
        name:           "kernel",
        offset:         0x00180000,
        size:           0x00180000,
        flag:           0
    }, {
        name:           "root",
        offset:         0x00300000,
        size:           0x01e00000,
        flag:           0
        //flag:         MF_BONFS
    }, {
        name:           "user",
        offset:         0x02100000,
        size:           0x01f00000,
        flag:           0
    }
    };
#endif
```

修改 cmd_line,然后 make menuconfig，主要是去掉 ecc。

最后，make vivi 就可以得到一个名为 vivi 的文件，烧到 nandflash 里。

23.7 ARM Linux 系统移植

23.7.1 嵌入式 Linux 操作系统介绍

Linux 是一个类似于 Unix 的操作系统。它起源于芬兰一个名为 Linus Torvalds 的业余爱好者，但是现在已经是最为流行的一款开放源代码的操作系统。Linux 从 1991 年问世到现在，短短 10 年的时间内已发展成为一个功能强大、设计完善的操作系统，伴随网络技术进步而发展起来的 Linux OS 已成为 Microsoft 公司的 DOS 和 Windows 95/98 的强劲对手。Linux 系统不仅能够运行于 PC 平台，还在嵌入式系统方面大放光芒，在各种嵌入式 Linux OS 迅速发展的状况下，Linux OS 逐渐形成了可与 Windows CE 等 EOS 抗衡的局面。目前正在开发的嵌入式系统中，49% 的项目选择 Linux 作为嵌入式操作系统。Linux 现已成为嵌入式操作的理想选择。

中科红旗软件技术有限公司开发的红旗嵌入式 Linux 正在成为许多嵌入式设备厂商的首选。在不到一年的时间内，红旗公司先后推出了 PDA、机顶盒、瘦客户机、交换机用的嵌入式 Linux 系统，并且投入了实际应用。现以红旗嵌入式 Linux 为例来讲解嵌入式 Linux OS 的特点：

(1) 精简的内核，性能高、稳定，多任务。

(2) 适用于不同的 CPU，支持多种体系结构，如 X86、ARM、MIPS、ALPHA、SPARC 等。

(3) 能够提供完善的嵌入式 GUI 以及嵌入式 X-Windows。

(4) 提供嵌入式浏览器、邮件程序、MP3 播放器、MPEG 播放器、记事本等应用程序。

(5) 提供完整的开发工具和 SDK，同时提供 PC 上的开发版本。

(6) 用户可定制，可提供图形化的定制和配置工具。

(7) 常用嵌入式芯片的驱动集，支持大量的周边硬件设备，驱动丰富。

(8) 针对嵌入式的存储方案，提供实时版本和完善的嵌入式解决方案。

(9) 完善的中文支持，强大的技术支持，完整的文档。

(10) 开放源码，丰富的软件资源，广泛的软件开发者的支持，价格低廉，结构灵活，适用面广。

23.7.2 Linux 内核的移植

内核是所有嵌入式 Linux 系统的核心软件，内核移植是一个比较复杂的任务，当然也是嵌入式系统开发中非常重要的一个过程。内核移植一般包括内核配置、内核编译、内核下载三大部分。

23.7.2.1 内核配置

内核配置是构建一个嵌入式 Linux 系统内核的第一步，有好几种配置方式，同时有很多内核的配置选项，下面将按执行的步骤讲述内核配置所要做的工作。

1. 修改 Makefile

这一步的作用是修改内核根目录下的 Makefile，从而指明要用的编译器为 arm-linux-交叉编译器，使用的体系结构为 ARM。

```
#cd linux-2.4.18
#vi Makefile
```

修改内容为：

```
ARCH = arm
CROSS_COMPILE = arm-linux-
```

其中，ARCH = arm 说明目标是 ARM 体系结构，默认的 ARCH 是指宿主机的体系，如 i386；CROSS_COMPILE = arm-linux-说明使用交叉编译器前缀为 arm-linux-，默认情况下 CROSS_COMPILE 为空，即没有前缀。注意，如果这个时候还没有把交叉编译工具链的路径添加到环境变量中，那么这里的 CROSS_COMPILE 必须设置为宿主机上交叉编译工具链的绝对路径，所需修改的部分如图 23-18 所示。

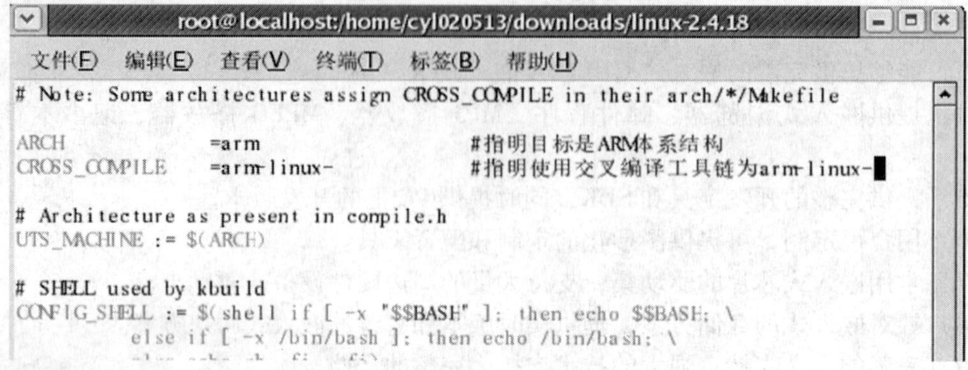

图 23 - 18 修改的 Makefile 的交叉编译器变量

2. 设置 NAND Flash 分区

由于目标板使用的是 64MB NAND Flash 作为 Flash 存储器，所以首先需要建立一个 NAND Flash 分区表，该分区表用来定义开发板上 64MB 空间划分，以及定义各分区存放的起始地址和大小等。修改文件为 arch/arm/mach - s3c2410/devs. c 源文件，如图 23 - 19 中加入所需代码。

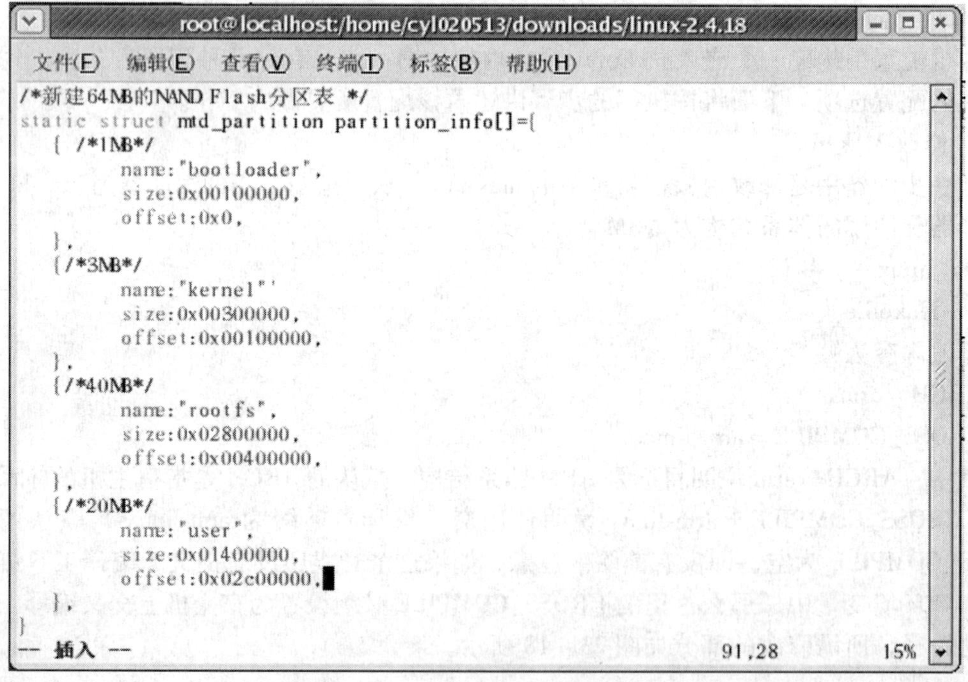

图 23 - 19 设置 NAND Flash 分区

上面这些代码的作用是建立一个 64MB 的 NAND Flash 分区表，将其分为 Bootloader（启动程序）、kernel（内核）、rootfs（根文件系统）、user（用户空间）4 个分区。

紧接着要建立内核对 NAND Flash 芯片的支持，同时将 NAND Flash 芯片的支持代码加到 NAND Flash 的驱动程序。arch/arm/mach - s3c2410/devs. c 中的具体代码实现如图 23 - 20 所示。

```
//建立NAND Flash的芯片支持
struct s3c2410_paatform_nand superlpplatform={
        tacls:0,
        twrph0:1,
        twrph1:0,
        sets:&nandset,
        nr_sets:1,
 };

static u64 s3c_device_lcd_dmamask = 0xffffffffUL;
-- 插入 --                                          96,4          17%
```

图 23 - 20　建立 NAND Flash 分区表

虽然已实现了对新加的 NAND Flash 芯片的支持，但是现在内核还不能正常工作，因为在内核启动时还没有添加对 NAND Flash 分区表的初始化配置，所以还需要修改 arch/arm/mach - s3c2410/mach - smdk2410. c 源文件，修改内容如图 23 - 21 所示。

```
root@localhost:/home/cyl020513/downloads/linux-2.4.18
文件(F)  编辑(E)  查看(V)  终端(T)  标签(B)  帮助(H)

static struct platform_device *smdk2410_devices[] __initdata = {
        &s3c_device_usb,
        &s3c_device_lcd,
        &s3c_device_wdt,
        &s3c_device_i2c,
        &s3c_device_iis,
        &s3c_device_nand      //这里添加此行来初始化新增的NAND Flash分区
};
```

图 23 - 21　添加 NAND Flash 芯片支持

接下来，还有一个问题就是要禁止 Flash ECC 校验，由于通常使用的 Bootloader 通过软件已经产生 ECC 校验码，这与内核 ECC 校验码不一致，所以这里选择禁止内核 ECC 校验。这里需要修改文件 drivers/mtd/nand/s3c2410. c，如图 23 - 22 所示。

```
        if (hardware_ecc) {
                chip->correct_data   = s3c2410_nand_correct_data;
                chip->enable_hwecc   = s3c2410_nand_enable_hwecc;
                chip->calculate_ecc  = s3c2410_nand_calculate_ecc;
                chip->eccmode        = NAND_ECC_HW3_512;
                chip->autooob        = &nand_hw_eccoob;
        } else {
                chip->eccmode        = NAND_ECC_NONE;    //修改此行的赋值,禁止ECC
        }
}
```

图 23 - 22　禁止 Flash ECC 校验

到这里已经完成了新的内核对 NAND Flash 分区的支持，下面是配置内核选项。

3. 配置内核选项

配置内核选项是移植内核过程中很重要的一步，也是非常复杂的一步，配置时要细心，由于本次使用的开发板很接近 Linux 内核中提供的 smdk2410 开发板，所以可以参考 smdk2410 开发板的配置文件，将其默认的配置文件复制到内核代码的根目录下，然后开始配置内核：

```
#cd linux-2.4.18
#cp arch/arm/configs/smdk2410_defconfig.config
#make menuconfig
```

通常有 4 种主要的配置内核的方法。

1. make config

make config 提供了一个命令行接口方式来配置内核，它会一个接着一个地询问关于每一个选项，这个方式非常烦琐，因为有太多的选项要进行配置，并且不知道什么时候才能配置结束，一般直到配置完最后一个选项才知道，所以在实践中很少应用该方法。

2. make oldconfig

make oldconfig 会使用一个已有的 .config 配置文件，提示行会提示那些之前还没有配置过的选项，它与 Make config 相比会简单许多，因为它需要配置的不再是所有的选项，而是 .config 文件中还没有配置的选项。

3. make menuconfig

make menuconfig 显示一个基于文本的图形化终端配置菜单，目前被公认为是使用最广泛的配置内核方式。如果一个 .config 文件已经存在，它将使用该文件设置那些默认的值。

4. make xconfig

make xconfig 显示一个基于 X 窗口的配置菜单，用户可以通过图形用户界面和鼠标来对内核进行配置，使用该方法时必须支持 X Window 系统。如果 .config 文件已经存在，它将使用该文件设置那些默认的值。

图 23-23 所示为 Linux 内核配置主菜单。

由于是基于 smdk2410 开发板的配置选项，所以需要在此开发板的基础上修改部分的配置选项来配置自己开发板的内核。

注意在每个选项前有一个方括号，其中［*］表示该选项加入内核编译，［］表示不选择该选项，［M］表示该选项作为模块编译内核，也就是说可以动态地加载和卸载该模块。

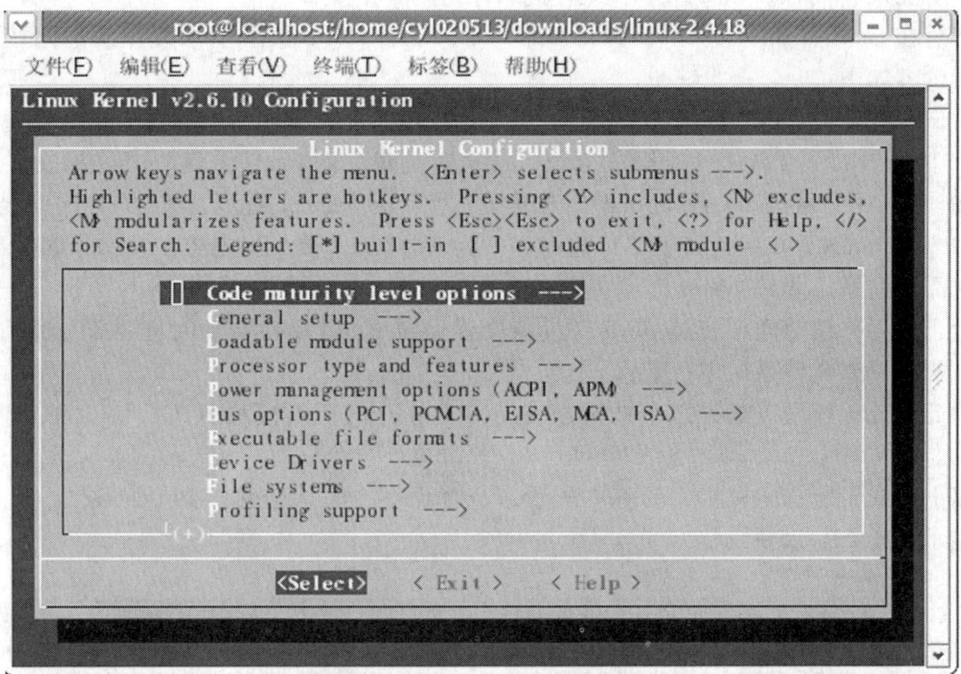

图 23－23　Linux 内核配置主菜单

首先，配置可加载模块的支持，具体配置选项如图 23－24 所示。

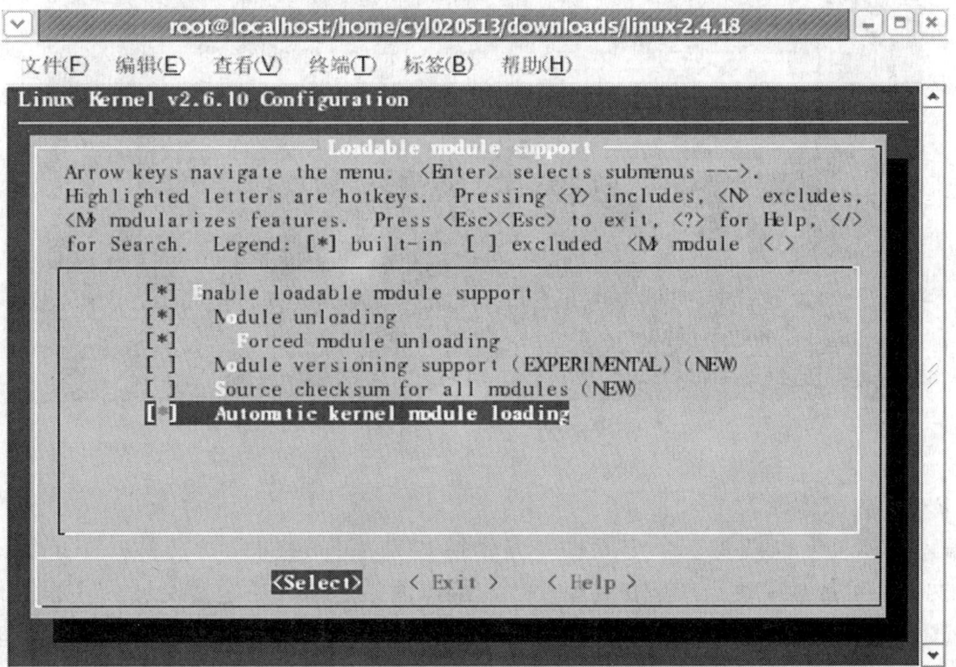

图 23－24　配置可加载模块支持

接着加入内核对 s3c2410 DMA（直接内存访问）的支持。

然后在 General setup ⟶Default kernel command string 菜单下修改默认的内核参数，修改后内容如下：

Noinitrd root =/dev/mtdblock2 init =/linuxrc console = ttySC0，115200 men =64M

其中，mtdblock2 代表使用第三个分区（也就是建立的 rootfs 分区）来做根文件系统；console = ttySAC0，115200 使 kernal 启动期间的信息全部输出到串口 0 上，波特率为 115200bps；Linux 2.6 内核对于串口的命名改为 ttySAC0，在 2.4 内核中，串口名为 ttyS0，使用时需要注意。Mem =64M 表示内存的大小是 64M。

为了使要移植的内核支持 devfs（设备文件系统），以及在启动时能自动加载/dev 为 devfs，需要针对文件系统进行配置。

除此之外，还可以配置以下选项来支持 S3C2410 的扩展模块 RTC、USB 和 MMC/SD 卡驱动。

以上完成了所有内核相关的基本配置，选择保存，默认会保存到 . config 文件。保存结束显示如图 23 -25 所示。

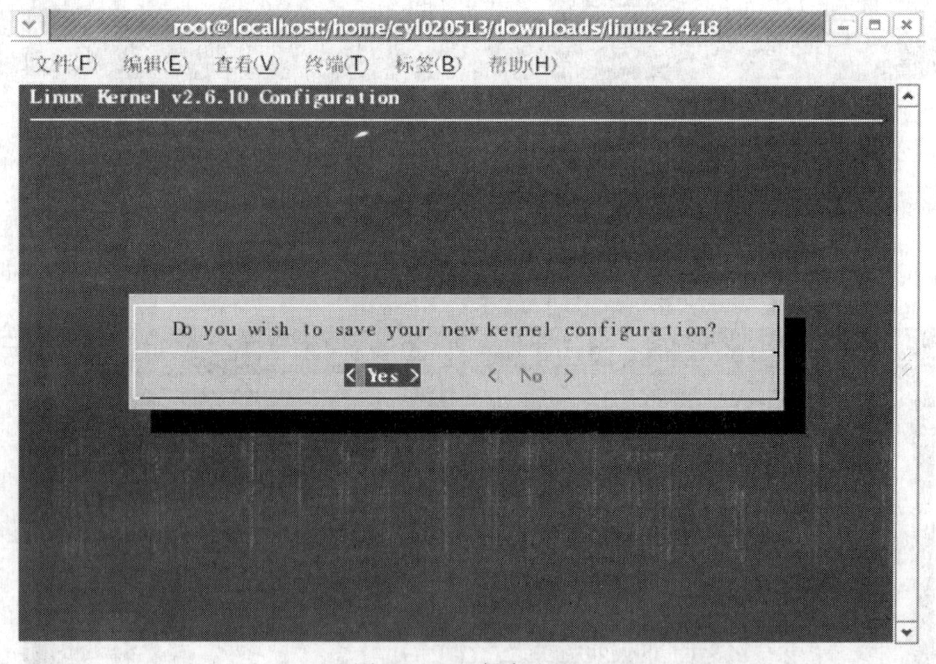

图 23 -25 保存配置

23. 7. 2. 2 内核编译

编译内核通常也需要三个步骤，一是清除以前编译过的残留文件；二是编译内核 image 文件和可加载模块；三是安装模块。在编译内核之前，一定要阅读内核根目录下的 README 文件和 Documentation/Changes 文件，其中 README 文件告诉我们通用的安装内核的方法，Changes 文件主要告诉我们编译和运行内核需要的最低工具软件列表。由于此系统是基于 ARM 处理器平台移植，所以还需要阅读 Documentation/arm/README 文件，该文件告诉我们编译 ARM Linux 内核的基本方法。

1. 清除冗余文件

首先进入内核根目录，执行以下操作，其实这个步骤暂时可以不用的，因为它的目的是清除以前编译过而残留的 . config 和 . o（object 文件），如果是刚下载的内核源代码，那么这里就可以先省略掉，但是如果已经编译过很多次，那么这一步是必需的，不然以后会出现很多莫名其妙的错误。

cd linux – 2. 4. 18

make mrproper

2. 编译内核映像和模块

接下来就要编译内核 image（映像）和可加载模块了。在命令行简单地输入“make”就可完成内核 image 的生成和模块的编译，执行完 make 操作，会在 arch/arm/boot 目录下生成 image 和 zimage 两个内核映像文件，其中 image 为正常大小的映像文件，而 Zimage 为压缩后的映像文件。

3. 安装模块

由于上面的步骤已经编译了可加载模块，现在需要将编译好的模块安装到相应的位置，需要执行的操作如下，默认情况下模块被安装到/lib/modules。

#make modules_ install

23. 7. 3　建立 Linux 根文件系统

上面所下载的内核文件断电后不能保存，要想固化内核和模块到开发板，需要添加根文件系统，所以下面将构建 Linux 的根文件系统。

根文件系统是 Linux/UNIX 系统启动的一个重要组成部分，也是操作系统正常工作时的必要组成部分，在启动时内核需要根文件系统来挂载。在现代 Linux 操作系统中，内核代码映像文件保存在根文件系统中，系统引导启动程序会从这个根文件系统设备上把内核执行代码加载到内存中去运行。

23. 7. 3. 1　根文件系统的基本介绍

1. 文件系统的基本目录结构

在根文件系统的最顶层目录中，每一个目录都具有其具体的目的和用途，一般是根据 FHS（filesystem hierarchy standard）定义建立一个正式的文件系统结构的，如表 23 – 2 所示。FHS 即文件系统结构标准。

2. 常见的根文件系统

常见的根文件系统有 RomFS、JFFS2、NFS、EXT2、RAMDISK、Cramfs 等，下面将简单介绍这些文件系统的特点。

（1）RomFS 是一个空间利用有效的只读文件系统，最初用于 Linux 和基于 Linux 的许多项目中。它有两个特点：一是只读属性；二是要求存储空间最小，它是根文件系统中存储空间最小的一个。

（2）JFFS2 是 Flash 嵌入式系统上应用最广的一个日志结构的文件系统，由于 JFFS2 基于日志结构，在意外掉电后仍然可以保持数据的完整性而不会丢失数据。

（3）NFS 是 Nerwork File System 的缩写，即网络文件系统。它是 FreeBSD 支持的文件系统中的一种。NFS 允许一个系统在网络上与他人共享目录和文件。

（4）EXT2 在 Linux 中仍旧是当前一个主要的文件系统，可用于 Windows95/98/NT、OS/2 和 RISC 操作系统等。

（5）RAMDISK 存在于 RAM 中，其存储功能类似块设备。

（6）Cramfs 被设计为简单并且非常小的可压缩的文件系统，它主要用于较小 ROM 的嵌入式系统。

表 23-2 文件系统的基本目录结构

目录名	内容
bin	提供基本的用户命令库
boot	用于 BootLoader 的静态文件
dev	设备或其他的特殊文件
etc	系统配置文件，包括启动文件
home	多个用户的主目录
lib	基本的系统库，例如 C 库、内核模块等
mnt	用于临时挂载的文件系统
opt	可选择的软件包
proc	内核虚拟文件系统和进程信息
root	根用户的主目录
sbin	基本的系统管理二进制库
tmp	临时文件
usr	它的二级目录里包含许多应用程序和许多有用的文档，包括 X server
var	一些变化的实例和工具等

23.7.3.2 建立根文件系统

这里使用的是 Cramfs 根文件系统。下面将讲述的是 Cramfs 工具包和如何构建 Cramfs 根文件系统。

1. Cramfs 工具包的使用

从网上下载 cramfs-1.1.tar.gz，解压并且查看解压后的目录结构是否如图 23-26 所示。

root@localhost:/home/cyl020513/downloads/cramfs-1.1
文件(F)　编辑(E)　查看(V)　终端(T)　标签(B)　帮助(H)
[root@localhost ~]# cd /home/cyl020513/downloads
[root@localhost downloads]# ls
cramfs-1.1.tar.gz　gcc-3.3.6.tar.gz　linuxqq_v1.0.2-beta1_i386
crosstool-0.42　linux-2.4.18　linuxqq_v1.0.2-beta1_i386.tar.gz
crosstool-0.42.tar.gz　linux-2.6.10.tar.bz2
[root@localhost downloads]# tar xvzf cramfs-1.1.tar.gz
cramfs-1.1/
cramfs-1.1/linux/
cramfs-1.1/linux/cramfs_fs.h
cramfs-1.1/linux/cramfs_fs_sb.h
cramfs-1.1/COPYING
cramfs-1.1/GNUmakefile
cramfs-1.1/cramfsck.c
cramfs-1.1/mkcramfs.c
cramfs-1.1/README
cramfs-1.1/NOTES
[root@localhost downloads]# cd cramfs-1.1
[root@localhost cramfs-1.1]# ls
COPYING　cramfsck.c　GNUmakefile　linux　mkcramfs.c　NOTES　README
[root@localhost cramfs-1.1]#

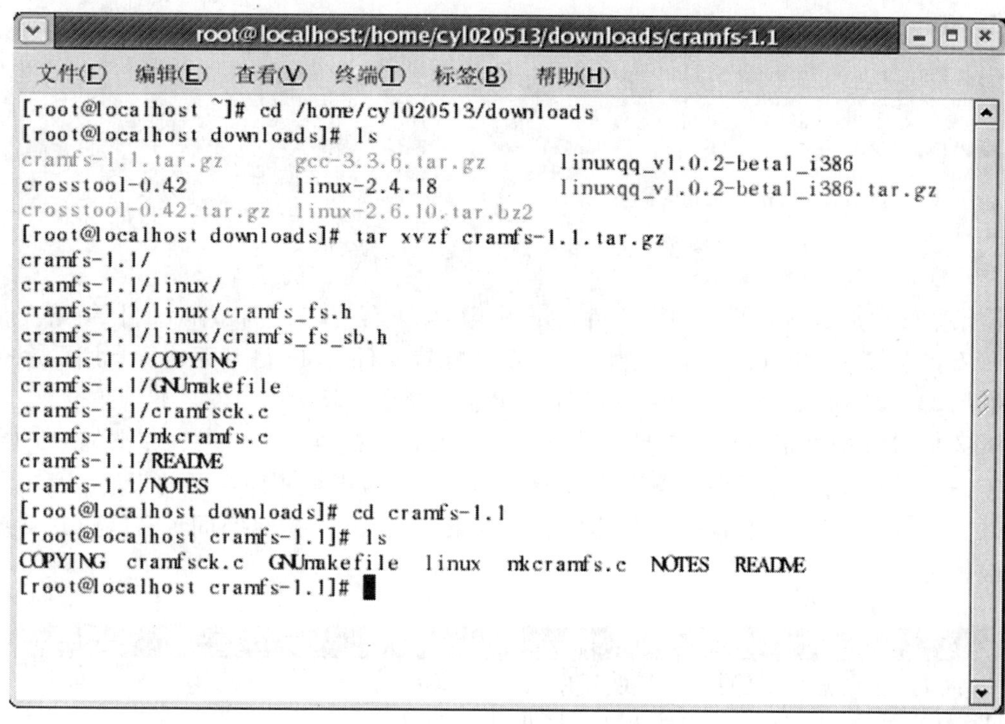

图 23 - 26　解压 Cramfs 工具包

利用 Cramfs 工具包主要是为了生成 mkcramfs 和 cramfsck 两个工具，其中 mkcramfs 工具是用来创建 Cramfs 文件系统的，而 cramfsck 工具则用来进行 Cramfs 文件系统的释放以及检查。通过执行 make 命令将生成 mkcramfs 和 cramfsck 工具，过程如图 23 - 27 所示。

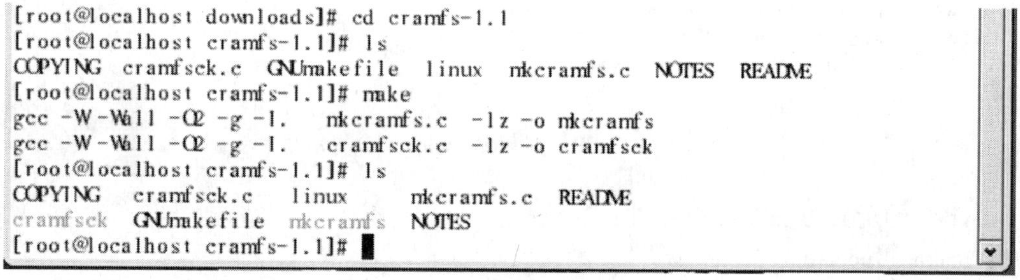

[root@localhost downloads]# cd cramfs-1.1
[root@localhost cramfs-1.1]# ls
COPYING　cramfsck.c　GNUmakefile　linux　mkcramfs.c　NOTES　README
[root@localhost cramfs-1.1]# make
gcc -W -Wall -O2 -g -I.　mkcramfs.c　-lz -o mkcramfs
gcc -W -Wall -O2 -g -I.　cramfsck.c　-lz -o cramfsck
[root@localhost cramfs-1.1]# ls
COPYING　cramfsck.c　linux　mkcramfs.c　README
cramfsck　GNUmakefile　mkcramfs　NOTES
[root@localhost cramfs-1.1]#

图 23 - 27　生成 mkcramfs 和 cramfs 可执行文件

很明显，可以从上面的目录结构中看出编译后生成了 mkcramfs 和 cramfsck 两个可执行文件。

2. 构建 Cramfs 根文件系统

在本地建立自己的根文件系统目录结构，首先建立名为 rootfs 的根目录，然后在其目录下建立所需要的子目录，具体操作如图 23 - 28 所示。

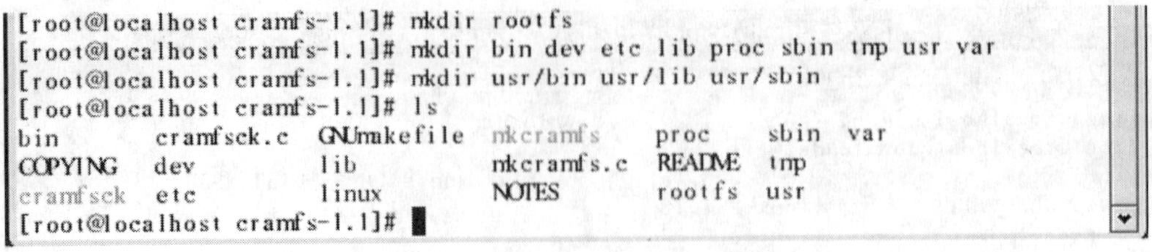

[root@localhost cramfs-1.1]# mkdir rootfs
[root@localhost cramfs-1.1]# mkdir bin dev etc lib proc sbin tmp usr var
[root@localhost cramfs-1.1]# mkdir usr/bin usr/lib usr/sbin
[root@localhost cramfs-1.1]# ls
bin cramfsck.c GNUmakefile mkcramfs proc sbin var
COPYING dev lib mkcramfs.c README tmp
cramfsck etc linux NOTES rootfs usr
[root@localhost cramfs-1.1]#

图 23－28　建立根文件系统目录结构

目录建好以后，就要给各相应的目录复制相应的文件或库，例如在 Lib 目录下要复制 glibc 库和内核模块，给 etc 目录下建立一些系统配置文件，bin 目录下放置常用的命令工具，如图 23－29 所示，将使用 BusyBox 工具来制作命令工具集。

BusyBox 是很多标准 Linux 工具的单个可执行实现，提供一个公平、完整的 POSIX 环境用于许多小系统，它是一个可配置的工具。可以根据需要配置所需要的工具，目前它已经提供了 70 多种 Linu 上标准的工具程序，仅需要几百 kB 的磁盘空间，在嵌入式系统中经常被使用。

root@localhost:/home/cyl020513/downloads/busybox-1.13.2
文件(F) 编辑(E) 查看(V) 终端(T) 标签(B) 帮助(H)
[root@localhost ~]# cd /home/cyl020513/downloads
[root@localhost downloads]# ls
busybox-1.13.2 crosstool-0.42 linux-2.6.10.tar.bz2
busybox-1.13.2.tar.bz2 crosstool-0.42.tar.gz linuxqq_v1.0.2-beta1_i386
cramfs-1.1 gcc-3.3.6.tar.gz linuxqq_v1.0.2-beta1_i386.tar.gz
cramfs-1.1.tar.gz linux-2.4.18
[root@localhost downloads]# cd busybox-1.13.2
[root@localhost busybox-1.13.2]# make menuconfig
HOSTCC scripts/basic/fixdep
HOSTCC scripts/basic/split-include
HOSTCC scripts/basic/docproc
HOSTCC scripts/kconfig/conf.o
HOSTCC scripts/kconfig/kxgettext.o

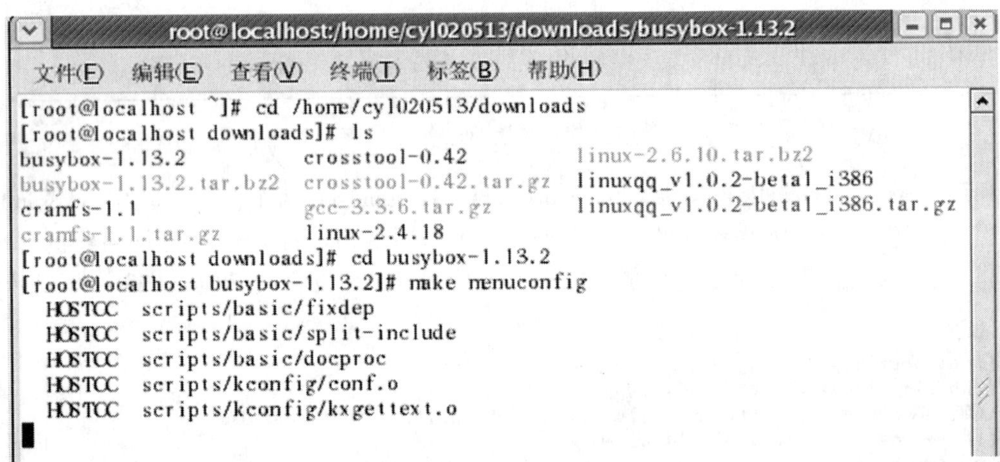

图 23－29　安装 BusyBox 工具

BusyBox 的配置方法有以下几种：

- make allnoconfig
- make allyesconfig
- make allbareconfig
- make config
- make defconfig
- make menuconfig
- make oldconfig

最常用的配置方法是 make menuconfig，当执行命令时将显示如图 23－30 所示的配置界面，如果希望选择尽可能多的配置项，那么就可以直接使用 make defconfig 命令，它也会自动配置为最大通用的配置选项，从而使得配置过程变得更加简单。

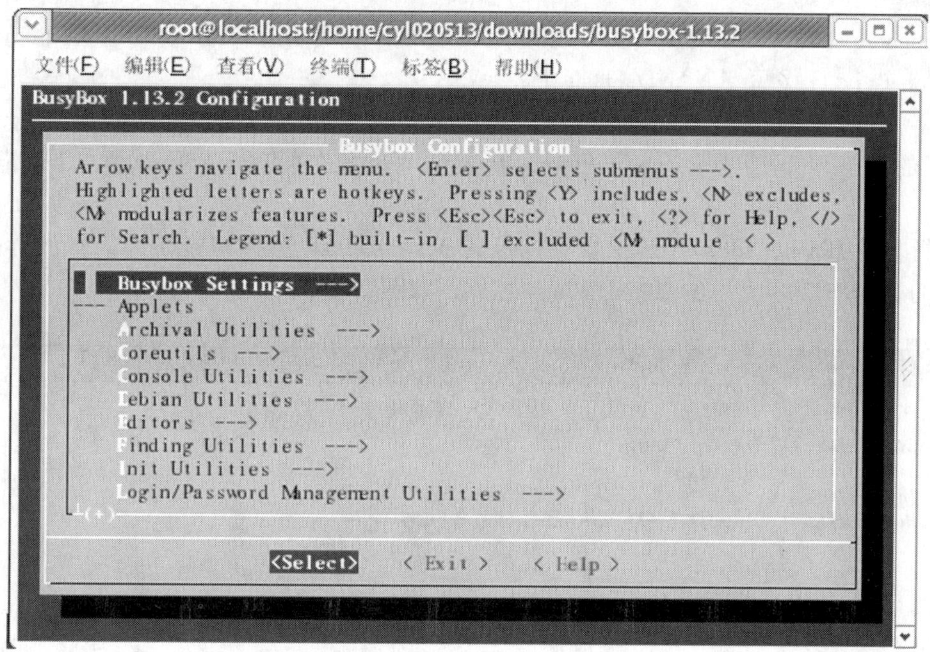

图 23-30 BusyBox 配置

配置完 BusyBox 后，接下来就要编译它，编译之前修改 BusyBox 源代码根目录下的 Makefile 文件，修改的内容是 ARCH = arm 和 CROSS_COMPILE = arm - linux - ，修改的目的和编译内核时的修改是一样的。编译过程非常简单，在修改好 Makefile 文件后，只需要在命令行中输入“make”即可，该过程需要几分钟。编译正确完成后，执行安装命令，即执行 make install 命令。安装完成后，默认情况下，会在_install 目录下生成 bin、sbin、usr/bin、usr/sbin4 个目录。最后，将这 4 个目录下的文件分别复制到要构建的根文件系统的相应目录下，即 rootfs/bin、rootfs/sbin、rootfs/usr/bin、rootfs/usr/sbin 目录下。准备好要构建的文件系统下的所有库和文件后，下面将使用 mkcramfs 工具来制作 Cramfs 根文件系统的映像。

执行以下命令将生成根文件系统的映像文件，下面的命令将生成名为 rootfs. cramfs 的映像文件。

```
# mkcramfs rootfs rootfs. cramfs
```

根文件系统的构建已经完成，接着将上面编译好的 VIVI（Bootloader）、kernel（zImage）、roofs（myrootfs. cramfs）烧写到开发板上。

23.8 目标板 Linux 系统的创建

这里将把上面过程中产生的 Bootloader（vivi）、kernel（zImage）、rootfs（rootfs. cramfs）文件烧写进 Flash 中，完成目标板系统的启动。

23.8.1 Bootloader 的烧写

Bootloader（即 vivi）的烧写可以使用 Flash 的烧写工具 SJF 2410，在 Linux 下将 Bootloader（vivi）烧写到 NAND Flash 中。

先将 JFLASH 线接上 PC 机的并口，再接上目标板的 JTAG 口，给目标板上电；在 Linux 下的根目录下创建 image 子目录，将要烧写的文件同 JFLASH 软件一同放进该目录下。

执行文件 Jflash - s3c2410，根据目标板的 NAND Flash 选择相应项，如本设计的目标板使用的是 K9S1208 型号的 NAND Flash 芯片，如图 23 - 31 所示。

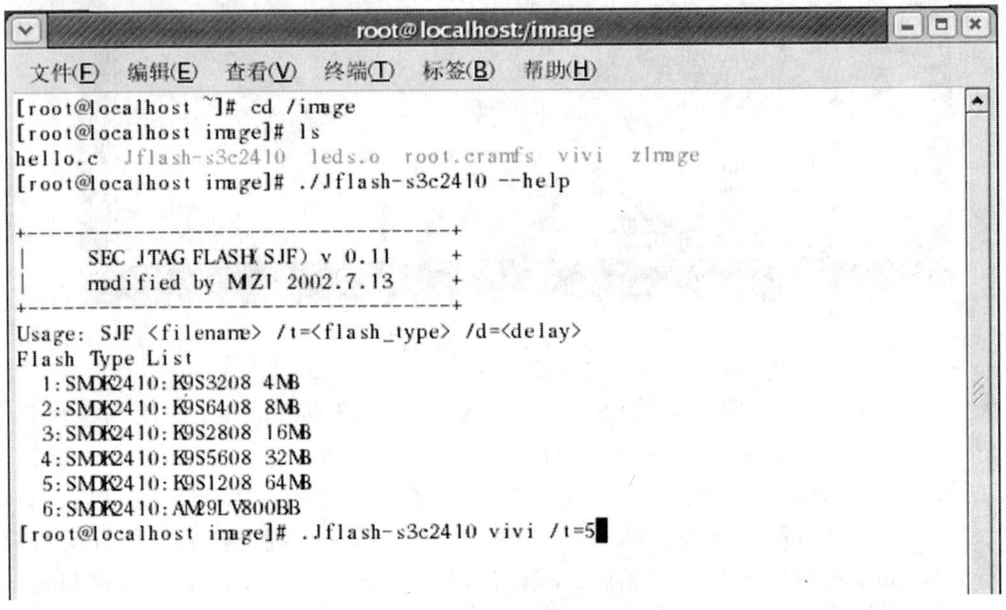

图 23 - 31 vivi 的首次烧写

23.8.2 Linux 系统的下载

嵌入式系统由 Bootloader（vivi）、kernel（zImage）、rootfs（root.cramfs）组成，在上面把 vivi 烧写好时，不能直接利用它下载内核和根文件系统，必须先对 Flash 进行分区。分区完成后，Flash 中的 vivi 也就不存在了，必须重新下载，并且此时不能按复位键或者断电，否则就必须重新烧写 vivi 了。

1. 进入 vivi 下载模式

重新烧写完 vivi 后，按目标板的复位键或重新上电，可以启动 vivi。具体操作是在 Linux 下进入 image 目录，启动超级终端 minicom，如图 23 - 32 所示。

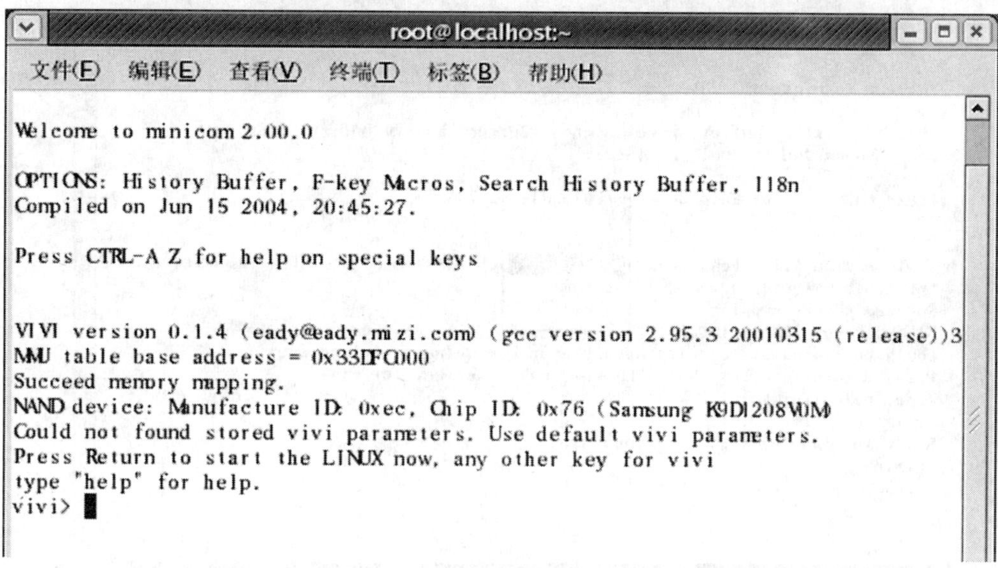

图 23－32　启动超级终端进入 vivi 命令行

2. Flash 分区

必须先进行分区，分区方式如图 23－33 所示，否则下载的内核和根文件系统将无法正确引导，会出现错误。

```
vivi> bon part 0 192k 1M
```

图 23－33　Flash 分区方式

3. 下载 Bootloader 映像文件

输入如下的命令：

vivi > load flash vivi x

输入命令时，快速按下“Ctrl + A”按钮再按“S”按钮，选择 xmoden 发送模式。光标移到 vivi 后按空格选中，再按回车键开始发送，具体操作如图 23－34 所示。

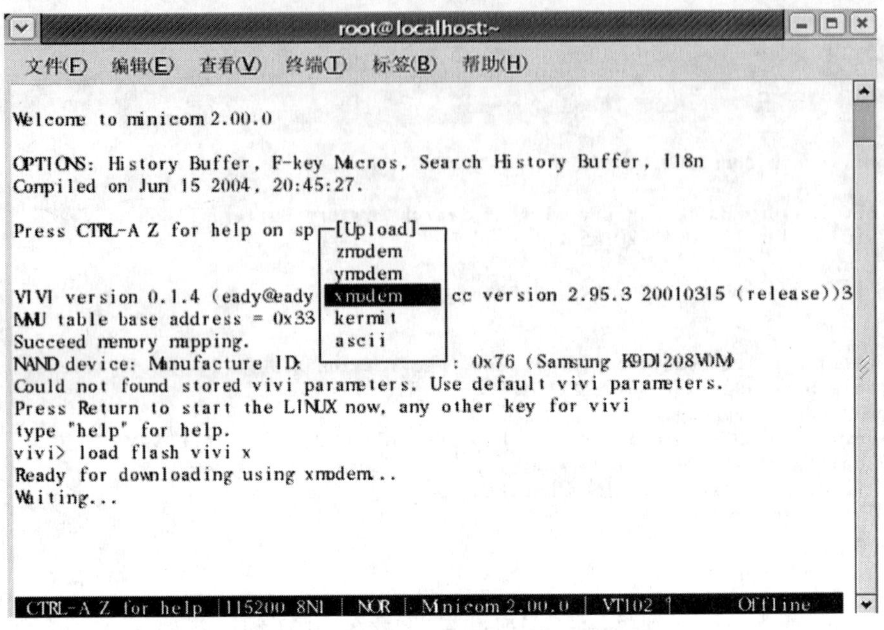

图 23-34 二次下载 Bootloader 映像文件

使用相同的操作方法，将内核映像文件（zImage）、根文件系统（rootfs. cramfs）下载到目标板上。

到此，Linux 系统移植已经完成，如果没发生错误，那么将引导进入 Linux 的 shell 模式，可以在此对目标板进行操作，如图 23-35 所示。

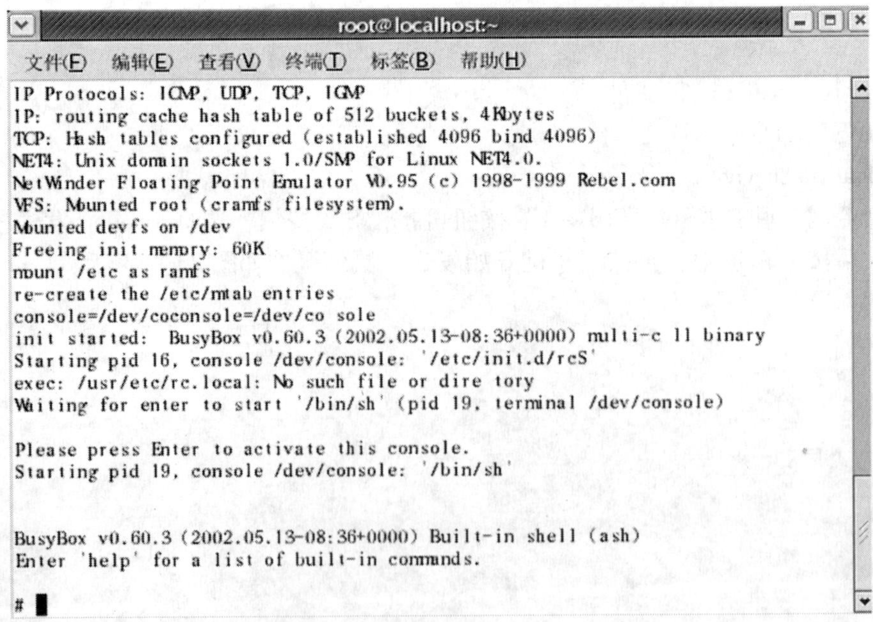

图 23-35 进入 Linux 的 shell 模式

第 24 章　数字隐写与取证方案设计与实现

24.1　项目概述

数字图像已广泛应用于人们的日常生活和工作，在数字化大背景下，先进的技术往往是把“双刃剑”，在方便人们的同时也给社会生活带来很大的负面影响，随着数字信号处理技术、图像编辑和处理工具的迅速发展，使得任意一般和专业用户都能够很容易地篡改图像内容造出以假乱真的数字图像，或在数字图像中嵌入秘密信息进行隐秘通信，从而颠覆了人们“眼见为实”的传统观念。我们生活在一个不能再相信自己所看到和听到的世界中，因此开展针对数字图像的篡改取证（digital image forensics）与数字隐写（digital steganograph）的研究与设计，对于确保公共信任、打击犯罪等意义非常重要。

本设计利用数字图像处理技术，通过在数字图像中隐写机密信息，再对嵌入机密信息的数字图像进行隐写分析（steganalysis）、攻击和篡改，最后检测隐秘信息并验证分析信息隐藏技术的性能，最后对数字图像的真实性进行取证（forensics），从而实现数字隐写与取证方案的设计。

24.2　数字隐写

24.2.1　问题来源

密码学在通信安全中取得了一定的应用和成绩，但其存在固有的弊端。例如，将数字多媒体数据加密后进行传输和发布，很不利于多媒体数据的广告宣传和用户浏览，并且一些合法用户如果利用密钥进行了解密，解密后数据的安全性得不到任何的保护，也就是说密码学仅保护数据在传输过程中的安全问题，传输之后接收端的使用和存储等安全性得不到保护。为补充密码学的漏洞，信息隐藏技术应运而生。它不但保护传输过程不受攻击，更重要的是保护传输之后的多媒体数据的永久安全性问题。基于信息隐藏技术的隐秘通信系统是隐藏“存在通信”这一事实。密码学是明显地告之外界正在通信，并且暗示是“机密的重要信息”，这样会大大引起攻击者的好奇心从而设法去破解之。信息隐藏技术是通过修改多媒体数据（如图像、视频和音频）内部的冗余数据来嵌入真正需要通信的秘密信息的一门技术，嵌入秘密信息后的媒体数据对人眼和未授权的计算机程序是不可见的，即完全感觉不到秘密信息的存在。通过在公网上传输这些隐藏了秘密信息的明文媒体，接收端利用密钥提取出发送端嵌入的秘密信息从而达到隐秘通信的目的。“9·11”事件之后，《今日美国》有报道称，恐怖分子利用聊天室、色情 BBS、eBay 和 Amazon 等网站上的数字图像作为载体隐藏恐怖攻击目标的地图并下达恐怖活动的指示等手段进行隐秘通信，但迄今为止还没有完备的技术证明这些消息的真实性。数字隐写是结合多媒体处理技术、通信技术和计算机视觉和生物技术的一门交叉学科。在当今的数字与网络时代，数字图像是我们最常接触和交流信息的媒体，利用它来设计数字隐写方案并切身感受它的实际可实现性，在学习和理解多媒体处理与通信技术理论的同时，能大大提高学生的学习兴趣和求知欲。限于本科学生的知识结构，本项目仅设计基于数字图像的信息隐藏技术中最简单最原始的一种方法，即 least significant bit（LSB）进行建模和实现。

24.2.2 彩色图像分解

数字图像是由一系列空间离散的像素点组成，分为彩色图像、灰度图像和二值图像，其中彩色图像是最常见的一种。如图 24－1 所示，真彩色图像由 RGB 3 个分量组成，基于人眼的视觉特性，每个分量量化成 8 比特足以近似表达自然界中的所有颜色，故称为真彩色图像。

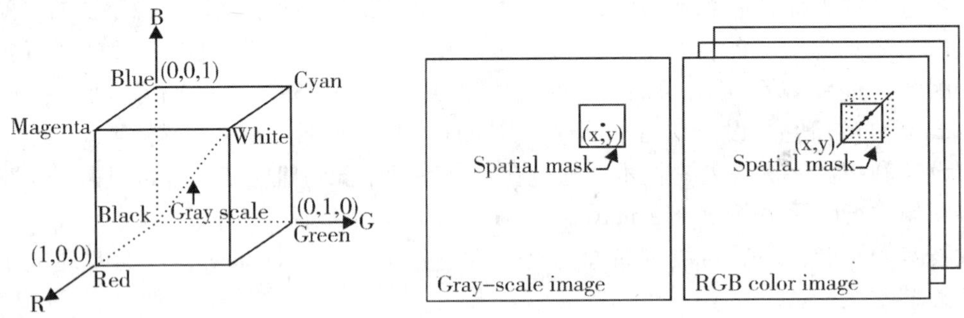

图 24－1 彩色图像的 RGB 表示

24.2.3 位平面切割技术

位平面切割技术（Bit-plane slicing）是将数字图像分解为位平面，帮助分析每一个平面在图像中所起的作用，判断所用的位数是否足够表达图像的视觉效果，可用于图像压缩和信息隐藏。如图 24－2 所示，每一个 8 比特像素按二进制从低位往上排到高位构成 8 个由 0，1 组成的位平面。

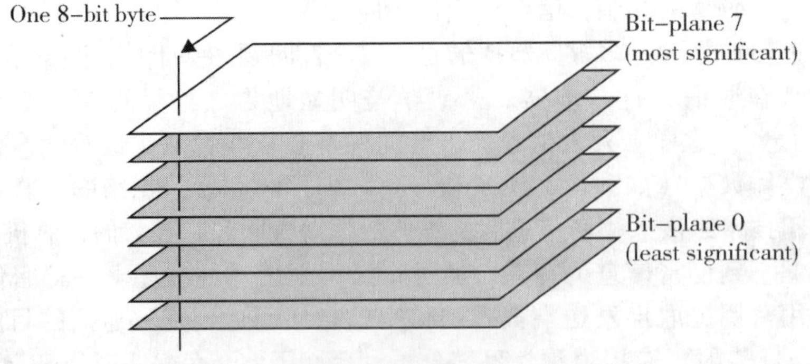

图 24－2 8 比特灰度图像的比特平面

很容易看出，最低位平面对图像内容的贡献是最小的，而最高位平面是最重要的，我们可以把每个位平面单独抽取出来，观察与原始图像的相似度。图 24－3 所示为原始的灰度图像。图 24－4 是各个比特位平面，从图中可以看出，最高位平面与原图像最接近，而最低位平面对原图的视觉贡献几乎为零（近似随机噪声），因此我们可以利用最低位平面（LSB）这一特征来隐写信息。最简单的方法就是把我们需要发送的秘密信息直接替换 LSB 即可。

图 24－3　8 比特的原始灰度图（原图由朱楠楠提供）

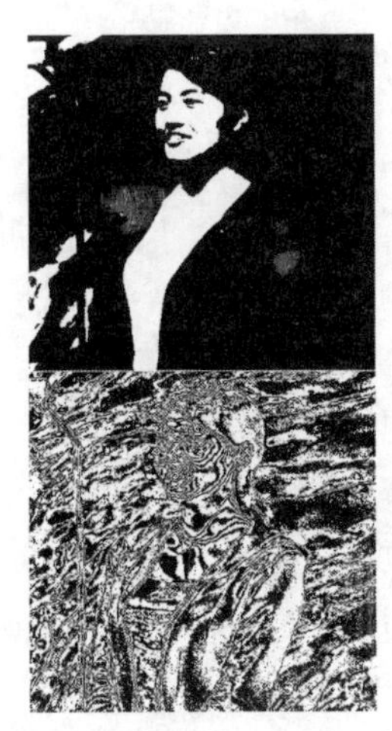

图 24－4　8 个位平面（从左到右、从上到下表示从最高位平面到最低位平面）

24.2.4　Arnold 置乱加密

基于 LSB 的数字隐写技术很容易被敌方截获，这种机密信息一旦被截获将造成重大损失，因此往往在信息嵌入之前将秘密信息进行某种置乱加密处理，这样即使敌方完全从 LSB 方法中抽取出了信息，在未知置乱加密的密钥的情况下，抽取的信息也是不可读的，确保了隐秘信息的安全性。在各种加密置乱算法中，Arnold 置乱加密方法因其理论简单、低复杂度和高安全性等优点常常被引入信息隐藏技术中。一幅 $N \times N$ 尺寸的二值图像经 Arnold 算法置换加密如下：

$W(x, y)$，$0 \leqslant x, y < N$，$W(x, y) \in \{0, 1\}$，Arnold 置换：$\begin{bmatrix} x' \\ y' \end{bmatrix} = \begin{bmatrix} a & b \\ c & d \end{bmatrix} \begin{bmatrix} x \\ y \end{bmatrix} \bmod N$，保证 $|ad - bc| = 1$。

在本项目中，我们设计置换矩阵系数为 $a = b = 1$，$c = 2$，$d = 3$，置换次数 $n = 20$，它们被当做密钥。

24.2.5 基于 LSB 的数字隐写

彩色图像由 RGB3 个分量组成，即相当于 3 个灰度图像，因此相比灰度图像彩色图像能隐藏 3 陪的信息量。如图 24 -5(a) 和 (b) 分别为原始彩色图像和隐藏了 3 幅秘密信息后的图像，从人眼的视觉角度来看它们之间没有任何区别。图 24 -5(f) 是图 24 -5(c) 经 Arnold 混乱加密后的信息。

(a) 原始彩色图像（原图由颜芬提供）

(b) 隐写了 (c) ~ (e) 三幅图像后的图像

通信
颜芬

(c) 秘密信息1

辛德勒的名单：

梁威 刘海业 韩伟涛 陈华钧 陈升洲
徐航 黄锐杰 姚赞 李伟泉 江求国
阮家宏 林婷 何为安 李志鸿 蔡泽耀
李俊晓 徐长江 王丰果 吴铎 洪睿
周小伟 荣璟 黎佩权 陈科 卢灏 陈玲
吴坤炀 戴木荣 黄晓东 区展华 刘三强
赖春玲 胡惊云

(d) 秘密信息2

亲爱的：
　　我好想和你在一起当风雨袭来，我是你头顶那把太太普通的雨伞；茫茫戈壁，我是你内心深处那一泓清澈的甘泉；冰天雪地里，我是时刻温暖着你的那一盆炭火，而在漫漫长夜，天际闪亮的启明星就是我！

当春天再来的时候，不必再询问花期
当故事开始的时候，不必再询问结局
当你和我已经出发，就不要担心风雨

只是……不知道你的港湾，是否是我最终的停泊！

(e) 秘密信息3

(f) Arnold加密后的秘密信息1

图 24 -5 基于 LSB 的信息隐藏

24.3 数字取证

24.3.1 产生背景

如今 Photoshop (PS) 等图像处理软件可以让任意一个普通的电脑使用者成为数码恶作剧者，如图 24 -6 所示的造假图片。又如图 24 -7(a) 所示 2005 年首届华赛（中国国际新闻摄影比赛）自然及环保新闻金奖照片《广场鸽接种禽流感疫苗》，因为该图片中有两只极其相似的鸽子，而被指有合成造假之嫌。2008 年 4 月 3 日下午，中国新闻摄像学会执行会长赵德润介绍了关于《广场鸽接种禽流感疫苗》的鉴定过程，并在现场通过大屏幕作了演示，最终组委会取消了该幅作品的获奖资格，认定这张作品造假。又如"影响 2006 · CCTV 图片新闻年度评选" CCTV 年度十大新闻图片铜奖作品《青藏铁路为野生动物开辟生命通道》组图一《藏羚羊生命中的十道难关——铁路关》被网民发现为 PS 作品，如图 24 -7(b) 所示。照片作者已向成都晚报记者承认照片确属合成。实际上利用概率知识，可以轻易地揭穿谎言。图 24 -7(c) 华南虎照的真实性也引起了世界权威科学杂志 *Science* 的关注，该杂志于 2007 年 11 月 9 日正式刊出极具争议的中国陕西村民周正龙声称拍到的华南虎照片。在 *Science* 杂志 “Randomsamples” (《随机样本》) 栏目中，一篇题为 *Rare-tiger Photo Flap Makes Fur Fly in China* 的新闻稿报道了中国华南虎照风波。富有戏剧性的是，*Science* 杂志在该照片的右下角配了一句图片说明 “Flatcat?”，意为 “平面猫科动物?” 表示美国的科学研究者对该数字照片的质疑。从此来看，开展对数字图像取证技术的研究具有重大意义。

图 24－6　造假图片

（图片来源 http：//www. worth1000. com/entries/602242/kool-kitty）

（a）广场鸽接种禽流感疫苗

（b）藏羚羊生命中的十道难关——铁路关

（c）华南虎

图 24－7　历史上重大的伪造图片事件

（图片来源于 Internet）

24.3.2 数字图像取证

数字图像取证（digital image forensics）是通过对图像统计特性的分析来判断数字图像内容的真实性、完整性和原始性，也就是判断数字图像从被数码相机拍摄以后有没有经过篡改的技术。它包括数字图像主动取证和盲取证。前者即数字水印技术（digital watermarking），是利用数字作品中普遍存在的冗余数据和随机性把版权信息永久性地镶嵌在数字作品中，从而起到保护数字产品版权和完整性的一种技术。后者是指在不依赖任何预签名或预嵌入信息的前提下，对图像的真伪和来源进行鉴别和取证。尽管多数篡改技术都不会引起人们视觉上的怀疑，但是图像篡改不可避免地会引起图像统计特性上的变化，图像取证技术正是通过检测图像统计特性的变化，来判断图像的原始性、真实性和完整性。

图 24－8 是美国哥伦比亚大学 Shih-Fu Chang 研究团体提出的通用数字取证系统框架和在线图像来源认证测试系统，学生可以自己上网去测试该系统的取证效果。

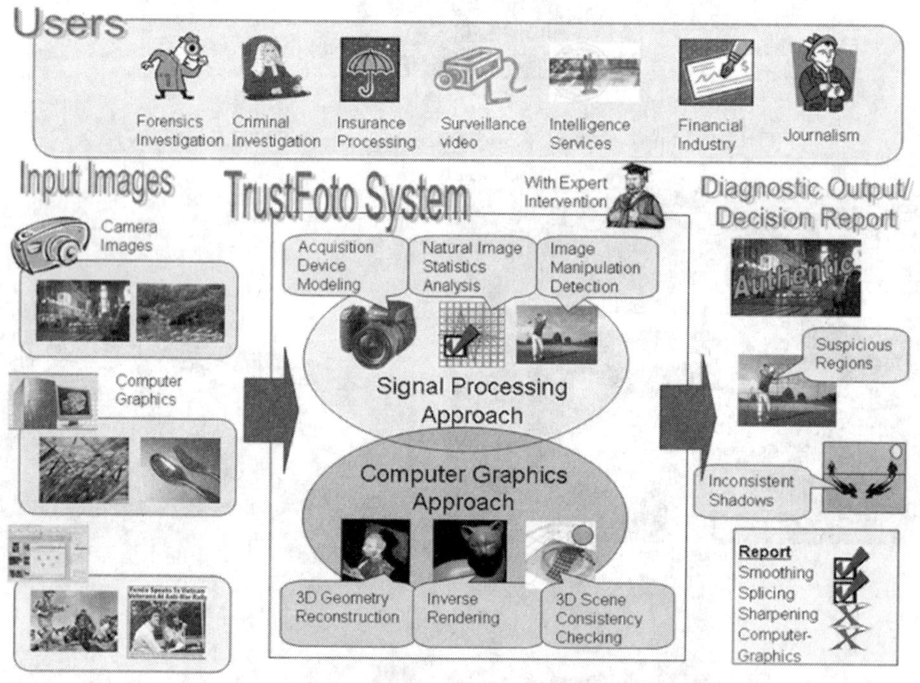

图 24－8 哥伦比亚大学的在线图像来源认证测试系统
（http：//www.ee.columbia.edu/ln/dvmm/trustfoto/#demo）

24.3.3 数字图像篡改

在当今的数字时代，低价图像数字化摄取设备和功能强大的图像编辑软件的普及使任何普通计算机用户都可以对数字图像做到“移花接木”而不为人知，而 Internet 的强大传播功能更是为现代数字图像伪造篡改提供了丰富的软件、图像资源和扩散影响渠道。“知己知彼，百战不殆”，要进行数字图像真伪性的鉴别取证，就应首先掌握数字图像的篡改手法。

24.3.3.1　数字图像真实性篡改

（1）合成：合成是由两幅或多幅数字图像通过复制其中一幅中的某一部分粘贴到另一幅图像中以造成某种假象，或者把一幅图像的某一部分复制粘贴到这幅图像的另一部分上，以此来隐藏重要目标，如图 24－9 所示是从两幅图像中提取出部分内容后合成到另一幅风景画中。

图 24－9　图像合成

（原图由仲恺农业工程学院通信 072 班提供）

（2）变种：图像变种是一种把一幅图像逐渐变成另一幅图像的技术。采用的方法一般是分别找出原图像和目标图像上对应的特征点，然后以不同的权重叠加两幅图像，这样得到的图像就兼有两幅图像的特征。通常用于动画设计和计算机图像的生成。

（3）润饰：图像润饰一般是图像处理专家采用的一种图像修补操作，它在艺术照相中经常用到。

（4）增强：增强操作是通过改变图像特定部分的颜色、对比度、背景等来着重突出图像某部分内容。

（5）计算机生成：计算机生成图像是艺术家或者程序员利用计算机来生成现实中不存在的场景图像，通过首先构建一个 3D 多边模型模拟期望的形状，然后为模型赋予颜色和纹理，并且用模拟光源照射，最后将修饰好的模型送到一个虚拟的照相机前成像，生成图像。复杂的计算机图形处理技术不仅可以对自然图像（简称“Photo”）进行修改，还能制作出以假乱真的计算机图形（简称“computer graph”，CG）。

（6）绘画：专业人员或者艺术家利用图像处理软件（如 Adobe Photoshop）进行图像制作，使得某些绘画图像与自然图像或计算机生成的图像难以区分。

24.3.3.2　数字图像完整性篡改

数字图像的完整性包括内容完整和图像数据本身的完整，例如在图像中隐藏信息就是一种常用的对数据完整性的篡改技术。这种技术通常用于某些特殊目的的隐秘通信。如图24－5（a）、（b）所示。

24.3.3.3　数字图像原始性篡改

如今数字图像已经大量应用于新闻报道、科学研究、保险申诉调查、犯罪调查以及情报分析等重要领域，这就要求数字照片拍摄反映场景的真实性与原始性。数字图像原始性篡改是指二次获取图像，即经过一次数字获取处理后形成新的数字图像，如24.3.1节中的华南虎照。

24.3.3.4　数字图像版权篡改

它包括对数字图像作品的作者或所有者的版权篡改、对数字图像作品的购买者的篡改和对作品的防打印复印功能的攻击篡改。这类篡改主要改变的是图像的版权等一些额外附加的信息，而并不改变图像内容信息和图像像素的数据信息。

24.3.4　相关检测

相关检测定义如下：

$$\rho(X,\ Y) = \frac{\operatorname{cov}(X,\ Y)}{\sigma_X \sigma_Y} = \frac{\sum_m \sum_n (X_{mn} - \overline{X})(Y_{mn} - \overline{Y})}{\sqrt{[(\sum_m \sum_n (X_{mn} - \overline{X})^2][\sum_m \sum_n (Y_{mn} - \overline{Y})^2]}} \qquad (24-1)$$

X，Y分别为两个大小相同的图像块的像素值，$\operatorname{cov}(X,\ Y)$为$X$、$Y$的协方差，$\sigma_X$，$\sigma_Y$分别是$X$和$Y$的标准差。只有相关系数$\rho$大于预先设定的指定阈值$t$时才记录块位置，判别其为相同块，由于在自然图像中大量存在如天空背景等平坦相似区域，因此在匹配检测过程中可能会出现误检现象，解决的方法是设定阈值时要根据实际需要合适选取，同时在机器判别的基础上再加上人工判断会比较精准。

24.4　数字隐写与取证方案设计

24.4.1　检测方法

本项目具体设计基于相关性分析的伪造图像检测方法，并付诸于实践，该方法依据图像块的相关性，可以对图像中可能存在的相同图像局部进行检测，适用于同幅图像或不同图像的伪造检测。对于存在大区域相似内容的图像（如蓝天等）可能出现虚警，但若采用制定区域匹配方法，则可以避免部分虚警。相关检测式如式（24－1）。除此之外，还可以利用PS方法，简便易行，易于学生进行验证。本项目针对学生非常感兴趣的数字图像造假技术的攻防博弈的研究和设计，通过编程实训来掌握数字隐写与取证技术。

24.4.2　检测过程

24.4.2.1　相关性分析方法

对图24－7(a) 做如下处理后再进行检测。将待检测的图像左侧“鸽子”，以及最右侧的“鸽子”提取出来，组成一幅 640×640 的 BMP 无损图像。提取左侧“鸽子”的翅膀和身躯，作为感兴趣区域进行检测。实验结果清晰地显示图中有两部分具有极高的统计相关性。其中左上的统计相关性为 1，这是可以预料的。因为感兴趣区域就是从这部分区域提取的，实际上这两部分的数据是完全相同的。另一区域上半部分（“鸽子”翅膀）和下半部分（“鸽子”身躯）的统计相关性分别为 0.994 和 0.992，考虑到一般情况下不会存在一幅图像中出现如此相似的两幅图像，因此很有可能是复制拼接的伪造部分。如果这两只“鸽子”为复制拼接的伪造图像部分，根据实验结果，本检测算法不能提供这两只“鸽子”哪个为真实图像，哪个为复制的伪造图像的证据。

24.4.2.2　PS 方法

将上述的两只“鸽子”剪切下来，放在同一画面中，从直观上可以发现，两只“鸽子”的腋、翅膀、腹部等各个部位以及整体姿态高度一致。在 PS 软件中，用“素描滤镜”，选择“影印”处理，可以发现，两只“鸽子”特征值高度一致；用“风格化滤镜”，选择“照亮边缘”处理，可以发现，两只“鸽子”特征值高度一致；用“风格式滤镜”，选择“查找边缘”处理，可以发现，两只“鸽子”特征值高度一致。据此得出结论：两只“鸽子”完全相同，左侧“鸽子”可能是从右侧“鸽子”复制而来。

24.5　程序分析

24.5.1　Arnold 加解密

秘密信息在嵌入之前进行加密处理能大大增强信息的安全性，其加密代码如下：

```
function [outImg] = arnold(inImg,iTimes)
[iH iW] = size(inImg);
if iH ~= iW % 必须是正方形
  error('The cover must be a square ! ');
  return;
end
outImg = logical(zeros(iH,iW));   % for binary image
tempImg = inImg;
for i = 1:iTimes % 调用次数
        for u = 1:iH
            for v = 1:iW
                temp = tempImg(u,v);
                ax = mod((u-1) + (v-1),iW) + 1;   % [1 1; 2 3] ,ensure ad - bc = 1;
                ay = mod(2 * (u-1) + 3 * (v-1),iW) + 1;
                outImg(ax,ay) = temp;
            end
    end
```

```
        tempImg = outImg;
end
outImg = tempImg;
figure,imshow(outImg);
title('permuted');
imwrite(outImg, 'permuted_secret.bmp');
```

解密代码如下：

```
function [outImg] = iarnold(inImg,iTimes)
[iH iW] = size(inImg);
if iH ~= iW % 必须是正方形
   error('The cover must be a square! ');
   return;
end
tempImg = inImg;
for i = 1:iTimes % 调用次数
        for u = 1:iH
            for v = 1:iW
                temp = tempImg(u,v);
                ax = mod(3 * (u - 1) - (v - 1),iW) + 1; % [1 1; 2 3], ensure ad - bc = 1
                ay = mod((v - 1) - 2 * (u - 1),iW) + 1;
                outImg(ax,ay) = temp;
            end
        end
        tempImg = outImg;
end
outImg = tempImg;
```

24.5.2 基于 LSB 的隐写

参考代码如下：

```
%%%%%%%%%%%%%   彩色图像的信息隐藏   %%%%%%%%%%%%%%%
close all
clear all
clc
x = imread('original_image.bmp');
weizhi = 1;
iTimes = 2;
attack_style = 10;
```

```
[row,col] = size(x);
figure(1);imshow(x);
title('original','Fontsize',16,'color','blue');
%%%%%%%%%%%%%%%%%%%%%%%%%%%%读入原始隐密信息%%%%%%%%%%%%%%%%%%%%%%%%%%%%%
secret1 = imread('secret1.bmp');
secret2 = imread('secret2.bmp');
secret3 = imread('secret3.bmp');
% arnold permutation
outImg1 = arnold(secret1,iTimes);
outImg2 = arnold(secret2,iTimes);
outImg3 = arnold(secret3,iTimes);
%%%%%%%%%%%%%%%%%秘密信息的嵌入%%%%%%%%%%%%%%%%%%%%%%%%%%%%%%%%%%%%%%%%
x(:,:,1) = bitset(x(:,:,1),weizhi,outImg1);
x(:,:,2) = bitset(x(:,:,2),weizhi,outImg2);
x(:,:,3) = bitset(x(:,:,3),weizhi,outImg3);
figure(2),imshow(x);
title('embedded');
imwrite(x,'lsb_embedded.bmp');
```

24.5.3　图像的篡改与攻击

参考代码如下：

```
%%%%%%%%%%%%%%%%%%%%%%%%%%%%%%%%开始攻击%%%%%%%%%%%%%%%%%%%%%%%%%%%%%%%
s = imread('lsb_embedded.bmp');
J2 = s;
if attack_style == 1
%%%%(1) 放大两倍的操作（当然提取之前要先缩小至1/2）
xxx1 = imresize(J2,2,'bicubic');
xxx2 = imresize(xxx1,1/2,'bicubic');
yy = double(xxx2);
end
if attack_style == 2
%%%%(1) 放大4倍的操作（当然提取之前要先缩小至1/4）
xxx1 = imresize(J2,4,'bicubic');
xxx2 = imresize(xxx1,1/2,'bicubic');
yy = double(xxx2);
end
%%%% (2)缩小1/4的操作
if attack_style == 3
```

```
xxx1 = imresize(J2,3/4,'bicubic');
xxx2 = imresize(xxx1,4/3,'bicubic');
yy = double(xxx2);
end
if attack_style ==4
xxx1 = imresize(J2,2/4,'bicubic');
xxx2 = imresize(xxx1,4/2,'bicubic');
yy = double(xxx2);
end
%3*3 空域低通滤波
if attack_style ==5
B = (1/9)*ones(3,3);
xxx2 = filter2(B,J2);
yy = double(xxx2);
end
%%%%4 领域平均
if attack_style ==6
B = [0 1 0;1 0 1;0 1 0]*(1/4);
xxx2 = filter2(B,J2);
yy = double(xxx2);
end
%%%%8 领域平均
if attack_style ==7
B = [11 1;1 0 1;1 1 1]*(1/8);
xxx2 = filter2(B,J2);
yy = double(xxx2);
end
%%%%%(7)窗口中值滤波
if attack_style ==8
xxx2 = medfilt2(J2); %%%默认 3*3
yy = double(xxx2);
end
if attack_style ==9
a1 =1;
b1 =3;
xxx2 = medfilt2(J2,[a1,b1]);
save a1   a1;
save b1   b1;
```

```
yy = double( xxx2) ;
end
%%%(8)裁减
if attack_style == 10
for i = 128 - 44:128 + 45
   for j = 128 - 45:128 + 44
      J2(i,j) = 0;
   end
end
yy = double(J2) ;
end
if attack_style == 11
for i = 128 - 64:128 + 63
   for j = 128 - 64:128 + 63
      J2(i,j) = 0;
   end
end
yy = double(J2) ;
end
if attack_style == 12
yy = imnoise( uint8( round(J2) ) ,'gaussian',0,attack_strength) ; %高斯噪声
end
if attack_style == 13
  imwrite( uint8( round(J2) ) ,'jpeg_n.jpg','jpg','Quality',attack_strength) ;
  [yy,map] = imread('jpeg_n.jpg','jpg') ;
end
if attack_style > 13
 yy = J2;
end
```

24.5.4　信息检测

参考代码如下：

```
%%%%%%%%%%%%%%隐秘信息的提取%%%%%%%%%%%%%%%%%%
m1 = bitget( uint8( yy( :,:, 1) ) ,weizhi) ;
m2 = bitget( uint8( yy( :,:, 2) ) ,weizhi) ;
m3 = bitget( uint8( yy( :,:, 3) ) ,weizhi) ;
extracted1 = logical( iarnold( m1,iTimes) ) ;
extracted2 = logical( iarnold( m2,iTimes) ) ;
```

```
extracted3 = logical(iarnold(m3,iTimes));
figure(3),imshow(extracted1);
title('firth decoded secret');
figure(4),imshow(extracted2);
title('second decoded secret');
figure(5),imshow(extracted3);
title('third decoded secret');
```

24.5.5 “广场鸽”案件的盲取证

代码如下：

```
clear all
close all
clc
I = imread('squarepigeon.jpg');
pigeonshen = imread('shenzi.bmp');
pigeonbang = imread('chibang.bmp');
[mI, nI, colorCntI] = size(I);
[ms, ns,colorCnts] = size(pigeonshen);
[mb, nb, colorCntb] = size(pigeonbang);
cormatrix = zeros(mI, nI);
imgindex = zeros(mI,nI);
threshold =0.99;
% search throughout the pigeon
for i =1:(mI - ms +1)
    for j =1:(nI - ns +1)
        blockI = I(i:(i + ms -1), j:(j + ns -1), :);
        blockIgray = rgb2gray(blockI);
        pigeonshengray = rgb2gray(pigeonshen);
        if(cormatrixs(i,j) > threshold)
            imgindex(i:(i + ms -1), j:(j + ns -1)) =1;
        end
    end
end
for i =1:(mI - mb +1)
    for j =1:(nI - nb +1)
        blockI = I(i:(i + mb -1), j:(j + nb -1), :);
        blockIgray = rgb2gray(blockI);
        pigeonbanggray = rgb2gray(pigeonbang);
```

```
        corrmatrixb(i,j) = corr2(blockIgray, pigeonbanggray);
        if(corrmatrixb(i,j) > threshold)
            imgindex(i:(i + mb - 1), j:(j + nb - 1)) = 1;
        end
    end
end
% enhance the part that is over the threshold in white-to-black
imgindex = logical(imgindex);
imshow(imgindex);
```

24.6 参考文献

[1] （美）冈萨雷斯著. 数字图像处理（MATLAB 版）. 阮秋琦，译. 北京：电子工业出版社，2005.

[2] 周琳娜，王东明. 数字图像取征技术. 北京：北京邮电大学出版社，2008.

[3] 王员根，梁凡，肖明明. 一种彩色图像 DC 系数的自适应水印算法. 中山大学学报：自然科学版，2010，49（4）：43～48.

[4] Yuan-Gen Wang，Zhe-Ming Lu，Liang Fan，Zheng Yun. Robust Dual Watermarking Algorithm for AVS Video. Signal Processing：Image Communication，2009，24（4）：333～344.

[5] Yuan-Gen Wang，Liang Fan，Yan-Qiang Lei. PSO-based Robust Watermarking of AVS-Encoded Video. IEEE ICME，pp. 1647～1650，2010.

[6] Weiqi Luo，Yuan-Gen Wang，Jiwu Huang. Detection of Quantization Artifacts and Its Applications to Transform Encoder Identification，IEEE Transactions on Information Forensics and Security，2010，5（4）：810～815.

[7] Yuan-Gen Wang，Yian-Qiang Lei. A Robust Content in DCT Domain for Image Authentication. IEEE IIH-MSP，pp. 94～97，2009.

第 25 章 基于 PCA 方法的人脸识别系统建模与实现

25.1 项目概述

人脸识别系统以人脸识别技术为核心，是一项新兴的生物识别技术，是当今国际科技领域攻关的高精尖技术。它广泛采用区域特征分析算法，并融合了计算机图像处理技术与生物统计学原理，从人脸图像中提取人像特征点，利用生物统计学的原理进行分析建立数学模型，具有非常广阔的发展前景。

本项目通过一个简单的人脸识别实例和主成分分析（principal components analysis，PCA）技术来理解人脸识别的整个流程，使学生逐步掌握化复杂问题为简单的模块处理来解决实际问题的方法，并深入浅出地领会 PCA 原理。

25.2 人脸识别系统

25.2.1 系统框图

实用的实时人脸识别系统一般都包括人脸提取和人脸识别两个子系统，如图 25 – 1 所示。

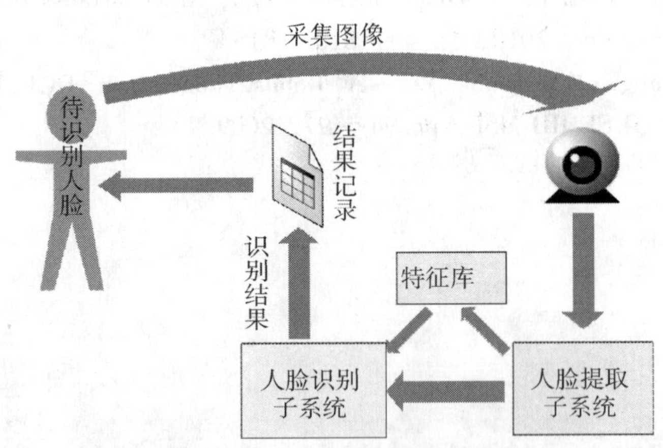

图 25 – 1 人脸识别系统

人脸提取子系统（如图 25 – 2 所示）利用肤色识别分割找出可能的肤色区域，然后进行感兴趣区域标定，初步定位人脸，再以阈值控制得到人脸的主要部分，最后将提取的人脸经过统一处理后传给人脸识别部分并构建特征库。人脸识别子系统使用改进的 PCA

方法，在提高识别效率的基础上，求出一个特征脸空间后，将整张人脸投影到特征脸空间中，然后通过降维、秩的求取等运算构建出人脸向量特征库，再以欧氏距离的结果对人脸进行判断、识别。

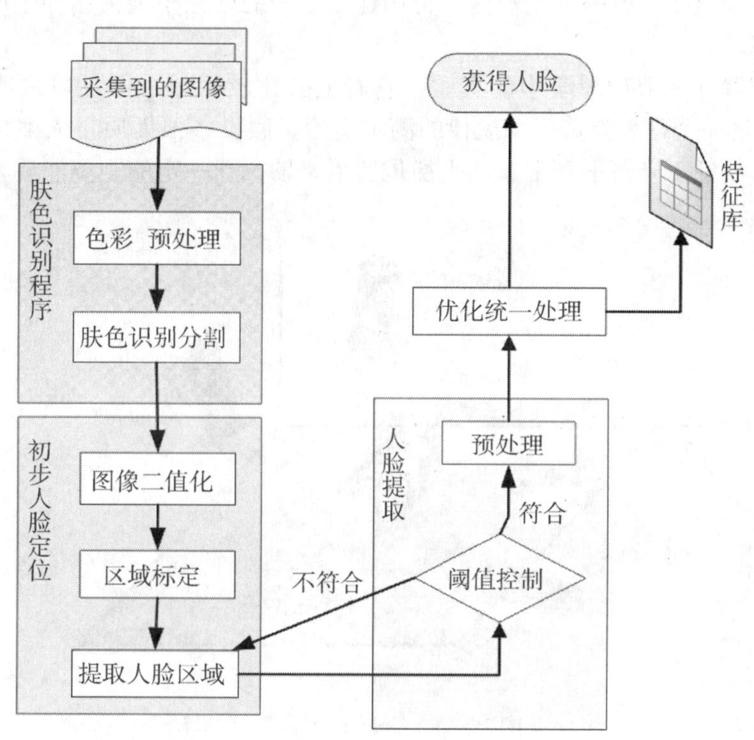

图 25－2　人脸提取子系统

25. 2. 2　PCA 理论

主成分分析（principal components analysis，PCA）又称主分量分析，它是一种对数据进行分析的技术，最重要的应用是对原有数据进行简化。正如它的名字，这种方法可以有效地找出数据中最“主要”的元素和结构，去除噪声和冗余，将原有的复杂数据降维，揭示隐藏在复杂数据背后的简单结构。它的优点是简单，而且无参数限制，可以方便地应用于各种场合。因此，应用极其广泛，从神经科学到计算机图形学都有它的用武之地。被誉为应用线性代数最具价值的结果之一。

25. 2. 2. 1　弹簧振子模型

我们将从一个简单的例子来说明 PCA 应用的场合以及想法的由来，从而进行比较直观的解释，然后加入数学的严格推导，引入线性代数，进行问题求解。随后将揭示 PCA 与 SVD（singular value decomposition）之间的联系以及如何将之应用于真实世界，分析 PCA 理论模型的假设条件以及针对这些条件可能进行的改进，最后将之应用于人脸识别。

在实验科学中我们常遇到的情况是，使用大量的变量代表可能变化的因素，例如频率、电压、速度等。但是，由于实验环境和观测手段的限制，实验数据往往变得极其复杂、混乱和冗余。如何对数据进行分析，取得隐藏在数据背后的变量关系，是一个很困难的问题。在神经科学、电子信息学科中，假设的变量个数可能非常之多，但是真正的影响因素以及它们之间的关系可能又是非常之简单。实验科学的精髓就是从大量混杂的实验数据中统计挖掘出隐藏在背后的理论规律，再用建立起来的理论模型去指导生产实践从而大大提高生产效率。

下面的模型取自一个物理学中的实验。它看上去比较简单，但足以说明问题。如图25－3所示，这是一个理想弹簧运动规律的测定实验。假设一根无质量无摩擦的弹簧上连接一个球并水平放置于光滑平面上，从平衡位置沿 x 轴拉开一定的距离然后释放。

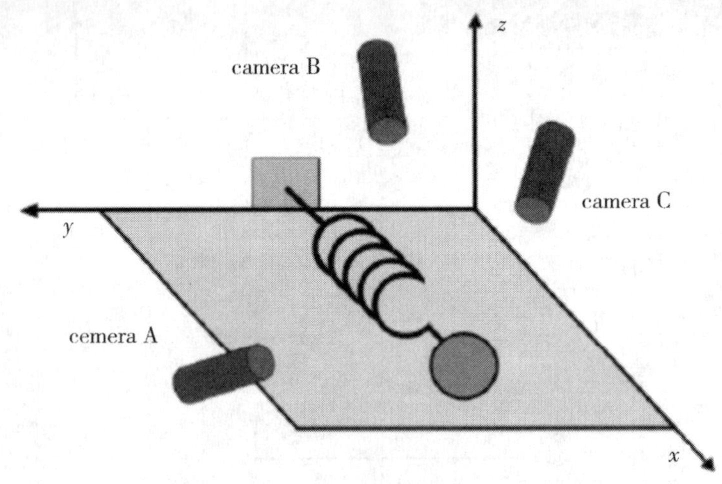

图25－3 简谐运动模型

对一个具有先验知识的实验者来说，实验结果完全预知，并且实验也非常容易执行。球的运动只会在 x 轴上发生，只需要记录下 x 轴上的运动序列并加以分析即可。但是，在真实世界中，对于第一次实验的探索者来说（这也是实验科学中最常遇到的一种情况），是不可能进行这样的假设的。那么，一般来说，必须记录球的三维位置（x_0，y_0，z_0）。这一点可以通过在不同角度放置3个摄像机来实现（如图25－3所示），假设以200Hz的频率拍摄画面，就可以得到球在空间中的运动序列。但是，由于实验的无先验性限制，这3台摄像机的角度可能比较任意，并不是正交的。事实上，在真实世界中也并没有所谓的 $\{x, y, z\}$ 轴，每个摄像机都记录下有自己空间坐标系的一幅二维图像，因此球的空间位置是由一组二维坐标 $[(x_A, y_A), (x_B, y_B), (x_C, y_C)]$ 记录的。经过实验，系统产生了球的位置序列。怎样从这些数据中得到球是沿着某个 x 轴运动的且符合简谐运动规律呢，怎样将实验数据中的冗余变量剔除，规范到这个潜在的 x 轴上呢？

这是一个真实的实验场景，收集数据时引入的噪声是必须面对的因素。在这个实验中噪声可能来自空气、摩擦、摄像机的误差以及非理想化的弹簧等。噪声使数据变得混乱，掩盖了变量间的真实关系。如何去除噪声是实验者每天都要面对的巨大考验。

上面提出的两个问题就是PCA方法的目标。PCA方法是解决此类问题的有力武器。下文将结合以上的例子提出解决方案，逐步叙述PCA方法的思想和求解过程。

25.2.2.2　线性代数

从线性代数的角度来看，PCA 的目标就是使用另一组基去重新描述得到的数据空间。而新的基要能尽量揭示原数据间的关系。在这个例子中，沿着 x 轴上的运动是最重要的。这个维度即最重要的“主元”。PCA 的目标就是找到这样的“主元”，最大限度地去除冗余和噪声的干扰。

25.2.2.3　标准正交基

为了引入推导，需要将上文的数据进行明确的定义。在上面描述的实验过程中，在每一个采样时间点上，每个摄像机记录了一组二维坐标（x_A，y_A），综合 3 台摄像机数据，在每一个时间点上得到的位置数据对应于一个六维列向量：$\vec{X} = [x_A, y_A, x_B, y_B, x_C, y_C]^T$。如果以 200Hz 的频率拍摄 10 分钟，将得到 $10 \times 60 \times 200 = 120000$ 个这样的向量数据。请注意，每个摄像机的（x，y）值的参考点是不同的，如 $x_A = 5.2$ 与 $x_B = 5.2$ 不表示它们沿 x 轴上在同一位置。

抽象一点来说，每一个采样点数据 X 都是在 m 维向量空间（此例中 $m=6$）内的一个向量，这里的 m 是牵涉的变量个数。由线性代数知识可知在 m 维向量空间中的每一个向量都是一组正交基的线形组合。最普通的一组正交基是标准正交基，实验采样的结果通常可以看做在标准正交基下表示的。举例来说，上例中每个摄像机记录的二维数据坐标为（x_A，y_A），这样的基便是 $\{(1, 0), (0, 1)\}$。那为什么不取正交基 $\{(\frac{\sqrt{2}}{2}, \frac{\sqrt{2}}{2}), (\frac{-\sqrt{2}}{2}, \frac{\sqrt{2}}{2})\}$ 或是其他任意的正交基呢？原因是这样的标准正交基反映了人们常用的一种数据采集方式。假设采集数据点是（2，2）（在 $\{(1, 0), (0, 1)\}$ 基下），一般并不会记录 $(2\sqrt{2}, 0)$（在 $\{(\frac{\sqrt{2}}{2}, \frac{\sqrt{2}}{2}), (\frac{-\sqrt{2}}{2}, \frac{\sqrt{2}}{2})\}$ 基下），因为一般的观测者都是习惯于取摄像机的屏幕坐标，即向上和向右的方向作为观测的基准。也就是说，标准正交基表现了人们对数据观测的一般方式。在线性代数中，这组标准正交基表示为行列向量线形无关的单位矩阵。

$$B = \begin{bmatrix} b_1 \\ b_2 \\ \vdots \\ b_m \end{bmatrix} = \begin{bmatrix} 1 & 0 & \cdots & 0 \\ 0 & 1 & \cdots & 0 \\ \vdots & \vdots & \ddots & \vdots \\ 0 & 0 & \cdots & 1 \end{bmatrix} = I \qquad (25-1)$$

25.2.2.4　基变换

从更严格的数学定义上来说，PCA 回答的问题是：如何寻找到另一组正交基，它们是标准正交基的线性组合，但能最好地表示数据集？这里提到了 PCA 方法的一个最关键的假设：线性。这是一个非常强的假设条件。它使问题得到了很大程度的简化：①数据被限制在一个向量空间中，能被一组正交基表示；②隐含地假设了数据的连续性。这样一来，数据就可以被表示为各种基的线性组合。令 X 表示原数据集。X 是一个 $m \times n$ 的矩阵，它的每一个列向量都表示一个时间采样点上的数据 $\vec{X}$，在上面的例子中，$m=6$，$n=120000$。Y 表示变换以后的新的数据集表示。P 是它们之间一个 $m \times n$ 的线性转换方阵。

$$Y = PX \qquad (25-2)$$

有如下定义：p_i 表示 P 的行向量。x_i 表示 X 的列向量（或者$\overrightarrow{X}$）。y_i 表示 Y 的列向量。公式（25－2）表示不同基之间的转换，在线性代数中，它有如下的含义：①P 是从 X 到 Y 的转换矩阵，从几何上来说，P 对 X 进行旋转和拉伸得到 Y；②P 的行向量 $\{p_1, \cdots, p_m\}^T$ 是一组新的基，而 Y 是原数据 X 在这组新的基表示下得到的重新表示。下面是对最后一个含义的显式说明：

$$PX = \begin{bmatrix} p_1 \\ \vdots \\ p_m \end{bmatrix} [x_1 \quad \cdots \quad x_n], \quad Y = \begin{bmatrix} p_1 \cdot x_1 & \cdots & p_1 \cdot x_n \\ \vdots & \ddots & \vdots \\ p_m \cdot x_1 & \cdots & p_m \cdot x_n \end{bmatrix} \tag{25-3}$$

注意到 Y 的列向量：

$$y_i = \begin{bmatrix} p_1 \cdot x_i \\ \cdots \\ p_m \cdot x_i \end{bmatrix} = Px_i \tag{25-4}$$

可见，向量 y_i 中的每一元素 y_{ij}是 P 中的对应行 p_j 与向量 x_i 的点积，也就是相当于第 i 个时间点上数据向量 x_i 在对应向量上的投影，而 x_i 在 P 的所有行向量上的投影就构成新的数据向量 y_i，所以 P 的行向量事实上就是一组新的基。它对原数据 X 进行重新表示。在一些文献中，将数据 X 称为“源”，而将变换后的 Y 称为“信号”。这是由于变换后的数据更能体现信号成分的原因。

25.2.2.5　问题

在线性的假设条件下，问题转化为寻找一组变换后的基，也就是 P 的行向量 $\{p_1, \cdots, p_m\}^T$，这些向量就是PCA中所谓的“主元”。问题转化为如下的形式：①怎样才能最好地表示原数据 X？②P 的基怎样选择才是最好的？解决问题的关键是如何体现数据的特征。那么什么是数据的特征，如何体现呢？

25.2.2.6　方差和目标

“最好地表示”是什么意思呢？下面我们将给出一个较为直观的解释，并增加一些额外的假设条件。在线性系统中，所谓的“混乱数据”通常包含以下3种成分：噪声、旋转（线性失真或扭曲）以及冗余。下面将对这3种成分做出数学上的描述并针对目标作出分析。

25.2.2.7　噪声与旋转

噪声对数据的影响是巨大的，如果不能对噪声进行区分，就不可能抽取数据中有用的信息。噪声的度量有多种方式，最常见的定义是信噪比SNR（signal-to-noise ratio）或方差 σ^2：

$$\mathrm{SNR} = \frac{\sigma_{\mathrm{signal}}^2}{\sigma_{\mathrm{noise}}^2} \tag{25-5}$$

比较大的信噪比表示数据的准确度高，而信噪比低则说明数据中的噪声成分大。那么，怎样区分混杂数据中哪些是信号，哪些是噪音呢？这里假设真正的信号总是变化较大，而噪声（由空气、摩擦、摄像机的误差以及非理想化的弹簧等引入的）的变化总是较小的。事实上这也是一种标准的去噪准则，而变化的大小由方差来描述（这里的定义是个一致估计量）。

$$\sigma^2 = \frac{\sum_{i=1}^{n}(x_i - \bar{x})^2}{n - 1} \tag{25-6}$$

它表示了采样点在平均值两侧的分布，对应于图 25 - 4(a) 中采样点云的“胖瘦”。显然方差较大的方向，也就是较“宽”（“胖”）的分布，表示采样点的主要分布趋势，是主信号或主要分量［如图 25 - 4(a) 中的长实线方向］；而方差较小的分布则被认为是噪声或次要分量［如图 25 - 4(a) 中的短实线方向］。

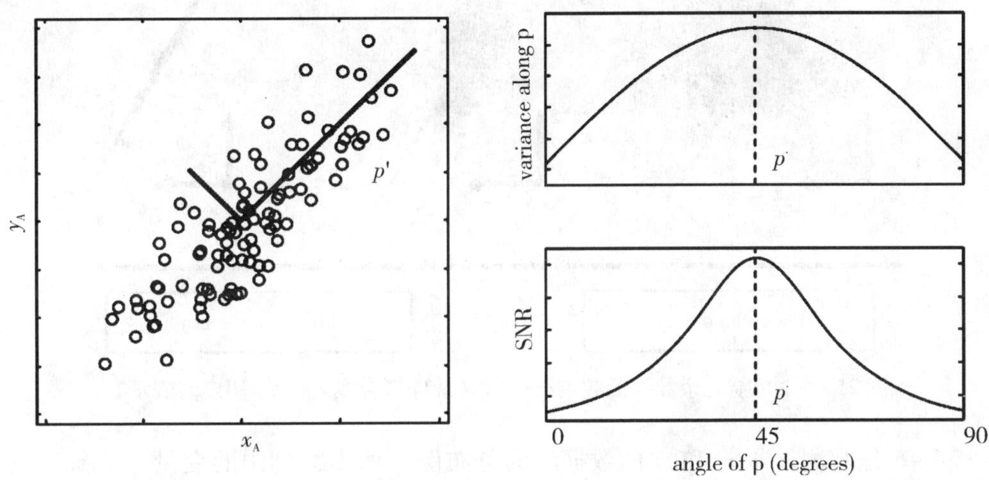

（a）摄像机 A 的采样数据（黑线是任意一组正交基）　（b）对 P 的基向量进行旋转使 SNR 最大

图 25 - 4　方差与 SNR

由于实验前对球的运动无任何先验知识，故对摄像机的摆放也无任何指导。图 25 - 4(a) 中（x_A，y_A）只是摄像机 A 采集数据时的所参考的标准正交基，而采集数据的真正分布由于摄像机的摆放、摄像机的线性扭曲与拍摄时的抖动等引起了旋转。若要在（x_A，y_A）坐标系下区分信号和噪声，则是非常的困难。在二维空间中，变换矩阵 P 只有两个二维向量。通过旋转基向量 P'，使得数据在沿 P'方向取得最大的方差，对上述实验来说沿 P'的正交方向上方差会最小，因为运动理论上是只存在于一条直线上，所以偏离直线的分布都属于噪声。在新的正交基 P（如图 25 - 4(a) 的长短黑实线，假设为 $\{(\frac{\sqrt{2}}{2}, \frac{\sqrt{2}}{2}), (\frac{-\sqrt{2}}{2}, \frac{\sqrt{2}}{2})\}$）下，则认为采样点云在长线方向上分布的方差是 σ^2_{signal}，而在短线方向上分布的方差是 σ^2_{noise}，此时 SNR 也达到最大。此时的 SNR 描述的就是采样点云在某对正交方向上的概率分布的比值。那么，最大限度地揭示原数据的结构和关系，找出某条潜在的最优的 x 轴等价于寻找一个正交基 P，使得信噪比尽可能最大。容易看出，本例中潜在的 x 轴就是图上的较长黑线方向。那么，怎样寻找这样一组方向呢？直接的想法是对基向量进行旋转。如图 25 - 4(b) 显示了随着这组基的转动 SNR 以及方差的变化情况。对应于 SNR 最大值的一组基 P^*、就是最优的“主元”方向。利用数学进行求取这组基的推导之前，再介绍另一个影响因素。

25.2.2.8　冗余

有时在实验中引入了一些不必要的变量。可能有两种情况：①该变量对结果没有影响，完全是多余的；②该变量可以用其他变量表示，从而造成数据冗余。下面，对这样的冗余情况进行分析和分类。

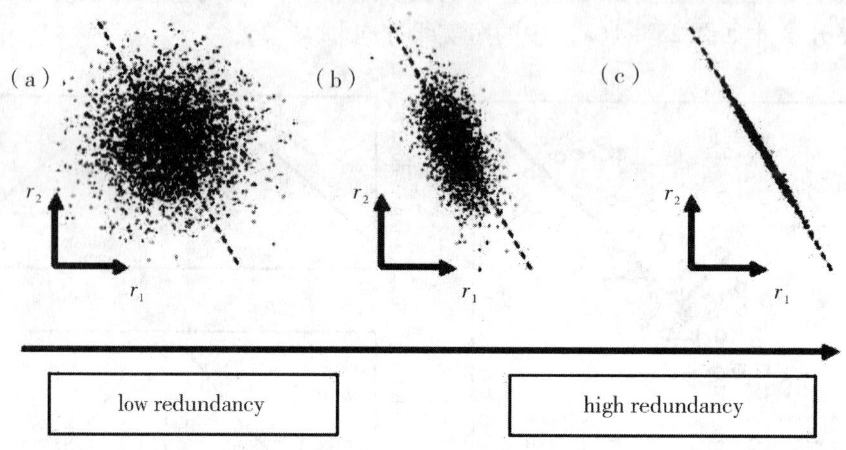

图 25－5　可能冗余数据的频谱图表示（最佳拟合线 $r_2=kr_1$ 用虚线表示）

图 25－5 是观测变量 r_1 和 r_2 的数据集的分布图，如本案例中的变量 x_A，x_B，它揭示了这两个观测变量之间的关系。(a）图所示的情况是低冗余的，从统计学上说，这两个观测变量是相互独立的，它们之间的信息没有冗余。而相反的极端情况如（c），r_1 和 r_2 是高度相关的（或线性相关的），r_2 完全可以用 r_1 表示（如 $r_2=kr_1$），也即已知 r_1 后，r_2 就完全确定。一般来说，发生这种情况可能是因为摄像机 A 和摄像机 B 放置的位置太近或是数据被重复记录了，也可能是由于实验设计的不合理所造成的。那么，对于观测者而言，这个变量的观测数据就是完全冗余的，应当去除，只用一个变量就可以表示了。这也就是 PCA 中“降维”思想的本源。

25.2.2.9　协方差矩阵

对于上面二维的情况可以通过简单的线性拟合 $r_2=kr_1$ 的方法来判断各观测变量之间是否出现冗余的情况。同理对三维变量，若记录的数据均匀分布在一个球体内，则也认为三个变量是完全独立的，若分布在一个曲面上，则有一个变量是冗余的［$z=f(x,y)$］；若分布在一条直线上，则有两个变量是多余的。而对于更复杂的多变量（三维以上）情况，则需要借助协方差来进行衡量和判断，它的一致估计定义如下：

$$\sigma_{AB}^2=\frac{\sum_{i=1}^{n}(a_i-\overline{a})(b_i-\overline{b})}{n-1} \tag{25-7}$$

$A=\{a_1,a_2,\cdots,a_n\}$，$B=\{b_1,b_2,\cdots,b_n\}$ 分别表示了两个观测变量的 n 个记录数据，$\overline{a}=\frac{1}{n}\sum_{i=1}^{n}a_i$，$\overline{b}=\frac{1}{n}\sum_{i=1}^{n}b_i$ 是每个观测变量的均值。在统计学中，由协方差的性质可以得到：①$\sigma_{AB}^2\geqslant 0$，且当观测变量 A，B 不相关时，$\sigma_{AB}^2=0$。②当 $A=B$ 时，$\sigma_{AB}^2=\sigma_A^2$。

协方差的向量表示：$\sigma_{AB}^2 = \frac{1}{n-1}AB^T$。那么，对于具有 m 个观测变量，每个变量采样 n 个时间点的数据矩阵 X 来说，这 n 个变量之间的互相关性可定义如下：将每个观测变量的 n 个值写为行向量，可以得到一个 $m \times n$ 的矩阵 X。

$$X = \begin{bmatrix} x_1 \\ \vdots \\ x_m \end{bmatrix} \tag{25-8}$$

则互相关矩阵如下［请注意，互相关与协方差之间只相差一个常数，两者具有完全相同的物理意义：$E[XY] = \mathrm{cov}(X, Y) + \overline{XY}$，协方差矩阵是除去均值的互相关矩阵，正因为如此，所以下文对两者的名字不加以区别］：

$$C_X = \frac{1}{n-1}XX^{\mathrm{T}} \tag{25-9}$$

容易发现协方差矩阵 C_X 性质如下：①C_X 是一个 $m \times m$ 的平方对称矩阵。②C_X 对角线上的元素是对应观测变量的方差，反映了该变量数据采样点的噪声程度。非对角线上的元素是对应的观测变量之间的协方差，反映了观测变量间的冗余程度。

$$C_X = \begin{bmatrix} \sigma_{x_1x_1}^2 & \sigma_{x_1x_2}^2 & \cdots & \sigma_{x_1x_m}^2 \\ \sigma_{x_2x_1}^2 & \sigma_{x_2x_2}^2 & \cdots & \sigma_{x_2x_m}^2 \\ \vdots & \vdots & \ddots & \vdots \\ \sigma_{x_mx_1}^2 & \sigma_{x_mx_2}^2 & \cdots & \sigma_{x_mx_m}^2 \end{bmatrix} \tag{25-10}$$

协方差矩阵 C_X 包含了所有观测变量之间的相关性度量，在对角线上的元素越大，表明信号越强，变量的重要性越高或是主元，元素越小则表明可能是存在的噪声或是次要变量。一般情况下，初始数据的协方差矩阵总是不太好的，表现为信噪比不高（由于实验中引入了噪声）且变量间相关度大（实验者对实际模型的未知性）。PCA 的目标就是通过基变换对协方差矩阵进行优化

25.2.2.10　协方差矩阵的对角化

协方差矩阵优化的原则是：①最小化变量冗余，对应于协方差矩阵的非对角元素要尽量小或为零；②最大化信号，对应于要使协方差矩阵的对角线上的元素尽可能的大。因为协方差矩阵的每一项都是正值，最小值为 0，所以优化的目标矩阵 C_Y 的非对角元素应该都是 0，对应于冗余最小，故目标矩阵 C_Y 应该是个对角阵，即只有对角线上的元素可能是非零值。同时，PCA 假设 P 所对应的一组变换基 $\{p_1, \cdots, p_m\}^T$ 必须是标准正交的，而优化的目标矩阵 C_Y 对角线上的元素越大，就说明信号的成分越大，换句话说，就是对应于越重要的“主元”。对协方差矩阵进行对角化的方法有很多。根据上面的分析，最简单最直接的算法就是在多维空间内进行搜索，和图 25－4(a) 的例子中旋转 P 的方法类似：①在 m 维空间中进行遍历，搜索到一个向量 p_1，使得 n 个观测向量 $\{x_1, x_2, \cdots, x_n\}$ 在 p_1 方向上方差最大。②在与 p_2 垂直的向量空间中进行遍历，找出次大的方差对应的向量，记作 p_2。③对以上过程循环，直到找出全部的 m 个向量。它们生成的顺序也就是“主元”的排序。这个理论上成立的算法说明了 PCA 的主要思想和过程。在这中间，

牵涉两个重要的特性：①转换基是一组标准正交基。这给 PCA 的求解带来了巨大的好处，它可以运用线性代数的相关理论进行快速有效的分解。②在 PCA 的过程中，可以同时得到新的基向量所对应的“主元排序”，利用这个重要性排序可以方便地对数据进行取舍、简化处理或压缩。

25.2.2.11 PCA 的假设和局限性

PCA 模型中存在诸多的假设条件，决定了它存在一定的限制，在有些场合可能会不利甚至失效。要学习和掌握 PCA，理解这些内容是非常重要的，同时也有利于理解基于改进这些限制条件的 PCA 的一些扩展算法。

PCA 的假设条件包括：①线性假设。如同弹簧运动的例子，PCA 的内部模型是连续的线性空间。这也就决定了它能进行的主元分析之间的关系也是线性的。现在比较流行的 Kernel-PCA 的一类方法就是使用非线性的权值对原有 PCA 技术的拓展。②使用均值和方差进行充分统计。使用均值和方差二阶统计量对概率分布模型进行充分的描述只限于指数型概率分布模型（例如高斯分布），也就是说，如果我们考察的数据的概率分布并不满足指数型概率分布，那么 PCA 将会失效。在那种情况下，不能使用方差和协方差来很好地描述噪声和冗余，对优化之后的协方差矩阵并不能得到很合适的结果。事实上，去除冗余最基础的方程是：$P(y_1,\ y_2)=P(y_1)P(y_2)$，其中 $P(\cdot)$ 代表概率分布的密度函数。基于这个方程进行冗余去除的方法被称作独立分量分析方法（independent component analysis，ICA）。不过，所幸的是，根据中心极限定理（大量起微小作用的任意分布的独立随机变量之和的分布近似高斯分布），现实生活中所遇到的大部分采样数据的概率分布都是遵从高斯分布的。所以，PCA 仍然是一个适用于绝大部分领域的稳定且有效的算法。③大方差向量具有较大重要性。PCA 方法隐含了这样的假设：数据本身具有较高的信噪比，所以具有最高方差的那个向量就可以被看做主元，而方差较小的则被认为是噪声。④主元正交。PCA 方法假设主元向量之间都是正交的，从而可以利用线性代数的一系列有效的数学工具进行求解，这大大提高了工作效率和 PCA 的应用范围。

25.2.2.12 PCA 求解（特征根分解）

在线性代数中，PCA 问题可以描述成以下形式：寻找一组正交基组成的矩阵 P，有 $Y=PX$，使得 $C_Y=\frac{1}{n-1}YY^T$ 是对角阵。则 P 的行向量（也就是 m 个正交基）就是数据 X 的主元向量。对 C_Y 进行数学推导：

$$
\begin{aligned}
C_Y &= \frac{1}{n-1}YY^T = \frac{1}{n-1}PX(PX)^T = \frac{1}{n-1}PX(X^TP^T) \\
&= \frac{1}{n-1}PXX^TP^T = \frac{1}{n-1}P(XX^T)P^T = \frac{1}{n-1}PAP^T
\end{aligned}
\tag{25-11}
$$

定义 $A\equiv XX^T$，则 A 是一个 $m\times m$ 维的对称方阵。任意一个实对称阵都可以化成 $A=EDE^T$ 形式，其中 D 是一个对角阵，而 E 是个标准正交矩阵，并且是对称阵 A 的特征根所对应的特征向量排成的矩阵（请注意：对角阵 D 的第一个元素对应特征矩阵 E 的第一列，第二个对角元素对应的特征向量构成 E 的第二列，依次排列下去）。对称阵 A 有 $r(r\leqslant m)$ 个特征向量，其中 r 是矩阵 A 的秩。如果 $r<m$，则 A 为退化阵。此时分解出的特

征向量不能覆盖整个 m 维空间，只需要在保证基的正交性的前提下，在剩余的空间中任意取得 $m-r$ 维正交向量填充 E 的空格即可。它们将不对结果造成影响。因为此时对应于这些特征向量的特征值，也就是方差值为零。求出特征向量矩阵后我们取 $P \equiv E^T$，则 $A = P^T DP$，由线性代数可知标准正交矩阵 P 有性质 $P^{-1} = P^T$，从而有

$$C_Y = \frac{1}{n-1}PAP^T = \frac{1}{n-1}P(P^T DP)P^T = \frac{1}{n-1}(PP^T)D(PP^T)$$

$$= \frac{1}{n-1}(PP^{-1})D(PP^{-1}) = \frac{1}{n-1}D \qquad (25-12)$$

可知，此时的 P 就是我们需要求的变换基，至此我们可以得到 PCA 的结果：①X 的主元即是 XX^T 的特征向量，也就是矩阵 P 的行向量。②矩阵 C_Y 对角线上第 i 个元素是数据 X 在方向 p_i 的方差。我们可以得到 PCA 求解的一般步骤：

（1）采集数据形成 $m \times n$ 的矩阵。m 为观测变量个数，n 为采样点个数。

（2）在每个观测变量（矩阵行向量）上减去该观测变量的平均值得到去均值的矩阵 X。

（3）对 XX^T 进行特征分解，求取特征向量以及所对应的特征根并按其绝对值从大到小排序。

有了上述基础，我们再简约回顾一下前面的弹簧振子的实验数据处理问题：在对6×6维矩阵 XX^T 对角化后，将会只有第一个特征根很大，其余特征根将很小或接近零（将 6 维降到 1 维，去除 5 个多余的冗余变量）。在这个由新的正交基 E 张成的空间坐标系中，最大特征根所对应的特征向量（即 E 的第一列）将朝向小球真实运动的方向（在这个方向上数据有最大的方差和 SNR，去除了实验噪声和系统线性扭曲的影响）。

25.2.3　PCA 在计算机视觉领域的应用

PCA 方法是一个具有很高普适性的方法，被广泛应用于多个领域。这里要特别介绍的是它在计算机视觉领域的应用，包括如何对图像进行处理以及在人脸识别方面的特别作用。

25.2.3.1　数据表示

如果要将 PCA 方法应用于视觉领域，最基本的问题就是图像的表达。如果是一幅$N \times N$大小的图像，它的数据将被表达为一个 N^2 维的向量：$X = (x_1 \quad x_2 \quad \cdots \quad x_{N^2})^T$，在这里图像的结构将被打乱，每一个像素点被看做一维，最直接的方法就是将图像的像素一行一行地从头到尾相接成一个一维向量。

25.2.3.2　模式识别

假设数据源是 20 幅的图像序列，每幅图像都是$N \times N$大小，那么它们都可以表示为一个 N^2 维的向量。将它们排成一个矩阵：

$$\text{ImagesMatrix} = (\text{ImageVec1} \quad \text{ImageVec2} \quad \cdots \quad \text{ImageVec20}) \qquad (25-13)$$

然后对它们进行 PCA 处理，找出主元。为什么这样做呢？根据人脸识别的例子，数据源是 20 幅不同的人脸图像，PCA 方法的实质是寻找这些图像中的相似的维度，因为人脸的结构有极大的相似性（特别是同一个人的人脸图像），则使用 PCA 方法就可以很容易地提取出人脸的内在结构，也即是所谓“模式”，如果有新的图像需要与原有图像比较，

就可以在变换后的主元维度上进行比较，则可衡量新图与原有数据集的相似度如何。对这样的一组人脸图像进行处理，提取其中最重要的主元，即可大致描述人脸的结构信息，称作“特征脸”(eigen face)。这就是人脸识别中的重要方法“特征脸方法”的理论根据。近些年来，基于对一般 PCA 方法的改进，结合 ICA、Kernel-PCA 等方法，在主元分析中加入关于人脸图像的先验知识，则能得到更好的效果。

25.2.3.3 图像信息压缩

使用 PCA 方法进行图像压缩，又被称为 Hotelling 算法，或者 Karhunen and Leove (KL) 变换。这是视觉领域内图像处理的经典算法之一。具体算法与上述过程相同，使用 PCA 方法处理一个图像序列，提取其中的主元。再根据主元的排序去除其中次要的分量，然后变换回原空间，则图像序列因为维数降低得到很大的压缩。例如，弹簧振子例中取出最主要的 1 个维度，则数据就压缩了 5/6。但是，这种有损的压缩方法同时又保持了其中最“重要”的信息，是一种非常重要且有效的算法。

25.3 基于 PCA 的人脸识别方法

所有模式识别方法都分为两步：训练步（分类）和测试步（识别）。所谓训练就是从先验的大量样本数据中统计抽取出某类模式的特征，然后将该特征标注为该模式类，测试就是在实践中，已知一样本，用相同或不同于训练步的方法抽取它的特征，再将该特征与库中的所有模式类进行相似度匹配，并进行识别。特征脸法是一种基于人脸全局特征的识别方法，所谓人脸的全局特征是指所提取的特征与整幅人脸图像甚至整个训练样本集相关，这种特征未必具有明确的物理意义，但却适合于分类。在人脸识别中我们首先需要采集大量的人脸样本来训练得到该类人脸模式的特征，在获得人脸图像库的前提下，我们可以进行如下操作。

(1) 将 $M \times N$ 像素的人脸排成一列向量 X。它是一个 $D(D = M \times N)$ 行 1 列的 D 维矩阵。用 D 个像素点来描述一张人脸会存在大量的冗余像素点，这个 D 正是需要降维的。

(2) 将同一人脸的 n 个采样脸，即 n 个训练样本构成 n 个列向量 $\{X_1, X_2, \cdots, X_n\}$，在人脸图像样本的采集过程中，由于环境光照、人脸本身肤色的变化、姿势以及相机的噪声等因素导致这 n 个采样脸数据都存在大量的噪声，我们需要去除这些噪声，从中抽取出真正的能代表人脸本质特征的主元分量，即特征脸，计算矢量均值 $u = \frac{1}{n}\sum_{i=1}^{n} X_i$ 和去中心化的矩阵 $A = [X_1 - u, X_2 - u, \cdots, X_n - u]$。

(3) 构造协方差矩阵 $S = AA^T$，注意到 S 是个 $D \times D$ 维的半正定实对称方阵，并且它的秩（或非零特征根的个数）$r \leqslant \min\{\text{size}(A)\}$，对 S 进行对角化分解：$S = E\lambda E^T$，λ 是一个 $r \times r$ 维的对角阵，并使特征根从大到小分别由左上角向右下角排列，根据 25.2.2 节论述的 PCA 原理，最大特征根对应的特征矢量，抽取了 S 的最主要的成分（即低频信号，包含了 S 最主要的信息），以此类推，最小的特征根对应的特征矢量包含了 S 的最不重要成分（即高频信息）。需要指出的是特征矩阵 E 是个 $D \times r$ 维的标准正交阵，E 中由最大特征根所对应特征矢量的第一个分量是矩阵 S 中第一行数据的共同特征（即第一个像素

点在 n 次采样中的最主要成分)，该特征矢量的第二个分量是 S 矩阵中第二行数据的共同特征（即第二个像素点在 n 次采样中的最主要成分)，依此类推。同理 E 中由第二大特征根所对应的特征向量的第一个分量代表了矩阵 S 中第一行数据的第二重要成分（第二次要特征)，该特征向量的第二个分量代表了矩阵 S 中第二行数据的第二重要成分（第二次要特征)，依此类推。若取 $k<r$，即只用 k 个最大特征根所对应的特征向量（即 k 个主要分量）来描述方阵 S，可以大大降低 S 数据的冗余并去除 S 中的噪声。

（4）再用这 k 个相互正交的 D 维特征矢量（即 E 的前 k 列）作为一正交基张成一个大小为 k 的子空间 T，即 $T=\text{span}\{E_1, E_2, \cdots, E_k\}$，请注意：空间 T 的维数仍然是 D 维，T 是 D 维空间中的一个子空间，因为它是只有 k（$k \ll D$）个矢量的全部线性组合的矢量集构成的空间，也称 T 是一个 $D\times k$ 维的投影矩阵。最后将每一张人脸 $D\times 1$ 维 X_i 矢量投影到这个空间上去，得到一降维（从 D 维降到了 k 维）的特征脸 $\hat{X}_i=T^T X_i$（$k\times 1$ 维)。平均 n 张训练样本的特征脸 $\hat{X}_i$ 最终得到该类人脸模式的特征脸 $\hat{X}=\sum_{i=1}^{n}\hat{X}_i$，存入特征脸样本库。

（5）将测试人脸同样投影到空间 T 上，得到一测试脸的特征，再和样本库中的模式类逐一进行相似度匹配（如利用欧氏距离度量)，找出距离最小的模式就是识别的人脸。

25.4 程序分析

25.4.1 人脸数据库的构建

人脸库的采集参考代码如下：

```
filelist = dir('*.bmp');
FileNum = length(filelist);
for j = 1:FileNum
    inFilename = filelist(j).name;
    fa = imread(inFilename);
    fa = fa(:);
    i = ceil(j/2);
    if mod(j,2) == 1
        k = 1;
    else k = 2;
    end
    StuFaceLab(:,k,i) = double(fa);
end
save StuFaceLab;
```

25.4.2 基于 PCA 的人脸识别

```
load('StuFaceLab.mat');
% basic information
dim = size(Iv,1);
tal = size(Iv,2);
class = size(Iv,3);
ell = 5; % ell training sample;
ellsample = 5; % ellsample test sample;
t = 1e7; % Similarity matrix 的参数
order = 1;
dita = 1e7;
NumTotal = ell * class;
lpp = NumTotal - class;
lda = class - 1;
polynomial = 1;
pca = 30;
% ------------------- step 1   KPCA   ------------------------------ %
Itr = zeros(dim,ell,class);   % Training sample feature vector
for classnum = 1:class
    for e = 1:ell
        Itr(:,e,classnum) = Iv(:,e,classnum);   %
    end
end
It = zeros(dim,ellsample,class);% Testing sample feature vector
for classnum = 1:class
    for e = 1:ellsample
        It(:,e,classnum) = Iv(:,e + ell,classnum);   %
    end
end
%   导入向量 Iv(dim,ell)
%   样本类数   class
Imean = zeros(dim,1);
for classnum = 1:class
    for i = 1:ell
        Imean = Imean + Itr(:,i,classnum);
    end
end
```

```
Imean = (1/(ell * class)) * Imean;                              %求平均向量
Q = zeros(dim,ell * class);
for classnum = 1:class
    for num = 1:ell
        Q(:,num + (classnum - 1) * ell) = Itr(:,num,classnum) - Imean(:,1);
    end
end
R = zeros(ell * class,ell * class);
R = Q' * Q;      % R's size is ell * ell
d = rank(R);
d = pca;
[U,L] = eigs(R,d,'LM');   % 求出 R 的 eigenvector and eigenvalue
Wpca = zeros(dim,d);
for p = 1:d
    Wpca(:,p) = (1/(sqrt(L(p,p)))) * Q * U(:,p);
end
%% 程序至此得到了线形变换的矩阵 W
Iy = zeros(d,ell,class); % training feature vector   %
for classnum = 1:class
    for num = 1:ell
        Y = zeros(d,1);
        Iy(:,num,classnum) = Wpca' * Itr(:,num,classnum);
    end
end
% ------------------------------------------------------------------------
Tldalpp = zeros(d,ellsample,class);
for classnum = 1:class
    for num = 1:ellsample
        Tldalpp(:,num,classnum) = Wpca' * It(:,num,classnum);
    end
end
%%%%% ------------------------------------------------ %%%%%
dimension = size(Tldalpp,1);
% ------ 算法性能测试 -------- %
r = zeros(ellsample,ellsample);
CorrectMatrix = zeros(1,class * ellsample);
Glda = zeros(class,ellsample, class);
for cl = 1:class
```

```
    for img = 1:ellsample
        %------------------------ 循环体开始 ------------------------%
        X = Tldalpp(:,img,cl);    % X    input sample vector %
        % 以下为改进算法，求每个类的 Z1 的平均值
        Iymean = zeros(dimension,class);
        for classnum = 1:class                    % Z1 :   the mean of Z1
            for i = 1:ell
                Iymean(:,classnum) = Iymean(:,classnum) + Iy(:,i,classnum);
            end
            Iymean(:,classnum) = (1/ell) * Iymean(:,classnum);
        end
        %--------------------------- 进行匹配 ---------%
        %---------------- 此处可以进行修改,利用其他 simlarity measure --------%
        G2 = zeros(1,class);
        for classnum = 1:class
G2(1,classnum) = (X' * Iymean(:,classnum))/(norm(X) * norm(Iymean(:,classnum)));
        end
        Glda(:,img,cl) = G2';
        Sclass = max(G2);
        %---------------- 得出最后的结果 ----------%
        for classnum = 1:class
            if Sclass == G2(1,classnum)
                lastresult = classnum;
            end
        end
        lastresult
        %---------------- 进行最后结果的评估 -----------------%
        if lastresult == cl
        CorrectMatrix(1,img + (cl - 1) * ellsample) = 1;% 如果正确，则置为 1；否则，保
持不变为 0;
        end
        rate = sum(CorrectMatrix)/(class * ellsample);
    end
end
rate
```

25.5　总结和讨论

25.5.1　PCA 技术的降维

PCA 的一大好处是对数据进行降维处理。我们可以对新求出的“主元”向量的重要性进行排序，根据需要取前面最重要的部分，将后面的维数省去，可以达到降维从而简化模型或是对数据进行压缩的效果；同时，最大限度地保持了原有数据的信息。在弹簧振子的例子中，经过 PCA 处理后的数据只剩下了一维，也就是弹簧运动的那一维，从而去除了冗余的变量，揭示了实验数据背后的物理原理。

25.5.2　无参数化

PCA 技术的另一个很大的优点是，它是完全无参数限制的。在 PCA 的计算过程中完全不需要人为地设定参数或是根据任何经验模型对计算过程进行干预，最后的结果只与数据相关，与用户是独立的。但是，这一点同时也可以看做缺点。如果用户对观测对象有一定的先验知识，掌握了数据的一些特征，却无法通过参数化方法对处理过程进行干预，可能会得不到预期的效果，效率也不高。如图 25－6 所示，PCA 找出的主元将是（P_1，P_2）。但是这显然不是最优和最简化的主元。（P_1，P_2）之间存在着非线性的关系。根据先验知识可知旋转角 θ 是最优的主元。则在这种情况下，PCA 就会失效。但是，如果加入了先验知识，对数据进行某种划归或变换（坐标变换），就可以将数据转化为以 θ 为主元的线性空间中。

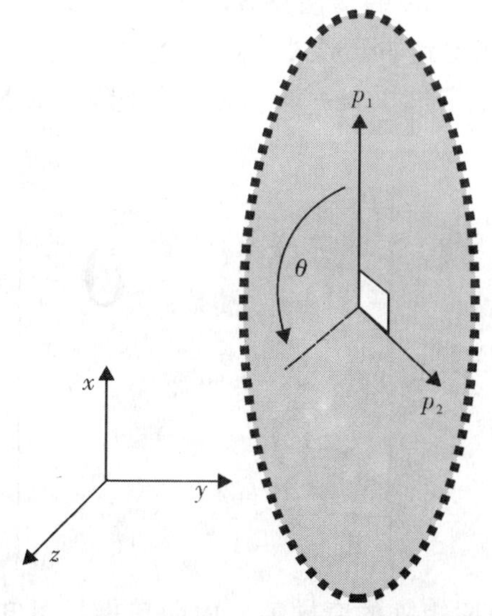

图 25－6　黑色点表示采样数据，排列成转盘的形状

这类根据先验知识对数据预先进行非线性变换的方法就是 Kernel-PCA，它扩展了 PCA 能够处理的问题范围，又可以结合一些先验约束，是比较流行的方法。

25.5.3　高斯分布限制

有时数据的分布并不满足高斯分布。如图25－7(a) 所示，呈明显的十字星状，这种情况下，方差最大的方向并不是最优主元方向。在这种非高斯分布的情况下，PCA 方法得出的主元并不是最优的，在寻找主元时不能将方差作为衡量重要性的标准，要根据数据的分布情况选择合适的能描述真实分布的变量，然后根据概率分布式 $P(y_1, y_2)=P(y_1)P(y_2)$ 来计算两个向量上数据分布的相关性。等价的、保持主元间的正交假设，寻找的主元同样要使 $P(y_1, y_2)=0$，这一类方法被称为独立主元分解（independent component analysis, ICA)，如图25－7(b) 所示。

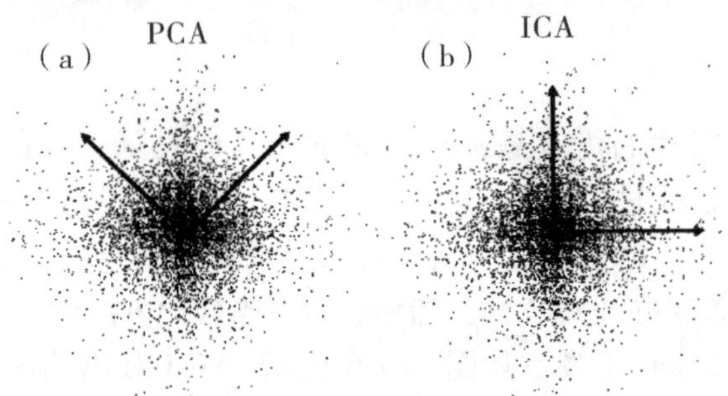

图25－7　原始数据的分布

25.5.4　PCA 与 SVD 的联系

PCA 方法和线性代数中的奇异值分解（singular value decomposition, SVD）方法有内在的联系，一定意义上来说，PCA 的解法是 SVD 的一种变形和弱化。对于 $m\times n$ 的矩阵 X，通过奇异值分解可以直接得到如下形式：$X=U\Sigma V^T$。

其中 U 是一个 $m\times m$ 的矩阵，V 是一个 $n\times n$ 的矩阵，而 Σ 是 $m\times n$ 的对角阵。Σ 形式如下：

$$\Sigma=\begin{bmatrix} \sigma_1 & & & & \\ & \ddots & & \mathbf{0} & \\ & & \sigma_r & & \\ & \mathbf{0} & & 0 & \\ & & & & \ddots & \\ & & & & & 0 \end{bmatrix} \tag{25-14}$$

其中，$\sigma_1\geqslant\sigma_2\geqslant\cdots\geqslant\sigma_r$，是原矩阵的奇异值。由简单推导可知，如果对奇异值分解加以约束：U 的向量必须正交，则矩阵 U 即为 PCA 的特征值分解中的 E，则说明 PCA 并不一定需要求取 XX^T，也可以直接对原数据矩阵 X 进行 SVD 即可得到特征向量矩阵，也就是主元向量。

25.6　参考文献

[1] Jonathon Shlens. A Tutorial on Principal Component Analysis. New York：New York University Publication，2005.

[2] 张翠平，苏光大. 人脸识别技术综述. 中国图像图形学报，2000，5（11）：885～894.

[3] 何国辉，甘俊英. PCA 类内平均脸法在人脸识别中的应用研究. 计算机应用研究，2006，(3)：165～169.

第 26 章　批量文件加密方案设计与实现

26.1　设计概述

密码在网络与信息安全领域得到广泛的应用，它能够确保机密数据的安全传输与存储。批量文件加密就是基于某种简单易行的加密算法，对本地存储或网络上的大批量文件进行批量的加解密处理，从而达到数据的安全通信的目的。

本设计通过对一文件夹下的大批量数字图像进行加解密处理，其中加密方法可采用 C 语言或 MATLAB 语言编写的 DES 算法，而对文件夹下的文件数据采用 MATLAB 编写的程序进行批量读写，最后利用 C 语言和 MATLAB 语言的混合编程环境运行实现本设计的方案。

26.2　加密方案

26.2.1　DES 算法简介

现代密码学理论来源于香农（Shannon）于 1949 发表的文献 *Communication Theory of Secrecy Systems*，在它的保密编码模型中，扩散（diffusion）和混淆（confusion）方法是指导实际密码设计的一般性原则。在扩散方法中，将明文中一个比特的影响扩散到密文中很多比特，从而将明文的统计结构隐藏起来，这种扩散使敌方需要截获大量资料才能确定明文的统计结构。在混淆方法中，数据变换的设计使密文的统计特性与明文的统计特性之间的关系更为复杂。然而，一个具有实用价值的密码，不仅要使敌方难以破译，还应当易于用密钥进行加密和解密。乘积密码思想将一些较简单的密码分量相继级联加密使最终的密码有适度的扩散和混淆。而基本的密码分量便是置换（permutation，或称替代）和置乱（scramble）。置换就是将明文中的每个字符按由密钥决定的置换规则替代成同一字符集中的其他字符，不打乱明文字符间的前后顺序。而置乱就是按密钥的交换规则将明文字符间的顺序打乱。将简单的置换和置乱作交织，并交织重复多次（即级联形式的乘积密码），就能得到具有良好扩散和混淆性能的密码。应用该原理设计的第一个实用的数据加密标准便是 DES，并设计了专门的数字信号处理器（DSP），如 data ciphering processors（Am9518，Am9568，AmZ8086）。

DES（data encryption standard）为密码体制中的对称密码体制，又称为美国数据加密标准，是 1972 年美国 IBM 公司研制的对称密码体制加密算法。主要是针对硬件来实现的。1976 年被美国联邦政府的联邦信息处理标准（FIPS）选中，随后即在国际上广泛流传开来。虽然有一些分析报告提出了该算法理论上的弱点，但在实际情况中并未找到理论上的破解方案，目前至多也只能利用穷举搜索的方法进行破解。尽管该标准已经被高级加密标准（advanced encryption standard，AES）所取代，但鉴于知识结构的承前启后性，本科层次的学生也很有必要学习和理解它。

26.2.2　DES 基本原理

DES 算法的入口参数有 3 个：key，data，mode。key 为加密解密使用的密钥，data 为加密解密的数据，mode 为其工作模式。当模式为加密模式时，明文按照 64 位进行分组，形成明文组，key 用于对数据加密，当模式为解密模式时，key 用于对数据解密。

26.2.2.1　主要流程

DES 属于分组加密算法，它把 64 位的明文输入块变为 64 位的密文输出块，它所使用的初始密钥也是 64 位，DES 算法总体的流程如图 26－1 所示。

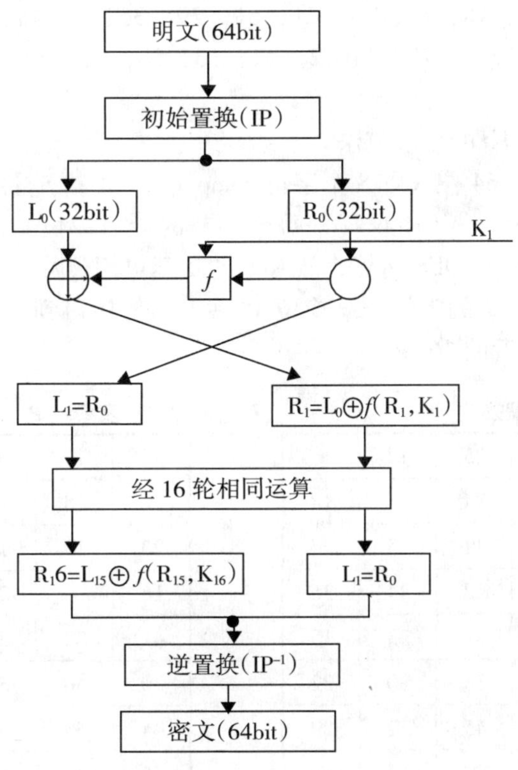

图 26－1　DES 算法总体流程

26.2.2.2　初始置换

初始置换（initial permutation，IP）R 的功能是把输入的 64 位明文数据块按位进行置换，并把输出分为 L_0，R_0两部分，每部分各长 32 位，若初始明文不足 64 位按预知的某种规则往后补充数据直到补齐 64 位为止（如通过往后补充 0，最后在解密后将后续的这些 0 去除即可）。其置换规则如下。

58，50，42，34，26，18，10，2，60，52，44，36，28，20，12，4，62，54，46，38，30，22，14，6，64，56，48，40，32，24，16，8，57，49，41，33，25，17，9，1，59，51，43，35，27，19，11，3，61，53，45，37，29，21，13，5，63，55，47，39，31，23，15，7

即将输入的第58位换到第1位，第50位换到第2位……，依此类推，最后一位是原来的第7位。L_0是换位输出的左32位，R_0是右32位。如假设置换前的输入值为D_1，D_2，D_3,…，D_{64}，则经过初始置换后的结果为：$L_0=D_{58}$，D_{50},…，D_8；$R_0=D_{57}$，D_{49},…，D_7。将L_0和R_0经过16轮完全相同的迭代运算后，得到R_{16}，L_{16}，再将R_{16}和L_{16}直接连接（R_{16}居前，L_{16}居后）作为输入进行初始逆置换（inverse IP，IP^{-1}），即得到最后的64位密文输出。逆置换正好是初始置换的逆运算。例如，第1位经过初始置换后，处于第40位，而通过逆置换，又将第40位换回到第1位，其逆置换结果如下所示。

40，8，48，16，56，24，64，32，39，7，47，15，55，23，63，31，38，6，46，14，54，22，62，30，37，5，45，13，53，21，61，29，36，4，44，12，52，20，60，28，35，3，43，11，51，19，59，27，34，2，42，10，50，18，58 26，33，1，41，9，49，17，57，25

26.2.2.3 16个子密钥K*i*的生成算法

DES的初始Key值为64位（如8个字符computer，每个字符由8比特表示），但DES算法规定，其中第8，16，…，64位（即每个字节的最后一位）是奇校验位（使得每个密钥都有奇数个1），不参与DES运算，故Key的实际可用位数只有56位。这一步是通过一个压缩选择换位表26－1的密钥压缩换位PC－1的变换得到，实际Key的位数由最初的64位变成了压缩置换后的56位。

表26－1 密钥压缩换位PC－1

57	49	41	33	25	17	9
1	58	50	42	34	26	18
10	2	59	51	42	35	27
19	11	3	60	52	44	36
63	55	46	39	31	23	15
7	62	54	46	38	30	22
14	6	61	53	45	37	29
21	13	5	28	20	12	4

表26－2 密钥压缩换位PC－2

14	17	11	24	1	5
3	28	15	6	21	10
23	19	12	4	26	8
16	7	27	20	13	2
41	52	31	37	47	55
30	40	51	45	33	48
44	49	39	56	34	53
46	42	50	36	29	32

再将这56位分为前后C_0，D_0两部分，各28位，然后进行第1次循环左移（Left Shift，LS），得到C_1，D_1，循环左移的移位数与第几次循环移位的对应关系如表26－3所示。例如：第8次LS是左移2位，而LS 9是左移1位。

表 26－3　循环次数与左移位数的对应关系

循环次数	1	2	3	4	5	6	7	8	9	10	11	12	13	14	15	16
左移位数	1	1	2	2	2	2	2	2	1	2	2	2	2	2	2	1

将 C_1（28 位）、D_1（28 位）合并得到 56 位，再经过压缩选择换位表 26－2（压缩换位 PC－2），便得到 48 位的密钥 K_0。再将 K_0 分成前后 C_2 和 D_2 两部分，各 24 位，分别进行 LS_2 后合并成 48 位的数据，再将这 48 位数据用表 26－1（压缩换位 PC－1）置换后得到 K_1，依此类推，便可得到 K_2，…，K_{15}，请注意 16 个 K 都是 48 位的。这 16 个子密钥的生成流程如图 26－2 所示。

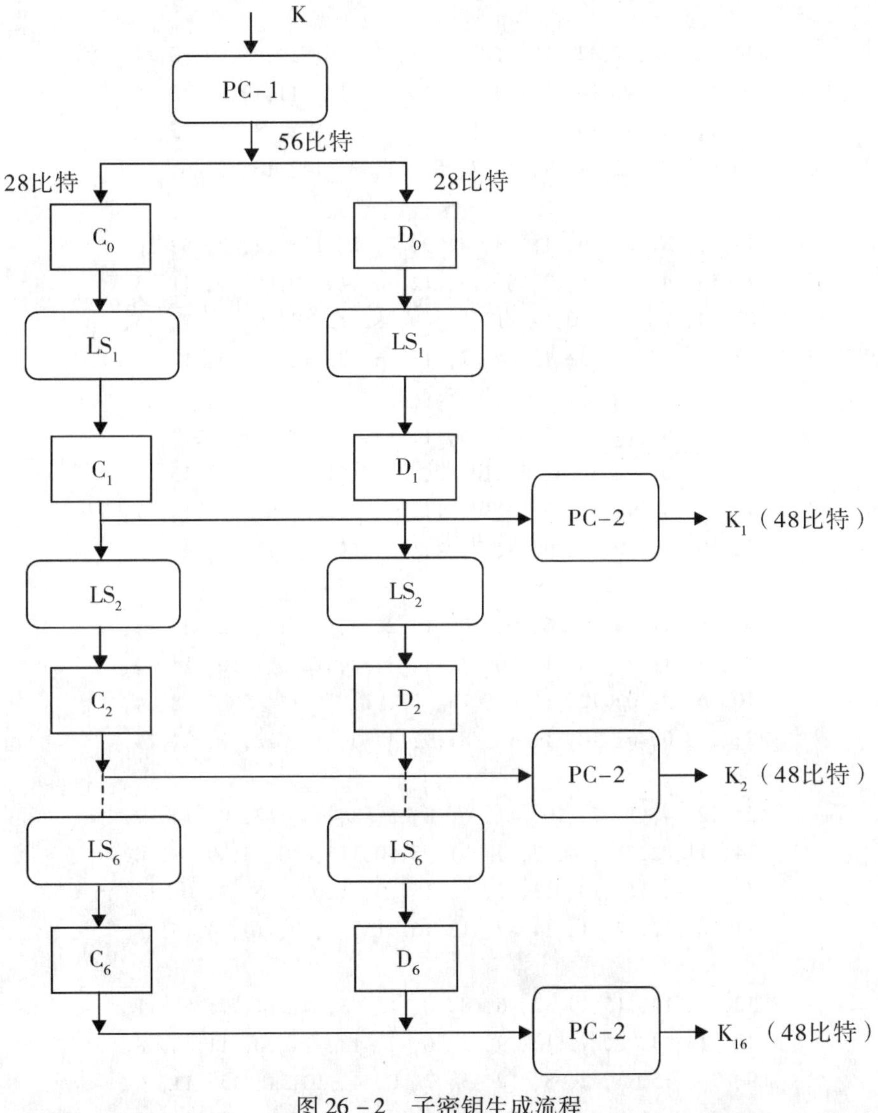

图 26－2　子密钥生成流程

26.2.2.3 数据加密

将经过初始置换的 R_0 数据（请注意：这里仅拿右边的32位作处理）用表26－4进行放大换位（也称E置换表）得到48位的 R_0'。再将 R_0' 与 K_1 作“异或”运算得到 R_1。

表26－4 放大换位表

32，1，2，3，4，5，4，5，6，7，8，9，8，9，10，11，12，13，12，13，14，15，16，17，16，17，
18，19，20，21，20，21，22，23，24，25，24，25，26，27，28，29，28，29，30，31，32，1

再将 R_1 按前后顺序分成8组（每组6位）分别通过8个S盒（$S_1 \sim S_8$）后输出，见表26－5所示。

表26－5 8个S盒

S_1：

14，4，13，1，2，15，11，8，3，10，6，12，5，9，0，7，
0，15，7，4，14，2，13，1，10，6，12，11，9，5，3，8，
4，1，14，8，13，6，2，11，15，12，9，7，3，10，5，0，
15，12，8，2，4，9，1，7，5，11，3，14，10，0，6，13，

S_2：

15，1，8，14，6，11，3，4，9，7，2，13，12，0，5，10，
3，13，4，7，15，2，8，14，12，0，1，10，6，9，11，5，
0，14，7，11，10，4，13，1，5，8，12，6，9，3，2，15，
13，8，10，1，3，15，4，2，11，6，7，12，0，5，14，9，

S_3：

10，0，9，14，6，3，15，5，1，13，12，7，11，4，2，8，
13，7，0，9，3，4，6，10，2，8，5，14，12，11，15，1，
13，6，4，9，8，15，3，0，11，1，2，12，5，10，14，7，
1，10，13，0，6，9，8，7，4，15，14，3，11，5，2，12，

S_4：

7，13，14，3，0，6，9，10，1，2，8，5，11，12，4，15，
13，8，11，5，6，15，0，3，4，7，2，12，1，10，14，9，
10，6，9，0，12，11，7，13，15，1，3，14，5，2，8，4，
3，15，0，6，10，1，13，8，9，4，5，11，12，7，2，14，

S_5：

2，12，4，1，7，10，11，6，8，5，3，15，13，0，14，9，
14，11，2，12，4，7，13，1，5，0，15，10，3，9，8，6，
4，2，1，11，10，13，7，8，15，9，12，5，6，3，0，14，
11，8，12，7，1，14，2，13，6，15，0，9，10，4，5，3，

S_6：

12，1，10，15，9，2，6，8，0，13，3，4，14，7，5，11，
10，15，4，2，7，12，9，5，6，1，13，14，0，11，3，8，
9，14，15，5，2，8，12，3，7，0，4，10，1，13，11，6，
4，3，2，12，9，5，15，10，11，14，1，7，6，0，8，13，

S_7:

4, 11, 2, 14, 15, 0, 8, 13, 3, 12, 9, 7, 5, 10, 6, 1,
13, 0, 11, 7, 4, 9, 1, 10, 14, 3, 5, 12, 2, 15, 8, 6,
1, 4, 11, 13, 12, 3, 7, 14, 10, 15, 6, 8, 0, 5, 9, 2,
6, 11, 13, 8, 1, 4, 10, 7, 9, 5, 0, 15, 14, 2, 3, 12,

S_8:

13, 2, 8, 4, 6, 15, 11, 1, 10, 9, 3, 14, 5, 0, 12, 7,
1, 15, 13, 8, 10, 3, 7, 4, 12, 5, 6, 11, 0, 14, 9, 2,
7, 11, 4, 1, 9, 12, 14, 2, 0, 6, 10, 13, 15, 3, 5, 8,
2, 1, 14, 7, 4, 10, 8, 13, 15, 12, 9, 0, 3, 5, 6, 11,

S_1，S_2，…，S_8 为选择函数，每个盒共有 4 行 16 列数据，盒中的每个元素都是一个 4bit 数据（0～15），其功能是把 6bit 数据组变为 4bit 数据组。以 S_1 为例，S_1 中共有 4 行数据，命名为 0，1，2，3 行；每行有 16 列，命名为 0，1，2，3，…，14，15 列。设输入 6bit 数据组为：$D = D_1D_2D_3D_4D_5D_6$，取出 D 中的第 1 和第 6 位串成一个 2bit 数，记为 m，取出 D 中的第 2 至第 5 位串联成一个 4bit 数，记为 n，用 S_1 盒中的第 m 行第 n 列的数替换数据组 D，由于 S 盒中的数只有 4 位，故将 6 位数的 D 换成了 4 位数。数学表述如下：令 $m = D_1D_6$，$n = D_2D_3D_4D_5$，$D = S(m, n)$。R_1 数据块分别经过 S 盒后得到 8 个 4 位数据块，再将它们串成起来形成一个 32 位的数 R_1'，再将 R_1'经过 P 盒置换（也称单纯置换），P 盒置换如表 26 – 6 所示。

表 26 – 6　单纯换位表

16, 7, 20, 21, 29, 12, 28, 17, 1, 15, 23, 26, 5, 18, 31, 10, 2, 8, 24, 14, 32, 27,
3, 9, 19, 13, 30, 6, 22, 11, 4, 25

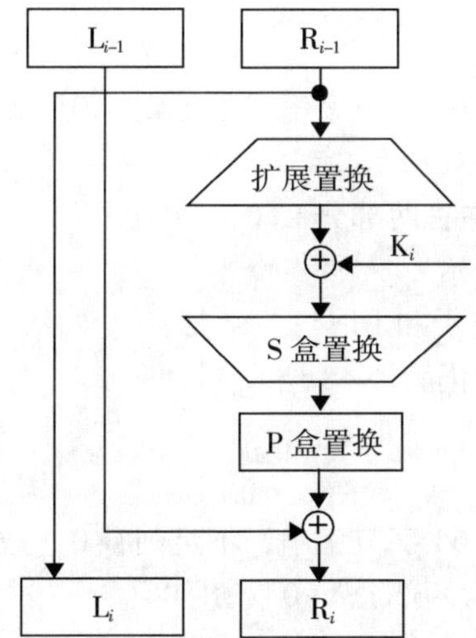

图 26 – 3　16 轮置换替代算法细节

经 P 盒置换后的 R_1'与 L_0 作“异或”运算生成 R_1，用 R_0 替换 L_1。至此，第一轮变换全部结束。64 位的数据 $R_1 + L_1$ 依次重复上述过程，直到 K_{16}用完，见图 26 – 3 所示 16 轮置换替代算法细节。

最后把 R_{16} 和 L_{16} 串联起来得到一个 64 位的数，再经过初始逆置换（IP^{-1}）形成最后的 64bit 密文。以上介绍了 DES 算法的加密过程。DES 算法的解密过程是一样的，区别仅仅在于第一次迭代时用子密钥 K_{16}，第二次 K_{15}，……最后一次用 K_1，算法本身并没有任何变化。

DES 算法具有极高的安全性，到目前为止，除了用穷举搜索法对 DES 算法进行攻击外，还没有发现更有效的办法。而 56 位长的密钥的穷举空间为 256，这意味着如果一台计算机的速度是每秒钟检测 100 万个密钥，则它搜索完全部密钥就需要将近 2285 年的时间，可见，这是难以实现的，当然，随着科学技术的发展，当出现超高速计算机后，我们可考虑把 DES 密钥的长度再增加一些，以此来达到更高的保密程度。

26. 2. 2. 4 DES 算法的应用误区

由上述 DES 算法介绍我们可以看到，DES 算法中只用到 64 位密钥中的 56 位，而第 8，16，24，…，64 位 8 个位并未参与 DES 运算，这一点向我们提出了一个应用上的要求，即 DES 的安全性是基于除了 8，16，24，…，64 位外的其余 56 位的组合变化 256 才得以保证的。因此，在实际应用中，我们应避开使用第 8，16，24，…，64 位作为有效数据位，而使用其他的 56 位作为有效数据位，这样才能保证 DES 算法安全可靠地发挥作用。如果不了解这一点，把密钥 Key 的 8，16，24，…，64 位作为有效数据位使用，将不能保证 DES 加密数据的安全性，对运用 DES 来达到保密作用的系统产生数据被破译的危险，这正是 DES 算法在应用上的误区，留下了被人攻击、被人破译的极大隐患。

26. 3 DES 实现过程

26. 3. 1 变换密钥

（1）将 8 字节密钥转换为 64 字节字串，不足则补 0（或自定义）。

（2）根据 PC1 进行变换，成为 56 字节。

（3）将 56 字节密钥分为左右两部分 C[0]，D[0]。

（4）循环 16 次（i 从 1 开始）。

1）左移固定位数得到 C[i] 和 D[i]；

2）将 C[i] D[i] 用 PC2 化简为 48 位 k[i]。

26. 3. 2 数据处理

（1）将 8 字节数据转换为 64 字节字串，不足则补 0（或自定义）。

（2）将 64 字节数据转换为两部分 L[0]，R[0]。

（3）循环 16 次（i 从 1 开始），用密钥加密数据。

1）将 32 位的 R[$i-1$] 按 exp 扩展为 48 位的 E[$i-1$]；

2）异或 E[$i-1$] 和 K[i]；

3）将异或结果分为 8 个 6 位长的部分 B [8]；

4）循环用 S 表替换（j 从 1 开始）：①B[j] 第 1 位和第 6 位组合为 M，作为 S[j] 的行号；②B[j] 第 2 到 5 位组合为 N，作为 S[j] 的列号；③用 S[j] [M] [N] 来取代 B[j]。

5）将 B[1] 到 B[8] 按 P 组合得到 p；

6）R[i] = p xor L[$i-1$]；

7）L[i] = R[$i-1$]。

26.3.3　组合

组合变换后的 R[16]、L[16] 按 ip_1 变换得到最后结果。

26.4　应用于大批量的彩色图像加密

数码相机和 JPEG 压缩的广泛应用，使得人们可以非常方便地获取大量的彩色图像，在这种情况下，人们收集的某些私密照片有时是不愿意让其他人观赏或获取的，如何将这些批量图像进行一次性的快速加密处理将会是个非常有现实意义的问题，以下将通过 MATLAB 和 C 混合编程来实现这一目标。

VC 与 MATLAB 混合编程的方法有很多，引擎功能虽然强大但太慢，而 COM 又比较麻烦（VB、DELPHI/C ++ Builder 的使用简单些）。本设计介绍一种 VC 与 MATLAB 混合编程的方法。通过将 m 函数编译成标准的 dll 动态链接库，实现在 VC 中对 MATLAB 模块的方便调用，也可以将 C 函数编译成标准的 dll 动态链接库，实现在 MATLAB 中对 C 模块的方便调用。下面介绍其中一种的操作过程。

26.4.1　设置 MATLAB 编译器

在 MATLAB 命令窗口中输入 mbuild-setup，系统提示“是否对安装的编译器进行配置?”，输入“y”，显示系统中安装的编译器。选择 Microsoft Visual C/C ++ version 6.0 in D:\Program Files\Microsoft Visual Studio 的编译器，并确定。

26.4.2　设置 VC ++6.0 工作环境

首先设置 include 文件搜索路径。选择 VC 的 Tools 菜单下的 Options 命令，打开工程设置对话框。点击“目录”选项卡，把 D:\MATLAB6p5p1\extern\include 路径添加到列表框中，点击“确定”按钮。然后添加 Lib 文件到工程中。选择工程菜单下添加到工程命令，选择“Files”选项，将 D:\MATLAB6p5p1\extern\lib\win32\microsoft\msvc6 文件夹下的 libmatlbmx.lib 文件和上边生成的 myDLL.lib 文件添加到工程中。最后，将 myDLL.h、myDLL.dll 文件拷贝到工程文件夹下。

26.4.3　编译 m 函数为 DLL

在 MATLAB 命令窗口中输入 mcc-B csharedlib：myDLL myFunc.m。其中，myDLL 是生成的 dll 的文件名，这个名字可以更改。编译完成后，myFunc.m 所在的文件夹下将生成 9 个文件。其中 myDLL.dll、myDLL.lib 和 myDLL.h3 个文件是我们要使用的。

26.4.4 建立测试工程

启动 VC。选择文件菜单下的新建命令，创建一个 Win32 Console Application，在工程类型对话框中选择“A simple application”，点击“完成”按钮。

26.5 程序分析

26.5.1 批量文件的读写与加解密

```
function EncryptionTime = encryption(string, key)
% All rights reserved by Y. -G., Wang
% Copyrights (C), Jun. 03, 2010
% Version 1.0
%   inputs:   string --- directory needs to encrypt
%             key ----- permuting numbers
% outputs:  EncryptionTime
start = cputime;
iTimes = key;
File1 = dir(strcat(string, '*.bmp'));
[m, n] = size(File1);
for i = 1:m
    TempImg = imread(strcat(string, File1(i).name));
    [row, col, dim] = size(TempImg);
    OutImg = uint8(zeros(row, col, dim));
    OutImg = des(TempImg,key);
    imwrite(OutImg, strcat(string, File1(i).name));
end
File2 = dir(strcat(string, '*.jpg'));
[m, n] = size(File2);
for i = 1:m
    TempImg = imread(strcat(string, File2(i).name));
    [row, col, dim] = size(TempImg);
    OutImg = uint8(zeros(row, col, dim));
    OutImg = des(TempImg,key);
    imwrite(dat2gray(OutImg), strcat(string, File2(i).name));
end
EncryptionTime = cputime - start;
disp('EncryptionTime:'); EncryptionTime
```

```
function DecryptionTime = decryption( string, key)
% All rights reserved by Y. - G. , Wang
% Copyrights (C), Jun. 03, 2010
% Version 1.0
%   inputs:   string --- directory needs to encrypt
%                  key ----- permuting numbers
% outputs:   DecryptionTime
start = cputime;
iTimes = key;
File1 = dir( strcat( string, '*.bmp') );
[ m, n] = size( File1 );
for i = 1:m
    TempImg = imread( strcat( string, File1( i). name) );
    [ row, col, dim] = size( TempImg );
    OutImg = uint8( zeros( row, col, dim) );
    OutImg = ides( TempImg, key );
    imwrite( OutImg, strcat( string, File1( i). name) );
end

File2 = dir( strcat( string, '*.jpg') );
[ m, n] = size( File2 );
for i = 1:m
    TempImg = imread( strcat( string, File2( i). name) );
    [ row, col, dim] = size( TempImg );
    OutImg = uint8( zeros( row, col, dim) );
    OutImg = ides( TempImg, key );
    imwrite( OutImg, strcat( string, File2( i). name) );
end
DecryptionTime = cputime - start;
disp( 'DecryptionTime:' ); DecryptionTime
```

26.5.2　核心 DES 算法的 C 代码

```
/******** DES 实现的 C 原码 ********/
int DES(
unsigned char *bufferin,
unsigned char *bufferout,
unsigned char *key,
long mode)
```

```
{//密钥变换为56字节(去掉校验位)
static unsigned char pc1[56] = {
56, 48, 40, 32, 24, 16, 8,
0, 57, 49, 41, 33, 25, 17,
9, 1, 58, 50, 42, 34, 26,
18, 10, 2, 59, 51, 43, 35,
62, 54, 46, 38, 30, 22, 14,
6, 61, 53, 45, 37, 29, 21,
13, 5, 60, 52, 44, 36, 28,
20, 12, 4, 27, 19, 11, 3 };
//56字节变换为48字节(数据压缩)
static unsigned char pc2[48] = {
13, 16, 10, 23, 0, 4,
2, 27, 14, 5, 20, 9,
22, 18, 11, 3, 25, 7,
15, 6, 26, 19, 12, 1,
40, 51, 30, 36, 46, 54,
29, 39, 50, 44, 32, 47,
43, 48, 38, 55, 33, 52,
45, 41, 49, 35, 28, 31 };
//32字节变换为48字节(数据扩展)
static unsigned char exp[48] = {
31, 0, 1, 2, 3, 4,
3, 4, 5, 6, 7, 8,
7, 8, 9, 10, 11, 12,
11, 12, 13, 14, 15, 16,
15, 16, 17, 18, 19, 20,
19, 20, 21, 22, 23, 24,
23, 24, 25, 26, 27, 28,
27, 28, 29, 30, 31, 0};
//64位数据IP(Initial Permutation)变换表
static unsigned char ip[64] = {
57, 49, 41, 33, 25, 17, 9, 1,
59, 51, 43, 35, 27, 19, 11, 3,
61, 53, 45, 37, 29, 21, 13, 5,
63, 55, 47, 39, 31, 23, 15, 7,
56, 48, 40, 32, 24, 16, 8, 0,
58, 50, 42, 34, 26, 18, 10, 2,
```

```
60, 52, 44, 36, 28, 20, 12, 4,
62, 54, 46, 38, 30, 22, 14, 6 };
//数据逆置换(Final Permutation)
static unsigned char ip_1[64] = {
39, 7, 47, 15, 55, 23, 63, 31,
38, 6, 46, 14, 54, 22, 62, 30,
37, 5, 45, 13, 53, 21, 61, 29,
36, 4, 44, 12, 52, 20, 60, 28,
35, 3, 43, 11, 51, 19, 59, 27,
34, 2, 42, 10, 50, 18, 58, 26,
33, 1, 41, 9, 49, 17, 57, 25,
32, 0, 40, 8, 48, 16, 56, 24};
//Permutation P
static unsigned char pp[32] = {
15, 6, 19, 20,
28, 11, 27, 16,
0, 14, 22, 25,
4, 17, 30, 9,
1, 7, 23, 13,
31, 26, 2, 8,
18, 12, 29, 5,
21, 10, 3, 24};
/* INITIALIZE THE TABLES */
/* Table - s1 */
static unsigned char s1[4][16] = {
14, 4, 13, 1, 2, 15, 11, 8, 3, 10, 6, 12, 5, 9, 0, 7,
0, 15, 7, 4, 14, 2, 13, 1, 10, 6, 12, 11, 9, 5, 3, 8,
4, 1, 14, 8, 13, 6, 2, 11, 15, 12, 9, 7, 3, 10, 5, 0,
15, 12, 8, 2, 4, 9, 1, 7, 5, 11, 3, 14, 10, 0, 6, 13};
/* Table - s2 */
static unsigned char s2[4][16] = {
15, 1, 8, 14, 6, 11, 3, 4, 9, 7, 2, 13, 12, 0, 5, 10,
3, 13, 4, 7, 15, 2, 8, 14, 12, 0, 1, 10, 6, 9, 11, 5,
0, 14, 7, 11, 10, 4, 13, 1, 5, 8, 12, 6, 9, 3, 2, 15,
13, 8, 10, 1, 3, 15, 4, 2, 11, 6, 7, 12, 0, 5, 14, 9};
/* Table - s3 */
static unsigned char s3[4][16] = {
10, 0, 9, 14, 6, 3, 15, 5, 1, 13, 12, 7, 11, 4, 2, 8,
```

```
13, 7, 0, 9, 3, 4, 6, 10, 2, 8, 5, 14, 12, 11, 15, 1,
13, 6, 4, 9, 8, 15, 3, 0, 11, 1, 2, 12, 5, 10, 14, 7,
1, 10, 13, 0, 6, 9, 8, 7, 4, 15, 14, 3, 11, 5, 2, 12};
/* Table - s4 */
static unsigned char s4[4][16] = {
7, 13, 14, 3, 0, 6, 9, 10, 1, 2, 8, 5, 11, 12, 4, 15,
13, 8, 11, 5, 6, 15, 0, 3, 4, 7, 2, 12, 1, 10, 14, 9,
10, 6, 9, 0, 12, 11, 7, 13, 15, 1, 3, 14, 5, 2, 8, 4,
3, 15, 0, 6, 10, 1, 13, 8, 9, 4, 5, 11, 12, 7, 2, 14};
/* Table - s5 */
static unsigned char s5[4][16] = {
2, 12, 4, 1, 7, 10, 11, 6, 8, 5, 3, 15, 13, 0, 14, 9,
14, 11, 2, 12, 4, 7, 13, 1, 5, 0, 15, 10, 3, 9, 8, 6,
4, 2, 1, 11, 10, 13, 7, 8, 15, 9, 12, 5, 6, 3, 0, 14,
11, 8, 12, 7, 1, 14, 2, 13, 6, 15, 0, 9, 10, 4, 5, 3};
/* Table - s6 */
static unsigned char s6[4][16] = {
12, 1, 10, 15, 9, 2, 6, 8, 0, 13, 3, 4, 14, 7, 5, 11,
10, 15, 4, 2, 7, 12, 9, 5, 6, 1, 13, 14, 0, 11, 3, 8,
9, 14, 15, 5, 2, 8, 12, 3, 7, 0, 4, 10, 1, 13, 11, 6,
4, 3, 2, 12, 9, 5, 15, 10, 11, 14, 1, 7, 6, 0, 8, 13};
/* Table - s7 */
static unsigned char s7[4][16] = {
4, 11, 2, 14, 15, 0, 8, 13, 3, 12, 9, 7, 5, 10, 6, 1,
13, 0, 11, 7, 4, 9, 1, 10, 14, 3, 5, 12, 2, 15, 8, 6,
1, 4, 11, 13, 12, 3, 7, 14, 10, 15, 6, 8, 0, 5, 9, 2,
6, 11, 13, 8, 1, 4, 10, 7, 9, 5, 0, 15, 14, 2, 3, 12};
/* Table - s8 */
static unsigned char s8[4][16] = {
13, 2, 8, 4, 6, 15, 11, 1, 10, 9, 3, 14, 5, 0, 12, 7,
1, 15, 13, 8, 10, 3, 7, 4, 12, 5, 6, 11, 0, 14, 9, 2,
7, 11, 4, 1, 9, 12, 14, 2, 0, 6, 10, 13, 15, 3, 5, 8,
2, 1, 14, 7, 4, 10, 8, 13, 15, 12, 9, 0, 3, 5, 6, 11};
/* 密钥生成中的循环左移位的累计次数 */
static unsigned char totrot[] = {
1, 2, 4, 6, 8, 10, 12, 14, 15, 17, 19, 21, 23, 25, 27, 28};
/*---------------------------------------------*/
//long mode = 1;                    //模式, 1. 加密, 2. 解密
```

```
//unsigned char bufferin[9], bufferout[9];        //明文, 密文
/*-----------------------------------------------*/
long i, j, k;
long rotshift;                                     //密钥移位次数
//long keylen, buflen;                             //密钥长度, 明文长度
unsigned char keybuf[65];                          //密钥, 密钥 64 字节缓冲区
unsigned char keyreal[57], keys[17][49];   //实际使用 56 字节密钥, 48 字节密钥数组
unsigned char srcbuf[65], dstbuf[65];              //明文, 密文 64 字节缓冲区
unsigned char L[17][33], R[17][33], LR[65], RL[65];   //加密时临时数据左右两部分
unsigned char E[17][49];                           //R 数组的扩展数据
unsigned char B[9][7], BB[33], P[33];              //E 和 K 异或后的缓冲数组
unsigned char C[17][29], D[17][29], CD[57];        //56 字节密钥的左右两部分
unsigned char temp1, temp2, m, n, x;
//1. 变换密钥
//密钥不足 8 字节则用 0 补足(或自定义)
//keylen = strlen((const char *)key);
//if(keylen <8)
// memset(key + keylen, 0, (8 - keylen));
//将 8 字节密钥转换为 64 字节字串
for(i =0;i <8;i ++)
{j = *(key +i);
keybuf[8 *i] =(j / 128) % 2;
keybuf[8 *i +1] =(j / 64) % 2;
keybuf[8 *i +2] =(j / 32) % 2;
keybuf[8 *i +3] =(j / 16) % 2;
keybuf[8 *i +4] =(j / 8) % 2;
keybuf[8 *i +5] =(j / 4) % 2;
keybuf[8 *i +6] =(j / 2) % 2;
keybuf[8 *i +7] =(j / 1) % 2;}
//根据 pc_1 进行变换成 56 字节,去掉奇偶校验位
for(i =0;i <56;i ++){
keyreal[i] =keybuf[pc1[i]];}
//将 56 字节密钥分为左右两部分 C[0],D[0]
for(i =0;i <28;i ++){
C[0][i] =keyreal[i];
D[0][i] =keyreal[i +28];}
//循环 16 次(i 从 1 开始)
for(i =1;i <17;i ++)
```

```
{//根据加密或解密确定密钥顺序
if(mode)            //加密
rotshift = totrot[i - 1];
else                //解密
rotshift = totrot[16 - i];
//1)左移固定位数得到 C[i]和 D[i];
for(j = 0;j < 28;j ++)
{C[i][j] = C[0][j];
D[i][j] = D[0][j];}
for(j = 0;j < rotshift;j ++)
{temp1 = C[i][0];
temp2 = D[i][0];
for(k = 0;k < 27;k ++)
{C[i][k] = C[i][k + 1];
D[i][k] = D[i][k + 1];}
C[i][27] = temp1;
D[i][27] = temp2;}
//2)将 C[i]D[i]用 pc2 化简为 48 位 k[i];
for(j = 0;j < 28;j ++)
{CD[j] = C[i][j];
CD[j + 28] = D[i][j];}
for(j = 0;j < 48;j ++)
{keys[i][j] = CD[pc2[j]];}
}
//2. 数据处理
//若明文不足 8 字节则补 0(或自定义)
//buflen = strlen((const char *)bufferin);
//if(buflen < 8)
// memset(bufferin + buflen, 0, (8 - buflen));
//将 8 字节数据转换为 64 字节字串
for(i = 0;i < 8;i ++)
{j = *(bufferin + i);
srcbuf[i * 8] = (j / 128) % 2;
srcbuf[i * 8 + 1] = (j / 64) % 2;
srcbuf[i * 8 + 2] = (j / 32) % 2;
srcbuf[i * 8 + 3] = (j / 16) % 2;
srcbuf[i * 8 + 4] = (j / 8) % 2;
srcbuf[i * 8 + 5] = (j / 4) % 2;
```

```
srcbuf[i * 8 + 6] = (j / 2) % 2;
srcbuf[i * 8 + 7] = (j / 1) % 2;}
//将 srcbuf 按 ip 进行变换
for(i = 0;i < 64;i ++ )
LR[i] = srcbuf[ip[i]];
//将 64 字节数据转换为两部分 L[0],R[0]
for(i = 0;i < 32;i ++ )
{L[0][i] = LR[i];
R[0][i] = LR[i + 32];}
//循环 16 次(i 从 1 开始),用密钥加密数据
for(i = 1;i < 17;i ++ ){
//1)将 32 位的 R[i - 1]按 exp 扩展为 48 位的 E[i - 1];
for(j = 0;j < 48;j ++ )
{E[i - 1][j] = R[i - 1][exp[j]];}
//2)异或 E[i - 1]和 K[i];
for(j = 0;j < 48;j ++ )
{keys[i][j] = keys[i][j] ^ E[i - 1][j];}
//3)将异或结果分为 8 个 6 位长的部分 B[8]
for(j = 0;j < 8;j ++ ){
B[j][0] = keys[i][j * 6];
B[j][1] = keys[i][j * 6 + 1];
B[j][2] = keys[i][j * 6 + 2];
B[j][3] = keys[i][j * 6 + 3];
B[j][4] = keys[i][j * 6 + 4];
B[j][5] = keys[i][j * 6 + 5];}
//4)循环用 S 表替换(j 从 1 开始)
for(j = 0;j < 8;j ++ )
{//a)B[j]第 1 位和第 6 位组合为 M,作为 S[j]的行号
m = 2 * B[j][0] + B[j][5];
//b)B[j]第 2 到 5 位组合为 N,作为 S[j]的列号
n = 2 * (2 * (2 * B[j][1] + B[j][2]) + B[j][3]) + B[j][4];
//c)用 S[j][M][N]来取代 B[j]
switch(j){
case 0:
x = s1[m][n];
break;
case 1:
x = s2[m][n];
```

```
break;
case 2:
x = s3[m][n];
break;
case 3:
x = s4[m][n];
break;
case 4:
x = s5[m][n];
break;
case 5:
x = s6[m][n];
break;
case 6:
x = s7[m][n];
break;
case 7:
x = s8[m][n];
break;}
BB[j*4] = (x / 8) % 2;
BB[j*4 + 1] = (x / 4) % 2;
BB[j*4 + 2] = (x / 2) % 2;
BB[j*4 + 3] = (x / 1) % 2;}
//5)将B[1]到B[8]按P组合得到p
for(j=0;j<32;j++){
P[j] = BB[pp[j]];}
//6)R[i] = p xor L[i-1];L[i] = R[i-1];
for(j=0;j<32;j++){
R[i][j] = P[j] ^ L[i-1][j];
L[i][j] = R[i-1][j];}
}
//3. 组合变换后的R[16]L[16]按ip_1变换得到最后结果
for(i=0;i<32;i++)
{RL[i] = R[16][i];
RL[i+32] = L[16][i];}
for(i=0;i<64;i++){
dstbuf[i] = RL[ip_1[i]];}
//将64字节数据转换为8字节
```

```
for (i=0; i < 8; i++) {
 *(bufferout + i) =0x00;
for (k=0; k < 7; k++)
 *(bufferout + i) =((*(bufferout + i)) + dstbuf[8*i+k])*2;
 *(bufferout + i) = *(bufferout + i) + dstbuf[8*i+7];}
return 0;}
```

26.6　参考文献

[1] http://zh.wikipedia.org/zh-cn/DES.
[2] http://baike.baidu.com/view/1685835.htm? fr=ala0_1_1.

第 27 章 JPEG 理论、方法与实践

27.1 项目概述

JPEG 标准是目前适用范围最为广泛的通用标准，它不仅适用于静止图像的压缩，也适用于电视图像序列的帧内图像压缩，本项目通过 MATLAB 编程，渐近掌握信息压缩原理和数字图像压缩编码方法，并通过一个对数据矩阵实例进行 DCT、量化和熵编码这三个典型的步骤来模拟实现一个完整的数字图像压缩编码方案。

27.2 数据压缩原理

27.2.1 问题背景

数据压缩是在保持信息量基本不变的前提下，尽量减少数据量，以降低对存储空间和传输带宽的占用。一幅未压缩的（8 比特/分量）×（3分量/像素）×512×512 像素的彩色图像占据 3×256=768（kB）的磁盘空间，在 24 帧/秒的情况下，则 1 秒钟的数据量就有 24×768=18.5（MB），那么一张 680MB 容量的 CD-ROM 仅能存储 30 多秒的原始数据，在 2MB/s 的宽带上，传输这 30 多秒的原始数据则需要 45 分钟以上。由此可见，在实际的应用中，图像压缩几乎必不可少。

27.2.2 数据冗余的度量

若原图像和编码后图像的数据量分别为 n_1 和 n_2，则压缩率（compression ratio）：$C_R=\dfrac{n_1}{n_2}$，相对数据冗余（relative data redundancy）：$R_D=1-\dfrac{1}{C_R}$。

27.2.3 图像压缩的评价标准

用保真度准则（fidelity criteria）来评价图像编码中信息丢失的标准。包括客观保真度准则和主观保真度准则。

（1）客观保真度准则将信息损失的程度表示成原图像及其压缩后再解压的输出图像的函数。令$f(x, y)$表示输入图像，$\hat{f}(x, y)$表示对输入图像先压缩再解压获得的图像，则它们之间的均方根误差（root-mean-square error）为：

$$e_{rms}=\left\{\frac{1}{MN}\sum_{x=0}^{M-1}\sum_{y=0}^{N-1}\left[\hat{f}(x, y)-f(x, y)\right]^2\right\}^{1/2} \tag{27-1}$$

均方信噪比（mean-square signal-to-noise ratio）为：

$$SNR_{ms}=\frac{\sum_{x=0}^{M-1}\sum_{y=0}^{N-1}\hat{f}(x,y)^2}{\sum_{x=0}^{M-1}\sum_{y=0}^{N-1}[\hat{f}(x,y)-f(x,y)]^2} \tag{27-2}$$

(2) 主观保真度准则，由观察者根据图像主观质量给出的评价。主观保真度准则见表 27－1。

表 27－1 主观评价标准

Value	Rating	Description
1	Excellent	An image of extremely high quality, as good as you could desire
2	Fine	An image of high quality, providing enjoyable viewing Interference is not objectionable
3	Passable	An image of acceptable quality. Interference is not objectionable
4	Marginal	An image of poor quality; you wish you could improve it Interference is somewhat objectionable
5	Inferior	A very poor image, but you could watch it Objectionable interference is definitely present
6	Unusable	An image so bad that you could not watch it

数字图像中的冗余主要来自三个方面：编码冗余（coding redundancy），像素间冗余（interpixel redundancy），心理视觉冗余（psychovisual redundancy）。数字图像的压缩通过减少或消除这几类冗余来实现。我们简要回顾一下香农三定理（Shannon Theorem），它奠定了现代通信技术、计算机存储技术及网络与信息安全技术的基础。①信源编码定理：熵是信源无损压缩的理论限，率失真定理是有损压缩的理论基础；②信道编码定理：当信息速率大于或等于信道容量时，不可能实现无差错传速，当 $R<C$ 时，至少存在一种编码方法让传速差错率达到任意小；③信道容量定理：$C=\max_{p(x)}I(X;Y)$，信道中可靠传输信息的速率（即信道容量）由信道带宽、信道编码方法及调制方法共同决定，而信道带宽由物理信道的参量唯一确定。

27.3 JPEG 标准

JPEG（joint photographic experts group）是联合图像专家组开发的算法，并且成为国际上彩色、灰度、静止图像的第一个国际标准，因此又称为 JPEG 标准。目前，JPEG 专家组开发了两种基本的压缩算法，一种是采用以离散余弦变换（DCT）为基础的有损压缩算法，另一种是采用以预测技术为基础的无损压缩算法。使用有损压缩算法时，在压缩比为 25∶1 的情况下，压缩后还原得到的图像和原始图像相比较，非图像专家难以找出它们之间的区别，因此得到了广泛的应用。

27.3.1 JPEG 算法框图

压缩编码过程大致分成三个步骤：①使用前用离散余弦变换（forward discrete cosine transform，FDCT）把空间域像素表示的图像变换成频率域表示的图像，通常使用 8×8 的分块 DCT；②使用量化表对 DCT 系数进行量化，这个量化表对人类视觉系统来说是最佳的；③使用哈夫曼可变字长编码器对量化系数进行熵编码。如图 27－1 所示。

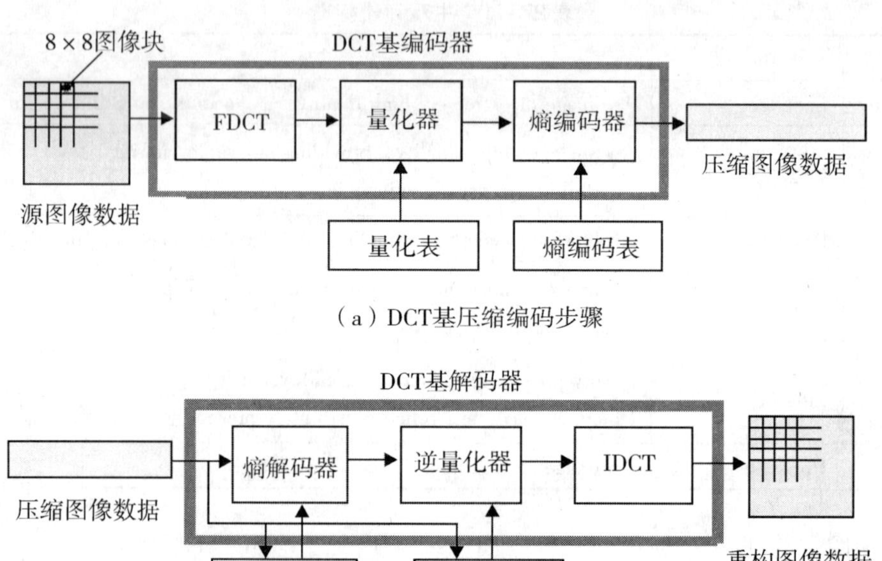

（a）DCT基压缩编码步骤

（b）DCT基解压缩步骤

图 27－1　JPEG 框架

27.3.2 DCT

简单地说，DCT（discrete cosine transform）是把一个 8 行 8 列的二维数组变换成另一个同样包含 8 行 8 列二维数组的函数，从而把一个数组变成另一个数组。把图像分成不重叠的 8×8 大小的像素块，对每个分别做 DCT。通过 DCT 变换可以去除像素间的冗余，把分散的能量集中起来，表现为矩阵左上角的少数几个系数取值很大，而右下角的系数取值很小接近零，其定义如下式。$f(i, j)$经 DCT 变换之后得到$F(u, v)$，其中$F(0, 0)$是直流（direct current，DC）系数，其他为交流（alternating current，AC）系数。

$$F_{(u,v)} = \frac{1}{4}C(u)C(v)\left[\sum_{i=0}^{7}\sum_{j=0}^{7} f(i, j)\cos\frac{(2i+1)u\pi}{16}\cos\frac{(2j+1)v\pi}{16}\right] \qquad (27-3)$$

$$f_{(i,j)} = \frac{1}{4}C(u)C(v)\left[\sum_{u=0}^{7}\sum_{v=0}^{7} F(u, v)\cos\frac{(2i+1)u\pi}{16}\cos\frac{(2j+1)u\pi}{16}\right] \qquad (27-4)$$

上式中$\begin{cases} C(u),\ C(v) = \dfrac{1}{\sqrt{2}},\ u=0,\ v=0 \\ C(u),\ C(v) = 1,\quad others \end{cases}$，如表 27－1 数据块，计算 $F(0,\ 0)$ 值如下：

$$F_{0,0} = \frac{1}{4}C(u)C(v)\left[\sum_{i=0}^{7}\sum_{j=0}^{7} f(i,\ j)\cos\frac{(2i+1)u\pi}{16}\cos\frac{(2j+1)v\pi}{16}\right]$$

$$= \frac{1}{4}C(0)C(0)\left[\sum_{i=0}^{7}\sum_{j=0}^{7} f(i,\ j)\right] = \frac{1}{4}\times\frac{1}{\sqrt{2}}\times\frac{1}{\sqrt{2}}\times 1885 = 235.6\,[\text{因为}\cos(0)=1]$$

这样，再继续计算出数组中其余元素的值，得到数组 F。理论上 DCT 的正反变换是完全可逆的，不存在任何的信息丢失，是完全的无损过程，但由于执行在数据精度有限的数字计算机上，故会存在极小的数据截断误差。但随着高精度（如 64 位）计算机的出现，这部分误差完全可以忽略不计，并且若正反变换都是在相同精度范围的计算机上执行，则两端数据的误差截断是相同的，完全不存在数据的不可逆问题。因此，一般认为 DCT 是个无损压缩过程。

表 27－2 DCT 前的 f 数组和 DCT 后的 F 数组

139	144	149	153	155	155	155	155	235.6	－1.0	－12.1	－5.20	2.1	－1.7	－2.7	1.3
144	151	153	156	159	156	156	156	－22.6	－18.5	－6.2	－3.2	－2.9	－0.1	0.4	－1.2
150	155	160	163	158	156	156	156	－10.9	－9.3	－1.6	1.5	0.2	－0.9	－0.6	－0.1
159	161	162	160	160	159	159	159	－7.1	－1.9	0.2	1.5	0.9	－0.1	0.0	0.3
159	160	161	162	162	155	155	155	－0.6	－0.8	1.5	1.6	－0.1	－0.7	0.6	1.3
161	161	161	161	160	157	157	157	1.8	－0.2	－1.6	－0.3	－0.8	1.5	1.0	－1.0
162	162	161	163	162	157	157	157	－1.3	－0.4	－0.3	－1.5	－0.5	1.7	1.1	－0.8
162	162	161	161	163	158	158	158	－2.6	1.6	－3.8	－1.8	1.9	1.2	－0.6	－0.4

对比表两边的数据来看，在空间域中的像素值普遍较大（能量分散，像素间的冗余度很高），而变换到频率域后，大大去除了像素间的冗余度，把能量集中到 DC 系数和左上角的少数几个 AC 系数上。单从数据压缩的角度来看，这一步并没有压缩掉任何信息，因为两边系数的个数完全相同，并且从计算机的二进制数据表示看，频率域数据还是小数，则需要更多的比特才能表示。但这一步为后续的有损压缩提供了极大的利好。

27.3.3 量化

量化是对 DCT 系数执行一个多到一的映射过程，让数据连续的走斜波变成数据离散的走台阶（将实数域映射到整数域），是不可逆的，目的就是减小非 0 系数的幅度以及增加 0 值系数的数目，在一定的主观保真的前提下，丢掉那些对视觉效果影响不大的信息，量化是图像质量下降的最主要原因，是数据失真的“罪魁祸首”，有损压缩的标志。我们用表 27－4(A) 的量化表对表 27－3 的 DCT 系数数据进行量化，得到数组 $Q(i,\ j)$，量化公式为：

$$Q(i, j) = \text{round}\left[\frac{F(i, j)}{q(i, j)}\right] \tag{27-5}$$

其中 $q(i, j)$ 为量化数组中对应的数组元素，也就是用数组 F 中的各元素分别除以量化数组 q 中的相应元素，round(·) 是四舍五入取整运算。可以看到量化后的数组元素绝大多数为零。如表 27 –4 所示为 JPEG 推荐的量化表。

表 27 –3 量化前的 F 数据和量化后的 Q 数据

235.6	-1.0	-12.1	-5.20	2.1	-1.7	-2.7	1.3	15	0	-1	0	0	0	0	0
-22.6	-18.5	-6.2	-3.2	-2.9	-0.1	0.4	-1.2	-2	-1	0	0	0	0	0	0
-10.9	-9.3	-1.6	1.5	0.2	-0.9	-0.6	-0.1	-1	-1	0	0	0	0	0	0
-7.1	-1.9	0.2	1.5	0.9	-0.1	0.0	0.3	0	0	0	0	0	0	0	0
-0.6	-0.8	1.5	1.6	-0.1	-0.7	0.6	1.3	0	0	0	0	0	0	0	0
1.8	-0.2	-1.6	-0.3	-0.8	1.5	1.0	-1.0	0	0	0	0	0	0	0	0
-1.3	-0.4	-0.3	-1.5	-0.5	1.7	1.1	-0.8	0	0	0	0	0	0	0	0
-2.6	1.6	-3.8	-1.8	1.9	1.2	-0.6	-0.4	0	0	0	0	0	0	0	0

表 27 –4 JPEG 推荐的量化表

(A) 亮度量化表							
16	11	10	16	24	40	51	61
12	12	14	19	26	58	60	55
14	13	16	24	40	57	69	56
14	17	22	29	51	87	80	62
18	22	37	56	68	109	103	77
24	35	55	64	81	104	113	92
49	64	78	87	103	121	120	101
72	92	95	98	112	100	103	99

(B) 色度量化表							
17	18	24	47	99	99	99	99
18	21	26	66	99	99	99	99
24	26	56	99	99	99	99	99
47	66	99	99	99	99	99	99
99	99	99	99	99	99	99	99
99	99	99	99	99	99	99	99
99	99	99	99	99	99	99	99
99	99	99	99	99	99	99	99

27.3.4 Z 字形扫描

对量化后的二维数组，我们要对其进行线性化，即扫描排列成一维数据，然后再进行熵编码压缩加以传输。一个合理的扫描方法是如图 27 –2 所示的“之”（Z）字形扫描。它是一种从左到右、从上到下的系数排列方式，与 DCT 变换的去相关特性相吻合，得到的一维数据只有前面少数几个系数很大且不为零，后续的系数几乎全部为零，这非常有利于后续的游程编码（Run-length）。DCT 是一种可分离的变换，可分解为两步一维的 DCT 变换，对行作 DCT，会将低频信息（包含图像的绝大多数能量）集中到左边的低频分量上，而高频信息（代表图像的边缘和细节分量，占少数能量）集中到右边系数上。同理再对列作 DCT，会将图像低频的成分（占图像的绝大多数能量）集中到上边的低频系数上，而高频成分（代表图像的边缘和细节分量，占少数能量）集中到下边的系数上。

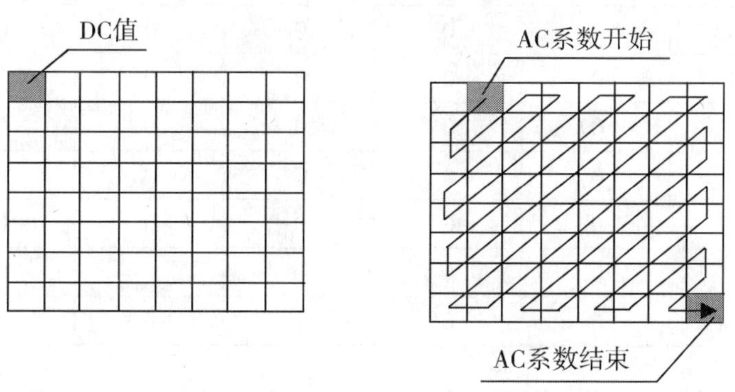

图 27－2 “之”字形扫描

27.3.5 DC 系数的编码

8×8 图像块经过 DCT 和量化之后得到的 DC 系数有两个特点，一是系数的数值比较大，二是相邻 8×8 图像块的 DC 系数值变化不大（相关性能强）。根据这个特点，JPEG 算法使用了差分脉冲调制编码（DPCM）技术，对相邻图像块之间量化 DC 系数的差值进行编码：$\text{Delta}=\text{DC}(k)-\text{DC}(k-1)$。对差分 DC 系数进行可变长度代码（VLI）编码，用两个符号表示。符号 1 表示“长度”，即编码 DC 差分值需要的位数，符号 2 表示 DC 差分值的幅度。例如 DC 差分值为 20，那么经过 VLI 编码变成（5，20）。这个将用于下一步的 Huffman 编码。

27.3.6 AC 系数的编码

量化后 AC 系数的特点是 1×63 矢量中包含有许多 0 系数，并且许多 0 是连续的往后靠，因此可以使用非常简单而直观的游程长度编码（Run-length encoding，RLE）对它们进行编码。JPEG 使用了 1 个字节的高 4 位来表示连续 0 的个数，而使用它的低 4 位来表示编码下一个非 0 系数所需要的位数，跟在它后面的是量化 AC 系数的数值。符号 1 表示了两条信息，分别称为“行程”和“长度”。行程是在“之”字形矩阵中位于非零 AC 系数前的连续零值 AC 系数的个数，长度是对 AC 系数的幅度进行编码所用的位数。符号 2 表示了 AC 系数的幅度。例如，一个块经过“之”字形扫描得到 AC 系数如下：1 0 －1 0 0 0 0 5 0 10，那么 RLE 编码如下：（0/1，1），（1/1，－1），（3/3，5），（1/4，10），注意符号 2 表示负数用的是反码，也就是说如果 －1，因为 1 的反码是 0，所以 －1 的符号 2 为 0。另外，如果一个块剩下的所有系数都是 0，那么编码到最后一个非零系数，然后用 EOB 标识符标志块结束。在编码的过程中，如果连续 0 的个数超过 15 个，那么用（F/0）即 ZRL 符号来表示。如果在编码的过程中，形成 0xFF 的码，那么在 0xFF 后面添加 00。

下面，通过一个实例来具体说明编码过程。下面是一个 8×8 的亮度图像子块经过量化后的矩阵，可以看到只有左上角的几个数（低频分量）不是 0，这样使用行程编码就会取得很好的效果。

15	0	-1	0	0	0	0	0
-2	-1	0	0	0	0	0	0
-1	-1	0	0	0	0	0	0
0	0	0	0	0	0	0	0
0	0	0	0	0	0	0	0
0	0	0	0	0	0	0	0
0	0	0	0	0	0	0	0
0	0	0	0	0	0	0	0

首先，把 DC 系数表示为熵编码的中间格式，假设前一个子块 DC 系数的量化值为 12，则本块 DC 系数与它的差为 3，查询表 27-6，可得编码所需的位数为 2，而其幅度为 3，故 DC 的中间格式为（2）（3）。接下来，对 AC 系数的编码。经过“之”字形扫描后，遇到的第一个非零系数为 -2，其中遇到零的个数为 1，即为行程，而对 -2 编码需要 2 位，故其符号 1 为（1，2），符号 2 为（-2）。以此类推，可以求得这个 8×8 子块熵编码的中间格式为：

(DC)(2)(3)，(1，2)(-2)，(0，1)(-1)，(0，1)(-1)，(0，1)(-1)，(2，1)(-1)，(EOB)(0，0)

然后进行熵编码：

对于（2）（3）：2 查 DC 亮度 HUFFMAN 表得到 11，3 经过 VLI 编码为 011；

对于（1，2）（-2）：（1，2）查 AC 亮度 HUFFMAN 表得到 11011，-2 是 2 的反码，为 01；

对于（0，1）（-1）：（0，1）查 AC 亮度 HUFFMAN 表得到 00，-1 是 1 的反码，为 0；

……

依此类推，可以得到这个 8×8 子块经压缩后最后的数据流为 11011，1101101，000，000，000，111000，1010，一共 31bit。可以计算，它的压缩比为 64×8/31=16.5，大概每个 pixel 用半个 bit。可见，这种编码方式取得了比较好的压缩效果。

27.3.7 熵编码

使用熵编码可以对 VLI 编码后的 DC 差分值和 RLE 编码后的 AC 系数作进一步的无损压缩。在 JPEG 算法中，使用哈夫曼编码器（Huffman）来减少编码冗余。请注意，在 JPEG 压缩步骤中，只有量化这一步是有损压缩，其余都是无损的。编码冗余是与像素值的编码方式有关的冗余。

假设灰度级 r_k 的概率为：$p_r(r_k)=\frac{n_k}{n}$，$k=0, 1, 2, \cdots, L-1$，若 $l(r_k)$ 为当前编码器表示 r_k 所需的比特数，则表示每个像素所需的平均比特数为：$L_{\text{avg}}=\sum_{k=0}^{L-1} l(r_k)p_r(r_k)$，

因此，一幅 $M\times N$ 的图像需要 $M\times N\times L_{avg}$ 比特来表示。但采用不同的编码方式可有不同的 L_{avg} 值。如表 27－5 所示，r_k 有 8 个灰度级，第二列分别为它们的概率分布，分别采用自然二进制等长编码（Code1）和 Huffman 变长编码（Code2）两种编码器对其进行编码。

表 27－5 不同编码器的平均码长

r_k	$p_r(r_k)$	Code 1	$l_1(r_k)$	Code 2	$l_2(r_k)$
$r_0=0$	0.19	000	3	11	2
$r_1=1/2$	0.25	001	3	01	2
$r_2=2/7$	0.21	010	3	10	2
$r_3=3/7$	0.16	011	3	001	3
$r_4=4/7$	0.08	100	3	0001	4
$r_5=5/7$	0.06	101	3	00001	5
$r_6=6/7$	0.03	110	3	000001	6
$r_7=1$	0.02	111	3	000000	6

表 27－6 字符集和 Huffman 编码结果

字 母	频 率	编 码
A B	0.25 0.15	01 110
C	0.10	111
D	0.20	10
E	0.30	00

Code 1：每个码字长度相等，$L_{avg}=3$；

Code 2：

$$\begin{aligned}L_{avg} &= \sum_{k=0}^{7} l_2(r_k)p_r(r_k)\\ &=2(0.19)+2(0.25)+2(0.21)+3(0.16)+,\\ &\quad 4(0.08)+5(0.06)+6(0.03)+6(0.02)\\ &=2.7(\text{比特})\end{aligned}$$

$$C_R=3/2.7=1.11$$

$$R_D=1-\frac{1}{1.11}=0.099。$$

Huffman Coding 是一种变长编码，其基本原理是高概率像素值采用短码字，低概率像素值采用长码字。以下阐述编码过程，如表 27－6 所示的字符集。第一步：构建初始树，如图 27－3(a)，树的重量为字符发生的频率。第二步：合并两棵重量最轻的树构成一棵新的树（重量为合并的两棵树的重量之和），若存在 2 棵或 2 棵以上第二轻的树，则任意挑选一棵即可。第三步：重复以上过程，直到最终得到一棵重量为 1 的树。这时 Huffman 树构建完成。第四步：从树根向下，遇到分支处，左分支标 0，右分支标 1，直到叶子（字符）。第五步：每片叶子（字符）的支上 0 或 1 串便是该字符的编码码字。如表 27－7 为 AC 系数的部分 Huffman 编码，表 27－8 为具有差分亮度的 DC 尺寸的

Huffman 码。

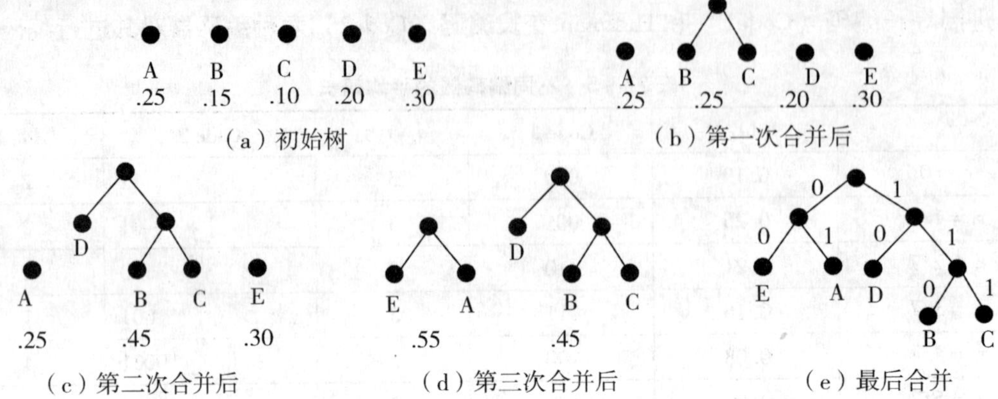

图 27－3　Huffman 树构建过程

表 27－7　AC 系数的部分 Huffman 码（行程，尺寸）

行程/尺寸	码　长	码　字
0/0（EOB）	4	1010
0/1	2	00
0/2	2	01
0/3	3	100
0/4	4	1011
0/5	5	11010
0/6	7	1111000
0/7	8	11111000
0/8	10	1111110110
0/9	19	1111111110000010
0/A	16	1111111110000011
1/1	4	1100
1/2	5	11011
1/3	7	1111001
1/4	9	111110110
1/5	11	11111110110
1/6	16	1111111110000100
1/7	16	1111111110000101
1/8	16	1111111110000110
1/9	16	1111111110000111

续表 27 - 7

行程/尺寸	码　长	码　字
1/A	16	1111111110001000
2/1	5	11100
2/2	8	11111001
2/3	10	1111110111
2/4	12	111111110100
2/5	16	1111111110001001
2/6	16	1111111110001010
2/7	16	1111111110001011
2/8	16	1111111110001100
2/9	16	1111111110001101
2/A	16	1111111110001110

表 27 - 8　具有差分亮度的 DC 尺寸的 Huffman 码

尺寸分类	码　长	码　字
0	2	00
1	3	010
2	3	011
3	3	100
4	3	101
5	3	110
6	4	1110
7	5	11110
8	6	111110
9	7	1111110
10	8	11111110
11	9	111111110

27.3.8　组成数据位流

JPEG 编码的最后一个步骤是把熵编码后的二进制比特流组成一帧，加上一个头文件（一些标记图像的基本信息）形成最后的 JPEG 文件。这样做的目的是为了便于 JPEG 文件的传输、存储和译码，这样组织的数据通常称为 JPEG 数据位流。JPEG 的解码如图 27 - 1（b）所示，是编码的逆过程。

27.4　组建 JPEG 文件

JPEG 文件大体可以分成标记码（Tag）和压缩数据。标记码由两个字节构成，其前一个字节是固定值 0xFF，每个标记之前还可以添加数目不限的 0xFF 填充字节（F11 Byte）。标记码部分所示为 JPEG 图像的所有信息（有点类似于 BMP 中的头信息，但要复杂得多），如图像的宽、高，Huffman 表，量化表等。标记码有很多，但绝大多数的 JPEG 文件只包含以下几种：

SOI 0xD8：图像开始，可作为 JPEG 格式的判据（JFIF 还需要 APP0 的配合）；

APP0 0xE0：JFIF 应用数据块，APP0 是 JPEG 保留给 Application 所使用的标记码，而 JFIF 将文件的相关信息定义在此标记中；

APPn 0xE1 ～ 0xEF：其他的应用数据块（n，1 ～ 15）；

DQT 0xDB：量化表；

SOF0 0xC0：帧开始；

DHT 0xC4：Huffman 表；

SOS 0xDA：扫描线开始；

EOI 0xD9：图像结束。

SOF0 = Start Of Frame 0 = FFC0

SOS = Start Of Scan = FFDA

APP0 = it's the marker used to identify a JPG file which uses the JFIF specification = FFE0

COM = Comment = FFFE

DNL = Define Number of Lines = FFDC

DRI = Define Restart Interval = FFDD

DQT = Define Quantization Table = FFDB

DHT = Define Huffman Table = FFC4

一个 JPEG 文件由上面 8 个部分组成。

27.4.1　图像开始 SOI 标记

图像开始标记 SOI 的 16 进制字串为：0xD8。

27.4.2　APP0 标记

（1）APP0 长度：共 2 个字节，表示 APP0 标记码的长度，不包括前两个字节 0XFF 与 0XE0。

（2）标识符：共 5 字节，JFIF 识别码 0X4A，0X46，0X49，0X46，0X00。

（3）版本号：共 2 字节，为 JFIF 版本号可为 0X0101 或者 0X0102。

（4）X 和 Y 的密度单位。

27.4.3 段的类型

（1）SOF0：Start Of Frame 0：

——$ff，$c0（SOF0）；

——长度（高字节，低字节），8 + components ×3；

——数据精度（1byte）每个样本位数，通常是 8（大多数软件不支持 12 和 16）；

——图片高度（高字节，低字节），如果不支持 DNL 就必须 >0；

——图片宽度（高字节，低字节），如果不支持 DNL 就必须 >0；

——components 数量（1byte），灰度图是 1，YCbCr/YIQ 彩色图是 3，CMYK 彩色图是 4；

——每个 component：3bytes；

——component id（1 = Y，2 = Cb，3 = Cr，4 = I，5 = Q）；

——采样系数（bit 0 – 3 vert.，4 – 7 hor.）；

——quantization table 号。

（2）DRI：Define Restart Interval：

——$ff，$dd（DRI）；

——长度（高字节，低字节），必须是 4；

——MCU 块的单元中的重新开始间隔（高字节，低字节），意思是说，每 *n* 个 MCU 块就有一个 RST*n* 标记。第一个标记是 RST0，然后是 RST1 等，RST7 后再从 RST0 重复。

（3）DQT：Define Quantization Table：

——$ff，$db（DQT）；

——长度（高字节，低字节）；

——QT 信息（1byte）：bit 0..3：QT 号（0..3，否则错误）；bit 4..7：QT 精度，0 = 8bit，否则 16bit；

——*n* 字节的 QT，*n* = 64 ×（精度 +1）。

备注：①一个单独的 DQT 段可以包含多个 QT，每个都有自己的信息字节；②当精度 = 1（16bit），每个字都是高位在前低位在后。

（4）DAC：Define Arithmetic Table：

（5）DHT：Define Huffman Table：

——$ff，$c4（DHT）；

——长度（高字节，低字节）；

——HT 信息（1byte）：bit 0..3：HT 号（0..3，否则错误）；bit 4：HT 类型，0 = DC table，1 = AC table；bit 5..7：必须是 0；

——16bytes：长度是 1..16 代码的符号数。这 16 个数的和应该≤256；

——nbytes：一个包含了按递增次序代码长度排列的符号表（*n* = 代码总数）。

（6）COM：注释：

——$ff，$fe（COM）；

——注释长度（高字节，低字节）= L +2；

——注释为长度为 L 的字符流。

（7）SOS：Start Of Scan：

——$ff，$da（SOS）；

——长度（高字节，低字节），必须是6+2×（扫描行内组件的数量）；

——扫描行内组件的数量（1byte），必须≥1，≤4（否则是错的），通常是3；

——每个组件：2bytes；

——component id（1=Y，2=Cb，3=Cr，4=I，5=Q），见SOF0；

——使用的Huffman表；

——bit 0..3：AC table（0..3）；

——bit 4..7：DC table（0..3）。

27.5 参考代码

27.5.1 求熵

```
function E = entropy(varargin)
I = ParseInputs(varargin{:});
if ~islogical(I)
I = im2uint8(I);
end
% calculate histogram counts
p = imhist(I(:));
% remove zero entries in p
p(p==0) = [];
% normalize p so that sum(p) is one.
p = p./numel(I);
E = -sum(p.*log2(p));
%%%%%%%%%%%%%%%%%%%%%%%%%%%%%%%%%%%%%%%%%%%%%%%%%%%%%%%%%%%
function I = ParseInputs(varargin)
iptchecknargin(1,1,nargin,mfilename);
iptcheckinput(varargin{1},{'uint8','uint16','double','logical'},...
              {'real','nonempty','nonsparse'},mfilename,'I',1);
I = varargin{1};
```

27.5.2 Huffman编码

限于篇幅请参考文献［1］中pp.217～218。

27.5.3 JPEG代码

http：//www.philsallee.com/jpegtbx/index.html.

限于篇幅请参考文献［1］中pp.240～241，pp.242～243。

27.6　参考文献

[1]（美）冈萨雷斯著．数字图像处理（MATLAB 版）．阮秋琦，译．北京：电子工业出版社，2005.

[2] 求是科技编著．Visual C ++ 音视频编解码技术及实践．北京：人民邮电出版社，2006.

第 28 章　自动寻人机器人的设计

28.1　设计概述

本设计采用单片机对机器人进行控制，通过左、前、右 3 个红外发送接收器实现机器人的自动避障活动，通过热释电红外传感自动探测寻找人类、在人前面停下、发出声音并显示字幕，还可以通过遥控来手动控制机器人的运动。本设计集无线遥控通信、电机运动控制、运动算法设计于一体，将综合运用电子、通信及自动控制知识，是一门多学科交叉实践应用的设计课程。

28.2　产品简介

随着人口居住密度的增大，我国地震活动的日渐频繁，黄金 72 小时的灾后救援工作显得十分重要。在倒塌现场寻找生命痕迹，目前有生命探测仪器等高科技工具。然而，如果在发生核辐射、毒气泄漏而救援人员无法方便进出活动时，这些高技术探测仪器由于没有自动运动能力而变得无用武之地。本设计的机器人小车成本低廉，具有手动遥控和自动寻路的功能，能自动避开障碍物并寻找仍然生存的人，为高危险、无法直接进入的地区的寻人救援工作提供简单方便的支持。

本设计主要采用 STC89C52 单片机对控制小车运动的电机进行控制，通过热释电红外传感对人类进行生命探测，并通过红外发送接收器及运动算法设计实现小车的自动运动功能；再通过无线模块实现小车的手动遥控操作。

28.3　工作条件

28.3.1　LCD1602 液晶显示芯片

见本书第 14 章相关内容。

28.3.2　热释电红外探头及处理芯片

28.3.2.1　热释电红外探头

被动式热释电红外探头的工作原理：人体都有恒定的体温，一般在 37℃，所以会发出特定波长 10μm 左右的红外线，被动式红外探头就是靠探测人体发射的 10μm 左右的红外线来进行工作的。人体发射的 10μm 左右的红外线通过菲涅尔滤光片增强后聚集到红外感应源上。红外感应源通常采用热释电元件，这种元件在接收到人体红外辐射温度发生变化时就会失去电荷平衡，向外释放电荷，后续电路经检测处理后就能产生报警信号。

被动式热释电红外探头的特性：

（1）优点：本身不产生任何类型的辐射，器件功耗很小，隐蔽性好，价格低廉。

（2）缺点：容易受各种热源、光源干扰；被动红外穿透力差，人体的红外辐射容易被遮挡，不易被探头接收；易受射频辐射的干扰；环境温度和人体温度接近时，探测灵敏度明显下降，有时会有短时失灵。

本设计的热释电红外探头用 RE001，如图 28－1 所示。其配套有 360°球形菲涅耳透镜，如图 28－2 所示，体积 25mm×25mm×25mm。该探头采用热释电材料极化随温度变化的特性探测红外辐射，采用双灵敏元互补方法抑制温度变化产生的干扰，提高了传感器的工作稳定性。而在人体探测器领域中，被动式热释电红外探测器因其价格低廉、技术性能稳定而被广泛应用。

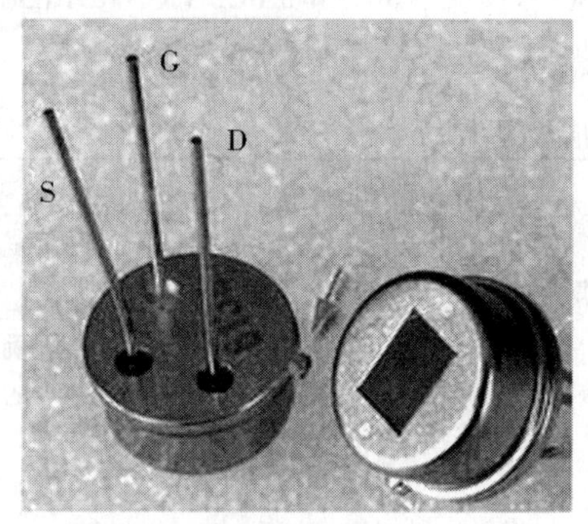

图 28－1　热释电红外探头

图 28－2　菲涅耳透镜

该探头具有的性能如下：

（1）这种探头是以探测人体辐射为目标的，所以热释电元件对波长为 10μM 左右的红外辐射非常敏感。

（2）为了仅仅对人体的红外辐射敏感，在它的辐射照面通常覆盖有特殊的菲涅耳滤光片，使环境的干扰受到明显的控制。

（3）被动红外探头，其传感器包含两个互相串联或并联的热释电元；而且制成的两个电极化方向正好相反，环境背景辐射对两个热释元件几乎具有相同的作用，使其产生释电效应相互抵消，于是探测器无信号输出。

（4）一旦人侵入探测区域内，人体红外辐射通过部分镜面聚焦，并被热释电元接收，但是两片热释电元接收到的热量不同，热释电也不同，不能抵消，于是经信号处理而报警。

（5）菲涅耳滤光片根据性能要求不同，具有不同的焦距（感应距离），从而产生不同的监控视场，视场越多，控制越严密。

28.3.2.2　热释红外处理芯片

红外热释电处理芯片 BISS0001 的实物图如图 28－3 所示，管脚图如图 28－4 所示。它是一款具有较高性能的传感信号处理集成电路，它配以热释电红外传感器和少量外接元器件构成被动式的热释电红外开关；是由运算放大器、电压比较器、状态控制器、延迟时间定时器以及封锁时间定时器等构成的数模混合专用集成电路。BISS0001 管脚说明见表 28－1。

特点：CMOS 工艺，数模混合，具有独立的高输入阻抗运算放大器，内部的双向鉴幅器可有效抑制干扰，内设延迟时间定时器和封锁时间定时器，采用 16 脚 DIP 封装。

图 28－3　BISS0001 实物图

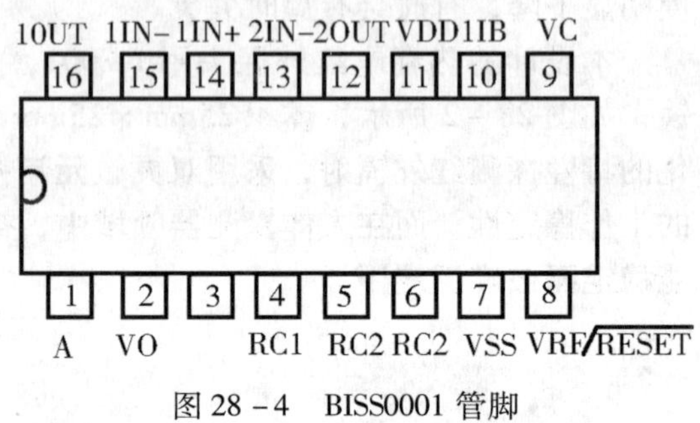

图 28－4　BISS0001 管脚

表 28－3　芯片 BISS0001 引脚说明

编　号	符　号	I/O	引 脚 说 明
1	A	I	可重复触发和不可重复触发选择端。当 A 为“1”时，允许重复触发；反之，不可重复触发
2	VO	O	控制信号输出端。由 VS 的上跳变沿触发，使 VO 输出从低电平跳变到高电平时视为有效触发。在输出延迟时间 T_x 之外和无 VS 的上跳变时，VO 保持低电平状态
3	RR1	—	输出延迟时间 T_x 的调节端
4	RC1	—	输出延迟时间 T_x 的调节端
5	RC2	—	触发封锁时间 T_i 的调节端
6	RR2	—	触发封锁时间 T_i 的调节端
7	VSS	—	工作电源负端
8	VRF	I	参考电压及复位输入端。通常接 VDD，当接“0”时可使定时器复位
9	VC	I	触发禁止端。当 VC < VR 时禁止触发；当 VC > VR 时允许触发（VR≈0.2VDD）
10	IB	—	运算放大器偏置电流设置端
11	VDD	—	工作电源正端
12	2OUT	O	第二级运算放大器的输出端
13	2IN－	I	第二级运算放大器的反相输入端
14	1IN＋	I	第一级运算放大器的同相输入端
15	1IN－	I	第一级运算放大器的反相输入端
16	1OUT	O	第一级运算放大器的输出端

28.3.3 无线数据发射及接收

28.3.3.1 无线发射

1. 无线数据发射模块

本系统采用的无线数据发射模块是深圳市兴意科技开发有限公司生产的 XY110 无线数据发射模块。其具体参数图 28－5 所示：

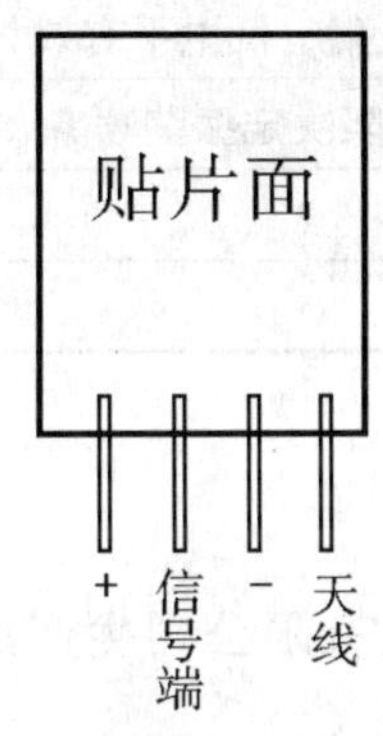

型号：XYF-A
类型：无编码100米发射模块
尺寸：11mm×16mm
工作电压：3～12VDC
工作电流：15mA/9V
性能：体积小、功率小、信号稳定

图 28－5 无线数据发射模块参数

2. 无线发送编码芯片

PT2262 是台湾普城公司生产的一种 CMOS 工艺制造的低功耗低价位通用编码电路，最多可有 12 位（A0～A11）三态地址端管脚（悬空，接高电平，接低电平），任意组合可提供 531441 地址码，PT2262 最多可有 6 位（D0～D5）数据端管脚，设定的地址码和数据码从 17 脚串行输出。芯片引脚图如图 28－6 所示，引脚说明如表 28－2 所示。

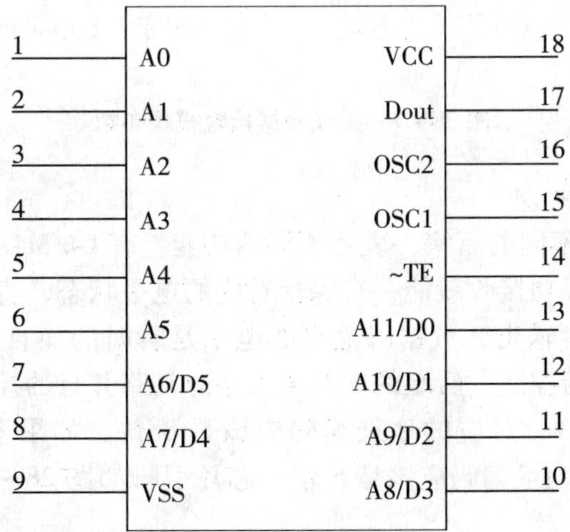

图 28－6 PT2262 引脚

表 28－2　PT2262 引脚说明

符　号	编　号	引脚说明
A0～A11	1～8、10～13	地址管脚，用于进行地址编码，可置为“0”，“1”，“f”（悬空）
D0～D5	7～8、10～13	数据输入端，有一个为“1”即有编码发出，内部下拉
VCC	18	电源正端（+）
VSS	9	电源负端（－）
TE	14	编码启动端，用于多数据的编码发射，低电平有效
OSC1	16	振荡电阻输入端，与 OSC2 所接电阻决定振荡频率
OSC2	15	振荡电阻振荡器输出端
Dout	17	编码输出端（正常时为低电平）

28.3.3.2　无线接收

1. 无线数据接收模块

本系统采用的无线数据接收模块是深圳市兴意科技开发有限公司生产的 XY110 无线数据接收模块。其具体参数如图 28－7 所示。

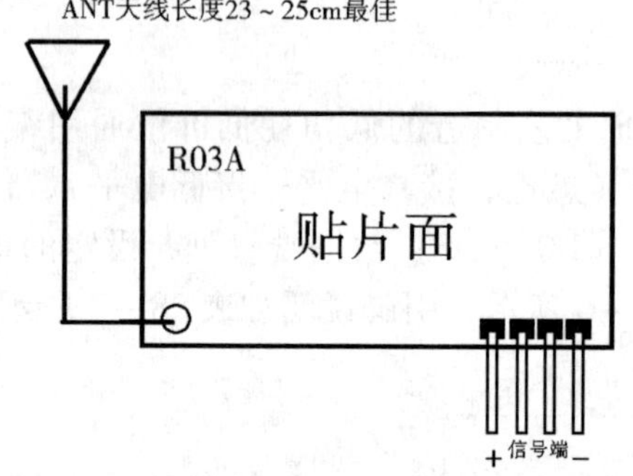

型号：XY-R03A
类型：超载生无解码接收模块
尺寸：32mm×19mm
工作电压：3～5V
工作电流：3～5mA
接收灵敏度：-102db
性能：接收灵敏度好

图 28－7　无线数据接收模块参数

2. 无线接收解码芯片

PT2272 解码芯片有不同的后缀，表示不同的功能，有 L4/M4/L6/M6 之分，其中 L 表示锁存输出，数据只要成功接收就能一直保持对应的电平状态，直到下次遥控数据发生变化时改变。M 表示非锁存输出，数据脚输出的电平是瞬时的而且和发射端是否发射相对应，可以用于类似点动的控制。后缀的 6 和 4 表示有几路并行的控制通道，当采用 4 路并行数据时（PT2272－M4），对应的地址编码应该是 8 位，如果采用 6 路的并行数据时（PT2272－M6），对应的地址编码应该是 6 位。芯片引脚如图 28－8 所示，引脚说明如表 28－3 所示。

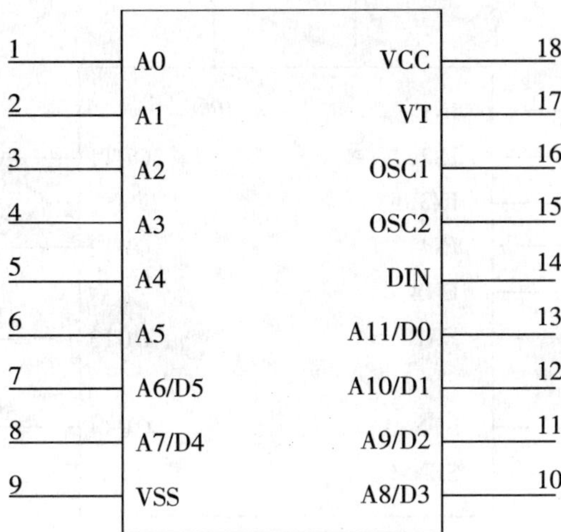

图 28－8　PT2272 引脚

表 28－5　PT2272 引脚说明

符　号	编　号	引 脚 说 明
A0～A11	1～8，10～13	地址管脚，用于进行地址编码，可置为“0”，“1”，“f”（悬空），必须与 2262 一致，否则不解码
D0～D5	7～8，10～13	地址或数据管脚，当作为数据管脚时，只有在地址码与 2262 一致，数据管脚才能输出与 2262 数据端对应的高电平，否则输出为低电平，锁存型只有在接收到下一数据才能转换
VCC	18	电源正端（＋）
VSS	9	电源负端（－）
DIN	14	数据信号输入端，来自接收模块输出端
OSC1	16	振荡电阻输入端，与 OSC2 所接电阻决定振荡频率
OSC2	15	振荡电阻振荡器输出端
VT	17	解码有效确认输出端（常低）解码有效变成高电平（瞬态）

28.3.4　电机驱动

对直流电机进行调速和控制，需要经过直流电机的驱动电路，驱动实际上就是一个大功率的放大器。此机器人系统的电机驱动是用常用 H 芯片的 L298。L298 内部包含 4 通道逻辑驱动电路，具有两套 H 桥电路。芯片的主要特点是：电压最高可达 46V；总输出电流可达 4A；较低的饱和压降；具有过热保护；TTL 输出电平驱动，可直接连接 CPU；具有输出电流反馈，过载保护。L298 引脚如图 28－9 所示。

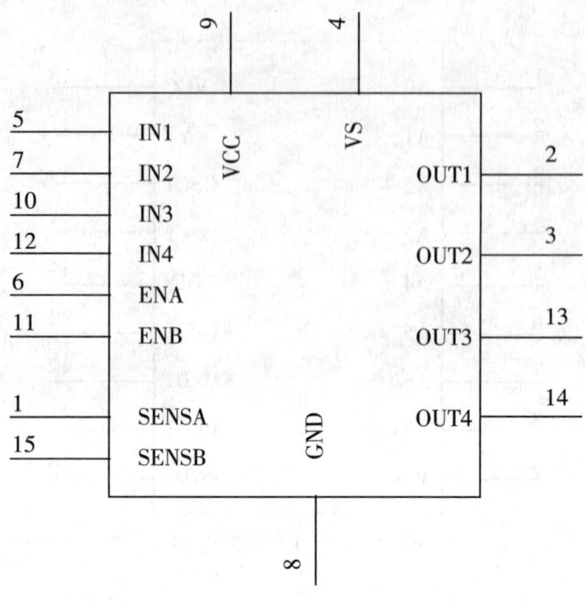

图 28-9 L298 引脚

28.4 项目的原理图与仿真

28.4.1 原理图设计

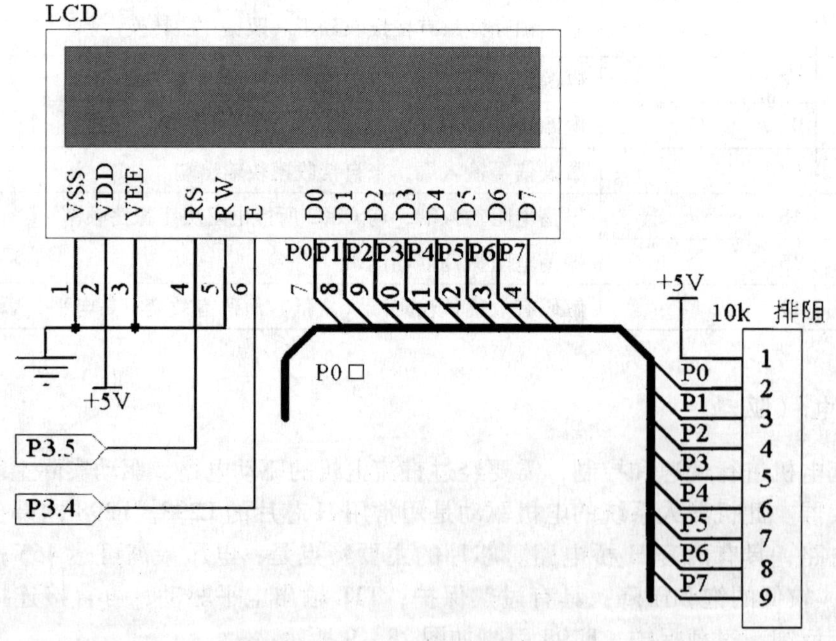

图 28-10 LCD 液晶演示电路图

如图 28－10 所示，单片机通过 P0 口与 LCD 进行并行数据通信，通过 P3.4 和 P3.5 对 LCD 进行控制，RW 接地，且永远有效。

BISS0001 的热释电红外开关应用电路如图 28－11 所示。人体红外热释电路的工作原理：运算放大器 OP1 将热释电红外传感器的输出信号作第一级放大，然后由 C3 耦合给运算放大器 OP2 进行第二级放大，再经由电压比较器 COP1 和 COP2 构成的双向鉴幅器处理后，检出有效触发信号 VS 去启动延迟时间定时器，输出信号 VO。

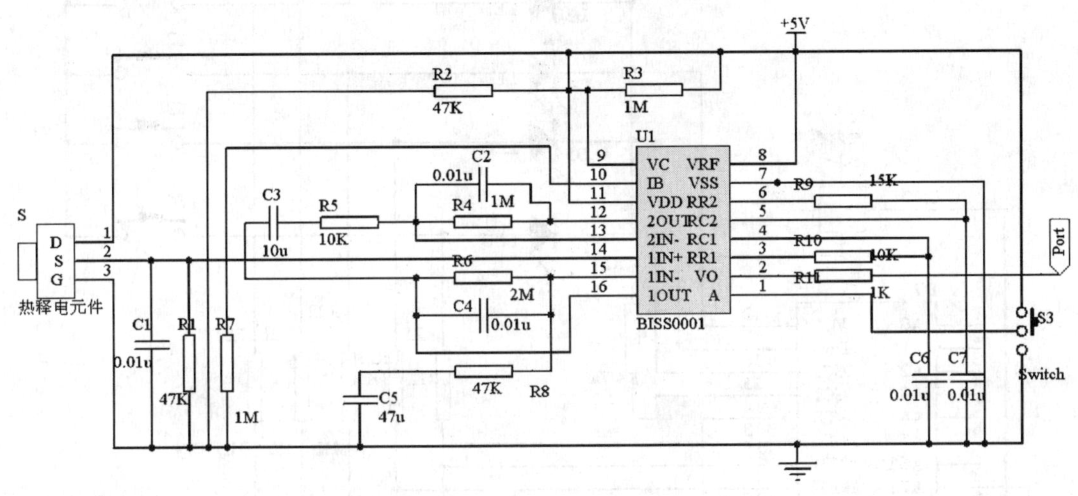

图 28－11　热释电红外开关应用电路

如图 28－12 所示，无线发射电路图用于发送小车手动遥控信号（左转、右转、前进、倒退、停）。无线发射的编码芯片 PT2262 发出的编码信号由地址码、数据码、同步码组成一个完整的码字，解码芯片 PT2272 接收到信号后，其地址码经过两次比较核对后，VT 脚才输出高电平，与此同时相应的数据脚也输出高电平，如果发送端一直按住按键，编码芯片也会连续发射。当发射机模块没有按键按下时，PT2262 不接通电源，其 17 脚为低电平，所以发射电路不工作。当有按键按下时，PT2262 得电工作，其第 17 脚输出经调制的串行数据信号，当 17 脚为高电平期间，发射电路起振并发射等幅高频信号；当 17 脚为低平期间，发射电路停止振荡，所以高频发射电路完全受控于 PT2262 的 17 脚输出的数字信号，从而对高频电路完成幅度键控（ASK 调制）相当于调制度为 100% 的调幅。

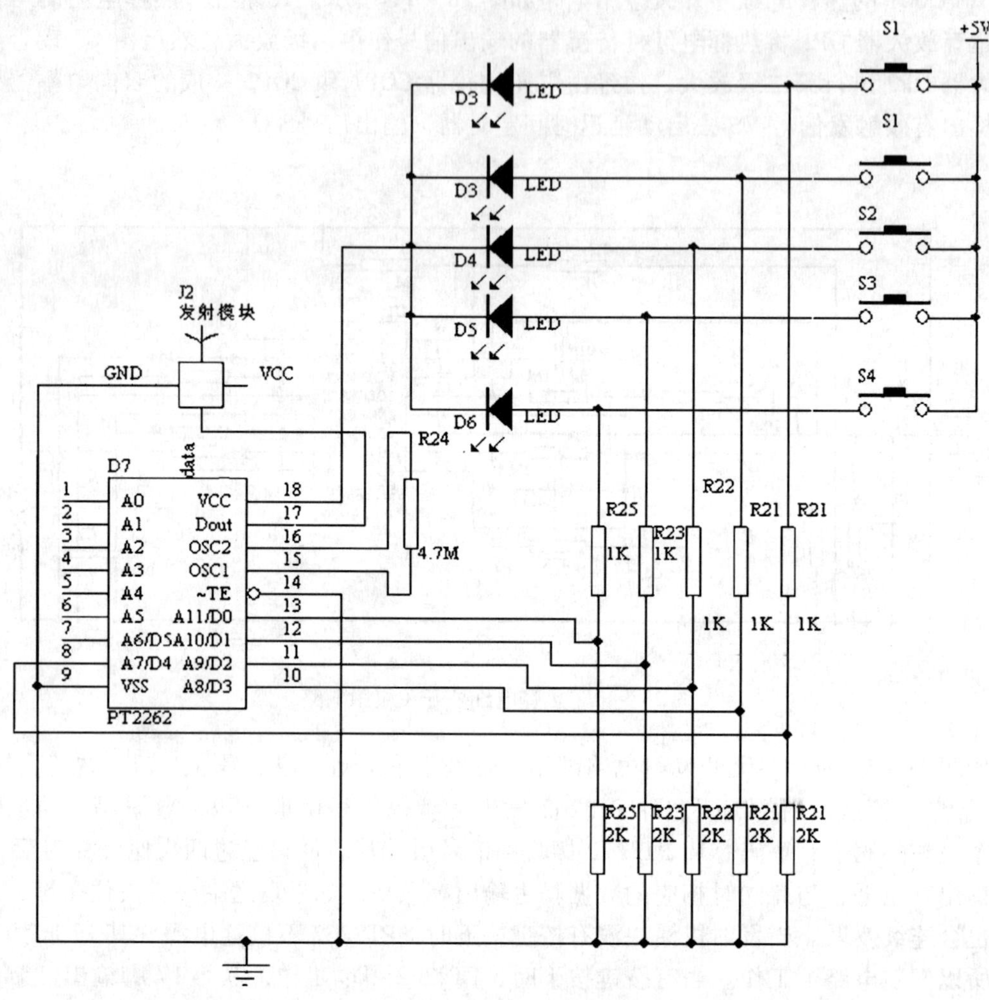

图 28－12　无线发射电路

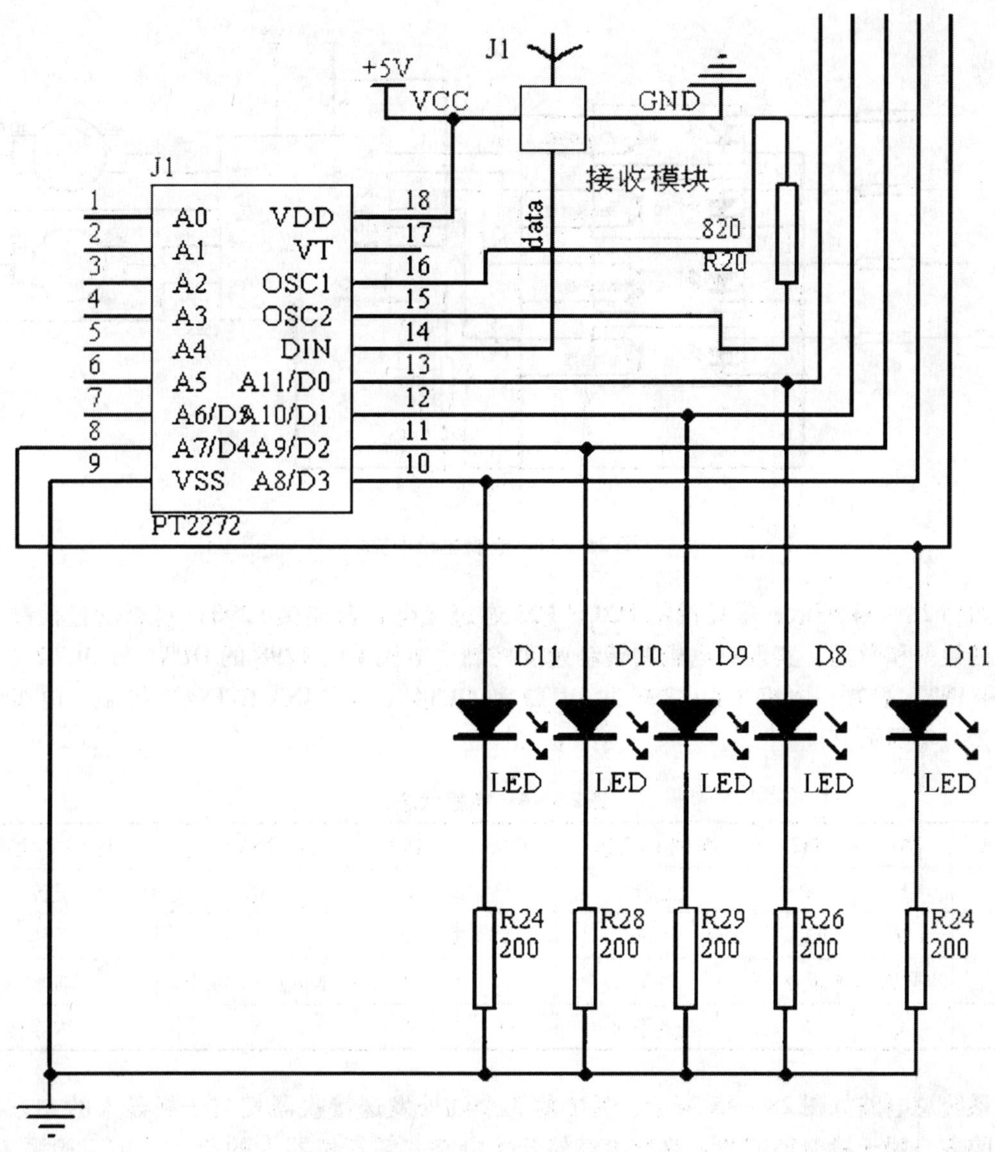

图 28－13　无线接收电路

如图 28－13 所示，只要 PT2272 和 PT2262 的地址码引脚设置相同即可实现配对发送接收，令单片机接收到遥控器的手动运动控制信号。

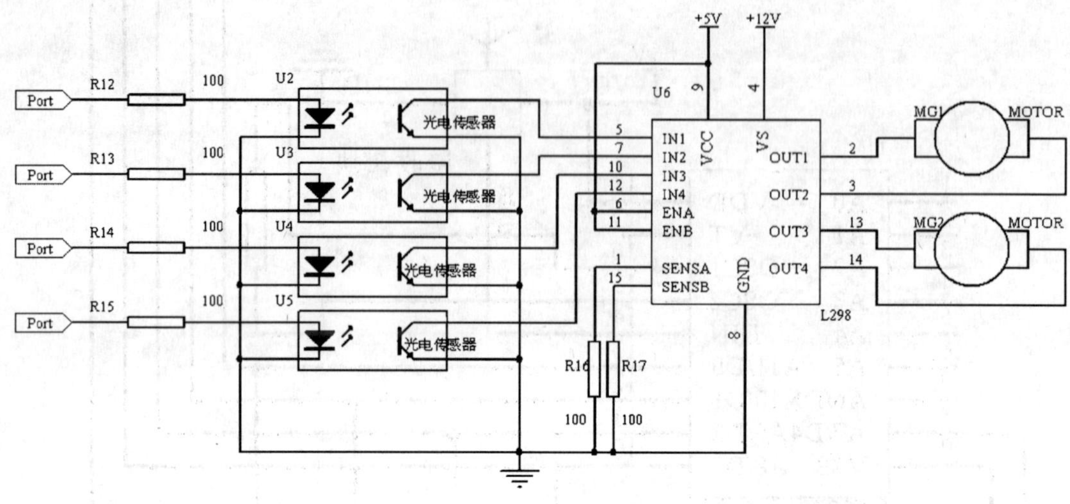

图 28 - 14 电机驱动电路

如图 28 - 14 所示，单片机的 P20 ~ P23 通过光电耦合连接 L298，可以通过控制 4 个输入的频率和脉宽，实现对电机的转动速度控制。电机 1 由 L298 的 OUT1 和 OUT2（对应 IN1 和 IN2）控制，电机 2 由 L298 的 OUT3 和 OUT4（对应 IN3 和 IN4）控制。电机状态如表 28 - 4 所示。

表 28 - 4 电机状态

ENA	IN1	IN2	电机 1 状态	ENB	IN3	IN4	电机 2 状态
1	1	0	正转	1	1	0	正转
1	0	1	反转	1	0	1	反转
1	同时为 1 或 0		刹车	1	1	同时为 1 或 0	刹车
0	X	X	自然停转	0	X	X	自然停转

系统总电路如图 28 - 15 所示，其中的 3 个红外发送接收器安装于机器人的左方、右方和前方，用于检测障碍物；热释电红外开关电路安装于机器人的前方，用于检测人类；两个电机分别控制小车的方向和前后运动。无线电发送电路并不属于机器人系统内部电路的一部分，而是遥控者的遥控电路。

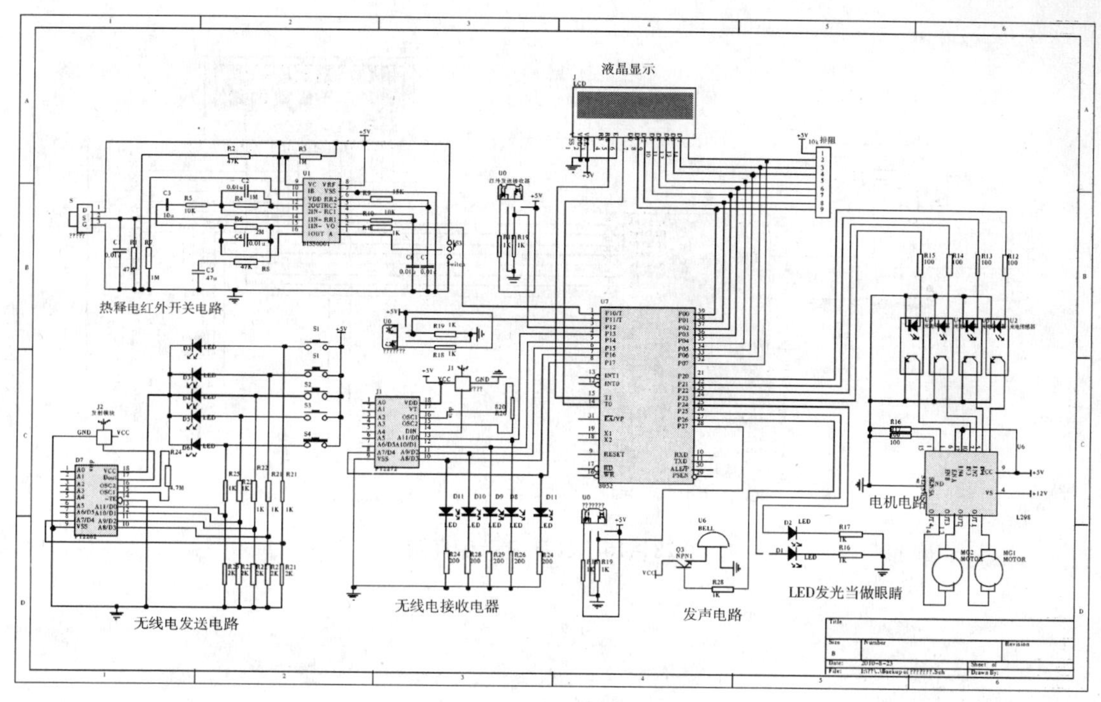

图 28－15　系统总电路

28.4.2　液晶显示仿真

PROTEUS ISIS 支持主流单片机系统的仿真。目前支持的单片机类型有：68000 系列、8051 系列、AVR 系列、PIC12 系列、PIC16 系列、PIC18 系列、Z80 系列、HC11 系列以及各种外围芯片。提供软件调试功能。在硬件仿真系统中具有全速、单步、设置断点等调试功能，同时可以观察各个变量、寄存器等的当前状态，因此在该软件仿真系统中，也必须具有这些功能；同时支持第三方的软件编译和调试环境，如 Keil C51 uVision2 等软件。具有强大的原理图绘制功能。总之，该软件是一款集单片机和 SPICE 分析于一身的仿真软件，功能极其强大。

利用 PROTEUS ISIS 强大的仿真能力，事先把功能模块原理图画出，通过在 uVision2 中的编程，引导 HEX 文件仿真模块。

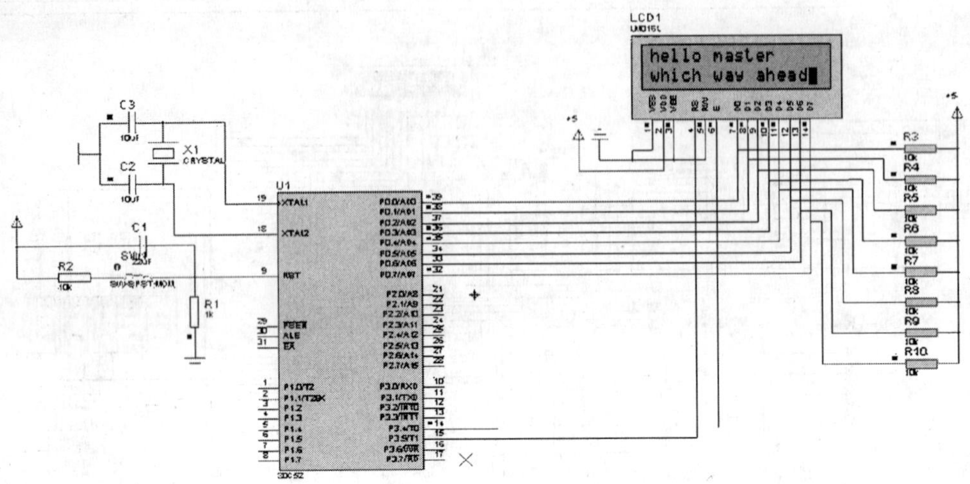

图 28－16　LCD 显示仿真图

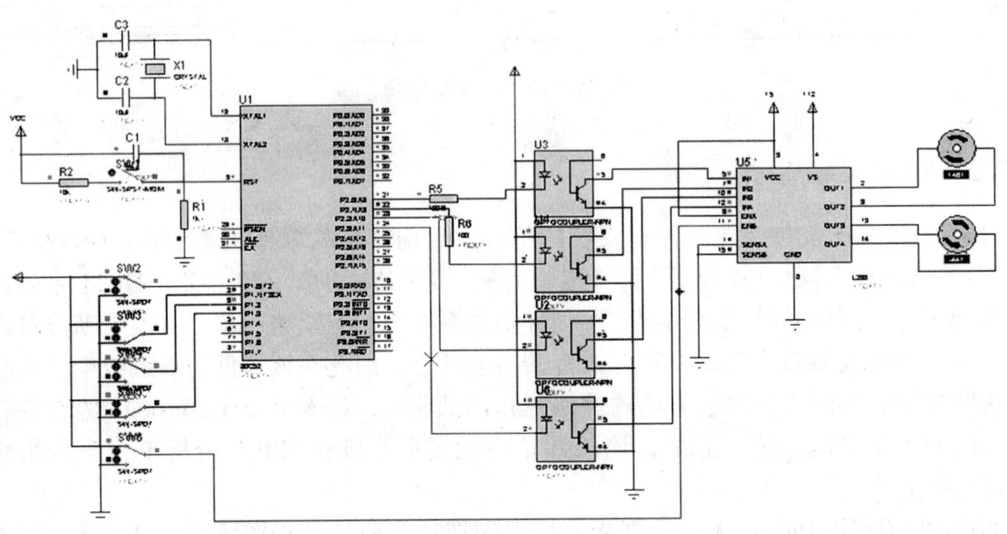

图 28－17　电机仿真图

28.5　单片机程序设计

单片机控制流程如图 28－18 所示。

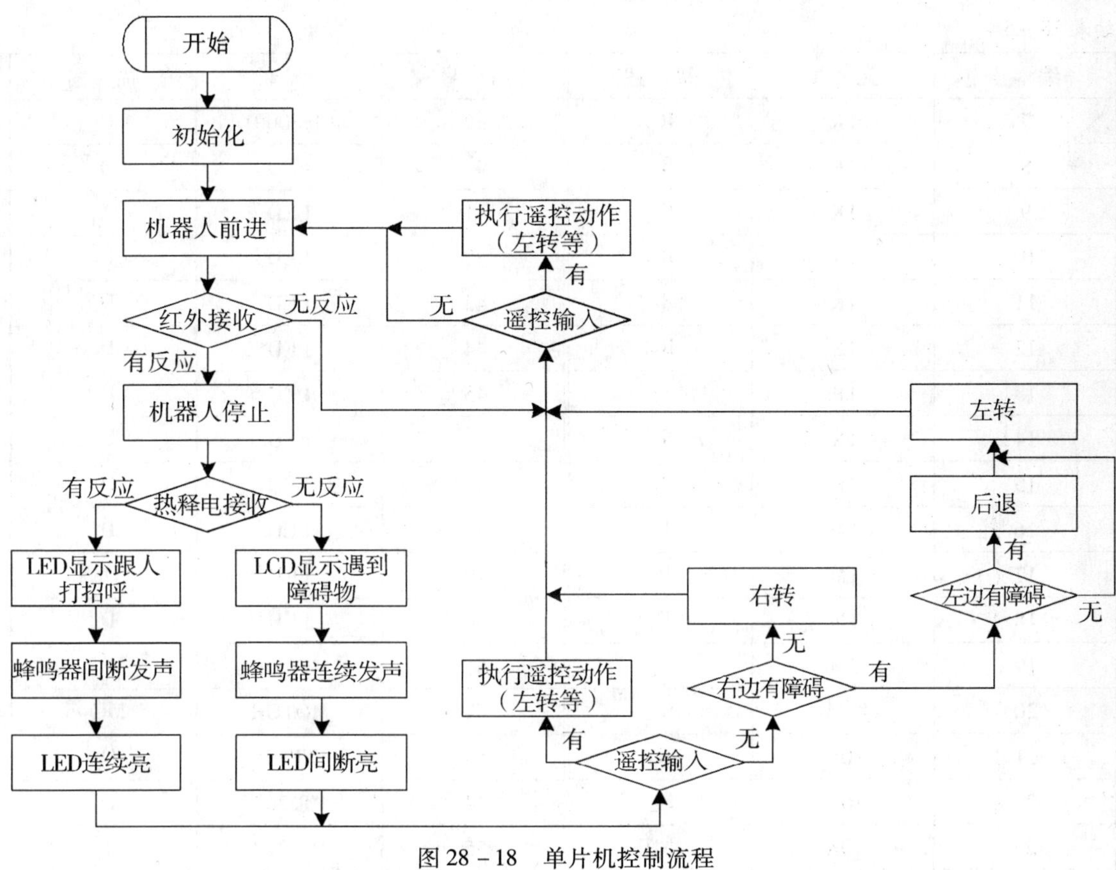

图 28－18　单片机控制流程

读者可自行修改设计流程图，以实现功能更加强大的避障运动控制算法。

28.6　附录

28.6.1　元件清单

元件清单如表 28－5 所示。

表 28－5　元件清单

编　号	元　件	描　述	编　号	元　件	描　述
1	0.01μ	C_2	33	100	R_{13}
2	0.01μ	C_1	34	200	R_{26}
3	0.01μ	C_4	35	200	R_{29}
4	0.01μ	C_7	36	820	R_{20}
5	0.01μ	C_6	37	8052	U_7
6	1K	R_{18}	38	BELL	U_6

续表 28-5

编号	元件	描述	编号	元件	描述
7	1K	R_{28}	39	BISS0001	U_1
8	1K	R_{19}	40	LCD	J
9	1K	R_{21}	41	LED	D_{11}
10	1K	R_{23}	42	LED	D_3
11	1K	R_{25}	43	LED	D_1
12	1K	R_{22}	44	LED	D_2
13	1K	R_{11}	45	LED	D_8
14	1K	R_{16}	46	LED	D_9
15	1K	R_{17}	47	LED	D_6
16	1M	R_7	48	LED	D_5
17	1M	R_4	49	LED	D_{10}
18	1M	R_3	50	LED	D_4
19	2M	R_6	51	MOTOR	MG_1
20	4.7M	R_{24}	52	MOTOR	MG_2
21	10K	R_5	53	NPN1	Q_3
22	10K	R_{10}	54	PT2262	D_7
23	10K	排阻	55	PT2272	J_1
24	10μ	C_3	56	Switch	S_3
25	15K	R_9	57	发射模块	J_2
26	47K	R_2	58	光电传感器	U_4
27	47K	R_8	59	光电传感器	U_3
28	47K	R_1	60	光电传感器	U_2
29	47μ	C_5	61	光电传感器	U_5
30	100	R_{15}	62	红外收发器	U_0
31	100	R_{14}	63	热释电元件	S
32	100	R_{12}			

28.6.2 单片机参考代码

1. 电机控制程序参考代码

```
#include <reg52.h>
#define uchar unsigned char
#define uint unsigned int
sbit R1 = P2^0;
```

```
sbit L1 = P2^1;
sbit R2 = P2^2;
sbit L2 = P2^3;
sbit qian = P1^0;
sbit hou = P1^1;
sbit turnleft = P1^2;
sbit turnright = P1^3;
void stop1()                    //停止子程序 1
{
 R1 = 0;
 L1 = 0;
}
void stop2()                    //停止子程序 2
{
 R2 = 0;
 L2 = 0;
}

void forward()                  //前进子程序
{
 R1 = 1;
 L1 = 0;
}

void back()                     //后退子程序
{
 R1 = 0;
 L1 = 1;
}

void right()                    //右转子程序
{
 R2 = 1;
 L2 = 0;
}

void left()                     //左转子程序
{
 R2 = 0;
```

```
 L2 = 1;
}

void main()                    //主程序
{
 while(1)                      //无限循环
  {
  if((turnleft == 1)&&(turnright == 0))               //左转
  {
   left();
  }
  else if((turnright == 1)&&(turnleft == 0))          //右转
  {
   right();
  }
  else if((((turnleft ==1)&&(turnright ==1))||((turnleft ==0)&&(turnright ==0))))  //停止
  stop2();

  if((qian == 1)&&(hou == 0))                         //前进
  forward();
  else if((hou == 1)&&(qian == 0))                    //后退
  back();
  else if((((qian == 1)&&(hou == 1))||((qian == 0)&&(hou == 0))))  //停止
  stop1();
 }
}
```

2. 液晶显示程序参考代码

```
#include <reg52.h>
#define uchar unsigned char
#define uint unsigned int
sbit RS = P3^5;
sbit E = P3^4;
uchar table1[] = "hello master";                      //要显示的字符
uchar table2[] = "which way ahead";

void delay(uint ms)                                   //延时子程序
{
 uint i;
 while(ms--)
```

```
 {for(i=0;i<250;i++)
  ;
 }
}

void write_com(uchar com)                                    //写入指令子程序
{
  RS=0;
  E=1;
  P0=com;
  delay(10);
  E=0;
}

void write_date(uchar date)                                  //写入数据子程序
{
 RS=1;
 E=1;
 P0=date;
 delay(10);
 E=0;
}

void init()                                                  //初始化函数
{
     write_com(0x38);        //置功能：2 行，5×7 字符
     delay(20);
     write_com(0x0f);        //显示开，显示光标，光标闪烁
     delay(20);
     write_com(0x06);        //置输入模式：地址增量，显示屏不移动
     delay(20);
     write_com(0x01);        //清显示
     delay(20);
}

void main()                  //主函数
{
     while(1)
     {uchar i;
     init();                 //初始化
```

```
    delay(10);              //延时

    write_com(0x80);                  //设第一行显示位置
    for(i=0;table1[i]!='\0';i++)
    {
     write_date(table1[i]);           //显示第一行内容
    }

    write_com(0xc0);                  //设第二行显示位置
    for(i=0;table2[i]!='\0';i++)
    {
     write_date(table2[i]);           //显示第二行内容
    }
    delay(500);
   }
}
```

28.7 参考文献

[1] 黄智伟. 全国大学生电子设计竞赛制作实训 [M]. 北京：北京航空航天大学出版社，2007.

[2] 马忠梅. 单片机的 C 语言应用程序设计 [M]. 北京：北京航空航天大学出版社，2003.

[3] 张毅刚. 新编 MCS51 单片机应用设计 [M]. 哈尔滨：哈尔滨工业大学出版社，2006.

[4] 谭浩强. C 程序设计 [M]. 北京：清华大学出版社，1999.

[5] 胡烨，姚鹏翼，江思敏. Protel 99 SE 电路设计与仿真教程 [M]. 北京：机械工业出版社，2005.

[6] 童诗白，华成英. 模拟电子技术基础 [M]. 北京：高等教育出版社，2001.

[7] 龚沛曾，陆慰民，杨志强. Visual Basic 程序设计简明教程 [M]. 2 版. 北京：高等教育出版社，2003.

[8] Stephen A. Edwards. Languages for Digital Embedded Systems [M]. USA: Kluwer Academic Publishers, 2000.

[9] 黄正谨. 电子设计竞赛赛题解析 [M]. 南京：东南大学出版社，2003.

第 29 章　基于无线移动通信网络远程监控系统的构建

29.1　设计概述

本设计是利用单片机与传感器和 CDMA1X 无线模块（以下简称 DTU）进行连接，实现监测点对传感器的传感采集及无线发送，监测数据通过无线移动通信网络传输到监控中心并保存入数据库，同时监控中心也可以通过无线移动通信网络对监测点进行控制。本设计是集嵌入式电子开发、无线通信、计算机数据库及控制台于一体的多学科交叉实践应用。本设计可使读者掌握嵌入式设备的数据采集及无线传输方法，并初步掌握数据库及其控制界面的构建方法，令读者掌握开发无线数据采集系统的基本技能。

29.2　产品简介

目前我国已开发的、基于 GPRS/CDMA 的无线监控系统一般采用 TCP/IP 或 UDP 模式进行数据传输，一般适用于数据量大、传输速度要求高的工业应用。而对于一些分布范围广、监测数据变化缓慢的场合（例如，农业生产范围广、参数变化一般比较缓慢），不需要频繁进行数据采集和传输，因此检测点多、数据量少、数据传输速度要求低。若仍采用前者的数据传输模式，必然会占用大量的通信网络资源，造成资源浪费，而且也要给付巨大的通信网络使用费用。由于短信息使用费用低、传输数据量少、速度适中、不使用时不占用通信网络资源，特别适合广分布、慢变化的生产过程的特点。

本系统通过 CDMA1X 无线模块与 CDMA 网络建立连接，利用 CDMA 移动通信网络的短信息业务完成数据的无线传输，系统组成包括监测点、无线移动通信网络、监控中心，系统工作原理如图 29－1 所示。各监测点将采集到的现场数据通过 CDMA1X 无线模块以短信息的形式定时发送到监控中心。监控中心提供数据的集中处理、存储以及数据查询的功能。监控中心还能通过 CDMA1X 无线模块以短信息的形式设定监测点的定时采集间隔，或实时监测监测点的数据。

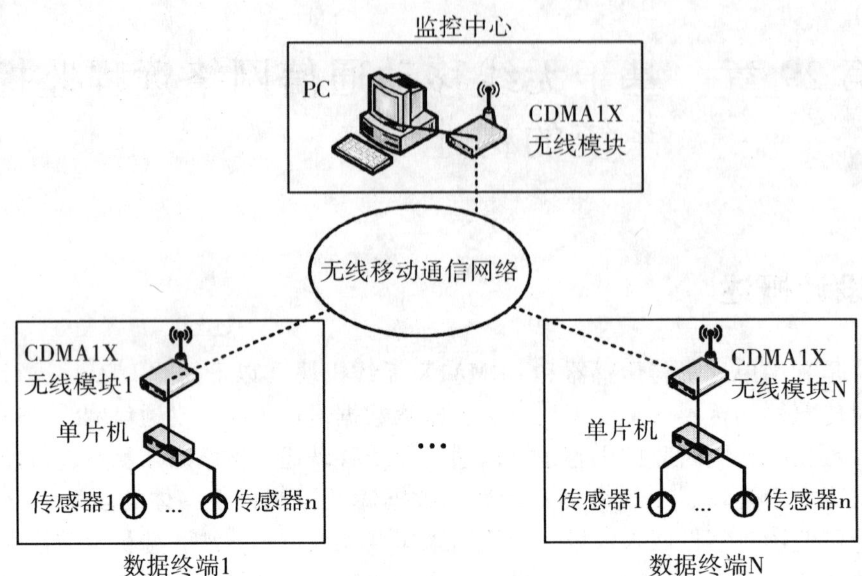

图 29－1 系统工作原理

29.3 工作条件

29.3.1 监测点工作条件

监测点采用 8052 单片机作为控制芯片，CDMA1X 无线模块采用深圳倚天科技开发有限公司的 ETPRO－325DTU。该模块提供了串行接口，能直接和计算机连接，或者通过电平转换器和单片机进行连接。监测点结构框图如图 29－2 所示。

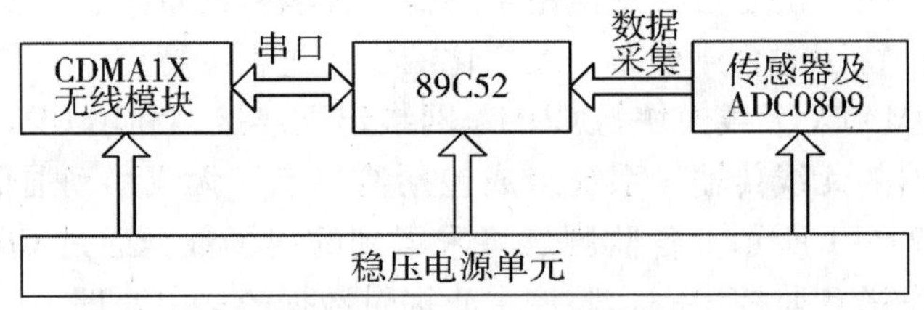

图 29－2 监测点结构框图

监控对象由相应的传感器进行测量，其输出模拟电压经过 A/D 转换后，由单片机通过串口与 CDMA1X 无线模块进行通信，把现场数据发送给监控中心。

29.3.1.1 ADC0809 简介

ADC0809 是带有 8 位 A/D 转换器、8 路多路开关以及微处理机兼容的控制逻辑的 CMOS 组件。它是逐次逼近式 A/D 转换器，可以和单片机直接接口。

1. ADC0809 的内部逻辑结构

由图 29－3 可知，ADC0809 由一个 8 路模拟开关、一个地址锁存与译码器、一个 A/D 转换器和一个三态输出锁存器组成。多路开关可选通 8 个模拟通道，允许 8 路模拟量分时输入，共用 A/D 转换器进行转换。三态输出锁器用于锁存 A/D 转换完毕的数字量，当 OE 端为高电平时，才可以从三态输出锁存器取走转换完的数据。

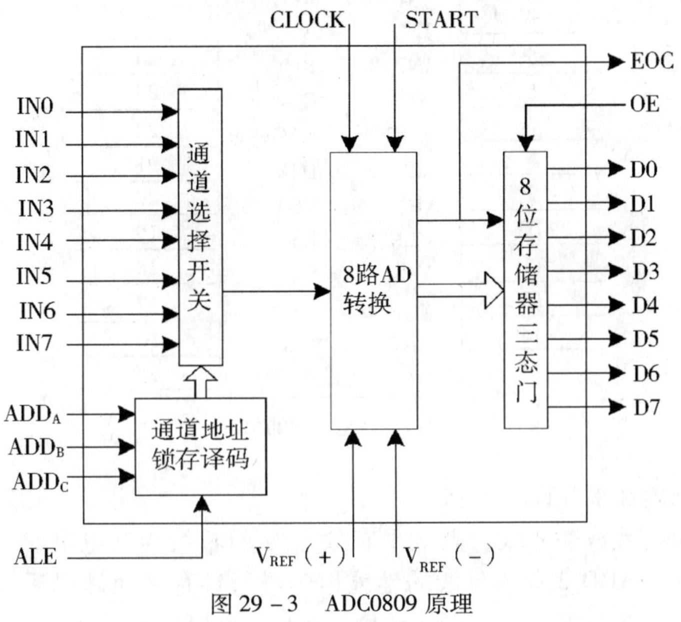

图 29－3　ADC0809 原理

2. ADC0809 引脚结构

表 29－1　ADC0809 引脚说明

符　号	引 脚 说 明
D7 ～ D0	8 位数字量输出引脚
IN7 ～ IN0	8 位模拟量输入引脚
VCC	电源正端（＋）
GND	地
V_{REF}(＋)	参考电压正端
V_{REF}(－)	参考电压负端
START	A/D 转换启动信号输入端
ALE	地址锁存允许信号输入端
EOC	转换结束信号输出引脚，开始转换时为低电平，当转换结束时为高电平
OE	输出允许控制端，用以打开三态数据输出锁存器
CLK	时钟信号输入端（10 ～ 1280kHz，典型值为 640kHz）
ADD_A ～ ADD_C	地址输入线

ADC0809 对输入模拟量要求：信号单极性，电压范围是 V_{REF}（－）～ V_{REF}（＋），若信号太小，必须进行放大；输入的模拟量在转换过程中应该保持不变，如若模拟量变化太

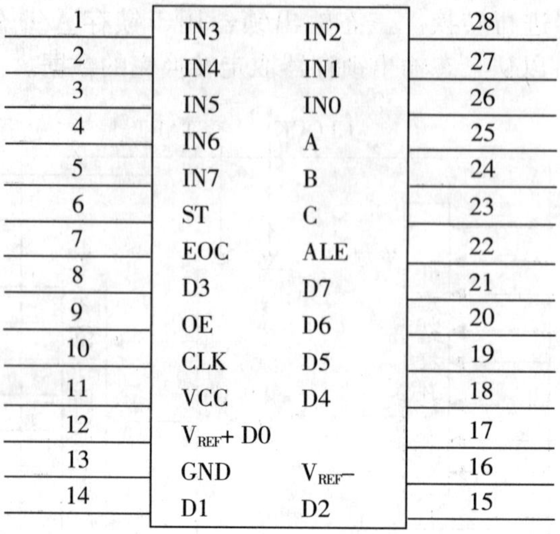

1	IN3	IN2	28
2	IN4	IN1	27
3	IN5	IN0	26
4	IN6	A	25
5	IN7	B	24
6	ST	C	23
7	EOC	ALE	22
8	D3	D7	21
9	OE	D6	20
10	CLK	D5	19
11	VCC	D4	18
12	V_{REF}+ D0		17
13	GND	V_{REF}−	16
14	D1	D2	15

图 29－4　ADC0809 引脚

快，则需在输入前增加采样保持电路。

ALE 为地址锁存允许输入线，高电平有效。当 ALE 线为高电平时，地址锁存与译码器将 ADD_A、ADD_B、ADD_C3 条地址线的地址信号进行锁存，经译码后被选中的通道的模拟量进转换器进行转换，用于选通 IN0 ～ IN7 上的一路模拟量输入。通道选择如表 29－2 所示。

表 29－2　ADC0809 输入通道选择

ADD_C	ADD_B	ADD_A	选择的通道
0	0	0	IN0
0	0	1	IN1
0	1	0	IN2
0	1	1	IN3
1	0	0	IN4
1	0	1	IN5
1	1	0	IN6
1	1	1	IN7

3. 数字量输出及控制

SRART 为转换启动信号。当 SRART 上跳沿时，所有内部寄存器清零；下跳沿时，开始进行 A/D 转换。在转换期间，ST 应保持低电平。EOC 为转换结束信号，当 EOC 为高电平时，表明转换结束；否则，表明正在进行 A/D 转换。OE 为输出允许信号，用于控制 3 条输出锁存器向单片机输出转换得到的数据。OE＝1，输出转换得到的数据；OE＝0，输出数据线呈高阻状态。D7 ～ D0 为数字量输出线。CLK 为时钟输入信号线。因 ADC0809 的内部没有时钟电路，所需时钟信号必须由外界提供，转换速度由 CLK 决定。

由于 ADC0809 是 8 位精度的，因此输出的 8 位数值为：

$$8位输出 = \frac{IN - V_{REF}(-)}{\left[\frac{V_{REF}(+) - V_{REF}(-)}{256}\right]}$$

4. ADC0809 应用说明

(1) ADC0809 内部带有输出锁存器，可以与 AT89C52 单片机直接相连。

(2) 初始化时，使 START 和 OE 信号全为低电平。

(3) 送要转换的那一通道的地址到 A，B，C 端口上。

(4) 在 START 端给出一个至少有 100nS 宽的正脉冲信号。

(5) 是否转换完毕，将根据 EOC 信号来判断。

(6) 当 EOC 变为高电平时，这时给 OE 为高电平，转换的数据就输出给单片机了。

29.3.1.2　ETPRO－325DTU 简介

ETPRO－325DTU 是一款工业手机模块，能为嵌入式系统提供方便的无线移动通信网络连接功能。用户通过 RS－232、RS－485 或 TTL 电平接口，使用简单的 AT＋i 命令，就可以完成端到端的可靠数据通信，极大地减轻了用户开发时间和维护的工作量。另外，该产品可灵活地实现多种设备接入，工程安装简单。适用于使用串口通讯的单片机数据采集传输系统、PLC 或 RTU 以及工控机等，它可以使客户原有的有线串口设备无需改动立即变为无线网络通讯设备，减少系统更新的投入。

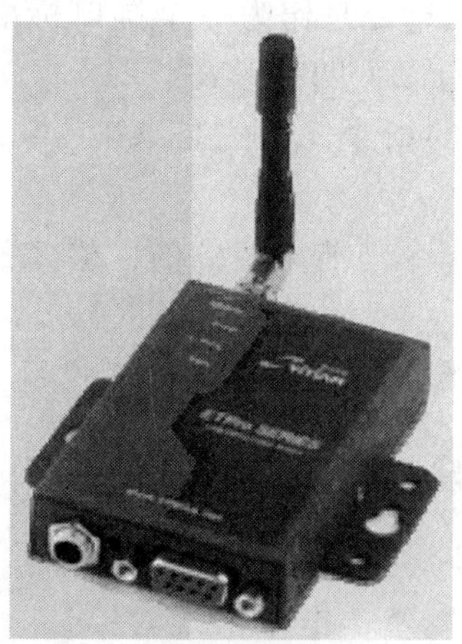

图 29－5　ETPRO－325DTU 外观

1. ETPRO－325DTU 基本功能

(1) 支持多种 TCP/IP 协议，如 TCP、UDP、DNS、PPP、DHCP、WAP、RAS 等；

(2) 完全透明传输模式，可完全取代数传电台，原有系统无需任何改动，最大限度减少系统更新的投入；

(3) 支持 ALWAYS ONLINE（永远在线）模式，支持 GPRS 在线数据传输，支持掉线重连、电话唤醒、远程复位；

(4) 透明模式下的短连接功能，链路的定时自动释放和激活重连；

（5）实时动态刷新，有效解决了无线网络的“假连接”现象。

2. ETPRO－325DTU 特性

（1）射频特性。CDMA 协议：CDMA2000 1X Rev0；频率范围：800M（TX 824～849M RX869～894M）；数据服务：IS－707A；数传速率：最大 153.6kbps；传送和接收频率间隔：10MHz。

（2）功能特性。信息传送内容：支持数字、语音、短消息和传真；模块复位：采用 AT 指令或掉电复位；声音编码 EVRC，13k QCELP。

（3）接口。接口：标准 RS－232/485 DB9 接口；天线：由天线连接器连接外部天线。

（4）功率消耗。输入电压：5～25V 低功耗（9V 标配）；SIM 卡操作电压：3V/1.8V；工作电流损耗：待机模式为 70mA（典型值），数传状态为 300～400mA（最大值）。

（5）外观。体积：75mm×72mm（含安装孔）×16mm；重量：200g。

（6）使用环境。工作温度：－30～60℃；存储温度：－50～85℃；湿度：≤90%。

3. ETPRO－325DTU 的使用方法

AT（attention）指令最初由 Hayes 公司推出，主要用于对调制解调器的控制，现在已演化为一种标准，所有移动模块都支持 AT 指令。虽然不同厂家的手机模块都参照 GSM 协议，但格式还是有所不同。所有 AT 指令的指令符号、常数、PDU 数据包等都是以 ASCⅡ编码形式传送的。AT 指令就是通过串口和模块进行通信，指令是以字符串的形式进行的。

（1）AT 指令类型。因为 AT 指令是作为一个接口标准，所以它的指令返回值和格式都是固定的，总体上说 AT 指令有以下四种形式：

1）无参数指令：一种简洁的指令，格式是 AT［+ | &］ <command>，如：AT+CSQ、AT&V。

2）查询指令：用来查询该指令当前设置的值，格式是 AT［+ | &］ <command>?，如：AT+CNMI?。

3）帮助指令：用来列出该指令的可能参数，格式是 AT［+ | &］ <command>=?，如：AT+CMGL=?。

4）带参数指令：比较常用的一种格式，它为指令提供了强大的灵活性，格式是 AT［+ | &］ <command>=<par1>，<par2>，<par3>?。这种指令的返回值将根据不同的指令而有所不同，但是返回值的基本框架格式为：① <回应字串><CR><LF>；② <OK/ERROR>［ERROR 信息］<CR><LF>。

注：<CR>即是“回车”，相当于 C 语言的'\r'，ASCII 码为 13；<LF>即是“换行”，相当于 C 语言的'\n'，ASCII 码为 10。

（2）AT 指令格式。AT 指令都以“AT”开头，以<CR>结束。ETPRO－325DTU 运行后，串口默认的设置为：8 位数据位、1 位停止位、无奇偶校验位、硬件流控制（CTS/RTS），速率为 9600bps。

AT 指令返回格式：<跟 AT 指令相关的字符串><CR><LF>。

AT 指令状态报告（OK、ERROR）有以下两种情况：

1）若 AT 指令格式错误，会返回 I/ERROR<CR><LF>字符串；

2）如果 AT 指令执行成功，会返回字符串 I/OK <CR> <LF>。

AT 指令有近百条，本设计中单片机与 ETPRO－325DTU 之间的通信所需要使用的 AT 指令如表 29－3 所示。

表 29－3　ETPRO－325DTU 的部分 AT 指令

AT 指令	意　义	返　回
+++ <CR>	退出永久在线	成功：+++ <CR> <LF> 失败：I/ERROR <CR> <LF>
AT + IMCM <CR>	切换到 AT 指令下	AT + IMCM <CR> <LF> I/OK <CR> <LF>
AT + CMGS = "电话号码" <CR> 短信内容 <CTRL－Z>	发送英文短信	AT + CMGS = "电话号码" <CR> <CR> <LF> <CR> <LF> + CMGS：个位数字 <CR> <LF> OK <CR> <LF> 短信内容 <CTRL－Z>
AT + CNMI = 2，2，2，0，0 <CR>	设置短信直接输出，不保存	AT + CNMI = 2，2，2，0，0 <CR> <CR> <LF> OK <CR> <LF>
	收到英文短信	+ CMT:"电话号码","08/12/05，15:52:26"，X， X，X，X，X <CR> <LF> 短信内容 <CR> <LF>

注：ETPRO－325DTU 若处于永久在线状态下是不能接收短信的。

29.3.2　监控中心工作条件

监控中心的界面设计是以 Visual Basic 6.0 为主，搭配 Access 作为后台数据库。在界面调用 MSComm 控件作为计算机与 ETPRO－325DTU 通讯的“桥梁”，然后用串口线直接相连作为它们之间通讯的硬件“桥梁”。本设计采用此两款软件开发监控中心只是由于其使用简单，能令初学者快速建立数据库及串口控制系统而已。读者也可以采用目前最流行的 SQL SERVER 2008、C#开发数据库和控制界面。

29.4 监测点原理图设计

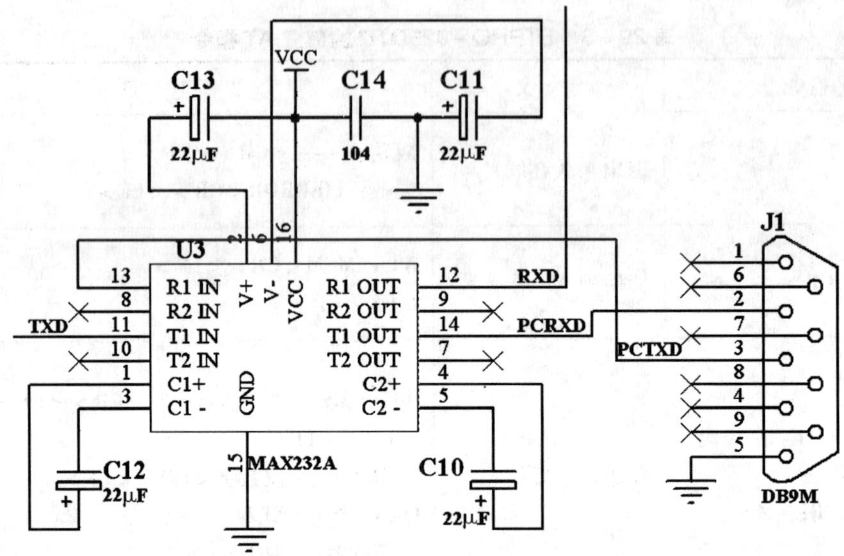

图 29-6 串口电路

单片机通过如图 29-6 所示的 MAX232 电平转换芯片与计算机连接，实现与 ETPRO-325DTU 的串行通信。

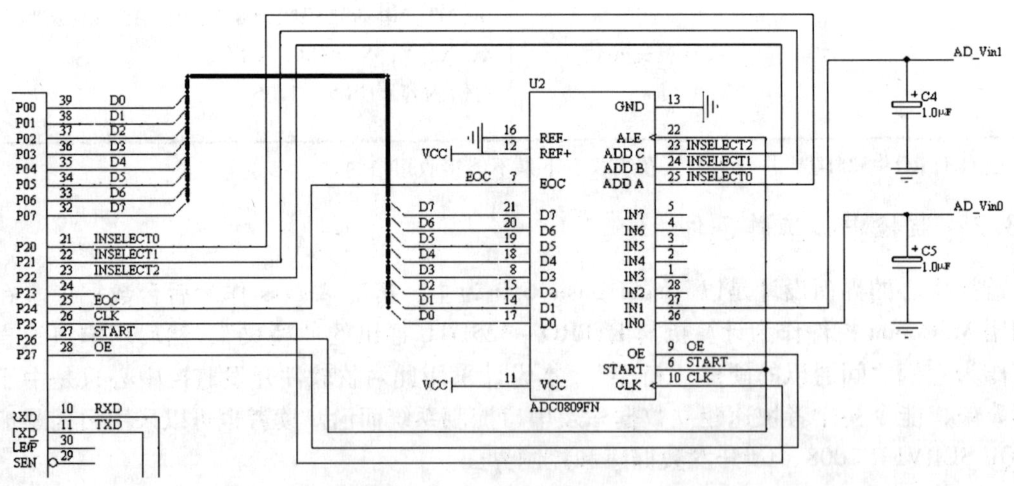

图 29-7 ADC0809 电路

如图 29-7 所示，单片机通过 P0 口与 ADC0809 进行并行数据通信，通过 P2.0～P2.7 对 ADC0809 进行控制。系统总电路如图 29-8 所示。

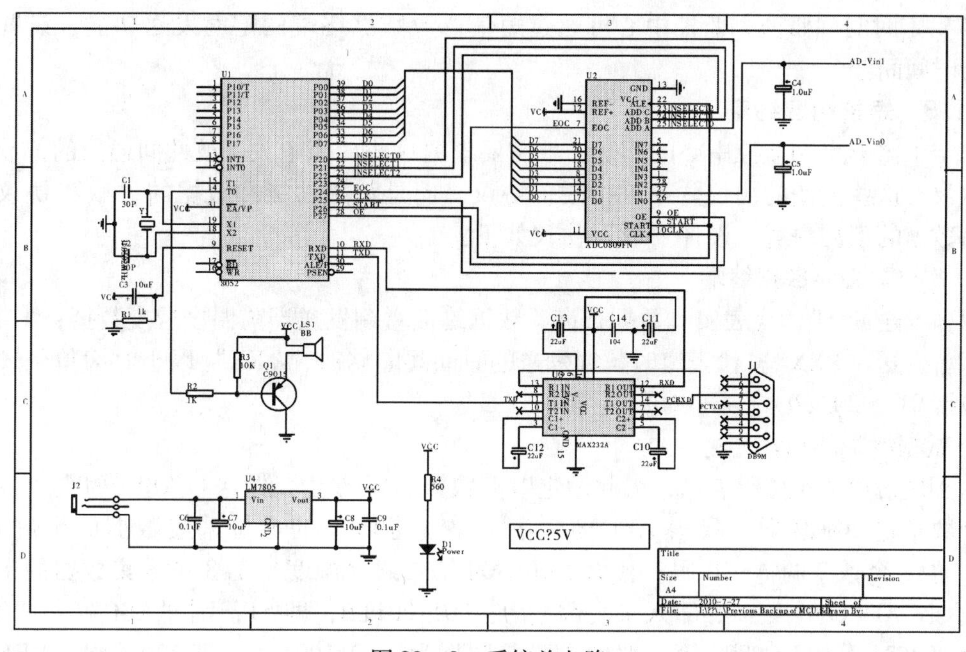

图 29－8　系统总电路

29.5　程序设计

29.5.1　系统功能分析

29.5.1.1　监测点主要功能

（1）温度、湿度采集。数据终端的单片机与 ADC0809 模数转换器相连，随时采集温度传感器和湿度传感器的模拟电压输出。

（2）定时发送功能。数据终端的单片机通过定时器计时，每隔单位时间向监控中心发送温度和湿度数据。

（3）定时时间修改。监控中心可通过短信修改数据终端的定时发送功能，设置定时发送的时间间隔。

（4）实时数据查询功能。监控中心无需等待定时时间的到来，可通过短信实时询问数据终端的当前温度、湿度数据。

（5）监控中心识别。当数据终端接收到短信时，首先会进行号码识别，只有来自于监控中心 CDMA1X 模块的短信才会进行处理。

29.5.1.2　监控中心主要功能

（1）用户管理。通过用户名与密码的判别，防止非法用户的登录。对用户资料增、删、改。

（2）号码管理。增加或删除数据终端 CDMA 号码。

（3）数据接收。对接收到的数据进行判别、显示、存储与灾情预报。

（4）实时数据查询功能。无需等待定时时间的到来，可通过短信实时询问数据终端的当前温度、湿度数据。

（5）定时时间修改。监控中心可通过短信修改数据终端的定时发送功能，设置定时发送的时间间隔。

29.5.1.3　短信内容约定

确定了监测点和监控中心的功能，就需要根据这些功能中关于彼此间通信的部分设计通信协议。这些所谓的协议并不是指硬件协议，而是识别功能和数据的“软”协议。根据通信数据的不同内容，设计“软”协议如下：

1. 监控中心→数据终端

（1）发送“A”，代表实时数据查询，数据终端立刻发送当前温度湿度数据；

（2）发送“BXX”，代表定时数据发送的时间间隔修改，“XX”以小时为单位，正整数，范围01～24（0～24小时）。

2. 数据终端→监控中心

由于短信以ASCII码表示，因此约定以下数据表示方法：发送“ABCDEF”，“ABC”为3个数字的ASCII码，代表ADC0809第一路（温度）的8位采集数据的十进制数；“DEF”为3个数字的ASCII码，代表ADC0809第二路（湿度）的8位采集数据的十进制数。例如，ADC0809第一路输入采集数据为：00110011B，即51，则“ABC” = “051”，也就是303531H；ADC0809第二路输入采集数据为：10110011B，即179，则“DEF” = “179”，也就是313739H。那么数据终端到监控中心所发送的为“051179”。

29.5.2　监测点程序设计

监测点以是单片机为核心的，由单片机控制ADC0809和ETPRO－325DTU，监测点的程序设计实际上是单片机的程序设计。

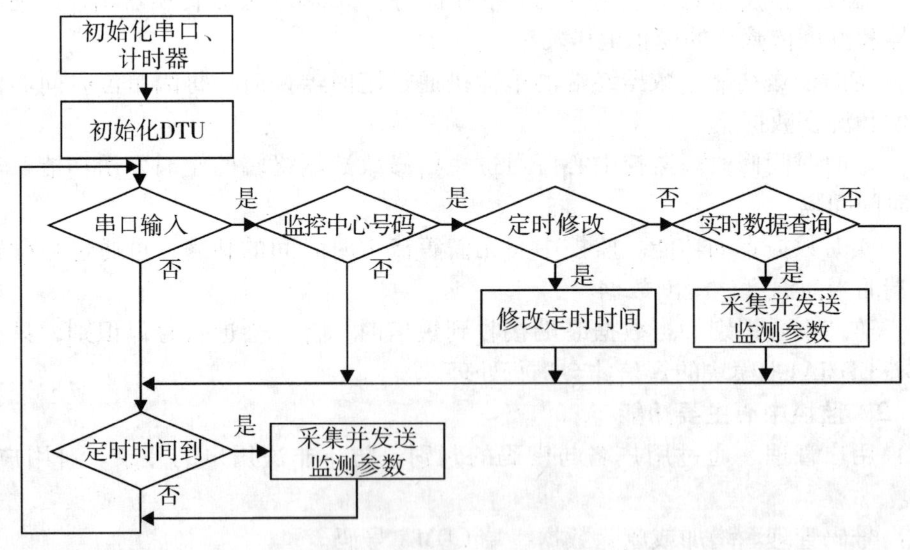

图29－9　单片机控制程序流程

如图 29 - 9 所示，单片机在启动后首先进行串口初始化，本设计的串口波特率为 9600bps，8 位数据，1 位起始位，1 位停止位，使用单片机的定时器 1 为波特率发生器，并初始化定时器 2 为计时器。程序运行后首先初始化 ETPRO - 325DTU，发送 AT 指令令 ETPRO - 325DTU 退出永久在线并切换到 AT 指令下（因为永久在线下是收不到短信的），然后进入等待循环。当 ETPRO - 325DTU 接收到短信时，会通过串口向单片机发送表 29 - 3 的第五条 AT 指令。单片机首先判断电话号码是否为监控中心的号码，如果是，则根据短信内容作出相应的操作（修改定时时间或者发送数据短信）。另外，等待循环也会检测定时时间是否已到，如果是，则向监控中心发送监测数据。

29.5.3　监控中心设计

29.5.3.1　界面设计

图 29 - 10　登录界面

系统主界面如图 29 - 11 所示，采用 Windows 界面风格设计，方便管理者的使用。主要由菜单栏和操作面组成。操作界面由不同的小功能模块组成，是管理者进行各项操作的界面。包括：

（1）用于接收并显示数据的信息接收区；

（2）用于控制数据终端立即传回现场参数的查询当前温度/湿度区；

（3）用于修改数据终端向控制终端自动发送参数时间间隔的修改时间间隔区；

（4）显示一天以来的从现场传回所有数据的一天信息汇总区；

（5）用于显示不同图片的预警报警图片显示区；

（6）用于检测 DTU 无线模块能否工作的 AT 测试区。

菜单栏由菜单编辑器设计而成，点击相应的菜单选项将弹出下拉框，点击将进入相应的子工程界面。菜单栏包括：

（1）系统管理。用于对用户的增、删、改、查。

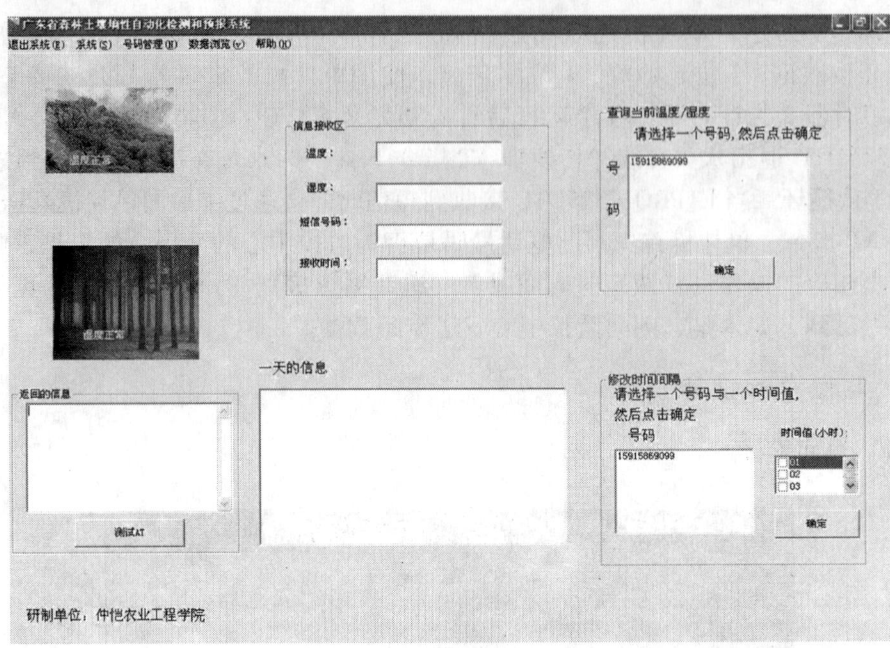

图 29－11　系统主界面

（2）号码管理。用于对数据终端无线模块号码的增、删。

（3）数据浏览。用于对历史接收到的数据进行浏览，方便分析。

（4）帮助。查看当前系统的基本信息。

（5）退出。正常退出本系统。

当用户登录进入界面后，显示在屏幕中间的就是信息接收区，信息接收区用于显示数据终端向监控端所发送的信息，显示内容包括：温度、湿度、号码、时间。信息接收区如图 29－12 所示。

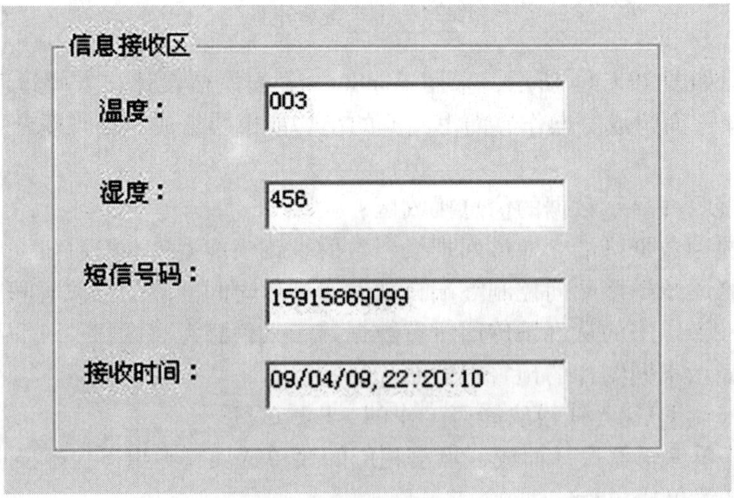

信息接收区
温度：003
湿度：456
短信号码：15915869099
接收时间：09/04/09,22:20:10

图 29－12　信息接收区

在系统能够接收信息前，需要对 MSComm 控件进行初始化与对无线模块 AT 测试，本系统的串口波特率为9600bps，8 位数据，1 位起始位，1 位停止位，采用串口1 作为通讯端口，其余参数均使用缺省值不做修改。AT 测试使无线模块退出永久在线并切换到 AT 指令下。

AT 指令对 DTU 测试成功后，系统就可以进行信息的接收了。当无线模块接收到信息时，通过串口线传入计算机，触发 MSComm 控件的 OnComm( ) 事件，OnComm( ) 代码的功能是将每个接收到的字符存放于一个文本框，timer 控件负责定时查询文本框中是否有信息到达，如果有信息到达则判断是否是合法号码，如果合法，提取相应的号码、时间、温度、湿度等参数并显示。其流程如图 29 – 13 所示。

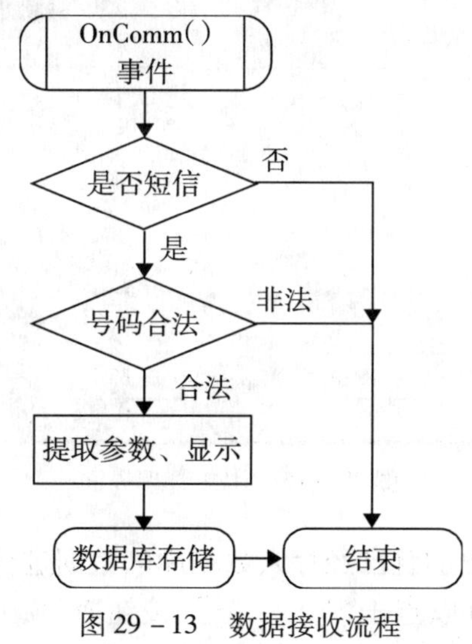

图 29 – 13　数据接收流程

无需等待定时时间的到来，可通过选择某一地点相应的模块号码，然后点击“确定”按钮，就可以立即查询数据终端的当前温度、湿度数据。如图 29 – 14 所示。

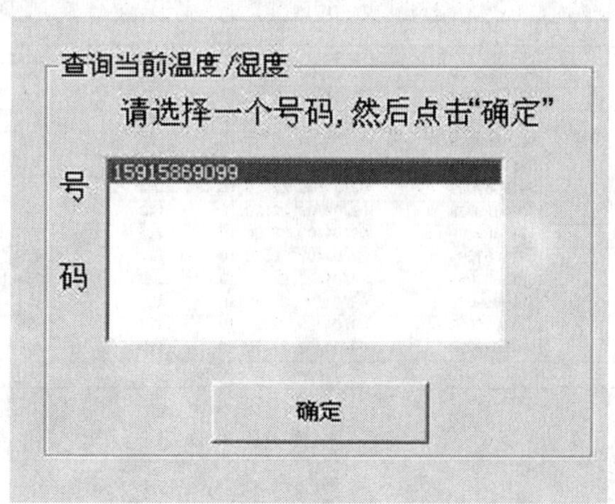

图 29 – 14　即时查询区

系统管理界面主要针对各种不同的用户的基本信息和密码进行管理，可以查看管理员的账号、修改密码、增加用户。在修改密码时，系统会自动绑定登录管理员的账号，登录者必须输入正确的原密码，否则在执行修改操作时，从数据库检索不出记录。然后，登录者输入新密码，且新密码不能为空和空格，经过确认密码核对成功后，该登录者便成功修改密码，并显示相关信息。如图 29 – 15 所示。

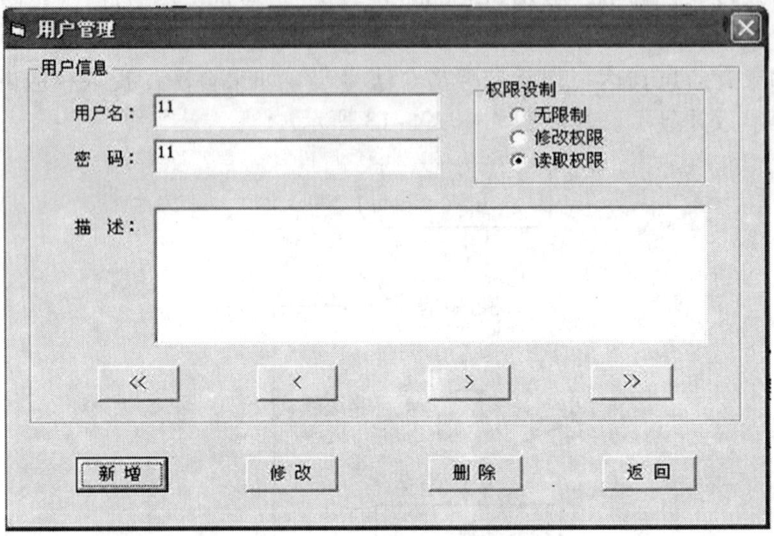
用户管理
用户信息
用户名：
11
密 码：
11
权限设制
无限制
修改权限
读取权限
描 述：
<<
<
>
>>
新 增
修 改
删 除
返 回

图 29 – 15　用户管理界面

数据浏览界面用于对历史的且已经存入数据库的数据进行查询，以表格数据的形式在 DataGrid 控件中显示出来。可以点击“上一条”按钮查询上一条记录，点击“下一条”按钮查询下一条记录，点击“第一条”按钮跳到首条记录，点击“最后一条”按钮将跳到最后一条记录，同时有“退出”按钮返回主界面。如图 29 – 16 所示。

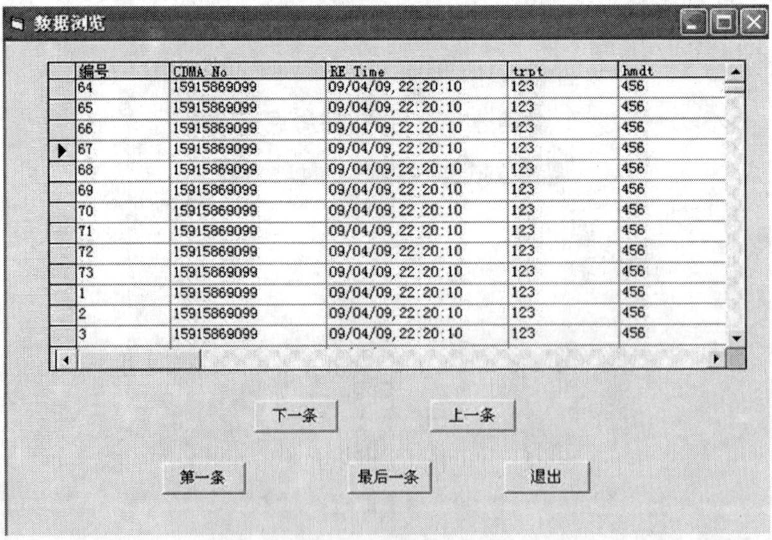
数据浏览
编号
CDMA No
RE Time
trpt
hmdt
64 15915869099 09/04/09, 22:20:10 123 456
65 15915869099 09/04/09, 22:20:10 123 456
66 15915869099 09/04/09, 22:20:10 123 456
67 15915869099 09/04/09, 22:20:10 123 456
68 15915869099 09/04/09, 22:20:10 123 456
69 15915869099 09/04/09, 22:20:10 123 456
70 15915869099 09/04/09, 22:20:10 123 456
71 15915869099 09/04/09, 22:20:10 123 456
72 15915869099 09/04/09, 22:20:10 123 456
73 15915869099 09/04/09, 22:20:10 123 456
1 15915869099 09/04/09, 22:20:10 123 456
2 15915869099 09/04/09, 22:20:10 123 456
3 15915869099 09/04/09, 22:20:10 123 456
下一条
上一条
第一条
最后一条
退出

图 29 – 16　数据浏览界面

29.5.3.2　数据库设计

本设计主要采用3 张数据表，包括系统用户表（sysuser）、号码管理表（Nomanager）、数据存储表（data）。号码管理表用于保存数据终端的 CDMA 号码与该终端地点的描述，系统用户表用于存放可以登录本系统的所有合法用户信息，包括用户名、用户密码、用户权限、用户描述。数据存储表用于存放数据终端采集到的数据，包括 CDMA 号码、接收到信息的时刻、温度、湿度。详细数据表结构如表 29 –4、表 29 –5、表 29 –6 所示。

表 29 –4　系统用户表（sysuser）

字段名	类型	宽度	可否为空	说明
User_id	字符型	16	否	主索引
User_pwd	字符型	16	否	
User_qx	字符型	1	否	
User_des	字符型	50		

表 29 –5　号码管理（Nomanager）

字段名	类型	宽度	可否为空	说明
CDMA_No	字符型	11	否	主索引
CDMA_Des	字符型	50		

表 29 –6　接收数据表（data）

字段名	类型	宽度	可否为空	说明
CDMA_No	数字	11	否	主索引
RE_Time	时间	50	否	
Trpt	温度	3	否	
Hmdt	湿度	3	否	

29.6　附录

29.6.1　元件清单

元件清单如表 29 –7 所示。

表29-7 元件清单

元 件	描 述	编 号	引 脚	数 量
30P	Capacitor	C_1	0805	1
30P	Capacitor	C_2	0805	1
10μF		C_3	CRAD0. 1	1
1. 0μF	Electrolytic Capacitor	C_4	CRAD0. 2	1
1. 0μF	Electrolytic Capacitor	C_5	CRAD0. 2	1
0. 1μF	Capacitor	C_6	0805	1
10μF	Electrolytic Capacitor	C_7	CRAD0. 2	1
10μF	Electrolytic Capacitor	C_8	CRAD0. 2	1
0. 1μF	Capacitor	C_9	0805	1
22μF		C_{10}	0805	1
22μF		C_{11}	0805	1
22μF		C_{12}	0805	1
22μF		C_{13}	0805	1
104		C_{14}	0805	1
Power		D_1	LED0. 1	1
DB9M		J_1	DB-9/F	1
电源接口		J_2	POWERHEAD	1
BB		LS_1	bb	1
C9015	PNP Transistor	Q_1	SOT-23	1
1K		R_1	0805	1
1K		R_2	0805	1
10K		R_3	0805	1
560		R_4	0805	1
8052		U_1	DIP-40	1
ADC0809FN	Analog-to-Digital Converter	U_2	FN028	1
MAX232A		U_3	SOP16	1
LM7805		U_4	78M05	1
11. 0592MHz	Crystal	Y_1	XTAL1	1

29.6.2　VB 参考代码

1. 串口初始化

```
MSComm1. CommPort = 1          '串口 COM1
MSComm1. Settings = "9600,n,8,1"   '传输率为9600bit/s，无奇偶校验位，8 位数据，
                                   1 位停止
MSComm1. InputLen = 0          '0 为缺省值,使用 Input 读取接收缓冲区的全部内容
MSComm1. RThreshold = 1        '接收缓冲区每收到一个字符，都会使 MSComm 控件
                               触发 oncomm 事件
MSComm1. SThreshold = 0        '数据传输事件不产生 oncomm 事件
MSComm1. PortOpen = True       '打开串口 COM1
Timer1. Enabled = True         '控件 Timer1 有效，用来判断是否有短消息到达
HumidityLowCount = 0           '低湿度次数初始化
HumidityHighCount = 0          '高湿度次数初始化
```

2. AT 指令测试 ETPRO－325DTU

```
MSComm1. Output = " +++ " & vbCr          '退出永久在线
Sleep (1000)                              '调用 API 延迟
MSComm1. Output = "AT + IMCM" & vbCr      '切换到 AT 指令下
Sleep (1000)
MSComm1. Output = "AT" & vbCr             'AT 测试
Sleep (1000)
MSComm1. Output = "AT + CNMI = " & "2,2,0,0" & vbCr  '显示新收到的短消息，不存储
Sleep (1000)
```

3. 计算机接收由 DTU 传送过来的数据

每当 CDMA 模块接收到数据时，就会触发 OnComm 事件，然后从 OnComm 事件返回判断做出下一步动作。

```
Private Sub MSComm1_OnComm( )      '有数据到达，触发 OnComm 事件
  Dim strTmp As String
  On Error Resume Next
  Select Case MSComm1. CommEvent
    Case comEvReceive
      strTmp = MSComm1. Input
       txtReceived. Text = txtReceived. Text & strTmp
    Case Else
     MsgBox MSComm1. CommEvent, 48 + vbOKCancel, "警告"
  End Select
End Sub
```

4. 数据库读写

本系统的采用 ACCESS 作为数据库，用 ADO（ActiveX Data Object）数据库控件作为数据访问接口，采用 OLEDB 的数据访问模式。

在公共模块设置代码：

```
Public dbConn As New ADODB.Connection     '设置服务器名称，数据库名称，登录名（此时假设密码为空）
dbConn.ConnectionString =
"dsn = zkzfw;Database = man;uid = sa;pwd = "'dbConn.ConnectionString =
"Provider = msdasql;Database = man;server = computer;uid = sa;pwd = "
dbConn.Open
```

如此设置后，如果需要对数据库进行增、删、改、查就可以通过 SQL 语言进行操作。例如对表 sysuser 中的 user_id 段进行查找，可用如下代码：

```
strSql = "Select user_id from sysuser where user_id = '" & txtUser_id.Text & "'"
rs.Open strSql, dbConn, adOpenForwardOnly, adLockReadOnly
…………
rs.Close
```

29.6.3　单片机参考代码

```
#include <reg52.h>
#include <absacc.h>             /* use XBYTE function */
#include <intrins.h>            /* use _nop_() function */
#include <string.h>
#define uchar unsigned char
#define uint unsigned int
sfr AUXR = 0x8e;

#define comrxdsize 130          //串口接收缓冲区大小

sbit adc_adda = P2^0;           //定义与 ADC ADD_A 引脚相连的引脚
sbit adc_addb = P2^1;           //定义与 ADC ADD_B 引脚相连的引脚
sbit adc_addc = P2^2;           //定义与 ADC ADD_C 引脚相连的引脚
sbit adc_eoc = P2^4;            //定义与 ADC EOC 引脚相连的引脚
sbit adc_clk = P2^5;            //定义与 ADC CLK 引脚相连的引脚
sbit adc_start = P2^6;          //定义与 ADC START 引脚相连的引脚
sbit adc_oe = P2^7;             //定义与 ADC OE 引脚相连的引脚

uchar online_timeout = 0;       //定义发送"退出永久在线"的时间间隔的到时信号
uchar sms_timeout = 0;          //定义定时发送的时间间隔的到时信号
uint sec = 0;
```

```
uint hour =0;
uint ms =0;                          //定时器计时变量
uint cycle_time =1;                  //定义定时发送的时间参数(小时为单位,默认值为1)
uchar serial_data;                   //串口接收数据变量
uchar idata comrxdbuf[comrxdsize];                    //串口接收缓冲区
uchar comrxdindex =0;                                 //串口接收缓冲区写序号
uchar string_ok[3] ={'O','K','\0'};                   //定义"OK" AT 指令返回字符串
uchar string_cmt[4] ={'C','M','T','\0'};              //定义 CMT AT 指令
uchar string_host_number[12] ={"15302383060"};        //定义主机电话号码
uchar th_data[6] ={'\0','\0','\0','\0','\0','\0'};    //定义温度、湿度采集保存点,同时
是主机发送来的短信命令保存点

/*======================= 延时子函数 ================*/
/*名称: delay_ms                */
/*功能: 调用此函数起延时作用*/
/*============================================*/
void delay_ms(uint w)
{
 uchar z;
 while(w--)
 {
  for(z =0;z <125;z ++);
 }
}

/*======================= 温湿度采集子函数 ================*/
/*名称: tem_hum_get             */
/*功能: 调用此函数进行温湿度采集, 并返回保存温湿度的字符串地址*/
/*描述: 温湿度以字符串来表示,便于以短信 ASCII 码发送*/
/*================================================*/
uchar *tem_hum_get()
{
    uchar data_get;
    adc_addc =0;adc_addb =0;adc_adda =0;      //ADC 通道0,温度
    adc_start =1;
    delay_ms(1);
    adc_start =0;
    delay_ms(1);
    while(adc_eoc ==0);                       //等待 EOC =1
```

```
    adc_oe = 1;
    delay_ms(10);
    data_get = P0;
    delay_ms(10);
    adc_oe = 0;

    th_data[0] = data_get/100 + 48;              //加 48 转换为 ASCII 码
    th_data[1] = (data_get%100)/10 + 48;
    th_data[2] = data_get%10 + 48;

    delay_ms(50);                                //延时，否则第二次数据采集不能进行

    adc_addc = 0;adc_addb = 0;adc_adda = 1;      //ADC 通道 1，湿度
    adc_start = 1;
    delay_ms(1);
    adc_start = 0;
    delay_ms(1);
    while(adc_eoc == 0);                         //等待 EOC = 1
    adc_oe = 1;
    delay_ms(10);
    data_get = P0;
    delay_ms(10);
    adc_oe = 0;

    th_data[3] = data_get/100 + 48;              //加 48 转换为 ASCII 码
    th_data[4] = (data_get%100)/10 + 48;
    th_data[5] = data_get%10 + 48;

    return th_data;
}

/*======================= AT 指令返回值检测子函数 =================*/
/* 名称：at_number_detect          */
/* 功能：调用此函数检测字符串是否包含参数的字符串，可检测 AT 指令或电话号码 */
/*==============================================================*/
bit at_number_detect(uchar *atcommand)
{
  int x,y;
  for(x = 0;x <= comrxdindex - strlen(atcommand);x ++){
    y = 0;
    while((comrxdbuf[x + y] == *(atcommand + y))&&(y < strlen(atcommand))){
```

```
      y ++ ;
    }
    if( y == strlen( atcommand ) ) return 1 ;        //如果找到则返回 1
  }
  return 0;
}

/ *======================= 主机短信命令内容提取子函数 ================* /
/ * 名称: command_get              * /
/ * 功能: 调用此函数提取短信内容——命令, 保存于 th_data 上 * /
/ *=====================================================* /
bit command_get( )
{
  int x,y;
  for( x =0;x <= comrxdindex -3;x ++ ){
    y =0;
    while( ( comrxdbuf[ x + y] == string_cmt[ y] ) &&( y <3) ) {
      y ++ ;
    }
    if( y ==3) break;         //如果找到"CMT", 短信内容在"CMT"后面的 <LF> 的后面
  }
  for( ;x < comrxdindex -3;x ++ ){
    if( comrxdbuf[ x] ==0x0a) {
        th_data[0] = comrxdbuf[ x +1];
        th_data[1] = comrxdbuf[ x +2];
        th_data[2] = comrxdbuf[ x +3];
        return 1;
    }
  }
  return 0;
}

/ *======================= OK 返回值检测子函数 ================* /
/ * 名称: ok_detect              * /
/ * 功能: 调用此函数检测字符串是否有 "OK" AT 指令在内 * /
/ *=====================================================* /
bit ok_detect( )
{
  int x,y;
```

```
 for(x=0;x<=comrxdindex-2;x++){
   y=0;
   while((comrxdbuf[x+y]==string_ok[y])&&(y<2)){
     y++;
   }
   if(y==2) return 1;                                   //如果找到则返回1
 }
 return 0;
}

/*======================== 串行口发送单个字符子函数 ==================*/
/* 名称：send_char              */
/* 功能：利用单片机串口发送单个字符 */
/*==================================================================*/
send_char(uchar hex)
{
 SBUF=hex;
 while(TI==0);
 TI=0;
}

/*======================== 串行口发送字符串子函数 ==================*/
/* 名称：send_string              */
/* 功能：利用单片机串口发送字符串 */
/*==================================================================*/
void send_string(uchar *string)
{
 while(*string!=0)
 {
  SBUF=*string++;
  while(TI==0);
  TI=0;
 }
}

/*======================== 等待 AT 返回指令子函数 ==================*/
/* 名称：wait_rxd_ok              */
/* 功能：等待 CDMA 模块发送来的 AT 指令发送完毕 */
/*==================================================================*/
```

```
void wait_rxd_ok()
{
  uint gap;
  gap = sec;
  while(sec == gap);
  gap = sec;
//   while(sec == gap);
//   gap = sec;
  while(sec == gap);                              //等待，最多 2 秒，最少 1 秒
  comrxdbuf[comrxdindex] = '\0';                  //给串口输入字符串后面加终止符
}

/*========= 准备好接收下一 AT 返回指令子函数 ================*/
/* 名称：ready_rxd_response           */
/* 功能：准备好，可以接收下一 CDMA 模块发送来的 AT 指令 */
/*==========================================================*/
void ready_rxd_response()
{
    comrxdindex = 0;
}

/*====================== 初始化子函数 ======================*/
/* 名称：init */
/* 功能：初始化单片机内部系统资源，包括串口、定时器等 */
/*==========================================================*/
init()
{
  TMOD = 0x22;

 //定时器 0 初始化,定时频率 921.6/30 = 30.72kHz
 TH0 = 0xe2;
 TL0 = 0xe2;
 TR0 = 1;
 ET0 = 1;

/******** 串口初始化 *****************
用 11.0592MHz 晶振，波特率 9600bps
8 位数据，1 位起始位，1 位停止位
使用定时器 1 为波特率发生器
************************************/
```

```
TH1 =0xfd;
TL1 =0xfd;
SCON =0x50;
PCON =0x00;
TR1 =1;
ES =1;
EA =1;      //开总中断
/*======== ADC0809 初始化 ==============*/
adc_start =0;
adc_oe =0;
/*初始化 CDMA 模块，退出永久在线，切换到 AT 指令下未完成，收不到输入 */
while(sec <15);                    //开机后延时 15 秒,等 CDMA 模块启动
do{
    ready_rxd_response();
    send_string(" +++ \r");                          //退出永久在线
    send_string("AT +IMCM\r");                       //切换到 AT 指令下
    delay_ms(1000);                                  //延时等待返回指令
}
while(ok_detect() ==0);                              //是否成功切换
}

/*====================== 定时器中断服务子函数 ======================*/
/*名称：timer0            */
/*功能：定时频率 30.72kHz，0809 提供时钟脉冲，频率 15.36kHz */
/*===============================================================*/
timer0()interrupt 1 using 0
{
    adc_clk =! adc_clk;      //产生 15.36kHz 时钟脉冲给 ADC0809
    ms ++;
    if(ms >=30720)                                   //1 秒
    {
        ms =0;
        sec ++;
//定时 1 分钟发送“退出永久在线”，否则模块会在无 AT 指令时经过一段时间间隔回到
在线状态，而永久在线下是收不到短信的
        if (sec%60 ==0) online_timeout =1;
        if(sec >=3600)
        {
```

```
                    sec = 0;
                    hour ++ ;
                    if( hour >= cycle_time)
                    {
                        hour = 0;
                        sms_timeout = 1;
                    }
                }
            }
}

/*======================= 串口中断服务子函数 ========================*/
/* 名称: serial            */
/* 功能: 串口中断接收数据 */
/*=================================================================*/
void serial( ) interrupt 4 using 1
{
 if( RI)
 {
        serial_data = SBUF;
        comrxdbuf[ comrxdindex ] = serial_data;
        comrxdindex ++ ;
        if( comrxdindex >= comrxdsize) comrxdindex = comrxdsize - 1;
        RI = 0;
 }
}

/*======================= 主函数 ========================*/
/* 名称: main    */
/* 功能: */
/*=====================================================*/
main( )
{
 AUXR = 0x02;      //STC89C52RC 单片机专用功能, 禁止使用内部 128 字节 XDATA
 init( );                        //初始化定时器和串口
  ready_rxd_response( );
  while(1)
  {
```

```
if(RI ==1){
    wait_rxd_ok();
    if(at_number_detect(string_cmt)){          //如果有新短信则处理,否则继续等待
        if(at_number_detect(string_host_number)){    //如果来自主机的号码则处理
            command_get();                              //接收短信内容
            if(th_data[0] =='A'||th_data[0] =='a'){   //如果是实时数据查询
                // ===== 开始发短信 =====
                tem_hum_get();
                send_string("AT+CMGS = "");
                send_string(string_host_number);
                send_string(""\r");
                send_char(th_data[0]);
                send_char(th_data[1]);
                send_char(th_data[2]);
                send_char(th_data[3]);
                send_char(th_data[4]);
                send_char(th_data[5]);
                send_string("\032");
                //短信内容后面应接<ctrl-Z>, ASCII 码为 1AH, 即\032
            }
            else if(th_data[0] =='B'||th_data[0] =='b'){   //如果是定时时间修改
                cycle_time = (th_data[1] -48) * 10 + (th_data[2] -48);
                //收到的是 ASCII 码, 要转换
                sec =0;
                hour =0;
            }
        }
    }
ready_rxd_response();
}
if(online_timeout ==1){
    send_string(" +++\r");
    send_string("AT+IMCM\r");
    online_timeout =0;
}
if(sms_timeout ==1){            // -------- 开始发短信 ----------
    tem_hum_get();
    send_string("AT+CMGS = "");
```

```
            send_string(string_host_number);
            send_string(""\r");
            send_char(th_data[0]);
            send_char(th_data[1]);
            send_char(th_data[2]);
            send_char(th_data[3]);
            send_char(th_data[4]);
            send_char(th_data[5]);
            send_string("\032");
            sms_timeout =0;
        }
    }
}
```

29.7　参考文献

[1] 马忠梅. 单片机的 C 语言应用程序设计 [M]. 北京：北京航空航天大学出版社，2003.

[2] 张毅刚. 新编 MCS51 单片机应用设计 [M]. 哈尔滨：哈尔滨工业大学出版社，2006.

[3] 谭浩强. C 程序设计 [M]. 北京：清华大学出版社，1999.

[4] 胡烨，姚鹏翼，江思敏. Protel 99 SE 电路设计与仿真教程 [M]. 北京：机械工业出版社，2005.

[5] 童诗白，华成英. 模拟电子技术基础 [M]. 北京：高等教育出版社，2001.

[6] 龚沛曾，陆慰民，杨志强. Visual Basic 程序设计简明教程 [M]. 2 版. 北京：高等教育出版社，2003.

[7] 李俊民，高春燕. Access 数据库开发实例解析 [M]. 北京：机械工业出版社，2006.

[8] 高春艳，李艳. Visual Basic 数据库开发关键技术与实例应用 [M]. 北京：人民邮电出版社，2004.

第 30 章　家居语音控制无线电话系统的设计

30.1　设计概述

本设计是利用凌阳 SPCE061A 单片机和键盘、手机模块进行连接，实现电话号码的输入存储、语音识别和自动拨号的功能。本设计是语音识别控制技术的一次实践应用。本设计可使读者掌握嵌入式设备的语音识别控制及无线通信方法，并初步掌握开发设计语音识别应用系统的基本技能。

30.2　产品简介

随着社会经济水平的发展，家居生活智能化产品越来越多地出现在人们的面前，大到智能冰箱、洗衣机，小到电话、密码锁，这些电子产品都被现代社会的高科技覆盖。而且现在的人们追求个性化、自动化、快节奏且充满乐趣的生活方式，生活家居人性化、智能化的要求使智能控制技术在智能家具中得到了广泛应用，它不仅优化了人们的居住环境，而且能让人们有效地安排时间和节约各种能源。

语音是人们交流的最直接有效的形式，随着信息技术的飞速发展，人们在寻求一种更为直接的人机对话方式，而语音控制就是这种人机对话方式之一。语音控制技术是现在智能化控制的主要潮流，它依靠对语音信号的识别和处理，执行相应的命令。它的作用不仅体现在家居智能化方便操作，更能解决部分行动不便的群体对家居操作的困难，例如智能电话的拨号、门窗的开关等问题。声控技术快速发展到今天，已经能更好应用在新一代家具上面，让家居生活更加舒适、安全、快速，能根据人们的语音控制，由原来的被动静止结构转变为具有主动识别语音执行的智慧工具，能让人们更有效安排时间，增加家居生活的安全性、舒适性。

当前，实现语音识别及交互可以利用单片机、数字信号处理器（DSP）或语音识别专用芯片来完成，而现有产品大部分以传统的单片机加上语音信号采集、输出转换等外围电路构成，结构上显得不够精简，性价比也不是很高，而 DSP 和语音识别专用芯片价格相对较高，不太适合推广。本设计利用 SPCE061A 语音单片机对手机模块实现了特定发音人语音识别及交互的控制，用户可以用语音对家居多功能电话进行控制，使其拨打相应电话号码。

本设计是以手机模块为载体，主要通过研究声控技术来改变以往传统的人工手动拨号，利用智能的声控技术来实现自动拨号。家居多功能电话是利用声音代替人工手动来实现各种目的。首先是利用麦克风将采集到的声音转换为数据，单片机接收数据，再经过已加载在单片机里的程序对数据进行计算分析处理，实现通过对声音的识别，将人的发声转变为控制家居多功能电话各个功能的自动操作。由于要按一串难以记忆的电话号码，电话的使用对于独居老人和手眼不方便的长者非常不便。本设计通过声控的方式控制电话的拨号动作，令其使用变得简单方便。

30.3　工作条件

30.3.1　SPCE061A 单片机

30.3.1.1　SPCE061A 概述

SPCE061A 是台湾凌阳（SUNPLUS）公司最新设计的一款高性价比 16 位精简指令集（RISC）系统级芯片（SoC），具有 DSP 功能，较高的处理速度（CPU 最高频率可达 49.152MHz）使其能够快速地处理各种复杂的数字信号，非常适用于语音处理。此外，它抗干扰能力强，适用于各种领域。同时，配合凌阳公司免费提供的语音处理函数库，使得这种微控制器成为设计低成本语音识别系统的理想选择，因此，可称其为语音单片机。其特性参数见表 30-1。

凌阳的 16 位单片机的 CPU 内核采用凌阳最新推出的 μnSP（Microcontroller and Signal Processor）16 位微处理器芯片（以下简称 μnSP）。围绕 μnSP 所形成的 16 位 μnSP 系列单片机（以下简称 μnSP 家族）采用的是模块式集成结构，它以 μnSP 内核为中心集成不同规模的 ROM、RAM 和功能丰富的各种外设接口部件。

μnSP 内核是一个通用的核结构。除此之外的其他功能模块均为可选结构，亦即这种结构可大可小或可有可无。借助这种通用结构附加可选结构的积木式的构成，便可形成各种不同系列派生产品，以适合不同的应用场合。这样做无疑会使每一种派生产品具有更强的功能和更低的成本。

表 30-1　SPCE061A 的特性参数

特性参数	说明
工作电压	（CPU）VDD 为 3.0～3.6V，（I/O）VDDH 为 VDD～5.5V
CPU 工作频率	0.32～49.152MHz
数据存储器	2K Word SRAM
程序存储器	32K Word FLASH-Rom
I/O 端口	2 组 16 位可编程输入/输出端口
中断	14 个中断源，FIQ 和 IRQ 两个中断优先级
定时器/计数器	两组 16 位可编程定时器/计数器
模/数转换器	7 通道 10 位电压 ADC 和单通道 10 位声音 ADC
数/模转换器	2 个 10 位 DAC 输出通道
UART	一个全双工通用异步串行接口
SIO	一个同步串行设备接口
节电功能	具备弱振方式和睡眠方式
WatchDog 功能	具备清除时间周期为 0.75s 的“看门狗”
其他功能	低电压复位、低电压监测、保密功能等

SPCE061A 的开发是通过在线调试器 PROBE 实现的。它既是一个编程器（即程序烧写器），又是一个实时在线调试器。用它可以替代在单片机应用项目的开发过程中常用的软件工具——硬件在线实时仿真器和程序烧写器。它利用了 SPCE061A 片内置的在线仿真电路 ICE（In-Circuit Emulator）接口和凌阳公司的在线串行编程技术。PROBE 工作于凌阳 IDE 集成开发环境软件包下，其 5 芯的仿真头直接连接到目标电路板上 SPCE061A 相应管脚，直接在目标电路板上的 CPU——SPCE061A 调试、运行用户编制的程序。PROBE 的另一头是标准 25 针式打印机接口，直接连接到计算机打印口与上位机通讯，在计算机 IDE 集成开发环境软件包下，完成在线调试功能。

30.3.1.2　SPCE061A 芯片引脚

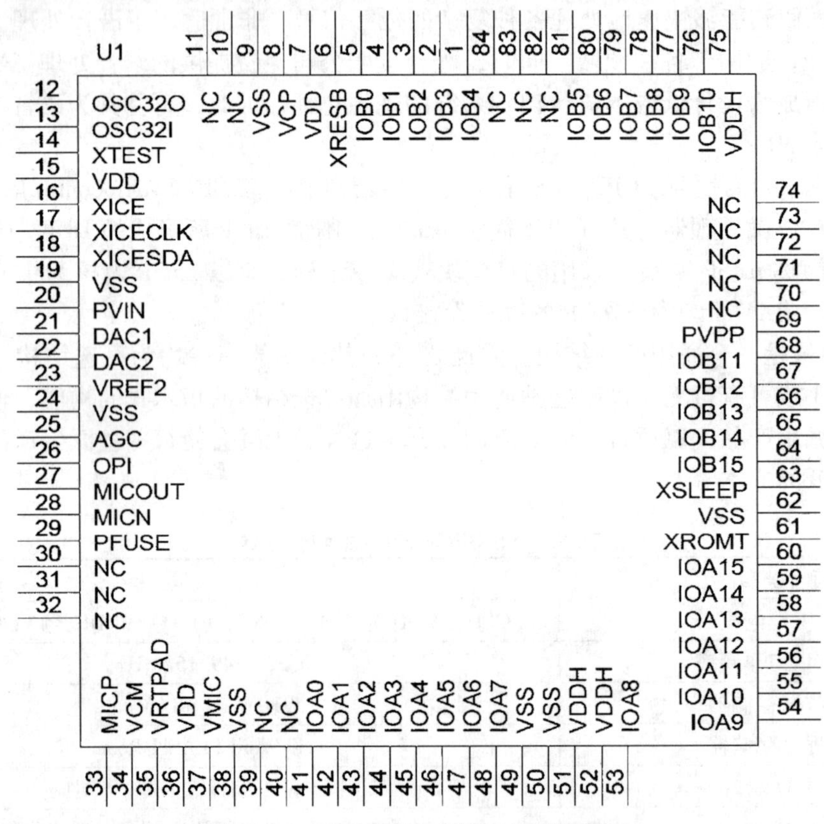

图 30－1　SPCE061A 单片机的引脚排列

SPCE061A 单片机的引脚如图 30－1 所示，其引脚功能说明见表 30－2。

表 30－2　SPCE061A 引脚说明

符　号	编　号	引脚说明
IOA0～IOA7	41～48	IOA[7:0] 可设置为键唤醒，IOA［6:0］可设置为 ADC 输入
IOA8～IOA15	53～60	普通 I/O
IOB0	5	可设置为 SIO_SCK

续表 30 - 2

符　号	编　号	引 脚 说 明
IOB1	4	可设置为 SIO_SDA
IOB2	3	可设置为外部中断触发引脚 EXT1
IOB3	2	可设置为外部中断触发引脚 EXT2
IOB4	1	可与 IOB2 组成反馈信号
IOB5	81	可与 IOB3 组成反馈信号
IOB6	80	普通 I/O
IOB7	79	可设置为 UART_RX
IOB8	78	可设置为 TimerA 的 PWM 输出口
IOB9	77	可设置为 TimerB 的 PWM 输出口
IOB10	76	可设置为 UART_TX
IOB11 ～ IOB15	68 ～ 64	普通 I/O
RESET	6	复位，低电平有效
X32O	12	晶振输出
X32I	13	晶振输入
DAC1	21	音频 DAC1 输出
DAC2	22	音频 DAC2 输出
AGC	25	AGC 控制脚
MICN	28	MIC 差分信号输入（负极）
MICP	33	MIC 差分信号输入（正极）
V2VREF	23	2V 基准点压输出
MICOUT	27	MIC 前级放大输出
OPI	26	MIC 次级放大输入
VADREF	34	AD 参考电压输出
VMIC	37	MIC 电源
VEXTREF	35	ADC 参考电压输入
VDDIO	51，52，75	I/O 电源
VSSIO	49，50，62	I/O 地
AVDD	36	模拟电源
AVSS	24	模拟地
VDD	7，15	数字电源
VSS	9，19，38	数字地
VCION	8	连接电容（PLL 电路相关）
SLEEP	63	睡眠模式

续表 30－2

符　号	编　号	引脚说明
ICE	16	ICE 使能
ICECLK	17	ICE 时钟
ICESDA	18	ICE 数据
TEST	14	TEST 接高电平进入测试模式
PFUSE	29	保密设定
PVIN	20	保密设定
N/C	其余 I/O 口	未用

30.3.1.3　SPCE061A 最小系统

SPCE061A 最小系统中，包括 SPCE061A 芯片及其外围的基本模块，其中外围的基本模块有：晶振输入模块（OSC）、锁相环外围电路（PLL）、复位电路（RESET）、指示灯（LED）等，如图 30－2 所示。

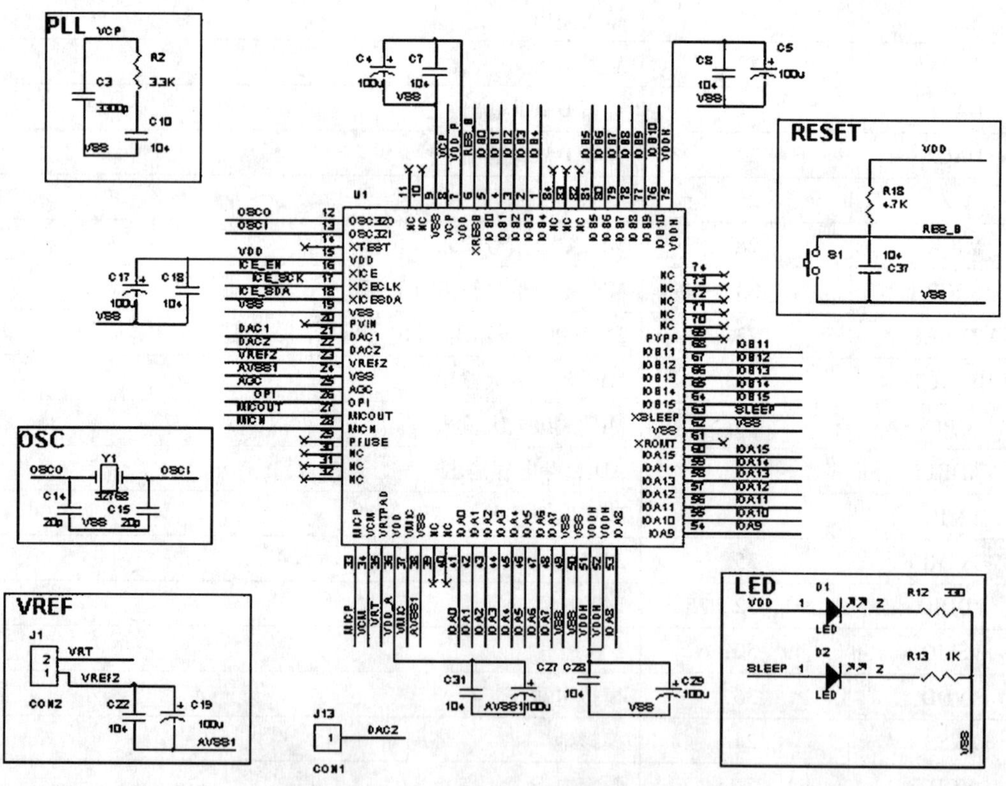

图 30－2　SPCE061A 最小系统

另外，要实现程序的下载，需要安装程序下载电路，当然还要为 SPCE061A 配备电源电路。由于外围电路较为复杂，因此建议初学者使用 SPCE061A 精简开发板（简称 61 板）

来快速建立所需要的系统。

61 板以 SPCE061A 单片机为控制核心，已自配必要的外围电路以及麦克风、扬声器各 1 只，按键 3 个，其本身就是一个完整的集仿真、调试、下载等功能为一体的独立系统。

30.3.2　手机模块

30.3.2.1　手机模块简介

手机模块是移动电话的核心模块，它安装有无线天线，只需插入 SIM 卡或者 UIM 卡即可接入无线移动通信网络。它通过标准串口或其他接口与控制系统连接，由控制系统对其进行控制，从而实现电话、短信等日常手机使用的功能。

手机模块有多种型号类型，例如专门用于工业应用的 ETPRO－325DTU 工业手机模块，如图 30－3 所示，日常使用的普通手机则是由嵌入式控制系统和手机模块组合而成的。

图 30－3　ETPRO－325DTU 外观

30.3.2.2　手机模块的使用方法

AT（Attention）指令最初由 Hayes 公司推出，主要用于对调制解调器的控制，现在已演化为一种标准，所有手机模块都支持 AT 指令。关于 AT 指令的知识请参看第 29 章相关内容。

本设计中单片机与手机模块之间的通信需要使用的部分 AT 指令，如表 30－3 所示。

表 30－3　部分 AT 指令

AT 指令	意　义	返　回
+++ <CR>	退出永久在线	成功：+++ <CR> <LF> 失败：I/ERROR <CR> <LF>
AT + IMCM <CR>	切换到 AT 指令下	AT + IMCM <CR> <LF> I/OK <CR> <LF>

续表 30 - 3

AT 指令	意 义	返 回
AT <CR>	AT 指令模式测试	一些手机模块需要先进行前面两条指令才可进入 AT 指令模式
AT + CLIP = 1 <CR> <LF>	打开来电显示功能	成功：OK <CR> <LF>
ATD <nb>； <CR> <LF>	发起呼叫 <nb>为被叫号码	成功：OK <CR> <LF>
ATH <CR> <LF>	挂机	成功：OK <CR> <LF>
AT + CNMI = 2，2，2，0，0 <CR>	设置短信直接输出，不保存	AT + CNMI = 2，2，2，0，0 <CR> <CR> <LF> OK <CR> <LF>
	收到的英文短信	+ CMT:"电话号码"," 08/12/05，15:52:26"，X，X，X，X，X <CR> <LF> 短信内容 <CR> <LF>
AT^SMSO <CR> AT + ZPWROFF <CR>	手机模块关机	成功：OK <CR> <LF> 不同手机模块的关机指令不一样，这里列出两种不同模块的关机指令

30.4 控制系统电路设计

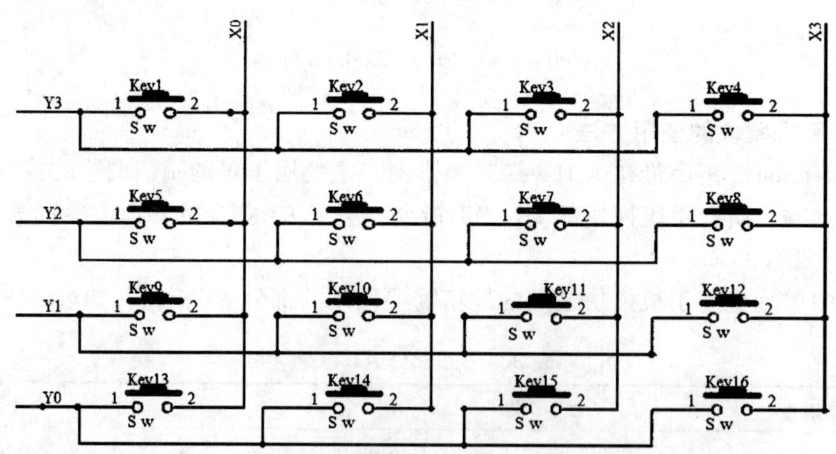

图 30 - 4 4 × 4 键盘电路

4 × 4 键盘电路如图 30 - 4 所示，键盘通过单片机的 IOA0 ~ IOA7 与 SPCE061A 连接，实现 16 个电话键盘的按钮输入。同时设计 16 个键盘码为：

0～9——0x01～0x09、'#'——0x0A、'＊'——0x0B、'CALL'——0x0C、'end（del）'——0x0d、'store'——0x0e、'< -'即退格——0x0f。

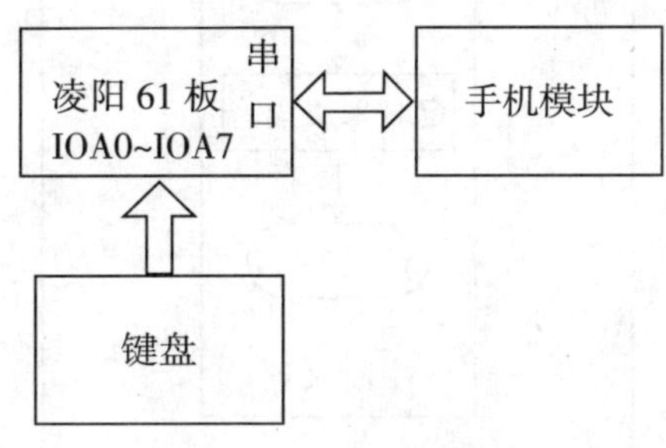

图 30－5　系统硬件

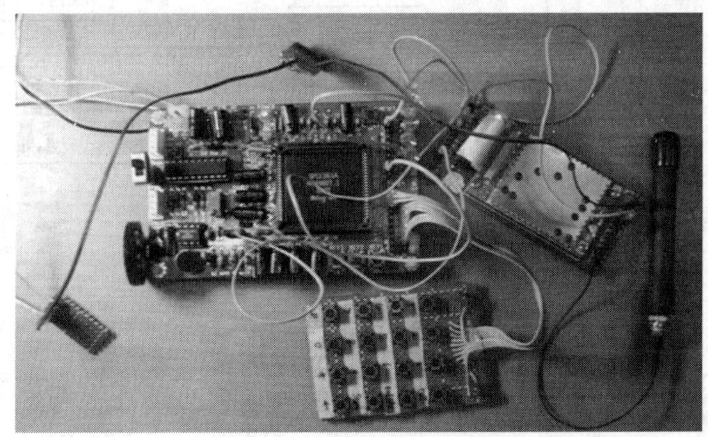

图 30－6　系统硬件实物

由于使用凌阳 61 板进行开发，硬件电路十分简单，只需进行凌阳 61 板的 IOA 并口与键盘、串口（IOB7、IOB10）与手机模块的连接即可，如图 30－5、图 30－6 所示。

30.5　程序设计

30.5.1　主程序及语音识别

语音识别主要分为“训练”和“识别”两个阶段。在训练阶段，单片机对采集到的语音样本进行分析处理，从中提取出语音特征信息，建立一个特征模型；在识别阶段，单片机对采集到的语音样本也进行类似的分析处理，提取出语音的特征信息，然后将这个特征信息模型与已有的特征模型进行对比，如果二者达到了一定的匹配度，则输入的语音被识别。语音识别流程如图 30－7 所示。

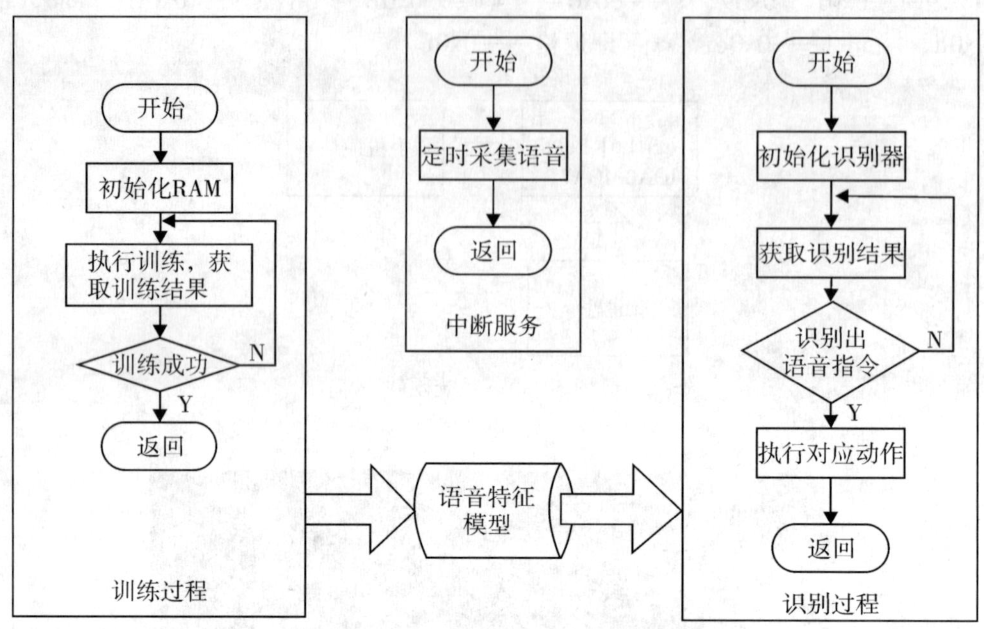

图 30－7　语音识别流程

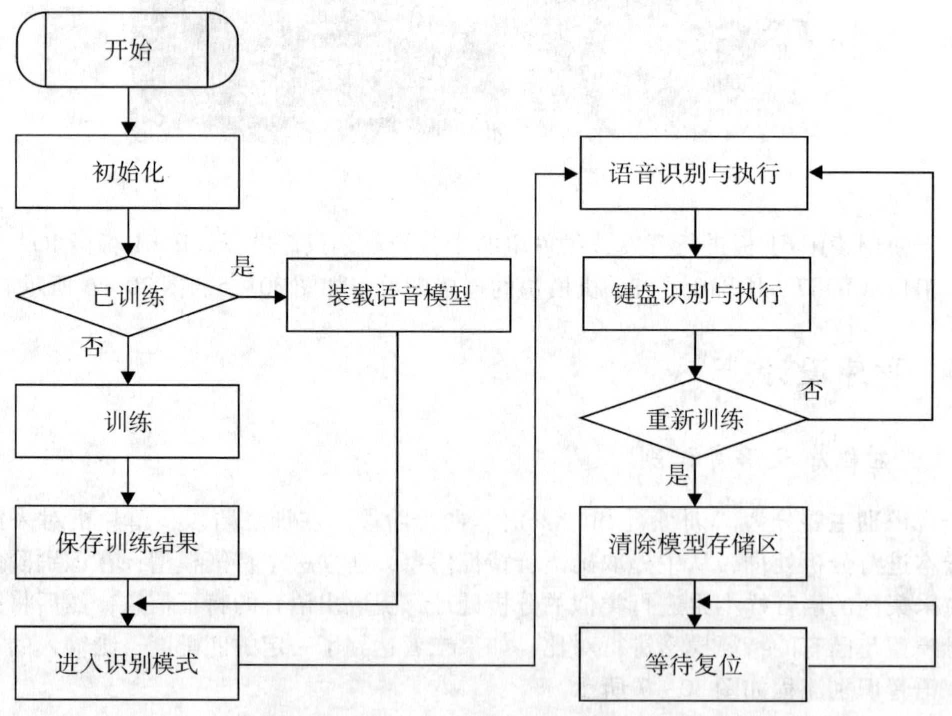

图 30－8　主程序流程

系统主程序流程如图 30－8 所示，共分为四大部分：初始化部分、训练部分、识别部分、重训操作。

（1）初始化部分：将 IOB0、IOB7、IOB10 设置为输出端，用以控制手机模块。

（2）训练部分：目标是建立语音模型。程序一开始判断系统是否被训练过，如果没有训练过则要求对其进行训练，并且会在训练成功之后将训练的模型存储到 Flash，如果已经训练过会把存储在 Flash 中的模型调出来装载到辨识器中。

（3）识别部分：在识别环节当中，当识别到姓名时，会检测姓名是否与存储的姓名相同，相同则拨打相应的电话，不相同则无反映。识别键盘环节，当有按键按下，则识别哪个按键按下。

（4）重训操作：考虑到有重新训练的需求，设置了重新训练的按键，循环扫描该按键，一旦检测到此键按下，则将擦除训练标志位，并等待复位。

训练流程见图 30－9，语音识别流程见图 30－10。

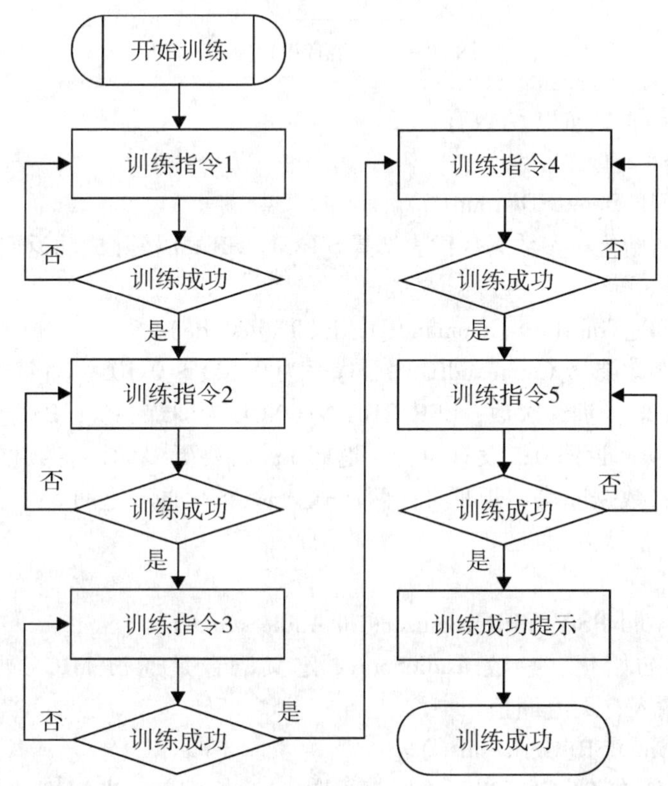

图 30－9　训练流程

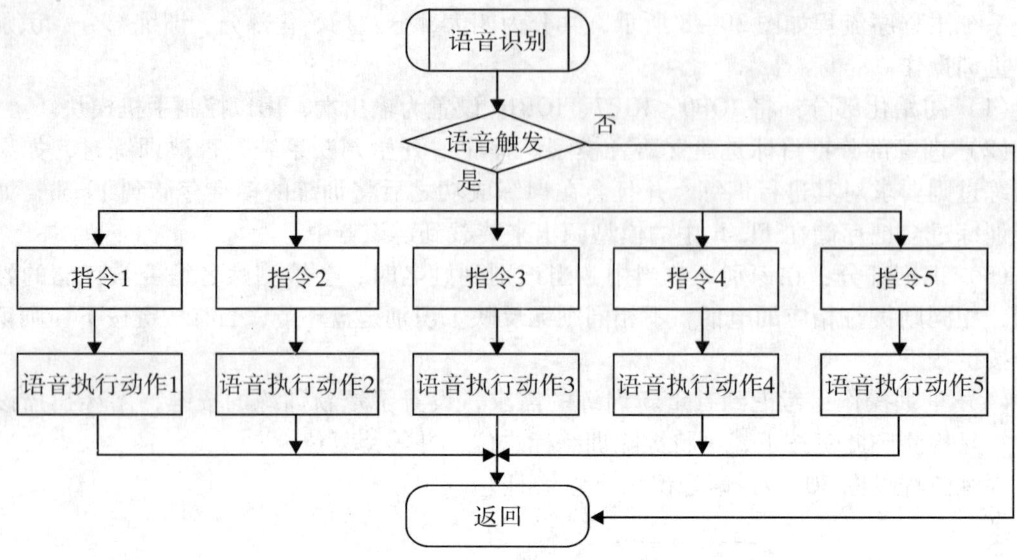

图 30 - 10 语音识别流程

使用的 SPCE061A 的 API 函数有：

1. 初始化部分

C 函数：int BSR_DeleteSDGroup(0)

功能：SRAM 初始化。参数为 0 代表选择 SRAM。SRAM 擦除成功返回 0，否则返回 -1。

2. 训练部分

C 函数：int BSR_Train(int CommandID, int TrainMode)

功能：训练函数。参数 CommandID 命令序号为 0x100 ～ 0x105，对每组训练语句都是唯一的；参数 TrainMode 为训练次数，BSR_TRAIN_ONCE 为训练一次，BSR_TRAIN_TWICE 为训练两次。训练成功，返回 0；没有声音，返回 1；需要更多的语音数据来训练，返回 2；环境太吵，返回 3；数据库满，返回 4；两次输入命令不通，返回 5；序号超出范围，返回 6。

3. 辨识部分

(1) C 函数：void BSR_InitRecognizer(int AudioSource)

功能：辨识器初始化。参数 AudioSource 定义语音是通过 MIC 语音输入还是通过 Line_In 电压模拟输入，无返回值。

(2) C 函数：int BSR_GetResult()

功能：返回值放在 R1 中。当无命令识别出时，返回 0；当识别器停止、未初始化、识别未激活时，返回 -1；当识别不合格时，返回 -2；正确识别命令时，返回命令的序号，无参数。

(3) C 函数：void BSR_StopRecognizer(void)

功能：停止识别。无参数及返回值。

30.5.2　键盘执行

由于键盘只是语音控制的辅助部分，读者可自行设计键盘需要实现的功能。本设计主要让键盘实现的功能有：键盘拨号、语音对应号码存储、号码删除，如图 30－11 所示。

1. 键盘拨号

先按“CALL”键，表示为呼叫状态，此时等待着输入号码，0～9 和“<-”有效，“<-”为退出键。当输入了 11 位手机号码后，如果按“<-”键即退出。如果再次按“CALL”键即进行拨号。唯有按“END（DEL）”键结束呼叫退出，其他键均无效。

2. 号码存储

（1）先按下“#”号键，不松开再按下“＊”号键，然后同时放开。

（2）按“STORE”键进入存号码状态。

（3）输入号码，11 位数字，0～9 有效。

（4）再次按“STORE”键将号码保存然后退出，如果按“<-”键即放弃保存然后退出。

3. 号码删除

（1）先按下“#”号键，不松开再按下“＊”号键，然后同时放开。

（2）按“END（DEL）”键进入删除号码状态。

（3）输入要删除的号码，数字 1～5 和按键“<-”有效。按“<-”键退出删除模式；输入 1～5 任一数字，表示输入要删除的号码序号，等待删除或退出。

（4）如果再次按“END（DEL）”键即删除刚输入的序号的号码，如果按“<-”键即退出删除模式。

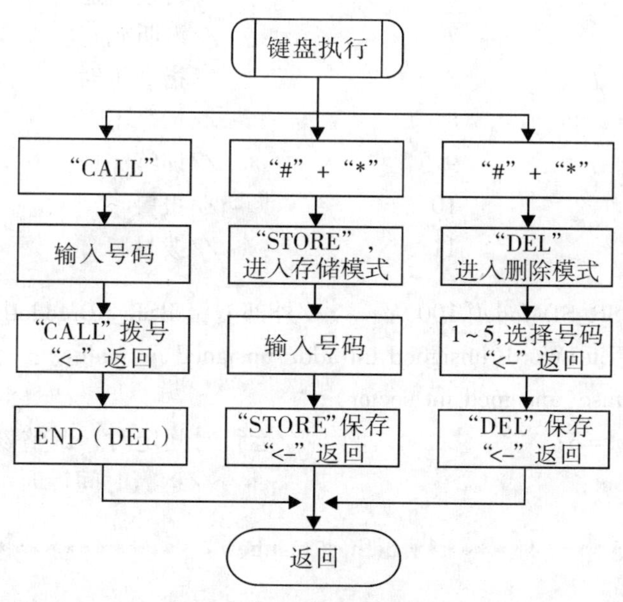

图 30－11　键盘执行流程

30.6 附录

30.6.1 元件清单

本设计元件清单：凌阳 61 开放板 1 块，手机模块 1 个，按钮 16 个。

30.6.2 单片机参考代码

```
#include "config.h"

#define NAME_ID                0x100          //定义5条语音指令
#define COMMAND_GO_ID          0x101
#define COMMAND_BACK_ID        0x102
#define COMMAND_LEFT_ID        0x103
#define COMMAND_RIGHT_ID       0x104

#define S_NAME                 0              //指令一
#define S_ACT1                 1              //指令二
#define S_ACT2                 2              //指令三
#define S_ACT3                 3              //指令四
#define S_ACT4                 4              //指令五
#define S_RDY                  5              //开始
#define S_AGAIN                6              //再说一遍
#define S_NOVOICE              7              //没听到
#define S_CMDDIFF              8              //指令不对
#define S_NOISY                8              //指令不对
#define S_START                9              //训练完成
#define S_GJG                  10             //报警
#define S_DCZY                 11             //拨号

extern unsigned int BSR_SDModel[100];     //外部变量BSR_SDModel[100]，辨识器自带
extern void F_FlashWrite1Word(unsigned int addr,unsigned int Value);
extern void F_FlashErase(unsigned int sector);
unsigned int uiTimeset = 3;              //运行时间定时，调整该参数控制运行时间
unsigned int uiTimecont;                                //运行时间计时

/***************************** define(matthew) *****************************
**/
#define led1pin 0x8000
#define led1on  *P_IOB_Data | =led1pin
```

```
#define led1off  * P_IOB_Data &= ~led1pin
#define led2pin 0x4000
#define led2on  * P_IOB_Data |= led2pin
#define led2off  * P_IOB_Data &= ~led2pin
#define led3pin 0x2000
#define led3on  * P_IOB_Data |= led3pin
#define led3off  * P_IOB_Data &= ~led3pin
#define led4pin 0x1000
#define led4on  * P_IOB_Data |= led4pin
#define led4off  * P_IOB_Data &= ~led4pin
#define led5pin 0x0800
#define led5on  * P_IOB_Data |= led5pin
#define led5off  * P_IOB_Data &= ~led5pin
#define alledon  * P_IOB_Data |= (led1pin|led2pin|led3pin|led4pin|led5pin)
#define alledoff  * P_IOB_Data &= ~(led1pin|led2pin|led3pin|led4pin|led5pin)
#define redled1pin 0x0040
#define redled1on  * P_IOA_Data |= redled1pin
#define redled1off  * P_IOA_Data &= ~redled1pin
#define redled2pin 0x0080
#define redled2on  * P_IOA_Data |= redled2pin
#define redled2off  * P_IOA_Data &= ~redled2pin
#define redledon  * P_IOA_Data |= (redled1pin | redled2pin)
#define redledoff  * P_IOA_Data &= ~(redled1pin | redled2pin)

#define WatchdogClear  * P_Watchdog_Clear = 0x0001

#define key1pin 0x0001
#define key2pin 0x0002
#define key3pin 0x0004

#define key_0        0
#define key_1        1
#define key_2        2
#define key_3        3
#define key_4        4
#define key_5        5
#define key_6        6
#define key_7        7
#define key_8        8
```

```
#define key_9           9
#define key_10          10
#define key_11          11
#define key_call        12
#define key_end         13
#define key_store       14
#define key_back        15
#define store           16
#define retrain         17
#define TCStart         18
#define TCoff           19

unsigned int uiRecBuffer[100];
unsigned char uiBuffer,uiArr,uiFlag;
unsigned char uiTI;
unsigned char call_flag,call_index;
unsigned char num[11];
unsigned char pnum_flag,store_flag,store_index,retrain_flag;
unsigned char num_addr,num_index;
unsigned char del_flag,del_index;
unsigned char k_temp;

////////// ========== DUART DEFINE ========== //////////
#define D_RXD_BUF_SIZE 11
unsigned char TimerA_flag;
unsigned char D_RXD_BYTE_OK;
unsigned char D_RXD_STR_OK;
unsigned char D_RXD_TEMP;
unsigned char D_RXD_BUF[D_RXD_BUF_SIZE];
//unsigned char TEMP;

void TC35I_CALL(unsigned char *p);
void CALL_END();
void first();
void second();
void third();
void fourth();
void fifth();
unsigned char getkey();
```

```
void keyscan();
void ledon(unsigned char ledID);

// ================================================================
// 语法格式: void PlaySnd(unsigned SndIndex,unsigned DAC_Channel);
// 实现功能: 语音播放函数
// 参数: SndIndex - 播放语音资源索引号
//       DAC_Channel - 播放声道选择
// 返回值: 无
// ================================================================
void PlaySnd(unsigned SndIndex,unsigned DAC_Channel)
{   BSR_StopRecognizer();                               //停止识别器
    SACM_S480_Initial(1);                               //初始化为自动播放
    SACM_S480_Play(SndIndex, DAC_Channel, 3);           //开始播放一段语音
    while((SACM_S480_Status()&0x0001)!=0)               //是否播放完毕?
    {   SACM_S480_ServiceLoop();                        //解码并填充队列
        * P_Watchdog_Clear = 0x0001;                    //清看门狗
    }
    SACM_S480_Stop();                                   //停止播放
    BSR_InitRecognizer(BSR_MIC);                        //初始化识别器
}

// ================================================================
// 语法格式: int TrainWord(int WordID,int SndID);
// 实现功能: 训练一条指令
// 参数: WordID - 指令编码
//       SndID - 指令提示音索引号
// 返回值: 无
// ================================================================
int TrainWord(unsigned int WordID,unsigned int SndID)
{   int Result;
    PlaySnd(SndID,3);                                   //引导训练, 播放指令对应动作
    while(1)
    {   Result = BSR_Train(WordID,BSR_TRAIN_TWICE);   //训练两次, 获得训练结果
        if(Result == 0)break;
        switch(Result)
        {
        case -1:                                        //没有检测出声音
            PlaySnd(S_NOVOICE,3);
```

```
            return  -1;
        case  -2:                                           //需要训练第二次
            PlaySnd(S_AGAIN,3);
            break;
        case  -3:                                           //环境太吵
            PlaySnd(S_NOISY,3);
            return  -3;
        case  -4:                                           //数据库满
            return  -4;
        case  -5:                                           //检测出声音不同
            PlaySnd(S_CMDDIFF,3);
            return  -5;
        case  -6:                                           //序号错误
            return  -6;
        default:
            break;
        }
    }
    return 0;
}

// =================================================================
// 语法格式: void TrainSD();
// 实现功能: 训练函数
// 参数: 无
// 返回值: 无
// =================================================================
void TrainSD()
{
    while(TrainWord(NAME_ID,S_NAME) !=0) ;                     //训练语音指令1
    while(TrainWord(COMMAND_GO_ID,S_ACT1) !=0) ;               //训练语音指令2
    while(TrainWord(COMMAND_BACK_ID,S_ACT2) !=0) ;             //训练语音指令3
    while(TrainWord(COMMAND_LEFT_ID,S_ACT3) !=0) ;             //训练语音指令4
    while(TrainWord(COMMAND_RIGHT_ID,S_ACT4) !=0) ;            //训练语音指令5
}

// =================================================================
// 语法格式: void StoreSD();
// 实现功能: 存储语音模型函数
```

```
// 参数：无
// 返回值：无
// ====================================================================
void StoreSD()
{   unsigned int ulAddr,i,commandID,g_Ret;
    F_FlashWrite1Word(0xef00,0xaaaa);
    F_FlashErase(0xe000);
    F_FlashErase(0xe100);
    F_FlashErase(0xe200);
    ulAddr=0xe000;// * * * * * * * *
    for(commandID=0x100;commandID<0x105;commandID++)
    {   g_Ret=BSR_ExportSDWord(commandID);
        while(g_Ret!=0)                          //模型导出成功?
        g_Ret=BSR_ExportSDWord(commandID);
        for(i=0;i<100;i++)                       //保存语音模型 SD1(0xe000～0xe063)
        {
            F_FlashWrite1Word(ulAddr,BSR_SDModel[i]);
            ulAddr+=1;
        }
    }
}

// ====================================================================
// 语法格式：void StoreSD();
// 实现功能：装载语音模型函数
// 参数：无
// 返回值：无
// ====================================================================
void LoadSD()
{   unsigned int *p,k,jk,Ret,g_Ret;
    p=(int *)0xe000;
    for(jk=0;jk<5;jk++)
    {
        for(k=0;k<100;k++)
        {
            Ret=*p;
            BSR_SDModel[k]=Ret;            //装载语音模型
            p+=1;
```

```
    }
    g_Ret = BSR_ImportSDWord();
    while(g_Ret!=0)                         //模型装载成功?
    g_Ret = BSR_ImportSDWord();
  }
}

//=================================================================
// 语法格式: void BSR(void);
// 实现功能: 语音识别函数
// 参数: 无
// 返回值: 无
//=================================================================
void BSR(void)
{
  int Result;                               //辨识结果寄存
  Result = BSR_GetResult();                 //获得识别结果
  if(Result >0)                             //有语音触发?
  {
    *P_IOB_Data =0x0000;
    switch(Result)
    {
    case NAME_ID:                           //识别出第一条指令
        first();                            //语音执行动作1
        break;
    case COMMAND_GO_ID:                     //识别出第二条指令
        second();                           //语音执行动作2
        break;
    case COMMAND_BACK_ID:                   //识别出第三条指令
        third();                            //语音执行动作3
        break;
    case COMMAND_LEFT_ID:                   //识别出第四条指令
        fourth();                           //语音执行动作4
        break;
    case COMMAND_RIGHT_ID:                  //识别出第五条指令
        fifth();                            //语音执行动作5
        break;
    default:
```

```
            break;
        }
    }
}

/ ************************ matthew's code ********************************* /
void delay1(unsigned int _i)
{
    unsigned int _j;
    for(;_i>0;_i--)
    {
        for(_j=0;_j<1000;_j++);
        *P_Watchdog_Clear=0x0001;
    }
}

////////// ========== UART ========== //////////
#define RXD_PIN 0x0080          //-- IOB7
#define TXD_PIN 0x0400          //-- IOB10

void UARTInit(void)//-- 串口初始化
{
    unsigned int uiTemp;
    __asm("INT OFF");
    *P_IOB_Dir |= TXD_PIN;          //Initialize IOB7 and IOB10,IOB7 as RX(input
with float),IOB10 as TX(output)
    *P_IOB_Dir &= ~RXD_PIN;
    *P_IOB_Attrib |= (RXD_PIN | TXD_PIN);
    *P_IOB_Data &= ~(RXD_PIN | TXD_PIN);

    *P_UART_BaudScalarLow=0x00;     //--default Fosc is 24.576,baud rate as 9600
    *P_UART_BaudScalarHigh=0x05;

    *P_UART_Command1=0x0080;        //--
    *P_UART_Command2=0x00c0;        //--

    uiTemp= *P_UART_Data;
    uiTemp= *P_UART_Command2;

    __asm("INT IRQ");
```

```
}

void UARTByteSend(unsigned char _byte)//--串口发送字节
{
    *P_UART_Data = _byte;
    uiTI = 0;
    while(! uiTI)
    {
        uiTI = *P_UART_Command2;
        uiTI& = 0x40;
    }
}

void UARTStrSend(unsigned char *_STR_TXD)//--串口发送字符串
{
    while(*_STR_TXD != '\0')
    {
        UARTByteSend(*_STR_TXD++);
    }
}

void IRQ7(void)__attribute__((ISR));     //-- 串口中断处理函数
void IRQ7(void)
{
    unsigned int uiTemp1;
    //ledon;
    uiTemp1 = *P_UART_Command2;
    uiTemp1 & = 0x0080;
    if(uiTemp1 == 0x0080)
    {
        if(uiFlag)
        {
            uiRecBuffer[uiArr++] = *P_UART_Data;
        }
        else
            uiBuffer = *P_UART_Data;
    }
    uiTemp1 = *P_UART_Data;
    WatchdogClear;
```

```
    //ledoff;
}

///////////////////////////      TC35I      ////////////////////////////
#define TC35I_START_PIN 0x0001 // -- IOB0
#define TC35I_SYNC_PIN 0x0004 // -- IOB2
#define TC35I_START_PIN_LOW  *P_IOB_Data &= ~TC35I_START_PIN
#define TC35I_START_PIN_HIGH  *P_IOB_Data |= TC35I_START_PIN
#define SBUF  *P_UART_Data

unsigned char OK_FLAG = FALSE;              // -- void TC35I_Init_CMD(uchar *_cmd)
unsigned char OK_FLAG1 = FALSE;
unsigned char SET_FLAG = FALSE;
unsigned char SET_ERROR = FALSE;

void TC35IIOInit()// -- TC35 引脚初始化
{
    *P_IOB_Dir |= TC35I_START_PIN;      // -- As output
    *P_IOB_Dir &= ~TC35I_SYNC_PIN;   // -- As input
    *P_IOB_Attrib |= (TC35I_START_PIN | TC35I_SYNC_PIN);
    *P_IOB_Data |= TC35I_START_PIN;
}

void TC35I_Start()// -- TC35 功能初始化
{
    TC35I_START_PIN_LOW;
    delay1(400);
    TC35I_START_PIN_HIGH;
    TC35I_Init_CMD("AT");                       // -- 连机
    TC35I_Init_CMD("AT+CLIP=1");                // -- 来电显示
    TC35I_Init_CMD("AT+CNMI=2,2,2,0,0");  // -- 设置当有新短信来的时候直接输出
    PlaySnd(S_RDY,3);                           // -- TC35 初始化完成提示
}

void TCshutdown()// -- TC35 软关机
{
    TC35I_Init_CMD("AT^SMSO");
}

void TC35I_Init_CMD(unsigned char *_cmd)     // -- 接收到返回字符串,如果其中有
"OK"执行成功,如有"ER"执行失败
```

```
{
    unsigned char uiArrTemp;

    uiArrTemp = 0;
    delay1(100);

    while(! OK_FLAG)
    {
        WatchdogClear;
        uiArr = 0;
        UARTStrSend(_cmd);
        UARTByteSend(0x0D);                //--回车键码值
        delay1(100);
        //WaitRecEnd();
        WatchdogClear;
        //D_TXD_STR(uiRecBuffer);
        if(uiArr! = 0)
        {
            for(uiArrTemp = 0;uiArrTemp < uiArr;uiArrTemp ++)
            {
                if(uiRecBuffer[uiArrTemp] == 'O')
                    OK_FLAG1 = TRUE;
                else if(OK_FLAG1)
                {
                    if(uiRecBuffer[uiArrTemp] == 'K')
                    {
                        OK_FLAG = TRUE;//-- Out of while(! OK_FLAG)
                    }
                    OK_FLAG1 = FALSE;
                }
                uiRecBuffer[uiArrTemp] = 0;
                WatchdogClear;
            }
            uiArr = 0;
            uiArrTemp = 0;
            WatchdogClear;
        }
        delay1(400);
    }
```

```
    OK_FLAG = FALSE;
}

void TC35I_CALL(unsigned char *p)// -- 拨号函数
{
    UARTStrSend("ATD");
    UARTStrSend(p);
    UARTByteSend(0x3B);// -- 分号‘;’
    UARTByteSend(0x0D);
    UARTByteSend(0x0A);
}

void CALL_END()// -- 挂机函数
{
    UARTStrSend("ATH");
    UARTByteSend(0x0D);
    UARTByteSend(0x0A);
}

void first()// -- 语音执行动作 1
{
    PlaySnd(S_NAME,3);
    led1on;
    delay1(150);
    led1off;
}

void second()// -- 语音执行动作 2
{
    PlaySnd(S_ACT1,3);
    led2on;
    num_addr = 0xe300;
    for(call_index = 0;call_index < 11;call_index ++)
    {
        num[call_index] = ( *(unsigned int *)num_addr);
        num_addr ++;
    }
    if(num[0] != 0xffff)
    {
```

```
        TC35I_CALL(num);
        call_flag = 1;
        while(call_flag)
        {
            alledon;
            k_temp = getkey();
            if(key_end == k_temp)
            {
                CALL_END();
                delay1(200);
                call_flag = 0;// -- exit while(call_flag)
                k_temp = 0xff;
            }
            WatchdogClear;
        }
    }
    delay1(150);
    alledoff;
}
void third()// -- 语音执行动作3
{
    PlaySnd(S_ACT2,3);
    led3on;
    num_addr = 0xe400;
    for(call_index = 0;call_index < 11;call_index ++)
    {
        num[call_index] = (*(unsigned int *)num_addr);
        num_addr ++;
    }
    if(num[0] != 0xffff)
    {
        TC35I_CALL(num);
        call_flag = 1;
        while(call_flag)
        {
            alledon;
            k_temp = getkey();
```

```
            if(key_end == k_temp)
            {
                CALL_END();
                delay1(200);
                call_flag = 0;// -- exit while(call_flag)
                k_temp = 0xff;
            }
            WatchdogClear;
        }
    }
    delay1(150);
    alledoff;
}

void fourth()// -- 语音执行动作 4
{
    PlaySnd(S_ACT3,3);
    led4on;
    num_addr = 0xe500;
    for(call_index = 0;call_index < 11;call_index ++ )
    {
        num[call_index] = ( * (unsigned int * )num_addr);
        num_addr ++ ;
    }
    if(num[0] != 0xffff)
    {
        TC35I_CALL(num);
        call_flag = 1;
        while(call_flag)
        {
            alledon;
            k_temp = getkey();
            if(key_end == k_temp)
            {
                CALL_END();
                delay1(200);
                call_flag = 0;// -- exit while(call_flag)
                k_temp = 0xff;
```

```
                }
                WatchdogClear;
            }
        }
        delay1(150);
        alledoff;
}

void fifth()// -- 语音执行动作 5
{
        PlaySnd(S_ACT4,3);
        led5on;
        num_addr = 0xe600;
        for(call_index = 0;call_index < 11;call_index ++ )
        {
            num[call_index] = ( * (unsigned int * )num_addr);
            num_addr ++ ;
        }
        if(num[0]! = 0xffff)
        {
            TC35I_CALL(num);
            call_flag = 1;
            while(call_flag)
            {
                alledon;
                k_temp = getkey();
                if(key_end == k_temp)
                {
                    CALL_END();
                    delay1(200);
                    call_flag = 0;// -- exit while(call_flag)
                    k_temp = 0xff;
                }
                WatchdogClear;
            }
        }
        delay1(150);
        alledoff;
```

```
}

void ledon(unsigned char ledID)
{
    if(ledID ==1) led1on;
    else if(ledID ==2) led2on;
    else if(ledID ==3) led3on;
    else if(ledID ==4) led4on;
    else if(ledID ==5) led5on;
}

unsigned char getkey()// --键盘识别函数
{
    unsigned char keytemp;
    keytemp =0;
    WatchdogClear;
    *P_IOA_Data =0xef00;
    if(0x0f00 != (( *P_IOA_Data) & 0x0f00))
    {
        delay1(50);
        *P_IOA_Data =0xef00;
        if(0x0f00 != (( *P_IOA_Data) & 0x0f00))
        {
            keytemp = ( *P_IOA_Data) & 0x0f00;
            while(0x0f00 != (( *P_IOA_Data) & 0x0f00))
            {
                *P_IOA_Data = (0xef00|redled1pin|redled2pin);
                WatchdogClear;
            }
            redledoff;
            if(keytemp!=0x0f00)
            {
                if(keytemp ==0x0e00)
                {
                    ledon(1);
                    return key_1;
                }
                else if(keytemp ==0x0d00)
                {
```

```
                ledon(2);
                return key_2;
            }
            else if(keytemp == 0x0b00)
            {
                ledon(1);
                ledon(2);
                return key_3;
            }
            else if(keytemp == 0x0700)
            {
                ledon(3);
                ledon(4);
                return key_call;
            }
        }
    }
}

*P_IOA_Data = 0xdf00;
if(0x0f00 != ((*P_IOA_Data) & 0x0f00))
{
    delay1(50);
    *P_IOA_Data = 0xdf00;
    if(0x0f00 != ((*P_IOA_Data) & 0x0f00))
    {
        keytemp = (*P_IOA_Data) & 0x0f00;
        while(0x0f00 != ((*P_IOA_Data) & 0x0f00))
        {
            *P_IOA_Data = (0xdf00|redled1pin|redled2pin);
            WatchdogClear;
        }
        redledoff;
        if(keytemp! = 0x0f00)
        {
            if(keytemp == 0x0e00)
            {
                ledon(3);
```

```
                    return key_4;
                }
                else if( keytemp == 0x0d00)
                {
                    ledon(1);
                    ledon(3);
                    return key_5;
                }
                else if( keytemp == 0x0b00)
                {
                    ledon(2);
                    ledon(3);
                    return key_6;
                }
                else if( keytemp == 0x0700)
                {
                    ledon(1);
                    ledon(3);
                    ledon(4);
                    return key_end;
                }
            }
        }
}

 * P_IOA_Data = 0xbf00;
if(0x0f00 != (( * P_IOA_Data) & 0x0f00))
{
    delay1(50);
    * P_IOA_Data = 0xbf00;
    if(0x0f00 != (( * P_IOA_Data) & 0x0f00))
    {
        keytemp = ( * P_IOA_Data) & 0x0f00;
        while(0x0f00 != (( * P_IOA_Data) & 0x0f00))
        {
            * P_IOA_Data = (0xbf00|redled1pin|redled2pin);
            WatchdogClear;
        }
```

```
            redledoff;
            if(keytemp!=0x0f00)
            {
                if(keytemp==0x0e00)
                {
                    ledon(1);
                    ledon(2);
                    ledon(3);
                    return key_7;
                }
                else if(keytemp==0x0d00)
                {
                    ledon(4);
                    return key_8;
                }
                else if(keytemp==0x0b00)
                {
                    ledon(1);
                    ledon(4);
                    return key_9;
                }
                else if(keytemp==0x0700)
                {
                    ledon(4);
                    ledon(2);
                    ledon(3);
                    return key_store;
                }
            }
        }
    }

    *P_IOA_Data=0x7f00;
    if(0x0f00 !=((*P_IOA_Data) & 0x0f00))
    {
        delay1(50);
        *P_IOA_Data=0x7f00;
        if(0x0f00 !=((*P_IOA_Data) & 0x0f00))
```

```
    {
        keytemp = ( * P_IOA_Data) & 0x0f00;
        while(0x0f00 != (( * P_IOA_Data) & 0x0f00))
        {
            * P_IOA_Data = (0x7f00|redled1pin|redled2pin);
            WatchdogClear;
            if(keytemp ==0x0e00)// - 如果按下“#”或“ * ”键，再检测一遍按
键情况是否还有其他按键同时按下
                keytemp = ( * P_IOA_Data) & 0x0f00;
        }
        redledoff;
        if(keytemp!=0x0f00)
        {
            if(keytemp ==0x0e00)
            {
                ledon(2);
                ledon(4);
                return key_10;
            }
            else if(keytemp ==0x0d00)
            {
                return key_0;
            }
            else if(keytemp ==0x0b00)
            {
                ledon(1);
                ledon(2);
                ledon(4);
                return key_11;
            }

            else if(keytemp ==0x0700)
            {
                ledon(1);
                ledon(2);
                ledon(3);
                ledon(4);
                return key_back;
```

```
            }
            else if(keytemp == 0x0a00)
            {
                redledon;
                delay1(200);
                redledoff;
                delay1(200);
                redledon;
                delay1(200);
                redledoff;
                delay1(200);
                redledon;
                //pnum_flag = 1;
                return store;
            }
            else if(keytemp == 0x0c00)
            {
                redledon;
                alledon;
                return TCoff;
            }
            else if(keytemp == 0x0600)
            {
                redledon;
                alledon;
                //retrain_flag = 1;
                return retrain;
            }
            /*
            else if(keytemp == 0x0900)
            {
                redledon;
                alledon;
                return TCStart;
            } */
        }
    }
}
```

```
    return 0xff;
}

void pnum()// -- 键盘执行函数
{
        redledon;
        k_temp = getkey();
        if(key_back == k_temp)
        {
            pnum_flag = 0;
        }
        else if(key_end == k_temp)// -- delete mode
        {
            del_flag = 1;
            del_index = 0;
            num_addr = 0xe200;
            while(del_flag)
            {
                redled2on;
                k_temp = getkey();
                if(k_temp == key_back)
                {
                    pnum_flag = 0;
                    del_flag = 0;// -- exit while(del_flag)
                }
                else if(k_temp! = 0xff)
                {
                    if((k_temp > 5) || (k_temp < 1))
                    {
                        redledon;
                        alledon;
                        delay1(200);
                        redledoff;
                        alledoff;
                        delay1(200);
                        redledon;
                        alledon;
                        delay1(200);
```

```
                redledoff;
                alledoff;
                delay1(200);
                redledon;
                alledon;
                delay1(200);
                redledoff;
                alledoff;
                delay1(200);
                redledon;
                alledon;
                delay1(200);
            }
            else if(! del_index)
            {
                del_index = k_temp;
                while(del_flag)
                {
                    alledon;
                    redled2on;
                    k_temp = getkey();
                    if(k_temp == key_back)
                    {
                        pnum_flag = 0;
                        del_flag = 0;// --exit while(del_flag)
                    }
                    if(k_temp == key_end)
                    {
                        num_addr = num_addr + (del_index - 1) * 0x100;
                        F_FlashErase(num_addr);
                        del_flag = 0;
                        pnum_flag = 0;
                    }
                    WatchdogClear;
                }
            }
        }
        WatchdogClear;
```

```
            alledoff;
            redled1off;
        }
    }
    else if(key_store == k_temp)// -- store mode
    {
        for(store_index = 0;store_index < 11;store_index ++)// -- clear num[]
            num[store_index] = 0;
        store_index = 0;
        store_flag = 1;
        while(store_flag)
        {
            redled1on;
            k_temp = getkey();
            if((k_temp!= 0xff)&&(store_index < 11))// -- input phone number
            {
                if((k_temp >= 0)&&(k_temp <= 9))
                    num[store_index ++] = k_temp|0x30;
                else
                {
                    redledon;
                    alledon;
                    delay1(200);
                    redledoff;
                    alledoff;
                    delay1(200);
                    redledon;
                    alledon;
                    delay1(200);
                    redledoff;
                    alledoff;
                    delay1(200);
                    redledon;
                    alledon;
                    delay1(200);
                    redledoff;
                    alledoff;
                    delay1(200);
```

```
                    redledon;
                    alledon;
                }
                delay1(200);
            }
            if(key_back == k_temp)// -- exit and clear input num[]
            {
                for(store_index = 0;store_index < 11;store_index ++)// -- clear num[]
                    num[store_index] = 0;
                store_index = 0;
                store_flag = 0;// -- exit while(store_flag)
                pnum_flag = 0;// -- exit while(pnum_flag)
            }
            while(store_index == 11)// -- input num finish
            {
                alledon;
                redled1on;
                k_temp = getkey();
                if(key_back == k_temp)// -- exit and do not store
                {
                    store_index = 0; // -- exit while(store_index == 11)
                    store_flag = 0;// -- exit while(store_flag)
                    pnum_flag = 0;// -- exit while(pnum_flag)
                }
                if(key_store == k_temp)// -- store the input phone num
                {
                    num_addr = 0xe200;
                    for(num_index = 0;num_index < 5;num_index ++)// -- read if
phone num was full
                    {
                        if(0xffff == ( * (unsigned int * )num_addr))
                          num_index = 5;
                        else
                          num_addr += 0x0100;
                    }
                    if(num_addr > 0xe600)// -- full
                    {
                        redledon;
```

```
                    alledon;
                    delay1(200);
                    redledoff;
                    alledoff;
                    delay1(200);
                    redledon;
                    alledon;
                    delay1(200);
                    redledoff;
                    alledoff;
                    delay1(200);
                    redledon;
                    alledon;
                    delay1(200);
                    redledoff;
                    alledoff;
                    delay1(200);
                    redledon;
                    alledon;
                    delay1(200);
                }
                else // -- store phone num
                {
                    for(store_index = 0;store_index < 11;store_index ++ )
// --store phone num in address(0xe200 ---0xe20a)
                    {
                        F_FlashWrite1Word(num_addr,num[store_index]);
                        num_addr += 1;
                        WatchdogClear;
                    }
                }
                store_index = 0; // -- exit while(store_index == 11)
                store_flag = 0;// -- exit while(store_flag)
                pnum_flag = 0;// -- exit while(pnum_flag)
            }
            WatchdogClear;
        }
        WatchdogClear;
```

```
                    alledoff;
                    redled2off;
                }
            }
            WatchdogClear;
            alledoff;
}

void call()//-- 呼叫函数
{
        call_flag = 1;
            call_index = 0;
            while(call_flag)
            {
                k_temp = getkey();
                ledon(5);
                if(key_back == k_temp)// -- exit and clear input num[]
                {
                    for(call_index = 0;call_index < 11;call_index ++ )// -- clear num[]
                        num[call_index] = 0;
                    call_flag = 0;
                    call_index = 0;
                }
                else if(k_temp! = 0xff)
                {
                    if(k_temp < 0||k_temp > 9)
                    {
                        redledon;
                        alledon;
                        delay1(200);
                        redledoff;
                        alledoff;
                        delay1(200);
                        redledon;
                        alledon;
                        delay1(200);
                        redledoff;
                        alledoff;
```

```
        delay1(200);
        redledon;
        alledon;
        delay1(200);
        redledoff;
        alledoff;
        delay1(200);
        redledon;
        alledon;
        delay1(200);
    }
    else if(call_index < 11)// - - input phone number
    {
        num[call_index ++ ] = k_temp|0x30;
        delay1(200);
    }
    while(call_index == 11)// - -  input num finish
    {
        alledon;
        k_temp = getkey();
        if(key_back == k_temp)// - -  exit and do not store
        {
            call_index = 0; // - -  exit while(call_index == 11)
            call_flag = 0;// - -  exit while(call_flag)
        }
        if(key_call == k_temp)
        {
            PlaySnd(S_DCZY,3);
            TC35I_CALL(num);
            while(call_flag)
            {
                alledon;
                k_temp = getkey();
                if(key_end == k_temp)
                {
                    CALL_END();
                    delay1(200);
                    call_index = 0; // - -  exit while(call_index == 11)
```

```
                                        call_flag = 0;// -- exit while(call_flag)
                                    }
                                    WatchdogClear;
                                }
                            }
                            WatchdogClear;
                        }
                    }
                    alledoff;
                    WatchdogClear;
                }
}

void keyscan()// -- 键盘处理函数
{
    k_temp = getkey();
    if(k_temp != 0xff)// -- 4 x 4 key
    {
        delay1(200);
        alledoff;
        //show(key_temp);
    }
    if(k_temp == store)
    {
        pnum_flag = 1;
        while(pnum_flag)
            pnum();
    }
    if(k_temp == key_call)
        call();
    if(k_temp == key_end)
        CALL_END();
    if(k_temp == TCoff)
        TCshutdown();
    if(k_temp == retrain)                    //是否重新训练
    {
        F_FlashErase(0xe000);
        while(1);
```

```
    }
    k_temp = *P_IOA_Data&0x0001;
    if(k_temp)//-- key1 报警
    {
        PlaySnd(S_GJG,3);
        num_addr = 0xe200;
        for(call_index = 0;call_index < 11;call_index ++ )
        {
            num[call_index] = ( *(unsigned int *)num_addr);
            num_addr ++;
        }
        if(num[0] != 0xffff)
        {
            TC35I_CALL(num);
            call_flag = 1;
            while(call_flag)
            {
                alledon;
                k_temp = getkey();
                if(key_end == k_temp)
                {
                    CALL_END();
                    delay1(200);
                    call_flag = 0;//-- exit while(call_flag)
                    k_temp = 0xff;
                }
                WatchdogClear;
            }
            alledoff;
        }
    }
    redledoff;
}
void SystemInit()//-- 系统初始化
{
    uiFlag = 1;
    uiArr = 0;
```

```
    uiTI = 0;
    pnum_flag = 0;
    store_flag = 0;
    //retrain_flag = 0;
    del_flag = 0;

     * P_IOA_Dir = 0xf0c0;
     * P_IOA_Attrib = 0xf0c0;
     * P_IOA_Data = 0xff00;
     * P_IOB_Dir |= (led1pin|led2pin|led3pin|led4pin|led5pin);
     * P_IOB_Attrib |= (led1pin|led2pin|led3pin|led4pin|led5pin);
     * P_IOB_Data &= ~(led1pin|led2pin|led3pin|led4pin|led5pin);

    UARTInit();
    TC35IIOInit();
    TC35I_Start();
}

//=============================================================
// 语法格式: int main(void);
// 实现功能: 主函数
// 参数: 无
// 返回值: 无
//=============================================================
int main(void)
{   unsigned int BS_Flag;                         //Train 标志位
    BSR_DeleteSDGroup(0);                         //初始化存储器 RAM
    BS_Flag = *(unsigned int *)0xe000;            //读存储单元 0xe000
    if(BS_Flag == 0xffff)                         //没有经过训练(0xe000 内容为 0xffff)
    {   TrainSD();                                //训练
        StoreSD();                                //存储训练结果(语音模型)
    }
    else                                          //经过训练(0xe000 内容为 0x0055)
    {   LoadSD();                                 //语音模型载入识别器
    }
    PlaySnd(S_START,3);                           //训练完成提示
    BSR_InitRecognizer(BSR_MIC);                  //初始化识别器

    SystemInit();
    while(1)
```

```
    {   BSR();
        keyscan();
    }
}
```

30.7　参考文献

[1] 车爱静，文环明，张艳．基于凌阳 SPCE061A 单片机的语音控制系统［J］．电脑开发与应用，2006，19（10）：49～50.

[2] 李晶皎．嵌入式语音技术及凌阳 16 位单片机应用［M］．北京：北京航空航天大学出版社，2003：6～8.

[3] 马忠梅，张凯．单片机的 C 语言应用程序设计［M］．北京：北京航空航天大学出版社，2003：11.

[4] 熊庆国．新型 16 位单片机 SPCE061A 及应用展望［J］．现代电子技术，2003（8）：55～59.

[5] 凌阳科技教育推广中心．毕业设计指导书［Z］．凌阳科技公司，2006.

[6] 罗亚非．凌阳 16 位单片机应用基础［M］．北京：北京航空航天大学出版社，2005：9～10.

[7] 赵定远，马洪江．16 位单片机及语音嵌入式系统［M］．北京：中国水利水电出版社，2003：2～7.

[8] Sunplus Technology Co. SPCE061A［EB/OL］．http：//pdf.dzsc.com/88889/28284.pdf，2002－08.

[9] 凌阳科技大学计划［Z］．凌阳大学计划网站（www.unsp.com.cn），2005.

[10] 张立科．单片机典型外围器件及应用实例［M］．北京：人民邮电出版社，2006.

第 31 章 单片机侧以太网接口的设计与实现

31.1 设计概述

随着信息技术的迅速发展，Internet 已经渗透到我们日常生活、工作的每个角落，让日常生活中的电器设备通过以太网连入 Internet 以实现远程家居设备的控制无疑是一个值得研究的课题。本设计旨在完成一个具备以太网接口的单片机系统，使得单片机侧程序可以通过以太网接口与局域网上的其他主机实现双向数据通信。读者可以在本设计基础上接入必要的传感器及外围电路将其应用到智能家居、工业监控等现场环境中。该设计的制作，可使读者对 TCP/IP 协议有更具体更深入的理解，培养读者对 51 单片机扩展复杂接口的能力，形成良好的编程习惯，为将来从事高级嵌入式系统开发打下坚实基础。

31.2 总体设计

31.2.1 系统结构设计

系统结构如图 31－1 所示，以 STC89C52 单片机为系统的控制核心，该控制器采用 51 架构，内部集成 512 字节 RAM 及 8k 字节 Flash 存储器。锁存器 74ALS573 实现低 8 位地址和 8 位数据总线的复用。由于以太网的包最大可达 1500 多字节，STC89C52 的内部 RAM 无法存储这么大的数据包，故采用了外部静态存储器 62256 将 RAM 扩展到 32k 字节，同时外部 RAM 也用作串行口的输入输出缓冲，使单片机可以高速地吞吐数据。RTL8019AS 是以太网控制芯片，内部集成了介质访问控制子层（MAC）和物理层的性能，可以方便地应用于基于 ISA 总线的系统，与 51 单片机连接非常方便。8019AS 通过一个带扼流线圈的隔离变压器 20F001N 将单片机发送的数据（变比为 1∶1.414）发送到网络上；接收数据时，网络传送的数据经过隔离变压器（变比为 1∶1）。隔离变压器的另一作用是

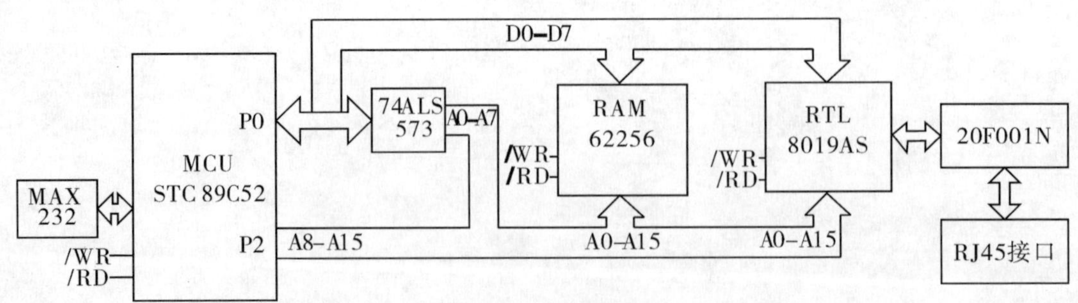

图 31－1 系统结构

将外部线路与RTL8019AS电气上隔开，防止干扰和烧坏元件。MAX232为串口通信电平变换芯片，辅以外围电路可实现与PC通过串口进行通信。

31.2.2 关键技术分析

31.2.2.1 802.3以太网协议及其帧结构

以太网协议有多种，这里指的是802.3协议，物理信道上收发操作均使用此协议定义的帧格式。一个标准的以太网物理传输帧由前导序列PR、分隔位SD、目的地址DA、源地址SA、类型字段Type、数据段Data、填充位PAD和帧校验字段FCS共8个部分组成。802.3以太帧结构如表31-1所示。

表31-1 802.3以太帧结构

PR	SD	DA	SA	Type	Data	PAD	FCS
56bit	8bit	48bit	48bit	16bit	46～1500bit	DATA小于46bit时补0	32bit

PR是前导序列。用于收发双方的时钟同步，同时也指明了传输速率，是由“101010…”组成的56位二进制数。

SD是分隔位，表明后续数据是有效数据而不是同步序列，SD的8位序列是10101011。

DA是目的地址，是6个字节的以太网地址（即网卡的MAC地址），表明该帧将要被传输给哪个网卡。如果该地址为FFFFFFFFFFFF，则表明是广播地址，广播帧的数据可以被任何网卡接收到。ARP（地址解析协议）通常要利用广播帧来进行IP地址到MAC地址的解析。

SA是源地址，也是6字节的以太网地址，表明该帧是从哪个网卡发出的，即发送端的网卡地址。

Type是类型字段。表明该帧的数据类型，不同上层协议对应的类型字段不同。例如：0800H表示数据为IP包，0806H表示数据为ARP包，814CH表示数据为SNMP包，8137表示数据为IPX/SPX包。注意，小于06HH的值是用于IEEE802的，表示数据包的长度。

Data是数据字段，该段数据长度不能超过1500字节。

PAD是填充位，由于以太网帧传输的数据包不能小于60字节，除去DA、SA和Type共14字节，还必须46个字节的数据，当数据段不足46字节时，后面补0。

FCS是32位的数据校验位。采用32位的CRC校验，该校验值由网卡硬件计算得到，自动填充到该字段。

数据帧在形成时，除了数据帧的长度不确定外，其他字段的长度是固定的。数据段为46～1500B。以太网规定整个传输包的最大长度不能超过1514字节（其中14字节为DA、SA、Type），数据超过1500字节时，需要拆成多个帧传送。

在实际工作时，在发送端，PR、SD、FCS及填充字段这几个数据段由以太网控制器自动产生；在接受端，PR、SD被跳过，它只是被控制器检测，而不作为接收数据被接收存储。

31.2.2.2 8019片工作原理

8019片是中国台湾Realtek公司生产的高集成以太网控制芯片，具有与NE2000兼容、软件移植性好以及价格低廉等优点，在10Mbps网卡市场中占有相当的比例，较长一段时间内不会停产。RTL8019AS的主要功能特性如下。

（1）符合EthernetII与IEEE801.3（10Base5、10Base2、10BaseT）标准。

（2）与8位及16位插槽的NE2000兼容。

（3）全双工，收发可同时达到10Mbps的速率。

（4）内置316kB的SRAM，用于收发缓冲，降低对主处理器的速度要求。

（5）支持闪存读写。

（6）支持BROM禁用命令，在引导区程序加载完成后可以释放出引导区ROM空间。

（7）支持8/16位数据总线，8条中断申请线以及16个I/O基地址选择。

（8）支持UTP、AUI、BNC自动检测，还支持10BaseT拓扑结构的自动极性修正。

（9）允许4个诊断LED引脚可编程输出。

（10）具有休眠模式，以降低功耗。

（11）100脚的PQFP封装，缩小了PCB尺寸。

（12）3种配置模式：跳线方式（本例使用）、即插即用P&P方式、串行Flash配置方式。

如图31－2所示，从数据传输的角度看8019片内部可视为由远端DMA接口（Remote DMA）、本地DMA接口（Local DMA）等部分构成。远端DMA接口是指单片机对RTL 8019AS内部RAM进行读写的数据控制通道，远端DMA接口与ISA总线连接。单片机收发数据只需对远端DMA操作。本地DMA接口是8019AS内部与网线的连接通道，完成控制器与网线的数据交换。“远端”和“本地”与远近无关，只是为了区分主机和芯片两个端口侧，“远端”指的是CPU侧，“本地”指的是8019片的硬件收发电路侧。

8019片发送一帧数据的基本流程包括：①单片机先将存储于外部62256RAM中的一帧数据通过远端DMA通道送至以太网络控制器8019的发送缓冲区；②单片机设置好本地DMA中的控制寄存器（写入TPSR设置发送缓冲区首地址，写入TBCR设置数据包长度）；③单片机向8019片写入发送命令；④8019片自动按以太网协议完成发送并将结果写入状态寄存器。

8019片接收一帧数据的基本流程包括：①8019片接收到的数据通过MAC比较，CRC校验后，由FIFO存到接收缓冲区；②以中断或寄存器标志的方式通知主处理器。

对网卡状态的查询及对其动作的控制实际上就是单片机对网卡内部寄存器的读与写的过程，因此了解网卡芯片的内部的寄存器及内存的组织是非常重要的。8019片对其内部RAM采用分页的方式进行管理，每页256个字节，例如单片机程序需要将数据拷贝到8019片的内部RAM时，须告知（写远端DMA的控制寄存器）远端DMA欲将数据存到哪个页面而不是哪个具体地址。

RTL8019AS内部有两块RAM区，为了便于理解这两块内存地址空间的分配，我们假设

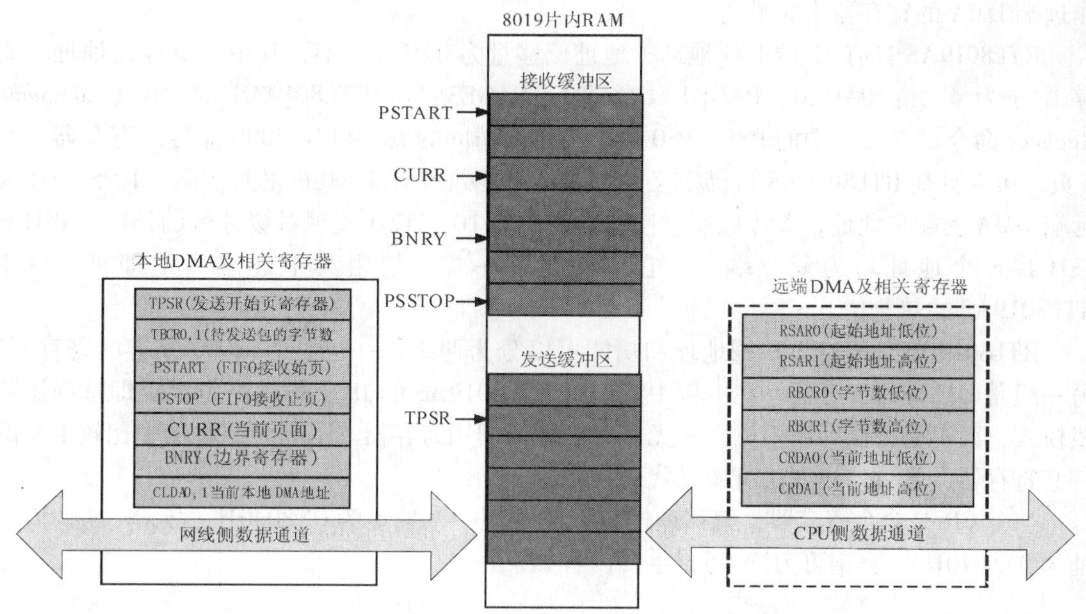

图 31 - 2　8019 片内部数据转移示意图

CPU 和 8019 地址线原序对应连接。其中一块 RAM 只有 32B，地址为 0X0000 ～ 0X001FH，称为 PROM 区，存储有本网络接口芯片的以太网地址。其中 0X00 ～ 0X0B（工作于 8 位 DMA 模式）用于存放本节点 MAC 地址。奇偶地址内容是重复放置的，如 MAC 地址“0X123456789ABE”存放在 0X00H ～ 0X0BH 中为“0X12123434565678789A9ABEBE”，单地址和双地址的内容是重复的。一般使用偶数地址的内容，这主要是为了同时适应 8 位和 16 位的 DMA。PROM 内容是网卡在上电复位的时候从 93C46 里读出来的。我们这里没有使用 93C46，则不需要使用此 PROM，那么假设使用了 93C46 如何获得网卡的地址呢？有两种方法，一是直接读 93C46，二是读 PROM。事实上，网卡收发包时对比或封装的 MAC 地址既不由 93C46 决定，也不由 PROM 决定，而是由 PAR0 ～ PAR5 寄存器决定，PROM 只保存上电时从 9346 中读出的 MAC 地址（如果有 93C46）。本例中并未使用 9346，PROM 这段内存区我们也不关心，我们的 MAC 地址是在驱动程序初始化时由初始化程序写入 PAR0 ～ PAR5 的。

RTL8019 的另一块内存容量为 16kB，地址为 0X4000 ～ 0X7fff，用于收发缓冲区。如前文所述，本地 DMA 及远端 DMA 对收发缓冲区以页为单位进行管理或操作，每页 256Byte，共 64 页，页号记为 0X40 ～ 0X80。一般将前 12 页（即 0X4000 ～ 0X4bff）作为发送缓冲区，分为两个 6 页的子缓冲区（因为一个数据包最大可以达到 6 页长），两个发送缓冲区交替使用，可以有效提高发送效率。后 52 页（0X4C00 ～ 0X7FFF）作为接收缓冲区。为了有效利用接收缓冲区，将接收缓冲区 RAM 构成 FIFO 循环队列结构。

事实上，了解 RAM 内部存储空间只是为了便于我们理解该芯片的工作原理，细心的读者会发现，在电路原理图中我们让 8019 片的 AEN 接地，意味了单片机对 8019 片的所有操作都是 I/O 操作，并不需要直接访问片内 RAM 区域，对片内 RAM 的访问是通过操作远端 DMA 的寄存器来完成的。

RTL8019AS 具有 32 位 I/O 地址，地址偏移量为 00H ~ 1FH，其中为寄存器地址。寄存器分为 4 页：PAGE0、PAGE1、PAGE2、PAGE3，由 RTL8019AS 的 CR（Command Register 命令寄存器）中的 PS1、PS0 位来决定要访问的页。与 NE2000 兼容的寄存器只有 3 页，第 4 页是 RTL8019AS 自己定义的，对于其他兼容 NE2000 的芯片无效。10 ~ 17H 为远端 DMA 的端口地址，单片机通过读写数据端口 10 ~ 17H 实现对缓冲区的访问。18H ~ 1FH 共 8 个地址均为复位端口，它们的功能一样，使用其中任意一个即可，用于 RTL8019AS 的热复位。

RTL8019AS 的寄存器根据地址和功能可以分为两组，一组是 NE2000 兼容的寄存器，另一组是即插即用寄存器。在本例中我们将 RTL8019AS 的 JP 引脚接高电平也即选择了跳线模式，而不是即插即用模式，故无需关心即插即用寄存器。下面介绍本例中比较重要的一些寄存器，具体使用方法可参见代码。

（1）CR 是命令寄存器，偏移地址 00H（本例中基地址为 0X8040H，故 CR 的访问地址为 0X8040H），类型可为读/写，主要内容如下。

MSB							LSB
PS1	PS0	RD2	RD1	RD0	TXP	STA	STP

1）PS1、PS0：选择寄存器页。“00” 选择第 0 页，“01” 选择第 1 页，“10” 选择第 2 页，“11” 选择第 3 页。

2）RD2 ~ RD0：代表要执行的功能。001 远端读内存，010 远端写内存，011 发送数据包，RD2 为 1 时退出或完成 DMA 操作。

3）TXP：此位置 1 发送数据包，发送完成由硬件自动清零。

4）STA、STP：用于启动或停止命令。10 为启动，01 是停止。

（2）ISR 为中断状态寄存器，地址为页 0 的 07H，其类型为可读/写。该寄存器反映了网卡的状态，主处理器通过它来判断中断源。

（3）IMR 为中断掩码寄存器，地址为页 0 的 0FH 时，其类型为只写，地址为页 2 的 0FH 时，其类型为只读。它的各位与 ISR 寄存器各位相对应，通过掩码可以使能或禁止对应的中断。

（4）DCR 为数据配置寄存器，地址为页 0 的 0EH 时，其类型为只写，地址为页 2 的 0FH 时，其类型为只读。

（5）TCR 为发送配置寄存器，地址为页 0 的 0DH 时，其类型为只写，地址为页 2 的 0DH 时，其类型为只读。

（6）RCR 为接收配置寄存器，地址为页 0 的 0CH 时，其类型为只写，地址为页 2 的 0CH 时，其类型为只读。

（7）PAR0 ~ PAR5 为物理地址寄存器，即 MAC 地址寄存器，地址为页 1 的 01H ~ 06H，类型为可读/写。

（8）MAR0 ~ MAR7 为广播地址寄存器，地址为页 1 的 08H ~ 0FH 时，其类型为可读/写。

（9）RSAR0，1（remote start DMA address register）为远端 DMA 起始地址寄存器，地址为页 0 的 0AH、0BH 时，其类型为只写。这两个寄存器用于为远端 DMA 设置数据传输的起始地址，RSAR0 存储低位，RSAR1 存储高位。

（10）RBCR0，1（remote byte count registers）为远端 DMA 字节数寄存器，这两个寄存器用于为远端 DMA 设置数据传输的起始地址，RBCR0 存储低位，RBCR1 存储高位。

（11）CRDA0，1（current remote dMA address register）为远端 DMA 当前地址寄存器，该寄存器由远端 DMA 硬件自动更新。

（12）TPSR（transmit page start register）为发送起始页寄存器，用于设置待发数据的起始页。

（13）TBCR0，1（transmit byte count register ）为发送字节数寄存器，发送字节数高位存于 TBCR1，低位存于 TBCR0。待发数据拷贝到 8019 片内 RAM 后，单片机通过设置 TPSR 与 TBCR 将待发数据所在内存区的起始页及数据长度告知本地 DMA，本地 DMA 收到发送指令后再将此段数据发送到网线。

（14）PSTART（page start register）为起始页寄存器。

（15）PSTOP（page stop register）为结束页寄存器，在 8 比特模式下，该寄存器置数不可超过 0X60H；在 16 比特模式下该寄存器置数不可超过 0X80H。PSTART 与 PSTOP 分别设置了接收缓冲区的起始页和结束页的页号，即是定义了 8019 片内部 RAM 中的接收缓冲区。该缓冲区内数据由硬件写入，由单片机通过远端 DMA 读出，该段缓冲区被作为一个 FIFO（first in first out）的循环队列来进行读写操作。既然是循环使用，有一个重要问题必须解决——未被 CPU/单片机读出的数据不可被新接收的数据覆盖掉，该保护机制需要用到另两个寄存器 CURR 与 BNRY。

（16）CURR（current page register）为当前页面寄存器，地址为页 1 的 07H，其类型为可读/写。该指针指向将要被写入接收数据的第一个页，也就是即将从网线到来的数据将由此页开始写入接收缓冲区，该寄存器由硬件更新。

（17）BNRY（boundary register）为边界寄存器，该指针指向已经被 CPU/单片机读出的最后一个页，也即该指针指向的页的下一个页的数据并未被读出，是不可以被覆盖的。因此，硬件在接收数据时先要比较一下 CURR 与 BNRY 值的关系，若相等，则停止接收数据（如果继续接收，未及时读出的数据可能被覆盖掉）。而在采用查询方式接收数据时，CPU 可通过 BNRY +1 是否等于 CURR 来判定是否有新数据进入接收缓冲区，如果不等于，说明有新的报文到达，需要将其从缓冲区中读出。

（18）CLDA0，1（current local DMA address）为当前本地 DMA 地址寄存器。通过读这两个寄存器来得到当前本地 DMA 地址。

31.3　硬件原理电路设计

31.3.1　主要器件及其引脚说明

本例的主要器件包括：主处理器（51 单片机）、地址锁存器、外部 RAM、以太网控制芯片、隔离低通滤波器。如前文所述，主处理器选用 STC 公司的 51 单片机 STC89C52，选用常用的锁存芯片 74ALS573。外部 RAM 选用 32kByte 的 8 位高速 CMOS 静态 RAM 芯片 HM62256，以太网控制器芯片选用 Realtek 公司的 RTL8019AS。

以太网控制芯片 RTL8019AS 是本例的核心器件，其引脚如图 31－3 所示，各引脚功能如下。

AUI（64 脚）：输入脚，用于 AUI 接口外部 MAU 检测。

CD＋、CD－（54、53 脚）：输入脚，AUI 冲突，接收来自 MAU 的差分冲突信号。

RX＋、RX－（56、55 脚）：输入脚，AUI 接收，接收 MAU 的差分输入信号。

TX＋、TX－（49、48 脚）：输出脚，往 MAU 的差分输出差分信号。

TPIN＋、TPIN－（59、58 脚）：TP 接收差分输入引脚，接收来自双绞线的 1Mbps 的差分曼彻斯特编码信号。

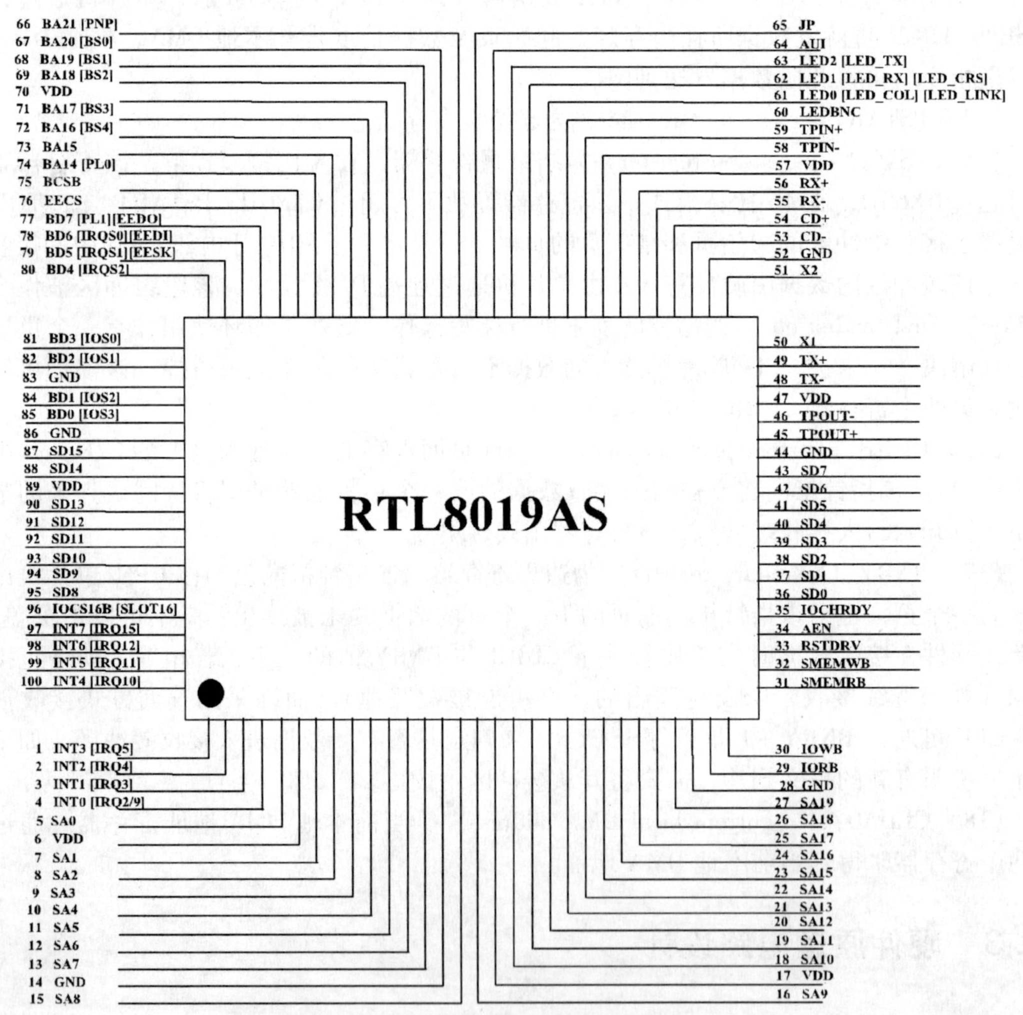

图 31－3 RTL8019AS 引脚

VDD（6、17、47、57、70、89 脚）：+5V 电源脚。

GND（14、28、44、52、83、86 脚）：接地脚。

AEN（34 脚）：I/O 端口操作使能引脚，低电平有效。

SA19～0（27～18、16～15、13～7、5 脚）：主地址总线。对于 RTL8019AS，在有效地介入即插即用（PNP）端口时，SA10 必须为 0。

SD15～0（87～88、90～95/43～46 脚）：主数据总线。

INT7～0（97～100、1～4 脚）：中断请求线，能够分别映射到 IRQ15、IRQ12、IRQ11、IRQ10、IRQ5、IRQ4、IRQ3、IRQ2/9。同一时间内只有一条线反映中断请求，其他线均为三态门输出。芯片也使用这些引脚输入监视 ISA 总线对应中断线的实际状态。结果记录在 INTR 寄存器中，该寄存器可用于软件检测中断。

BCSB（75 脚）：BROM 片选输出脚。在读 BROM 时输出有效的高电平。

EECS（76 脚）：9436 片选输出脚。当读写 9436 时输出有效的高电平。

BA21～BA14（66～69、71～74 脚）：BROM 地址线。其中 66 脚还可以用作 PNP 输入脚，置位时进入 PNP 模式（JP=0）：72～71、69～67 脚可以用作 BROM 大小和基地址选择脚 BS4～0。

BD7～BD0（77～82、84、85 脚）：BROM 数据线。其中，79 脚可用作 9346 的串行数据时钟输出 EESK；78 脚可用作 9346 的串行数据输入 EEDO（对于 8019 是输入脚）；85、84、82、81 引脚可用作 I/O 基地址选择脚 IOS3～0；77 脚还可以和 74 脚一起用作介质类型选择脚 PL1～0；80～78 脚可用作 INT7～0 中断线选择脚 IRQ2～0。

IORB（29 脚）：主处理器 I/O 读输入引脚。

IOWB（30 脚）：主处理器写输入引脚。

RSTDRV（31 脚）：来自 ISA 总线的高电平有效硬件复位信号输入脚。短于 800ns 的脉冲无效。

SMEMRB（31 脚）：主内存读输入脚。

SMEMRB（32 脚）：主内存写输入脚。此引脚用来解码闪存的写命令。

X1（50 脚）：20MHz 晶体或外部晶振输入脚。

X2（51 脚）：晶体反馈输出脚。此输出脚只用于和晶体连接，当 X1 由外部晶振驱动时需悬空。

JP（65 脚）：跳线模式选择脚。为高时，选择跳线模式；为低时，选择非跳线模式（包括 RT 模式和 PNP 模式）。

IOCHRDY（35 脚）：I/O 通道准备好指示输出，此引脚为低可以在当前的主处理器读/写命令中插入等待周期。

IOCS16B［SLOT16］（96 脚）：在上电复位时，此引脚作为 SLOT16 输入，用于检测是否有 16 位或者 8 位插槽在使用。在已经锁存此输入状态后，此引脚就变成 IOCS16B 输出信号，在一个 16 位主处理器的数据传送时输出低电平。

LEDBNC（60 脚）：介质类型指示输出脚。当 RTL8019AS 的介质类型设为 10Base2 模式或者自动检测模式并且连接测试失败时，此引脚输出高电平，否则输出低电平。此引脚和一个发光二极管连接可用于指示所用介质的类型。

LED1、LED2（62、63 脚）：当 RTL8019AS 第 3 页的 CONFIG3 寄存器的 LEDS1 位为 0 时，这两个引脚分别作为 LED_RX 和 LED_TX；当 LEDS0 为 1 时，这两个引脚分别作为 LED_CRS 和 MCSB。

31.3.2 原理电路图及其说明

原理电路的设计围绕 STC89C52 与以太网控制芯片 RTL8019AS 展开。图 31-5 是本系统单片机部分的电路原理图，图 31-5 为以太网控制器 RTL8019AS 部分的原理图。

图 31-4 中，U1 为单片机 STC89C52，工作于 12MHz 频率。U2 为锁存器 74SLS573，实现低 8 位地址和 8 位数据总线的复用。U3 为 32kB 的外部存储器 62256，地址线 A15 为它的片选线，低电平有效。因此，62256 占用单片机的外部数据地址空间 0000H ~ 7FFFH。U10 是电源稳压芯片，LM7805 将高于 5V 的直流电压稳定在 5V 输出。U12 是串口接口芯片 MAX232，该芯片实现 PC 侧 RS-232 标准串口电平与单片机串口 TTL 电平的转换。

图 31-5 中，U4 为以太网控制芯片 RTL8019AS，其工作时钟为 20MHz。AEN 引脚接地，一直处于有效。IOCS16 引脚用电阻下拉到地，复位时刻为低电平，选择 8 位模式（因为单片机是 8 位的数据总线）。IORB、IOWB 引脚分别与单片机/RD、/WR 引脚相连。复位脚 RSTDRV 和单片机的复位脚 RST 相连。8019 片有 3 种工作方式，分别为跳线方式、即插即用方式和免跳线方式，使用哪种方式由 rtl8019as 的第 65 脚 JP 决定。我们选用了跳线方式，即将 JP 脚接到高电平。这时芯片的基地址由以下几个引脚 85、84、82、81 脚（IOS3 ~ IOS0）决定。我们将 IOS3 ~ IOS0 设置成 0110，这样如果将 RTL8019AS 的地址线相应地连接到单片机的地址线 A0-A15 时，RTL8019 的基地址为 240H，该地址在系统扩展 RAM 的地址范围内，这样将会造成地址的冲突。如果我们把 RTL8019 的地址线 A9 与 A15 对调过来，那么 RTL8019 的基地址为 8040H，落在 RAM 的外面，这样就巧妙地处理了地址划分的问题。故本例的地址线的连接为：单片机的 A0-A8 接到网卡芯片的 SA0 ~SA8。单片机的 A9 连到网卡的 SA15，单片机的 A15 连到网卡的 SA9，单片机的 A10 ~ A14 连到网卡的 SA10 ~ SA14。RTL8019AS 复位方式有冷、热方式两种。RSTDRV 为 RTL8019AS 的复位管脚，给该引脚上加一个 1μs 以上的高电平就可以实现冷复位；先读再写复位端口（见实例代码）可实现热复位。因为复位过程将执行一些内部操作，因此，应等待 100ms 后再对 RTL8019AS 操作，以确保复位完全。图 31-5 中的 U5 为隔离低通滤波器 20F001N，完成 RJ45 接口到 RTL8019AS 收发信号间的电平转换及电气隔离。

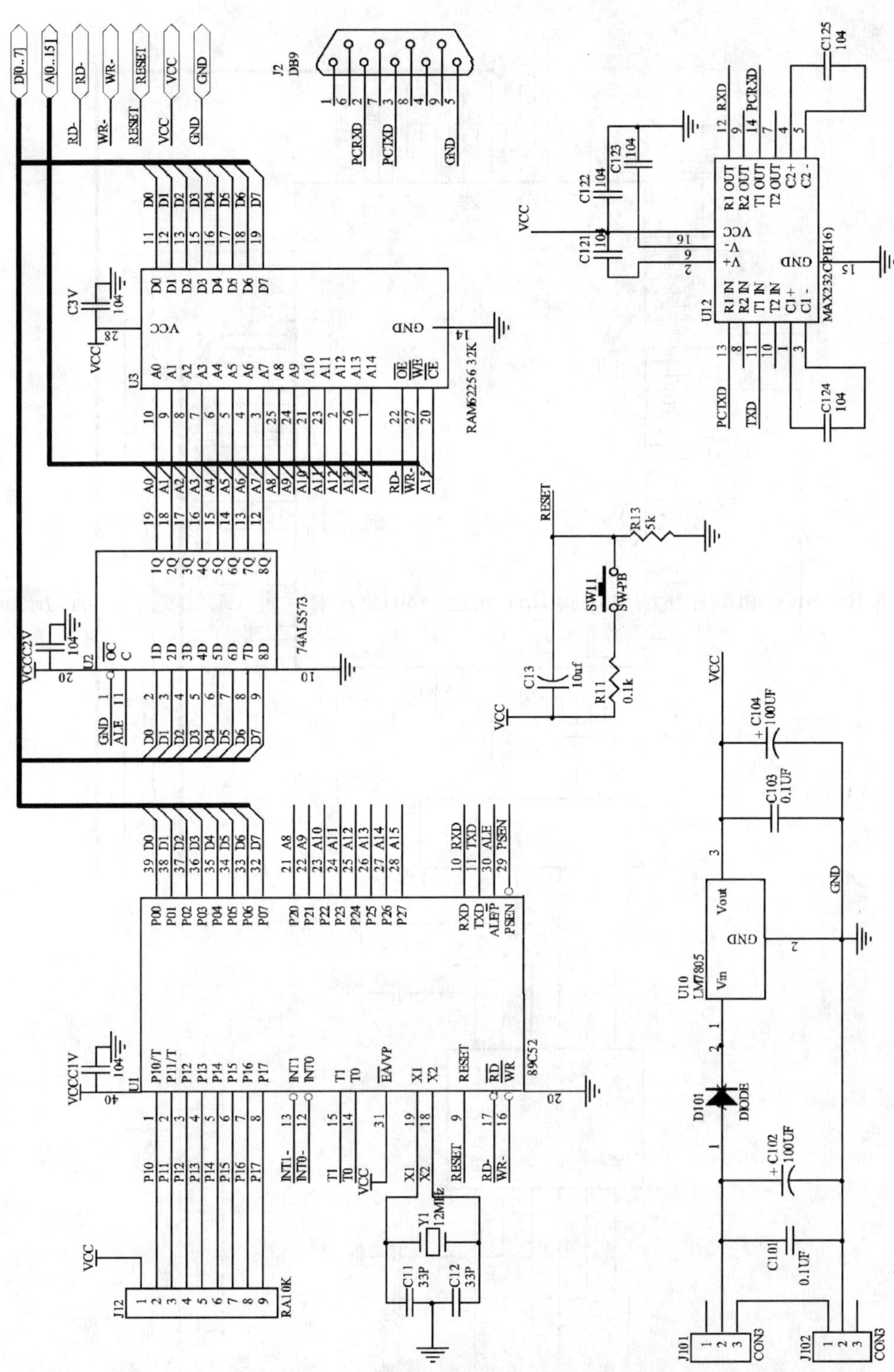

图 31－4　以太网接口电路单片机侧原理

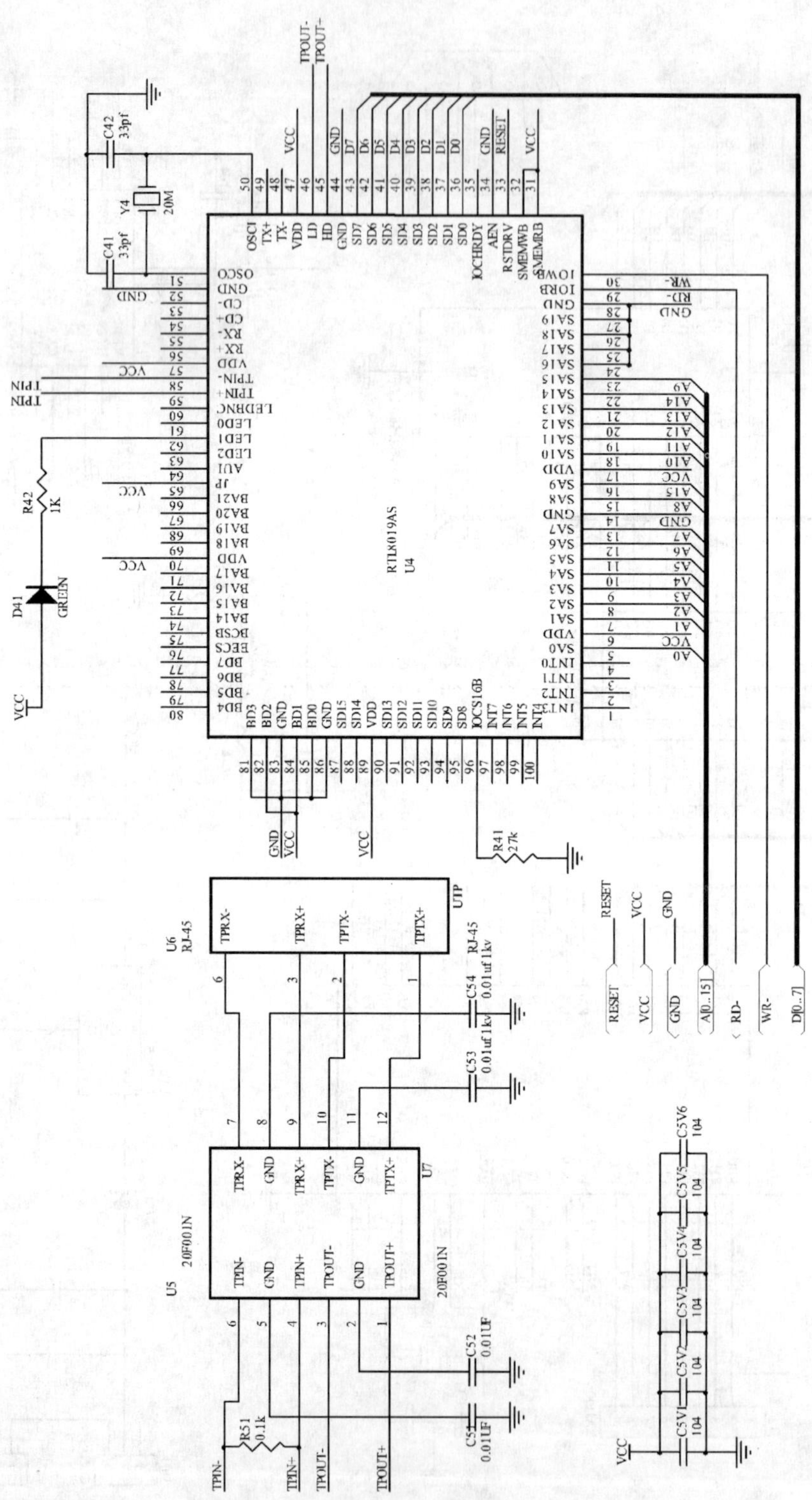

图 31－5　以太网接口电路 8019 侧接口原理

31.4　驱动程序设计及代码

与这部分硬件相对应的软件是网卡驱动。所谓驱动程序是指一组子程序，它们屏蔽了底层硬件处理细节同时向上层软件提供与硬件无关的接口。驱动程序可以写成子程序嵌入到应用程序里（如 DOS 下的 I/O 端口操作和 ISR），也可以放在动态链接库里，用到的时候再动态调入以便节省内存。在 Windows 98 中为了使 V86、WIN16 和 WIN32 三种模式的应用程序共存提出了虚拟机的概念，在 CPU 的配合下系统工作在保护模式下，操作系统接管了 I/O、中断、内存访问，应用程序不能直接访问硬件。这样提高了系统可靠性和兼容性也带来了软件编程复杂的问题任何网卡驱动都要按 VXD 或 WDM 模式编写。对于硬件一侧，要处理虚拟机操作、总线协议（如 ISA、PCI）、即插即用、电源管理；上层软件一侧要实现 NDIS 规范。因此，在 Windows 下实现网卡驱动是一件相当复杂的事情。

这里的驱动程序特指实模式下的一组硬件芯片驱动子程序。从程序员的角度看 8019 驱动的工作流程非常简单，驱动程序将要发送的数据包按指定格式写入芯片并启动发送命令，8019 会自动把数据包转换成物理帧格式在物理信道上传输。反之，8019 收到物理信号后将其还原成数据，按指定格式存放在芯片 RAM 中以便主机程序取用。简言之，就是 8019 完成数据包和电信号之间的相互转换：数据包电信号以太网协议由芯片硬件自动完成，对程序员透明。驱动程序包括三种功能，芯片初始化、收包和发包。受篇幅所限，本例中只给出驱动程序的初始化部分及发包部分的驱动程序，收包的驱动程序留给读者完成。

31.4.1　RTL8019.h 文件

```
/************************************************************************
文件名：RTL8019.h
说明：定义了 RTL8019 寄存器地址等的宏，声明了 RTL8019.c 中的函数
************************************************************************/
#define PACKET_SIZE_MIN 60 //最小和最大包长
#define PACKET_SIZE_MAX 1514
#define RTL8019_WAIT_TIME_AFTER_HARD_RESET 30000  //硬件复位后延时长度
#define      ADDRESS_STEP 0x1  //单片机 A0 与网卡 A0 连接,寄存器地址最小间隔为 1
#define RTL8019_BASE_ADDR 0x8040                //RTL8019 的基地址
#define RECV_START_PAGE      0x4C               //8019RAM 接收缓冲区起始页
#define RECV_STOP_PAGE       0x60               //8019RAM 接收缓冲区最后页
#define SEND_BUFFER0_START_PAGE     0x40        //8019RAM 发送缓冲区 1 的起始页
#define SEND_BUFFER1_START_PAGE     0x46        //8019RAM 发送缓冲区 2 的起始页
#define CR   (RTL8019_BASE_ADDR + ADDRESS_STEP * 0x00)  //命令寄存器
#define CR_PAGE0        0x00                    //页标记
#define CR_PAGE1        0x40
#define CR_REMOTE_DMA_READ       0x08           //通过读远端 DMA 读
```

```
#define CR_REMOTE_DMA_WRITE      0x10              //通过读远端 DMA 写
#define CR_ABORT_COMPLETE_DMA    0x20
#define CR_TXP          0x04                       //发送标记
#define CR_START_CMD  0x02                         //命令执行标记
#define CR_STOP_CMD   0x01
//收发数据相关寄存器地址定义
#define PSTART_WR_PAGE0   (RTL8019_BASE_ADDR + ADDRESS_STEP * 0x01)
#define PSTOP_WR_PAGE0    (RTL8019_BASE_ADDR + ADDRESS_STEP * 0x02)
#define BNRY_WR_PAGE0     (RTL8019_BASE_ADDR + ADDRESS_STEP * 0x03)
#define BNRY_RD_PAGE0     (RTL8019_BASE_ADDR + ADDRESS_STEP * 0x03)
#define CURR_WR_PAGE1     (RTL8019_BASE_ADDR + ADDRESS_STEP * 0x07)
#define CURR_RD_PAGE1     (RTL8019_BASE_ADDR + ADDRESS_STEP * 0x07)
#define TPSR_WR_PAGE0     (RTL8019_BASE_ADDR + ADDRESS_STEP * 0x04)
#define TPSR_RD_PAGE2     (RTL8019_BASE_ADDR + ADDRESS_STEP * 0x04)
#define TBCRL_WR_PAGE0    (RTL8019_BASE_ADDR + ADDRESS_STEP * 0x05)
#define TBCRH_WR_PAGE0    (RTL8019_BASE_ADDR + ADDRESS_STEP * 0x06)
//中断相关寄存器地址定义
#define ISR_WR_PAGE0  (RTL8019_BASE_ADDR + ADDRESS_STEP * 0x07)
#define IMR_WR_PAGE0  (RTL8019_BASE_ADDR + ADDRESS_STEP * 0x0F)
//数据结构寄存器
#define DCR_WR_PAGE0  (RTL8019_BASE_ADDR + ADDRESS_STEP * 0x0E)
//传输配置寄存器
#define TCR_WR_PAGE0  (RTL8019_BASE_ADDR + ADDRESS_STEP * 0x0D)
//接收结构寄存器
#define RCR_WR_PAGE0  (RTL8019_BASE_ADDR + ADDRESS_STEP * 0x0C)
//远端 DMA 相关寄存器
#define REMOTE_DMA_PORT  (RTL8019_BASE_ADDR + ADDRESS_STEP * 0x10)
#define RSARH_WR_PAGE0    (RTL8019_BASE_ADDR + ADDRESS_STEP * 0x09)
#define RSARL_WR_PAGE0    (RTL8019_BASE_ADDR + ADDRESS_STEP * 0x08)
#define RBCRH_WR_PAGE0    (RTL8019_BASE_ADDR + ADDRESS_STEP * 0x0B)
#define RBCRL_WR_PAGE0    (RTL8019_BASE_ADDR + ADDRESS_STEP * 0x0A)
//复位端口
#define RESET_PORT  (RTL8019_BASE_ADDR + ADDRESS_STEP * 0x1F)
//MAC 地址寄存器地址
#define PRA0_WR_PAGE1      (RTL8019_BASE_ADDR + ADDRESS_STEP * 0x01)
#define PRA1_WR_PAGE1      (RTL8019_BASE_ADDR + ADDRESS_STEP * 0x02)
#define PRA2_WR_PAGE1      (RTL8019_BASE_ADDR + ADDRESS_STEP * 0x03)
#define PRA3_WR_PAGE1      (RTL8019_BASE_ADDR + ADDRESS_STEP * 0x04)
```

```
#define PRA4_WR_PAGE1      (RTL8019_BASE_ADDR + ADDRESS_STEP * 0x05)
#define PRA5_WR_PAGE1      (RTL8019_BASE_ADDR + ADDRESS_STEP * 0x06)
//ChipID 寄存器地址
#define RTL8019_ID0_RD_PAGE0 ((RTL8019_BASE_ADDR + ADDRESS_STEP * 0x0A))
#define RTL8019_ID1_RD_PAGE0 ((RTL8019_BASE_ADDR + ADDRESS_STEP * 0x0B))
#define RTL8019_ID0_VALUE  0x50  //芯片 ID
#define RTL8019_ID1_VALUE  0x70
//RTL8019.c 函数声明
void RTLInit(BYTE LocalMACAddr[]);
BOOL RTLSendPacket(BYTE DT_XDATA * buffer,WORD size);
struct SMemHead DT_XDATA * RTLReceivePacket();
BYTE RTLReadWriteCheck();
BYTE RTLCheckID();
void RTLSendPacketTest();
```

31.4.2 RTL8019.c 文件

```
/*************************************************************************
文件名：RTL8019.c
说明：定义了访问 RTL8019 硬件的系列子函数，即 8019 的驱动程序
*************************************************************************/
#include "RTL8019.h"
static BYTE DT_XDATA IsInSending;          //是否有数据正在发送
static BYTE DT_XDATA StartPageOfPacket;    //包所在起始页
static BYTE DT_XDATA Head[4];
static BYTE DT_XDATA LastSendStartPage;    //上次用的 8019RMA 发送缓冲区
#define ReadReg(port) (*((BYTE DT_XDATA *)port))  //读寄存器
#define WriteReg(port,value) (*((BYTE DT_XDATA *)port) = value) //写寄存器
//设置 CR 寄存器中的访问页号
#define RTLPage(Index) WriteReg(CR,(ReadReg(CR) & 0x3B)|(BYTE)(Index << 6))
BYTE DT_XDATA TestPacket[PACKET_SIZE_MIN];  //测试数据
/*************************************************************************
函数名：RTLInit
说明：初始化网卡芯片
输入参数：BYTE LocalMACAddr[ ]，本地 MAC 地址
*************************************************************************/
void RTLInit(BYTE LocalMACAddr[ ])
{
    BYTE temp;
```

```
    int i;  //冷复位后，需要等待一段时间供芯片自身初始化
    for(i=0; i < RTL8019_WAIT_TIME_AFTER_HARD_RESET; i++);
    temp = ReadReg(RESET_PORT);  //软件复位，读写复位端口
    WriteReg(RESET_PORT,temp);
    //初始化8019,设置各寄存器
    WriteReg(CR,(CR_PAGE0 | CR_ABORT_COMPLETE_DMA
            | CR_STOP_CMD));  //停止收发，先初始
    WriteReg(PSTART_WR_PAGE0, RECV_START_PAGE);              /* Pstart */
    WriteReg(PSTOP_WR_PAGE0, RECV_STOP_PAGE);                /* Pstop */
    WriteReg(BNRY_WR_PAGE0, RECV_START_PAGE);                /* BNRY */
    WriteReg(TPSR_WR_PAGE0, SEND_BUFFER0_START_PAGE);        /* TPSR */
    WriteReg(RCR_WR_PAGE0, 0xCE);                            /* RCR */
    WriteReg(TCR_WR_PAGE0,0xE0);                             /* TCR */
    WriteReg(DCR_WR_PAGE0, 0xC8);                            /* DCR */
   WriteReg(ISR_WR_PAGE0, 0xFF);       //清中断标志
    WriteReg(IMR_WR_PAGE0,0x00);       //屏蔽所有中断
    RTLPage(1);
    WriteReg(CURR_WR_PAGE1,RECV_START_PAGE + 1);
    WriteReg(PRA0_WR_PAGE1,LocalMACAddr[0]);  //设置物理地址
    WriteReg(PRA1_WR_PAGE1,LocalMACAddr[1]);
    WriteReg(PRA2_WR_PAGE1,LocalMACAddr[2]);
    WriteReg(PRA3_WR_PAGE1,LocalMACAddr[3]);
    WriteReg(PRA4_WR_PAGE1,LocalMACAddr[4]);
    WriteReg(PRA5_WR_PAGE1,LocalMACAddr[5]);
    LastSendStartPage = SEND_BUFFER0_START_PAGE;     //发送缓冲区起始页
    StartPageOfPacket = RECV_START_PAGE + 1;         //接收数据起始页
    IsInSending = FALSE;                             //当前无数据正在发送
    WriteReg(CR,(CR_PAGE0 | CR_ABORT_COMPLETE_DMA |
                CR_START_COMMAND));                  //初始化完毕,开始收发
}
/*************************************************************************
函数名：RTLWriteRam
说明：将内存芯片62256中的缓冲区数据写入8019内部Ram中
输入参数：WORD address, 8019RAM中目的存储区地址
        WORD size, 缓冲区数据字节数
        BYTE DT_XDATA * buff, 指针指向62256中的缓冲区数据
*************************************************************************/
void RTLWriteRam(WORD address, WORD size, BYTE DT_XDATA * buff)
```

```
{
    BYTE DT_XDATA  * Endp;
    BYTE PrePage = ReadReg(CR);;        /* store page */
    RTLPage(0);
    WriteReg(RSARH_WR_PAGE0,(BYTE)((address >> 8)&0x00ff));
    WriteReg(RSARL_WR_PAGE0,(BYTE)address);
    WriteReg(RBCRH_WR_PAGE0,(BYTE)((size >> 8)&0x00ff));
    WriteReg(RBCRL_WR_PAGE0,(BYTE)size);
    WriteReg(CR,(0x00 | CR_REMOTE_DMA_WRITE | CR_START_COMMAND));
    for(Endp = buff + size; buff < Endp;) //将 62256RAM 中发送数据写入 8019RAM
    {
        WriteReg(REMOTE_DMA_PORT, *(buff++));
    }
    WriteReg(RBCRH_WR_PAGE0,0);
    WriteReg(RBCRL_WR_PAGE0,0);
    WriteReg(CR,((PrePage&0xC0) | CR_ABORT_COMPLETE_DMA |
        CR_START_COMMAND));
}
/*****************************************************************************
函数名：RTLReadRam
说明：将 8019 内部 Ram 中的缓冲区数据读出到内存芯片 62256 中
输入参数：WORD address，8019RAM 中存储区地址
          WORD size，缓冲区数据字节数
          BYTE DT_XDATA * buff，指针指向 62256 中的缓冲区数据
*****************************************************************************/
void RTLReadRam(WORD address,WORD size,BYTE DT_XDATA * buff)
{
    BYTE DT_XDATA * Endp;
    BYTE PrePage;       /* store page */
    PrePage = ReadReg(CR);
    RTLPage(0);
    WriteReg(RSARH_WR_PAGE0,(BYTE)((address >> 8)&0x00ff));
    WriteReg(RSARL_WR_PAGE0,(BYTE)address);
    WriteReg(RBCRH_WR_PAGE0,(BYTE)((size >> 8)&0x00ff));
    WriteReg(RBCRL_WR_PAGE0,(BYTE)size);
    WriteReg(CR,(0x00 | CR_REMOTE_DMA_READ | CR_START_COMMAND));
    for(Endp = buff + size; buff < Endp;)     //逐字节读取
    {
```

```
        *(buff++) = ReadReg(REMOTE_DMA_PORT);
    }
    WriteReg(RBCRH_WR_PAGE0,0);
    WriteReg(RBCRL_WR_PAGE0,0);
    WriteReg(CR,((PrePage&0xC0) | CR_ABORT_COMPLETE_DMA |
          CR_START_COMMAND));
}
/*********************************************************************
函数名：RTLSendPacket
说明：调用此函数发送缓冲区中的 IP 包，此包长度不可超过 PACKET_SIZE_MAX
输入参数：BYTE DT_XDATA * buffer，包所在缓冲区；WORD size，大小
*********************************************************************/
BOOL RTLSendPacket(BYTE DT_XDATA * buffer,WORD size)
{
    BYTE StartPage, PrePage;
    if(IsInSending == TRUE)            //若有包正在发送,返回
        return FALSE;
    else
        IsInSending = TRUE;
    PrePage = ReadReg(CR);
    if(size < PACKET_SIZE_MIN)size = PACKET_SIZE_MIN;          //检查包大小
    else
    {
         if(size > PACKET_SIZE_MAX)size = PACKET_SIZE_MAX;  //过长截断
    }
    if(LastSendStartPage == SEND_BUFFER0_START_PAGE)
    {
        StartPage = SEND_BUFFER1_START_PAGE;
        LastSendStartPage = SEND_BUFFER1_START_PAGE;
    }
    else
    {
        StartPage = SEND_BUFFER0_START_PAGE;
        LastSendStartPage = SEND_BUFFER0_START_PAGE;
    }
    RTLWriteRam((WORD)(((WORD)StartPage) << 8),size,buffer); //写入 8019RAM
    while((ReadReg(CR) & CR_TXP) == CR_TXP); //等待上次发送完成
    RTLPage(0);
```

```
    WriteReg(TPSR_WR_PAGE0,StartPage);          /*设置 TPSR*/
    WriteReg(TBCRL_WR_PAGE0,(BYTE)size);
    WriteReg(TBCRH_WR_PAGE0,(BYTE)((size>>8)&0x00ff));
    WriteReg(CR,((PrePage&0xC0) | CR_ABORT_COMPLETE_DMA | CR_TXP |
          CR_START_COMMAND));
    IsInSending = FALSE;
    return TRUE;
}
/**********************************************************************
函数名: RTLCheckID
说明: 检查 8019 芯片 ID
**********************************************************************/
BYTE RTLCheckID()
{
    BYTE id0, id1;
    RTLPage(0);
    id0 = ReadReg(RTL8019_ID0_RD_PAGE0);
    id1 = ReadReg(RTL8019_ID1_RD_PAGE0);
    if(id0 == RTL8019_ID0_VALUE && id1 == RTL8019_ID1_VALUE)
        return TRUE;
    else
        return FALSE;
}
/**********************************************************************
函数名: RTLReadWriteCheck
说明: 读写检验, 检查 8019 控制寄存器是否能够正常读写
**********************************************************************/
BYTE RTLReadWriteCheck()
{
    BYTE restore, TestData, flag;
    WORD i;
    RTLPage(0);
    restore = ReadReg(BNRY_RD_PAGE0);
    for(TestData = 0x00, i = 0, flag = TRUE; i < 256; i++, TestData++)
    {
        WriteReg(BNRY_WR_PAGE0,TestData);
        if(ReadReg(BNRY_RD_PAGE0) != TestData)
        {
```

```
            flag = FALSE;
        }
    }
    WriteReg(BNRY_WR_PAGE0,restore);
    return flag;
}
/ ******************************************************************
函数名：RTLSendPacketTest
说明：发送测试 ARP 报文，用于检验驱动是否可以正常工作，源 IP 为 192.168.1.29,目标 IP 为 192.168.1.30；将一台 PC 连入测试网卡芯片所在局域网，PC 的 IP 设置为 192.168.1.30。在 PC 端运行 DOS 控制台，网卡发送测试报文后，在 DOS 界面敲入命令"arp-a"将显示 192.168.1.29 的条目，且其物理地址为"1e 2b 3c 4d 5e 6f"
****************************************************************** /
void RTLSendPacketTest()
{
    //测试报文目标 MAC 地址填入广播地址
    TestPacket[0] =0xff;
    TestPacket[1] =0xff;
    TestPacket[2] =0xff;
    TestPacket[3] =0xff;
    TestPacket[4] =0xff;
    TestPacket[5] =0xff;
    TestPacket[6] =0x1a; //本地 MAC 地址
    TestPacket[7] =0x2b;
    TestPacket[8] =0x3c;
    TestPacket[9] =0x4d;
    TestPacket[10] =0x5e;
    TestPacket[11] =0x6f;
    TestPacket[12] =0x08;//表明协议类型是 ARP
    TestPacket[13] =0x06;//表明协议类型是 ARP
    TestPacket[14] =0x00;
    TestPacket[15] =0x01;
    TestPacket[16] =0x08;//协议类型是 IP 协议
    TestPacket[17] =0x00;//协议类型是 IP 协议
    TestPacket[18] =0x06; //MAC 地址长 6 字节
    TestPacket[19] =0x04; //IP 地址长 4 字节
    TestPacket[20] =0x00; //本包为请求包
    TestPacket[21] =0x01;
```

```
    TestPacket[22] =0xc0; //ARP 测试报文，目标 IP 地址
    TestPacket[23] =0xa8;
    TestPacket[24] =0x01;
    TestPacket[25] =0x1d;
    TestPacket[26] =0xc0; //ARP 测试报文，本地 IP
    TestPacket[27] =0xa8;
    TestPacket[28] =0x01;
    TestPacket[29] =0x1e;
    TestPacket[30] =0xFF; //ARP 测试报文，内容填充
    TestPacket[31] =0xFF;
    TestPacket[32] =0xFF;
    TestPacket[33] =0xFF;
    TestPacket[34] =0xFF;
    TestPacket[35] =0xFF;
    TestPacket[36] =0x1a;
    TestPacket[37] =0x2b;
    TestPacket[38] =0x3c;
    TestPacket[39] =0x4d;
    TestPacket[40] =0x5e;
    TestPacket[41] =0x6f;
    RTLSendPacket(TestPacket, PACKET_SIZE_MIN);
}
```

31.4.3　main.c 文件

```
/ ************************************************************************
文件名：main.c
说明：主函数文件
************************************************************************/
#include "RTL8019.h"
void SerialInit();
/ ************************************************************************
函数名：main
说明：主函数，初始化网卡芯片后，循环发送 ARP 测试包到 PC
************************************************************************/
main()
{
    BYTE     DT_XDATA EtherAddr[6] = {0x1a,0x2b,0x3c,0x4d,0x5e,0x6f}; //MAC 地址
    SerialInit(); //串口初始化,便于调试
```

```
    printf("hello,Serial Port is ok!");  //串口
    RTLInit(EtherAddr);      //初始化网卡
    if(RTLCheckID()) //检查网卡芯片 ID
        printf("CheckID() OK!");
    else
        printf("CehckID() Fail!");
    if(RTLReadWriteCheck()) //检查是否可以正常读写网卡寄存器
        printf("register ReadWriteCheck() OK!");
    else
        printf("register ReadWriteCheck() Fail!");
    while(1)
    {
        RTLSendPacketTest();      //发送测试报文
    }
}
/***********************************************************************
函数名: SerialInit
说明：串行接口初始化，51 内部运行部分信息会从串口输出，可连到 PC 查看
***********************************************************************/
void SerialInit()
{
    /* 设 TI 为 1,TR1 为 1 */
    SCON = 0x52; /* SM0 SM1 = 1 SM2 REN TB8 RB8 TI RI */
    TMOD = 0x20; /* GATE = 0 C/T -= 0 M1 M0 = 2 GATE C/T - M1 M0 */
    TH1 = 0xE6; /* TH1 = E6 2400 when at 12MHz,TH1 = F3,4800,12MHz */
    PCON = 0x80;
    TCON = 0x40; /* 01101001 TF1 TR1 TF0 TR0 IE1 IT1 IE0 IT */
}
```

31.5 参考文献

[1] 戴佳，戴卫恒. 51 单片机 C 语言应用程序设计实例精讲 [M]. 北京：电子工业出版社，2006.

[2] 黄光标，宋跃等. 一种高性价比的网络远端监控系统设计方法 [J]. 职业时空，2008 (5).

[3] 张根源. 嵌入式系统与 Internet 技术 [J]. 微计算机信息，2000 (3).

[4] 蔡利民. 基于 ARM 的信息家电远端控制系统的设计 [J]. 微计算机信息，2006 (32).

[5] Realtek Semiconductor Corp., LTD. RTL8019 Realtek Full-Duplex Ethernet Controller with Plug and Play Function (RealPNP) [D]. 1995 (4).

第 32 章　多功能电池维护系统

32.1　设计概述

本设计旨在实现一个可应用于车载供电系统、太阳能直流供电等系统中的电池维护系统。所谓电池维护系统是保证蓄电池、直流电源（如太阳能帆板）和负载（如电动机）三者安全工作的控制电路。该控制系统采用高性能 AVR 单片机 Atmage8 实现，为更好地理解本设计，读者最好具有一定的单片机基础知识，并有一定的模拟电路及数字电路设计经验。完成本设计可使读者掌握应用高性能单片机开发电子系统的能力，进一步提高原理电路设计、仿真和 PCB 制作水平，为以后进行高级嵌入式系统的开发打下基础。

32.2　产品简介

电池系统是电力电源系统中直流供电系统的重要组成部分，为动力系统提供可靠的后备。大型的电池系统主要应用于基站电源、UPS 电源系统等，而小型的电池系统主要应用于汽车电力系统、小型的太阳能供电系统。目前，世界对于电池维护系统的研究多是针对性强，产品适用面窄，而且基本是单端控制，缺乏系统整合管理。本作品使用高性能单片机 Atmage8 实现了电池充放电的智能控制并具备以下特点。

（1）具有过充、过放、电子短路、过载保护等智能保护功能，以上保护均不损坏任何部件，不烧保险。

（2）采用了串联式 PWM 充电主电路，使充电回路的电压损失较使用二极管的充电电路降低近一半，充电效率较非 PWM 高 3%～6%，增加了用电时间；过放恢复的提升充电，正常的直充、浮充自动控制方式使系统使用寿命更长。

（3）直观的 LED 发光管指示当前电池剩余电能状态。

（4）提供 RS232 及无线接口，可通过有线或者无线方式方便地与主机进行实时通信。PC 可通过串口控制本系统的运行，如设定充电速度、获取电池电压、电流等。

电池维护系统与电池、发电装置、负载之间的关系如图 32－1 所示，发电装置、蓄电池、负载正极连在一起。电池维护系统控制着发电装置负极和蓄电池负极的连接，以控制充电时间及充电电流；电池维护系统控制着蓄电池负极与负载负极的连接，以控制蓄电池放电时间及放电电流。本系统控制的发电装置可以是太阳帆板或其他电源，蓄电池以采用 12V 阀控密封铅酸蓄电池为佳。

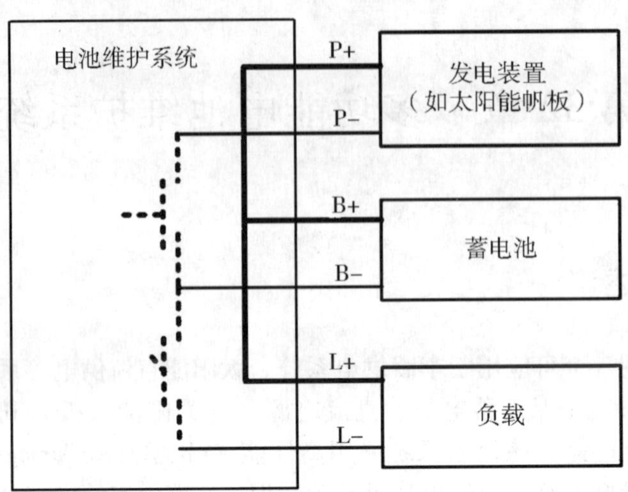

图 32－1　电池维护系统功能示意图

32.3 设计方案

本设计主要分为两部分：硬件电路及软件程序。硬件系统如图 32－2 所示，该系统以 AVR Atmega 8 为控制核心，辅以电流抽样电路、电压抽样电路、PWM 驱动电路、负载控制电路、状态显示电路、键盘电路与 RS232 接口电路构成。该系统采用 PWM 方式驱动充电电路，控制蓄电池的最优充放电；电压检测电路用于获取蓄电池端电压；负载电流检测电路用于过流保护及负载功率检测；状态显示电路用于蓄电池当前电能状态的显示；RS232 接口电路用于与上位机的互联；键盘输入电路为用户提供打开或关闭负载的接口。本系统软件部分采用 C 语言编程，ICC AVR 为软件编译器，详细的软件介绍请参见软件设计部分及附录给出的源代码。

对蓄电池剩余容量的检测通常有电液比重法、开路电压法、放电法和内阻法等。本系统采用开路电压法。通过测量电池两端电压的变化来反映蓄电池剩余容量。这样就可以很方便地在线测量蓄电池剩余容量。

阀控密封铅酸蓄电池具有蓄能大、安全和密封性能好、寿命长、免维护等优点。阀控密封铅酸蓄电池充电过程有三个阶段：初期，电压快速上升；中期，电压缓慢上升，延续时间较长；末期，电压开始上升，达到一定电压时，蓄电池中的水被电解，应立即停止充电，防止损毁电池。所以，对蓄电池充电，通常采用的方法是在初期、中期快速充电，恢复蓄电池的容量；在充电末期采用小电流长期补充电池因自放电而损失的电量。

蓄电池放电过程主要有三个阶段：开始阶段，电压下降较快；中期电压缓慢下降且延续较长的时间；末期，放电电压急剧下降，应立即停止放电，否则将会给蓄电池造成不可逆转的损坏。因此，如果对阀控密封铅酸蓄电池充放电控制方法不合理，不仅充电效率降低，蓄电池的寿命也会大幅缩短，造成系统运行成本增加。在蓄电池的充放电过程中，除了设置合适的充放电阈值外，还需要进行必要的过放电保护。

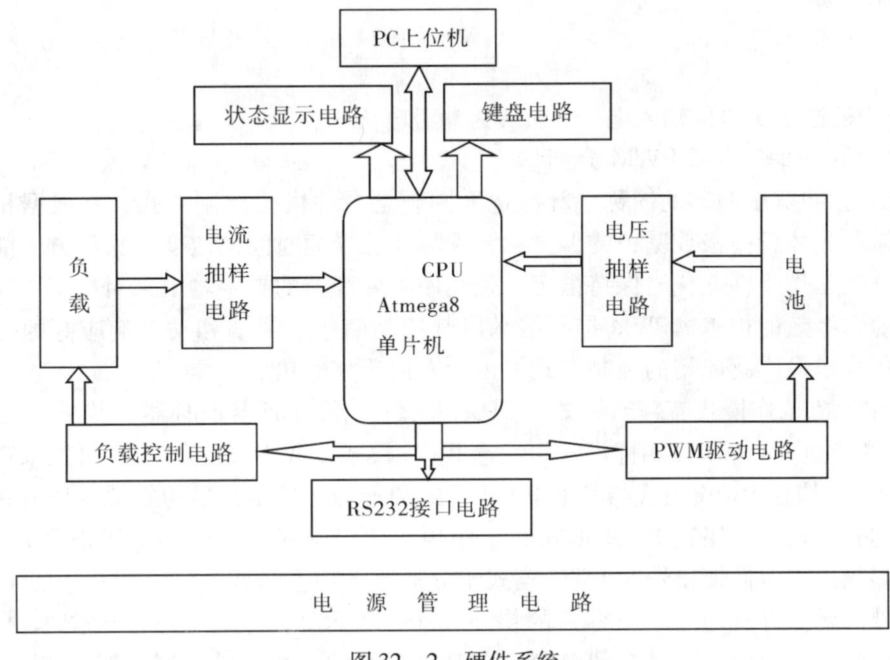

图 32-2　硬件系统

32.4　硬件电路设计

32.4.1　Atmega8 单片机及其资源介绍

本设计采用 AVR 单片机，Atmega8 微处理器是 Atmel 公司的 8 位嵌入式 RISC 处理器，具有高性能、高保密性、低功耗等优点。采用程序存储器和数据存储器可独立访问的哈佛结构，代码执行效率高。处理器包含有 8kB 片内可编程 FLASH 程序存储器，512B 的 E2PROM 和 1kB RAM，同时片内集成了“看门狗”，8 路 10 位 ADC，3 路可编程 PWM 输出。该处理器具有在线系统编程功能，片内资源丰富，集成度高，使用方便。

32.4.1.1　Atmega8 内部 AD 转换器

ATmega8 有一个 10 位的逐次逼近型 ADC。ADC 与一个 8 通道的模拟多路复用器连接，能对来自端口 C 的 8 路单端输入电压进行采样。单端电压输入以 0V（GND）为基准。ADC 包括一个采样保持电路，以确保在转换过程中输入到 ADC 的电压保持恒定。ADC 由 AVCC 引脚单独提供电源。AVCC 与 VCC 之间的偏差不能超过 ±0.3V。标称值为 2.56V 的基准电压，以及 AVCC，都位于器件之内。基准电压可以通过在 AREF 引脚上加一个电容进行解耦，以更好地抑制噪声。ADC 通过逐次逼近的方法将输入的模拟电压转换成一个 10 位的数字量。最小值代表 GND，最大值代表 AREF 引脚上的电压再减去 1LSB。通过写 ADMUX 寄存器的 REFSn 位可以把 AVCC 或内部 2.56V 的参考电压连接到 AREF 引脚。在 AREF 上外加电容可以对片内参考电压进行解耦以提高噪声抑制性能。

转换结束后（ADIF 为高），转换结果被存入 ADC 结果寄存器（ADCL，ADCH）。单次转换的结果为：

$$ADC = \frac{V_{IN} \cdot 1024}{V_{REF}}$$

式中，V_{IN}为被选中引脚的输入电压，V_{REF}为参考电压。

32.4.1.2　Atmega8 内部 PWM 介绍

PWM 是脉冲宽度调制的简称。脉冲宽度调制是一种模拟控制方式，其根据相应载荷的变化来调制晶体管栅极或基极的偏置，实现晶体管导通时间的改变，这种方式能使电源的输出电压在工作条件变化时保持恒定，是利用微处理器的数字输出来对模拟电路进行控制的一种非常有效的技术。PWM 控制技术以其控制简单、灵活和动态响应好的优点而成为电力电子技术最广泛应用的控制方式，也是人们研究的热点。

AVR 单片机工作模式有普通模式、CTC（比较匹配时清零定时器）模式、相位修正 PWM 模式和快速 PWM 模式四种模式。快速 PWM 模式（WGM21：0＝3）可用来产生高频的 PWM 波形，快速 PWM 模式与其他 PWM 模式的不同之处是其单边斜坡工作方式。由于使用了单边斜坡模式，快速 PWM 模式的工作频率比使用双斜坡的相位修正 PWM 模式高一倍。此高频操作特性使得快速 PWM 模式十分适合于功率调节、整流和 DAC 应用。高频可以减小外部元器件（电感，电容）的物理尺寸，从而降低系统成本。工作于快速 PWM 模式时，计数器的数值一直增加到 MAX，然后在后面的一个时钟周期清零。如图32－3 所示，锯齿状的 TCNTn 表示这是单边斜坡操作。方框图同时包含了普通的 PWM 输出以及反向 PWM 输出。TCNTn 斜坡上的短水平线表示 OCRn 和 TCNTn 的比较匹配。计时器数值达到 MAX 时 T/C 溢出标志 TOVn 置位。如果中断使能，再中断服务程序可以更新比较值。工作于快速 PWM 模式时，比较单元可以在 OCn 引脚上输出 PWM 波形。设置 COM21：0 为 2 可以产生普通的 PWM 信号，为 3 则可以产生反向 PWM 波形。要想在引脚上得到输出信号还必须将 OCn 的数据方向设置为输出。产生 PWM 波形的机理是 OCn 寄存器在

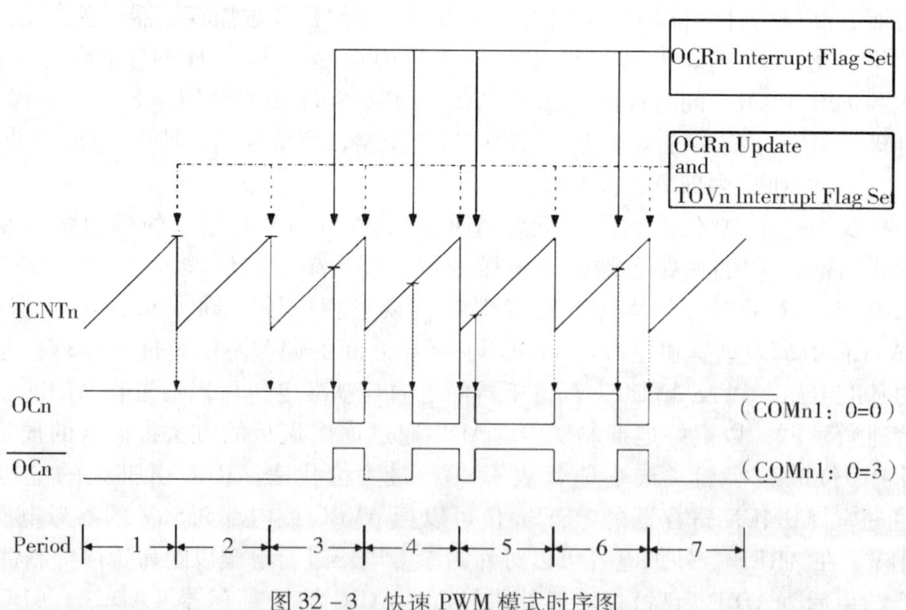

图 32－3　快速 PWM 模式时序图

OCRn 与 TCNTn 匹配时置位（或清零），以及在计数器清零（从 MAX 变为 BOTTOM）的那一个定时器时钟周期清零（或置位）。输出的 PWM 频率可以通过如下公式计算得到：

$$f_{\mathrm{OCnPWM}} = \frac{f_{\mathrm{clk\_I/O}}}{N \cdot 256}$$

变量 N 代表分频因子（1，8，32，64，128，256 或 1024）。

32.4.2　MOSFET 驱动电路设计

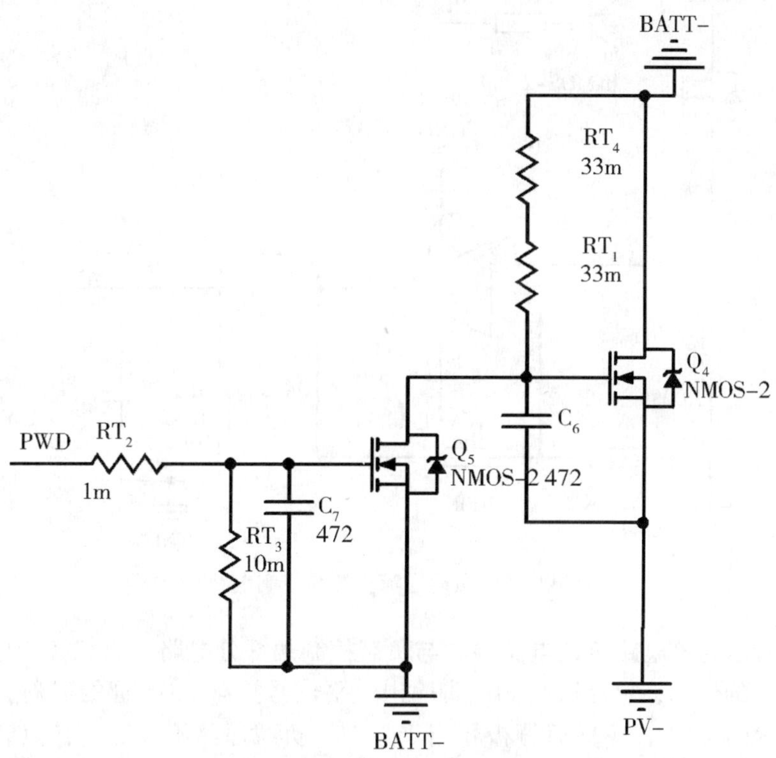

图 32－4　MOSFET 驱动电路

如图 32－4 所示，采用 N 沟道增强型 MOS 管来构建电源开关控制电路，PWM 电路控制 BATT－(电池负极) 流向 PV－(发电装置负极) 的电流通路的通断，当 PWM 为高电平时，MOS Q_5 栅极电压高于源极电压（BATT－，等于单片机工作地 GND 的电压）而导通，Q_5 导通后，Q_4 因源极电压被拉低而截止，Q_4 漏极和源极之间的充电电流通路被关闭。当 PWM 为低电平时，Q_5 因栅极电压与源极电压相同而不导通，此时 Q_4 栅极电平与 BATT－相同，充电电流通路导通。之所以采用二级 MOS 管设计，是因为 MOS 管在作开关时的能量损耗受栅极 PWM 控制信号的频率和驱动电流的双重影响，当 PWM 的频率一定时，若栅极控制电流（之所以有控制电流是由于栅极和源极间存在寄生电容）越大，则开关状态转换越快，开关状态转换速度越快 MOS 管耗越小。由于单片机的 PWM 输出脚驱动能力有限，本例中通过第一级 MOS 管使得第二级的栅极驱动电流增大，以减小干路开关管的功耗。

32.4.3　负载电流检测与控制电路

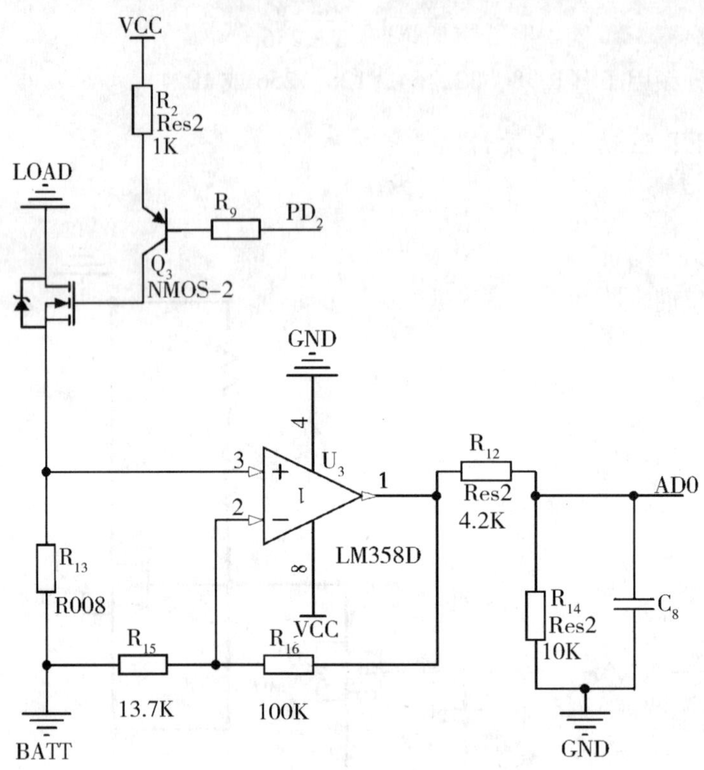

图 32－5　负载电流检测与控制电路

图 32－5 所示为该电路负载电流检测与负载控制两部分电路。负载控制电路中，MOS 管起到电子开关的作用，单片机在 PD_2 脚输出电平信号控制 MOS 管的通断。当 PD_2 为高电平时，Q_3 发射结截止，MOS 管栅极相当于悬空，负载通路不导通。在负载电流检测电路中，负载电流在 R_{13}产生压降，R_{13}两端的电压经过 LM358 进行放大后经过 RC 滤波器进行简单的滤波直接输送到单片机内部 AD 进行 AD 转换。

32.4.4　状态显示和报警电路

如图 32－6 所示，该系统用了 5 个 LED 来显示电池蓄电量的状态信息，蓄电池电量仿照手机电量显示方式，把电量分为 5 格电。每一格分别由一个 LED 来显示，当出现过压或过放时，5 个发光二极管同时闪烁，实现报警功能。

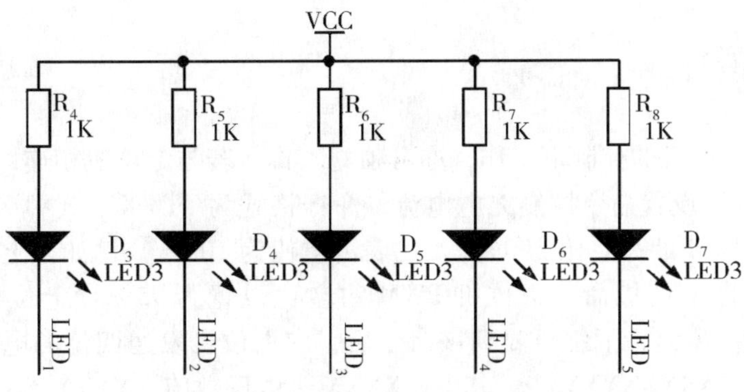

图32-6 状态显示和报警电路

32.4.5 电池电压检测与无线串口接口电路

如图32-7所示，系统电压采集电路由两个高精度电阻组成。电池电压经过两个电阻分压后直接送往单片机AD端口进行AD转换，再由软件判断出当前电池的电压值。

本系统中无线串口采用XL02-232AP1型。XL02-232AP1是UART接口半双工无线传输模块，其输入输出与TTL电平兼容。该模块专为用于各种串口之间的无线通讯，如电脑、单片机、各种机器设备串口等，可以直接在原来的有线连接上升级为无线连接，无需额外编程，完全兼容有线通讯串口协议，使用简单方便灵活。该模块的有效传输距离为300米，工作频率在433～435MHz，（默认为433.92MHz）符合欧洲ETSI（EN300-220-1和EN301-439-3），满足无线管制要求，无需申请频率使用许可证。可设置ID以区分通信端点，ID范围在0～65535间，默认ID：12345。串行通信速率为1.2k～115.2kbps，（默认为9.6kbps）。射频信号采用FSK调制，最大发射功率为13dBmw。能够满足各种低功耗无线设备的设计要求。鉴于这些特点，该模块可应用于智能家庭、无线传感、遥测、车辆监控、无线抄表、门禁系统等系统。本系统中Atmage8单片机与该无线模块的接口电路设计如图32-7所示。

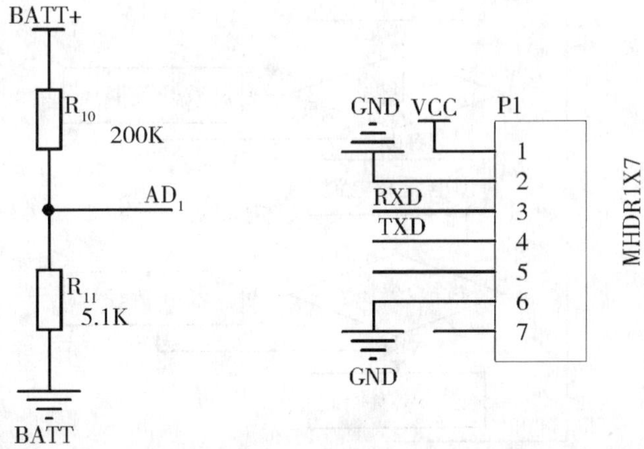

图32-7 电池电压检测及无线串口模块连接

32.5　软件设计

本系统可在上位机的控制下工作，亦可独立工作。若与上位机相连，上位机可通过串口向系统发送 PWM 设置命令控制充电电流，命令格式为“＊X”其中 X 为字符 a～t 中的一个，a 代表 PWM 的占空比为 0%，t 代表占空比为 100%。例如，上位机向下位机发送命令“＊p”，即上位机命令下位机 PWM 占空比设置为 75%。上位机亦可发送命令“F”来查询当前电压值，下位机收到该命令后，向上位机发送四位的电池电压及输出电流，格式分别为“AXXXXYYYY”。其中，XXXX 为电压数值，YYYY 为电流大小。

本系统亦可不受上位机控制而独立工作。充电时，控制系统根据检测到的电压值控制 PWM 的占空比，电池电压越低，充电电流越大；反之，充电电流越小。系统对负载的控制是手动与自动相结合的，用户可以通过点动按键开关来改变负载的通断，每点动一下，负载开关状态取反。例如，当前负载通路闭合，点动一下开关，系统断开通路，再点动一下，负载通路又被闭合。为了保护电池，在蓄电池的电压过低或输出电流过大时，系统都会断开负载回路。

主程序流程如图 32－8 所示，系统上电后即对串口初始化，然后进入一个无条件主循环。在主循环中先扫描是否有按键按下，若有，控制负载通路的开关引脚 PD2 电平取反。接下来，调用 AD 转换函数读取当前电池电压及输出电流，若电压低于电池最小保护电压或电流大于最大允许电流，即断开负载。负载控制完毕后，调用充电控制函数控制充电速度，执行完毕后回到主循环开始处继续重复前面的过程。更多关于软件实现的过程可参考附录中给出的代码。

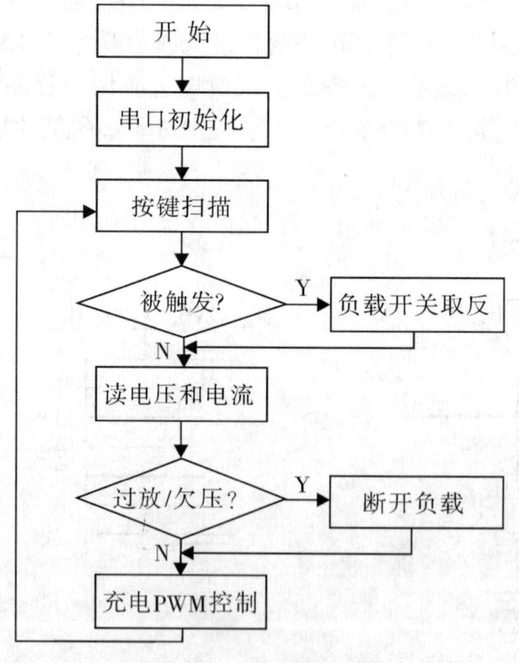

图 32－8　主程序流程

32.6　调试及制作

32.6.1　原理图仿真

对设计方案进行仿真，有利于设计方案的理解及优化，在 Proteus 平台上可对本设计方案进行仿真。在 Proteus 平台上，电路仿真是互动的，针对微处理器的应用可以直接在基于原理图的虚拟原型上编程，并实现软件代码级的调试，还可以直接实时动态地模拟按钮，键盘的输入、LED，液晶显示的输出，同时配合虚拟工具如示波器、逻辑分析仪等进行相应的测量和观测。参考附录中的原理总图绘制好电路图，并对附录中的软件程序编译、链接成 . hex 文件后，将可执行的 hex 文件载入单片机就可以进行仿真了。

32.6.2　PCB 制作及焊接

电路板可以用单面板也可用双面板，本例为减小控制板尺寸采用双面板，PCB 如图 32 - 9 所示。手工制作双面板采用感光板成功率较高。感光电路板又叫光印线路板，是通过光线直接照射均匀涂在电路板的感光药膜，有光照的地方的药膜会被显影剂溶解，没有溶解的感光膜保留在电路板的铜皮上，不让三氯化铁溶液腐蚀，最后保留成为线路。制作好 PCB 板后就可以打孔焊接元件了。

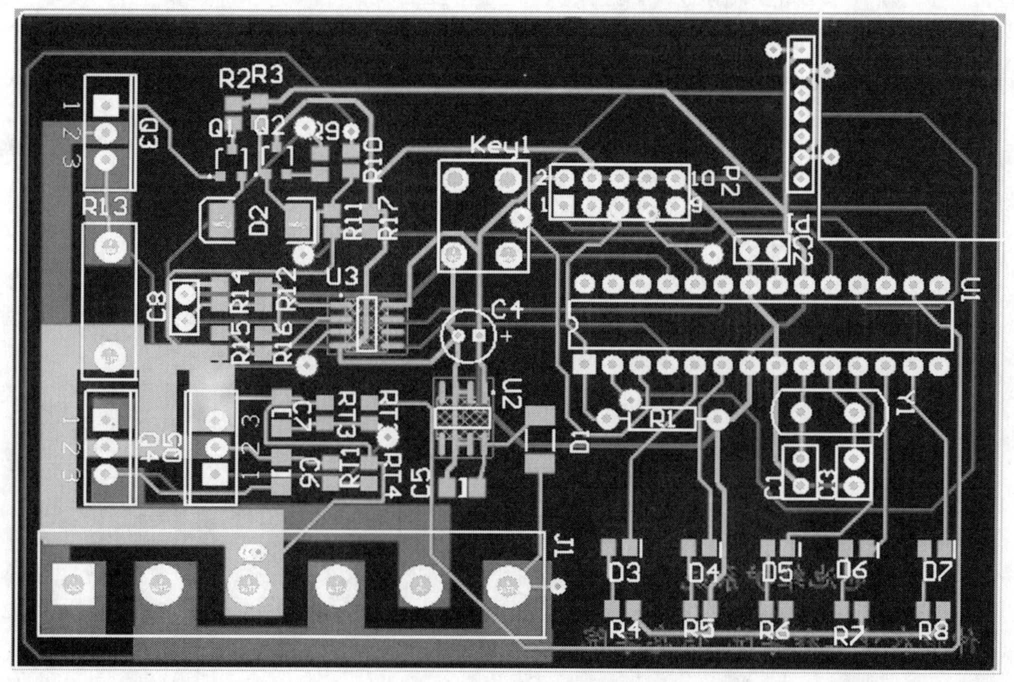

图 32 - 9　双面 PCB

32.7 附录

32.7.1 原理总图

如图 32－10 所示。

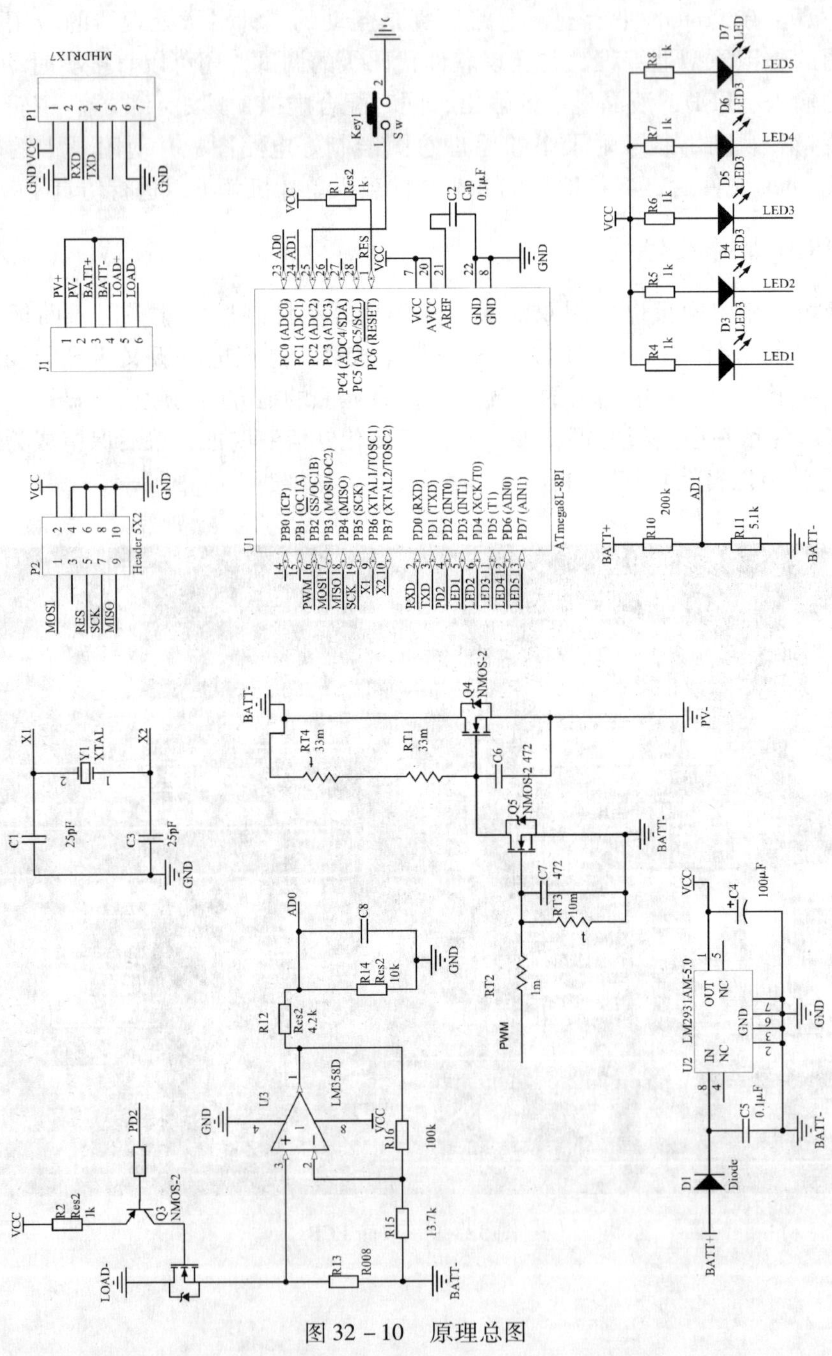

图 32－10 原理总图

32.7.2　元件列表

元件清单如表 32－1 所示。

表 32－1　元件清单

元　件	规　格	数　量	引　脚
Y_1	16M	1	插件
U_3	LM358D	1	贴片
U_2	LM2931AM-5.0	1	贴片
U_1	ATmega8L-8PI	1	插件
RT_3	10m	1	0805
RT_2	1m	1	0805
RT_1，RT_4	33m	2	0805
R_{13}	R008	1	0805
R_4，R_5，R_6，R_7，R_8，R_9，R_{10}，R_{11}，R_{15}，R_{16}	1K	10	0805
R_2，R_3，R_{12}，R_{14}	1K	4	0805
R_1	1K	1	插件
Q_3，Q_4，Q_5	IRL3103	3	插件
Q_1	w04	1	贴片
P_2	Header 5X2	1	插件
P_1	MHDR1X7	1	插件
Key1	小按键	1	插件
J_1	1×3 接线头	2	插件
D_3，D_4，D_5，D_6，D_7	LED	5	0805
D_1	Diode	1	5025
C_8	104	1	插件
C_5，C_6，C_7	472	3	0805
C_4	100μ	1	0805
C_2	0.1μ	1	插件
C_1，C_3	25P	2	插件

32.7.3　参考代码

```
/**********************************************************************
文件名：main.c
说明：多功能电池维护系统的程序文件，包括所有的功能函数：电池电压检测，电流检
```

```
测，PWM 充电控制，电池电量显示，无线信息上传与 PC 控制等。
其他：编译工具：iccv7avr；Target：Atmega8；Crystal：16MHz
*****************************************************************/
#include <iom16v.h>
#include <macros.h>
#define uchar unsigned char
#define uint unsigned int

//常量  设置电池电压下限，当电池电压低于
#define min_voltage 40          //测试
#define mclk 16000000           //晶振时钟频率是 16MHz
uint V_data;                    //当前电池电压数值
uint A_data;                    //电池当前输出到负载的电流值
int PWM_data;                   //PWM 值
uchar UATR_ByteRecved = 0;//存放串口接收的数据
uchar UATR_IsPwmNeedChange =0;  //串口是否要改变 PWM 的状态，初始为 0，表示不改，也是默认
uchar IsPwmUseDefaultNum = 1;//默认 PWM 标志
unsigned char Int2ASCIITbl[10] = "0123456789";  //数值 - ASCII 码转换对照表
unsigned char V_Buffer2Send[4] = {'0','2','3','4'},posit;  //发上位机的电压数组
unsigned char A_Buffer2Send[4] = {'0','2','3','4'},posit;  //发上位机的电流数组
/*****************************************************************
函数名：VADataSave2Buffer
说明：将二进制整数转换成可以供显示的 ASCII 码字符串形式，存储到缓冲区
输入参数：unsigned int VAData  要转换的整型数
          uchar SignalType，要转换的是数值是电流还是电压
*****************************************************************/
void VADataSave2Buffer(unsigned int VAData,uchar SignalType)
{
    unsigned char z,u;
    if(SignalType == 0xc0)//电流转换
     {
        for(z = 0;z <= 3;z ++ )
        {
            A_Buffer2Send[3 - z] = Int2ASCIITbl[VAData%10];
              VAData = VAData/10;

        }
     }
```

```
    if( SignalType == 0xc1 )//电压转换
      {
        for( z = 0; z <= 3; z ++ )
          {
            V_Buffer2Send[ 3 - z] = Int2ASCIITbl[ VAData% 10 ];
              VAData = VAData/10;
          }
      }
}
/ ***************************************************************************
函数名: PWM_Change
说明: 将从串口接收到的 PWM 命令转换成相应的 PWM 值。
*************************************************************************** /
uchar PWM_Change( )
{
    uint PwmNum = 1;
    switch ( UATR_ByteRecved)
    {
        case 'a': PwmNum = 0; break;//0%
        case 'b': PwmNum = 62; break;//5%
        case 'c': PwmNum = 125; break;//10%
        case 'd': PwmNum = 187; break;//15%
        case 'e': PwmNum = 250; break;//20%
        case 'f': PwmNum = 312; break;//25%
        case 'g': PwmNum = 375; break;//30%
        case 'h': PwmNum = 437; break;//35%
        case 'i': PwmNum = 500; break;//40%
        case 'j': PwmNum = 562; break;//45%
        case 'k': PwmNum = 624; break;//50%
        case 'l': PwmNum = 687; break;//55%
        case 'm': PwmNum = 750; break;//60%
        case 'n': PwmNum = 812; break;//65%
        case 'o': PwmNum = 874; break;//70%
        case 'p': PwmNum = 937; break;//75%
        case 'q': PwmNum = 999; break;//80%
        case 'y': PwmNum = 1062; break;//85%
        case 's': PwmNum = 1124; break;//90%
        case 't': PwmNum = 1249; break;//100%
```

```
    }
    if(PwmNum!=1)
{     PWM_data = PwmNum;
          IsPwmUseDefaultNum = 0;
    }
}
/ *******************************************************************************
函数名：uart_init
说明：UART 初始化
输入参数：uint baud 波特率
 ******************************************************************************* /
void uart_init(uint baud)
{
    UCSRB = 0x00;
    UCSRA = 0x00;                    //控制寄存器清零
    UCSRC = (1 << URSEL)|(0 << UPM0)|(3 << UCSZ0);
    baud = mclk/16/baud - 1;         //波特率最大为65K
    UBRRL = baud;
    UBRRH = baud >> 8;               //设置波特率
    UCSRB = (1 << TXEN)|(1 << RXEN)|(1 << RXCIE);
    //接收、发送使能，接收中断使能
    SREG = BIT(7);                   //全局中断开放
    DDRD| = 0X02;                    //配置 TX 为输出（很重要）
}
/ *******************************************************************************
函数名：UART0_RecvISR
说明：串口通信，数据接收中断处理函数
 ******************************************************************************* /
#pragma interrupt_handler UART0_RecvISR:12
void UART0_RecvISR(void)
{
    uint i;
    UATR_ByteRecved = UDR;
    switch (UATR_ByteRecved)//判断接收到的命令
    {
        //若收到上位机下发的“*”，表明上位机欲改变充电 PWM 值
        case '*': UATR_IsPwmNeedChange = 1; break;
```

```
        //若收到上位机下发的“F”，表明上位机要求上传当前电池电压及输出电流
        case 'F': UART_SendByte('A');
          for(i=0;i<4;i++) //发送电压
          {
              UART_SendByte(V_Buffer2Send[i]);
          }
          for(i=0;i<4;i++) //发送电流
          {
              UART_SendByte(A_Buffer2Send[i]);
        }
          break;
    }
}
/*****************************************************************************
函数名：UART_SendByte
说明：通过串口向上位机发送一个字节
输入参数：uchar Byte2send 要发出去的字节
*****************************************************************************/
void UART_SendByte(uchar Byte2send)
{
    while(!(UCSRA&(BIT(UDRE)))) ;
    UDR=Byte2send;
    while(!(UCSRA&(BIT(TXC))));
    UCSRA|=BIT(TXC);
}

/*****************************************************************************
函数名：Delay
说明：延时函数
输入参数：uint ms 延时的毫秒数
*****************************************************************************/
void Delay(uint ms)
{
    uint i,j;
    for(i=0;i<ms;i++)
    {
        for(j=0;j<1141;j++);
    }
```

```
}
/ ********************************************************************
函数名：adc
说明：AD 转换
输入参数：char Channel，通道号。0xc1 为负载电流数据通道，0xc1 为电池电压采集
******************************************************************** /
uint adc(char Channel)
{
    uint AdData;
    uchar adc_v;
    DDRC& = ~BIT(PC0);
    PORTC& = ~BIT(PC0);
    DDRC& = ~BIT(PC1);
    PORTC& = ~BIT(PC1);

    ADMUX = Channel;
    ADCSR = 0X80;//打开 AD
    ADCSR| = BIT(ADSC);
    while(!(ADCSR&(BIT(ADIF))));
     AdData = ADCL;
    AdData = AdData + ADCH * 256;
    adc_v = (unsigned long)AdData * 5000/1024;  //转换成电压值
    ADCSR = 0X00;//关闭 AD
    VADataSave2Buffer(adc_v,Channel);  //电压值的数值转为字符，方便发送
    return AdData;
}
/ ********************************************************************
函数名：SetPwmReg
说明：AD 转换
输入参数：uint PWMdata 要设定到 PWM 控制寄存器中的内容
******************************************************************** /
int SetPwmReg(uint PWMdata)//50Hz
{
    //100% OCR1A = 1249；占空比 = OCR1B/OCR1A * 100%
    DDRD| = 0X30;
    TCCR1A = 0X63;
    TCCR1B = 0X13;
    OCR1A = 1249;
```

```
    OCR1B = PWMdata;
}
/ ******************************************************************************
函数名：BtnPress
说明：判断点触开关是否按下
返回值：1，按键被按下；0，按键弹开
****************************************************************************** /
uchar BtnPress()
{
    uchar IsPressed;
    DDRC| = BIT(2);//0000 0100
    PORTC| = BIT(2);
    DDRC& = ~ BIT(2);
   IsPressed = PINC;
    IsPressed& = 0X04;
    if(IsPressed == 0)          //按键按下
      return 1;
    else                        //无键按下
      return 0;
}
/ ******************************************************************************
函数名：main
说明：主函数，在主循环中循环扫描键盘，负载控制，充电 PWM 控制等。
****************************************************************************** /
void main()
{
    int voltage1 = 144;//5 个供比对的电池参考电压，5 个状态
    int voltage2 = 121;
    int voltage3 = 112;
    int voltage4 = 105;
    int voltage5 = 80;
    DDRB = 0XFF;
    DDRD = 0XFF;
    uart_init(9600);
    PORTD| = 0XF0|BIT(3)|BIT(4);//初始 LED 灯
    uart_init(9600); //串口初始化
    while(1)
    {
```

```
    //button 扫描,button 控制负载通路。若通，点动后断；若断，点动后通
    if(BtnPress()) delay(10);      //消抖动
      if(BtnPress())
      {
          while(BtnPress());       //等待按键松开
          PORTD ^= (1 <<2);        //PA2 取反，负载取反
      }
    //读取电池电压及输出电流
    V_data = adc(0xc1);//读电池电压
    A_data = adc(0xc1);//读电池电流
    //负载控制,过流关闭负载,电池电压低于下限亦关闭负载
    if(V_data < min_voltage || A_data > 134 )
    {
      PORTD |= ~ BIT(2); //关闭 MOSFET 负载
    }
    //充电控制
    if(V_data > voltage1)//满电
    {
        PORTD& = ~(0XF0|BIT(3));//亮所有灯
        if(UATR_IsPwmNeedChange == 1) PWM_Change();  //如果上位机要改
        else if(IsPwmUseDefaultNum == 1) PWM_data = 0;   //采用默认值
}
    else if(V_data > voltage2)
    {
        // PORTD& = ~(0XF0);//亮 4 个灯
        PORTD& = ~(0X78);
        PORTD| = BIT(7);
        if(UATR_IsPwmNeedChange == 1) PWM_Change();
        else if(IsPwmUseDefaultNum == 1) PWM_data = 125; //PWM = 10% 充电
    }
    else if(V_data > voltage3)
    {
        //亮 3 个灯
        PORTD& = ~(0X38);
        PORTD| = 0XC0;
        if(UATR_IsPwmNeedChange == 1) PWM_Change();
        else if(IsPwmUseDefaultNum == 1) PWM_data = 625;//PWM = 50% 充电
    }
```

```
        else if( V_data > voltage4 )
        {
            //亮 2 个灯
            PORTD& = ~(0X18);
            PORTD| =0XE0;
            if( UATR_IsPwmNeedChange == 1) PWM_Change( );
            else if( IsPwmUseDefaultNum == 1)
            PWM_data =999;//PWM =80% 充电
        }
        else if( V_data > voltage5)//缺电
        {
            PORTD& = ~(0X08); //亮 1 个灯
            PORTD| =0XF0;
            if( UATR_IsPwmNeedChange == 1) PWM_Change( );
            else if( IsPwmUseDefaultNum == 1) PWM_data = 1249;//PWM = 100%
            else if( V_data >= min_voltage&&V_data <= 80)//发出警告
            {
                //电池不输出电
                PORTD& = ~(0XF0|BIT(3));
                Delay(200);
                PORTD| =0XF0|BIT(3);//熄灭所有灯
                Delay(200);
                if( UATR_IsPwmNeedChange == 1) PWM_Change( );
                else if( IsPwmUseDefaultNum == 1) PWM_data = 1249;//PWM = 100%
            }
            else if( V_data < 40)//电池已损坏 发出警告
            {
                //电池不输出电
                PORTD& = ~(0XF0|BIT(3));
                Delay(200);
                PORTD| =0XF0|BIT(3);//熄灭所有灯
                Delay(200);
                if( UATR_IsPwmNeedChange == 1) PWM_Change( );
                else if( IsPwmUseDefaultNum == 1) PWM_data =0;//不充电;
            }
        SetPwmReg( PWM_data); //更新 PWM 寄存器
    }//主循环尾
}
```

32.8 参考文献

[1] 黎佩权. 多功能电池维护系统 [D]. 广州：仲恺农业工程学院信息学院，2010.

[2] 马潮. AVR 单片机嵌入式系统原理与应用实践. 北京：北京航空航天大学出版社，2007.

[3] 徐爱钧. 智能化测量控制仪表原理与设计 [M]. 2 版. 北京：北京航空航天大学出版社，2004.

[4] 张靖武，周灵彬. 单片机系统的 PROTEUS 设计与仿真 [M]. 北京：电子工业出版社，2007.

第 33 章　基于声卡的蔬菜大棚温控系统设计

33.1　设计目的

本设计的目的就是掌握虚拟仪器的概念和系统组成，掌握虚拟仪器系统的基本设计思想；认识虚拟仪器的软件开发工具 LabVIEW 及图形化编程语言；掌握虚拟仪器软件与外部硬件接口技术，能够完成软件对外部数据读写、信号处理；掌握虚拟仪器串行通信程序的设计。

33.2　设计任务与要求

利用声卡 DSP 技术和 LabVIEW 多线程技术，设计一种基于声卡的温控系统。

功能说明：

（1）利用温度传感器将温度变化传输给上位机软件。

（2）当温度超过预定值时，通过串口与单片机通信开启通风窗或加热器进行温度调节。

33.3　设计原理与实现

温度是蔬菜大棚的主要环境参数，它直接影响到蔬菜的产量和质量。因此，蔬菜大棚内环境的检测和控制有着现实意义。本系统正是基于减轻菜农劳动强度，适应生产需求设计的智能化温控系统，用以控制蔬菜大棚温度。

33.3.1　系统方案

本系统利用温度传感器将温度变化转换为电压变化，然后通过信号预处理电路使其满足声卡采集所要求的信号特征。在采集软件控制下，声卡按照预定采样频率和量化精度完成模数变换，并将数字信号送入数据处理模块。采集软件负责缓冲区信号的分配和管理，并对数据进行必要处理。最后把缓冲区中的数据保存到文件，并进行实时显示监测。当温度超过预定值时，控制模块通过串口与单片机通信开启通风窗或加热器进行温度调节。系统结构如图 33－1 所示。

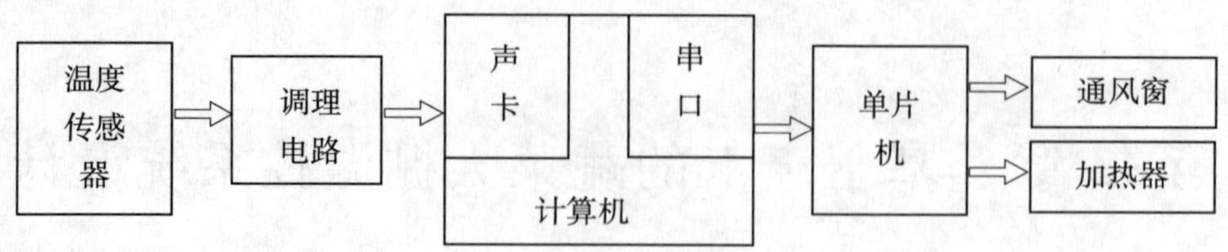

图 33－1　系统结构

33.3.2　信号调理电路与声卡

调理电路的作用是将来自于现场传感器的信号变换成采集卡能识别的信号，主要由恒流源电路和放大电路构成。恒流源电路把与温度相关的电阻信号变换成电压信号，如图 33－2 所示。

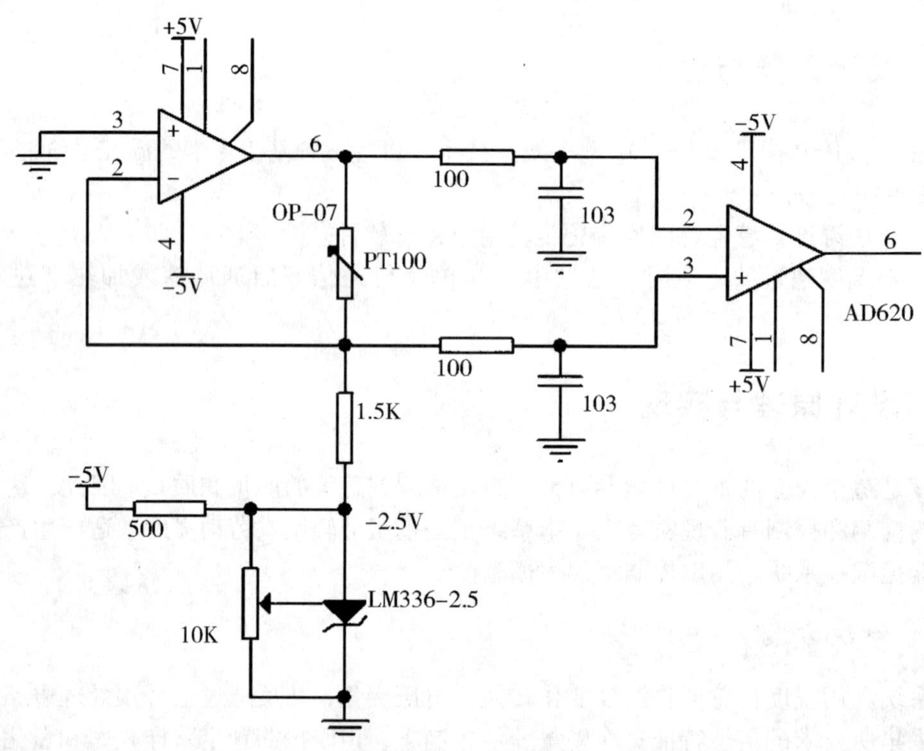

图 33－2　恒流源电路

本电路采用 WZP 型铂热电阻 PT100 作为温度传感器，其热性能稳定，线性度好，电阻温度系数分散性小，可以保证测试数据的精确性。1.5K 电阻下端运用精密电压源 LM336－2.5，该点电压调整为 2.5V，因此，1.5K 电阻上电流固定而且等于 OP07 输出端流入温度传感器 PT100 的电流，从而达到恒流的效果，使连接 PT100 两端电压差对应温度信号并送入后级放大电路。根据实际环境需求，温度测量范围设定为－10～50℃，对应传感器阻值根据分度表为96.03～119.70Ω，考虑声卡的最大输入为1.0V，放大电路的增益设为5。

由于温度信号变化缓慢，所需采样频率要求不高，因此本设计选用支持平衡式输入的普通声卡作为数据采集卡完成AD转换，连接声卡的双芯屏蔽线输入线采用平衡式接法。该声卡实现双通道、16位数据采集，采样率可以达到44kHz，其样本量化精度和采样率足够高，甚至优于目前常用数据采集卡的性能。

33.3.3　系统软件设计

软件以虚拟仪器为核心，以基于数据流控制的LabVIEW8，2为开发平台进行信号采集、信号处理分析、串口控制等模块设计，实现对测试数据的存储和管理，完成虚拟仪器与外设间的传输和控制。

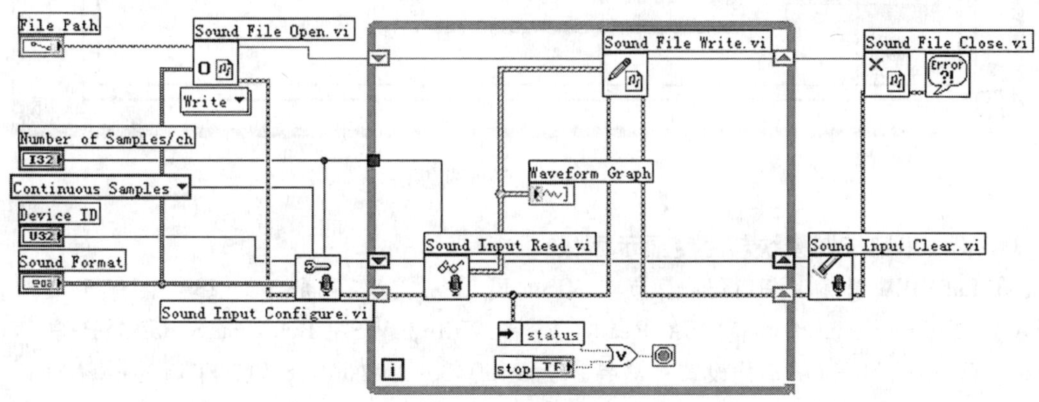

图33－3　信号采集模块

33.3.3.1　信号采集模块

信号采集模块主要有两部分功能，即声卡设备参数设定和采集信号的数据保存和波形显示。程序框图如图33－3所示。该模块设置采样频率为44.1kHz，采样位数为16位，并且把采样方式设置为单声道以保证采样到稳定的数据。

33.3.3.2　信号处理模块

本模块主要设计自适应滤波器进行消噪处理。基于Widrow－Hoff标准的最小均方LMS（least mean square）算法和其相应的自适应滤波器以其算法和结构简单，便于实时信号处理等优点，在不同领域得到广泛应用。该算法中步长因子L对算法的性能有决定性影响，通过改变L可以测试该滤波器的收敛精度、稳定性等性能。LMS滤波器通过采用LabVIEW和Matlab混合编程方式实现，利用Matlab强大数值分析功能，调用Matlab的函数库来完成迭代运算，这样设计可以简化系统设计流程，提高程序执行效率。信号处理模块如图33－4所示。

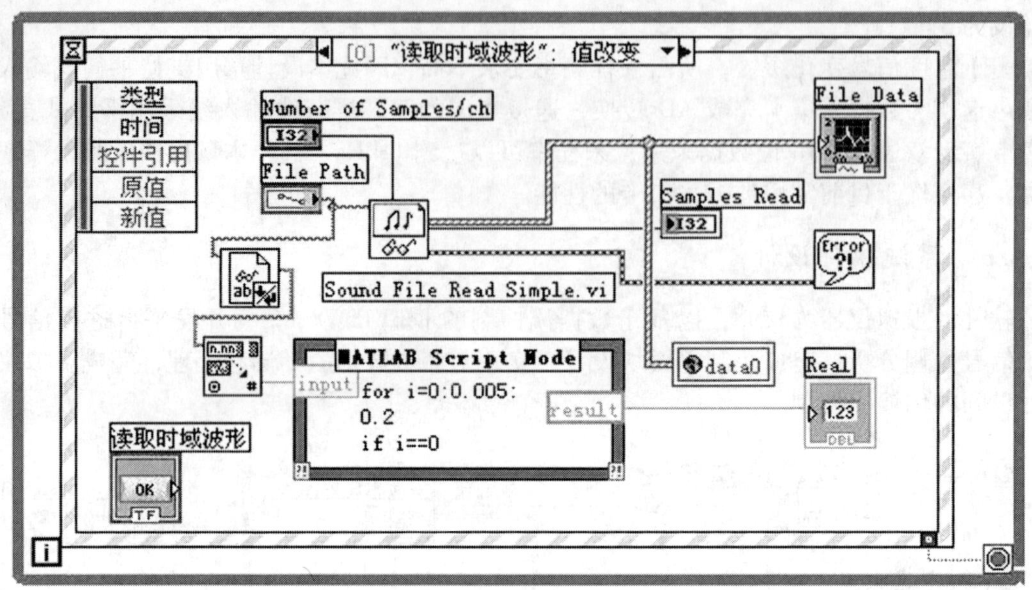

图 33-4　信号处理模块

33.3.3.3　串口控制模块与温度显示面板

在 LabVIEW 中利用串行通信节点 VISA 可以完成串行通信。VISA 共有 5 个控件：VISA Configure Serial Port，VISA Read，VISA Write，VISA Bytes of Serial Port 和 VISA Close。首先进行串口初始化设置：波特率为 9600kbps，数据位 8 位，串口号设置为 1。然后通过 VISA Write 节点向下位机发送读数据命令，在这里调用组串子程序把命令帧变成字符串，因为串行通信子 VI 只允许对字符串读写。再通过 VISA Read 读取下位机的应答数据。这样就完成了上位机与下位机的通信。当所测温度不在预定范围内时，将通过串口模块完成与下位机的通信，控制相应驱动电路进行温度调节。LabVIEW 与单片机串行通信程序如图 33-5 所示。

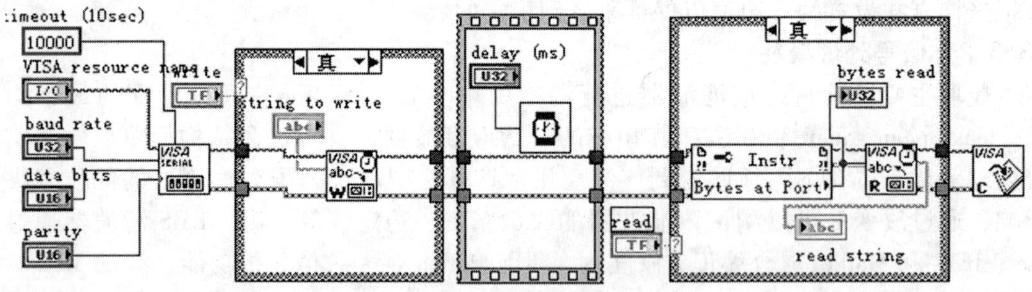

图 33-5　串行通信程序

由于所采集的数据是一个相对数字量，要进行标度变换才可以显示实时温度。因为温度信号变化缓慢，测量范围较窄，假定对应的电压信号是理想线性，首先由信号发生器输入频率为 1kHz、电压为 750mV 的正弦波，测得相对幅值为 16150，则变换系数 $K=0.046$，根据调理电路可得温度 $T=(K*N*\Delta T-V_0)/\Delta V=0.014N-253.44$℃，式中 K 为变换系数，ΔT 为实测温差，ΔV 为电压差，V_0 为最低温度的对应电压，N 为相对幅值。温度显示面板如图 33－6 所示，通过该面板可以进行温度上下限预设，并显示实时温度。为验证该系统的性能，本设计对密闭容器内同一点的水温进行测量，得到 20 个实验数据如表 33－1所示。由此表可以看出，在水温基本不变的情况下该温度采集系统的测量结果表现出很好的精度和重复性。

表 33－1　温度测量数据

序号	温度/℃	序号	温度/℃	序号	温度/℃	序号	温度/℃
1	25.22	6	25.23	11	25.19	16	25.21
2	25.21	7	25.22	12	25.23	17	25.22
3	25.21	8	25.22	13	25.21	18	25.23
4	25.20	9	25.21	14	25.21	19	25.22
5	25.22	10	25.20	15	25.22	20	25.21
平均值	25.2145	平均误差	0.0085	均方误差	0.0105		

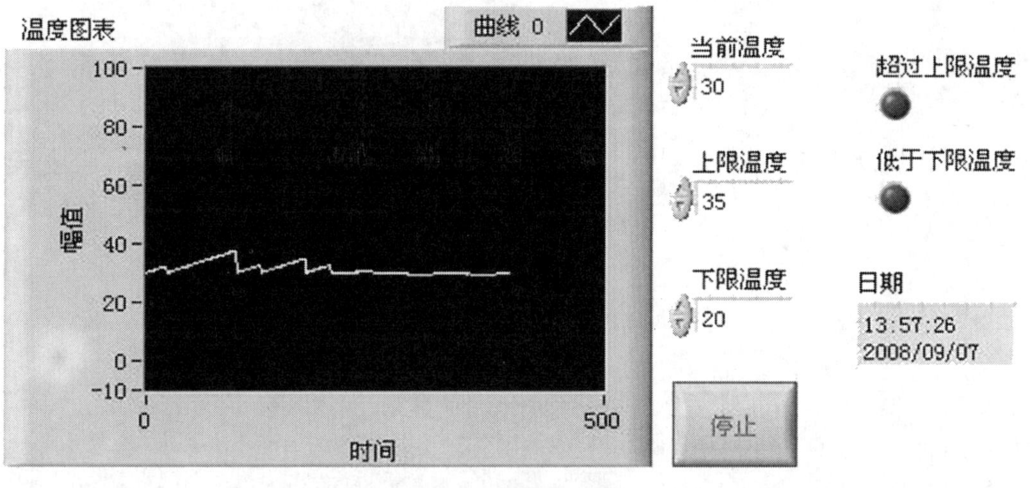

图 33－6　温度显示面板

33.4　参考文献

[1] 包明，施帮利，胡顺仁，等. 基于 FPGA 的多路温度测量系统［J］. 重庆：西南师范大学学报：自然科学版，2005，30（3）：469～473.

[2] 徐云峰，张世庆，张西良，等. 基于声卡的数据采集系统设计［J］. 机械设计与制造，2006（4）：46～47.

[3] KWONG R H，JOHNSTON E W. A variable step-size LMS algorithm［J］. IEEE Trans on Signal Processing，1992，40：1631～1642.

[4] 侯国平，王坤，叶齐鑫编著. LabVIEW7.1 编程与虚拟仪器设计［M］. 北京：清华大学出版社，2005.